莱州湾人工海岸生态化建设理论与实践

主　编　刘洪军　唐学玺　王其翔

副主编　赵文溪　刘　莹　周　健

编　委　于道德　李秀启　宋爱环　宋静静　邹　琰

周　斌　张士华　徐宗军　线薇微　尤　锋

曹建亭　纪　灵　唐海田　任玉水　袁梦琪

中国海洋大学出版社

·青岛·

图书在版编目（CIP）数据

莱州湾人工海岸生态化建设理论与实践 / 刘洪军等主编. —青岛：中国海洋大学出版社，2018.2

ISBN 978-7-5670-1666-8

Ⅰ.①莱… Ⅱ.①刘… Ⅲ.①海岸—生态环境建设—研究—莱州 Ⅳ.①X145

中国版本图书馆CIP数据核字（2017）第327622号

出版发行 中国海洋大学出版社
社　　址 青岛市香港东路23号 **邮政编码** 266071
网　　址 http：//www.ouc-press.com
出 版 人 杨立敏
责任编辑 魏建功
电　　话 0532-85902121
电子信箱 wjg60@126.com
印　　制 青岛国彩印刷有限公司
版　　次 2019年1月第1版
印　　次 2019年1月第1次印刷
成品尺寸 185 mm × 260 mm
印　　张 28.75
字　　数 545千
印　　数 1~1000
定　　价 178.00元
订购电话 0532-82032573（传真）

前　言

近年来，随着沿海地区海洋经济的迅速发展，海岸资源开发利用的范围与规模日益扩大，越来越多的自然海岸转变为人工海岸。人工海岸为经济发展和城市建设提供了巨大的空间，为防御风暴潮、海浪等海洋灾害发挥了重要的作用。人工海岸往往通过不同类型的海岸工程来实现。传统的海岸工程在选址、设计和施工的各个阶段主要考虑工程的功能定位和结构安全，而忽视了对海洋生态系统的影响。研究表明，海岸带滨海湿地（包括河口、海草床、海藻场、珊瑚礁等）提供的生态系统服务及产品的价值占全球生态系统总价值的1/4，约占当年全球GNP的45%。填海造地活动和港口、临海工业等产业的开发导致大量的滨海湿地遭到干扰或破坏，生态系统服务及产品的价值急剧降低，邻近海域环境质量下降，海洋生物多样性降低，生态环境越来越脆弱。突出表现在以下四个方面：

（1）海洋生态系统物质流和能量流的阻滞。人工海岸的修建人为地阻滞了海洋与陆地的物质交换和能量流动，各种生源要素的正常流转受到影响，进而使海洋生态系统功能的正常发挥受到干扰或破坏。

（2）海洋污染加剧。人工海岸的建设往往伴随着密度更高、强度更大的人类活动，形成的各种排海废弃物会加剧海洋环境的污染。

（3）生物多样性下降。人工海岸的修建干扰或破坏了许多海洋生物的关键生境，包括产卵场、育幼场和索饵场等，使得许多生物群落逐渐衰退，甚至消失，原有海洋生物多样性降低。

（4）海岸自然景观破坏。海岸自然景观往往具有极高的休闲和美学价值。截弯取直、顺岸围填等人工海岸构建方式已使自然岸线的景观遭到了严重破坏。

所谓人工海岸生态化建设，国际上通常是指在人工海岸的建设过程中或建成后，通过附加人为措施对生态系统进行调控，从而恢复其原始自然海岸的生态系统服务，实现经济—社会—生态系统的整体协调。但到目前为止，我国在人工海岸的建设过程中，综合考虑海岸工程与生态系统的相互融合还处于起步阶段，系统地开展海岸工程的生态化建设和改造明显滞后。基于我国海岸开发的现状，针对人工海岸建设过程中存在的突出问题，国家海洋局于2010年启动了公益性行业科研专项“我国典型人工岸段生态化建设技术集成与示范”项目（No.201005007）。项目在系统梳理和现场调访我国现有人工岸段的基础上，从生态环境、利用方式等方面对不同类型人工岸段的特点和面临的问题进行了分析。以莱州湾西岸和深圳湾北岸典型人工岸段为研究区，开展人工岸段及邻近海域生态环境调查及诊断，进行人工岸段生态景观分析与规划，生态型消浪材料和功能生物筛选，集成研究功能生物的培植、扩繁和群落构建技术，构建人工岸段生态景观示范区。并对示范岸段生态化建设效果开展评估，提出生态型人工岸段建设管理对策。本书即基于此项目取得的成果，进一步梳理人工海岸建设过程中的基本方法、原理，结合莱州湾人工海岸生态化建设实践，总结项目的收获与经验，以期为推动我国人工海岸生态化建设与海洋生态系统保护作出自己的贡献。

编　者

目　录

第一章　人工海岸发展与现状

第一节　人工海岸发展历史

随着科学技术和经济社会的发展，人们驾驭、改造和利用自然的能力不断增强。人工海岸，即改变原有自然状态完全由人工建设的海岸，规模越来越大。我国早期（20世纪50年代到60年代初期）较大规模的人工海岸建设与盐田有关。盐田从1952年的9万公顷激增到2009年的72.49万公顷。中国已成为世界上盐田面积最大、海盐产量最多的国家。围海晒盐以顺岸围割为主，并伴随筑坝挡潮，拦蓄海水，修建潮水沟、盐池、道路等工程。自此，自然海岸的面貌发生了巨大改变，重点体现在岸滩的加速淤积。在渤海湾、莱州湾以及苏北海岸分布着我国最大的几个滨海盐场，而盐场海堤成了当地十分重要的人工海岸。

随后，利用海边滩涂进行农业围垦的人工海岸建设也逐步发展起来，时间为20世纪60年代中期至70年代。农业围垦会在海边滩涂的外缘修筑堤坝，把坝内的海水排干，并引淡水冲洗土中盐分，土中盐度逐渐降低，使其成为良田。随着围垦海涂大坝的建成，新的海岸诞生。农业围垦可影响整个潮间带，导致大面积近岸滩涂生境的破坏与消失。

20世纪80年代中期到90年代初的滩涂围塘养殖也使得海岸面貌发生巨变。为了养殖对虾、海参、鲍鱼等经济生物，人们在潮滩上建起海堤和闸门，在堤内修建养虾池、养鱼池及供、排水工程。这些临海建起的长堤有几公里或数十公里长，宽达3 m以上。它们是我国近年来规模最为巨大的人工海岸，其总长度据估计近1 000 km。从

1983年到2002年近20年的时间，全国的围塘养殖面积增加了约23万公顷。围塘养殖改变自然海岸面貌的同时，也严重影响了自然海水的水质，导致水体富营养化问题突出。

21世纪以来，主要用于工业和城镇建设的围填海再次显著影响了自然海岸。围填海造地用于解决建设工业开发区、开展滨海旅游等。这些项目均需首先修建拦海大坝，形成人工海岸。例如，海港码头作为十分典型的人工海岸，包括防波堤、港池、泊位、码头、货场、仓库、道路等，这就形成了港口海岸，原来的天然海岸不复存在。

第二节　人工岸线现状

据国家海洋局2011年统计数据显示，我国大陆沿海自然岸线长度约为8 857 km，人工岸线长度约为11 727 km，人工岸线占总岸线长度的56.97%。而1990年，我国大陆人工岸线长度仅占总岸线长度的18.27%（图1-1）。

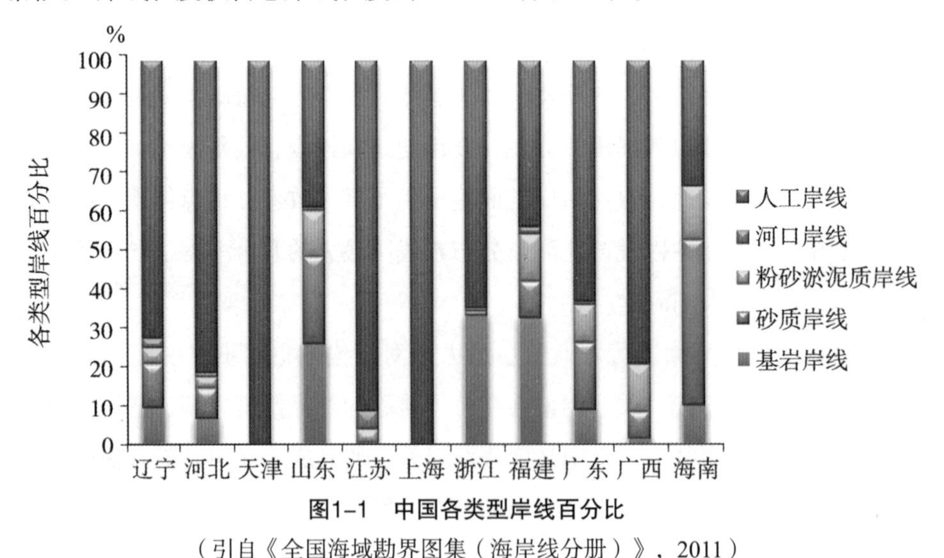

图1-1　中国各类型岸线百分比

（引自《全国海域勘界图集（海岸线分册）》，2011）

近十几年来，沿海地区人工岸线的比例都有所加大。我国沿海地区中天津市和上海市的人工岸线占其总岸线的百分比最高，均为100%，其次是江苏省，虽然总岸线长度较短，但到2011年统计其人工岸线百分比已高达91%，河北省、广西区和辽宁省的比例也较高，分别为81%、79%和72%。相对而言，山东省、福建省和海南省的人工岸线比例较低，但也都接近50%。

随着沿海地区人工岸线的比例不断提高，其利用结构也在发生改变（图1-2）。以往全国围填海形成的新人工岸线主要用于围塘养殖，面积约为143 001公顷。在2002年之后，围填海利用类型结构上仍以围塘养殖面积最大，但比例有所下降，由原来的75%下降至54%；而工业和城镇建设的使用比例明显增加，由原来的6%上升至32%。这些数字反映了我国临海工业的不断发展壮大，以及海岸带工业化进程的不断推进和社会经济发展带动了城市发展对人居环境需求的快速增大。港口和码头的围填海面积也随着临海工业的发展壮大而持续增加。

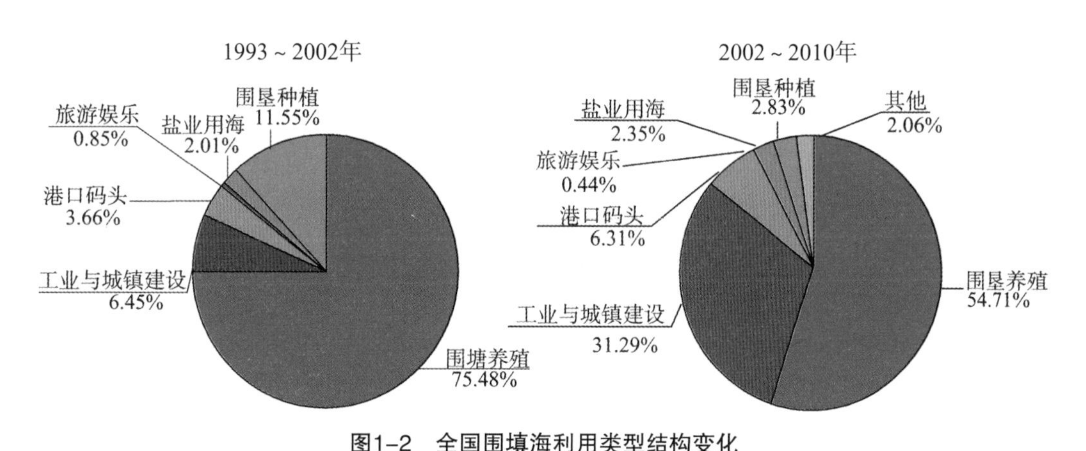

图1-2　全国围填海利用类型结构变化

一、农渔业类人工海岸

农渔业类人工海岸主要用于渔港建设、渔船修造、工厂化养殖、池塘养殖、设施养殖、底播养殖以及围垦农业种植（图1-3）。近十年来，全国农渔业人工海岸占总人工海岸的比例虽有所下降，但仍占最大比例。

图1-3　围海养殖

例如，辽宁省大陆岸线2 110 km，人工岸线约为1 574 km（表1-1）。岸线利用率达到75.6%，为1 596 km。2011年《辽宁省海洋功能区划研究报告》统计发现，在开发利用的岸线中，农渔业岸线占多数，约为997 km，约占大陆总岸线的62.5%（图1-4）。

表1-1　辽宁省沿海各市岸线分布统计表

行政区	大陆岸线（km）	占全省岸线比率（%）	人工岸线（km）	自然岸线（km）	合计（km）
丹东	125.41	5.94	120.86	4.55	874.99（黄海）
大连	1 371.34	64.99	975.45	395.89	
营口	121.4	5.75	95.12	26.28	1 235.15（渤海）
盘锦	107.36	5.09	107.36	0	
锦州	123.95	5.87	117.82	6.13	
葫芦岛	260.67	12.35	158.13	102.54	

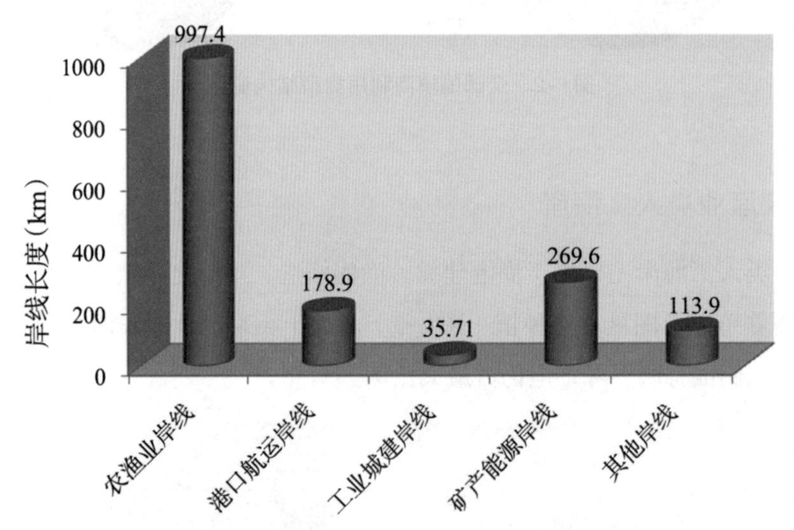

图1-4　辽宁省大陆岸线利用统计图（引自《辽宁省海洋功能区划研究报告》，2011）

浙江省海岸线北起平湖金丝娘桥、南至苍南霞浦，总长度为6 895 km，其中大陆海岸线长度为2 414 km，占总海岸线的35%；海岛海岸线长度为4 481 km，约占总海岸线的65%。浙江省各行业大陆岸线利用情况统计图（图1-5）中可见，渔业岸线占比例最大达50%。

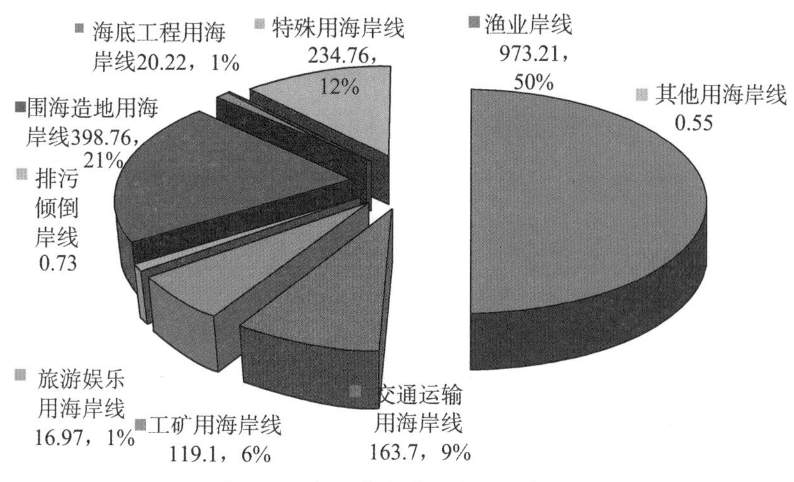

图1-5　浙江省大陆岸线利用统计图

（引自《浙江省海洋功能区划研究报告》，2012）

山东省大陆海岸线总长约3 345 km，人工岸线长约1 278 km，占总岸线的38%。截止到2010年，农渔业用海所占比重最大，占全部用海的93%，岸线总长度为806 km。其次为交通运输用海，总面积为5 791 km^2，岸线总长度为509 km。旅游娱乐总面积为1 502 km^2，岸线总长度为867.65 km。海洋保护区总面积5 223 km^2，岸线总长度为435 km。其余类型占用比例相对较小（图1-6）。

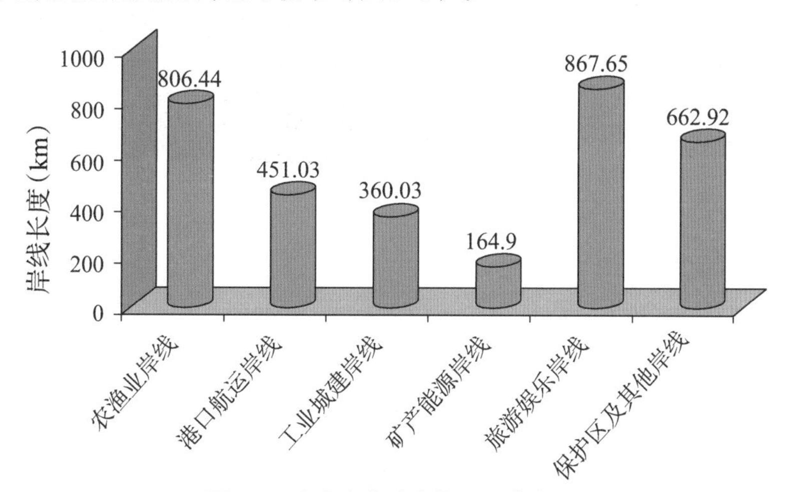

图1-6　山东省大陆岸线利用统计图

（引自《山东省海洋功能区划研究报告》，2010）

近年来，通过卫星遥感调查，我们还了解到许多沿海地区岸线的演变情况。张华国（2005）研究发现，我国典型强潮河口海湾杭州湾海岸线在1986～2004年处于动态变化之中，人工围垦、滩涂养殖和海塘建设是引起海岸线变化的主要原因。2000年以后，杭州湾的围垦面积急剧上升，增加陆地面积351 km^2，导致自然岸线减少。

李猷等（2009）以1978年、1986年、1995年、1999年和2005年等5期LandsatMSS/TM/ETM+影像为数据源，利用阈值结合NDVI指数法提取各期海岸线，分析了深圳市的海岸线变化情况。发现深圳市的海岸线由219.8 km变为239.4 km，且人为造陆是其海岸线变化的主要驱动因素。

二、港口航运类人工海岸

港口航运类人工海岸主要用于港口工程建设、港池修建、航道开发、锚地以及路桥用海。近十几年来，随着经济的增长和物流运输的需求，港口、码头等人工海岸的建设呈现快速增长。例如，山东省近年来大力发展港口建设和船舶修建，使用人工岸线约为451 km，占总人工岸线的13.6%。其中，自2007年以来在建的港口岸线高达17 243 m。而2009～2010年计划建设的港口岸线也高达20 716 m（图1-8）。沿海的造船建设人工海岸也占一定比例（图1-9）。

图1-7　青岛港和烟台港建设

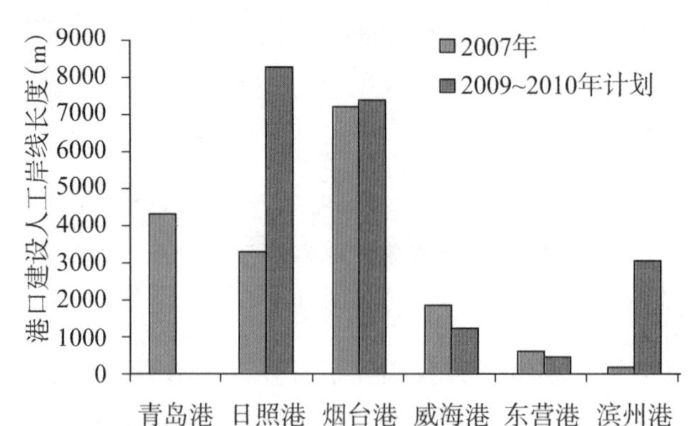

图1-8　山东港口建设使用人工岸线情况（2007年以来在建和2009～2010年计划建设）

（引自《山东省海洋功能区划修编》，2016）

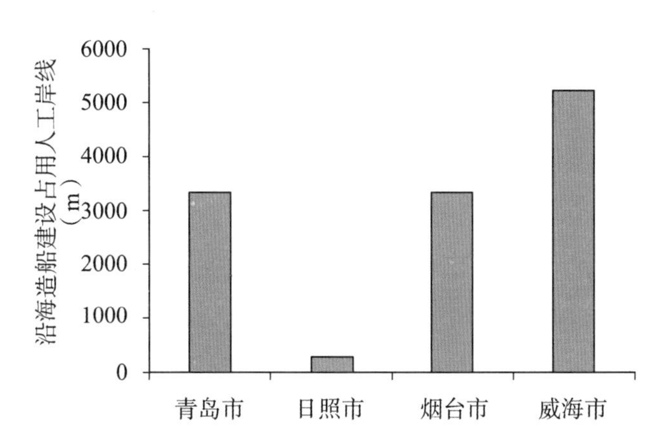

图1–9　2002年以来山东沿海造船项目使用人工岸线情况

（引自《山东省海洋功能区划修编》，2016）

此外，如广东省《珠江三角洲城镇群协调发展规划（2004～2020）》提出培育滨海战略（图1–10），通过滨海港口物流、基础产业、重型产业的集聚，促进地区产业重型化。在此战略指导下，广东省各地纷纷提出滨海发展战略，海岸带成为新一轮重点发展地区。《深圳市城市总体规划（2007～2020）》提出海岸线空间发展战略：把西部海岸线打造成为港口物流和高端产业集聚区，重点优化生产岸线，拓展生活岸线，成为珠江东岸的产业、交通、生态走廊，深圳市物流交通枢纽和现代化港口集聚区以及深圳市高端产业集聚基地（姚江春，2012）。

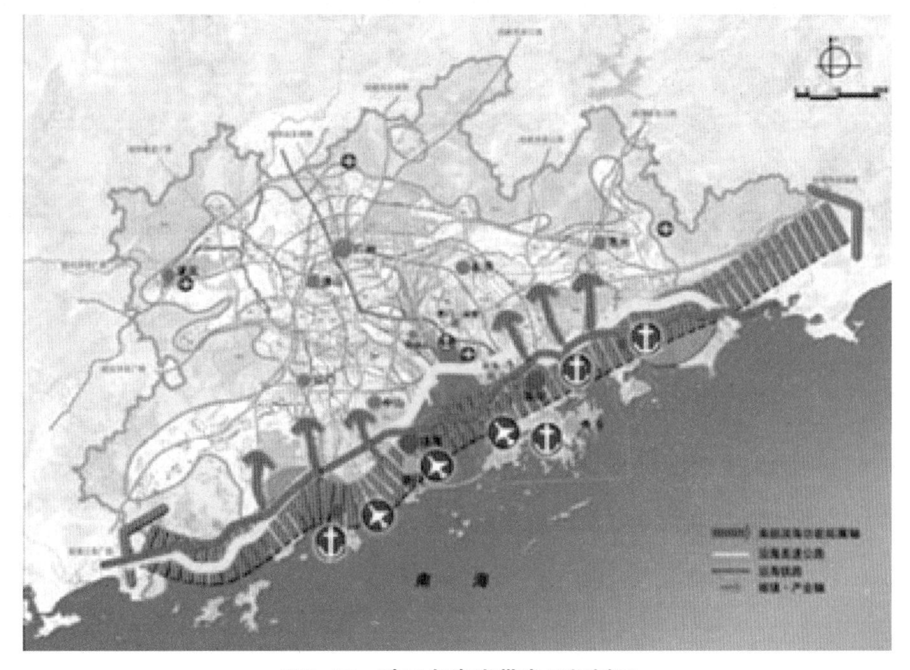

图1–10　珠三角海岸带发展规划图

三、工业城建类人工海岸

工业城建类人工海岸主要包括临海工业用海以及用于城镇建设用海的围填海的海岸。目前，我国围填海用于工业和城镇建设的规模较大。山东省近几十年一直是全国围填海规模较大的省市之一。1993～2002年间，潍坊市、烟台市、东营市和青岛市的围填海面积都比较大，分别达到2 048公顷、1 951公顷、1 501公顷和1 347公顷。2002年后，山东省沿海各个地区围填海规模都有所增加，其中仍然以潍坊市的围填海面积最大，达到10 419公顷，占同时期山东省围填海总面积的43%，其次为东营市，围填海面积达到5 546公顷，占同时期山东省围填海总面积的23%。烟台市围填海面积增加为2 612公顷，其他地区围填海面积都在2 000公顷以下。此外，辽宁省的自然岸线随着围填海活动而逐年递减，1990～2009年，自然岸线减少246 km，填海活动中，城镇建设占用最多。从图1－11和图1－12中可以清晰看出，锦州湾和长兴岛周边海域1990年以前存在少量的围填海，发展到如今的大面积围填海。其中，锦州湾面积由1990年的112.92 km^{2}减少为69.26 km^2，减少了39%。而长兴岛及周边围填海面积由136.35 km^{2}增加为233.76 km^2。

图1－11　锦州湾及周边围填海

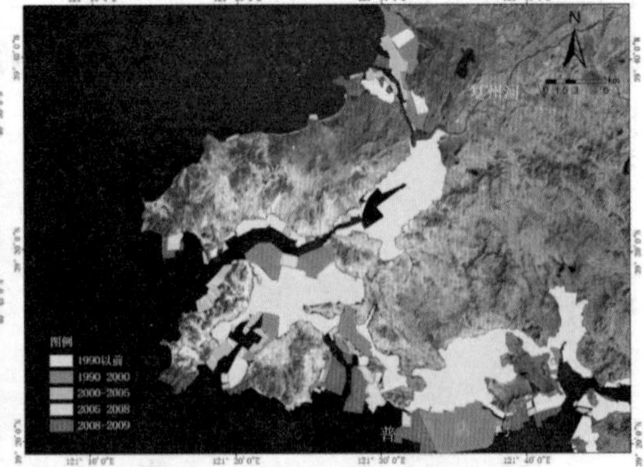

图1－12　长兴岛及周边围填海

（引自《辽宁省海洋功能区划研究报告》，2011）

四、矿产能源类人工海岸

矿产能源类人工海岸主要包括盐业用海、固体矿产开采用海、油气开采用海，以及核电、风能、潮汐能等新能源建设用海的海岸。目前，我国矿产能源类人工海岸正逐步由早期的盐业用海转变为油气开采以及核电等新能源用海。但是该类海岸占总人工岸线的比例不大。截止到2010年，山东省用于矿产能源类的人工海岸约为165 km。2011年辽宁省此类人工海岸约为270 km，2012年浙江省约为119 km。近些年来，用于核电、风电、潮汐能等新能源开发的人工海岸建设也在不断增加。目前，中国建成投产的核电站包括秦山核电站、大亚湾核电站、岭澳核电站、田湾核电站和宁德核电站。众多核电站分布在我国沿海，成为新能源人工海岸（图1-13）。潮汐能等人工海岸建设也在逐步发展中，如浙江海山潮汐电站（图1-14）发电库面积为418亩，海塘坝长2 000多米，是我国第一座双库、单向、全潮、蓄能发电和库区水产养殖综合开发的小型潮汐电站。

图1-13 秦山核电站

图1-14 浙江海山潮汐电站

五、旅游娱乐类人工海岸

旅游娱乐类人工海岸主要用于旅游基础设施用海、海水浴场建设以及海上娱乐用海。近年来，滨海旅游在国内外已成为大众最喜爱的旅游度假方式之一。我国沿海诸多城市开发滨海旅游的力度也在逐步加大。据统计，截止到2010年，山东省的旅游娱乐区占用人工岸线约为867 km，占总人工岸线的26%，超过了农渔业人工岸线。但是，有些沿海城市，由于海岸线多年高强度开发用于渔业养殖和港口建设等，剩余的可利用岸线少之又少。如深圳260 km海岸线未划用途的保留区岸线现仅存47 km。岸线资源所剩无几，滨海旅游资源价值损耗严重。

六、其他人工海岸

其他人工海岸主要包括海底工程、排污倾倒、科研教学、军事以及保护区等特殊用海。近些年来，我国在建立保护区方面不断加大力度，保护区面积不断扩大。例如，截止到2010年山东省沿海保护区的岸线长度高达435 km（图1-15）。其中滨州市保护区岸线高达226.87 km，为山东省之首。

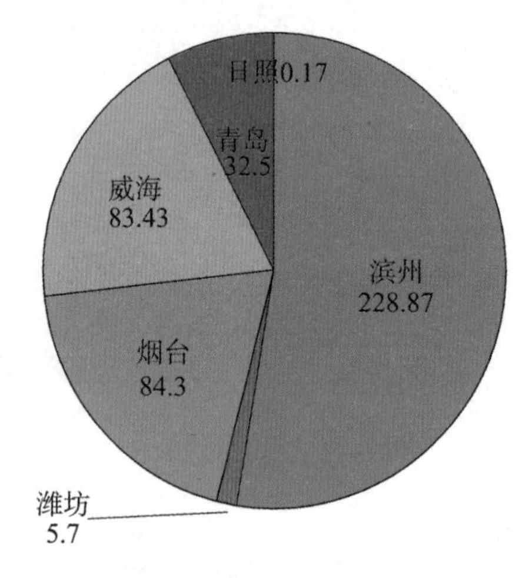

图1-15　山东省沿海各市保护区岸线长度（km）
（引自《山东省海洋功能区划修编》，2016）

第三节　人工海岸存在的主要问题

一、海岸线不合理开发

近些年来随着气候变化的加剧和沿海经济发展压力的增大，特别是无序、粗放、过度的开发利用，使得我国大陆自然海岸线比例显著降低，海洋生态环境保护形势愈加严

图1–16 填海导致自然环境发生巨大变化

峻。围涂造地、海洋滩涂围垦、填海造地、拦海修坝、炸岛采石、海底挖沙，这些不合理的开发方式正在严重威胁海洋生态环境（图1–16）。据山东省海洋与渔业厅监测，近海滥采海砂的行为致使青岛近海二号锚地的海水深度由7 m变为30 m，国家二级保护动物文昌鱼的生存环境受到严重威胁。在福建和浙江，由于过度开发利用海岸，致使原本弯曲的海岸线逐渐被“拉直”，大大减少了海岸的长度，使得自然海岸线遭破坏。而在深圳，很多天然的养殖场已经消失，有的地方被围垦，有的地方正在遭受严重的污染，近岸生物的繁殖场所正在不断减少。

除此以外，由于未能科学实施海岸开发，部分海岸和海域资源呈现严重的浪费现象。例如，部分港口基础设施落后或利用不合理，使得海岸资源供需矛盾日益突出，成为制约沿海城市港口经济发展的“瓶颈”。我国沿海分布有五大港口群，分别为环渤海港口群、长江三角洲港口群、东南沿海港口群、珠江三角洲港口群以及西南沿海港口群。我们以长江三角洲港口群中的宁波—舟山港为例（图1–17），揭示我国沿海港口海岸资源紧张的严峻形势。宁波全市大陆海岸线总长872 km，岛屿岸线总长759 km。根据《宁波—舟山港总体规划（2014 ~ 2030）》，全市规划集中利用的港口海岸总长170 km。同时，港口规划作业区外还有一定数量的中小型码头的港口海岸线。近年来，宁波海岸线开发强度较大。在漫长的海岸线上，码头、船厂等鳞次栉比。报告指出，甬江、镇海等港区海岸基本开发完毕；象山港和石浦港区由于特殊用途，港口资源的开发受到一定程度的制约。据宁波市港航管理局统计数据显示，截至2013年6月，全市剩余规划深水海岸仅为56.7 km。宁波港现在可供大规模开发，尤其是可供建设10万吨级以上大型泊位的海岸所剩无几。

图1–17　宁波港口

二、海岸利用效率不高

海岸开发利用形式粗放，不合理占用海岸现象严重，盲目围海养殖，使海洋环境压力加大，自然滨海湿地急剧减少，海湾和海岸线减缩问题突出。如一些工厂企业对海岸需求不大甚至没有海岸需求，却占据海岸。货主码头占用海岸是公用码头占用海岸长度的一倍甚至几倍，且普遍等级较低，却占用了较好的（中深）海岸，造成深水浅用的现象。很多沿海城市的海岸利用布局结构也不尽合理，以工业和港口码头等生产性占用为主，居住休闲、旅游景观等生活性海岸开发明显不足。航道方面，由于历史原因，公路建设中未能充分考虑航道发展的要求，过江桥墩梁净空高度不够，进而使航道降级使用，也造成了航道海岸的极大浪费。

非功能性用海占用过多海岸资源。除港口、码头等对海岸有必然依赖的功能性用海产业外，许多非功能性用海产业，如房地产、装备制造、化工等产业占用了过多的海岸资源，造成了不必要的浪费。

海岸资源价值未能得到市场化配置。目前对海岸资源价值不够重视，海岸价值多被低值内化到其他资源价值里，缺乏海岸有偿使用的专门规定，海岸资源配置效率低下，未充分发挥市场化机制在海岸资源分配中的作用。

第二章　人工海岸生态化建设国内外研究现状

随着全球海岸带区域经济的发展和人口的增加，越来越多的自然海岸转变为人工海岸。自然海岸的人工化对海洋环境的影响和冲击是无法避免的。近几十年来，这些问题越来越引起国内外众多学者和民众的关注。

人工海岸通常包括两个部分：一是岸边区或称堤岸；二是水陆缓冲带，即介于陆地和水域之间的地带，含有边界和梯度2个特点。对于这两个区域通常会采取不同的生态化建设措施。生态型堤岸的研究国内外多集中于河流，并将其定义为“利用植物或者植物与土木工程相结合，对河道坡面进行防护的一种新型护岸形式”，它兼具确保河道基本功能，恢复和保持河道及其周边环境的自然景观，改善水域生态环境，改进河道亲水性以及提高土地使用价值等多重功效。

在欧洲，特别是德国，生态堤岸的运用已有150多年的历史。“二战”后，随着技术的进步、新的坡地稳固结构和侵蚀控制方法的发展，这些自然的方法反而被遗忘。从20世纪70年代开始，人们日益关注河流系统生态、水文功能的丧失及其产生的严重后果，生态设计方法被重新认识。目前常用的技术是利用生物护岸，主要是利用植物对气候、水文、土壤等的作用来保持岸坡稳定，通过植物对坡面的有效覆盖，根系降低土壤孔隙水压来加固土层和提高抗滑能力，有时和工程技术结合进行综合保护，提高防护使用年限，主要包括植草、植树等生物方式。

由于这种方法能够提供侵蚀控制的技术、基于环境的设计和美学上愉悦的形态，目前已在一些发达国家广泛使用。如美国阿拉斯加州的Kenai河护岸、加拿大Jacques Cartier公园中河岸保护、英国约克郡戴尔斯三峰地区国家公园自然环境恢复等项目中均采用了此项技术。欧洲的荷兰、英国、丹麦等还把生态型堤岸设计与河流形态修复结合起来。美国环保署（SEAP）更是将生态型堤岸建设作为美国河流生态修复重要措施之一。

许多国家在进行护岸设计时，非常注意恢复沿岸的景观与生态系统，尽最大可能地参照天然状态下的河、海岸类型，避免过度破坏自然生态系统的平衡。荷兰正在规划和建设21世纪人与自然和谐的水环境，认为人工堤岸是河流自然系统中的一个组成部分，是形成从河道水流到陆地的一种转换，绝不能将两者孤立起来。总的来说，目前存在以下发展趋势：① 自然环境、生态系统的设置，主要通过扩大水面和植被覆盖区、设置生物的生长区域和水质保护区等实现；② 景观设计，通过设置具有生态功能的景观来保证与周围环境的和谐、保证景观的连续性、自然性；③ 循环型空间的设计，利用木材、石头、砂子等天然材料的多孔性构造，控制废料的产生，尽量避免未来发生的处理问题及二次性环境污染问题。

与河流的人工堤岸建设相比，生态型的人工海岸带建设研究要相对滞后，但二者具有相通性。人工海岸带的规划建设同样要从海岸带的自然环境与自然资源现状出发，重视保护海岸生态系统的统一性、完整性和连续性，增强海岸带及其栖息生物对自然灾害的防御能力，保持重要的生态过程、生命支持系统以及海岸带和海区的生物多样性。邱大洪院士认为未来海岸与港口开发利用将发生的转变包括综合考虑海底地质、海岸侵蚀、泥沙运动、生态环境与海洋污染等。

人工海岸的生态化建设是一项复杂的系统工程。根据地带性规律、生态演替及生态位原理选择适宜的先锋物种，构造种群和生态系统，实行土壤、植被与生物同步分级恢复，以逐步使生态系统恢复到一定的功能水平。人工海岸的生态修复和重建是其中重要的手段和途径。目前，国外生境修复与重建研究的重点对象包括湿地、盐沼、海草、红树林等。美国早在20世纪20～30年代提出了生境修复的概念，并很快在英国、荷兰、德国和日本等发达国家流行起来。如美国生态修复协会（SER），开展了一些国家层面上的生境修复和重建的大型计划。其中美国EPA于1987年开始了国家河口计划（NEP），其目的是保护河口环境，重建河口良性生态系统，该计划对生境修复特别是湿地修复进行了有益的探讨，得到许多经验。

同时针对海岸带生态修复和构建，也开展了许多大型计划。如在切萨皮克湾（Chesapeake Bay），针对人类活动干扰引起的富营养化、大叶藻藻床破坏、生物资源衰退（美洲牡蛎数量大为降低）等海岸生态系统退化现象，实施大叶藻藻床和牡蛎资源的修复研究，取得明显的进展。在美国得克萨斯州（Texas）加尔维斯顿海湾

（Galveston Bay），利用工程弃土填升逐渐消失的滨海湿地，当海岸带抬升到一定高度，就可以种植一些先锋植物来恢复沼泽植被。在路易斯安娜萨宾自然保护区和得克萨斯海岸带地区，利用梯状湿地技术（Marsh terracing technique），在浅海区域修建缓坡状湿地。湿地建好后在上面种植互花米草及其他湿地植被，修建梯状湿地可以减弱海浪冲击、促使泥沙沉积、保护海滩，同时也可以为海洋生物提供栖息地。美国NOAA还设有生境修复中心，提出了修复海岸和河口生境的国家策略，为海岸和河口生境修复提供了一个框架，提出了生境恢复的综合方案，比较成功的例子有缅因湾（Gulf of Maine）海岸带生境修复。此外，美国EPA还于1986年开始了湿地行动计划，英国MAFF于1994年开展了生境计划，进行了近海沿岸盐沼的修复与重建。这类重大计划的实施，极大地推动了海岸带生境修复技术的研究、发展和应用。

另一方面，生态重建是通过一定的生物、生态以及工程技术与方法，人为改变或切断生态系统退化的主导因子或过程，调整、配置和优化系统内部及其与外界的物质、能量和信息流动过程和时空秩序，使生态系统的结构、功能尽快重建到健康状态。目前，国外在恢复重建技术与应用研究方面取得了一定的进展，如针对滨海重盐渍荒漠地区的环境条件，已成功培育出了2种全海水浇灌小麦和29种半海水浇灌的春小麦，以及2/3海水浇灌的番茄；以海蓬子为主要代表可直接利用海水浇灌的12种耐盐植物，目前已在一些国家得到推广种植。美国、印度、南非等国多种用途的耐盐植物在盐渍土上得到种植和开发，如海马齿（*Sesuvium portulacastrum*）、海茴香（*Crithmum maritimum*）等。翅碱蓬也是一种良好的耐盐型植物，不仅可在盐渍化严重的环境中生活，还可有效地吸收环境中的有机污染物，生长在滨海潮滩上的翅碱蓬还呈现出“红毯”式的滨海湿地景观，被认为是具有开发应用潜力的潮间带生态修复功能物种。

底栖生物在海岸生态修复中也具有重要作用。人工海岸建设过程中可对底栖环境产生扰动，使得其生境的理、化性质发生变化。而底栖生物也可通过改变沉积环境、沉积物的孔隙和颗粒大小等途径改变底质环境，使底栖生物功能类群变得更稳定。此外，海草床作为典型海洋生态系统之一，不仅净化浅海海水水质，改善海水的透明度，也是许多海洋动物的直接食物来源，为多种海洋经济生物提供栖息、繁殖和藏身的场所，还能抗击风浪与海潮，是保护海岸的天然屏障。

我国在海岸生态化建设方面的研究较少，大多集中在利用生物消浪护岸、护堤。相关研究表明，与传统消浪方法相比，前者除具有增强岸滩稳定性、防蚀促淤、防风消浪等功能外，还有成本低、工程量小、环境协调性好、维护方便等优点。一些耐盐性及耐淹性好、材质柔韧、树冠发达、生长速度快的盐生植物是良好的备选功能植物。1965年，南京水科院在室内模拟平台和平缓的滩地种植防波林，研究其消浪效果，提出了计算林木消波性能的试验公式。1989年浙江南部沿海的生物促淤海岸防护研究中，互花米草因其植株高大、杆茎粗壮、生长密集而被认为能减缓流速、阻挡风浪，从而起到防护海岸的作用。河海大学在实验室水槽中对堆石潜坝和互花米草的消浪效果进行模拟试验，提出互花米草的消浪效果主要由无因次量互花米草的种植宽度与滩涂的平均水深决定，认为利用互花米草消浪既可以达到工程潜坝的消浪效果，又可降低工程护岸造价，是一种实用、经济的生物护岸方法。广东、福建沿海一带的红树林，上海市滩涂上的大片芦苇，浙江沿海的互花米草、大米草护岸工程等，都是利用生物方法消浪促淤，效果明显。

人工海岸生态化与景观化的研究并不能满足现实的需要，主要问题体现在以下方面：① 功能生物的本土资源研究薄弱。大规模本土植物的育种工作还未开展。因此在生态修复和重建过程中大量采用外来物种，不仅会大大增加后期植被养护成本，还存在外来物种威胁本地生物种群、植被容易退化等问题，难以达到长远的生态效果。② 缺乏针对不同岸线条件和环境特点的人工海岸生态化建设研究和相关标准、规程。大多生态景观技术研究比较笼统，提出的具体技术措施针对性不强，且缺乏相关的评价标准。③ 人工海岸植被群落的构建和配置、受损海岸生态恢复过程中岸体结构稳定性的保持、海岸缓冲带生态系统稳定的维持和资源的可持续利用，以及人工海岸海岸带生态系统恢复效果评估等方面，还有待于进一步研究。

第三章　相关概念与分类

第一节　相关概念

关于海洋与陆地的交汇地带，人们用“海岸”“海岸线”“海岸带”等不同的名词指代不同的区域。在进一步阐述相关内容前，有必要明确这些概念的区别与联系。

一、海岸线

海岸线是海洋与陆地的分界线。海水随着潮汐涨落，这一分界线处于动态变化过程中。在海域管理等过程中，我国将多年大潮平均高潮线定为海岸线。相关国家标准、行业标准和技术规程等均作出了明确规定（表3-1）。

表3-1　海岸线定义

标准号	标准名称	海岸线定义
GB/T18190-2000	海洋学术语海洋地质学	海岸线即海陆分界线，在我国系指多年大潮平均高潮位潮时海陆分界线
GB/T12319-1998	中国海图图式	海岸线是指平均大潮高潮时水陆分界的痕迹线。一般可根据当地的海蚀阶地、海滩堆积物或海滨植物确定
GB/T7929-1995	1：500　1：1000　1：2000 地形图图式	海岸线指以平均大潮高潮的痕迹所形成的水陆分界线

续 表

标准号	标准名称	海岸线定义
CH 5003−94	地籍图图式	海岸线以平均大潮高潮的痕迹所形成的水陆分界线为准
国海管字〔2002〕139号	海域勘界技术规程	海岸线指平均大潮高潮时水陆分界的痕迹线

二、海岸与海岸带

“海岸”与“海岸带”均泛指海陆交界区域，或海洋与陆地相互作用的地带。与“海岸线”相比，这两个概念均是描述“带”或“面”。目前对这两个概念的描述还没有完全统一，对这两个概念所指代的空间范围也没有明确统一的界定。但可以明确的是“海岸”与“海岸带”的空间范围均包含了“海岸线”。

通常“海岸”的范畴包括潮上带和潮间带，即陆地成分占主导。“海岸带”的范围以海岸线为基准，向海、陆两侧扩展。狭义的描述为海岸带由潮上带、潮间带和潮下带组成（蔡锋等，2008）。广义的描述则将海岸带向海延伸至陆架边缘，向陆延伸至受海影响的区域。

在实际使用中，根据具体情况，对这两个概念范围加以界定即可。如“全国海岸带和海涂资源综合调查”中对海岸带调查范围规定：在平原地区，从海岸线起算，向内陆延伸15 km，向海扩展至水深10 ~ 15 m处。在山地和陡坡地带，由海岸线向内陆延伸距离视情况而定，向海扩展可至水深20 m等深线处。

第二节　海岸与海岸线的分类

海岸是海洋与陆地交汇的地带。海水侵蚀形成的怪石林立，河流入海形成的淤涨潮滩，这些都反映出海岸不断变化的自然特征。这包括了一系列的地质形态以及不断变化的物理、化学条件和生物群落。同时这也造就了海岸的多样化类型。

海岸与海岸线根据不同的分类依据，会产生不同的类型，学术上没有统一的标准。但对于同一分类体系来说，海岸的分类与海岸线的分类密切相关。由于海岸的空间范围包括了海岸线，海岸与海岸线的类型多数情况下是相同的。

一、海岸分类

表3-2列出了不同分类依据所产生的海岸类型。这些分类依据可以归为两类。一类是自然属性，包括了海岸的底质物质、地质成因、地质动态、动力环境和生物要素等。另一类是人为因素，主要为对海岸的不同开发利用类型。

这些分类体系不是孤立的，而是相互联系的，特别是在解决实际问题时，不同的分类依据提供了所研究海岸的不同特征。

表3-2 海岸的分类

	分类依据	海岸类型
自然属性	底质物质	基岩海岸、砂（砾）质海岸、粉砂淤泥质海岸
	地质成因	上升海岸、下降海岸、合成海岸、河口三角洲海岸、沙坝-潟湖海岸等
	地质动态	稳定海岸、蚀退海岸、淤进海岸
	动力环境	潮控型海岸、浪控型海岸、混合型海岸（Hayes，1976，1979）
	生物要素	生物海岸（包括盐沼湿地海岸、红树林海岸、珊瑚礁海岸）、非生物海岸
人为因素	开发利用类型	农渔业类、交通运输类、工业与城镇建设类、旅游类、排污倾倒类、特殊利用类、其他类

引自《省级海洋功能区划编制技术要求》（海管字（2010）83号）

二、海岸线分类

海岸线的分类与海岸分类类似。根据底质物质组成，海岸线可分为基岩岸线、砂（砾）质岸线、粉砂淤泥质岸线。根据生物要素，海岸线可分为生物岸线和非生物岸线，其中生物岸线包括了盐沼（芦苇、米草等）岸线、红树林岸线、珊瑚礁岸线等。根据开发利用类型，海岸线可分为农渔业岸线、交通运输岸线、工业与城镇建设岸线、旅游岸线、排污倾倒岸线、特殊利用岸线和其他岸线等。

三、人工海岸和人工岸线

人工海岸和人工岸线，是人们开发海洋、利用海洋的产物，是相对于自然海岸及自然岸线而言的。由于人们对海岸及岸线资源利用的多样性与复杂性，人工海岸和人工岸线均没有统一明确的定义。

通常来说，由石块、混凝土和砖石等构筑的永久性人工构筑物形成的海岸，统称为“人工海岸”，相应的海岸线称为“人工岸线”。典型的人工构筑物包括防潮堤、防波堤、护坡、挡浪墙、码头、防潮闸以及道路等挡水（潮）构筑物。

从空间上看，“人工海岸”反映的是“带”，而“人工岸线”则突出“线”。从内涵上看，“人工海岸”存在两类情形。一类是人工海岸完全改变了原有自然海岸，原有自然属性消失。如图3-1所示，该海岸原为基岩海岸，后建成码头，原有自然海岸彻底消失。

A. 实景图；B. 2013年3月9日遥感图

图3-1　青岛港前湾港区实景图及遥感图

另一类是人工海岸部分改变了原有自然海岸，自然海岸属性还部分保留。如图3-2所示，该海岸原为淤泥质滩涂，修建海堤后原有自然属性部分保留。

相比“人工海岸”，“人工岸线”从内涵上看只存在一类情形。

A. 海堤；B. 海堤外侧潮滩

图3-2　江苏南通海堤

四、实际使用中的分类

在海洋管理、海洋生态保护、海洋执法等实际使用中，海岸及海岸线的分类通常在不同分类体系中交叉混合使用的。

《海域勘界技术规程》（国海管字〔2002〕139号）中将海岸分为砂质海岸、淤泥质海岸、基岩海岸、人工海岸和河口海岸。海岸线相应地分类为砂质岸线、基岩岸线、淤泥质岸线、人工岸线和河口岸线。

我国近海海洋综合调查与评价专项（908专项）《海岸带调查技术规程》、《海岛海岸带卫星遥感调查技术规程》中，将海岸线分2级类型（表3-3）。一级类包括自然岸线与人工岸线。二级类自然岸线包括基岩岸线、砂质岸线、粉砂淤泥质岸线和生物岸线。

表3-3　908专项中的海岸线分类

一级类	1.1　二级类
自然岸线	基岩岸线
	砂质岸线
	粉砂淤泥质岸线
	生物岸线
人工岸线	

《我国近海海洋综合调查要素分类代码和图式图例规程》中进一步细化了岸线类型。一级类包括自然岸线、人工岸线和河口岸线。自然岸线包括基岩岸线、砾石岸线、砂质岸线、淤泥质岸线和生物岸线。其中生物岸线包括红树林岸线、珊瑚岸线和芦苇岸线。人工岸线包括堤（路堤）、坝、桥、码头、船坞。河口岸线作为一类特殊岸线，是指入海河流与海洋的水域分界线，是为了岸线的连续，以河口与海的水陆分界线，或以河口突然展宽处的突出点连线，或以历史习惯线，或以河口入海区域的管理线作为河口岸线。

第四章　人工海岸的主要类型与特点

第一节　人工海岸与海岸工程

在阐述人工海岸主要类型与特点之前，有必要先明确“人工海岸”与“海岸工程”的关系。“人工海岸”与“海岸工程”这两个名词，一个是海岸分类的描述，一个是工程类型的名称；一个是海洋开发利用与海洋管理中经常出现的名词，一个是学科建设、人才培养中的科研领域。这两个名词虽然差异显著，但是它们之间却有着密不可分的联系。

人工海岸是人类适应与改造海洋的最富创造性的活动之一。海洋（岸）资源的开发利用通常需要通过各种海洋（岸）工程来实现。海洋（岸）工程既是人工海岸的主要组成单元，也是形成人工海岸的主要因素。一个时期人工海岸的规模、科技水平等均受该时期海洋（岸）工程技术发展水平的制约。

这就是为什么在实际使用中，人们经常通过列举海洋（岸）工程名称来描述“人工海岸”这一概念的原因。

第二节　人工海岸的类型

人工海岸建设复杂、用途多样、环境差异显著，存在多种分类体系。每种分类体系均是“合理性”与“局限性”的综合体。同时人工海岸的建设依托自然海岸，人与自然的冲突与融合又增加了人工海岸类型的多变性。我们认为从人工海岸的本质（人类的需求）出发，结合海洋（岸）工程的分类，对人工海岸的类型进行区分，“合理性”大于“局限性”，分类结果在实际应用中较为可行。根据这一分类原则，人工海岸可以分为5类：防护类、交通类、矿产与能源类、渔业类和旅游休闲类海岸。

一、防护类人工海岸

防护类人工海岸主要有保护沿海社会、经济设施，保障沿岸居民人身、财产安全，发挥防风暴潮、抵御海水侵蚀等作用。防护类人工海岸主要由海堤、护岸及保滩设施等构成。

（一）海堤

在沿海地区，特别是地势平缓的河口、潮滩等区域，为了防止大潮的高潮和风暴潮的泛滥，在原有海岸上修筑的以挡水为主要目的的建筑物称为海堤（sea dyke，图4–1），江浙一带亦称为海塘。

A. 东营广饶县海堤；B. 荷兰Zuiderzeewerken 拦海大坝

图4–1　海堤

（二）护岸

护岸是对原有岸坡进行加固的工程措施，用以防止海浪侵蚀、淘刷等造成岸坡崩塌。护岸与海堤功能相近，两者区别在于海堤防止海水淹没，而护岸防止岸坡崩塌。护岸主要包括斜坡式护岸和陡墙式岸壁两种，也有采用两种结合的护岸（薛鸿超，2003）。

（三）保滩设施

保滩设施是对海堤与护岸的补充，常见的保滩建筑物与设施有丁坝、顺坝（离岸堤）等。

二、交通类人工海岸

交通类人工海岸主要包括港口、码头、船坞、防波堤等海港工程形成的海岸和滨海道路（非堤坝路）形成的海岸。港口类人工海岸主要包括防波堤（图4-2）、码头、修造船建筑物。在海岸周边往往需要设置陆上装卸、储存和运输设施，海上预留港池、泊地、进出港航道及其他助航设施。滨海道路类海岸主要通过占用原有海岸空间，改造原有海岸或顺岸填海的方式修建滨海道路，形成新海岸。

图4-2　青岛奥帆中心防波堤外侧的人工混凝土异型块体

三、矿产与能源类人工海岸

（一）滨海电厂

此类人工海岸主要包括核电能、海上风能、潮汐潮流能、波浪能等。据最新估算，中国沿岸及近海区域海洋能的理论装机容量超过18亿千瓦（包括潮汐能、波浪能、海/潮流能、海洋温差能、盐差能与近海风能，不包括海洋生物质能）。其中，海上风能技术已经成熟，现已被规模化开发。除此以外，潮汐能技术最为成熟，发展迅猛。波浪能技术基本成熟，潮流能和温差能的利用目前处于实验研究阶段。

1. 核电

核电站大体分两部分：核岛和常规岛。中国核工业已有40多年的发展历史，海岸区域是核电发展的重点区域。例如：田湾核电站（图4-3）位于江苏省连云港，是中俄两国联合开发的迄今最大的技术经济合作项目。设计寿命40年，年发电量达140亿千瓦时。

图4-3 江苏田湾核电站

2. 风电

风电是利用海洋上空气流动所产生的动能转化为电能。由于海上风能开发的特殊环境，海上风电在其技术环节上具有自身的特点和要求，主要由基础结构（塔头和支撑结构）和风电机组（转子、风速计、控制器、发电机、变速器等）组成。目前，中国海上风电发展迅速。2010年1月国家能源局和国家海洋局联合发布了《海上风电开发建设管理暂行办法》，2010年8月上海东海大桥10万千瓦海上风电示范项目顺利通过验收，2010年10月江苏100万千瓦海上风电项目开建。这些均预示着中国海上风电进入高速成长阶段，见图4-4。

图4-4 上海东海大桥海上风电场（A）和江苏如东海上（潮间带）风电场（B）

（引自于华明，2012）

3. 潮汐能发电

海面垂直方向的涨落称为潮汐，而海水在水平方向的周期性流动称为潮流。潮汐能是指海水潮涨和潮落形成的水的势能。潮汐能主要是通过海水的垂直升降将所具有的势能转化为电能，其原理和水力发电相似。中国江夏潮汐电站装机容量为3 900 kW，名列世界第四位，成功运行了30年（图4-5）。自2010年中国启动“海洋可再生能源专项资金”项目以来，先后支持了多项潮汐能电站的勘察、选划和可行性研究，为“十二五”期间建成10万千瓦潮汐能电站做好了前期科学论证的准备。

A

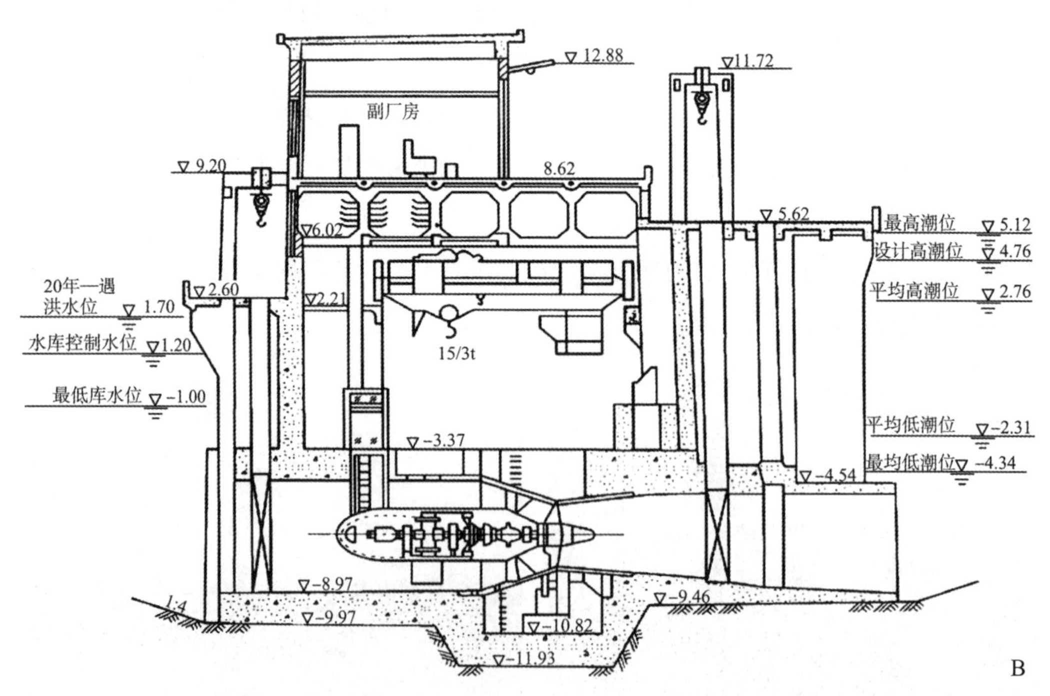

B

图4-5 江厦潮汐试验电站现场图（A）和厂房横剖面图（B）

（引自于华明，2012）

（二）盐田

通过在海边修建很多像稻田一样的池子，采集海水通过太阳能蒸发晒盐，称为盐田法海水制盐。盐田生产方式需要构建堤坝挡潮和拦蓄海水，需要修建潮水沟、盐池和道路等工程（图4–6）。盐田构建的拦海大坝以及坝堤都成了显著的人工海岸。

图4–6 浙江象山盐田

四、渔业类人工海岸

在沿海有岩石、岸礁的海岸线，人工利用围堰圈养经济生物（如对虾、海参、鲍鱼等），被称为围堰养殖。海洋经济生物的人工养殖在给渔民们带来巨大经济收入的同时也改变了沿海水体环境，使得水体富营养化问题更为突出。（图4–7，图4–8）

图4–7 莱州沿海养殖（A）和东营沿海养殖海参用人造鱼礁（B）

图4–8 沙浦镇沿海紫菜养殖

五、旅游休闲类人工海岸

海边旅游业的快速发展导致沿海省市大量兴建旅游建筑、木栈道和步行道等。北至辽宁省南至海南省，许多省、市、自治区以及香港特别行政区均实施了不同规模的围海造地工程，除用于工业和生活，还有相当一部分面积用于建设滨海旅游区（图4-9）。

图4-9　香港海洋公园（A）和威海海滨木栈道（B）

第三节　人工海岸的特点

人工海岸建设所在区域海岸环境多样，工程类型各异，生态风险高，生态影响复杂。人工海岸的这些特点决定了人工海岸建设的复杂性与管理的综合性。

一、建设区域海岸环境多样

随着海洋开发的持续推进，几乎所有类型的自然海岸均出现了人工海岸的存在。砂（砾）质海岸、基岩海岸、粉砂淤泥质海岸和河口区等自然海岸地质地貌各异，海洋动力环境差别巨大，海岸生态系统类型多样。这些既是人工海岸建设的优势条件，也是人工海岸建设的限制因素。

二、海岸工程类型多样

伴随着多样化的自然海岸环境，人工海岸工程具有类型多样、设计各异的特点。其主要类型包括围海工程、海港工程、河口治理工程、海岸防护工程、渔业工程等。

具体表现形式包括防潮堤、防潮闸、港口、码头、船坞、滨海道路、滨海电厂、人工沙滩、滨海木栈道、步行道和围堰养殖池等。

三、生态风险高，生态影响复杂

人工海岸建设区域环境的多样性和工程类型的多样性决定了人工海岸存在较高的生态风险。自然海岸区域是海洋生态系统多样性最为丰富的区域之一。许多海洋生物的产卵场、育幼场与索饵场等关键生境分布于海岸区域。自然海岸生态系统处于一个相对平衡、稳定的状态。人工海岸的建设不同程度地影响了海洋水动力条件，改变或侵占了海洋生物的原有生境，干扰了自然海岸生态系统的物质循环与能量流动。这就导致了人工海岸存在较高的生态风险。

人工海岸建设对自然海岸生态系统的影响极为复杂，充满了不确定性。这不仅包括影响范围的不确定性、影响时间的不确定性，也包括影响途径的不确定性和影响程度的不确定性。同时值得我们关注的是人工海岸建设的生态影响易产生叠加放大效应。同一工程的多方面影响易产生叠加放大。相邻区域的不同工程产生的影响也易产生叠加放大效应。

第五章　典型海岸生态系统类型及其特征

第一节　河　口

河口是河流进入海洋的入口，是海水和淡水交汇和混合的沿岸海湾，是地球上两类水生生态系统之间的过渡区。河口区包括河口下游段（海洋段）、河口中游段和河口上游段（河流段）。河口种类繁多，划分依据不同，其类型也多种多样。根据侵蚀和沉积等地质形成过程，河口可分为溺谷型河口、峡湾河口、沙坝河口和构造型河口（图5-1）。

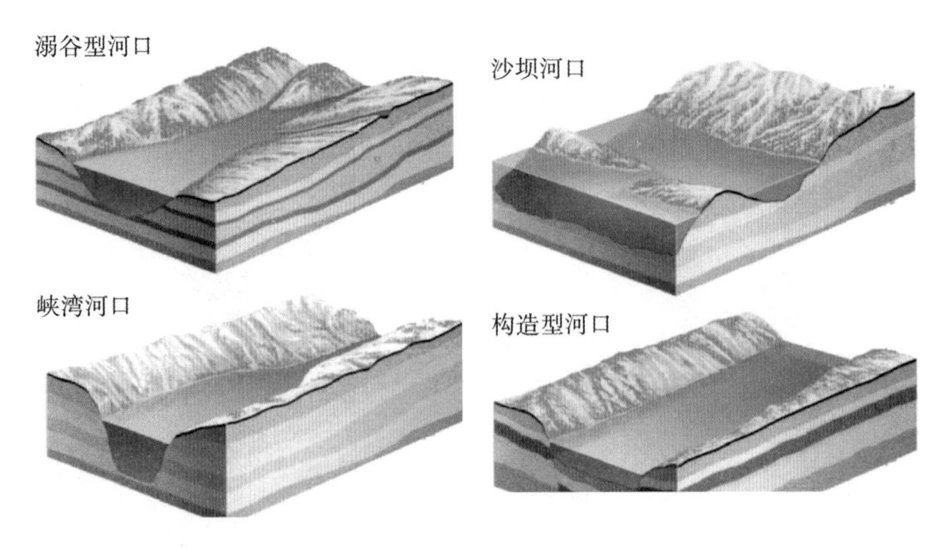

图5-1　河口类型

（引自《中国国家地理自然百科系列：海洋》，2011）

一、环境特征

1. 盐度

盐度随潮汐节律发生周期性变化，是河口区最重要的环境特点。在河口中游段，低潮时盐度可能接近淡水，高潮时接近海水。上游段和下游段变化较小。此外，河口盐度还存在季节性变化。

2. 温度

温度变化较大，存在明显的季节性变化，冬冷夏暖。

3. 沉积物

沉积物多为柔软的灰色泥质，富含有机质。河口区上、下端则以粒径较粗的沙砾和贝壳为主。

4. 溶解氧

由于有机质分解大量耗氧，故河口区表层以下呈现缺氧状态。而较深的峡湾河口，夏季可能形成温跃层，溶解氧水平较低。

5. 波浪和流

由风产生的波浪较小，但流速很大，受潮汐和陆地径流的共同影响，流速可达每小时数公里。

6. 浑浊度

水体中存在大量悬浮物，浑浊度高。

二、生物特征

1. 动、植物特征

每个河口均具有特定的动、植物群落，这些动、植物群落已适应不断变化的自然环境（图5–2）。在温带地区，河口的边缘是青草茂盛的盐沼，在热带和亚热带地区，河口优势植物是红树科植物。每一个植物群落都为大量不同种类的野生动物提供栖息地。动物主要包括多毛类、线虫、甲壳类、鱼类和双壳类软体动物。某些游泳动物如中华绒螯

图5–2　河口区具有特定的群落构成

蟹和多种鳗鲡则会通过洄游方式通过河口区，溯河而上。

2. 适应机制

河口生物对盐度变化的适应能力很强，有些生物通过调节渗透压，也有些生物采取忍受方式，通过钻洞、闭壳或随潮汐游动进出河口等方式避开低盐环境。

3. 生物多样性

作为河流和海洋的过渡区，河口区生物群落是海洋生物和淡水生物的集合体，故生物多样性复杂。例如，泰晤士河河口区仅无脊椎动物就高达750种以上（Kaiser等，2005）。

三、典型分布

中国沿海河流入海口众多，主要分为渤海、黄海、东海和南海河口。其中渤海沿岸江河纵横，据统计，汇入渤海的大小河流可分为黄河、海河和辽河三大流域，七大水系，分别汇入莱州湾、渤海湾、辽东湾和中央海盆水域。其中主要的河流有40多条，形成众多的河口区。黄海共有10条主要河流注入海洋，其中鸭绿江是沿岸最大的河流，年均流量为289.47×10^8 m^3。其余的河流均较小，多半属于季节性河流。东海沿岸是河流较多的地区，河长超过500 km的有长江和闽江，长江是我国流域面积和年径流量最大的河流，分别为上百万平方千米和9 240亿立方米。流域面积在1万平方千米以上的还有瓯江、闽江和九龙江，年径流量在100亿立方米以上的有闽江、钱塘江和九龙江。南海周边有诸多河流，珠江、湄公河、北仑河、韩江、榕江等，沿岸最大的河口有珠江口，其次湄公河口、北仑河口、韩江口等。这些河口区受径流、沿岸流和海水的交互作用，形成独特的生态区，是咸淡水生物的集散地。

长江河口生态系统特征

长江全长6 300 km，是中国第一大河，也是注入西太平洋的最大的河流。年平均入海径流量为$9\ 322.7\times10^8$ m^3，占全国入海总径流量的51%以上；入海的输沙量为4.86×10^8 t，占全国入海输沙量的23%；入海离子径流量为1.48×10^8 t，占全国入海离子径流量的43%（沈焕庭等，2001）。

1. 环境特征

长江口环境的一个重要特点是盐度的周期性变化和季节性变化。周期性变化与潮汐有密切的关系，其变化范围从高潮区至低潮区递减。季节性变化与降雨有关，低盐一般出现在春、夏的雨季，高盐出现在秋、冬的旱季。长江口的夏季温度为20℃～28℃，冬季为5℃～15℃，其变化也比开阔海区和相邻的近岸大。

底质基本上是柔软的泥质，富含有机质，是河口生物的重要食物来源。

长江河口（图5-3）是一个丰水、多沙、有规律分汊的三角洲河口，其入海径流量存在明显的季节性变化，5～10月为洪季，占全年的71.7%，以7月为最大；11～4月为枯季，占28.3%，以2月为最小。

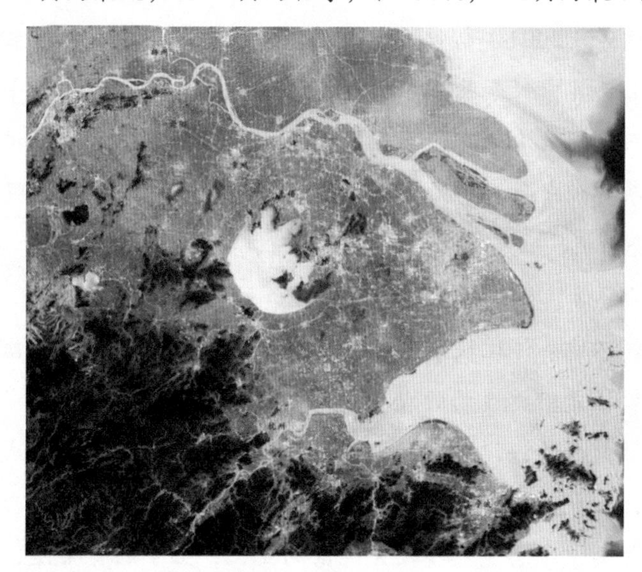

图5-3　长江河口区

由于受潮汐和陆地径流的共同影响，长江口水中有大量的营养盐和悬浮颗粒，其浑浊度较高，特别是在有大量河水注入的季节，其生态效应是透明度下降，浮游植物和底栖植物的光合作用率也随之下降。在浑浊度很高时，浮游植物的产量能达到忽略不计的程度。

潮流在长江口为往复流，一般为落潮流速大于涨潮流速，出口门后逐渐向旋转流过渡，旋转方向多为顺时针方向。在上游径流接近年平均流量、口外潮差近于平均潮差的情况下，河口退潮量达$26.63\times10^4\ m^3/s$，为年平均流量的8.8倍。进潮量枯季小潮为$13\times10^4\ m^3/s$，洪季大潮达$53\times10^4\ m^3/s$。

长江冲淡水的影响最远可达济州岛附近，咸、淡水混合北支为垂向均匀混合型，在南支口门附近枯水期大潮出现垂向均匀混合型，洪峰流量大并遇到特小潮差时，出现高度呈层型外，全部及部分混合型出现概率最多。在南槽、北槽、北港下段存在上层净流向海，下层净流向陆的河口环流，滞流点附近有最大浑浊带。

长江冲淡水与台湾暖流、黄海冷水、南北近岸流在此交汇、混合，加上气候变化、潮汐潮落、波浪运动的影响，使其理化条件瞬息万变，给生物提供了一个混合、过渡与复杂多变的非生物环境，它与生物群落构成了一个结构复杂、形态多变、功能独特的河口生态系统，据陆健等（2001）初步估算，长江口生态服务功能价值至少在40亿美元以上，其中仅崇明东滩湿地的效益价值就达1.95亿元/年。近年随着长江三角洲沿海城市、产业的发展而带来的各种事业的扩大，给河口生态系统带来种种影响，使之成为一个生态环境恶化、服务功能低效的生态系统。

2. 生物群落特征

长江口环境条件比较恶劣，生物种类组成比较贫乏。广盐性、广温性和耐氧性是河口生物的重要生态特征。河口区的生物组成主要是来自近岸低盐性的海洋种类，其次是已适应于低盐条件的半咸水中的特有种类，少数是广盐性淡水生物种类。生活在河口区的动、植物多是广盐性种类，能忍受盐度较大范围的变化，如中肋骨条藻、火腿许水蚤、泥蚶、牡蛎和蟹等都是营河口生活的。许多端足类和沙蚕原来就是半咸水种类。

游泳生物终生生活在河口区的只有鲻科鱼类的一些少数种类，而阶段性生活在河口区的却是大量的，许多浅海种类在洄游过程中常以河口区作为索饵育肥的过渡场所，特别是许多海洋经济动物的产卵场和索饵肥育场都在河口附近水域，如鳗鲡等降海洄游鱼类和梭鱼、大黄鱼等在河口区进行生殖的鱼类。

由于河口的温度、盐度等环境条件比较严酷，生物种类多样性较低，而某些种群的丰度很大是长江口生物群落的特征之一，能适应在河口生活的种类比较少，很多海洋和淡水种类无法忍受盐度变化的压力难以在河口生存。

第二节 沙 滩

在世界范围内，沙滩是最常见的，其生态系统复杂，生物多样性丰富（图5-4）。

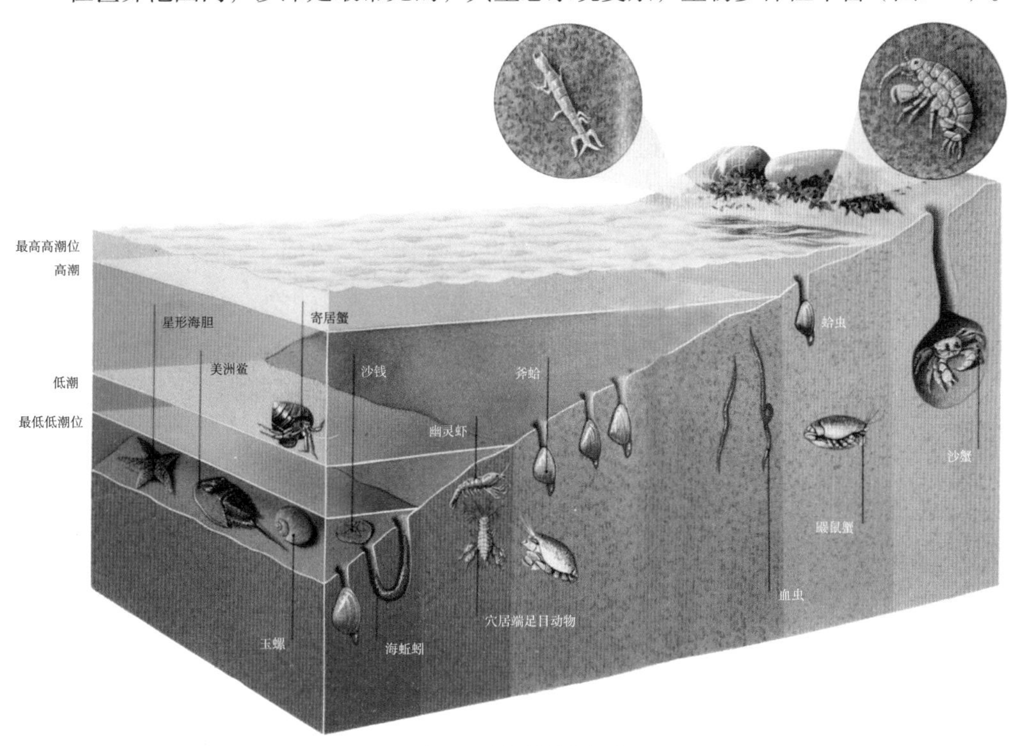

图5-4 沙滩群落结构

（引自《中国国家地理自然百科系列：海洋》，2011）

一、环境特征

1. 组成

潮间带沙滩出现在水动力较强的海岸，通常由不规则的石英颗粒、贝壳类的碎壳组成，其粒度主要取决于波浪作用的程度。沙粒里还含有来源于陆地或者海洋的各种碎屑。

2. 粒径

从大的分类来看，有砾石-砂-粉砂-黏土几个等级。在波浪和海流作用下，不同粒径的颗粒缓慢地向外海运动，粗颗粒在海水中首先下沉，较细的颗粒则处于悬浮状态并被继续搬运到离岸较远的地方。因此，在水平方向上形成沙粒近岸粗、远岸细的分布特征；同样，在垂直方向上形成底部粗、上部细的沉积层。

3. 有机质

沙滩沉积物还有一个特点是沙粒在波浪作用下可以移动，沙粒有一定的不稳定性，不利于固着和底上生物种类生活。沙滩沉积物的通气性较泥滩的好，但由于微生物呼吸作用以及化学物质氧化耗氧，其含氧量也随深度增加而减少，最终出现还原层，还原层的深度取决于有机质的含量。

二、生物特征

1. 动、植物特征

沙滩的生产者主要是底栖硅藻、甲藻和蓝绿藻，它们不会出现在没有光线可利用的沙层里，初级生产力很低，通常不超过15 g C/（m^2・a）。动物主要包括小型动物，如鞭毛虫、纤毛虫、线虫、有孔虫、涡虫、腹毛虫等，体长通常介于0.1 ~ 1.5 mm之间。大型动物则多由多毛类、双壳类和甲壳类动物组成。此外，沙滩还可分出潮上带、潮间带和潮下带，各垂直带上都有其特有的优势种群。

2. 适应机制

生活在沙间的小型动物大多具备个体小、身体延长成蠕虫状和侧扁的体型，很多种类还通过强化体壁来保护身体免受沙粒损伤。沙间动物繁殖力低下，但是幼体可以受到亲体的保护，直接孵出底栖性幼体。这种生活史特征有助于减少被捕食的可能性。

三、典型分布

沙滩在中国沿海从南至北均有存在，其中较大的沙滩有三亚（海南）亚龙湾沙滩、北海（广西）银滩、厦门鼓浪屿沙滩、深圳西冲沙滩、青岛海水浴场沙滩以及大连老虎滩。

第三节　基岩海岸

由坚硬岩石组成的海岸称为基岩海岸。它是海岸的主要类型之一。基岩海岸包括横海岸、纵海岸、断层海岸、峡湾海岸、岛礁型海岸、溺谷型海岸和三角湾海岸七种类型。生活在基岩海岸的生物多样性十分丰富（图5-5）。

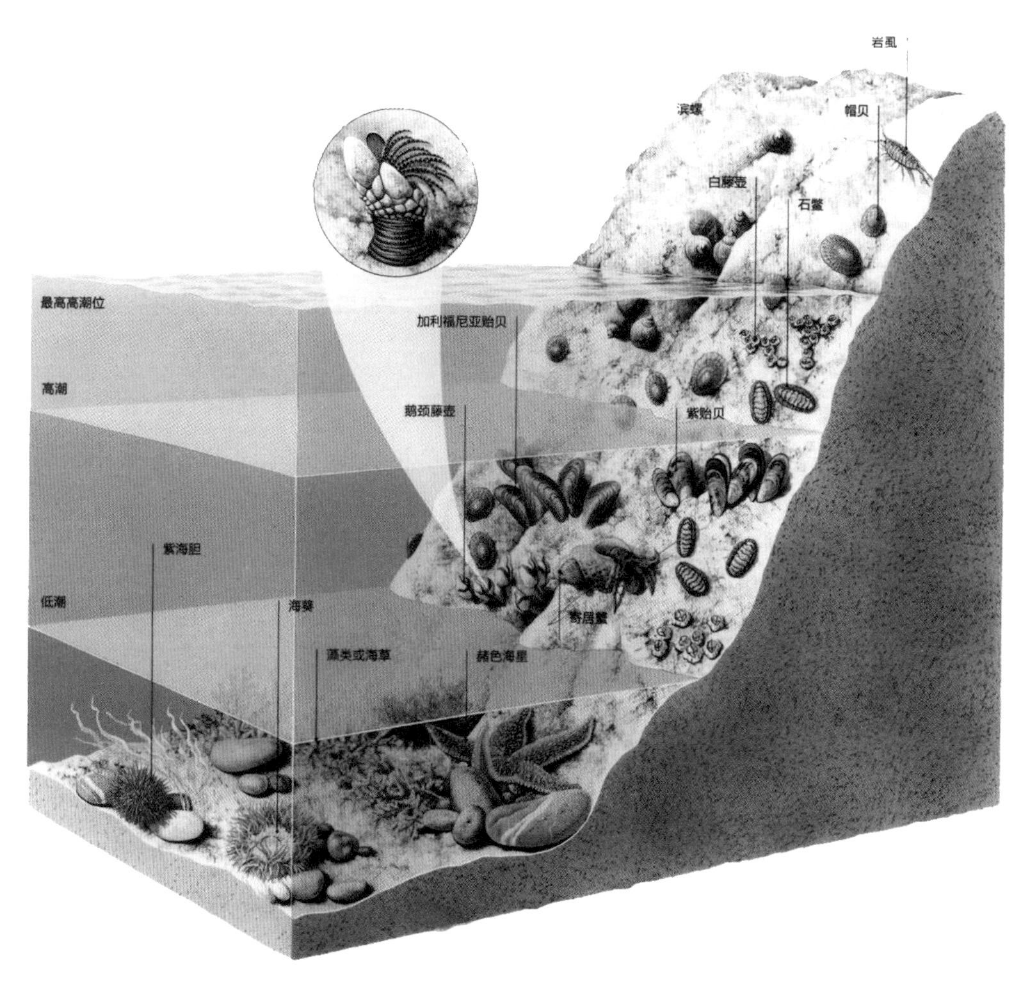

图5–5　基岩海岸中的生物分布

（引自《中国国家地理自然百科系列：海洋》，2011）

一、环境特征

1. 组成

我国的基岩海岸多由花岗岩、玄武岩、石英岩、石灰岩等山岩组成。辽东半岛突出于渤海及黄海交界处，该处基岩海岸多由石英岩组成。山东半岛插入黄海中，多为花岗岩形成的基岩海岸。杭州湾以南浙东、闽北等地的基岩海岸多由火成岩组成。闽南、广东、海南的基岩海岸多由花岗岩及玄武岩组成。

2. 形状

在波浪作用下，海岸上的坚硬物质受到侵蚀，在岩石海滩上，海蚀崖和海蚀洞成为侵蚀海岸的首要特征。基岩海岸常有突出的海岬，在海岬之间，形成深入陆地的海湾。岬湾相间，绵延不绝，海岸线十分曲折。

二、生物特征

1. 动、植物特征

基岩海岸的初级生产者包括单细胞藻类和底栖大型藻类。基岩海岸的动物主要包括：食草动物如海胆、帽贝、石鳖和滨螺等；滤食性动物如贻贝、藤壶、蛤、海鞘、海绵等；食腐动物如蟹类；肉食性动物如海星等。受物理因素和生物因素的影响，基岩海岸的动、植物呈较为明显的垂直带状分布现象，如果坡度较缓，则主要表现为水平分带。

2. 适应机制

位于基岩海岸高、中潮区的生物习性都与环境相适应，能耐干燥、耐太阳暴晒等（黄宗国，2004）。如藤壶，就具备较强的耐干燥能力。

三、典型分布

基岩海岸在我国的山东半岛、辽东半岛及杭州湾以南的浙、闽、台、粤、桂、琼等省广为分布。位于青岛海边的石老人旅游度假区，背倚花岗岩组成的基岩海岸，立于岸外有一块高24 m、长10 m、宽5 m的巨石，望去像一尊老人的雕像——“石老人”，就是波浪侵蚀的产物（图5-6）。

图5-6　青岛石老人风景区

第四节　盐　沼

盐沼是地表过湿或季节性积水、土壤盐渍化并长有盐生植物的地带。主要分布在温带河口海岸带的长有植被的泥滩，植被的成带分布特征反映了不同的潮汐淹没时间。盐沼地表水呈碱性、土壤中盐分含量较高，表层积累有可溶性盐，其上生长着盐生植物，这是它的基本特性（图5−7）。

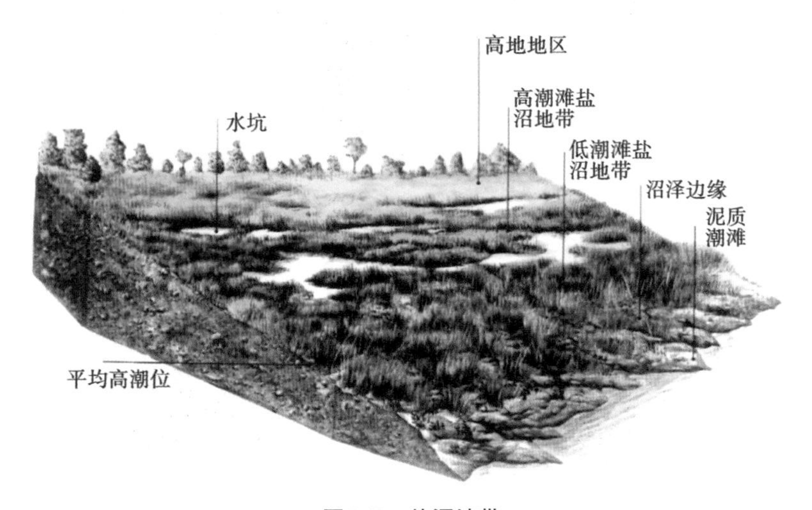

图5−7　盐沼地带

（引自《中国国家地理自然百科系列：海洋》，2011）

其中，泥质潮滩又是盐沼生态系统中十分重要的一部分。泥质潮滩中生活着多样的食草动物、穴居动物和其他生物群落（图5−8）。

一、环境特征

1. 盐度

盐度呈垂直分带现象，受潮水浸没、降雨、排水坡度、土壤性质和植被类型等的作用，盐沼盐度分布随着高度增加而逐渐减小。

2. 沉积物和有机质

盐沼对沉积物具有很强的积聚作用。沉积物中有机质含量通常也有垂直分带，随着盐沼高度的增加而提高。

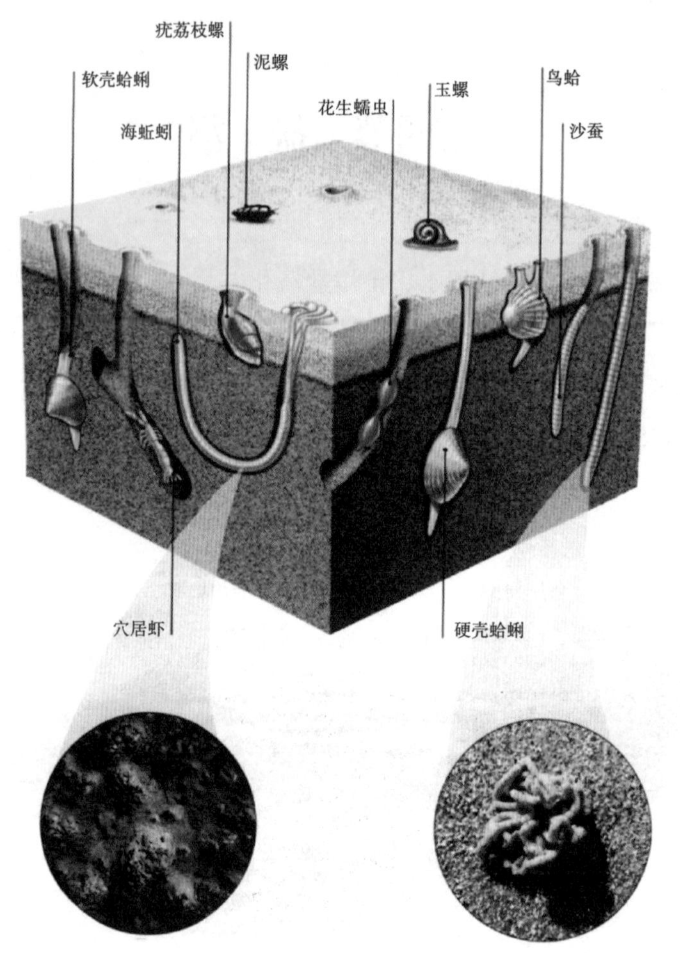

图5-8 泥质潮滩群落结构

（引自《中国国家地理自然百科系列：海洋》，2011）

3. 潮沟

盐沼的重要地貌形态之一就是在较低潮滩往往发育潮沟，潮沟是盐沼与外界系统进行物质能量和信息交换的重要通道。随着盐沼地势的增加，潮沟逐渐淤积，数量明显减少。

4. 裸露滩地

裸露滩地是盐沼的显著特征，大部分位于潮间带，低潮时被水淹没。

二、生物特征

1. 动、植物特征

盐沼草是盐沼生态系统的优势植物，生长在潮间带上部，以米草属、盐角草属、盐草属和灯芯草属物种为主，其中米草属的物种优势最大。盐沼较低潮面的动物包括招潮蟹、织纹螺、蛏等。盐沼同时还为虾蟹以及幼鱼提供隐蔽场所和食物。

2. 适应机制

盐沼中的植物具有旱生特性，根据对多盐环境的适应方式，可以区分为盐生植物和泌盐植物两个生态型。它们的耐盐性强，细胞液的浓度高、渗透压高，因而能从含盐量高的土壤中吸取水分。植物的茎和叶肉质化，有的叶片退化、缩小，或与茎合生成筒状，仅下表面与外界接触，以减少水分蒸腾，如盐角草。泌盐植物与盐生植物不同，植物体内不积累盐分，而通过泌盐方法，把体内的盐分排出体外。

三、典型分布

在中国，渤海、黄海、东海的海滨，凡是泥质海岸分布的地方，都有面积不等的盐沼分布，碱蓬、盐角草等物种组成常见的群落。

第五节　海草场

海草是生长于近岸浅水区软质底上的一类海洋被子植物。它属于有根开花植物，通常具有发达的根系和地下茎。在适宜的条件下，海草可以形成大面积的海草场，面积可达上千平方千米（图5-9）。

图5-9　水下茂盛的海草

一、环境特征

1. 盐度

海草生活在盐沼向海一侧的潮间带和潮下带，所处的生活环境盐度较高。

2. 温度

海草适宜生长的温度较为广泛，除南极以外，从热带到温带都有所生长。

3. 水深

除了高纬度的极区外，很多浅水区都有海草生长，通常在接近潮下带最为茂密。海草分布受水体透明度的影响，在清澈水域可达水深40 m的海底。

二、生物特征

1. 植被特征

海草地下部分是网状的根茎系统，地上部分是根茎处长出的分散的枝条和束状叶。海草可以通过有性生殖和无性繁殖的方式繁殖后代。

2. 适应机制

叶片呈束状以适应水流和波浪环境；通过海水传播花粉；体内有大量腔隙系统用以将氧气输送至缺氧沉积物中的地下结构。

3. 生物多样性

海草物种多样性很低，全世界大约只有50种（Hemminga和Duarte，2000）。大多数海草场只有单个种类。但海草场为众多生物提供了食物和隐蔽场所。叶片上有很多硅藻和绿藻等附生植物以及原生动物、线虫、水螅、苔藓虫等。软体动物、猛水蚤类、螃蟹以及鱼类等也生活其中。

三、典型分布

除南极外，全世界各海域都有海草的分布。有的种类，如大叶藻，从欧洲的白海到地中海，以及北美和西北太平洋沿岸均有分布。在中国，海菖蒲、海神草多见于热带的西沙群岛和海南岛。喜盐草以及二药草多见于广东沿海和广西沿海。大叶藻以及虾形藻是温带类型，广布于辽宁、河北和山东沿海（杨宗岱和吴宝铃，1981）。

四、生态学功能

海草场在海洋生态系统特别是近岸生态系统中扮演着重要角色，提供了大量的不可取代的生态系统服务：海草场能够减缓海浪对海岸的侵蚀以稳定底质，从而保护海岸环境；能吸收营养盐和重金属，净化和改善水质；作为重要的初级生产者，是地球碳循环和氮循环中的重要一环；是许多浮游生物、底栖生物和附着生物赖以生存的场所，同时也为许多重要经济鱼类提供产卵场和孵幼场所，海草场还是儒艮、海龟和海牛等珍贵保护动物的生存栖息地并直接为其提供食物，对维护地球生物多样性具有重要意义。此外，热带地区的海草场生态系统在与红树林生态系统和珊瑚礁生态系统的交互作用中扮演着至关重要的角色，海草场系统作为海洋三大典型生态系统中的重要一员，在保障另外两个海洋生态系统的理化因素和生物因素的基础稳定性中提供了重要的支撑服务。

第六节　红树林

红树林是湿地盐生植物，即指生长在热带、亚热带海洋潮间带地区，受周期性海水潮起潮落浸淹、干露的耐盐性木本植物群落，也是独一无二的形成保护海岸功能的

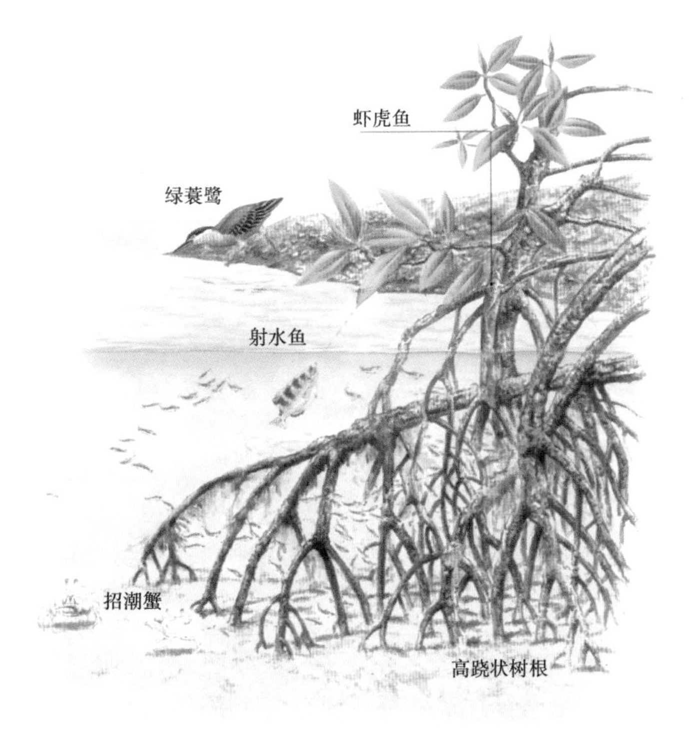

图5-10　红树林特征结构

（引自《中国国家地理自然百科系列：海洋》，2011）

植物群体，具有特殊的群落结构（图5-10）。由于主要由红树科植物组成，所以称为红树林。红树林是最具特色的湿地生态系统，兼具陆地生态系统和海洋生态系统的特征，是陆地和海洋之间的生态过渡区。

一、环境特征

1. 地形

红树林通常分布于平缓海岸，风浪小、弧形而曲折的港湾和岛屿众多的海港是红树林的理想生境。地势平坦的河流出海口形成的泥质滩地也能够支持红树林的生长，而沙滩环境则无法看到红树林植物。

2. 土壤

红树林土壤具有高水分、高盐分、含硫量高、富含有机质、极度缺氧、pH低（pH<5）等特点。

3. 气候

热带气候适合红树林生长，最低年均温一般大于20℃，表层海水水温一般高于16℃。

4. 潮汐和洋流

周期性被海水淹没是红树林生境的最主要特征。红树林呈现与海岸平行的系列带状分布，便是不同红树植物对盐分和潮汐适应能力不同的结果。潮汐和洋流能够将红树植物的幼苗散布到很远的地方。

二、生物特征

1. 植被特征

红树林主要由红树科的常绿种类组成，其次为马鞭草科、海桑科、爵床科等种类。其外貌终年常绿，林相整齐，结构简单，多为低矮性群落。具有成带现象（图5-11），即有一个大致和海岸平行的优势林带，不同的红树林种类生长在不同的林带内，据此把红树植物分为真红树植物、半红树植物和伴生植物，显示出明显的演替系列和典型的生态序列。

2. 适应机制

由于生存在淤泥和缺氧的环境，且受到周期性潮汐的浸渍和冲击（图5-12），生存土壤盐度高，红树植物具有特定的生物学特征。表现为：具有发达的根系，如表面根、支柱根、膝状根、气生根等，以助于植物呼吸和抵抗风浪冲击；采取胎生

图5-11 红树林成带现象（引自amuseum.cdstm.cn）

图5-12 红树林生长在海岸潮间带，受周期性海水浸渍（引自amuseum.cdstm.cn）

和半胎生的生活史方式进行繁殖；叶片具有特殊的旱生结构、高渗透压、拒盐或泌盐能力等。

3. 生物多样性

红树林的群落结构十分复杂，位于陆地和海洋之间的过渡地带，陆地生物和海洋生物共存。具有藻类、原生动物、软体动物、甲壳类动物、鱼类、两栖类、爬行类、鸟类以及其他水生植物等多样化的生物类群。

三、典型分布

红树林分布在以赤道热带为中心，南、北回归线之间的区域，在我国分布于海南、广西、广东、福建、台湾、香港、澳门等地沿海，浙江海岸也有少量分布。主要集中在北部湾海岸（广东湛江、广西沿海及海南的西海岸）和海南东海岸。

四、生态学功能

红树林是热带海岸的重要生境之一，具有维持生物多样性、防浪护堤、促淤造陆和净化海水等特殊功能。它是众多生物的栖息地和觅食场所，也是候鸟重要的中转站和越冬地。其发达的根系更是可以防风浪冲击、保护农田，对保护海岸起着重要作用，是内陆的天然屏障。如白骨壤红树林带，可以使1 m高的波浪削减到0.3 m以下。在台风引起的风暴潮中，红树林的减流消浪作用非常突出，宽100 m、高2.5～4 m的红树林可消浪达80%以上。发达的支柱根更是加速了淤泥的沉积作用，随着红树群落向外缘发展，陆地面积也逐渐扩大。与此同时，红树林还可以吸收污染物，降低海水的富营养化，起到净化海水的作用。

正是由于红树林的重要生态学意义以及各级政府的重视，各地纷纷设立红树林保护区。其中，深圳红树林保护区是我国面积最小的国家级自然保护区，最多时曾有180种鸟类，其中20多种属于国际、国内重点保护的珍稀品种。跨入21世纪以来，中国开始重视保护红树林，不论是在学术研究还是在实践中，都已迈开了重要一步。该红树林保护区已被“国家保护自然与自然资源联盟”列为国际重要保护组成单位之一，同时也是我国“人与生物圈”网络组成单位之一。未来，期望红树林保护政策法规体系能够更加完善，同时国际合作交流能够更好地发展。

第七节　珊瑚礁

珊瑚礁是在潮间带和潮下带浅海区，由珊瑚虫分泌$CaCO_3$构成珊瑚礁骨架，通过堆积、填充、胶结各种生物碎屑，经逐年不断积累而形成的。它是海洋环境中独特的一类生态系统，有“海洋中的热带雨林”之称（图5-13）。珊瑚的生命周期一般都要经过卵子及精子释放至水体、结合成受精卵、受精卵发育至小珊瑚虫等过程（图5-14）。

图5-13　珊瑚

一、环境特征

1. 温度

珊瑚分布区的温度范围为18℃ ~ 36℃，适宜温度为26℃ ~ 28℃。只能生长在热带海区。

2. 光照

珊瑚虫生长需要足够的光，其适合的生存深度是水深25 m以内，水深50 ~ 70 m就停止造礁。光照条件是其生长的重要限制因子。

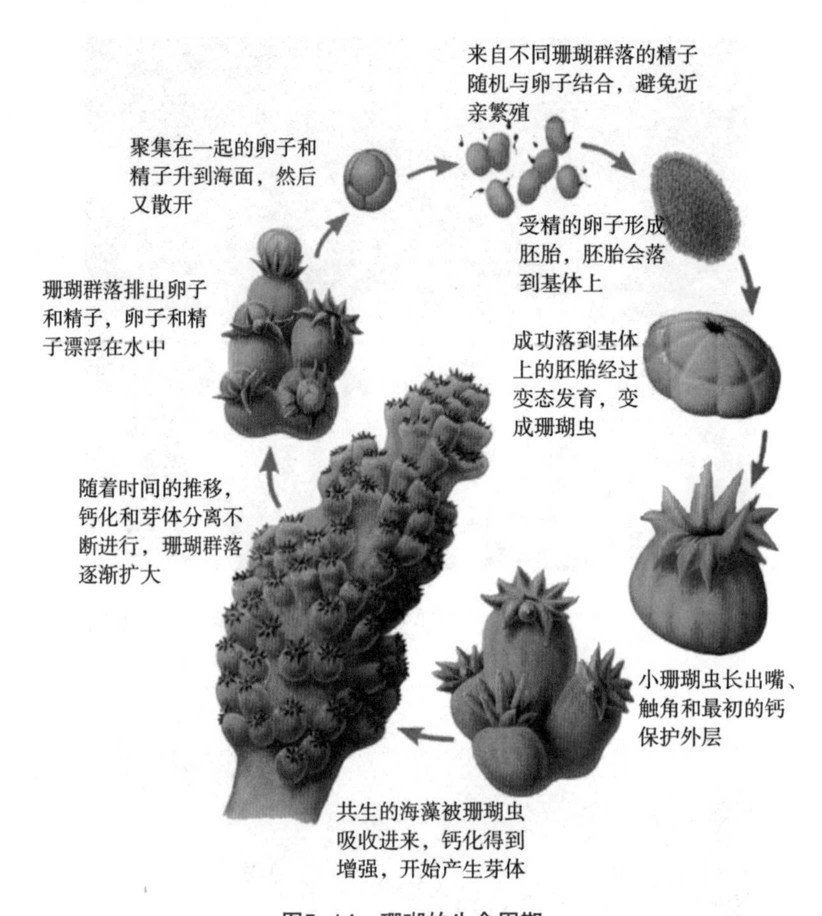

图5-14 珊瑚的生命周期

（引自《中国国家地理自然百科系列：海洋》，2011）

3. 盐度

造礁珊瑚适宜生长在盐度为32～35的海水中，在河水冲淡的河口区不能生长，但在有些盐度较高的海湾也能旺盛生长。

4. 水质

造礁珊瑚需要生长在水质清洁且水流通畅的环境，故在水体浑浊且存在淤泥的河口区不能生长。

5. 基底

造礁珊瑚需要附着在岩石的基底上。

二、生物特征

1. 动、植物特征

珊瑚虫是构成珊瑚礁基本结构的主要生物。除了造礁的石珊瑚以外，还有珊瑚藻、多孔螅、海绵、苔藓虫和有孔虫等非造礁珊瑚。在珊瑚礁内存在的礁栖脊椎动物主要是鱼类、海龟、海鸟；礁栖无脊椎动物主要包括软体动物（有5 000种以上）、棘皮动物和甲壳动物，多毛类、蠕虫以及海绵也较为常见。

2. 生物多样性

已知的珊瑚礁生物大约有100 000种，几乎所有门类的海洋生物都有代表生活在珊瑚礁中。故被称为“所有生物群落当中最富有生物生产力、分类上种类繁多、美学上驰名世界的群落之一”。

三、类型

根据珊瑚礁与岸线远近的关系，珊瑚礁可划分为五种类型：岸礁、堡礁、环礁、台礁和点礁（图5-15）。其中环礁是我国南海珊瑚礁地貌的主要类型，从形成到衰亡一般会经历以下几个阶段：开放型环礁，半开放型环礁，多口门准封闭型环礁，单口门准封闭型环礁，封闭型环礁和台礁化环礁（图5-16）。最终环礁衰亡，转化为另一种珊瑚礁地貌称为台礁。

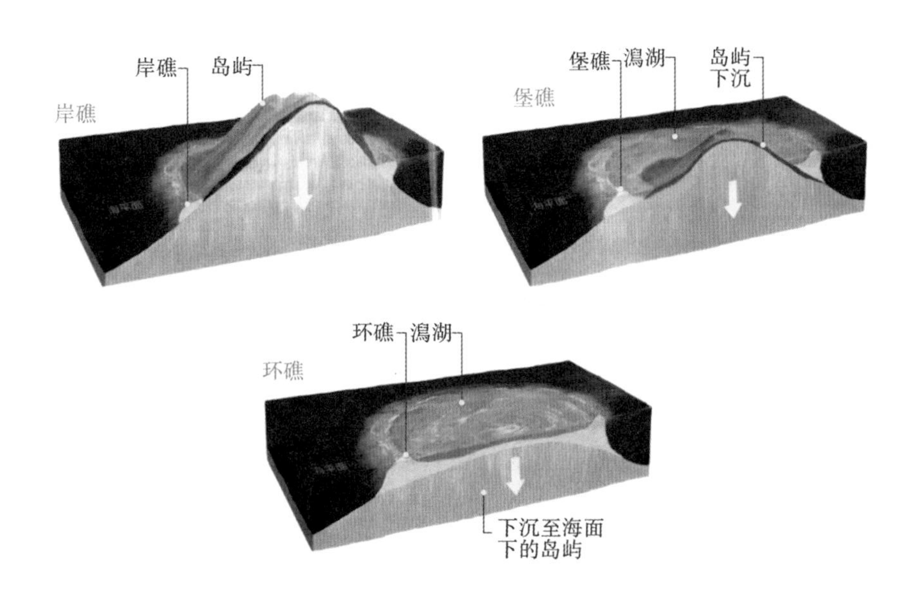

图5-15　岸礁、堡礁、环礁

（引自《中国国家地理自然百科系列：海洋》，2011）

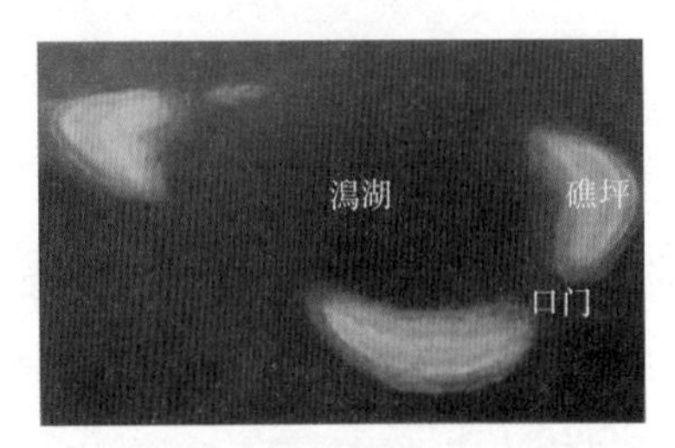

开放型环礁

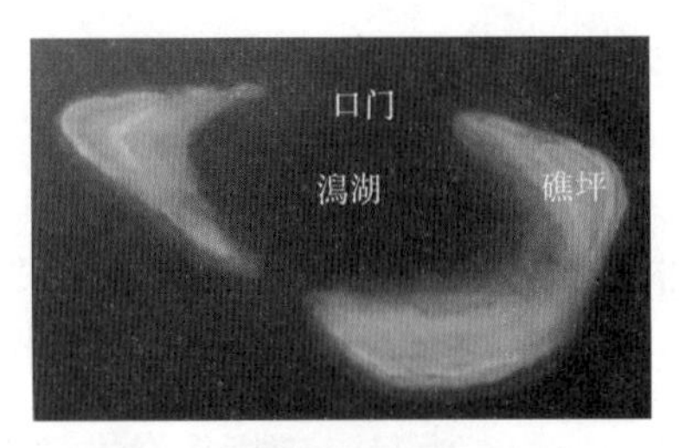

半开放型环礁

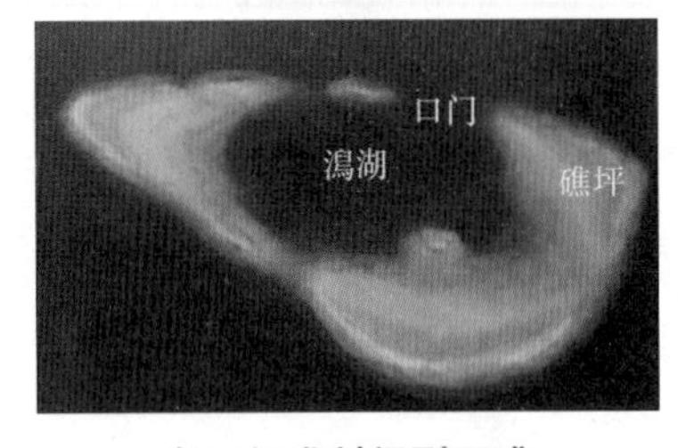

多口门准封闭型环礁

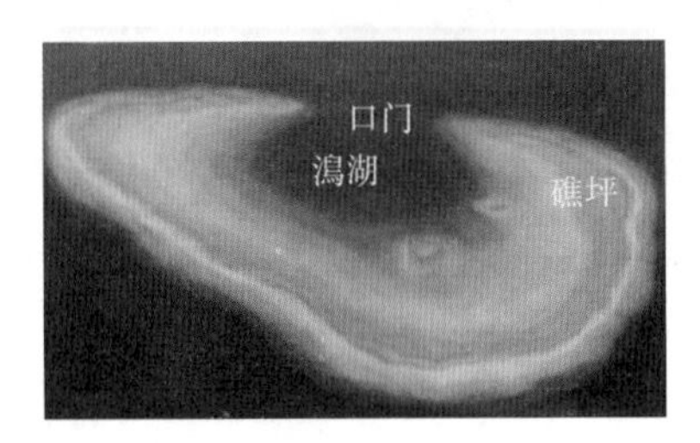

单口门准封闭型环礁

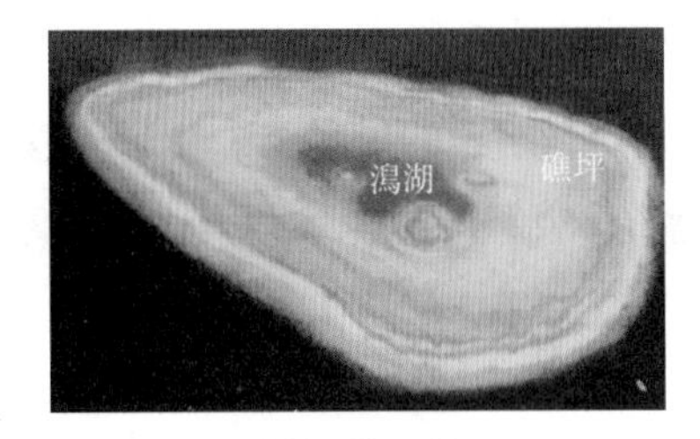

封闭型环礁

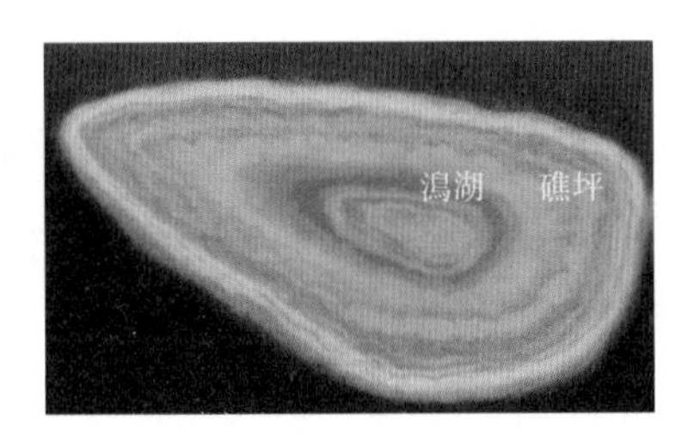

台礁化环礁

图5-16 环礁经历的几个阶段

（引自《中国国家地理自然百科系列：海洋》，2011）

四、典型分布

南海周边地区和南海诸岛已记录珊瑚50属300余种，约占印度—太平洋珊瑚总属数的2/3和总种数的1/3。我国的台湾有近300种石珊瑚、100多种八放珊瑚；香港有84种。岸礁分布在我国台湾东部沿岸和海南南部沿岸；广东沿岸多数是大大小小的礁块，仅在雷州半岛西岸出现不典型的岸礁。而在南海诸岛中，却有数百座环礁和少数台礁。依地貌类型分，东沙、中沙共有环礁15座，其中沉没环礁3座；南沙有113座，其中干出的环礁（或台礁）51座，沉没礁体62座；西沙共有8座环礁，1座台礁。

第八节　上升流

上升流是一类重要的海洋现象，是深层海水涌升到表层，将底层的营养盐不断地带到海洋表层，表层水团出现低温、高盐、低溶解氧和高营养盐的特征。上升流根据在海洋中的分布分为沿岸上升流和大洋上升流，沿岸上升流是由特定的风场、海岸线或海底地形等特殊条件所引起的（图5-17）。

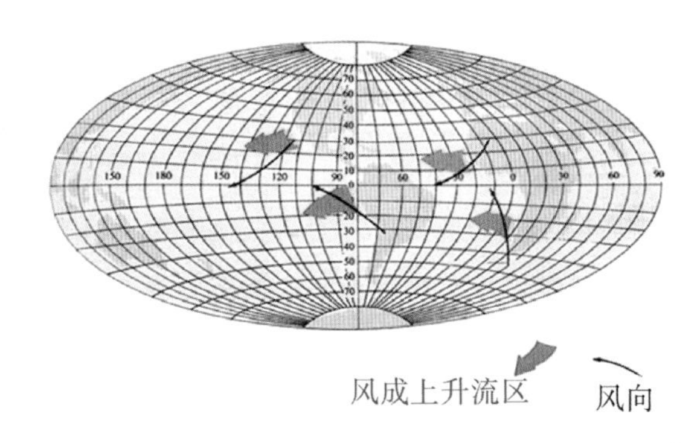

图5-17　全球上升流分布（引自amuseum.cdstm.cn）

一、环境特征

1. 盐度

盐度比周围表层水高。

2. 温度

低温，表层水温比同纬度其他海区的表层水温低。

3. 溶解氧

低溶解氧，表层水溶解氧的饱和度较低。

4. 营养盐

高营养盐含量，无机氮、磷较丰富。

二、生物特征

浮游植物生物量较高，单细胞浮游植物的粒径也较大；浮游动物中冷水性种类和数量比例增加；群落的多样性相对较低；游泳生物，主要是鱼类的生命周期较短。

三、典型分布

在我国的渤海、黄海、东海陆架区和台湾海峡以及海南岛近岸都存在沿岸上升流区。

东海上升流

在长江口外和东海近海，在31° 00′ ~ 32° 00′ N、122° 20′ ~ 123° 10′ E海区存在着明显的下层高盐冷水的抬升现象（赵保仁等，2001），伴随这种上升运动，于5 ~ 10 m层在上述高盐冷水区明显地存在一个低溶解氧、高营养盐海域。资料表明，这一海域底层低氧、高营养盐水体不是直接来自表层的长江冲淡水而是来自深底层变性后的台湾暖流水。同时，在浙江近海27° 30′ ~ 30° 00′ N、123° 30′ E以西海域也观察到上升流的存在。胡敦欣等（1980）认为，台湾暖流在浙江沿岸的沿坡爬升是该上升流形成的主要因子。这两个上升流区合称为东海上升流。

东海上升流的水文特征是底层高盐冷水向上层涌升。在近海上升流区域呈现较高的叶绿素水平和较高的初级生产力特征，其表层叶绿素浓度一般在1 mg/m^3左右，升高并不明显，但次表层往往存在高值，可达5 mg/m^3以上，在上升流区初级生产力一般在1 000 mg C/（m^2 · d）左右，而其中心则可达2 000 mg C/（m^2 · d）以上，是夏季除长江口以外东海初级生产力最高的区域。浮游植物生物量和生产力高值区与上升流强度息息相关，自春末夏初，随着季风由北转南，海域的叶绿素水平和初级生产力逐渐升高，在夏季上升流最强时达到顶峰，由夏入秋，随着上升流减弱，其所形成的高生产力区也逐渐消退（Ning等，1988）。

长江口和浙江近海上升流区同长江口赤潮多发区的位置基本吻合，表明上升流从底层往上层输送的营养盐对浮游植物和赤潮生物的大量滋生有重要的作用。长江口赤潮爆发，主要受制于磷酸盐的含量。台湾暖流在近海爬升，形成了上升流，而上升流将底层的磷酸盐带到表层，正好补充长江口水域这一营养成分的不足，长江口上升流在这一水域的赤潮形成中起了重要作用（杨东方等，2007）。

浙江近海上升流区与中国最大的渔场——长江口渔场、舟山渔场和渔山渔场的形成有关。一方面，由于长江径流带来数量巨大的营养盐，另一方面，与台湾暖流高温高盐，在春夏自东南向西北楔入沿着大陆架爬升，形成上升流有关。加上这一海域岛屿列布，往复流转突出，特殊的水文地理特点为渔场带来大量浮游生物，与海水营养盐类相结合，促使其迅速生长繁殖。在上升流区，磷、硅含量较高，浮游硅藻占90%以上。水体中浮游动物数量巨大。优越的自然环境条件，使这一上升流区及其附近海域成为适宜多种鱼类繁殖、生长、索饵、越冬的生活栖息地。

第六章　人工海岸的生态影响

人工海岸往往是通过海岸工程实现转变的。传统的海岸工程在选址、设计和施工的各个阶段主要考虑工程的功能定位和结构安全，而忽视对海洋生态系统的影响，这就对当地海洋生态环境产生了巨大的压力。海洋生态环境是海洋生物生存和发展的基本条件，生态环境的任何改变，都有可能导致生态系统和生物资源的变化。当外界环境变化超过生物群落的耐受限度，就会直接影响生态系统的正常循环，从而造成生态平衡的破坏。

一、阻滞陆海之间物质流和能量流的交换

人工海岸的修建人为地阻滞了海洋与陆地的物质交换和能量流动过程，各种生源要素的正常流转受到影响，进而使海洋生态系统功能的正常发挥受到干扰或破坏（图6-1）。

海陆之间物质和能量的交换主要通过海陆水循环进行。地表径流和地下径流通过河流的形式汇入海洋。水体通过太阳辐射能的作用，蒸发到大气中，随着大气的运动，水汽凝结为液态水降落至地球表面。一部分降水可被植被拦截或被植物散发，降落到地面的水可以形成地表径流，一部分降水渗入地下形成地下径流，并最终流入海洋。海陆间水循环如此往复进行。

一方面，人工海岸的建设，尤其是防护类海堤、护岸以及港口、码头等，使得陆源的无机氮、磷营养盐，有机态营养盐，Fe^{2+}，Al^{3+}等生源要素不能顺利地通过海陆间水循环汇入海洋，从而改变正常的生境条件。另一方面，人工海岸阻滞了海岸的潮汐

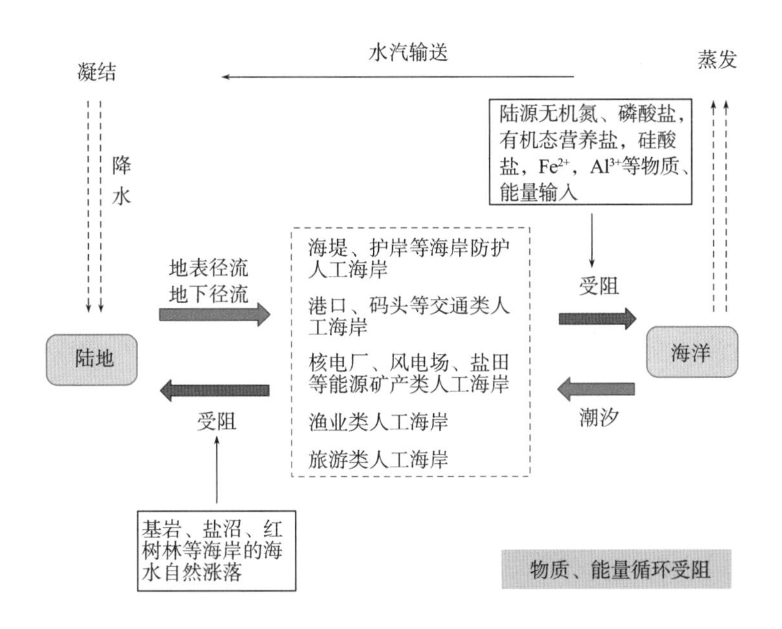

图6–1　海洋与陆地之间的物质、能量循环受阻

通道，从而影响基岩、盐沼、红树林等位于潮间带的海水自然涨落，危害生活其中的生物的存活、摄食、繁殖和发育等正常生命活动。

二、加剧海洋污染

人工海岸的建设往往伴随着密度更高、强度更大的人类活动，形成的多种排海废弃物加剧了近岸海洋环境的污染（图6–2）。这类影响主要来自渔业类人工海岸，交

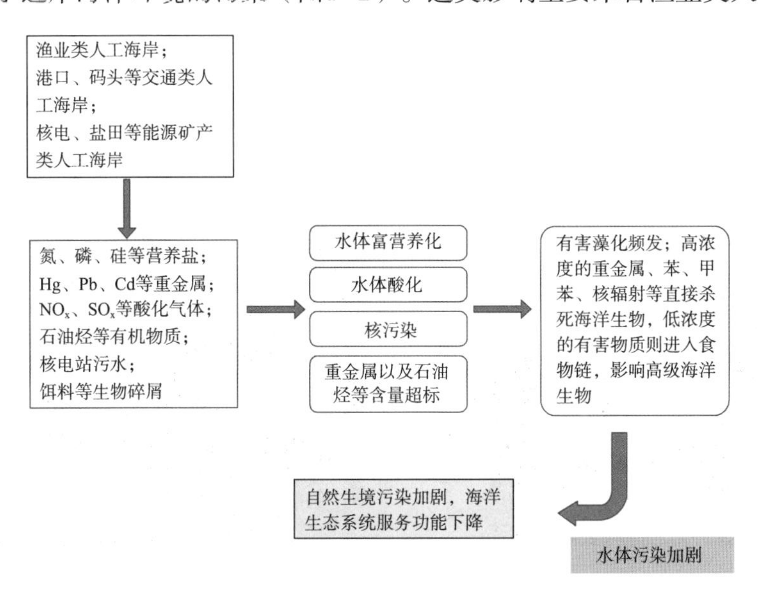

图6–2　海洋水体污染加剧

通类人工海岸以及能源矿产类人工海岸。

目前，高密度的人工海水养殖大多已进入半集约化或集约化养殖，残存的饵料、养殖生物（鱼、虾、蟹等）的排泄物、施用的化肥以及消毒剂等药物均会使得附近海域水体污染物超标，影响水体正常的生态功能。具体分析来看，渔业养殖产生的氮、磷、硅等营养盐，硫化物、NH_4^+、固体悬浮物和有机质等会对自然水体和底泥造成污染。水体富营养化，浮游生物短时间即可大量繁殖爆发形成赤潮，改变水体颜色。有些微藻还能够产生麻痹性贝毒、腹泻型贝毒、神经性贝毒或西加鱼毒等毒素，直接杀死捕食者或者通过食物链传递危害更高营养级生物，甚至可以导致人类死亡。1989～1999年，在香港发生的西加鱼毒中毒事件，导致了1 000多人中毒。而在2000年以后，中毒事件呈现明显的上升趋势，一年内发生的鱼毒性中毒事件就多达上百起。此外，赤潮还可以导致严重的经济损失。中国海洋环境质量公报资料显示，1997～1999年，仅东海海域因赤潮造成的直接经济损失就高达20多亿元。2000年以后赤潮发生更为频繁，爆发面积也逐年扩大，有毒有害赤潮比例也不断上升。2012年，仅福建省平潭沿海发生的一起米氏凯伦藻赤潮，就导致了鲍鱼养殖业直接损失高达2亿元。

港口、码头和船坞等交通类人工海岸的过度建设，也会造成水体污染加剧。其中，石油污染是此类人工海岸水域的主要污染物。船舶装卸货物、碰撞或搁浅均可造成石油泄漏。一方面，泄漏后的石油漂浮在水面形成油膜，造成表层海水溶解氧减少，而石油的降解过程更是需要消耗大量溶解氧，影响水体中溶解氧，进而影响生物正常的生命活动。另一方面，石油中所含苯等有害物质，可以直接杀死水生生物或者通过食物链富集，影响更高营养级的生物（图6-3）。除此以外，船舶排出的生活污水、生活垃圾、洗舱水均会对水域造成污染。

图6-3　石油泄漏导致生物死亡或污染

近几年，沿海核电站发生事故造成海水污染的问题也逐渐被人们所关注（图6-4）。核电站产生的固体废弃物和废水等具有放射性，对人体危害巨大。放射性物质会泄漏至周边海域，并可以通过洋流扩散至大洋中，威胁海洋生物的生存，后代可能发生基因变异及污染海洋食物链。其中，较主要的影响是改变动物基因和影响繁育能力。

图6-4　日本福岛第一核电站发生泄漏事故

法国辐射防护与核安全研究院通过计算机模拟演算，得出结论：以微粒形式沉淀在海底的放射性物质可能会造成长期污染。特别是铯-134和铯-137。放射性物质还有可能在鱼类和贝类体内富集。如果是放射性的铯，在软体动物和海藻中的富集率是50倍，但是在鱼类中则会富集400倍。放射性碘则相反，在鱼类体内会富集15倍，在海藻中是1万倍。

除此以外，工业污水、矿产废水以及养殖业使用的农药中含有多种重金属，如Pb、Hg、Cd、Cu等。此类水体排放至海洋中，可以导致自然水体重金属超标。高浓度的重金属可以直接杀死海洋生物。Cd^{2+}的浓度由200 μg/L上升至20 000 μg/L时，双齿围沙蚕的死亡率由33.3%上升至100%（王晶，2007）。低浓度的重金属则可以被海洋生物吸附、吸收或摄食，并随生物的运动而产生水平方向和垂直方向的迁移，或经由浮游植物、浮游动物、鱼类等食物链（网）而逐级放大，致使鱼类等生物体内富集着较高浓度的重金属，或危害生物本身，或由于人类取食而损害人体健康。此外，海洋中的微生物能将某些重金属转化为毒性更强的化合物，如无机汞在微生物作用下能转化为毒性更强的甲基汞。

与此同时，围填海形成的人工海岸导致自然岸线发生变化，从而改变了区域的潮流运动特性，引起了污染物迁移规律的变化，减小了污染物的扩散能力。污染物在近岸大量累积，造成近岸海域污染越来越严重。

三、导致生物多样性下降

人工海岸的修建干扰或破坏了许多海洋生物的关键生境，包括产卵场、育幼场和索饵场等，使得许多生物群落逐渐衰退，甚至消失，海洋物种多样性下降，遗传与变异多样性下降以及生态系统多样性下降（图6-5）。

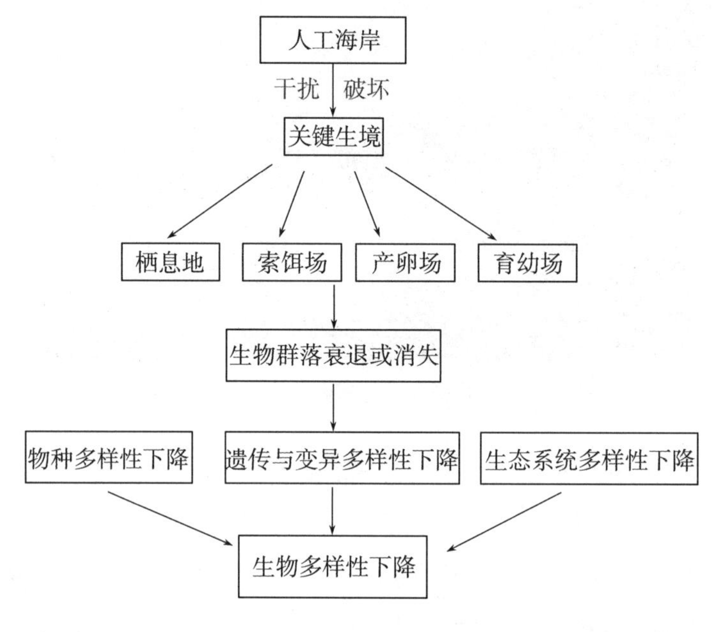

图6-5　生物多样性下降

自然海岸存在基岩、沙（砾）质和粉砾淤泥质等多种底质类型，是众多海洋生物优良的栖息地。许多经济鱼类的洄游也在自然海岸区域。入海河口尤为明显。河口入海口区域营养物质富集，充满氧和从有机物质分解出来的氮。在日光透射，水温上升的帮助下，硅藻类和其他浮游生物快速繁殖，利于鱼类索饵捕食。有些鱼类还需要通过生殖洄游繁殖后代。例如，我国十分重要的经济鱼种小黄鱼每年5月中旬都会洄游至莱州湾、黄河口和大沽口外浅海产卵，或者北去辽东半岛西岸一带产卵。小黄鱼是近岸洄游中向陆地方面移动的一种，除此以外，还有大黄鱼、鲫、鲷、鲐、带鱼等。其中，带鱼是生殖洄游路线最广泛的一种，在我国近海的近陆浅滩都能产卵。有的鱼类，如鳗鲡，要洄游数千千米到海洋深处产卵；有的鱼类则需要从海洋出发，溯河而上，到江河里产卵，而后回到海里，鲑鱼就是最显著的例子。有的鱼类将卵产在海岸的卵石或砾石上进行孵化，有些则将卵产在大叶海生植物上进行孵化。

人工海岸的修建，尤其是防护类海堤、护岸、木栈道、盐田以及核电厂等改变了自然海岸的生态环境，阻断了正常的陆海交汇，改变或扰动了近海的底质组成，破坏了原有的生物群落。这将直接影响到许多水生生物正常的生长、繁殖，导致物种多样性减少，遗传与变异多样性降低，生态系统多样性被破坏。目前，栖息地遭破坏已成为我国海洋生物数量减少、分布区域缩减和濒临灭绝的主要原因之一。

人工海岸产生的水体污染，也能够显著影响生物正常的生命活动。重金属、石油烃、核辐射等可以直接杀死海洋生物，导致物种多样性减少。也可以通过改变生物的基因特性导致遗传突变，产生畸形后代。还可以通过食物链传递至高营养级生物，并在生物体内发生富集效应。从而打破生物之间相互依存、相互制约的关系，危害到其共同维持的生态系统结构和功能，导致生态多样性降低。

人工海岸的建设还可能引起生物入侵的发生。由船舶压舱水、贸易运输等带来的外来物种入侵，能够严重危害本地生物的多样性。例如，草本植物大米草于20世纪60～80年代分别从英、美等国引入我国，初衷是抵御风浪、保滩护岸。但由于条件适宜，缺乏天敌，大米草被引入后，快速密集生长，并占领大面积滩涂，致使鱼类、贝类、藻类等大量生物丧失生长和繁殖场所，被称为“滩涂杀手”。仅闽东一带，每年渔业由此造成的直接经济损失就达4.64亿元以上。

四、破坏海岸自然景观

良好的海岸自然景观具有很高的美学价值和经济价值，很多滨海城市也因此成为热点旅游目的地，产生了巨大经济效益。但是盲目地截弯取直、顺岸围填等海岸建设后，人工景观取代了自然景观，很多有价值的海岸景观资源在围填海过程中被破坏。

五、降低海岸防护能力

海岸带系统尤其是滨海湿地系统在防潮削波、蓄洪排涝等方面起着至关重要的作用，是内陆地区良好的屏障。然而，大规模过度开发的人工海岸，尤其是围填海工程可以改变原始的岸滩地形地貌，破坏滨海湿地系统，削弱海岸带自有的防灾减灾能力，使海洋灾害破坏程度加剧。山东省无棣县、沾化县的围填海工程使其岸线向海洋最大推进了数十千米，潮间带宽度锐减，1997年、2003年两县遭受特大风暴潮袭击，直接经济损失超过28亿元。

与此同时，随着海洋资源开发活动的加大，破坏海岸防护设施和沿海防护林的现象时有发生，既对沿海人民生命、财产安全构成威胁，也破坏了脆弱的海岸生态系统。尤其在经济比较发达的沿海地区，各行业竞相开发海岸带资源，形成无度无序的开发状态，更使脆弱的海岸生态系统面临严重威胁。

六、小结

总之，人工海岸对海洋生态环境造成的不利影响主要是通过围填海、渔业养殖等途径，改变自然水体、底质以及岸线，从而破坏原有生境，降低生物多样性，最终导致海洋生态系统结构和服务功能下降（图6-6）。

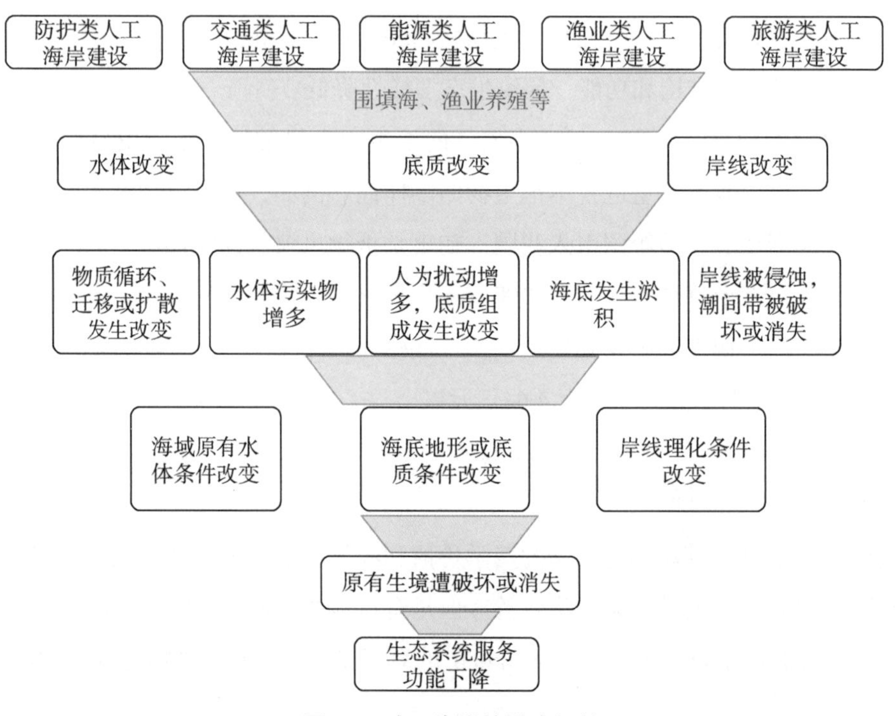

图6-6　人工海岸的影响机制

通过围填海建设防护类人工海岸，可以影响陆海之间的物质能量循环、迁移或扩散。而大规模的渔业养殖过程中，过量投放的饵料和养殖生物的代谢产物则可以导致水体污染物增多。而围填海和密集的渔业养殖还会增加扰动，导致底质组成发生改变，或者发生淤积，从而改变海底地形或底质条件。此外，围填海和沿海养殖业侵占自然岸线，导致潮间带被破坏或消失。这些均会导致原有自然生境遭破坏，进而危害海洋生态系统的结构和功能。

第七章　莱州湾支脉河口人工海岸及邻近海域生态环境现状

第一节　生态环境现状

莱州湾位于渤海南部，山东半岛北部，海岸线长400 km。濒临的城市有东营、潍坊、烟台3个地级市及所辖的9个县市区，注入河流辐射到的有济南、青岛、东营等9个市及所辖34个县市区（王文海，1997），是中国渤海三大海湾之一。受郯（城）—庐（江）大断裂带控制、由断块凹陷而形成的海湾。西起东营市神仙沟口，老黄河口一带，东至龙口市屺姆角，海湾总面积约6 400 km^2。莱州湾滩涂辽阔，周围有黄河、广利河、小清河等10余条河流流入，河水有机物质丰富，生物资源丰富、种类繁多，分布洄游的渔业种类有260余种，较重要的经济鱼类和无脊椎动物近80种，盛产蟹、蛤、毛虾及海盐等，为山东省重要的渔盐生产基地，其沿岸潍坊、东营、龙口港和羊角沟港为山东省重要港口（崔毅等，2003；马绍赛等，2004；张龙军等，2007）。

由于河流泥沙堆积，水深一般不超过10 m，底质以泥沙为主。莱州湾岸属淤泥质平原海岸，岸线顺直，多沙土浅滩（郎晓辉等，2011）。东段（屺姆角—虎头崖）为海成堆积沙岸，由于横向运动使堆积物由海底向岸边堆积，形成狭窄的沙滩；南段（虎头崖—羊角沟口）是淤泥质堆积海岸，河流堆积显著，沿岸形成宽阔沼泽、盐碱滩地，水下浅滩宽约10 km；西段（羊角沟口—老黄河口）为黄河三角洲堆积沙岸，浅滩宽广平缓。由于胶莱河、潍河、白浪河、弥河，特别是黄河泥沙的大量携入，海底堆积迅速，浅滩变宽，海水渐浅，湾口距离不断缩短。

进入20世纪90年代，由于沿岸经济的快速发展，潍坊市、东营市、莱州市、龙口市、寿光市等城市陆源排污量的迅猛增加、黄河淡水入海量的锐减等原因，莱州湾海域环境质量不断下降，导致了经济海洋生物产卵场萎缩，渔业资源遭到破坏，底栖生物多样性急剧减少，海洋生境恶化明显（贾晓平等，1997；赵章元和孔令辉，2000；苏一兵等，2003；崔毅等，2003；郝艳菊等，2005；纪大伟等，2007）。

对于莱州湾生态环境的污染主要包括以下几个方面：

（1）有机污染。据有关资料统计，石油类排放量为2 600 t/a。油田排放含油废水和落地原油、港口设施排放污水，以及对虾养殖过程中所排放的污水都不可避免地加大了莱州湾的污染负荷。国家海洋局烟台海洋管区监测结果（2009）表明：莱州湾近岸水域有机污染综合指数在4.05，呈重污染状态；中部水域和外部水域有机污染指数在2~4之间，呈轻污染和中污染状况。油污染指数西部为2.3，属中度污染；中部和东部为0.8~1.3，属轻污染状况。

（2）重金属污染。重金属是近海环境中最主要的污染物之一，沉积物被认为是海洋环境中重金属最终的蓄积地，海洋沉积物中重金属的空间分布特征能反映海域的污染状况。据报道，悬浮物的排放量为28 000 t/a；重金属的排放量为1.6 t/a，1998年海岸带基础调查已发现，莱州湾沿岸地区养殖贝类受到严重的重金属污染，其中镉含量的超标率达到50%，这说明重金属污染已给区域生态造成了一定程度的危害（郎晓辉等，2011）。罗先香等（2010）于2008年5月对莱州湾30个采样点表层沉积物中的Cu、Pb、Zn、Cd、Hg、As、粒度和总有机碳进行测定，得出重金属平均含量大部分低于国家海洋沉积物一类标准。Cu、Pb、Zn、Cd和As在莱州湾中部区域出现高值区，同时Cd在小清河口、Hg在莱州湾东部出现高值区。莱州湾表层沉积物重金属属于低污染水平，污染程度排序为Cd>Pb>Zn>Cu>As>Hg，莱州湾表层沉积物重金属潜在生态风险总体处于较低水平，风险指数高值区出现在莱州湾东部区域，主要受Hg的高风险水平影响。

（3）营养盐状况与富营养化。孙丕喜等（2006）分析了莱州湾海域海水中5项营养盐的分布特征及时空变化，得出溶解无机氮的平均浓度为9.80 $\mu mol/dm^3$，活性磷酸盐的平均浓度为0.48 $\mu mol/dm^3$，活性硅酸盐的平均浓度为11.31 $\mu mol/dm^3$。并利用历史资料得出莱州湾海域内营养盐呈升高趋势，莱州湾海区湾顶近岸海域为富营养化区。纪大伟等（2007）利用分析法得出莱州湾海域磷酸盐、无机氮超标严重，整体已表现出富营养化，其中黄河口和小清河口附近富营养化较为明显，这主要是受到陆源排污和海水养殖的影响。刘义豪等（2011）利用2006～2009年莱州湾调查数据分析得出莱州湾海域无机氮受小清河径流影响明显，西部海域显著高于东部海域，大部分海域无机氮超四类海水水质标准，4年整个海域无机氮污染严重，磷缺乏，平均N/P为164、Si/P为130、Si/N为0.77，净营养盐收支呈磷减少而氮增加的总体变化趋势。

综上所述，莱州湾作为半封闭性海湾，水交换能力较差。自20世纪70年代以来，随着沿岸人口的增多和人为干预的日益加剧，以及工业、农业、海洋运输业、油气开采业的发展，给该海域生态环境造成的压力越来越大，生态环境受到了严重破坏。然而莱州湾的生态保护与可持续发展是一项复杂的工程，必须针对莱州湾积极开展科学研究。研究莱州湾海域的环境保护和污染的综合防治措施，对促进生态良性循环、提高莱州湾水体和湿地自净能力、污染物迁移转化过滤等具有重要作用。

一、调查站位

在莱州湾海区布设了12个水质、沉积物、生物调查站位（图7–1），站位经纬度见表7–1。分别在2010年11月、2011年3月、2011年5月、2011年8月进行了4个航次的调查。

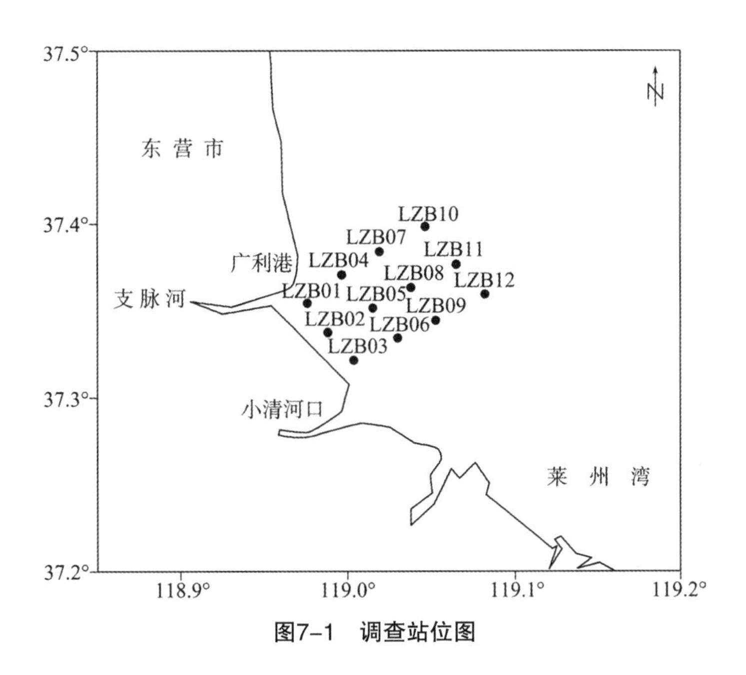

图7–1　调查站位图

表7-1　调查站位表

站位	经度（E）	纬度（N）	项目
LZB01	118° 58′ 35.328″	37° 21′ 16.128″	水质、沉积物、生物
LZB02	118° 59′ 17.916″	37° 20′ 14.856″	水质、沉积物、生物
LZB03	119° 00′ 14.256″	37° 19′ 16.896″	水质、沉积物、生物
LZB04	118° 59′ 48.300″	37° 22′ 13.944″	水质、沉积物、生物
LZB05	119° 00′ 55.368″	37° 21′ 5.832″	水质、沉积物、生物
LZB06	119° 01′ 46.956″	37° 20′ 3.084″	水质、沉积物、生物
LZB07	119° 01′ 8.868″	37° 23′ 1.356″	水质、沉积物、生物
LZB08	119° 02′ 16.620″	37° 21′ 47.556″	水质、沉积物、生物
LZB09	119° 03′ 9.936″	37° 20′ 40.416″	水质、沉积物、生物
LZB10	119° 02′ 47.220″	37° 23′ 53.736″	水质、沉积物、生物
LZB11	119° 03′ 53.064″	37° 22′ 35.616″	水质、沉积物、生物
LZB12	119° 04′ 56.460″	37° 21′ 33.372″	水质、沉积物、生物

二、技术规范与分析方法

（一）技术规范

（1）《海洋调查规范　海洋生物调查》（GB/T12763.6—2007）；

（2）《海洋监测规范　第5部分：沉积物分析》（GB17378.5—2007）；

（3）《海洋监测规范　第4部分：海水分析》（GB17378.4—2007）；

（4）《海洋监测规范　第7部分：近海污染生态调查及生物监测》（GB17378.7—2007）；

（5）《海洋监测规范　第6部分：生物体分析》（GB17378.6—2007）；

（6）《海水水质标准》（GB3097—1997）；

（7）《海洋沉积物质量》（GB18668—2002）。

（二）样品的预处理

1. 海水样品的制备

海水样品的温度、盐度、pH等3项指标按照《海洋监测规范　第4部分：海水分析》（GB17378.4—2007）中的相关方法在现场测定；总磷、总氮等水样现场直接采样，后于-20℃冰箱中冷冻保存，其他化学指标所需水样经0.45 μm的醋酸纤维素滤膜过滤后，立即分装，固定或冷冻（-20℃），在规定时限于常规实验室内进一步分析。

2. 沉积物样品的制备

测定沉积物样品中的重金属（Cu、Pb、Cd、As等）按照《海洋监测规范　第5部分：沉积物分析》（GB17378.5—2007）中的方法，将一部分新鲜泥样盛于玻璃培养皿中置于80℃～100℃烘箱内快速烘干；另取一部分盛于玻璃培养皿中在室内阴凉通风处制成风干样品，用于测定油类、有机碳、硫化物及总汞含量。将干燥的沉积物样品用玛瑙研钵粉碎、研磨，分别用200目和80目尼龙筛过筛，盛于已经编号的纸袋并保存于干燥器中备用。

（三）监测项目及分析、评价方法

1. 监测项目及分析方法

水质、沉积物监测项目及分析方法见表7-2和表7-3。

表7-2　水质监测项目分析方法

监测项目	分析方法	引用标准
水温	水温表法	GB17378.4—2007
盐度	盐度计法	GB17378.4—2007
pH	pH计法	GB17378.4—2007
化学需氧量	碱性高锰酸钾法	GB17378.4—2007
溶解氧	碘量法	GB17378.4—2007
油类	荧光分光光度法	GB17378.4—2007
氨氮	次溴酸盐氧化法	GB17378.4—2007
亚硝酸氮	萘乙二胺分光光度法	GB17378.4—2007
硝酸氮	锌-镉还原法	GB17378.4—2007
活性磷酸盐	磷钼蓝分光光度法	GB17378.4—2007
活性硅酸盐	硅钼蓝分光光度法	GB17378.4—2007
铜	阳极溶出伏安法	GB17378.4—2007
铅	阳极溶出伏安法	GB17378.4—2007
镉	阳极溶出伏安法	GB17378.4—2007
叶绿素*a*（Chla）	荧光分光光度法	GB17378.7—2007
溶解有机碳	燃烧氧化-非分散红外吸收法	GB17378.4—2007
颗粒有机碳	燃烧氧化-非分散红外吸收法	GB17378.7—2007
悬浮物	重量法	GB17378.7—2007

表7-3　沉积物监测项目分析方法

项目	分析方法	引用标准
有机碳	重铬酸钾氧化-还原容量法	GB17378.5—2007
油类	荧光分光光度法	GB17378.5—2007
铜	无火焰原子吸收分光光度法	GB17378.5—2007
铅	无火焰原子吸收分光光度法	GB17378.5—2007
镉	无火焰原子吸收分光光度法	GB17378.5—2007
汞	原子荧光法	GB17378.5—2007

浮游植物样品用浅水Ⅲ型浮游生物网自底至表垂直拖取，经饱和碘液固定、保存，然后进行种类鉴定，以个体记数法进行样品分析。

浮游动物样品用浅水Ⅰ型和Ⅱ型浮游生物网自底至表垂直拖取，经5%福尔马林海水溶液固定、保存，种类组成（包括优势种和常见种等）结合浅水Ⅰ和Ⅱ型浮游生物网样品分析；数量分析以浅水Ⅱ型浮游生物网采集样品为主，生物量分析以浅水Ⅰ型浮游生物网采集样品为主。

底栖生物近岸样品用0.05 m^2曙光型采泥器，每站采泥2～5次。远岸样品用0.1 m^2曙光型采泥器，每站采泥2次。所获泥样经孔径为0.5 mm的套筛冲洗，挑拣生物个体的方式进行样品采集。经5%福尔马林海水溶液固定、保存，挑去杂质，分类称重，以个体记数法进行样品鉴定和计数。

2. 评价方法

水质、沉积物样品以各监测项目作为评价因子（除温度、盐度、SS外），评价方法采用标准指数法。标准指数法的计算方法如下：

污染程度随实测浓度增加而加重的因子，其公式：

$$I_i=c_i/S_i$$

式中，I_i为i项污染物的标准指数；

c_i为i项污染物的实测浓度（平均值）；

S_i为i项污染物评价标准。

对水中溶解氧DO，用下式计算：

$$\text{当}DO \geqslant DO_s\text{时，}I_i(DO)=|DO_f-DO|/(DO_f-DO_s)$$

$$\text{当}DO<DO_s\text{时，}I_i(DO)=10-9DO/DO_s$$

$$DO_f=468/(31.6+t)$$

式中，DO_f 为现场水温及氯度条件下，水样中氧的饱和含量（mg/L）；

DO_s 为溶解氧标准值；

DO_s 为溶解氧测定值。

对水中pH而言，用下式计算：

$$I_{pH}=|pH_i-pH_s|/|pH_{上}-pH_s|$$

式中，pH_s 为评价标准的上限和下限平均值；

pH_i 为pH的现场调查结果；

$pH_{上}$ 为pH评价结果的上限值。

对所获浮游植物、浮游动物和底栖生物数据进行统计分析，采用多样性指数、均匀度、丰度和优势度评价生物群落结构。

物种多样性指数采用Shannon-Winner指数：

$$H'=-\sum_{i=1}^{s}P_i\log_2 P_i$$

物种丰富度采用Margalef指数：

$$d=\frac{S-1}{\log_2 N}$$

均匀度采用Pielou指数：

$$J=H'/\log_2 S$$

优势种优势度的计算公式：

$$Y=(n_i/N)\times f_i$$

式中，S为样品中的种类总数，N为所有种类的总个体数，n_i为第i种的总个体数，f_i为该种在各样品中出现的频率，P_i为第i种的个体数与样品中总个体数的比值（n_i/N）。

优势度指数：

$$D=\frac{N_1+N_2}{N_T}$$

式中，D为优势度指数；

N_1为样品中第一优势种的个体数；

N_2为样品中第二优势种的个体数；

N_T为样品的总个体数。

3. 评价标准

结合所属海域实际情况，以及附近海域的功能区划情况，海水水质评价拟执行《海水水质标准》（GB3097—1997）的第二类标准（表7-4），沉积物质量评价执行

《海洋沉积物质量》（GB18668—2002）中的第一类标准（表7-5）。

表7-4　海水水质标准（GB3097—1997）（mg/L，pH除外）

污染物名称	第一类	第二类	第三类	第四类
SS	人为增加的量≤10	人为增加的量≤10	人为增加的量≤100	人为增加的量≤150
pH	7.8～8.5		6.8～8.8	
DO>	6	5	4	3
COD≤	2	3	4	5
无机氮≤	0.20	0.30	0.40	0.50
活性磷酸盐≤	0.015	0.030	0.030	0.045
总Hg≤	0.000 05	0.000 2	0.000 2	0.000 5
Cd≤	0.001	0.005	0.01	0.01
Pb≤	0.001	0.005	0.010	0.050
Cu≤	0.005	0.010	0.050	0.050
Zn≤	0.020	0.050	0.10	0.50
As≤	0.020	0.030	0.050	
石油类≤	0.05	0.05	0.30	0.50

注：第一类适用于海洋渔业海域，海上自然保护区和珍稀濒危生物自然保护区；

第二类适用于水产养殖区，海水浴场，人体直接接触海水的海上运动或娱乐区，以及与人类食用直接有关的工业用水区；

第三类适用于一般工业用水区，滨海风景旅游区；

第四类适用于海洋港口海域，海洋开发作业区。

表7-5　沉积物质量标准（GB18668—2002）（$\times 10^{-6}$，有机碳为$\times 10^{-2}$）

污染因子	石油类	Pb	As	Cu	Cd	Hg	有机碳	硫化物
一类标准≤	500.0	60.0	20.0	35.0	0.50	0.20	2.0	300.0
二类标准≤	1 000.0	130.0	65.0	100.0	1.50	0.50	3.0	500.0
三类标准≤	1 500.0	250.0	93.0	200.0	5.00	1.00	4.0	600.0

注：第一类适用于海洋渔业海域，海洋自然保护区，珍稀与濒危生物自然保护区，海水养殖区，海水浴场，人体直接接触沉积物的海上运动或娱乐区，与人类食用直接有关的工业用水区；

第二类适用于一般工业用水区，滨海风景旅游区；

第三类适用于海洋港口海域，特殊用途的海洋开发作业区。

三、调查结果

（一）水环境因子调查结果

根据《海水水质标准》（GB3097—1997）所列项目和莱州湾研究区域、盐度、pH、溶解氧、COD、溶解无机氮、活性磷酸盐、活性硅酸盐、总氮、总磷、溶解有机碳（DOC）、颗粒有机碳（POC）、铜（Cu）、铅（Pb）、镉（Cd）、砷（As）、汞（Hg）、石油类、悬浮物共17项作为水环境调查因子。采样层次为表层。

1. 海水各要素的平面分布特征

（1）海水水文。

① 水温（图7-2）。

2010年11月：表层海水水温变化范围为9.01℃～11.55℃，平均值为10.67℃，其分布规律为东高西低，即东部外海区温度大于西部，等值线基本呈现出东南—西北走向，温度高值出现在调查海域最东部，低值出现在支脉河口海域，温度接近9.0℃。

2011年3月：表层海水水温变化范围为1.6℃～3.2℃，平均值为2.3℃，其分布规律为南高北低，等值线基本呈现出东西走向，温度高值出现在调查海域最南部，小清河口北部海域，低值出现在调查海域的东北、西北部海域，温度小于2℃，但高、低值之间差距不大。

2011年5月：表层海水水温变化范围为19.2℃～22.7℃，平均值为20.9℃，其分布规律与3月份类似，呈现出南高北低的分布趋势。温度高值出现在调查海域最南部，不同的是，5月份在调查海区西部出现一高值，即两最低值出现在调查海域东北部。

2011年8月：表层海水水温变化范围为25.9℃～27.9℃，平均值为26.5℃，其分布规律与5月份完全不同，呈现出西高东低的分布趋势，最高值出现在调查海区西南部，由此向两边温度逐渐降低，低值区出现在调查海区东部和西北部。

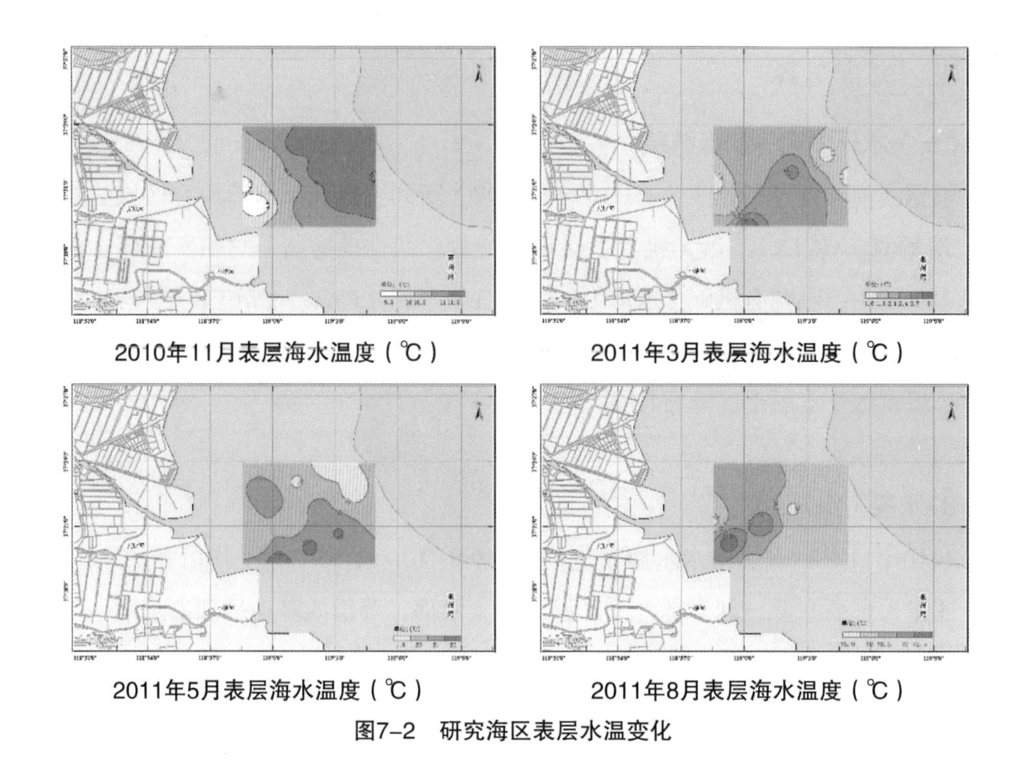

2010年11月表层海水温度（℃）　　2011年3月表层海水温度（℃）

2011年5月表层海水温度（℃）　　2011年8月表层海水温度（℃）

图7-2　研究海区表层水温变化

② 盐度（图7-3）。

2010年11月：表层海水盐度变化范围为23.05～27.27，平均值为26.66。盐度分布具有典型的近岸特征，即离岸越近，盐度值越低，由西部近岸向东部外海盐度逐渐升高，离岸最近的LZB02站位出现盐度最低值。

2011年3月：表层海水盐度变化范围为26.35～30.02，平均值为29.50。其分布特征与11月相同，等值线基本呈南北走向，东部外海盐度值大于近岸海域盐度，且区域较大，最低值出现在LZB01站。

2011年5月：表层海水盐度变化范围为20.93～29.69，平均值为25.0。盐度分布与11月和3月差别较大，呈现出南低北高的趋势，等值线呈不规律的东西走向，高值出现在调查海区南部，由此向东北部海域，盐度逐渐升高。

2011年8月：表层海水盐度变化范围为19.57～24.35，平均值为21.90。其分布特征与其他月份不同，等值线基本呈西北-东南走向，最低值出现在调查海区西北部，由此向两边盐度逐渐升高。

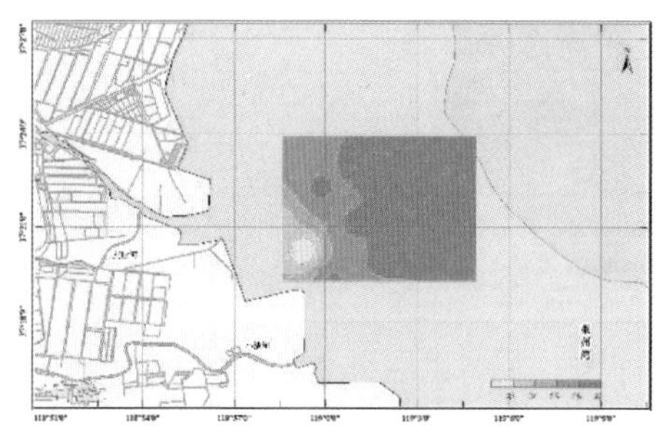

2010年11月表层海水盐度

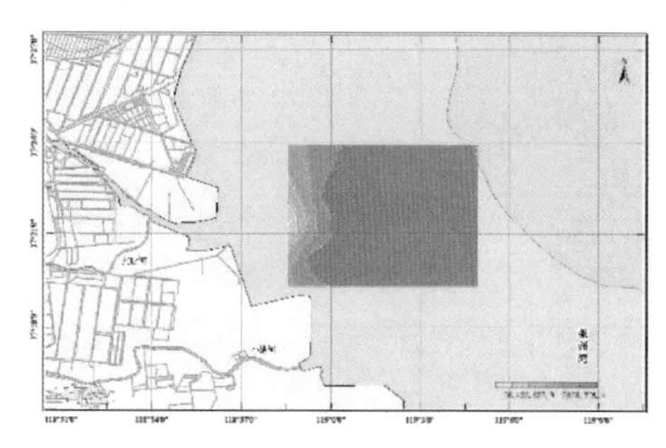

2011年3月表层海水盐度

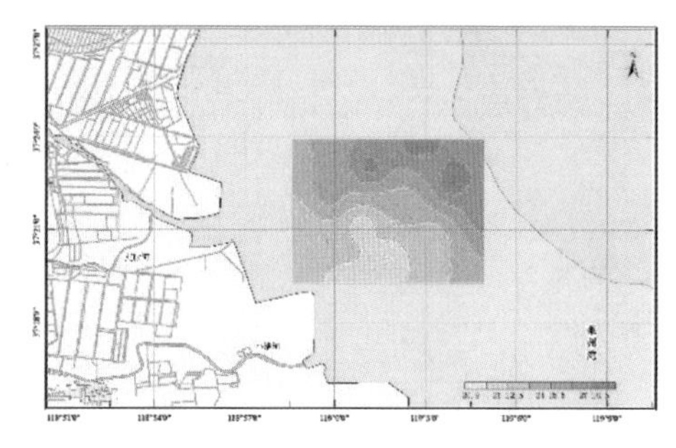

2011年5月表层海水盐度

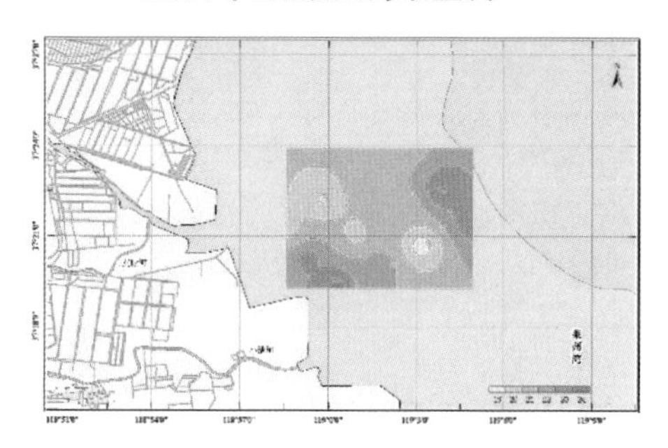

2011年8月表层海水盐度

图7-3　研究海区表层海水盐度变化

（2）海水化学要素。

① pH（图7-4）。

2010年11月：表层海水pH变化范围为7.99 ~ 8.46，平均值为8.33。其等值线基本呈东北-西南走向，高值出现在调查海域北部，低值出现在调查海域东南部。

2011年3月：表层海水pH变化范围为7.57 ~ 7.82，平均值为7.70。pH呈现出西南海域高，其分布呈现出近岸低、远岸高的特点，等值线呈不规律的南北走向，最高值出现在调查海区北部，低值出现在LZB01站。

2011年5月：表层海水pH变化范围为7.30 ~ 7.65，平均值为7.50。其分布特征与3月份相似，呈现出近岸低、远岸高的特点，等值线基本呈南北走向，不同的是在LZB04站出现pH高值。

2011年8月：表层海水pH变化范围为7.80 ~ 8.14，平均值为8.00。pH分布特点为调查海域中部低，由此向两边pH逐渐升高。高值出现在LZB03和LZB12站。

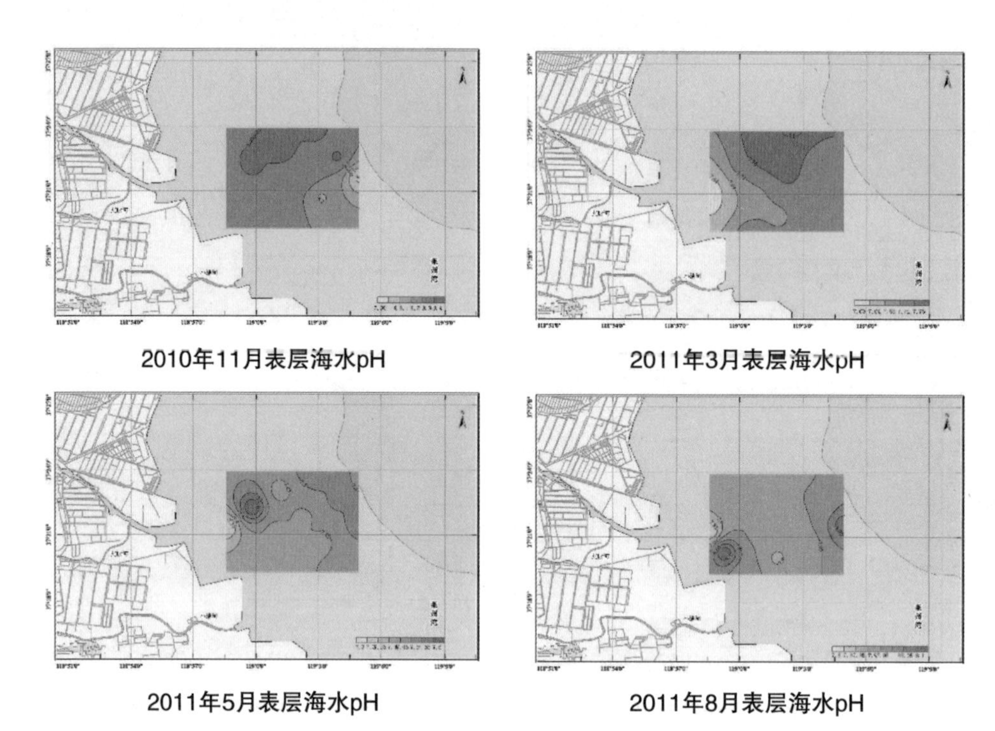

2010年11月表层海水pH

2011年3月表层海水pH

2011年5月表层海水pH

2011年8月表层海水pH

图7-4　莱州湾研究海区表层海水pH变化

②溶解氧（DO；图7-5）。

2010年11月：表层海水中溶解氧的含量变化范围为7.38～8.69 mg/L，平均值为8.20 mg/L，其等值线呈东北-西南走向，最高值出现在调查海域西部近岸和东北部海域，低值出现在调查海域东南部。

2011年3月：表层海水中溶解氧的含量变化范围为9.11～10.49 mg/L，平均值为9.41 mg/L。溶解氧呈现出南高北低的分布趋势，等值线基本呈东西走向。高值出现在调查海域西南部，低值出现在海域西北部近岸海域。

2011年5月：表层海水中溶解氧的含量变化范围为7.20～10.72 mg/L，平均值为8.31 mg/L，其分布特征与3月份类似，呈现出南高北低的分布特征，5月份调查海区溶解氧南部高值区范围向北扩展，低值区仅出现在调查海域最北部断面的个别站位。

2011年8月：表层海水中溶解氧的含量变化范围为6.31～6.79 mg/L，平均值为6.58 mg/L，其分布特征与前3个月份有所不同，整体上呈西高东低的特点，海域东南部出现溶解氧低值（<6.40 mg/L）。

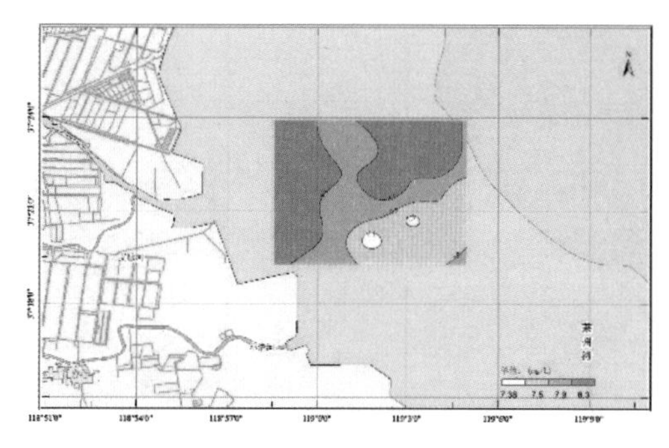

2010年11月表层海水DO（mg/L）

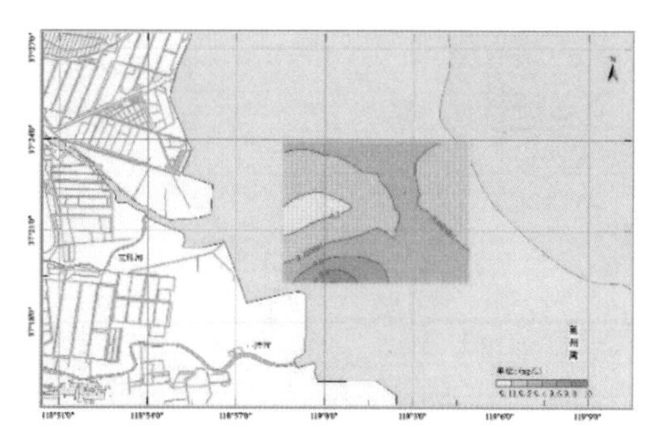

2011年3月表层海水DO（mg/L）

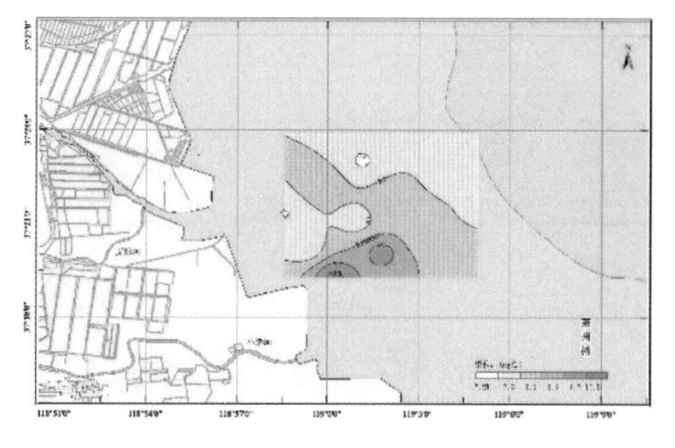

2011年5月表层海水DO（mg/L）

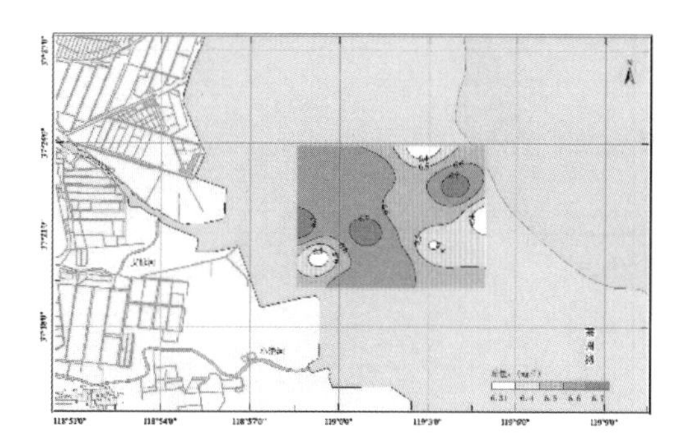

2011年8月表层海水DO（mg/L）

图7-5　莱州湾研究海区表层海水DO变化

③ 化学需氧量（COD；图7-6）。

2010年11月：表层海水COD的含量变化范围为1.02～2.12 mg/L，平均值为1.28 mg/L，其分布特征为近岸高，中部低，向远岸COD含量逐渐降低。低值出现在调查海域东北部，最高值出现在调查海域西南部。

2011年3月：表层海水COD的含量变化范围为0.71～1.61 mg/L，平均值为1.23 mg/L，其分布特征与11月份相似，即在调查海域东北部出现低值，不同的是低值范围明显缩小，最高值出现在调查海域西部河口。

2011年5月：表层海水COD的含量变化范围为1.15～1.48 mg/L，平均值为1.31 mg/L，COD呈现出中间低、四周高的分布特点，高值出现在调查海域的西北部，最低值出现在调查海域中央，在调查海域东部LZB07、LZB12站出现低值。

2011年8月：表层海水COD的含量变化范围为1.44～6.20 mg/L，平均值为3.89 mg/L，其分布呈现出西高东低的特点，高值出现在调查海域的西部河口海域，由此向东部外海COD含量逐渐降低。

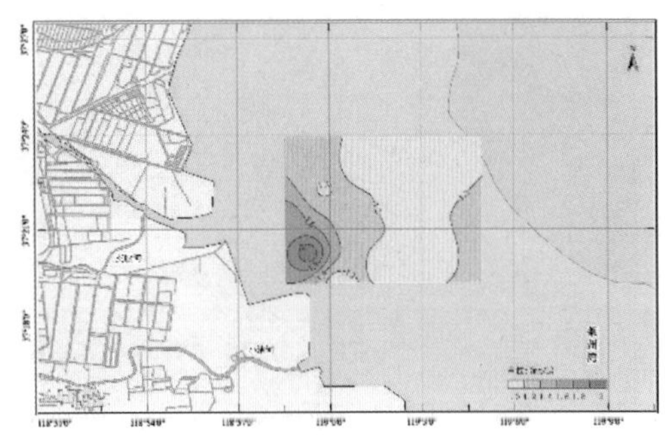

2010年11月表层海水COD（mg/L）

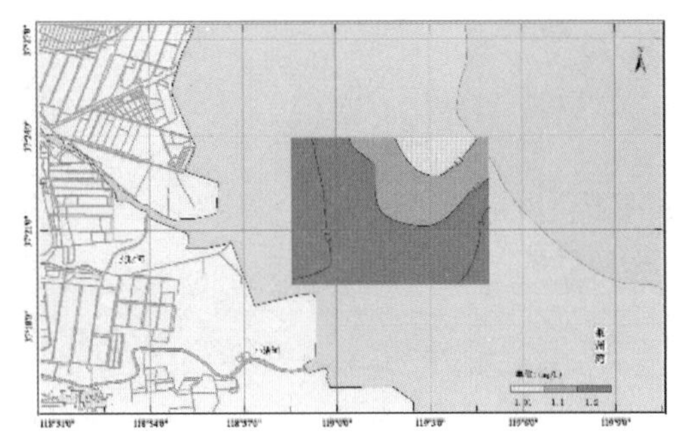

2011年3月表层海水COD（mg/L）

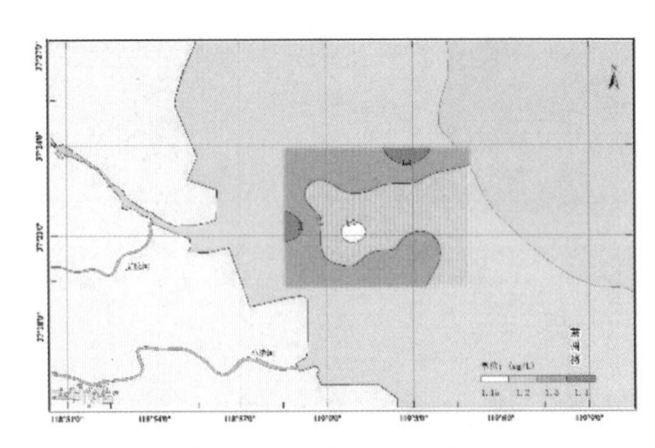

2011年5月表层海水COD（mg/L）

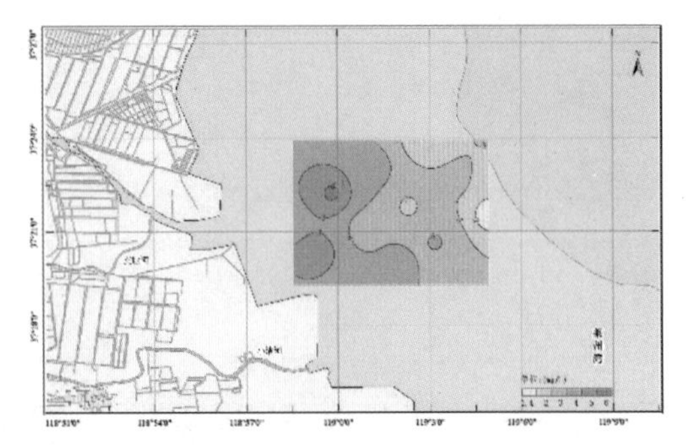

2011年8月表层海水COD（mg/L）

图7-6　莱州湾研究海区表层海水COD变化

④ 溶解无机氮（DIN；图7-7）。

2010年11月：表层海水无机氮的含量变化范围为23.54～54.33 μmol/L，平均值为33.28 μmol/L，其分布特征总体上呈现出中间低、四周高的趋势，高值出现在调查海域东北部和西北部，低值区出现在调查海域东南部和西南部。

2011年3月：表层海水无机氮的含量变化范围为31.92～42.34 μmol/L，平均值为35.22 μmol/L，其分布特征呈现出西高东低的特点，等值线呈现出不规律的南北走向，无机氮浓度由西部近岸向外海逐渐降低，体现出河流输入对无机氮的影响。

2011年5月：表层海水无机氮的含量变化范围为35.24～54.31 μmol/L，平均值为46.0 μmol/L，无机氮的分布特征呈现出南高北低、河口高外海低的特点，受河流影响，在支脉河口出现无机氮的高值，最低值出现在调查海域的东北部。

2011年8月：表层海水无机氮的含量变化范围为24.69～104.80 μmol/L，平均值为60.63 μmol/L，其分布特征与5月份相似，呈现出西南高、东北低的特点，即由西南部近岸河口海域向东北外海开阔区逐渐降低。

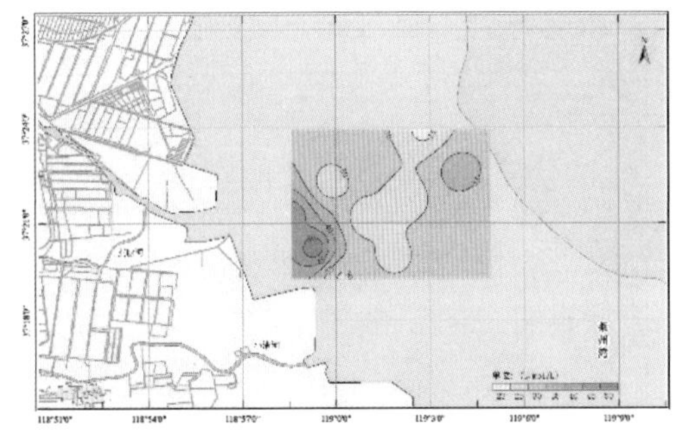
2010年11月表层海水DIN（μmol/L）

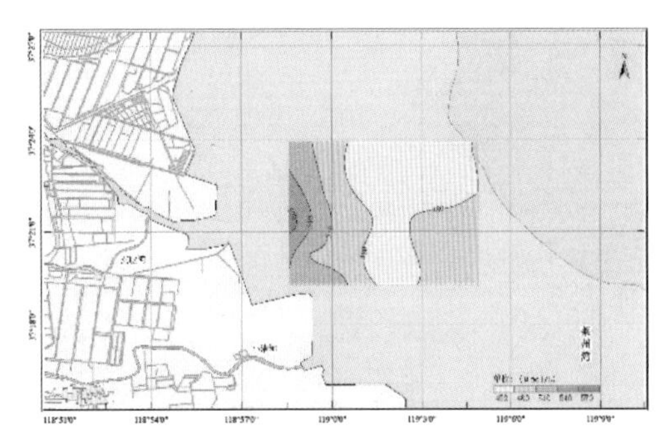
2011年3月表层海水DIN（μmol/L）

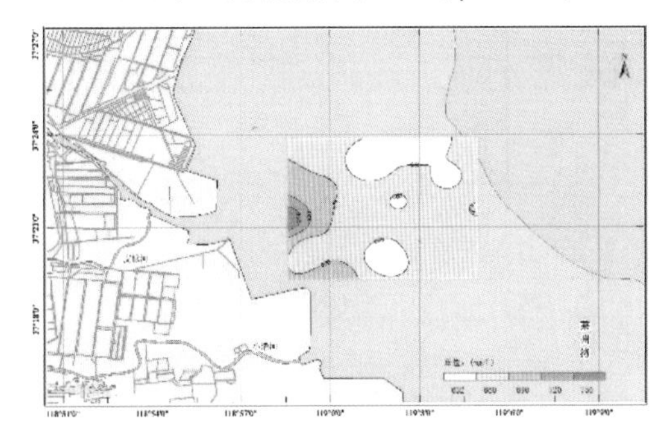
2011年5月表层海水DIN（μmol/L）

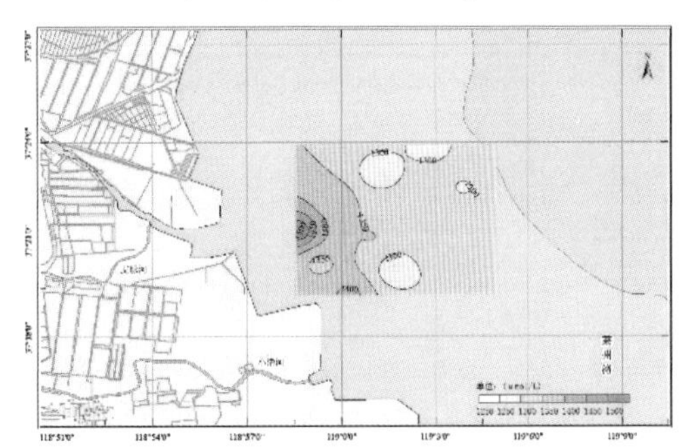
2011年8月表层海水DIN（μmol/L）

图7–7　莱州湾研究海区表层海水无机氮含量变化

⑤ 磷酸盐（PO_4–P；图7–8）。

2010年11月：表层海水磷酸盐的含量变化范围为0.22～0.73 μmol/L，平均值为0.35 μmol/L，其分布呈现出西高东低的特点，由西部近岸、河口海域向东部外海逐渐降低，等值线呈不规律的南北走向，在调查海域东南部出现最低值。

2011年3月：表层海水磷酸盐的含量变化范围为0.28～1.00 μmol/L，平均值为0.47 μmol/L，其分布特征较11月份略有差别，呈现出中间低，东、西两边高的特点，等值线呈不规律的南北走向，调查海域西南部出现最高值，中部和北部出现磷酸盐低值。

2011年5月：表层海水磷酸盐的含量变化范围为0.03～1.02 μmol/L，平均值为0.48 μmol/L，其分布呈现出南高北低的特点，等值线呈不规律的东西走向，磷酸盐含量由西南向东北逐渐降低，调查海域南部出现最高值，东北部海域出现低值，磷酸盐含量接近零。

2011年8月：表层海水磷酸盐的含量变化范围为0.12～3.27 μmol/L，平均值为1.64 μmol/L，其分布呈现出西高东低的特点，等值线近乎东南–西北走向，调查海域出现由东北向西南方的低值水舌体现出支脉河和小清河输入对磷酸盐的影响，最高值出现在西部近岸海域，调查海域东北部出现磷酸盐低值。

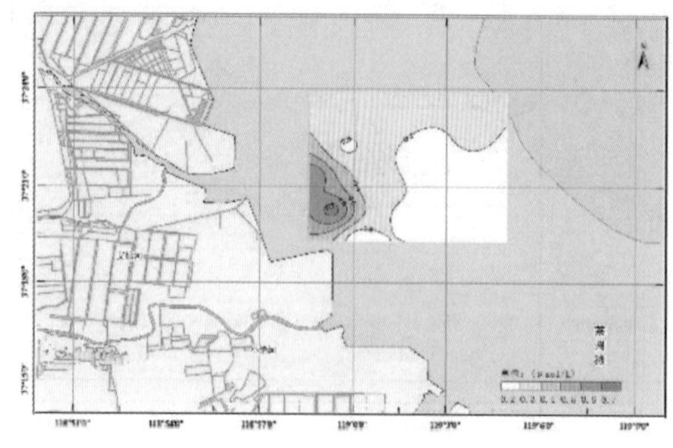

2010年11月表层海水磷酸盐（μmol/L）

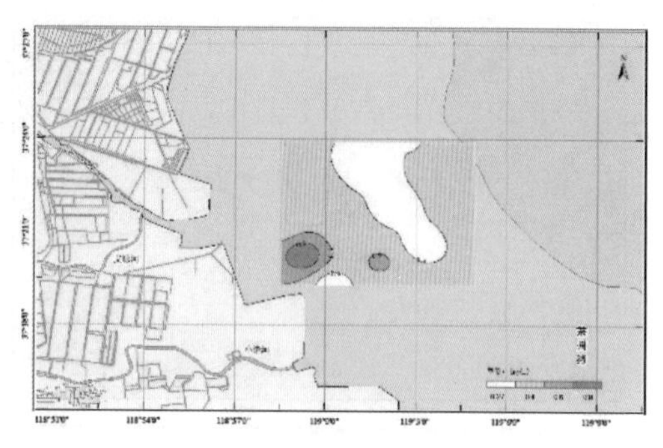

2011年3月表层海水磷酸盐（μmol/L）

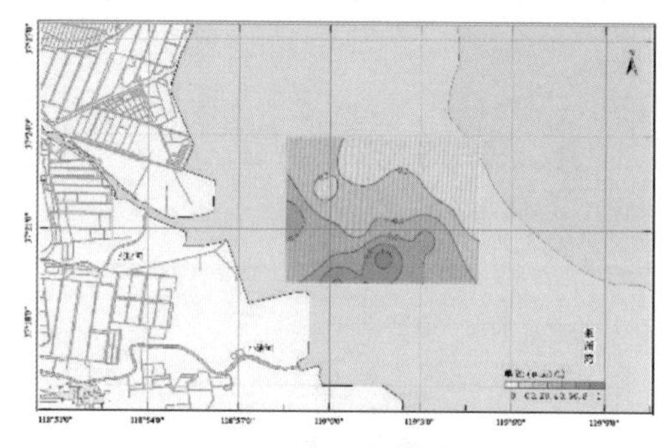

2011年5月表层海水磷酸盐（μmol/L）

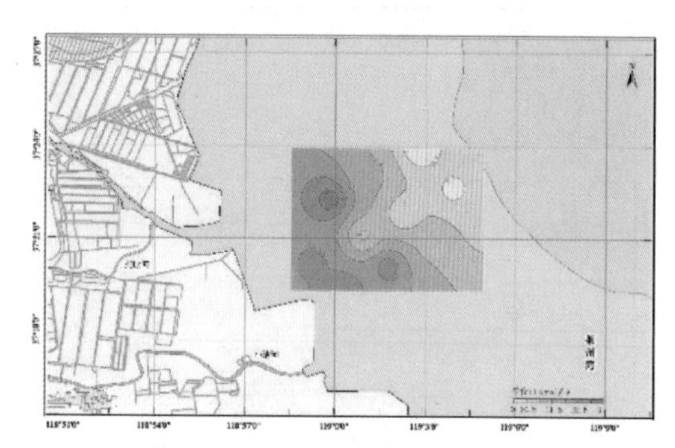

2011年8月表层海水磷酸盐（μmol/L）

图7-8　莱州湾研究海区表层海水磷酸盐含量变化

⑥ 硅酸盐（SiO_3-Si；图7-9）。

2010年11月：表层海水硅酸盐的含量变化范围为7.68～25.61μmol/L，平均值为13.10μmol/L，其分布呈现出西高东低的特点，等值线基本呈现南北走向，最高值出现在调查海域的西部近岸，调查海域东部LZB08站出现硅酸盐低值。

2011年3月：表层海水硅酸盐的含量变化范围为17.0～41.6μmol/L，平均值为31.67μmol/L，其分布与11月份差别较大，等值线呈南北走向，高值出现在调查海域中部，由此向东、西两边硅酸盐浓度逐渐降低，最低值出现在西部近岸的LZB01站。

2011年5月：表层海水硅酸盐的含量变化范围为9.7～37.6μmol/L，平均值为23.22μmol/L，其分布呈现出南高北低的特点，等值线呈规律的东西走向，硅酸盐浓度由调查海域南部向北部逐渐降低。

2011年8月：表层海水硅酸盐的含量变化范围为21.8～155.6μmol/L，平均值为70.02μmol/L，其分布与同月份的磷酸盐、无机氮相似，呈现出南高北低的特点，等值线呈不规律的东西走向，最高值出现在调查海域西南部，东北部LZB11站出现硅酸盐低值。

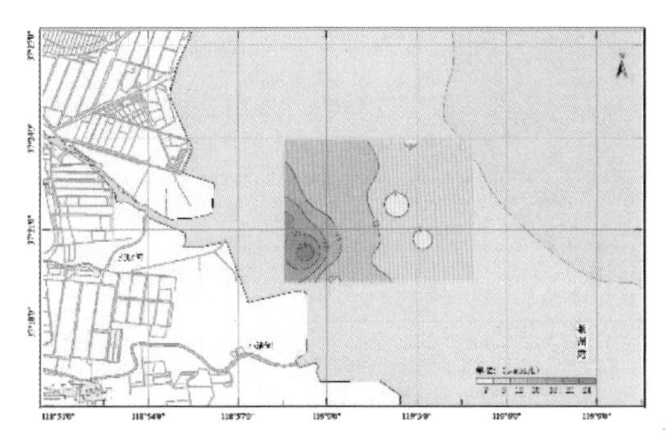

2010年11月表层海水硅酸盐（μmol/L）

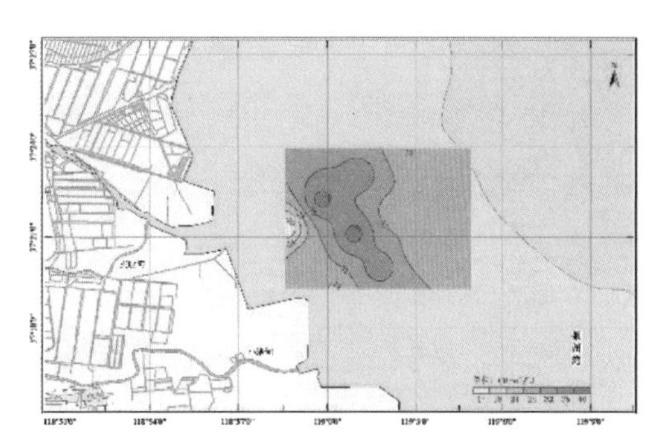

2011年3月表层海水硅酸盐（μmol/L）

2011年5月表层海水硅酸盐（μmol/L）

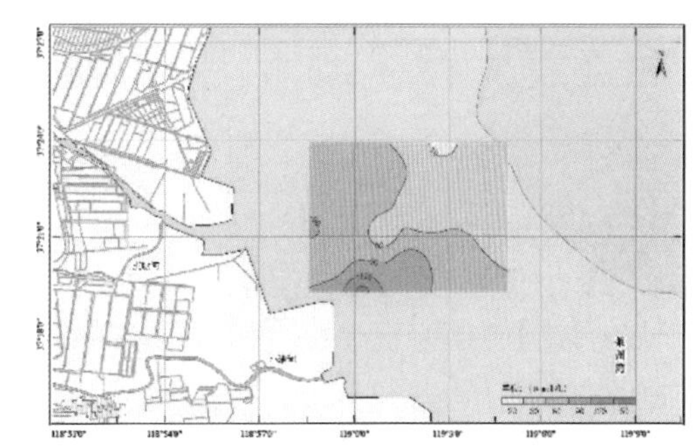

2011年8月表层海水硅酸盐（μmol/L）

图7-9 莱州湾研究海区表层海水硅酸盐含量变化

⑦ 石油类（图7-10）。

2010年11月：表层海水石油类的含量变化范围为131～162 μg/L，平均值为145 μg/L，石油类等值线分布较为复杂，最低值出现在调查海域西南部的LZB03站位，高值出现在调查海域东部和北部海域。

2011年3月：表层海水石油类的含量变化范围为9.0～23.2 μg/L，平均值为15.44 μg/L，石油类的分布呈南高北低的特点，等值线呈不规律的东南-西北走向，调查海域中北部出现低值，最高值出现在调查海域西部LZB01站位。

2011年5月：表层海水石油类的含量变化范围为8.0～67.4 μg/L，平均值为38.55 μg/L，石油类的分布与3月份相似，呈现出南高北低的特点，等值线呈西北-东南走向，高值出现在调查海域西南部大片海域，最低值出现在调查海域东北部的LZB10站位。

2011年8月：表层海水石油类的含量变化范围为54.0～130.4 μg/L，平均值为85.95 μg/L，石油类的分布呈南高北低的特点，等值线分布不均匀。最高值出现在调查海域南部LZB06站位，调查海域中央偏北海域的LZB07站位出现最低值。

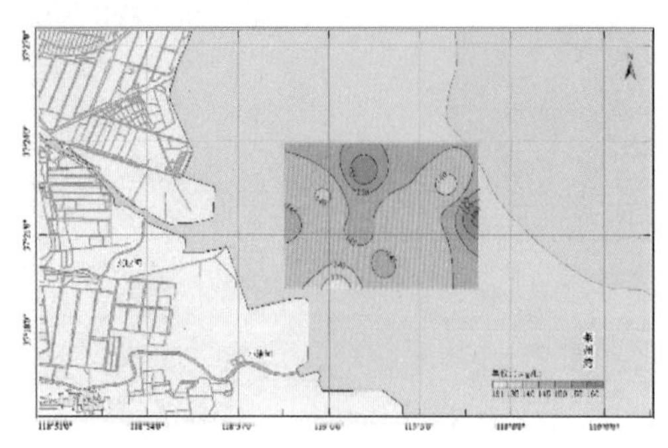

2010年11月表层海水石油类（μg/L）

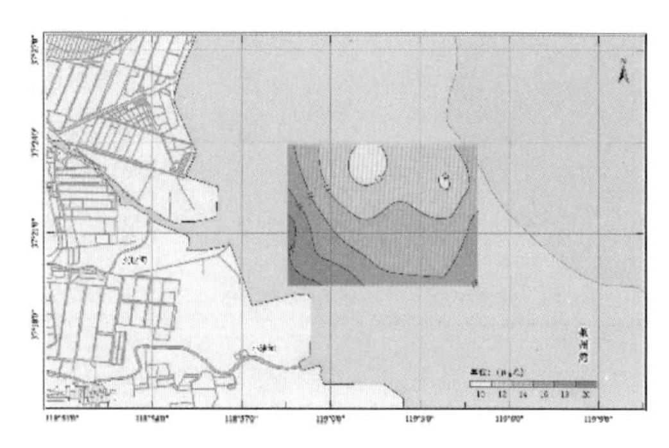

2011年3月表层海水石油类（μg/L）

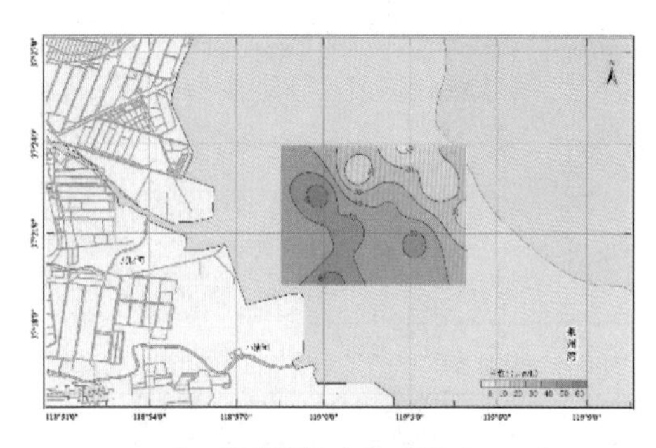

2011年5月表层海水石油类（μg/L）

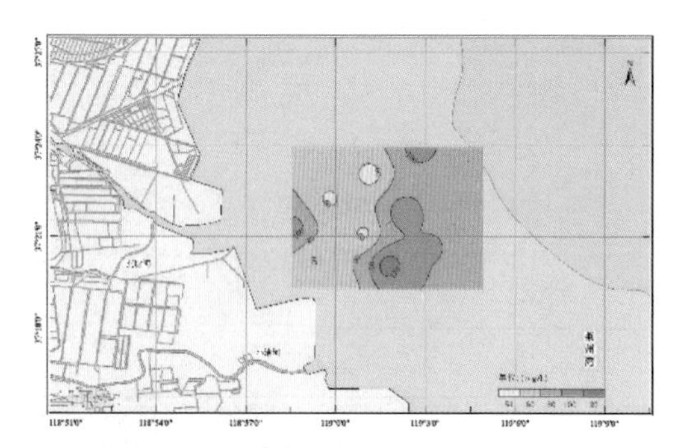

2011年8月表层海水石油类（μg/L）

图7–10　莱州湾研究海区表层海水石油类含量变化

⑧ 溶解有机碳（DOC；图7–11）。

2010年11月：表层海水溶解有机碳含量变化范围为3.03～20.05 mg/L，平均值为10.94 mg/L，其分布呈现出中间低，南、北两侧高的特点，等值线呈不规律的东西走向，最高值出现在调查海域东南部LZB12站位。

2011年3月：表层海水溶解有机碳含量变化范围为3.31～7.73 mg/L，平均值为4.47 mg/L，其等值线分布不均匀，总体上呈现出西高东低的特点，其含量由调查海域西部近岸海域向东部开阔区逐渐降低，在调查海域西部LZB01站出现最高值。

2011年5月：表层海水溶解有机碳含量变化范围为3.85～7.04 mg/L，平均值为5.18 mg/L。其等值线呈不规律的东西走向，总体上呈现出南高北低的特点，最高值出现在调查海域南部LZB09站位。

2011年8月：表层海水溶解有机碳含量变化范围为4.37～11.61 mg/L，平均值为6.68 mg/L。其分布整体上呈现出中央高、四周低的特征，与其他月份差别较大，最高值出现在调查海域中部LZB05站位，由此向四周其浓度逐渐降低。

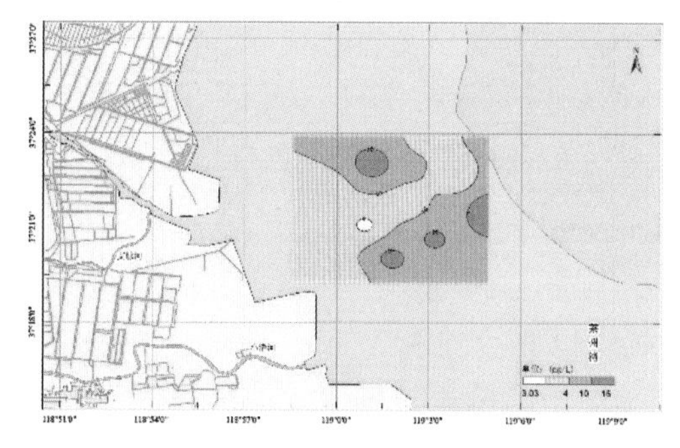
2010年11月表层海水DOC（mg/L）

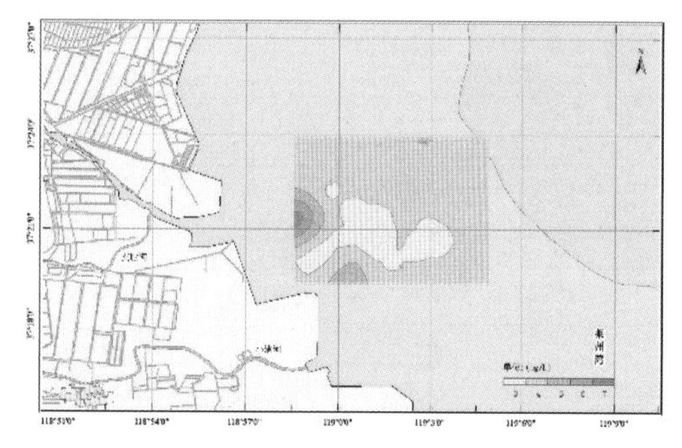
2011年3月表层海水DOC（mg/L）

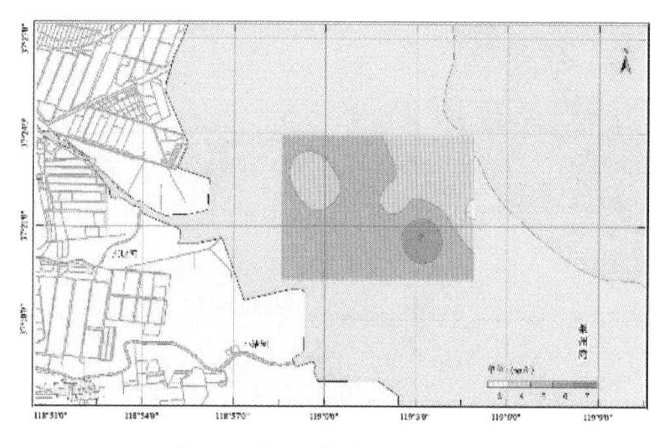
2011年5月表层海水DOC（mg/L）

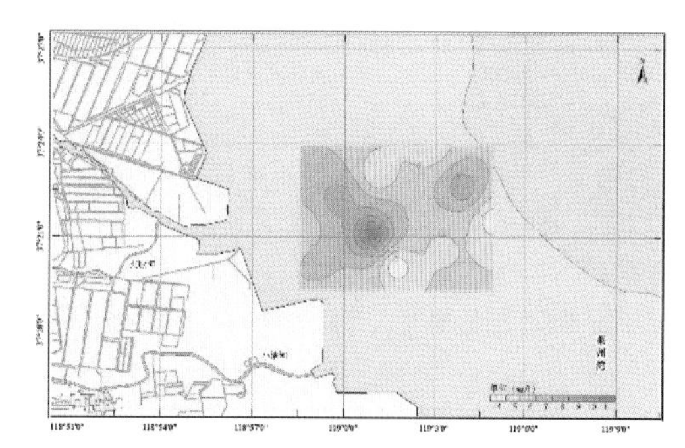
2011年8月表层海水DOC（mg/L）

图7-11 莱州湾研究海区表层海水溶解有机碳含量变化

⑨ 颗粒有机碳（POC；图7-12）。

2010年11月：表层海水颗粒有机碳含量变化范围为0.37 ~ 0.80 mg/L，平均值为0.54 mg/L，其分布呈现出南高北低的特点，等值线呈不规律的东西走向，最高值出现在调查海域西南部LZB03站位。

2011年3月：表层海水颗粒有机碳含量变化范围为0.78 ~ 6.21 mg/L，平均值为2.48 mg/L，其等值线分布呈不规律的南北走向，总体上呈现出由西向东逐渐降低的特点，在调查海域西部偏中的LZB05站出现最高值。

2011年5月：表层海水颗粒有机碳含量变化范围为0.36 ~ 3.09 mg/L，平均值为0.79 mg/L。其等值线呈不规律的南北走向，总体上呈现出东低西高的特点，在调查海域西北部的LZB04站位出现最高值。

2011年8月：表层海水颗粒有机碳含量变化范围为0.95 ~ 3.17 mg/L，平均值为1.63 mg/L。其分布整体上呈现出西高东低的特征，与3月份分布相似，最高值出现在调查海域西部LZB01站位，最低值出现在调查海域东南部的LZB12站位。

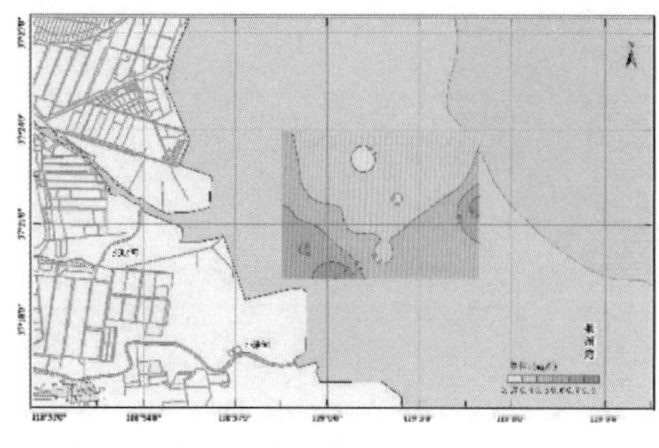

2010年11月表层海水POC（mg/L）

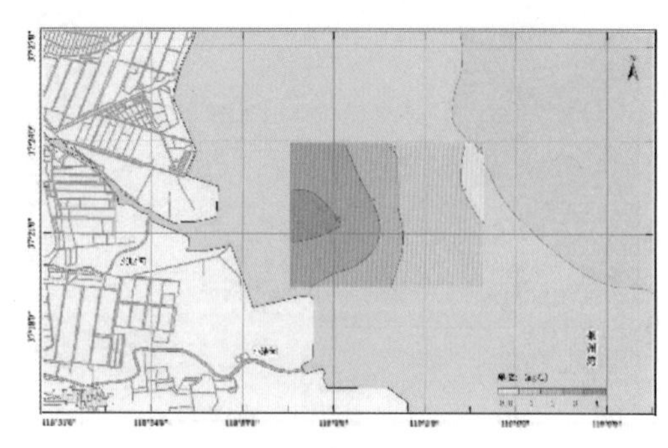

2011年3月表层海水POC（mg/L）

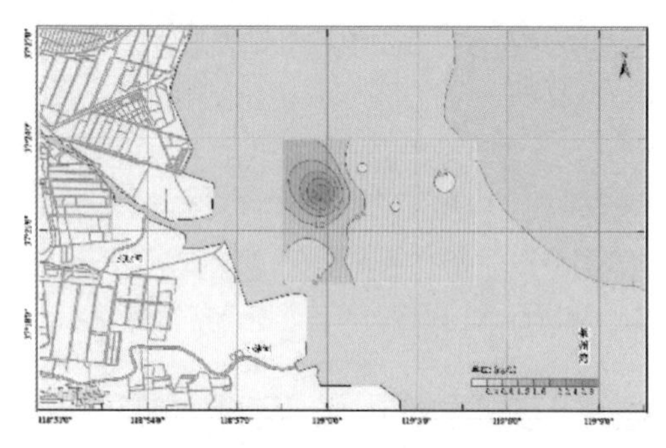

2011年5月表层海水POC（mg/L）

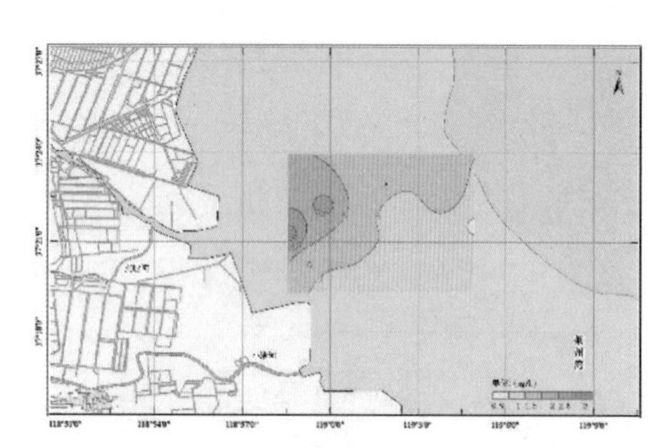

2011年8月表层海水POC（mg/L）

图7-12　莱州湾研究海区表层海水颗粒有机碳变化

⑩ 铜（Cu；图7-13）。

2010年11月：表层海水铜的含量变化范围为0.62～8.83 μg/L，平均值为3.09 μg/L，铜的分布呈现出中间低，东、西两侧高的特点，等值线呈南北走向，最高值出现在调查海域西部近岸LZB01站位。

2011年3月：表层海水铜的含量变化范围为1.64～4.23 μg/L，平均值为2.40 μg/L，铜的等值线分布不均匀，总体上呈现出东高西低的特点，其含量由调查海域东部和东北部向西部近岸海域逐渐降低，在调查海域西南部LZB03站也出现铜的高值。

2011年5月：表层海水铜的含量变化范围为1.03～3.85 μg/L，平均值为2.14 μg/L。铜等值线呈不规律的东西走向，总体上呈现出南低北高的特点，其含量由调查海域东北部向南部逐渐降低，调查海域西部的LZB01站也出现铜的高值。

2011年8月：表层海水铜的含量变化范围为3.19～8.47 μg/L，平均值为4.56 μg/L。铜分布整体上呈现出中央高、四周低的特征，与其他月份差别较大，最高值出现在调查海域中部，由此向四周海域铜含量逐渐降低。

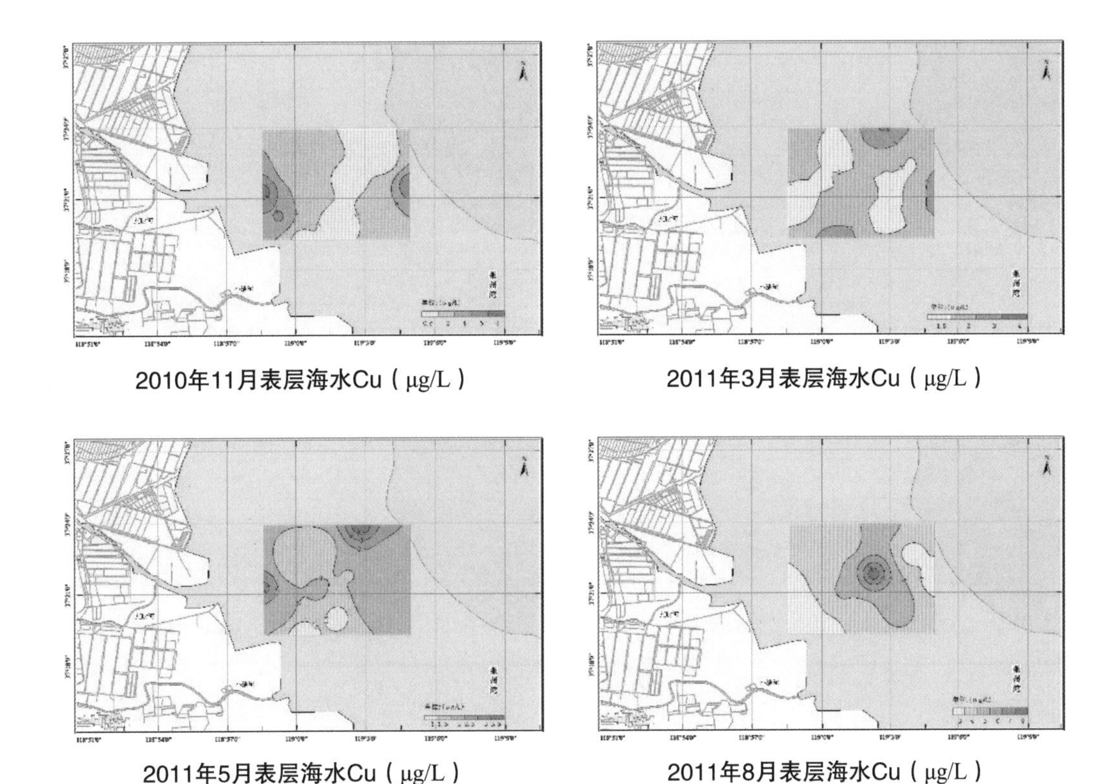

2010年11月表层海水Cu（μg/L）　　2011年3月表层海水Cu（μg/L）

2011年5月表层海水Cu（μg/L）　　2011年8月表层海水Cu（μg/L）

图7–13　莱州湾研究海区表层海水铜含量变化

⑪ 铅（Pb；图7–14）。

2010年11月：表层海水铅的含量变化范围为0.3 ~ 2.5 μg/L，平均值为1.35 μg/L。铅的等值线分布不均匀，整体上呈现出东高西低的特点，其含量由调查海域东部最高值向西部逐渐降低，低值区出现在中部偏西海域。

2011年3月：表层海水铅的含量变化范围为1.00 ~ 2.52 μg/L，平均值为1.66 μg/L。铅的分布整体上呈现出南低北高的特点，低值出现在调查海域南部和西南部，高值出现在北部偏西海域和东部海域。

2011年5月：表层海水铅的含量变化范围为1.98 ~ 9.35 μg/L，平均值为4.37 μg/L。铅的分布整体上呈现出中间低，东、西两侧高的特点，调查海域东北部和西部出现高值，调查海域北部和西南部出现低值。

2011年8月：表层海水铅的含量变化范围为0.11 ~ 4.82 μg/L，平均值为0.82 μg/L。其分布与同月份铜的分布相似，即表现为中央高、四周低，不同的是其低值区范围更大，包括了调查海域的西部和北部。

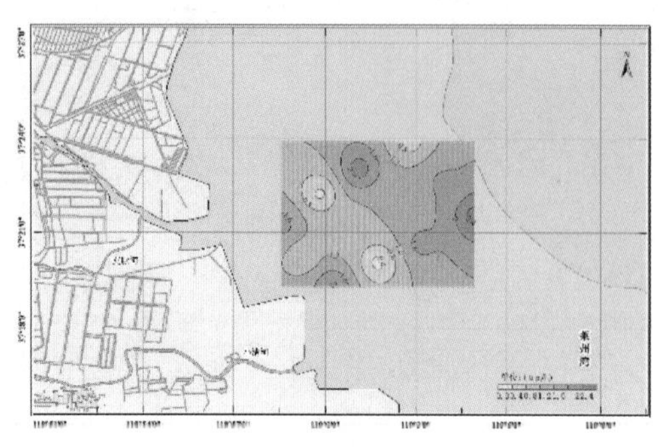

2010年11月表层海水Pb（μg/L）

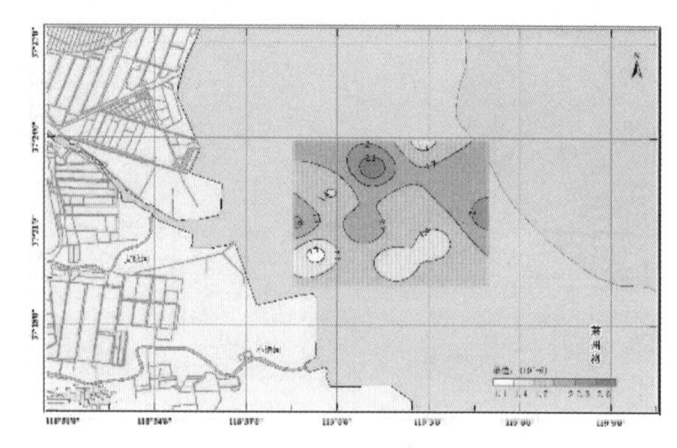

2011年3月表层海水Pb（μg/L）

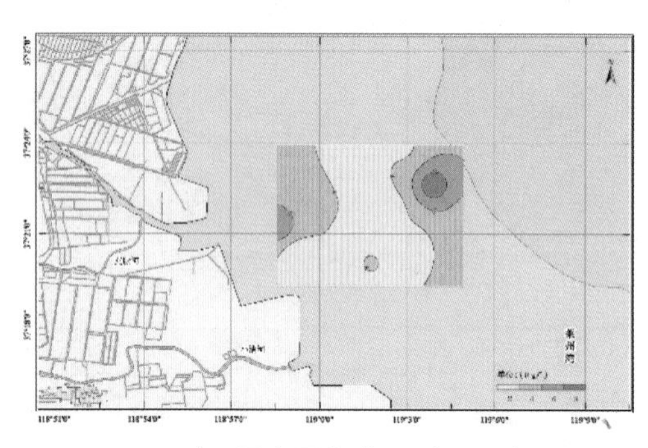

2011年5月表层海水Pb（μg/L）

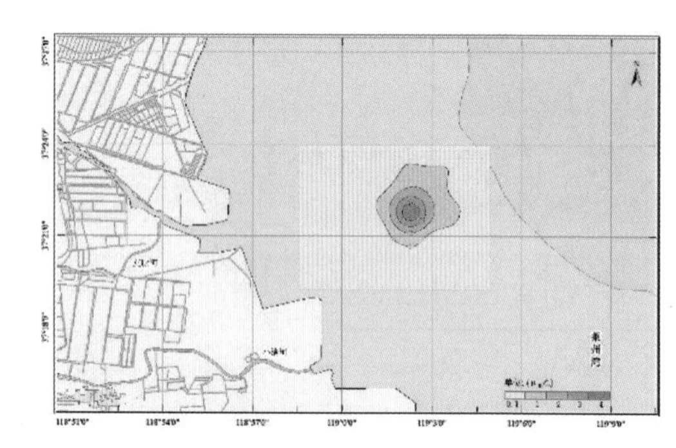

2011年8月表层海水Pb（μg/L）

图7-14　莱州湾研究海区表层海水铅含量变化

⑫ 镉（Cd；图7-15）。

2010年11月：表层海水镉的含量变化范围为0.07～1.00 μg/L，平均值为0.29 μg/L。镉等值线呈南北走向，总体上表现出西高东低的特点，镉含量由西部近岸海域的最高值向东部外海逐渐降低，在调查海域东南部的LZB12站出现高值。

2011年3月：表层海水镉的含量变化范围为0.09～0.34 μg/L，平均值为0.23 μg/L。镉等值线呈不规律的南北走向，其分布特征与2010年11月份相反，整体上呈现出东高西低的特点，镉含量由东部海域的LZB12站位的最高值向西部近岸逐渐降低，调查海域西北部、南部和北部海域出现最低值。

2011年5月：表层海水镉的含量变化范围为0.055～0.165 μg/L，平均值为0.110 μg/L。镉的分布秉承了3月份的特点，即表现为东高西低，不同的是高值出现在调查海域东南部和最南部，最低值出现在调查海域最西部LZB02站位。

2011年8月：表层海水镉的含量变化范围为0.100～0.559 μg/L，平均值为0.230 μg/L。镉的分布与同月份铜、铅的分布相同，整体上呈现出中央高、四周低的特点。

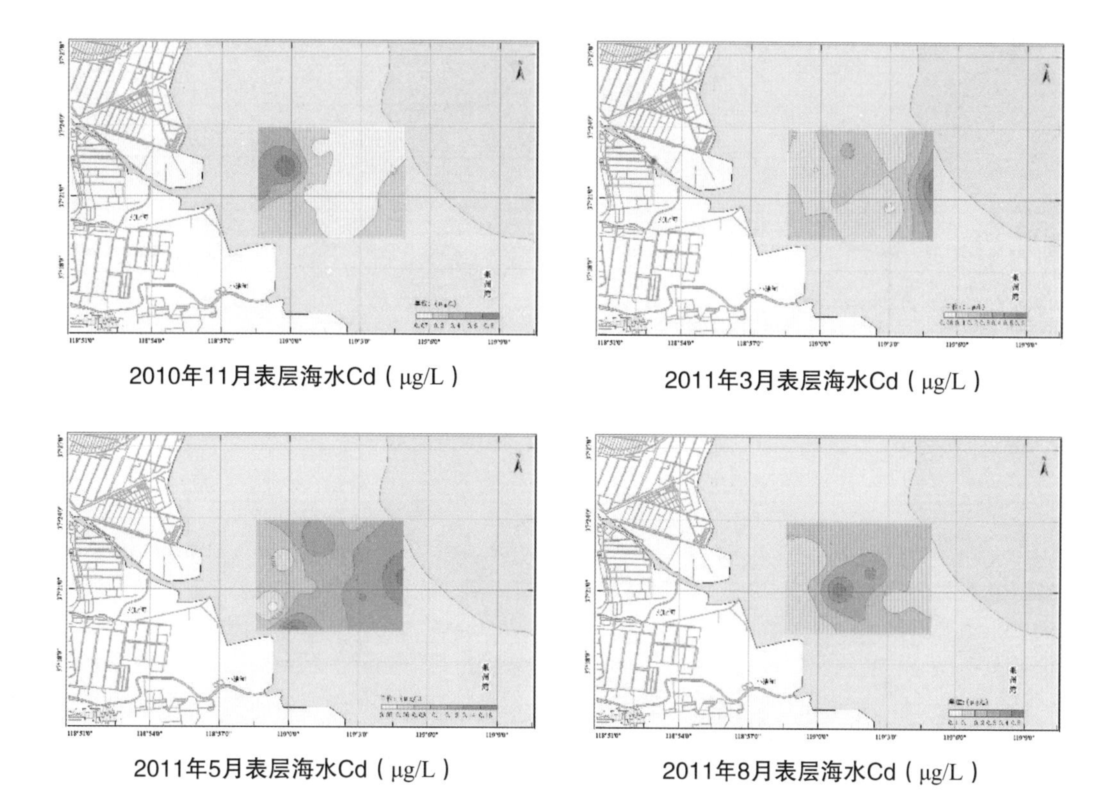

2010年11月表层海水Cd（μg/L）

2011年3月表层海水Cd（μg/L）

2011年5月表层海水Cd（μg/L）

2011年8月表层海水Cd（μg/L）

图7-15　莱州湾研究海区表层海水镉含量变化

⑬ 砷（As；图7-16）。

2010年11月：表层海水砷的含量变化范围为0.41～1.14 μg/L，平均值为0.57 μg/L。砷的分布整体上呈现出西高东低的特点，等值线呈南北走向，与同月份的铅分布特征相似，最高值出现在调查海域西部，由此向东砷含量逐渐降低。

2011年3月：表层海水砷的含量变化范围为0.90～1.08 μg/L，平均值为1.01 μg/L。砷的分布整体上呈南低北高的特点，等值线分布不均匀，最高值出现在调查海域西北部，由此向西南和东南部砷含量逐渐降低，调查海域南部出现砷的高值。

2011年5月：表层海水砷的含量变化范围为1.11～2.30 μg/L，平均值为1.69 μg/L。砷的分布与3月份相反，呈现出南高北低的特点，等值线呈不规律的东西走向，最高值出现在调查海域西部，由此向调查海域东北部砷含量逐渐降低，最低值出现在调查海域东北部LZB01站位。

2011年8月：表层海水砷的含量变化范围为0.85～1.69 μg/L，平均值为1.30 μg/L。砷的分布与同月份的其他重金属相似，总体上呈现出中央高、四周低的特点，最高值出现在调查海域中部LZB04站位，最低值出现在调查海域东北部LZB10站位。

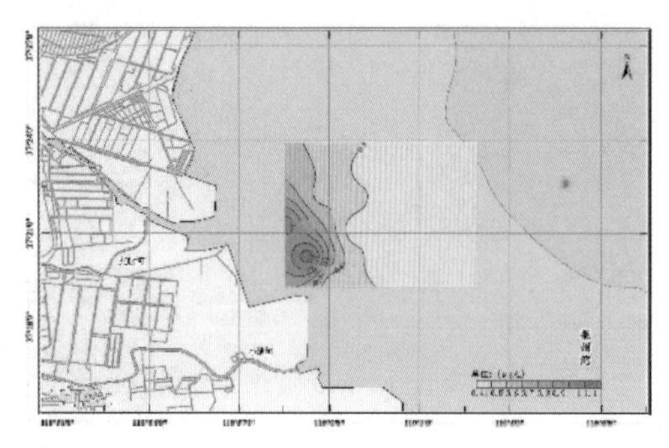

2010年11月表层海水As（μg/L）

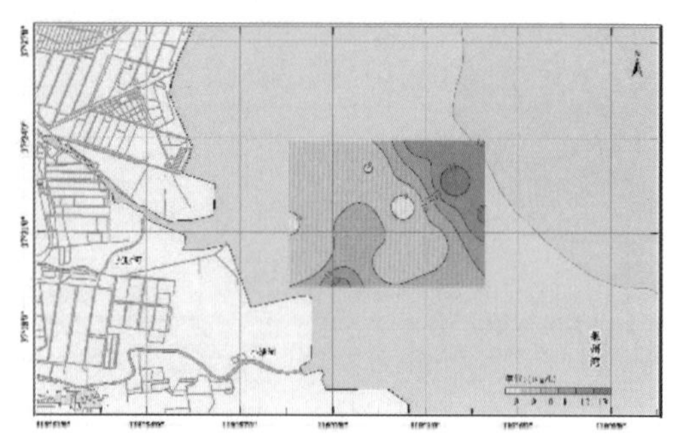

2011年3月表层海水As（μg/L）

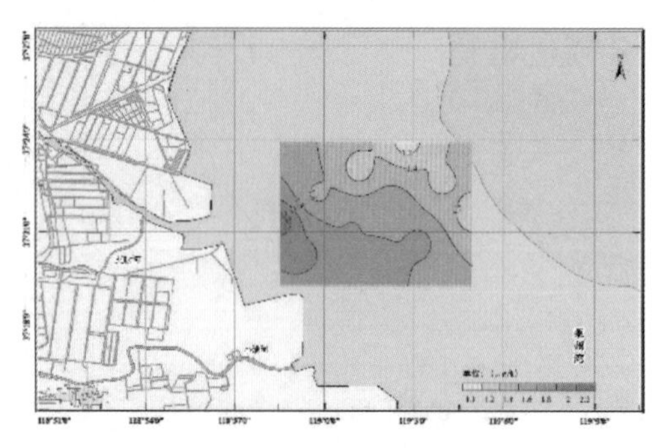

2011年5月表层海水As（μg/L）

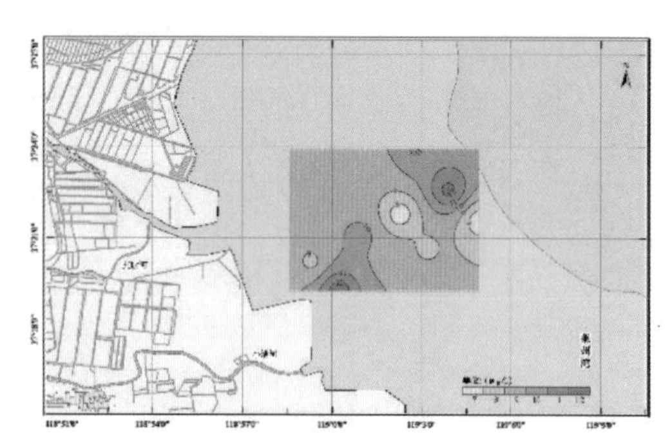

2011年8月表层海水As（μg/L）

图7-16　莱州湾研究海区表层海水砷含量变化

⑭ 汞（Hg；图7-17）。

2010年11月：表层海水汞的含量变化范围为0.247～0.412 μg/L，平均值为0.303 μg/L。汞的分布呈现出中间低，东、西两侧高的特点，等值线呈南北走向，最高值出现在调查海域西部近岸的LZB01站位，调查海域东南部也出现一高值区。

2011年3月：表层海水汞的含量变化范围为0.025～0.073 μg/L，平均值为0.055 μg/L。汞等值线分布不均匀，整体上呈中央高、四周低的分布，最高值出现在中部偏东海域，由此向四周汞含量逐渐降低，低值区出现在调查海域最东部断面。

2011年5月：表层海水汞的含量变化范围为0.030～0.077 μg/L，平均值为0.053 μg/L。汞等值线基本上呈西南-东北走向，高值区出现在调查海域西南部，由此伸展到东北部，最低值出现在调查海域东北部的LZB10站位。

2011年8月：表层海水汞的含量变化范围为0.017～0.080 μg/L，平均值为0.041 μg/L。汞等值线基本上呈东西走向，整体上呈中间高，南、北两侧低的分布，最高值出现在调查海域中部LZB08站位，由此向南、北两侧汞含量逐渐降低，最低值出现在调查海域西部LZB02站位。

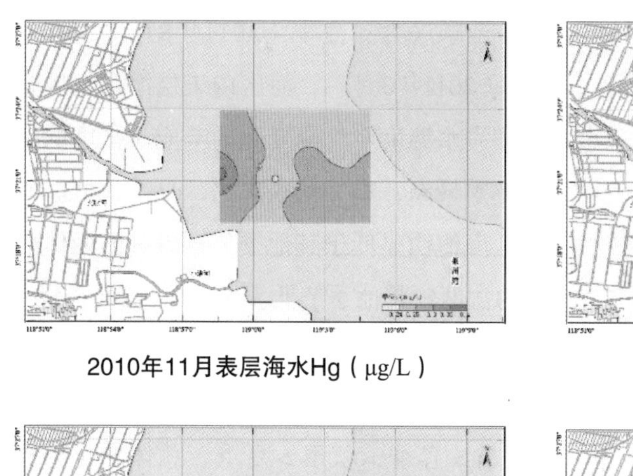

2010年11月表层海水Hg（μg/L）

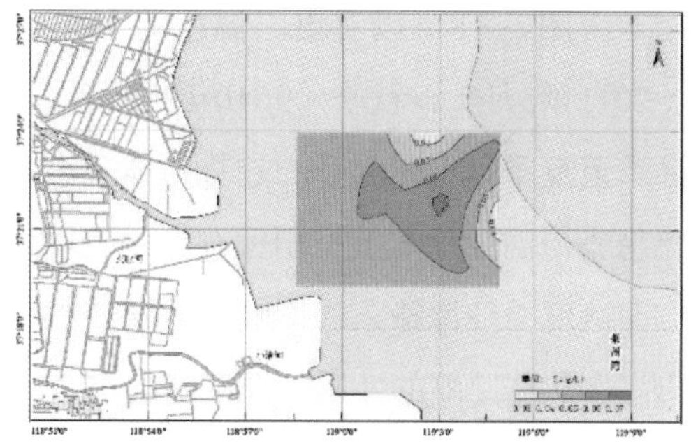

2011年3月表层海水Hg（μg/L）

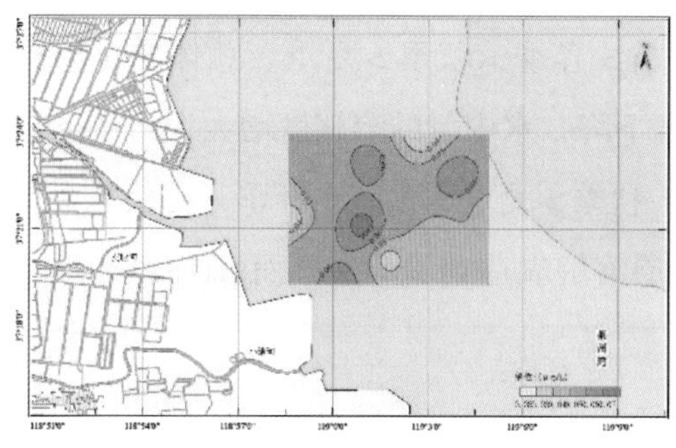

2011年5月表层海水Hg（μg/L）

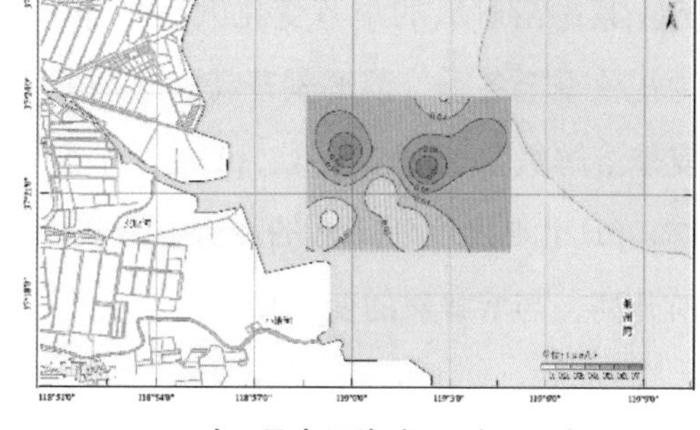

2011年8月表层海水Hg（μg/L）

图7–17　莱州湾研究海区表层海水汞含量变化

2. 海水各要素的季节变化特征

本节所用各要素的数值为每个季节所有站位的平均值。

（1）海水水文要素（温度、盐度）的季节变化特征（图7–18）。

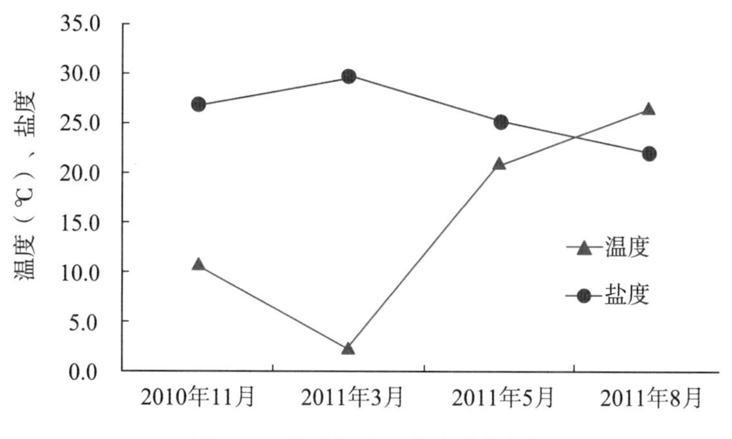

图7–18　海水温度、盐度季节变化

由图7-18可以看出，温度的季节变化高低顺序为：夏季（2011年8月）>春季（2011年5月）>秋季（2010年11月）>冬季（2011年3月），海区内表层海水温度自冬季至夏季呈不断上升的趋势，体现出莱州湾海水温度对气温变化的响应。盐度的变化趋势与温度基本上呈相反态势，表现为：冬季最高，春、秋季次之，夏季最低。一方面盐度受陆源输入的影响较大，使得夏季盐度值明显低于其他季节；另一方面体现出海水热胀冷缩的性质，温度高的季节对应的盐度较其他季节低。

（2）海水化学要素的季节变化特征。

① 溶解氧和pH（图7-19）。整体上溶解氧的季节变化与pH的变化趋势呈相反趋势。其中溶解氧的季节变化大小顺序为：冬季>春季>秋季>夏季。总体变化趋势为：秋季至冬季，溶解氧升高，这是由于水温下降，水中氧的溶解度增大，自冬季至夏季溶解氧含量逐渐降低；pH的季节变化为：秋季>夏季>冬季>春季，自秋季至春季，pH呈现出逐渐降低的趋势，至夏季，表层溶解氧达到最低值，而pH却较春季有所升高，与溶解氧的变化相反。

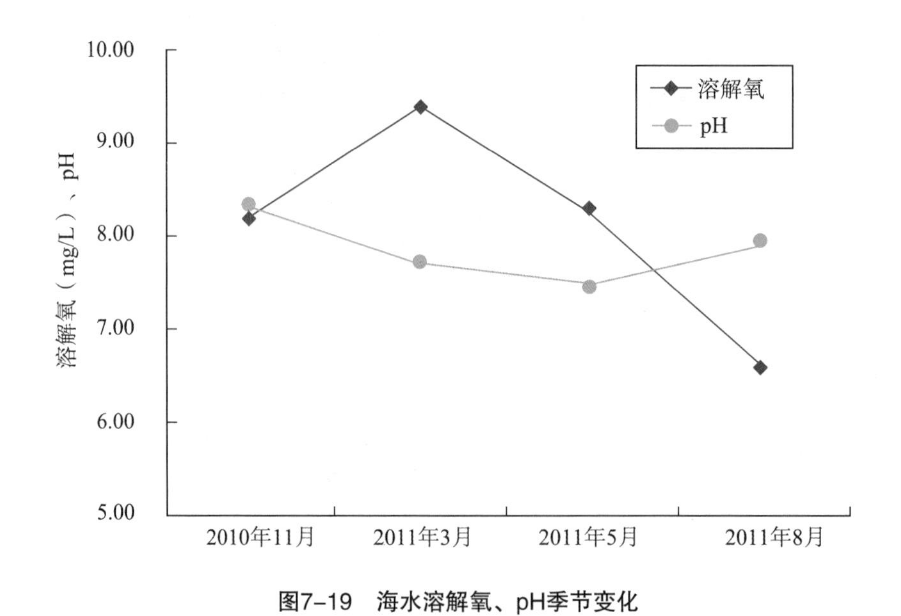

图7-19　海水溶解氧、pH季节变化

② 磷酸盐、硅酸盐和无机氮（图7-20）。三种营养盐的季节变化规律相似，这说明三种营养盐受同一因素控制。无机氮和活性磷酸盐的季节变化表现为：夏季最高，冬、春季次之，秋季最低。而活性硅酸盐表现为：夏季>冬季>春季>秋季。秋季，无机氮和活性磷酸盐在海区内的含量表现为低值，而硅酸盐可能受陆源因素的影响表现为一年内的最高值，至冬季，浮游植物的光合作用减弱，无机氮和活性

磷酸盐含量略有增加，春季海区内活性磷酸盐和硅酸盐含量受逐渐增强的光合作用的影响，含量略有下降，夏季，可能是受陆源输入的影响，海区内的营养盐含量都有不同程度的升高，以无机氮最为明显。

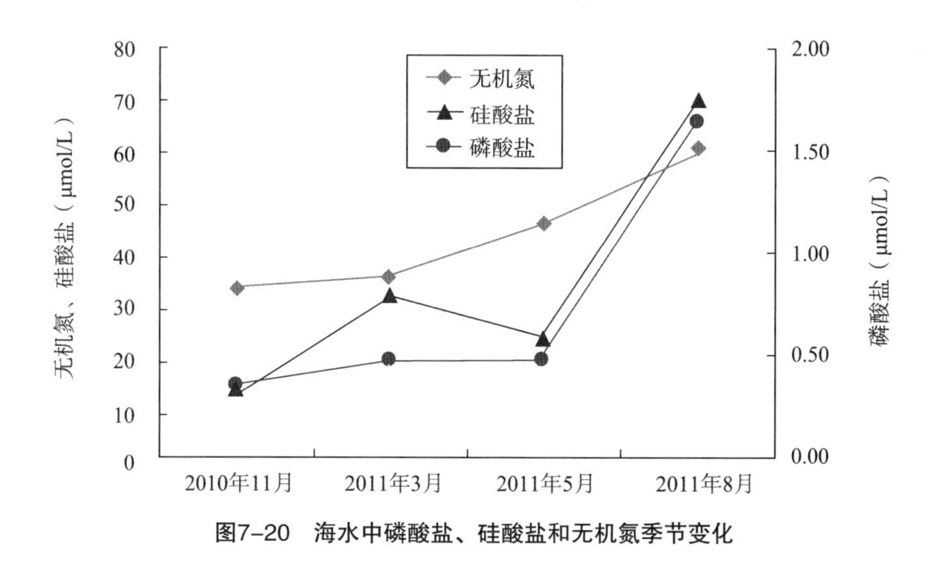

图7-20　海水中磷酸盐、硅酸盐和无机氮季节变化

③ COD和石油类（图7-21）。由图7-21可知，COD季节变化的大小顺序表现为：夏季＞春季＞秋季＞冬季。其含量在夏季表现出高值，与营养盐的高值一致，主要受陆源输入的影响，秋、冬、春季含量较低，至冬季达到一年内的最低值。石油类的季节变化大小顺序为：秋季＞夏季＞春季＞冬季。由秋季至冬季，海区内石油类含量逐渐降低到一年内的最低值，冬季至夏季，其含量逐渐升高。

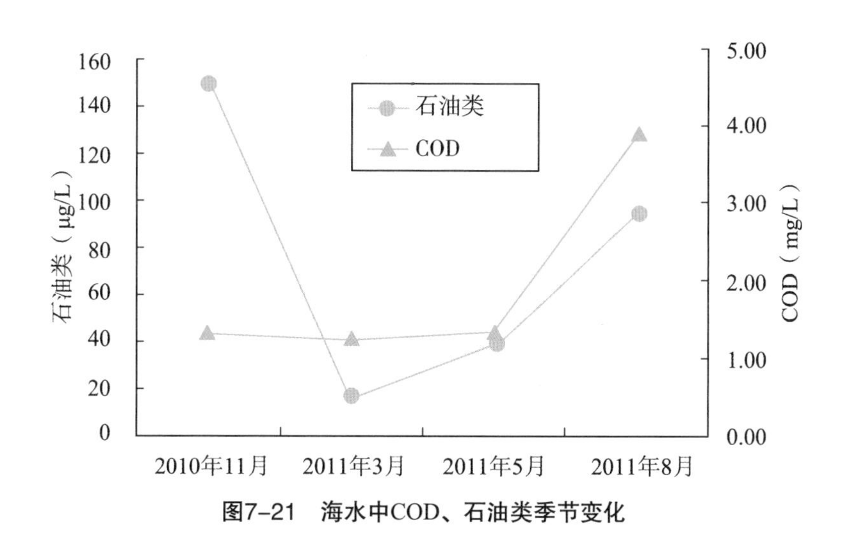

图7-21　海水中COD、石油类季节变化

④ 铜、铅、镉（图7-22）。由图7-22可知，铜、铅、镉三种重金属的季节变化规律差别较大，其中铜和镉季节变化趋势基本一致，表现为：秋、冬季高，夏季次之，春季最低。自秋季至春季，海区内铜和镉含量逐渐降低，至夏季，两者都达到一年内的最大值。而铅的季节变化与铜、镉的变化呈相反趋势，表现为：春季>冬季>秋季>夏季。自秋季至春季，海区内的铅含量呈不断增加的趋势，至夏季，海区内铅含量达到一年内的最低值。

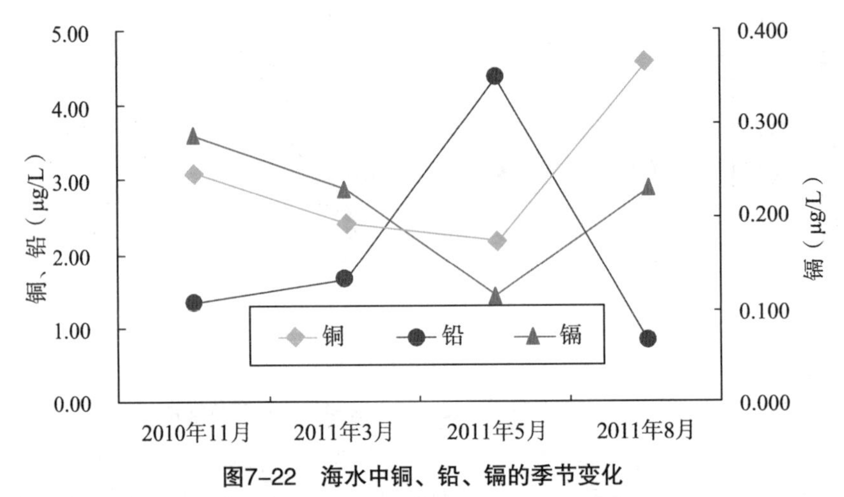

图7-22 海水中铜、铅、镉的季节变化

⑤ 砷、汞（图7-23）。由图7-23可知，砷和汞的季节变化规律差别较大，其中砷季节变化趋势表现为：春季>夏季>冬季>秋季。自秋季至春季，海区内砷含量逐渐升高，并达到一年内的最高值，至夏季，砷含量有所降低。而汞的季节变化趋势表现为：秋季>冬季>春季>夏季。自秋季至夏季，海区内的汞含量呈不断降低的趋势，由秋季海区内汞含量一年内的最高值逐渐降低到夏季海区内汞含量的最低值，以秋季至冬季下降最为明显。

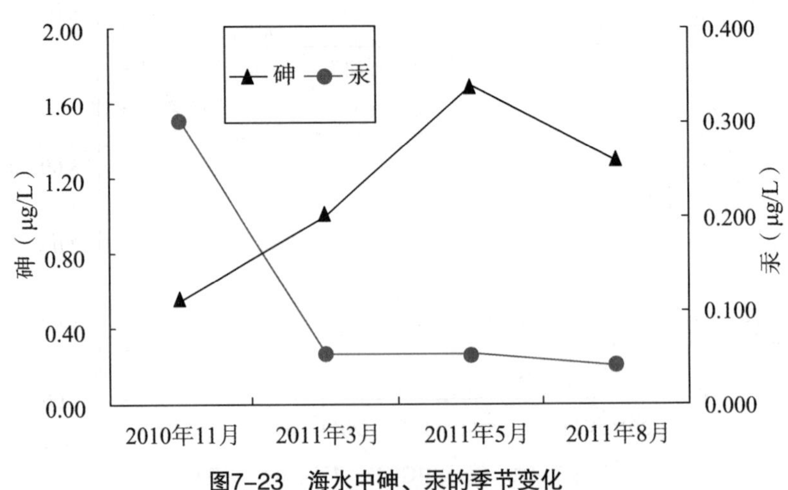

图7-23 海水中砷、汞的季节变化

⑥ 溶解有机碳、颗粒有机碳（图7–24）。由图7–24可知，溶解有机碳、颗粒有机碳在秋季至春季的季节变化趋势基本相反，而由春季至夏季，两者含量都表现出升高的趋势。其中溶解有机碳的季节变化表现为：秋季>夏季>春季>冬季，即由冬季至夏季，海区内溶解有机碳含量呈递增的趋势。颗粒有机碳的季节变化表现为：冬季>夏季>春季>秋季。在春季至夏季过程中，由于浮游植物活动的增强，两者表现出增加的趋势。

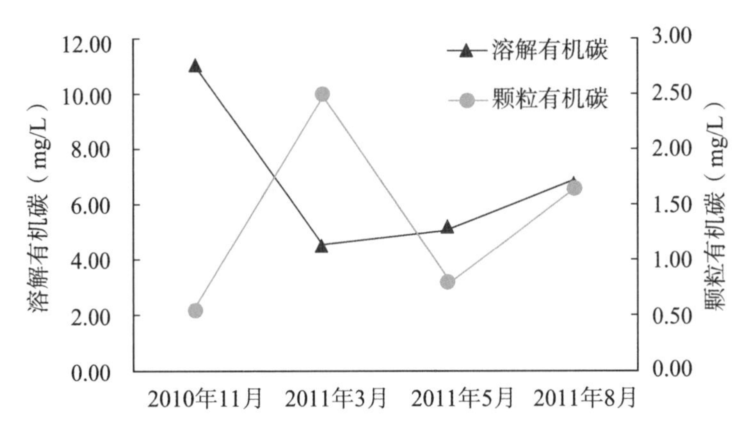

图7–24　海水中溶解有机碳、颗粒有机碳的季节变化

3. 海水各要素的评价结果

结合本项目所属海域实际情况，以及附近海域的功能区划情况，本项目海水水质评价拟执行《海水水质标准》（GB 3097—1997）的第二类标准。

按照单因子标准指数法对各因子进行评价，其标准指数结果见表7–6 ~ 表7–9。

表7–6　水质评价结果表（2010年11月）

站位	层次（m）	pH	DO	COD	无机氮	磷酸盐	石油类	铜	铅	镉	汞	砷
LZB01	0.5	0.54	0.50	0.59	2.26	0.71	2.94	0.88	0.35	0.15	2.06	0.03
LZB02	0.5	0.51	0.51	0.71	2.49	0.75	2.84	0.62	0.19	0.04	1.70	0.04
LZB03	0.5	0.69	0.60	0.36	1.37	0.24	2.62	0.13	0.40	0.06	1.31	0.02
LZB04	0.5	0.80	0.53	0.39	1.26	0.30	2.78	0.27	0.07	0.20	1.63	0.02
LZB05	0.5	0.57	0.58	0.43	1.26	0.32	2.92	0.25	0.17	0.03	1.24	0.01
LZB06	0.5	0.46	0.73	0.37	1.33	0.28	2.92	0.06	0.06	0.02	1.55	0.01
LZB07	0.5	0.89	0.55	0.37	1.51	0.32	3.2	0.31	0.44	0.03	1.26	0.02
LZB08	0.5	0.66	0.47	0.37	1.25	0.24	2.84	0.07	0.25	0.02	1.60	0.01

续 表

站位	层次（m）	pH	DO	COD	无机氮	磷酸盐	石油类	铜	铅	镉	汞	砷
LZB09	0.5	0.11	0.71	0.37	1.46	0.23	2.8	0.22	0.34	0.04	1.65	0.01
LZB10	0.5	0.80	0.49	0.34	1.10	0.32	2.96	0.06	0.13	0.01	1.35	0.01
LZB11	0.5	0.74	0.47	0.35	1.80	0.33	2.76	0.08	0.33	0.02	1.33	0.01
LZB12	0.5	0.46	0.66	0.46	1.55	0.26	3.24	0.76	0.50	0.06	1.56	0.01
平均值	/	0.60	0.57	0.43	1.55	0.36	2.90	0.31	0.27	0.06	1.52	0.02

表7-7 水质评价结果表（2011年3月）

站位	层次（m）	pH	DO	COD	无机氮	磷酸盐	石油类	铜	铅	镉	汞	砷
LZB01	0.5	1.66	0.62	0.49	1.98	0.45	0.46	0.18	0.41	0.05	0.25	0.04
LZB02	0.5	1.46	0.61	0.48	1.68	1.03	0.35	0.17	0.20	0.04	0.30	0.03
LZB03	0.5	1.09	0.40	0.36	1.74	0.28	0.43	0.35	0.34	0.05	0.29	0.03
LZB04	0.5	1.14	0.60	0.45	1.68	0.55	0.28	0.20	0.28	0.02	0.28	0.04
LZB05	0.5	1.29	0.58	0.35	1.64	0.44	0.27	0.24	0.39	0.04	0.31	0.03
LZB06	0.5	1.29	0.54	0.52	1.49	0.66	0.29	0.23	0.24	0.03	0.26	0.04
LZB07	0.5	1.00	0.56	0.47	1.52	0.29	0.18	0.17	0.50	0.07	0.31	0.04
LZB08	0.5	1.03	0.55	0.35	1.6	0.29	0.32	0.20	0.28	0.04	0.34	0.03
LZB09	0.5	1.20	0.54	0.38	1.65	0.31	0.30	0.17	0.25	0.02	0.36	0.04
LZB10	0.5	0.94	0.56	0.24	1.57	0.41	0.28	0.42	0.26	0.02	0.14	0.03
LZB11	0.5	1.31	0.60	0.33	1.55	0.50	0.20	0.19	0.40	0.04	0.37	0.03
LZB12	0.5	1.09	0.60	0.54	1.63	0.61	0.34	0.36	0.43	0.14	0.13	0.03
平均值	/	1.21	0.56	0.41	1.64	0.49	0.31	0.24	0.33	0.05	0.28	0.03

表7-8 水质评价结果表（2011年5月）

站位	层次（m）	pH	DO	COD	无机氮	磷酸盐	石油类	铜	铅	镉	汞	砷
LZB01	0.5	2.43	0.57	0.49	2.53	0.82	0.84	0.31	1.52	0.02	0.17	0.08
LZB02	0.5	2.14	0.50	0.43	2.15	0.41	0.81	0.23	0.48	0.01	0.30	0.07
LZB03	0.5	2.06	0.80	0.44	2.17	1.05	1.35	0.10	0.66	0.03	0.33	0.06
LZB04	0.5	1.43	0.03	0.43	2.08	0.13	1.33	0.15	1.05	0.01	0.27	0.05

续　表

站位	层次（m）	pH	DO	COD	无机氮	磷酸盐	石油类	铜	铅	镉	汞	砷
LZB05	0.5	2.06	0.44	0.38	2.07	0.33	1.11	0.21	0.76	0.02	0.39	0.06
LZB06	0.5	2.03	0.51	0.44	2.36	1.14	0.96	0.12	0.81	0.02	0.18	0.06
LZB07	0.5	2.06	0.61	0.45	2.03	0.03	0.20	0.17	0.40	0.03	0.33	0.04
LZB08	0.5	2.03	0.05	0.40	2.24	0.31	0.82	0.20	0.49	0.02	0.29	0.06
LZB09	0.5	2.03	0.09	0.44	2.25	0.66	1.09	0.24	0.63	0.03	0.20	0.06
LZB10	0.5	1.71	0.43	0.49	1.64	0.02	0.16	0.39	0.72	0.02	0.15	0.04
LZB11	0.5	1.83	0.50	0.43	2.14	/	0.25	0.23	1.87	0.03	0.35	0.05
LZB12	0.5	1.77	0.36	0.40	2.08	/	0.33	0.23	1.11	0.03	0.25	0.04
平均值	/	1.97	0.41	0.44	2.15	0.49	0.77	0.22	0.88	0.02	0.27	0.06

表7-9　水质评价结果表（2011年8月）

站位	层次（m）	pH	DO	COD	无机氮	磷酸盐	石油类	铜	铅	镉	汞	砷
LZB01	0.5	1.00	0.64	1.59	3.64	2.50	2.16	0.32	0.04	0.03	0.17	0.04
LZB02	0.5	0.03	0.82	1.92	3.28	2.73	1.19	0.36	0.06	0.03	0.09	0.04
LZB03	0.5	0.51	0.68	1.47	4.89	3.07	1.43	0.32	0.13	0.03	0.19	0.04
LZB04	0.5	0.60	0.66	2.07	3.28	3.38	1.15	0.44	0.04	0.02	0.37	0.06
LZB05	0.5	0.60	0.59	1.08	2.16	0.97	1.14	0.52	0.02	0.11	0.10	0.05
LZB06	0.5	0.74	0.67	1.45	3.87	2.85	2.61	0.42	0.07	0.06	0.10	0.05
LZB07	0.5	0.60	0.67	1.49	2.62	1.67	1.08	0.47	0.06	0.05	0.21	0.05
LZB08	0.5	0.71	0.76	0.94	1.34	0.57	2.25	0.85	0.96	0.08	0.40	0.05
LZB09	0.5	0.63	0.82	1.35	2.15	1.50	2.04	0.56	0.05	0.03	0.20	0.03
LZB10	0.5	0.60	0.85	0.71	1.15	0.12	2.14	0.53	0.15	0.04	0.15	0.03
LZB11	0.5	0.51	0.63	1.03	1.96	0.38	1.71	0.35	0.17	0.04	0.28	0.04
LZB12	0.5	0.20	0.85	0.48	3.61	0.65	1.74	0.33	0.12	0.02	0.24	0.03
平均值	/	0.56	0.72	1.30	2.83	1.70	1.72	0.46	0.16	0.05	0.21	0.04

2010年11月：海水中无机氮、石油类以及汞含量全部站位均超标，其余各项指标均符合海水水质二类标准。其中无机氮全部超过二类水质标准，LZB01和LZB02站位超标最严重，已经超过海水水质四类标准；石油类全部超过海水水质二类标准，符合

海水水质三类标准，LZB12站位超标最严重；汞全部超过海水水质二类标准，符合海水水质四类标准，LZB01和LZB02站位超标最严重。

2011年3月：无机氮、磷酸盐和pH有超过海水水质二类标准的站位，其余各项指标均符合海水水质二类标准。其中无机氮全部超过二类水质标准，且大部分站位已经超过海水水质四类标准；磷酸盐只有LZB02站位超过海水水质二类标准，符合海水水质四类标准；pH只有LZB09站位没有超标，其余站位超标并符合海水水质四类标准。

2011年5月：无机氮、磷酸盐、pH、石油类和铅均有超过海水水质二类标准的站位，其余各项指标均符合海水水质二类标准。其中无机氮全部超过二类水质标准，且所有站位已经超过海水水质四类标准；磷酸盐有LZB03和LZB06站位超过海水水质二类标准，符合海水水质四类标准；pH全部超过二类水质标准，并符合海水水质四类标准；石油类在LZB03、LZB04、LZB05和LZB09站位超过海水水质二类标准，符合海水水质三类标准；铅在LZB01、LZB04、LZB11和LZB12站位超过海水水质二类标准，符合海水水质三类标准。

2011年8月：无机氮、磷酸盐、pH、COD和石油类均有超过海水水质二类标准的站位，其余各项指标均符合海水水质二类标准。其中无机氮全部超过二类水质标准，且LZB02、LZB04站位已经超过海水水质四类标准；磷酸盐在LZB01、LZB02、LZB03、LZB04、LZB06、LZB07和LZB09站位超过海水水质四类标准；pH只有LZB01站位超过海水水质二类标准，符合海水水质四类标准；COD除LZB08、LZB10、LZB12站位之外，其余站位均超过海水水质二类标准，LZB02、LZB04站位均超过海水水质四类标准；石油类在所有站位均超过水质二类标准，并符合海水水质三类标准。

综上所述，以海水水质二类标准作为评价准则，4个航次均发现有不同程度的超标现象。其中，以2011年5月份超标最严重，其次是2011年8月，2个航次均发现有5项指标超过海水水质二类标准。相比于其他3个航次，2010年11月的水质最好。4个航次均发现有站位无机氧超过海水水质四类标准，若以最差的指标作为水质评价准则，则4个海水水质均超过海水水质四类标准。

孙丕喜等（2006）研究发现2001年莱州湾无机氮和活性磷酸盐的浓度分别是12年前的2.03倍和3.2倍。纪大伟等（2007）于2004年5月对莱州湾海域20个站位进行了富营养化综合评价，发现黄河口和小清河口附近海域受陆源排污的影响，海水透明度小，磷酸盐和无机氮严重超标，且以无机氮的污染最严重，湾内80%以上海域无机氮浓度达到或超过四类标准。刘义豪等（2011）对2006～2009年莱州湾营养盐的年际变化研究得出，4年来整个海域无机氮污染严重，5月53.3%的海域内无机氮超四类海水水质标准，8月34.9%的海域内无机氮超一类海水水质标准。本研究结果与以往结论相比：2011年莱州湾污染程度进一步加重，营养盐浓度进一步升高，以无机氮最为严重，由原来的部分超标变为全部超标，且超过海水水质四类标准。

（二）沉积物

1. 沉积物各要素的调查结果

本研究于2011年3月和2011年8月开展了两个航次的沉积物取样，测定指标包括石油类、铜、铅、镉、砷、汞、有机碳、硫化物共8项。

（1）铜（图7-25、图7-26）。

2011年3月：调查海区沉积物中铜的含量变化范围为（20.9~23.8）$\times 10^{-6}$，平均值为22.1×10^{-6}。最大值出现在LZB11站，最小值出现在LZB06站。

2011年8月：调查海区沉积物中铜的含量变化范围为（16.9~21.8）$\times 10^{-6}$，平均值为19.1×10^{-6}。其含量平均值较3月份有所下降，最大值出现在LZB09站，最小值出现在LZB07站。

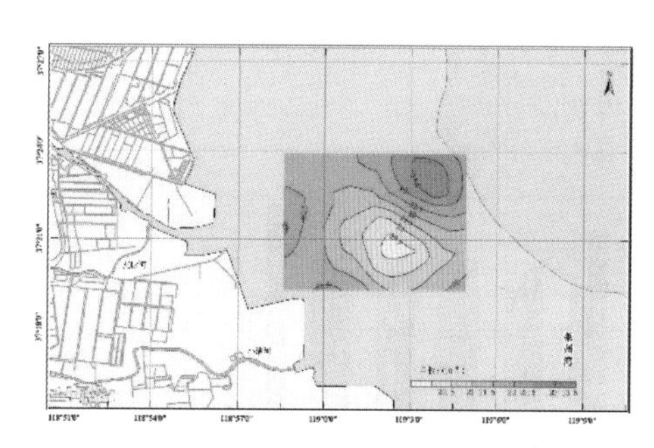

2011年3月沉积物Cu含量（10^{-6}）

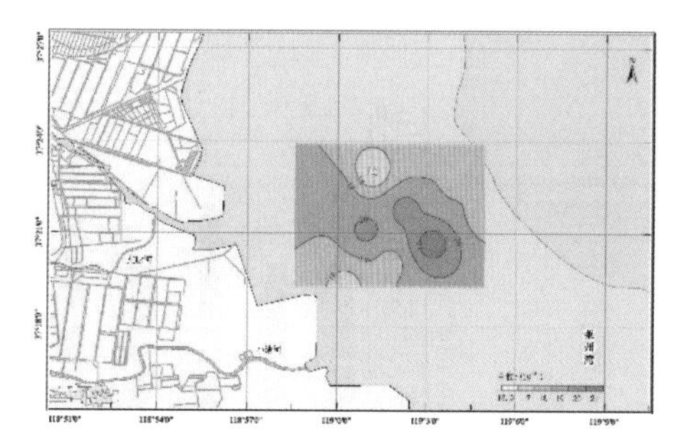

2011年8月沉积物Cu含量（10^{-6}）

图7-25　沉积物的铜含量变化

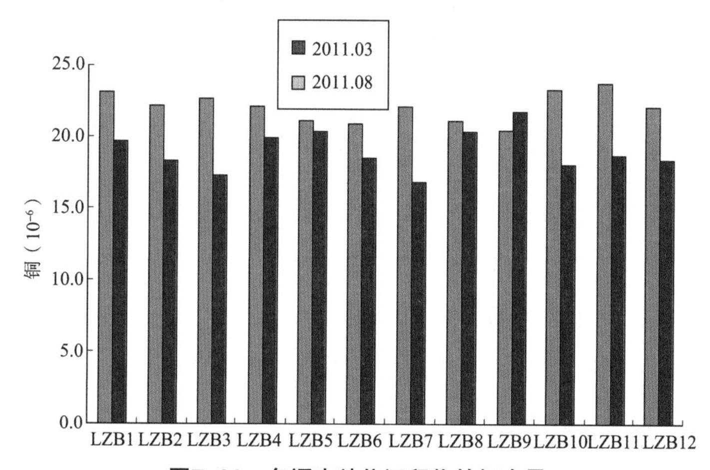

图7-26　各调查站位沉积物的铜含量

（2）铅（图7–27、图7–28）。

2011年3月：调查海区沉积物中铅含量的变化范围为（17.3～21.6）$\times10^{-6}$，平均值为19.2$\times10^{-6}$。最大值出现在LZB10站，最小值出现在LZB02和LZB06站。

2011年8月：调查海区沉积物中铅含量的变化范围为（12.8～19.3）$\times10^{-6}$，平均值为16.7$\times10^{-6}$。其含量平均值较3月份有所降低，最大值出现在LZB04站，最小值出现在LZB03站。

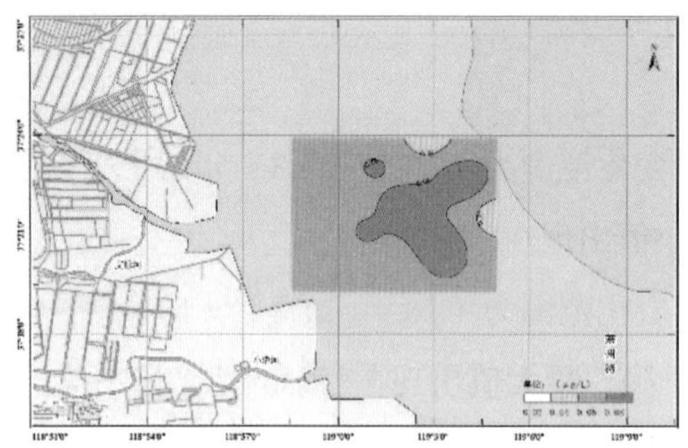

2011年3月沉积物Pb含量（10^{-6}）

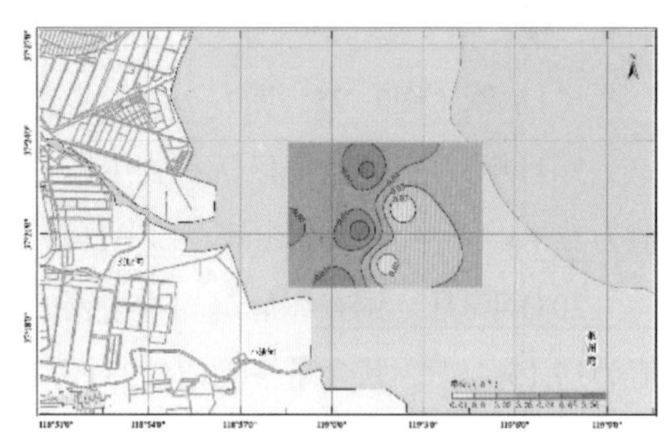

2011年8月沉积物Pb含量（10^{-6}）

图7–27　沉积物的铅含量变化

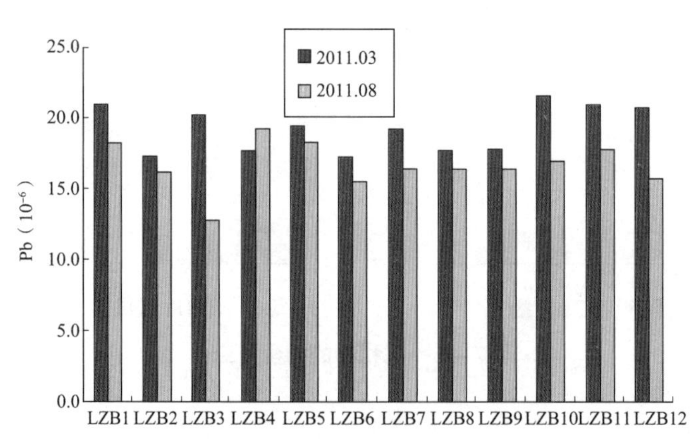

图7–28　各调查站位沉积物铅的含量

③ 镉（图7–29、图7–30）。

2011年3月：调查海区沉积物中镉的含量变化范围为（0.16～0.20）$\times10^{-6}$。平均值为0.18$\times10^{-6}$，最大值出现在LZB01、LZB12站，最小值出现在LZB09站，各站位之间镉含量相差较小，分布较均匀。

2011年8月：调查海区沉积物中镉的含量变化范围为（0.13～0.30）$\times10^{-6}$。平均值为0.17$\times10^{-6}$，其平均值与3月份基本持平，最大值出现在LZB04站，最小值出现在LZB03和LZB12站。

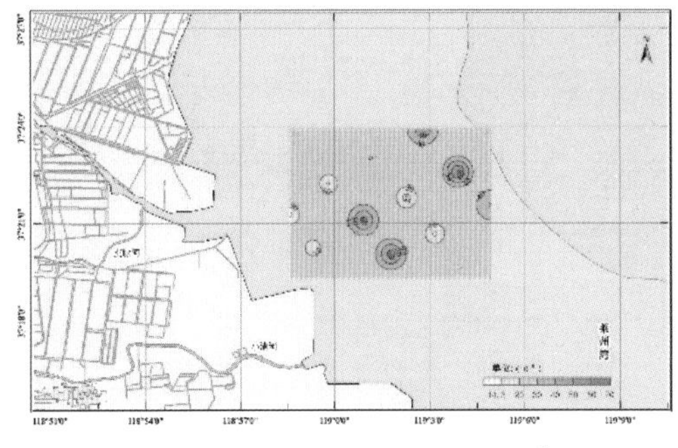

2011年3月沉积物Cd含量（10^{-6}）

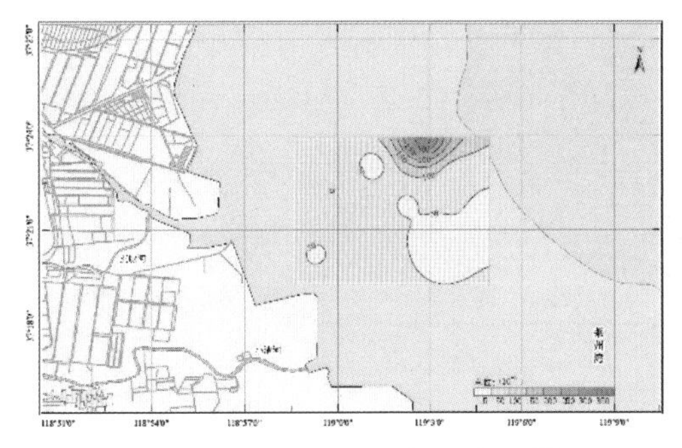

2011年8月沉积物Cd含量（10^{-6}）

图7-29　沉积物的镉含量变化

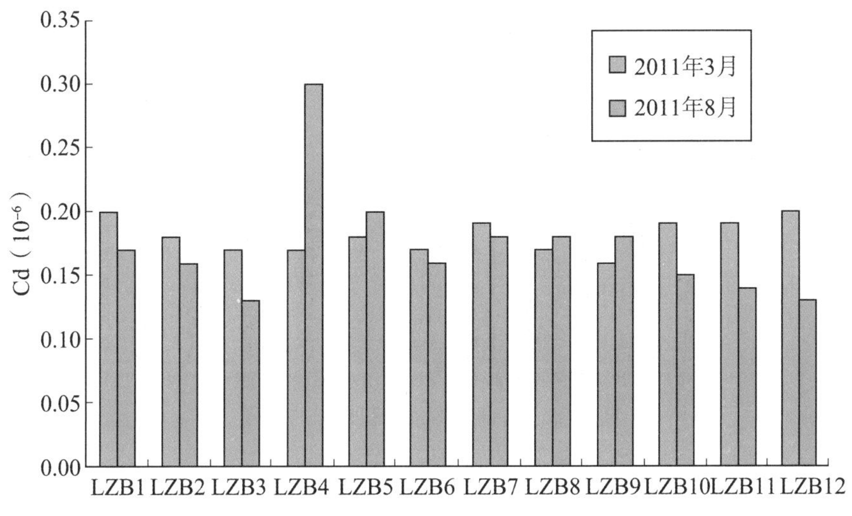

图7-30　各调查站位沉积物全角的含量

（4）砷（图7-31，图7-32）。

2011年3月：调查海区沉积物中砷的含量变化范围为（8.35 ~ 13.82）$\times 10^{-6}$，平均值为10.55×10^{-6}，最大值出现在LZB11站，最小值出现在LZB08站。

2011年8月：调查海区沉积物中砷含量的变化范围为（7.43 ~ 12.52）$\times 10^{-6}$，平均值为9.72×10^{-6}。其含量平均值较3月份明显下降，最大值出现在LZB08站，最小值出现在LZB03站。

2011年3月沉积物As含量（10^{-6}）

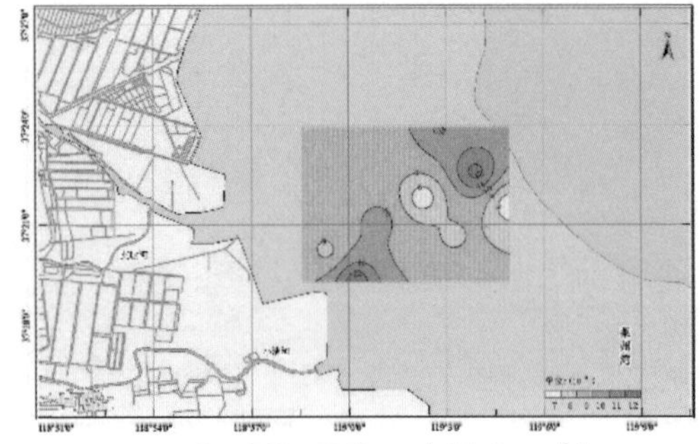

2011年8月沉积物As含量（10^{-6}）

图7-31　沉积物的砷含量变化

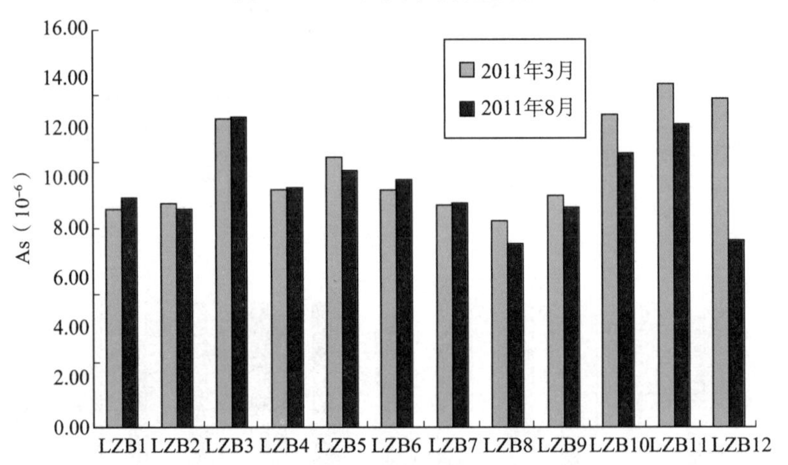

图7-32　各调查站位沉积物砷的含量

（5）汞（图7-33，图7-34）。

2011年3月：调查海区沉积物中汞的含量变化范围为（0.018～0.097）$\times10^{-6}$，平均值为0.050$\times10^{-6}$，最大值出现在LZB05站，最小值出现在LZB06站。

2011年8月：调查海区沉积物中汞的含量变化范围为（0.010～0.067）$\times10^{-6}$，平均值为0.040$\times10^{-6}$，较3月份平均值有所降低，最大值出现在LZB05站，最小值出现在LZB08站。

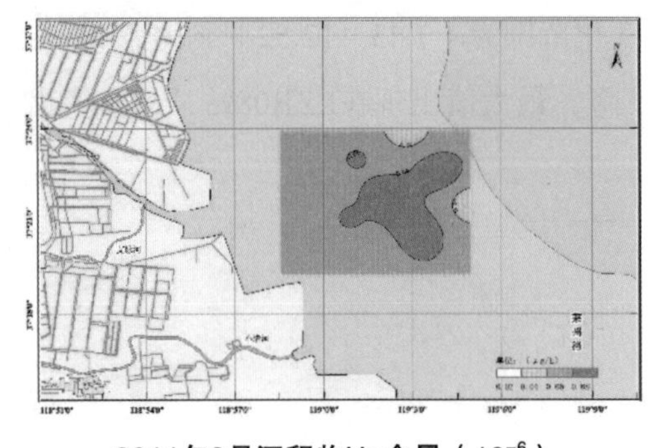

2011年3月沉积物Hg含量（10^{-6}）

2011年8月沉积物Hg含量（10^{-6}）

图7-33　沉积物的汞含量变化

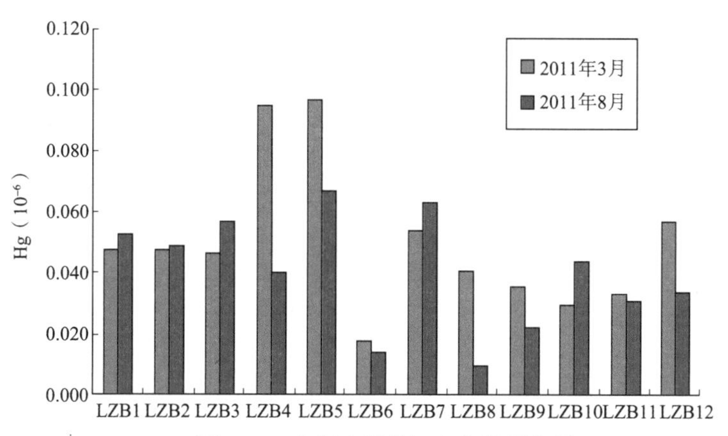

图7-34　各调查站位沉积物的汞含量

（6）石油类（图7-35、图7-36）。

2011年3月：调查海区沉积物中石油类含量的变化范围为（14.2～73.3）$\times 10^{-6}$，平均值为38.96×10^{-6}。最大值出现在LZB11站，最小值出现在LZB08站。

2011年8月：调查海区沉积物中石油类含量的变化范围为（21.3～377.1）$\times 10^{-6}$，平均值为79.2×10^{-6}。平均值较3月份明显升高，最大值出现在LZB10站，最小值出现在LZB12站。

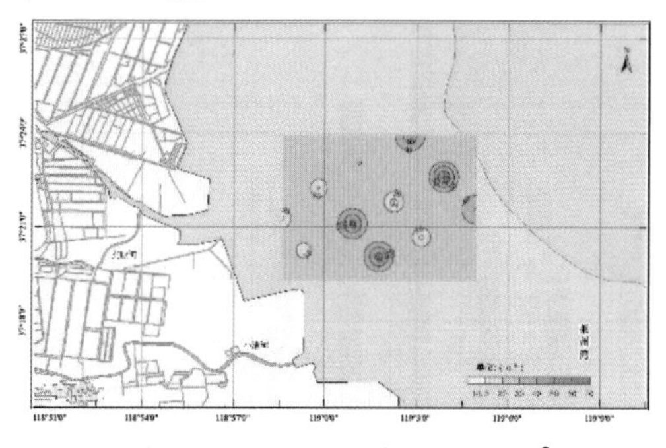

2011年3月沉积物石油类含量（10^{-6}）

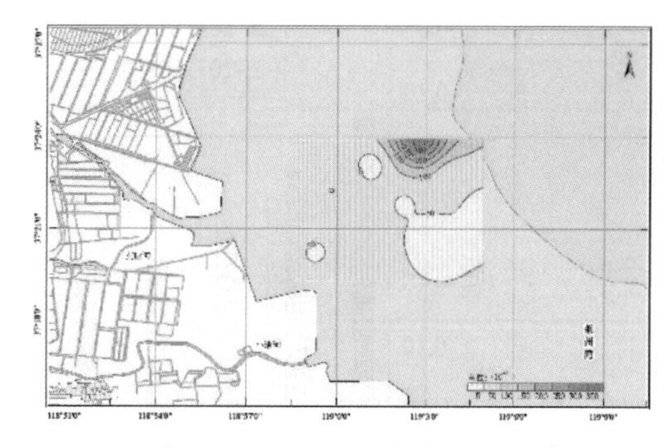

2011年8月沉积物石油类含量（10^{-6}）

图7-35　沉积物的石油类含量变化

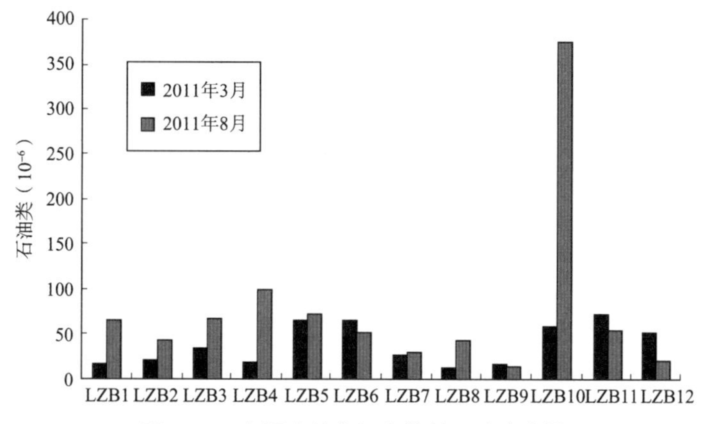

图7-36　各调查站位沉积物的石油类含量

（7）有机碳（图7–37、图7–38）。

2011年3月：调查海区沉积物中有机碳含量的变化范围为0.17%～0.36%，平均值为0.23%。LZB10站含量最高，LZB04、LZB05站含量最低。

2011年8月：调查海区沉积物中有机碳含量的变化范围为0.15%～0.37%，平均值为0.23%。其平均值与3月份相同，变化不大，其中LZB06站含量最高，LZB04站含量最低。

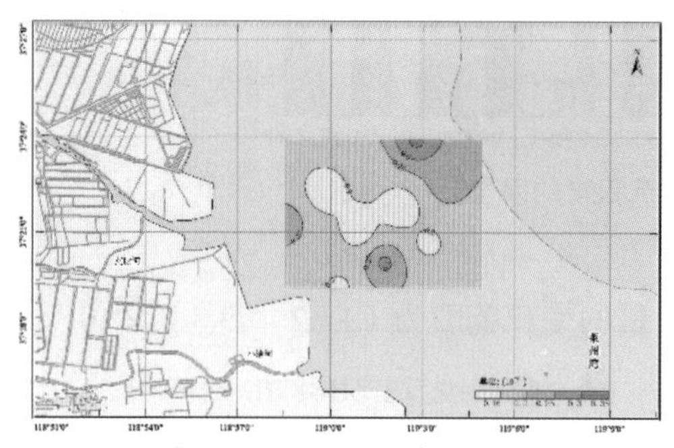

2011年3月沉积物有机碳含量（%）　　2011年8月沉积物有机碳含量（%）

图7–37　沉积物的有机碳含量变化

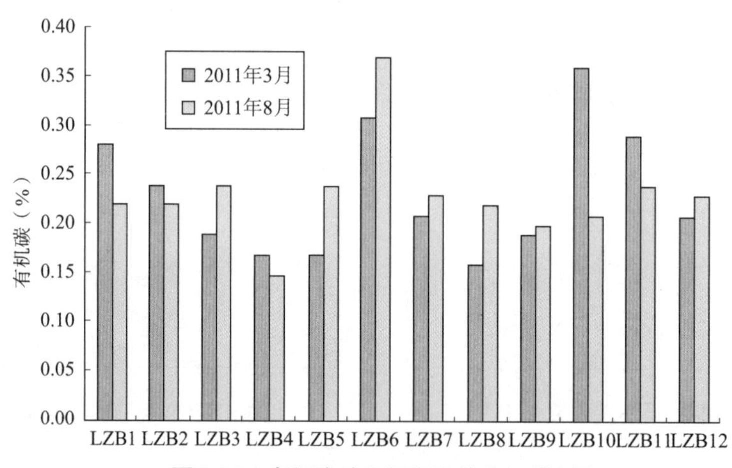

图7–38　各调查站位沉积物的有机碳含量

2. 沉积物各要素的评价结果

按照单因子标准指数法对各因子进行评价，其标准指数结果见表7–10、表7–11。

铜、铅、镉、砷、汞、石油类、有机碳和硫化物等8项评价因子的标准指数均小于1，评价结果表明：莱州湾的沉积物质量均符合国家第一类沉积物质量标准。

罗先香等（2010）于2008年5月对莱州湾沉积物的污染评价结果显示：重金属平均含量较低，大部分低于国家海洋沉积物一类标准，潜在生态风险总体处于较低水平。本研究发现莱州湾的沉积物质量依然符合第一类沉积物质量标准，尤其相比于近年来莱州湾水质的恶化，沉积物质量保持在良好水平。

表7-10　沉积物评价结果（2011年3月）

站号	Cu	Pb	Cd	As	Hg	石油类	有机碳	硫化物
LZB01	0.66	0.35	0.40	0.44	0.24	0.03	0.14	0.03
LZB02	0.63	0.29	0.36	0.45	0.24	0.04	0.12	0.05
LZB03	0.65	0.34	0.34	0.62	0.24	0.07	0.10	0.05
LZB04	0.63	0.30	0.34	0.48	0.48	0.04	0.09	0.04
LZB05	0.61	0.33	0.36	0.54	0.49	0.13	0.09	0.02
LZB06	0.60	0.29	0.34	0.48	0.09	0.13	0.16	0.04
LZB07	0.63	0.32	0.38	0.45	0.27	0.06	0.11	0.05
LZB08	0.60	0.30	0.34	0.42	0.21	0.03	0.08	0.03
LZB09	0.59	0.30	0.32	0.47	0.18	0.03	0.10	0.04
LZB10	0.67	0.36	0.38	0.63	0.15	0.12	0.18	0.05
LZB11	0.68	0.35	0.38	0.69	0.17	0.15	0.15	0.05
LZB12	0.63	0.35	0.40	0.66	0.29	0.10	0.11	0.07
均值	0.63	0.32	0.36	0.53	0.25	0.08	0.12	0.04

表7-11　沉积物评价结果（2011年8月）

站号	Cu	Pb	Cd	As	Hg	石油类	有机碳	硫化物
LZB01	0.57	0.31	0.40	0.44	0.27	0.13	0.11	0.05
LZB02	0.52	0.27	0.36	0.45	0.25	0.09	0.11	0.03
LZB03	0.49	0.21	0.34	0.62	0.29	0.14	0.12	0.06
LZB04	0.57	0.32	0.34	0.48	0.20	0.20	0.08	0.06
LZB05	0.58	0.31	0.36	0.54	0.34	0.15	0.12	0.06
LZB06	0.53	0.26	0.34	0.48	0.07	0.10	0.19	0.04
LZB07	0.48	0.27	0.38	0.45	0.32	0.06	0.12	0.03
LZB08	0.58	0.27	0.34	0.42	0.05	0.09	0.11	0.03
LZB09	0.62	0.27	0.32	0.47	0.11	0.03	0.10	0.03
LZB10	0.52	0.28	0.38	0.63	0.22	0.75	0.11	0.02

续 表

站号	Cu	Pb	Cd	As	Hg	石油类	有机碳	硫化物
LZB11	0.54	0.30	0.38	0.69	0.16	0.11	0.12	0.07
LZB12	0.53	0.26	0.40	0.66	0.17	0.04	0.12	0.04
均值	0.55	0.28	0.36	0.53	0.20	0.16	0.12	0.04

（三）潮间带沉积物

1. 潮间带沉积物各要素的调查结果（表7-12）

表7-12 潮间带沉积物各项环境因子结果

站号	监测日期	石油类	汞	镉	铜	铅	砷	有机碳	硫化物
T1高	2011.3	560.2	0.250	0.93	42.2	64.0	14.91	1.72	407
T1中	2011.3	473.2	0.171	0.57	32.2	51.4	15.85	1.74	221
T1低	2011.3	82.5	0.130	0.49	28.9	45.8	23.09	1.75	70.9
T2高	2011.3	42.4	0.240	0.89	41.3	63.5	15.06	1.71	31.5
T2中	2011.3	462.6	0.216	0.61	38.7	61.4	12.36	1.76	193
T2低	2011.3	134.0	0.195	0.51	34.6	59.4	11.67	1.71	162
T3高	2011.3	334.0	0.235	0.88	41.4	63.3	16.71	1.71	132
T3中	2011.3	384.9	0.148	0.50	32.1	50.4	21.52	1.70	181
T3低	2011.3	49.6	0.158	0.51	31.4	51.3	13.10	1.74	123
T1低	2011.8	103.6	0.020	0.42	28.8	46.0	6.86	0.23	83.9
T1中	2011.8	86.7	0.019	0.42	27.9	45.7	5.98	0.25	69.5
T1高	2011.8	40.0	0.020	0.42	28.2	45.9	6.65	0.26	40.5
T2低	2011.8	87.1	0.020	0.42	28.6	46.1	6.02	0.20	61.9
T2中	2011.8	41.9	0.024	0.47	29.7	48.3	9.50	0.16	39.1
T2高	2011.8	24.2	0.017	0.40	27.2	43.3	12.94	0.20	15.4
T3低	2011.8	25.1	0.021	0.42	28.8	46.8	7.23	0.16	19.5
T3中	2011.8	40.0	0.021	0.42	28.9	47.0	9.70	0.15	47.7
T3高	2011.8	15.7	0.018	0.40	28.2	45.8	7.14	0.10	12.4
T1高	2011.11	121.2	0.016	0.21	29.18	21.81	8.22	3.02	161.29

续 表

站号	监测日期	石油类	汞	镉	铜	铅	砷	有机碳	硫化物
T1低	2011.11	107.4	0.016	0.21	30.43	22.74	7.56	3.28	175.69
T2高	2011.11	94.8	0.019	0.19	26.82	22.86	8.07	3.33	167.58
T2中	2011.11	116.8	0.029	0.20	27.55	23.48	6.74	3.00	176.32
T2低	2011.11	103.4	0.017	0.19	26.63	22.7	7.06	3.05	159.92
T3高	2011.11	74.5	0.013	0.19	25.61	21.84	7.57	3.02	164.96
T3中	2011.11	92.5	0.046	0.18	24.44	20.85	7.11	3.03	178.39
T3低	2011.11	70.2	0.014	0.19	25.95	22.13	6.78	0.72	168.07
T1高	2012.5	98.5	0.012	0.19	25.84	22.03	7.53	0.81	42.93
T1中	2012.5	80.9	0.016	0.18	23.74	20.26	5.68	0.83	54.01
T1低	2012.5	39.4	0.018	0.18	24.63	21.01	5.65	0.91	50.15
T2高	2012.5	59.8	0.116	0.19	24.24	20.68	8.10	0.95	49.89
T2中	2012.5	41.3	0.013	0.18	24.75	21.11	7.39	0.96	50.61
T2低	2012.5	25	0.016	0.19	24.99	21.32	7.14	0.90	37.62
T3高	2012.5	27.7	0.013	0.19	24.87	21.21	7.02	0.88	43.39
T3中	2012.5	39.5	0.019	0.19	25.06	21.38	5.90	1.03	53.99
T3低	2012.5	18.4	0.013	0.18	24.43	20.84	6.13	1.05	44.74

（1）油类。油类含量平均值最高出现在2011年3月的T1站位，其中以T1站位高潮含量最高。2011年11月潮间带监测数据次之，2012年5月潮间带的监测数据最小。

（2）汞。汞含量平均值最高出现在2011年3月的T2站位，其中以T2站位高潮汞含量最高。2012年5月潮间带监测数据次之，2011年8月潮间带的监测数据最小。

（3）镉。镉含量最高值出现在2011年3月T1站位，其中以T1站位高潮镉含量最高。2011年8月潮间带监测数据次之，2012年5月潮间带的监测数据最小。

（4）铜。铜含量最高值出现在2011年3月的T1站位，其中以T1站位高潮中铜含量最高。2011年11月潮间带监测数据次之，2012年5月潮间带的监测数据最小。

（5）铅。铅含量最高值出现在2011年3月的T1站位，其中以T1站位高潮铅含量最高。2011年8月潮间带监测数据次之，2012年5月潮间带的监测数据最小。

（6）砷。砷含量最高值出现在2011年3月潮间带，其中以T1低潮中砷含量最高。

2011年8月潮间带监测数据次之，2012年5月潮间带的监测数据最小。

（7）有机碳。有机碳含量最高值出现在2011年11月的T2站位，其中以T2站位高潮中有机碳含量最高。2011年3月潮间带监测数据次之，2011年8月潮间带有机碳的监测数据最小。

（8）硫化物。硫化物含量最高值出现在2011年3月的T1站位，其中以T1站位高潮中硫化物含量最高。与其他环境监测参数变化不同，硫化物含量平均值最高值出现在2011年11月，2011年3月潮间带监测数据次之，2011年8月潮间带的监测数据最小。

2. 潮间带沉积物各要素的评价结果（表7-13）

表7-13　潮间带沉积物各项环境因子评价结果

站号	监测日期	石油类	汞	镉	铜	铅	砷	有机碳	硫化物
T1高	2011.3	1.12	1.25	1.86	1.21	1.07	0.75	0.86	1.36
T1中	2011.3	0.95	0.86	1.14	0.92	0.86	0.79	0.87	0.74
T1低	2011.3	0.17	0.65	0.98	0.83	0.76	1.15	0.88	0.24
T2高	2011.3	0.08	1.20	1.78	1.18	1.06	0.75	0.86	0.11
T2中	2011.3	0.93	1.08	1.22	1.11	1.02	0.62	0.88	0.64
T2低	2011.3	0.27	0.98	1.02	0.99	0.99	0.58	0.86	0.54
T3高	2011.3	0.67	1.18	1.76	1.18	1.06	0.84	0.86	0.44
T3中	2011.3	0.77	0.74	1.00	0.92	0.84	1.08	0.85	0.60
T3低	2011.3	0.10	0.79	1.02	0.90	0.86	0.66	0.87	0.41
T1低	2011.8	0.21	0.10	0.84	0.82	0.77	0.34	0.12	0.28
T1中	2011.8	0.17	0.10	0.84	0.80	0.76	0.30	0.13	0.23
T1高	2011.8	0.08	0.10	0.84	0.81	0.77	0.33	0.13	0.14
T2低	2011.8	0.17	0.10	0.84	0.82	0.77	0.30	0.10	0.21
T2中	2011.8	0.08	0.12	0.94	0.85	0.81	0.48	0.08	0.13
T2高	2011.8	0.05	0.09	0.80	0.78	0.72	0.65	0.10	0.05
T3低	2011.8	0.05	0.11	0.84	0.82	0.78	0.36	0.08	0.07
T3中	2011.8	0.08	0.11	0.84	0.83	0.78	0.49	0.08	0.16
T3高	2011.8	0.03	0.09	0.80	0.81	0.76	0.36	0.05	0.04
T1高	2011.11	0.24	0.08	0.42	0.83	0.36	0.41	1.51	0.54
T1低	2011.11	0.21	0.08	0.42	0.87	0.38	0.38	1.64	0.59
T2高	2011.11	0.19	0.10	0.38	0.77	0.38	0.40	1.67	0.56

续 表

站号	监测日期	石油类	汞	镉	铜	铅	砷	有机碳	硫化物
T2中	2011.11	0.23	0.15	0.40	0.79	0.39	0.34	1.50	0.59
T2低	2011.11	0.21	0.09	0.38	0.76	0.38	0.35	1.53	0.53
T3高	2011.11	0.15	0.07	0.38	0.73	0.36	0.38	1.51	0.55
T3中	2011.11	0.19	0.23	0.36	0.70	0.35	0.36	1.52	0.59
T3低	2011.11	0.14	0.07	0.38	0.74	0.37	0.34	0.36	0.56
T1高	2012.5	0.20	0.06	0.38	0.74	0.37	0.38	0.41	0.14
T1中	2012.5	0.16	0.08	0.36	0.68	0.34	0.28	0.42	0.18
T1低	2012.5	0.08	0.09	0.36	0.70	0.35	0.28	0.46	0.17
T2高	2012.5	0.12	0.58	0.38	0.69	0.34	0.41	0.48	0.17
T2中	2012.5	0.08	0.07	0.36	0.71	0.35	0.37	0.48	0.17
T2低	2012.5	0.05	0.08	0.38	0.71	0.36	0.36	0.45	0.13
T3高	2012.5	0.06	0.07	0.38	0.71	0.35	0.35	0.44	0.14
T3中	2012.5	0.08	0.10	0.38	0.72	0.36	0.30	0.52	0.18
T3低	2012.5	0.04	0.07	0.36	0.70	0.35	0.31	0.53	0.15

结果表明：在2011年3月航次的T1的高、中潮以及T2的高、中、低潮的石油类、铜、铅、镉、砷、汞等评价因子的标准污染指均有不同程度的超标现象；2011年11月航次的T1、T2、T3站位有机碳有超标现象，均符合沉积物质量二类标准；2011年8月和2012年5月的航次结果显示莱州湾的沉积物质量均符合国家第一类沉积物质量标准。

（四）海洋生物

1. 叶绿素a

（1）叶绿素a的季节变化。由于水文环境的时空变化，莱州湾西岸研究岸段邻近海域海水中叶绿素a的时空变化十分显著。调查期间，调查海域叶绿素a的季节变化规律主要表现为夏季最高，秋季次之，冬季较低，春季最低（表7-14，图7-39）。莱州湾西岸研究岸段邻近海域海水中叶绿素a的季节变化呈现出显著的单峰型季节变化，自春季到夏季海水中叶绿素a总含量持续上升，夏季海水中叶绿素a总含量达到一年中的最高值，从秋季经秋季、冬季到春季，叶绿素a的总含量下降，到春季达到最低值。

莱州湾西岸研究岸段邻近海域海水中叶绿素a的年平均值为5.70 mg/m^3，各测站各季节叶绿素a的极端最大值18.58 mg/m^3，出现在夏季，2011年8月的L05号测站，最小值为0.46 mg/m^3，出现在冬季，2011年3月份的L11号测站。从季节差异来看，夏季（2011年8月）叶绿素a的月平均含量最高，达18.58 mg/m^3，春季（2011年5月）叶绿素a月平均含量最低，仅为1.31 mg/m^3。

表7-14　莱州湾西岸研究岸段邻近海域各季节叶绿素a

叶绿素a	春季	夏季	秋季	冬季
平均值（mg/m^3）	1.31	13.19	5.10	3.21
最小值（mg/m^3）	0.77	6.80	1.95	0.46
最大值（mg/m^3）	2.18	18.58	8.90	18.37

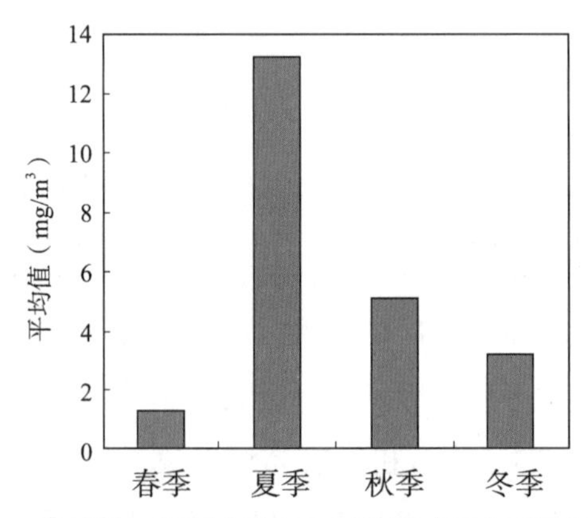

图7-39　莱州湾西岸研究岸段邻近海域叶绿素a的季节变化

（2）叶绿素a的平面分布特征（图7-40）。

春季：莱州湾西岸研究岸段邻近海域海水中叶绿素a的平均值为1.31 mg/m^3，为全年最低的季节，浓度波动范围为0.77～2.18 mg/m^3。从其水平分布来看，叶绿素a总含量大致有自近岸、小清河口附近向东北方向降低的趋势。叶绿素a总含量最高值出现在莱州湾西岸研究岸段邻近海域西北部，离岸较远调查断面上的L06站，最低值出现在莱州湾西岸研究岸段邻近海域东部，离岸最远调查断面上的L11站。

夏季：夏季莱州湾西岸研究岸段邻近海域海水中叶绿素a的平均值为13.19 mg/m^3，为绿素a总量全年最高值，其浓度波动范围为6.80～18.58 mg/m^3。从其水平分布来看，叶绿素a总含量在调查海域中部有一个等值线大致闭合的高值分布中心，叶绿素a总含量自这个高值中心向四周方向降低。叶绿素a总含量最高值出现在莱州湾西岸研究岸段邻近海域西北部，离岸较远调查断面上的L05站，最低值出现在莱州湾西岸研究岸段调查海域东南角，离岸最远调查断面上的L12站。

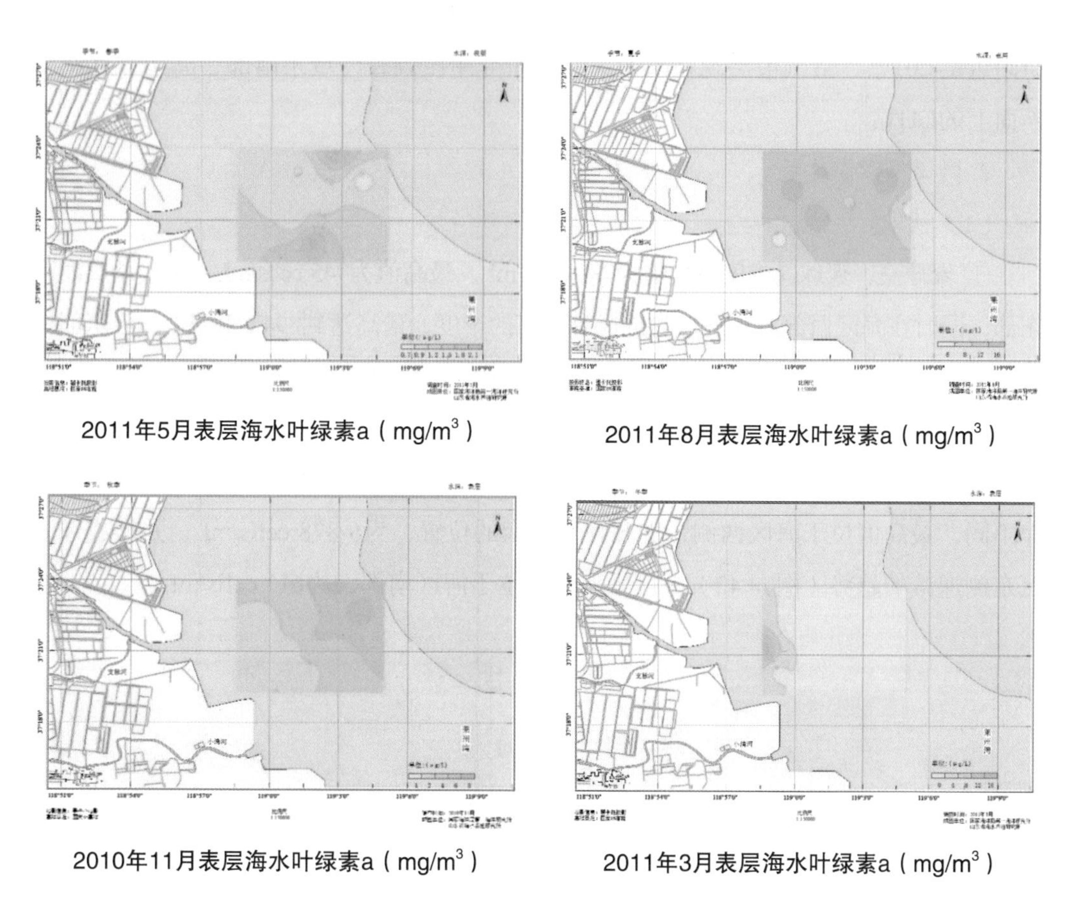

2011年5月表层海水叶绿素a（mg/m^3）

2011年8月表层海水叶绿素a（mg/m^3）

2010年11月表层海水叶绿素a（mg/m^3）

2011年3月表层海水叶绿素a（mg/m^3）

图7–40　表层水叶绿素a含量变化

秋季：秋季莱州湾西岸研究岸段邻近海域海水中叶绿素a平均值为5.10 mg/m^3，为全年较高值，高于春季和冬季，其浓度波动范围为1.95～8.90 mg/m^3。从其水平分布来看，海水中叶绿素a总含量在调查海域东北部离岸较远水域为高值区，叶绿素a总含量自东北向西南、自海向陆方向降低，叶绿素a总含量等值线大致与岸线平行，多数呈西北——东南方向。叶绿素a总含量最高值出现在莱州湾西岸研究岸段调查海域东南部，离岸最远调查断面上的L11站，最低值出现在莱州湾西岸研究岸段邻近海域西北部，离岸较远调查断面上的L05站。

冬季：冬季莱州湾西岸研究岸段邻近海域海水中叶绿素a平均值为3.21 mg/m^3，为全年较低值，仅稍高于春季，叶绿素a的浓度波动范围为0.46 ~ 18.37 mg/m^3。从其水平分布来看，海水中叶绿素a总含量在调查海域西北部支脉河河口附近为高值区，叶绿素a总含量自东南方向、自海向陆逐渐降低，叶绿素a总含量等值线呈南北方向，近岸较密集，离岸越远越稀疏。叶绿素a总含量最高值出现在调查海域西北角支脉河河口附近的L01站，最低值出现在莱州湾西岸研究岸段调查海域东南部、离岸最远调查断面上的L11站。

2. 微微型浮游生物

（1）秋季。

① 聚球藻。聚球藻丰度平均值为739 cells/mL，最高值为945 cells/mL，位于调查海区东部，同时在海区西部支脉河口附近也有较高的丰度，最高达到894 cells/mL，与东部将近。形成了海区东西两端高，中部低的趋势（图7–41），最低丰度为466 cells/mL，出现在南部海区。

② 微微型真核藻。微微型真核藻丰度平均值为1 561 cells/mL；与聚球藻的分布规律不同，最高值位于海区西侧，支脉河口偏南的位置，为6 878 cells/mL，并形成像海区东侧递减的趋势（图7–42），最低点也是位于海区南部，为617 cells/mL。

图7–41　聚球藻（cells/mL）

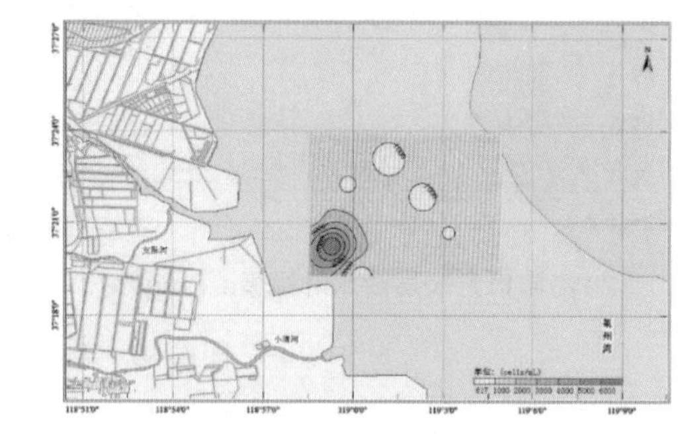

图7–42　微微型真核藻（cells/mL）

（2）冬季。

① 聚球藻。聚球藻丰度平均值为239 cells/mL，比秋稍低；分布规律也与秋季相似，最高值位于海区东部，为1 235 cells/mL；同时在支脉河口也有较高的丰度分布，最高为781 cells/mL。海区聚球藻丰度东部、西部高，中部为低值区（图7–43），最低值位于海区北部，为13 cells/mL。

② 微微型真核藻。微微型真核藻丰度平均值为536 cells/mL，与秋季基本相同，分布规律也基本相似，主要的高值区位于支脉河口，较秋季偏北，最高值为2 583 cells/mL。由西部海区向东部递减，最低值位于海区东北端，为38 cells/mL（图7–44）。

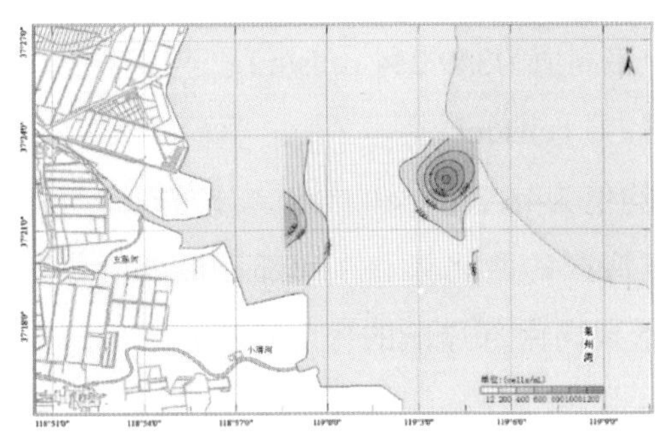

图7–43　聚球藻（cells/mL）

图7–44　微微型真核藻（cells/mL）

（3）春季。

① 聚球藻。聚球藻丰度平均值为13 847 cells/mL，高于秋冬两季；分布规律也与秋冬两季相差较大，最高丰度位于调查海区北部，而不是秋冬两季的西部，最高值为85 998 cells/mL，同样高于秋冬两季。总的分布趋势为北高南低，最低值出现在海区南部，为13 847 cells/mL（图7–45）。

② 微微型真核藻。微微型真核藻丰度平均值为22 663 cells/mL，高于秋冬两季；其分布规律也与秋冬两季稍有不同，虽然最高值仍位于支脉河口，但不是持续地向东部递减，而是在海区中部又出现了另一个丰度高值区，其最高峰度为61 584 cells/mL；最低值在海区北部，为6 557 cells/mL（图7–46）。

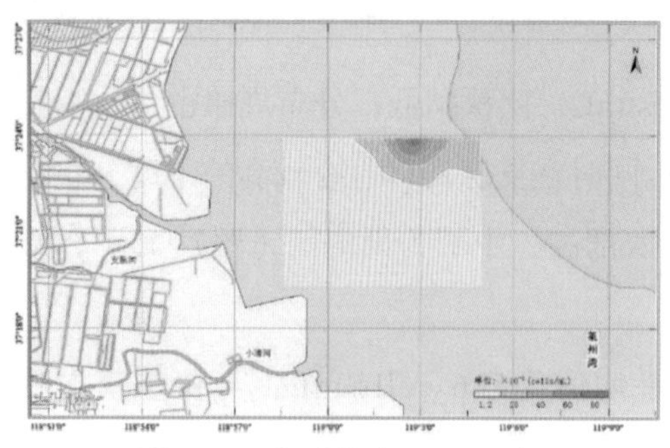

图7-45　聚球藻（cells/mL）

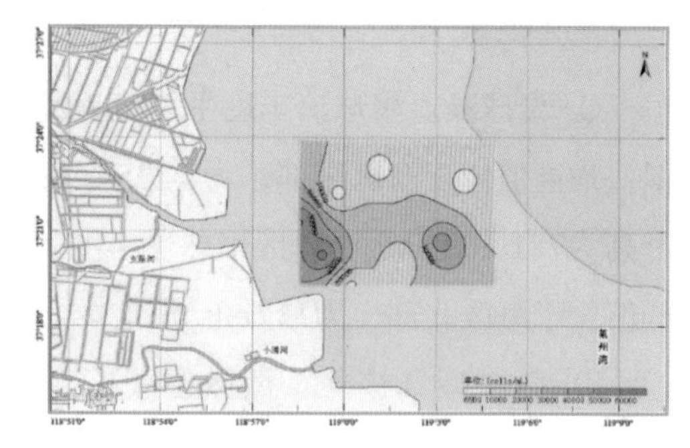

图7-46　微微型真核藻（cells/mL）

（4）夏季。

① 聚球藻。聚球藻丰度平均值为190 808 cells/mL，高于春季一个数量级，为四季最高。高丰度位于海区中部偏东（图7-47），最高值为349 224 cells/mL。与其他三季的规律相差较大，最低值位于支脉河口，为48 791 cells/mL。

② 微微型真核藻。微微型真核藻丰度平均值为46 364 cells/mL，分布规律与其他三季差别较大，有两个高值区，分别位于海区的西北部和东南部，最高值分别为625 347 cells/mL和62 150 cells/mL，并形成向南部递减的梯度趋势，最低值出现在海区东北部，为34 921 cells/mL（图7-48）。

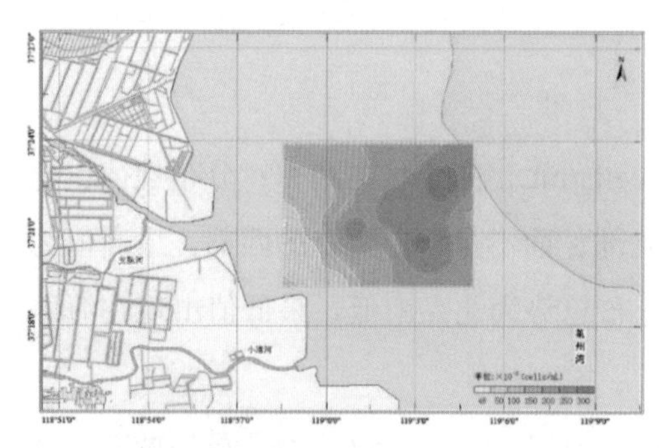

图7-47　聚球藻（cells/mL）

图7-48　微微型真核藻（cells/mL）

（5）小结。

秋冬两季，莱州湾聚球藻主要的高丰度分布于支脉河口附近，并且在海区东部也有较高分布，春季的主要高值区位于海区北部，夏季转向海区中部，且支脉河口出现最低丰度，与秋冬两季相反。

春秋冬三季，微微型真核生物主要的高丰度同样分布于支脉河口附近，只有夏季比较特殊，有两个丰度高值区，分别位于海区的西北部和东南部。

莱州湾微微型浮游生物季节变化为：在夏秋冬三季，丰度按时间顺序递减；春季开始爆发，重新回到丰度较高的状态，基本与夏季持平。

3. 微生物

全年中，调查海域水体表层的总大肠菌群、粪大肠菌群均符合海水水质标准（大肠菌群一至三类海水水质标准均为<10 000 inds/L，粪大肠菌群一至三类海水水质标准均为<2 000 inds/L）。其中，大肠菌群数量最高值低于140 inds/L，粪大肠菌群数量最高值低于80 inds/L。调查海域水体表层的总菌数最高低于750 000 inds/mL，调查海域沉积物中总菌数最高达15 083 inds/g。

（1）夏季。

夏季近岸站位表层海水的总大肠菌群、粪大肠菌群、总菌数量明显高于其他季节，大肠菌群平均数量为76 inds/L，粪大肠菌群平均数量为38 inds/L，其中大肠菌群数量大于76 inds/L的站位共4个，占总调查站位的33%，其中数量最多的为L3站位，达140 inds/L；粪大肠菌群数量大于38 inds/L的站位共6个，占总调查站位的50%，其中数量最多的是L4站位，达80 inds/L；总菌数平均为177 500 inds/mL，其中总菌数大于平均值的站有3个，占总调查站位的25%，其中数量最多的为L1站，达750 000 inds/mL。泥样中总菌数平均为15 083 inds/g，总菌数大于平均值的站4个，占总调查站位的33.3%，L1站最多，达48 000 inds/g（图7–49）。

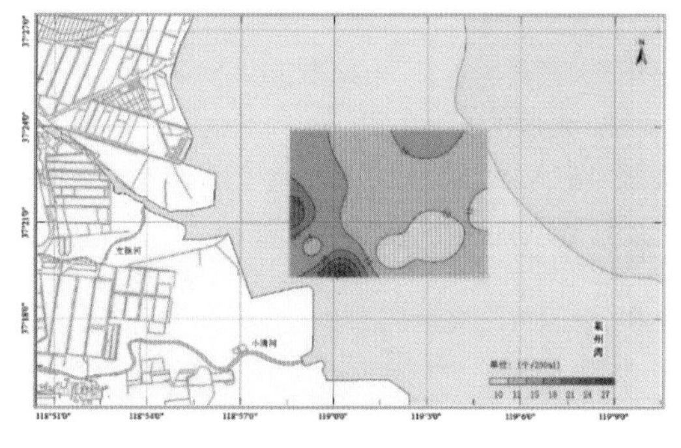

表层水总大肠菌群数量分布（inds/L）

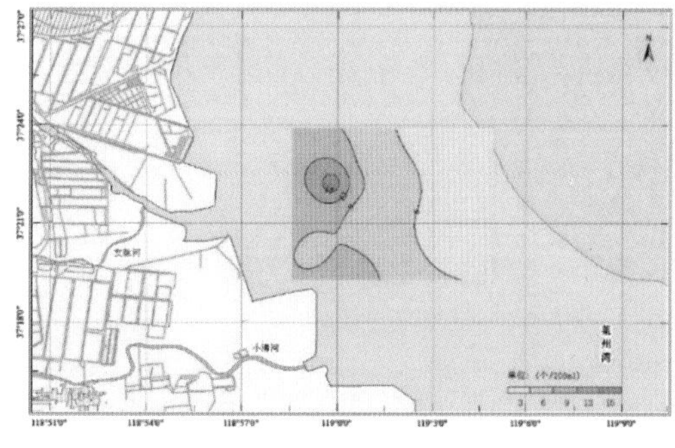

表层水粪大肠菌群数量分布（inds/L）

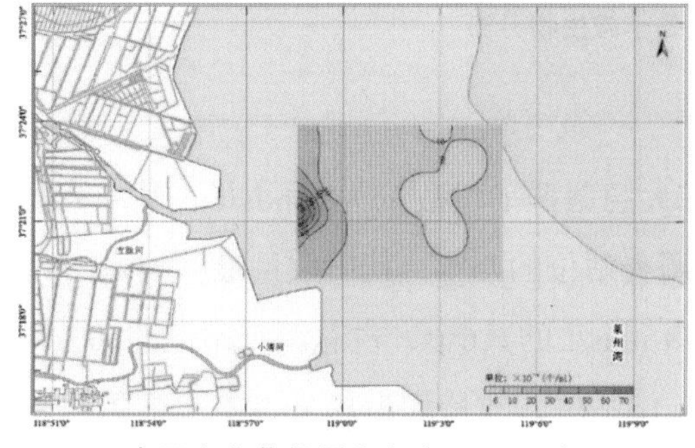

表层水总菌数量分布（inds/mL）

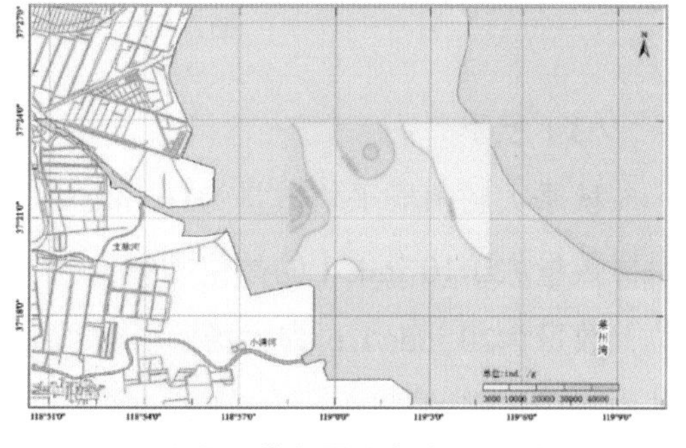

沉积物总菌数量分布（inds/g）

图7–49　调查海区夏季微生物数量分布

（2）冬季。

冬季大肠菌群平均数量为20 inds/L，粪大肠菌群平均数量为15 inds/L，其中大肠菌群数量大于20 inds/L的站位共7个，占总调查站位的58%，其中数量最多的是L3站位，数量为35 inds/L；粪大肠菌群数量大于15 inds/L的共8个，占总调查站位的67%，其中数量最多的是L4站位，数量为30 inds/L；总菌数平均为1 692 inds/mL，其中总菌数大于1 692 inds/mL的站有3个，占总调查站位的25%，其中数量最多的是L1站位，数量为4 500 inds/mL；泥样中总菌数平均为13 344 inds/g，总菌数大于平均值的站5个，占总调查站位的41.7%，L1站最多，达40 914 inds/g；弧菌平均数量为75 inds/mL（图7−50）。

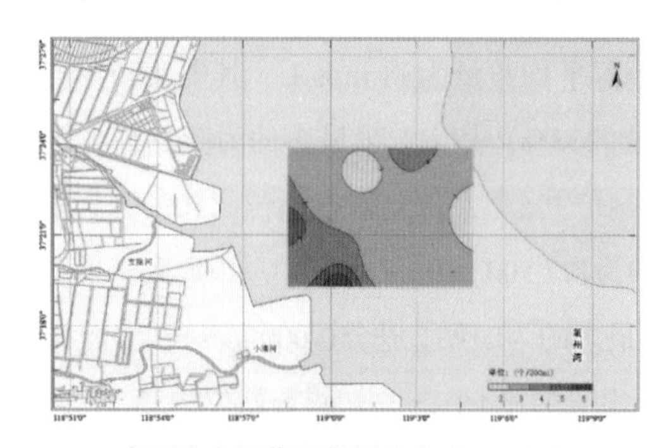

表层水大肠菌群数量分布（inds/L）

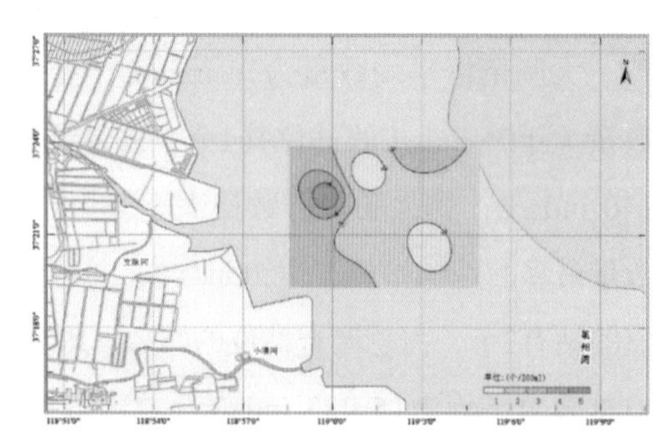

表层水粪大肠菌群数量分布（inds/L）

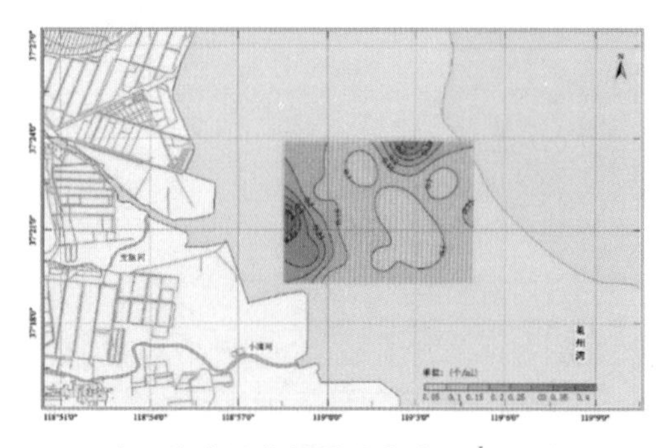

表层海水总菌数量分布（inds/mL）

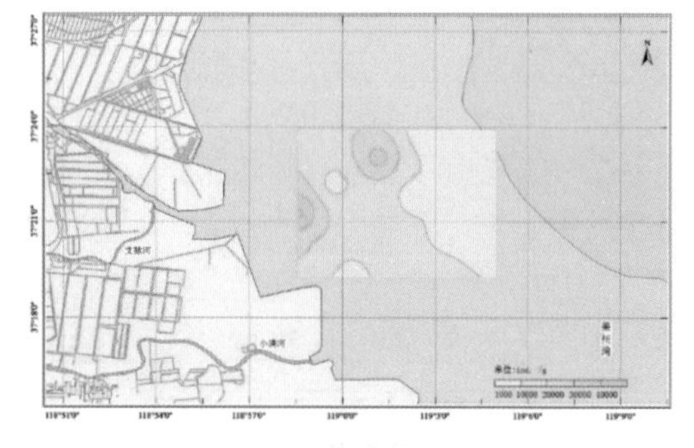

沉积物总菌数量分布（inds/g）

图7−50　调查海区冬季微生物分布

（3）秋季。

秋季大肠菌群平均数量为10 inds/L，粪大肠菌群平均数量为8 inds/L，其中大肠菌群数量大于10 inds/L的站位共9个，占总调查站位的75%，其中数量最多的是L3站位，数量为20 inds/L；粪大肠菌群数量大于8 inds/L的共6个，占总调查站位的50%，其中数量最多的是L3、L4、L7、L8、L9、L10站位，数量均为10 inds/L；总菌数平均为9 067 inds/mL，其中总菌数大于9 067 inds/mL的站有2个，占总调查站位的16.7%，其中数量最多的是L1站位，数量为55 000 inds/mL（图7−51）。

大肠菌群数量分布（inds/L）

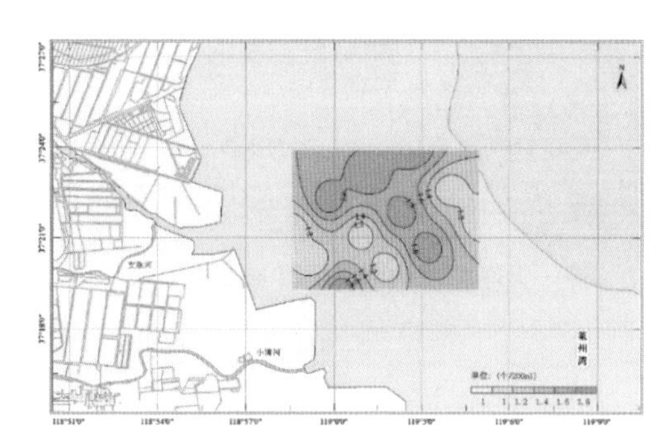

粪大肠菌群数量分布（inds/L）

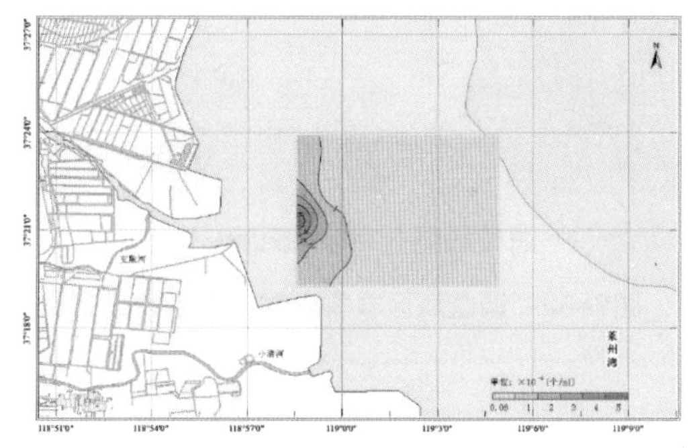

总菌数量分布（inds/mL）

图7−51　调查海区秋季表层水微生物分布

（4）春季。

春季大肠菌群平均数量为11 inds/L，粪大肠菌群平均数量为10 inds/L。其中大肠菌群数量大于11 inds/L的站位共2个，占总调查站位的17%，其中数量最多的是L3站位，数量为25 inds/L；粪大肠菌群数量大于10 inds/L的共8个，占总调查站位的67%，其中数量最多的是L3、L4站位，数量为20 inds/L；总菌数平均为24 750 inds/mL，其中总菌数大于24 750 inds/mL的站有3个，占总调查站位的25%，其中数量最多的是L1站位，数量为170 000 inds/mL（图7−52）。

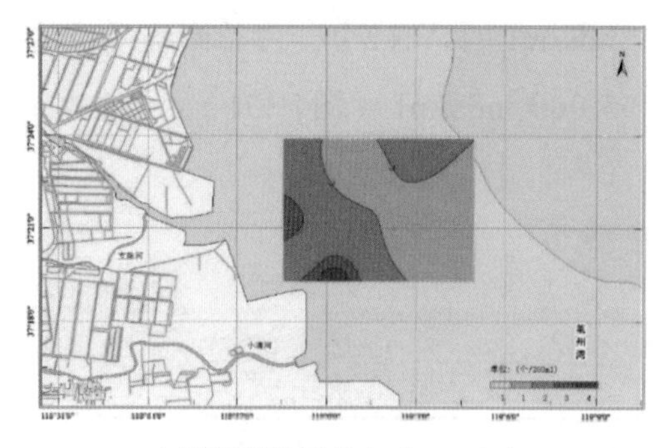
大肠菌群数量分布（inds/L）

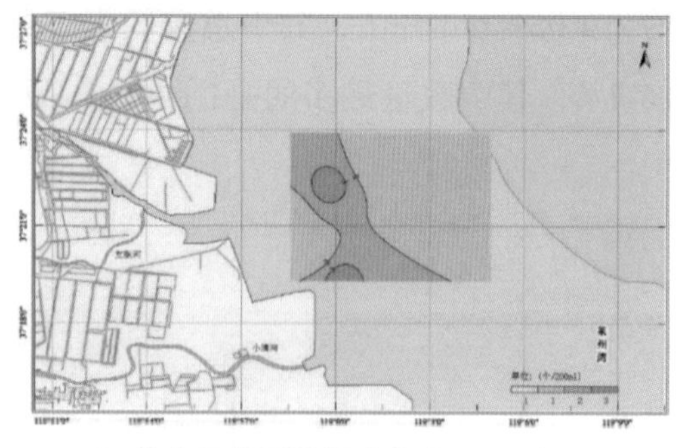
粪大肠菌群数量分布（inds/L）

总菌数量分布（inds/mL）

图7–52　调查海区春季表层水微生物分布

（5）小结。

从各站的季节变化看，表层海水中，大肠菌群、粪大肠菌群和总菌总体趋势均为数量高的站季节变化显著，数量低的站季节变化较小。不同季节的数量变化显示，大肠菌群和粪大肠菌群的数量夏季最多，其次为冬季、春季、秋季；其中冬季、春季、秋季的变化较小，夏季变化较大；对总菌而言，夏季最多，往下依次为春季、秋季、冬季。沉积物中总菌数随季节变化不大。

从平面分布来看，表层海水中，离岸近的靠近河口海域大肠菌群数量较高，离岸较远的海域大肠菌群数量较低；离岸近的靠近广利港和小清河河口海域粪大肠菌群数量较高，离岸较远的海域粪大肠菌群数量较低；离岸远的海域和支脉河河口总菌数量较高。沉积物中总菌在支脉河河口及以北区域数量较高，并从北向南递减，远离河口和靠南的海域数量较少。

4. 浮游植物调查结果

（1）水采浮游植物细胞丰度。

本次调查莱州湾水采浮游植物细胞丰度季节变化显著，高峰期出现在冬季，其次是夏季、春季，秋季最低。即表现为由春季向夏季逐渐增高，然后到秋季降到最低，形成浮游植物细胞丰度的低谷期，之后至冬天升至最高，形成水采浮游植物细胞丰度的高峰期（表7–15）。

表7–15 莱州湾西岸研究岸段邻近海域各季节水采浮游植物的细胞丰度

季节	春季	夏季	秋季	冬季
细胞丰度（$\times 10^3$ cells/L）	82.49	321.88	17.45	547.58
细胞丰度最大值（$\times 10^3$ cells/L）	387.36	850.98	32.93	2 174.88

（2）水采浮游植物细胞丰度的水平分布。

莱州湾西岸研究岸段近岸调查海域不同季节呈现出不同的水采浮游植物细胞丰度的水平分布特征。

① 春季。水采浮游植物细胞丰度总体上较低，仅稍高于低谷期冬季，平均值仅为82.49×10^3 cells/L，波动范围为$12.86 \times 10^3 \sim 387.36 \times 10^3$ cells/L。在调查海域水采浮游植物细胞丰度水平分布大致呈现出自小清河口附近向东北方向降低的趋势，支脉河河口附近水采浮游植物细胞丰度值较低。

② 夏季。与春季相比，调查海域水采浮游植物细胞丰度略有升高，总体平均值为321.88×10^3 cells/L，波动范围为$0.18 \times 10^3 \sim 850.98 \times 10^3$ cells/L。其水平分布趋势为从离岸较远的东北方向西南方向降低。

③ 秋季。秋季莱州湾西岸研究岸段近岸调查海域水采浮游植物细胞丰度最低，平均值为17.45×10^4 cells/m^3，波动范围为$6.63 \times 10^3 \sim 32.93 \times 10^3$ cells/L。调查海域水采浮游植物细胞丰度的水平分布大体由东向西逐渐减小，在支脉河河口附近出现最低值。

④ 冬季。莱州湾调查海域冬季水采浮游植物细胞丰度值为全年最高，平均为547.58×10^3 cells/L，波动范围为$118.13 \times 10^3 \sim 2\,174.88 \times 10^3$ cells/L。在莱州湾内大致呈由西北向东南逐渐降低的趋势，最高值出现在L01站。

（3）水采浮游植物优势种及其分布。

依据公式$Y=\frac{n_i}{N}f_i$，计算各物种优势度。式中，n_i为第i种的总个体数：f_i为该种在各样品中出现的频率：N为全部样品中的总个体数。当$Y \geqslant 0.02$时，该种即为优势种。各季节网采浮游植物优势种及其优势度如下。

① 春季。调查区域浮游植物优势种以硅藻门的双眉藻优势度最高，其次是硅藻门的新月柱鞘藻（图7–53）。

双眉藻本次调查优势度最高为0.176，在9个站位上出现，出现频率为0.75，其细胞丰度范围为$1.296\times10^3\sim30.24\times10^3$ cells/L，平均为9.55×10^3 cells/L，其最高值出现在L03站。新月柱鞘藻优势度为0.091，在10个站位上出现，出现频率为0.83，其细胞丰度范围为$0.648\times10^3\sim34.56\times10^3$ cells/L，平均为7.28×10^3 cells/L，该种最高值出现在莱州湾的L03站。

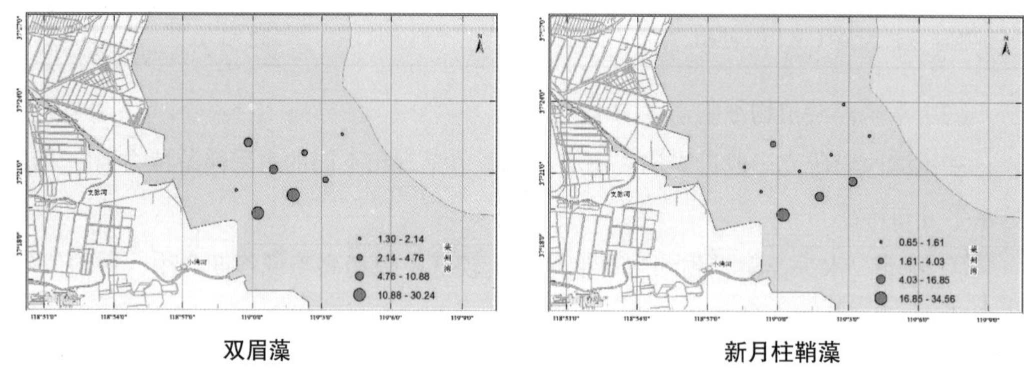

图7-53　莱州湾西岸研究岸段邻近海域春季浮游植物优势种的水平分布

② 夏季。调查区域浮游植物优势种主要以硅藻门的中肋骨条藻优势度较高，其次是硅藻门的海链藻（图7-54）。

中肋骨条藻优势度最高，为0.174，莱州湾调查区域所有站位均有出现，其细胞丰度的平均值为209.15×10^3 cells/L，变化范围为$0.036\times10^3\sim534.51\times10^3$ cells/L，最高值出现在L09站。

海链藻优势度也较高，仅次于中肋骨条藻，为0.124，莱州湾调查区域所有站位均有出现，其细胞丰度的平均值为20.58×10^3 cells/L，变化范围为$0.004\times10^3\sim158.25\times10^3$ cells/L，最高值出现在L07站。

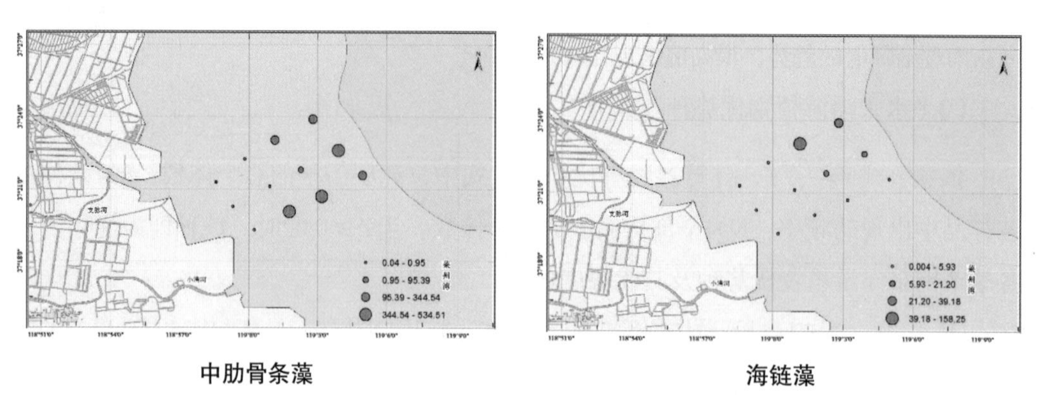

图7-54　莱州湾西岸研究岸段邻近海域夏季浮游植物优势种的水平分布

③ 秋季。调查区域浮游植物优势种主要有硅藻门的细弱圆筛藻、斯氏几内亚藻，尤其是细弱圆筛藻优势度最高（图7-55）。

细弱圆筛藻具槽帕拉藻的优势度最高为0.180，出现频率也较高，莱州湾调查区域共有10个站位有出现，出现频率为0.83，其细胞丰度的平均值为5.162 × 10^3 cells/L，变化范围为0.52 × 10^3 ~ 10.13 × 10^3 cells/L。

斯氏几内亚藻秋季优势度为0.227。莱州湾调查区域共有8个站位有出现，出现频率为0.75，其细胞丰度的平均值为3.97 × 10^3 cells/L，变化范围为0.71 × 103 ~ 8.43 × 10^3 cells/L。

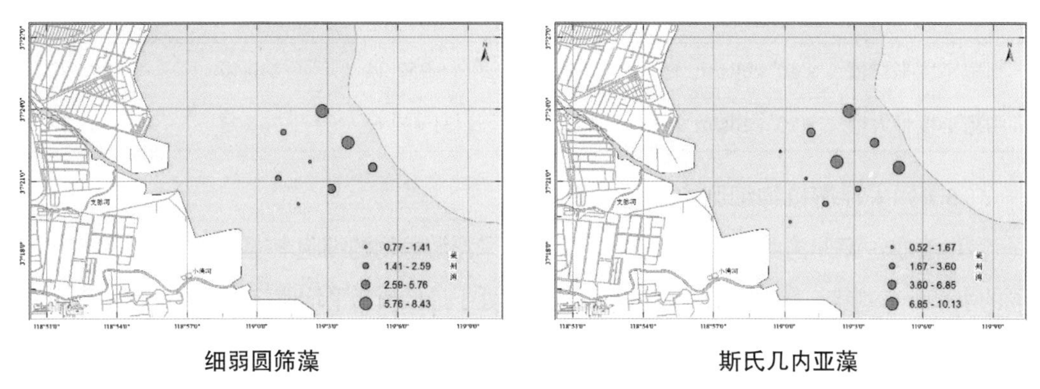

细弱圆筛藻　　斯氏几内亚藻

图7-55　莱州湾西岸研究岸段邻近海域秋季浮游植物优势种的水平分布

④ 冬季。调查区域浮游植物优势种全为硅藻，有中肋骨条藻、鼓胀海链藻，其中中肋骨条藻优势度最高，其次为鼓胀海链藻（图7-56）。

中肋骨条藻是调查中优势度最高，为0.329，在所有站位均有分布，且分布很不均匀，细胞丰度范围为97.52 × 10^3 ~ 2 010.94 × 10^3 cells/L，平均为483.84 × 10^3 cells/L。中肋骨条藻细胞丰度以莱州湾L01站最高，调查区中部大部分站位其丰度较高。

鼓胀海链藻的优势度较高，优势度为0.172，在所有站位上均有分布，分布较为均匀，其细胞丰度范围为6.89 × 10^3 ~ 39.51 × 10^3 cells/L，平均为14.90 × 10^3 cells/L，丰度最高值出现在莱州湾的L12站点。

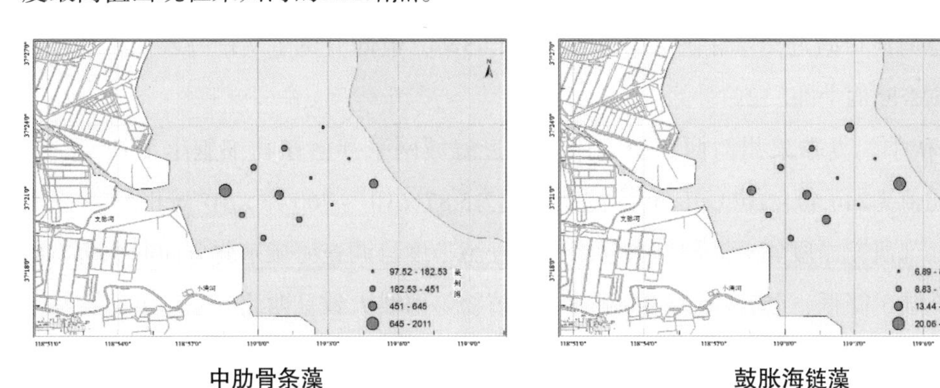

中肋骨条藻　　鼓胀海链藻

图7-56　莱州湾西岸研究岸段邻近海域冬季浮游植物优势种的水平分布

（4）网采浮游植物细胞丰度的季节变化。

本次调查莱州湾西部研究岸段邻近海域网采浮游植物的细胞丰度有显著的双峰型季节变化，最高值出现在冬季，次高值出现在夏季，最低值出现在春季，次低值出现在秋季。即表现为网采浮游植物细胞丰度由春季低谷期向夏季升高然后到秋季降低，再到冬季升至高峰期（表7–16）。

表7–16　莱州湾西岸研究岸段邻近海域网采浮游植物的细胞丰度

季节	春季	夏季	秋季	冬季
细胞丰度平均值（$\times 10^4$ cells/m^3）	54.05	6 957.24	240.40	10 978.72
细胞丰度最大值（$\times 10^4$ cells/m^3）	214.77	31 492.65	760.73	35 561.29

（5）网采浮游植物细胞丰度的水平分布。

① 春季。莱州湾西部研究岸段邻近海域网采浮游植物的细胞丰度在不同季节呈现出不同的水平分布趋势。春季网采浮游植物细胞丰度处于最低值，平均值仅为54.05 $\times 10^4$ cells/m^3，波动范围为12.86 $\times 10^4$ ~ 214.77 $\times 10^4$ cells/m^3。春季莱州湾西部研究岸段邻近海域网采浮游植物细胞丰度在支脉河河口和调查海域东南部形成了2个高值中心，自这2个高值中心网采浮游植物的细胞丰度分别向西南、东北方向降低。调查海域各测站中网采浮游植物细胞丰度的最高值位于调查海域西北角支脉河河口附近的L01站，最低值位调查海域东南方向，小清河河口附近离岸较远调查断面上的L08站。

② 夏季。夏季莱州湾西部研究岸段邻近海域网采浮游植物细胞丰度处于次高值，平均值为6 957.24 $\times 10^4$ cells/m^3，波动范围为1 787.66 $\times 10^4$ ~ 31 492.65 $\times 10^4$ cells/m^3。夏季莱州湾西部研究岸段邻近海域网采浮游植物细胞丰度在调查海域中部形成了一个高值中心，网采浮游植物细胞丰度大致呈闭合的同心圆形，网采浮游植物细胞丰度自这个高值中心向四周降低。调查海域网采浮游植物细胞丰度的最高值位于调查海域西北方向支脉河河口附近离岸较远调查断面上的L05站，最低值位于调查海域东南角，离岸最远调查断面上的L12站。

③ 秋季。夏季莱州湾西部研究岸段邻近海域网采浮游植物细胞丰度处于次低值，平均值为240.40 $\times 10^4$ cells/m^3，波动范围为5.87 $\times 10^4$ ~ 760.73 $\times 10^4$ cells/m^3。秋季莱州湾西部研究岸段邻近海域网采浮游植物细胞丰度自调查海域东北方向向西南方向（由海向陆）降低，调查海域西部网采浮游植物等值线大致呈西北—东南方向，与小清河口至支脉河河口间的岸线平行。调查海域网采浮游植物细胞丰度的最高值位于调查海域东南角，离岸最远调查断面上的L12站，最低值位于调查海域西北角，支脉河

河口附近离岸最近调查断面上的L01站。

④ 冬季。冬季莱州湾西部研究岸段邻近海域网采浮游植物细胞丰度值为全年最高值，平均值为10 978.72 × 10^4 cells/m^3，波动范围为2 041.58 × 10^4 ~ 35 561.29 × 10^4 cells/m^3。冬季莱州湾西部研究岸段邻近海域网采浮游植物细胞丰度自调查海域东北方向向西南方向（由海向陆）降低，调查海域西部网采浮游植物等值线大致呈西北—东南方向，与小清河口至支脉河河口间的岸线相比，等值线北侧更偏西，冬季莱州湾西部研究岸段邻近海域网采浮游植物细胞丰度水平分布梯度是一年中最大的季节。调查海域网采浮游植物细胞丰度的最高值位于调查海域西南部，小清河口东北侧，离岸最近调查断面上的L03站，最低值位于调查海域东南角，离岸最远调查断面上的L12站。

（6）网采浮游植物优势种及其分布。

根据公式$Y=\dfrac{n_i}{N}f_i$，计算莱州湾西部研究岸段邻近海域网采浮游植物各物种优势度，式中，n_i为第i种的总个体数，f_i为该种在各样品中出现的频率，N为全部样品中的总个体数。当$Y \geqslant 0.02$时，该种即为优势种。各季节网采浮游植物优势种及其优势度如下。

① 春季。调查区域网采浮游植物优势种以硅藻门的新月柱鞘藻优势度最高，其次是硅藻门的菱形藻。新月柱鞘藻本次调查优势度最高为0.176，在10个站位上出现，出现频率为0.83，其细胞丰度范围为0.102 × 10^4 ~ 79.61 × 10^4 cells/m^3，平均为16.55 × 10^4 cells/m^3，其最高值出现在L01站。菱形藻优势度为0.091，在10个站位上出现，出现频率为0.83，其细胞丰度范围为0.196 × 10^4 ~ 52.33 × 10^4 cells/m^3，平均为12.59 × 10^4 cells/m^3，该种最高值出现在莱州湾的L01站（图7−57）。

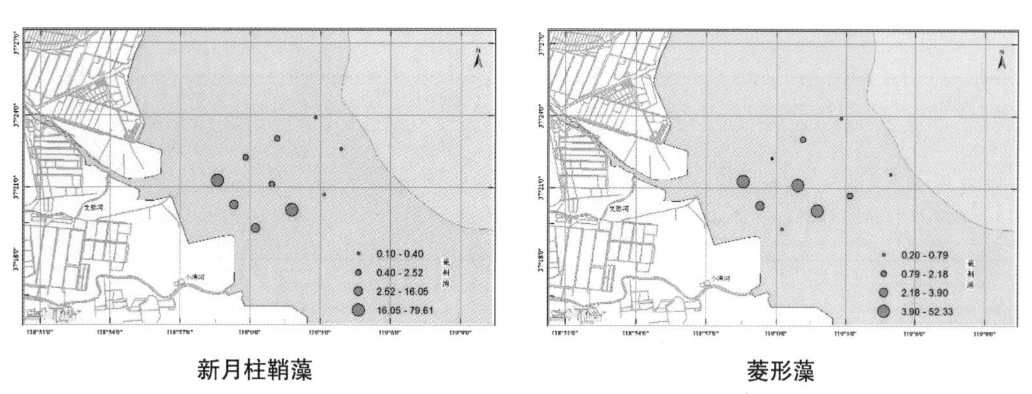

新月柱鞘藻　　菱形藻

图7−57　调查区域春季浮游植物优势种水平分布

② 夏季。调查区域浮游植物优势种主要以硅藻门的扭链角毛藻优势度较高，其次是硅藻门的中肋骨条藻。扭链角毛藻优势度最高，为0.124，莱州湾调查区域所以站位均有出现，其细胞丰度的平均值为$9\ 442 \times 10^4$ cells/m^3，变化范围为$0.004 \times 10^4 \sim 29\ 938.14 \times 10^4$ cells/m^3，最高值出现在L07站。中肋骨条藻优势度较高，为0.174，莱州湾西岸研究岸段近海调查海域所有站位均有出现，其细胞丰度平均值为$5\ 641.77 \times 10^4$ cells/m^3，变化范围为$61.92 \times 10^4 \sim 965.16 \times 10^4$ cells/m^3，最高值出现在L09站，其他各站分布较为均匀（图7−58）。

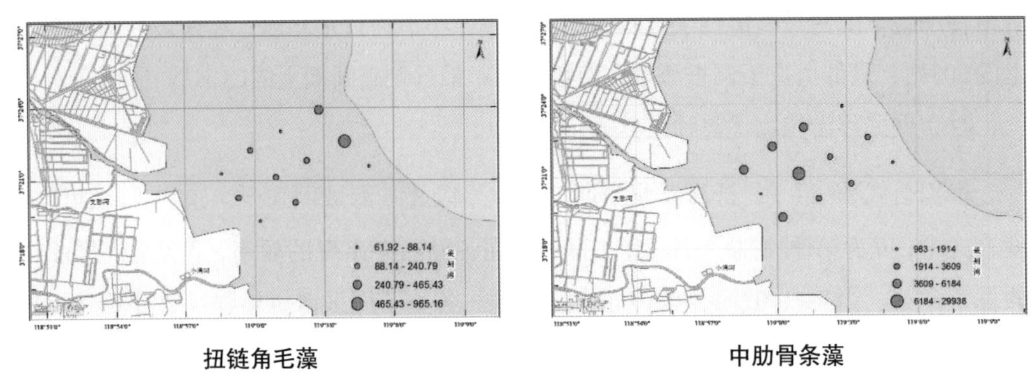

图7−58　调查区域夏季浮游植物优势种水平分布

③ 秋季。调查区域浮游植物优势种主要以硅藻门的斯氏几内亚藻、细弱圆筛藻为主，尤其是斯氏几内亚藻优势度最高。斯氏几内亚藻秋季优势度最高，为0.227，莱州湾调查海域所有站位均有出现，其细胞丰度的平均值为141.00×10^4 cells/m^3，变化范围为$0.69 \times 10^4 \sim 529.92 \times 10^4$ cells/m^3。细弱圆筛藻具槽帕拉藻的优势度为0.180，莱州湾调查区域所有站位均有出现，其细胞丰度的平均值为44.37×10^4 cells/m^3，变化范围为$0.69 \times 10^4 \sim 151.11 \times 10^4$ cells/m^3（图7−59）。

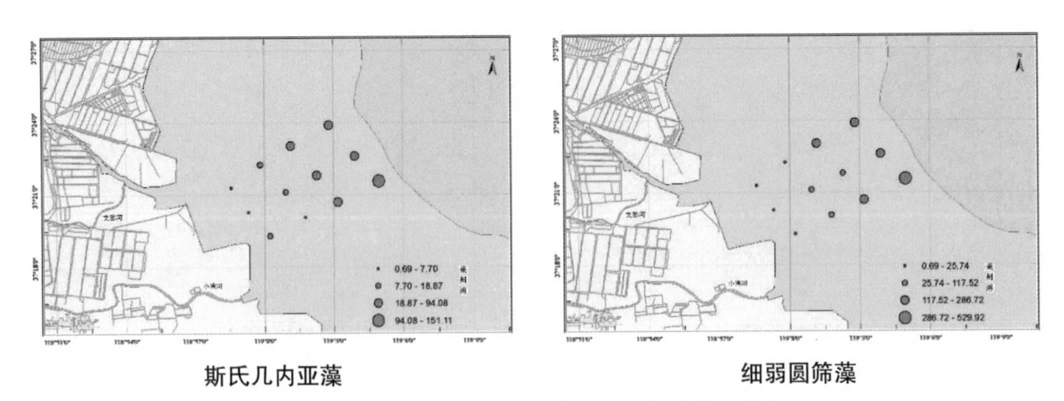

图7−59　调查区域秋季浮游植物优势种水平分布

④ 冬季。冬季调查海域浮游植物优势种为硅藻门的中肋骨条藻，分布较为均匀。中肋骨条藻是本次调查优势度最高的浮游植物，其优势度为0.329，中肋骨条藻在调查海域所有站位均有分布，细胞丰度范围为1 789.04 × 10^4 ~ 32 653.76 × 10^4 cells/m^3，平均值为9 806.19 × 10^4 cells/m^3。中肋骨条藻细胞丰度以莱州湾L03站最高，由莱州湾的西南侧向东北向海方向逐渐降低（图7−60）。

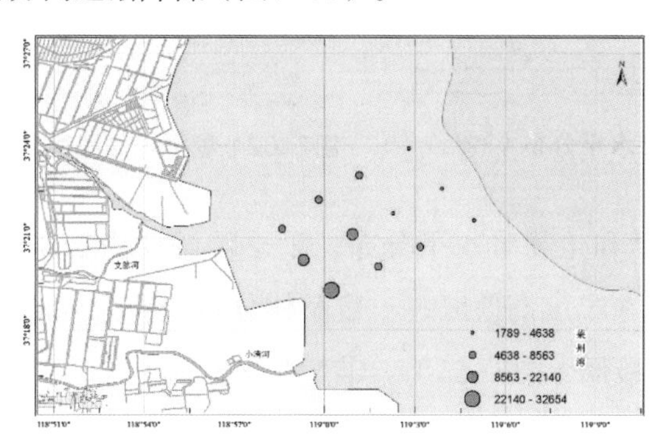

中肋骨条藻

图7−60 调查区域冬季浮游植物优势种水平分布

5. 浮游动物

采样网具为浅水Ⅰ型浮游生物网。采样方法为从近底层至表层垂直拖网，速度为0.5 ~ 1 m/s，用现场海水冲洗网具后，将浮游动物样品转移至800 mL样品瓶中用5%的海水福尔马林溶液保存。在实验室内静置48小时以上，采用虹吸方法将上清液吸走，将剩余样品转移至120 mL大小样品瓶中。在解剖镜下挑去杂质后，吸去多余水分，用电子天平（精度0.001 g）称取浮游动物湿重，而后在解剖镜（Laica S6E）镜检计数。

（1）秋季浮游动物。

① 浮游动物种类组成。秋季航次共鉴定浮游动物9大类21种（类），浮游幼体5类。桡足类种类最多，为13种，原生动物、水螅水母、栉水母、毛颚类、端足类、涟虫类、糠虾类、被囊类等各一种。

② 浮游动物优势种及水平分布。经计算，秋季浮游动物优势种为夜光虫、强额拟哲水蚤等。秋季夜光虫丰度高值出现在研究海区南部，整体分布趋势为从南部高值区向北部及近岸逐渐降低，近岸海区丰度最低。丰度变化范围为66.3 ~ 7 100 inds/m^3，平均为1 886.0 inds/m^3，在浮游动物总丰度中占有极高的比例（图7−61）。

秋季强额拟哲水蚤丰度高值出现在调查海域南部近岸，在中北部存在丰度次高值区，在远岸及近岸河口区丰度较低，丰度分布趋势为从研究海区西南部向东北部逐渐降低。其丰度变化范围为5.6 ~ 200.0 inds/m^3，平均为38.1 inds/m^3（图7−62）

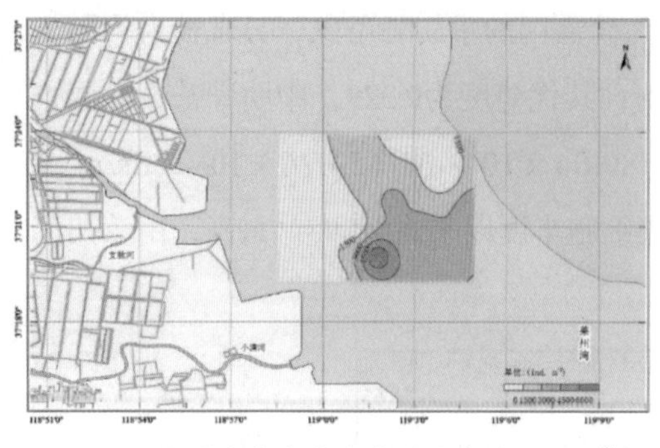

图7-61　秋季夜光虫丰度水平分布（inds/m³）

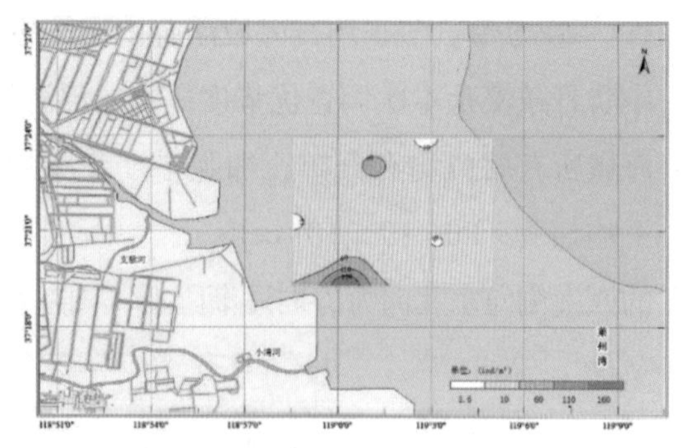

图7-62　秋季强额拟哲水蚤丰度水平分布（inds/m³）

③ 浮游动物丰度和生物量水平分布。秋季浮游动物丰度主要有夜光虫丰度决定，在海区中南部存在丰度高值区，丰度整体分布趋势为从该高值区向周围逐渐降低，近岸河口区丰度最低（图7-63）。丰度变化范围为120～7 250 inds/m³，平均为2 016 inds/m³。

秋季生物量除了南部的高值区外，在研究海区中北部也存在高值区，主要原因为强壮箭虫、强额拟哲水蚤、双壳类幼体等丰度较高。而在近岸河口区及远岸丰度较低（图7-64）。生物量整体变化范围为258.8～1 892.5 inds/m³，平均为918.5 inds/m³。

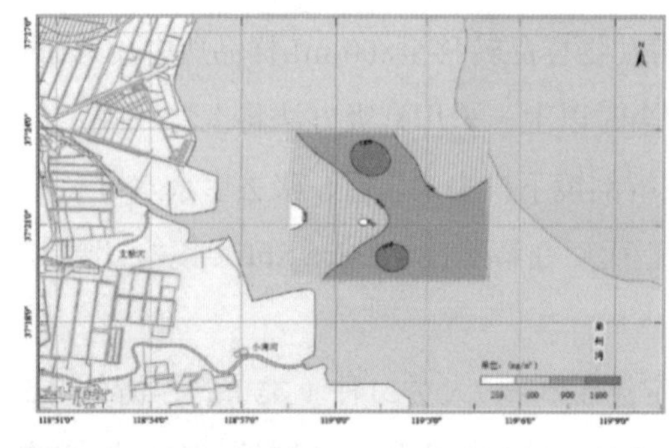

图7-63　秋季浮游动物丰度水平分布（inds/m³）

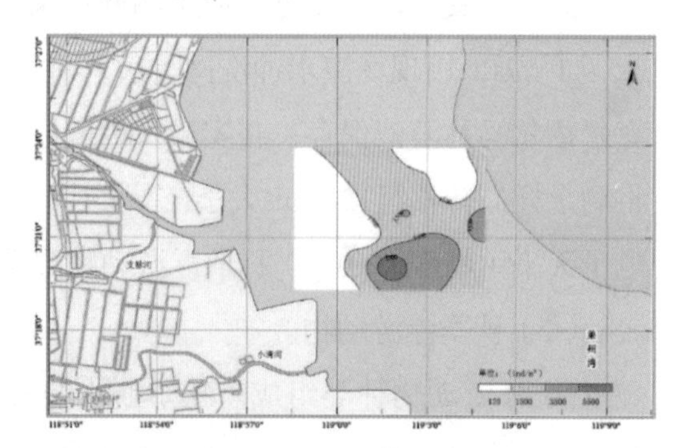

图7-64　秋季浮游动物生物量水平分布（mg/m³）

（2）冬季浮游动物。

① 浮游动物种类组成。冬季共鉴定浮游动物6大类13种类，浮游幼体2类。桡足类种类最多，为7种，糠虾类2种，原生动物、毛颚类、涟虫类、端足类各一种。

② 优势种种类及分布。经计算，夜光虫、火腿许水蚤、纺锤水蚤（*Acartia* sp.）、强壮箭虫为冬季航次浮游动物优势种。

夜光虫是冬季丰度最高的种类。其高值区位于研究海区东南。丰度整体分布趋势为从该高值区向近岸河口区及北部逐渐降低（图7-65）。丰度变化范围为

6.7～871.7 inds/m^3，平均为182.6 inds/m^3。

冬季火腿许水蚤丰度高值区位于研究海区近岸河口区，丰度整体分布为从近岸河口区向研究海区外部逐渐降低。丰度变化为0～263.3 inds/m^3，平均为41.1 inds/m^3（图7-66）

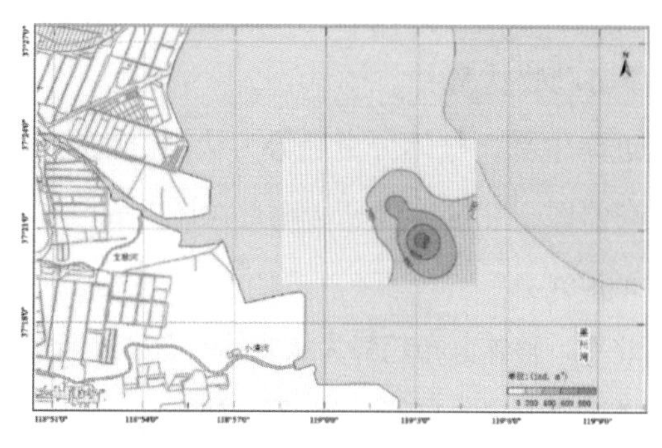

图7-65　冬季夜光虫丰度水平分布（inds/m^3）

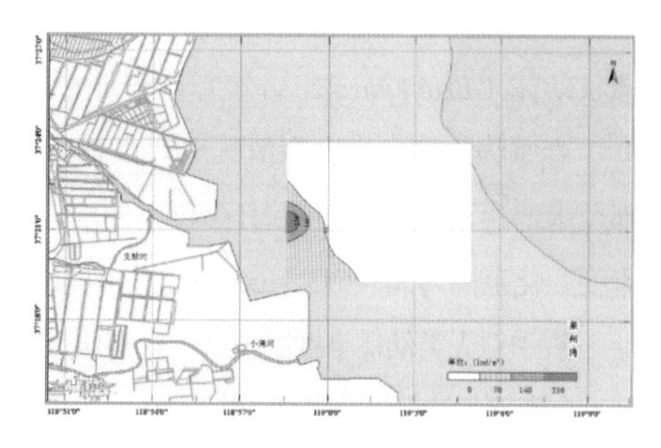

图7-66　冬季火腿许水蚤丰度水平分布（inds/m^3）

③ 浮游动物丰度和生物量。冬季浮游动物丰度高值区位于研究海区东南部，整体分布趋势为从东南部高值区向近岸河口及北部逐渐降低，丰度分布趋势主要由原生动物夜光虫控制（图7-67）。浮游动物丰度变化范围为103.3～920.0 inds/m^3，平均为281.2 inds/m^3。

冬季浮游动物生物量高值区位于研究海区近岸河口，整体分布趋势为从河口向研究海区外部逐渐降低，整体分布趋势与丰度存在较大差异（图7-68），主要原因为夜光虫虽然数量较多，但个体生物量小，近岸河口区个体生物量较高的火腿许水蚤数量较多，对生物量贡献较大。生物量变化范围为71.3～3 546.7 mg/m^3，平均为771.3 mg/m^3。

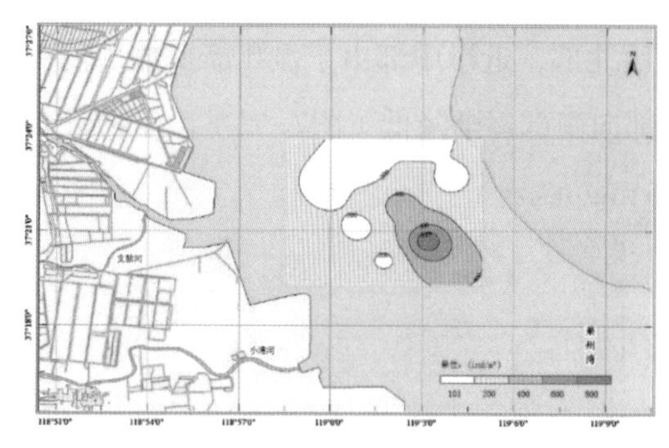

图7-67　冬季浮游动物丰度水平分布（inds/m^3）

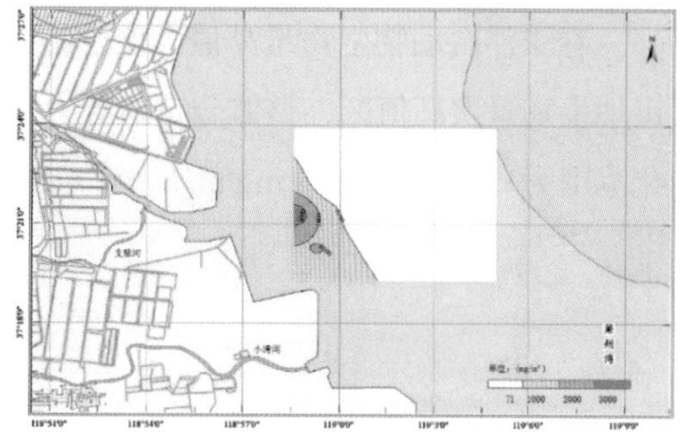

图7-68　冬季浮游动物生物量水平分布（mg/m^3）

（3）春季浮游动物。

① 浮游动物种类组成。春季共鉴定浮游动物7大类21种类，浮游幼体11类。桡足类种类数最多，为9种（类），水螅水母6种（类），糠虾类2种，原生动物、端足类、毛颚类、线虫各一种。

② 浮游动物优势种及分布。经计算，强壮箭虫、双壳类幼体、夜光虫、短尾类溞状幼体（*Brachyura zoea*）为春季研究海区浮游动物优势种。

春季强壮箭虫丰度高值区出现在调查海区近岸中部，整体分布趋势为从高值区向北部及南部逐渐降低，调查海区外部存在丰度次高值区，北部丰度高于南部（图7-69）。丰度变化范围为50 ~ 653.3 inds/m^3，平均为245.7 inds/m^3。

春季双壳类幼体丰度高值区出现在研究海区北部，整体分布趋势为从北部向南部逐渐降低，在南部各站都没有出现（图7-70）。丰度变化范围为0 ~ 507.1 inds/m^3，平均为71.4 inds/m^3。

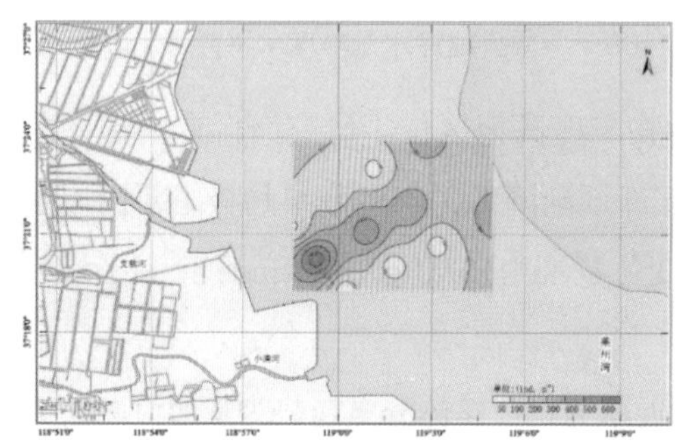

图7-69 春季强壮箭虫丰度水平分布（inds/m^3）

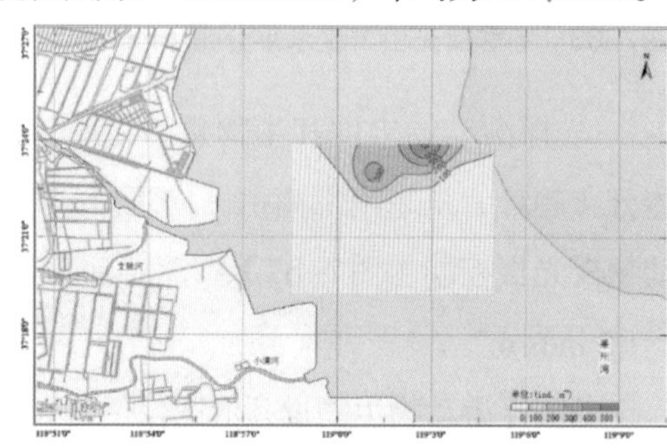

图7-70 春季双壳类幼体丰度水平分布（inds/m^3）

③ 浮游动物丰度和生物量水平分布。春季浮游动物丰度高值区位于研究海区北部，整体分布趋势为向南部及近岸河口区逐渐降低，其中近岸河口区丰度略高于海区南部（图7-71）。丰度变化范围为60 ~ 1 178.6 inds/m^3，平均为398.4 inds/m^3。

春季浮游动物生物量高值区位于研究海区北部，近岸中部由于强壮箭虫数量较多出现生物量次高值区，整体分布趋势为从北部向南部逐渐降低（图7-72）。生物量变化范围为332.5 ~ 1 334.3 mg/m^3，平均为693.6 mg/m^3。

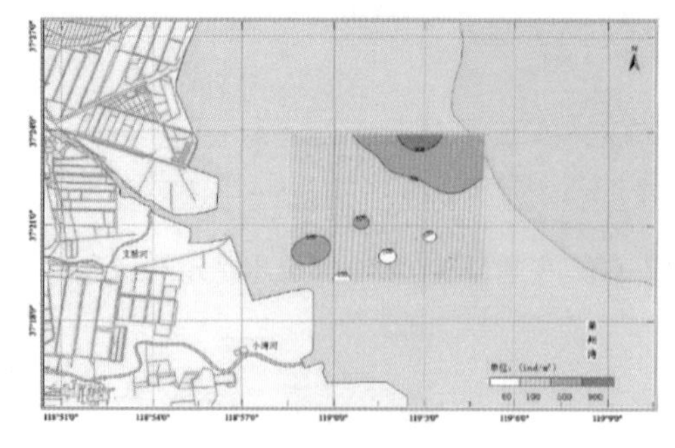

图7-71 春季浮游动物丰度水平分布（inds/m^3）

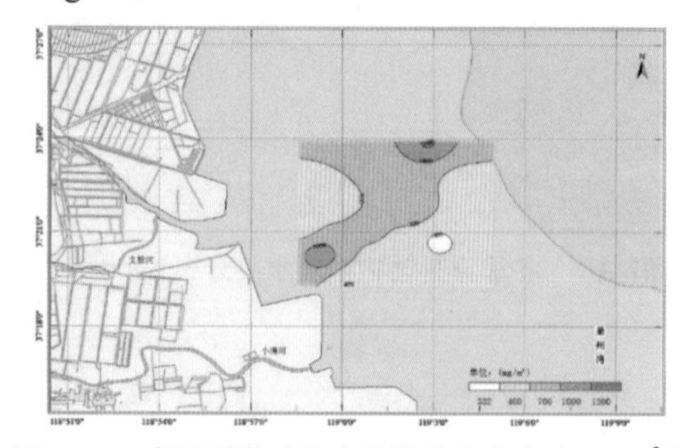

图7-72 春季浮游动物生物量水平分布（mg/m^3）

（4）夏季浮游动物。

① 浮游动物种类组成。夏季航次共鉴定浮游动物4大类19种类，浮游幼体13种。桡足类种类数最多，为11种（类），水螅水母5种（类），毛颚类、端足类、线虫各一种。

② 浮游动物优势种及分布。经计算，强额拟哲水蚤、强壮箭虫、长尾类幼体、无节幼体等为夏季航次浮游动物优势种。

夏季无节幼体丰度高值区出现在研究海区北部的中间海域，整体分布趋势为从高值区向南部、近岸河口及海区外部逐渐降低（图7−73）。无节幼体丰度变化范围为0 ~ 74.0 inds/m^3，平均为19.7 inds/m^3。

夏季长尾类幼体丰度高值区出现在研究海区东北部，整体变化趋势为从高值区向南部及近岸河口逐渐降低，在河口近岸其没有出现（图7−44）。丰度变化范围为0 ~ 73.3 inds/m^3，平均为11.9 inds/m^3。

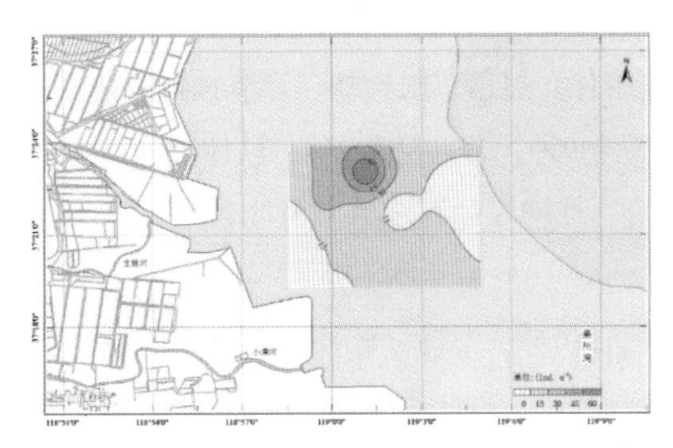

图7−73　夏季无节幼体丰度水平分布（inds/m^3）

图7−74　夏季长尾类幼体丰度水平分布（inds/m^3）

③ 浮游动物丰度和生物量。夏季浮游动物丰度在研究海区北部中间海域及东北部存在2个丰度高值区，整体分布趋势为从北部高值区向南部逐渐降低（图7−75）。丰度变化范围为17.5 ~ 240.0 inds/m^3，平均为106.0 inds/m^3。

夏季浮游动物生物量高值区出现在研究海区外部，整体分布趋势为从海区外部高值区向近岸河口区逐渐降低。海区外部浮游动物生物量较高主要原因为非胶质浮游动物在该海区出现较多。生物量最低值出现在研究海区中部（图7−76）。生物量变化范围为52.5 ~ 1 551.7 mg/m^3，平均为361.0 mg/m^3。

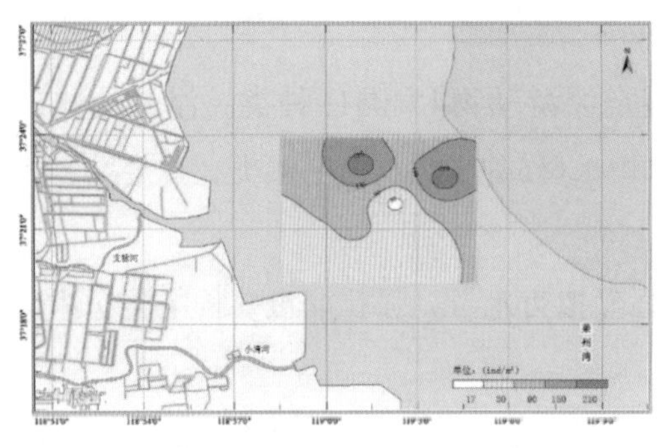

图7–75　夏季浮游动物丰度水平分布（inds/m³）

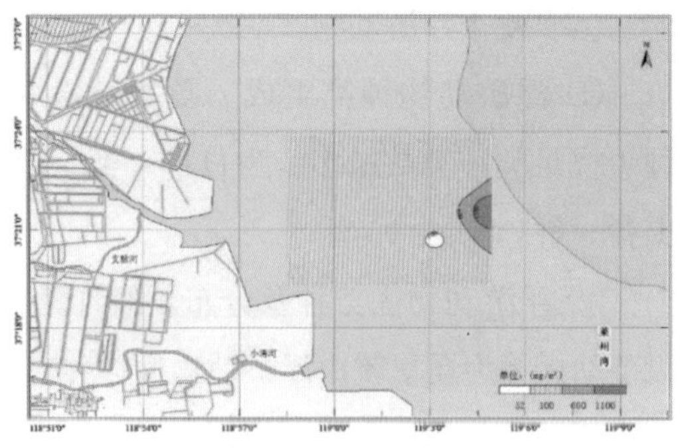

图7–76　夏季浮游动物生物量水平分布（mg/m³）

6. 大型底栖生物

（1）种类组成。

秋季：共鉴定大型底栖生物22种，环节动物12种，节肢动物5种，软体动物5种。优势种为菲律宾蛤仔、光滑河蓝蛤、短角双眼钩虾。

冬季：共鉴定大型底栖生物20种，环节动物6种，节肢动物8种，软体动物5种，纽形动物1种。优势种为光滑河蓝蛤、菲律宾蛤仔、短角双眼钩虾、寡节甘吻沙蚕。

春季：共鉴定大型底栖生物30种，环节动物9种，节肢动物9种，软体动物11种，腔肠动物1种。优势种为小刀蛏、光滑河蓝蛤、菲律宾蛤仔、寡节甘吻沙蚕、寡鳃齿吻沙蚕、三叶针尾涟虫。

夏季：共鉴定大型底栖生物22种，环节动物9种，节肢动物6种，软体动物6种，纽形动物1种。优势种为光滑河蓝蛤、寡节甘吻沙蚕、纵肋织纹螺。

光滑河蓝蛤为全年的优势种，在4个季节均有出现，菲律宾蛤仔和寡节甘吻沙蚕分别为3个季节的优势种。春季种类数最多，为30种；秋季和夏季种类数相当，均为22种，冬季略低（20种）。

（2）丰度。

秋季大型底栖生物总平均丰度为391.43 inds/m²，其中软体动物277.14 inds/m²，环节动物74.29 inds/m²，节肢动物40 inds/m²（图7−77～图7−80）。L5和L3站丰度最高，分别为1 060 inds/m²和880 inds/m²，分别为菲律宾蛤仔（1 020 inds/m²）和光滑河蓝蛤的贡献（560 inds/m²）。L7站丰度最低，仅20 inds/m²，其他站位在140～260 inds/m²之间。环节动物丰度在L1站最高，为220 inds/m²，其次为L12（180 inds/m²），但是两个站位的优势种明显不同，L1站为寡鳃齿吻沙蚕和稚齿虫，L12为不倒翁虫、刚鳃虫和强鳞虫。其他站位均低于80 inds/m²。节肢动物丰度在各站均较低，均不高于120 inds/m²。软体动物在L5和L3站最高，其他站均非常低，不足20 inds/m²。

冬季大型底栖生物总平均丰度为166 inds/m^2，其中软体动物86 inds/m^2，环节动物34 inds/m^2，节肢动物44 inds/m^2，纽虫2 inds/m^2（图7−81～图7−85）。L1站丰度最高，为600 inds/m^2，优势种光滑河蓝蛤丰度达520 inds/m^2。L8站丰度最低，仅20 inds/m^2。环节动物丰度在L6站最高，为180 inds/m^2，主要种类为寡节甘吻沙蚕，其他站位均低于60 inds/m^2。节肢动物丰度最高值为L5站的160 inds/m^2。其他均不高于100 inds/m^2。软体动物在L1和L5站较高，分别由光滑河蓝蛤和菲律宾蛤仔支持。

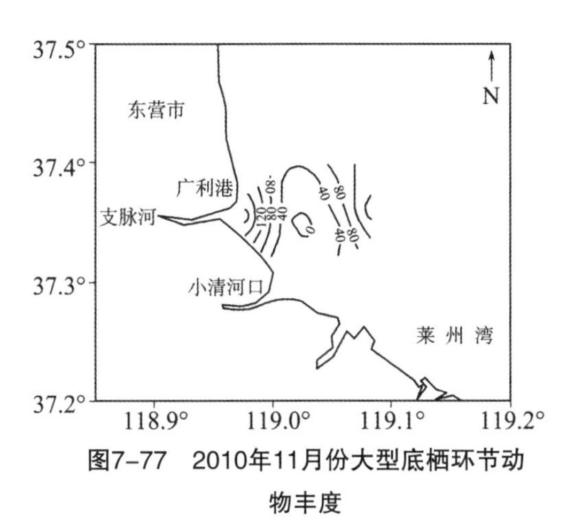

图7−77　2010年11月份大型底栖环节动物丰度

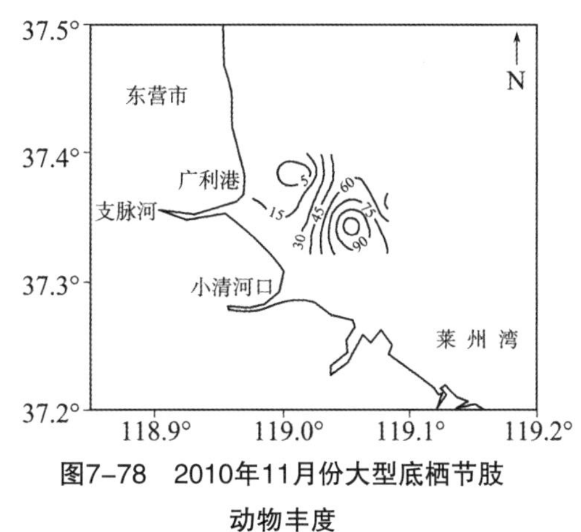

图7−78　2010年11月份大型底栖节肢动物丰度

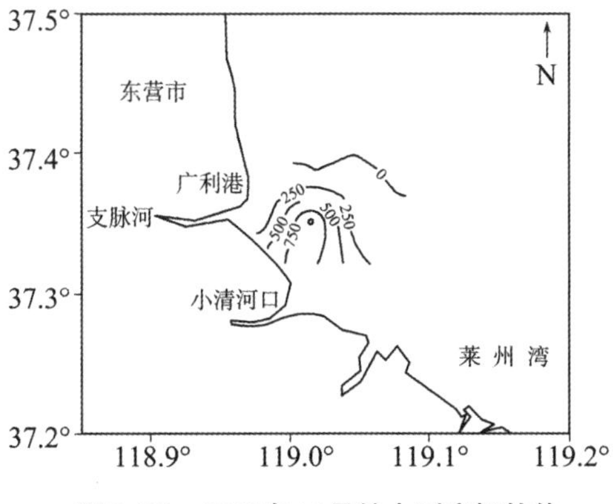

图7−79　2010年11月份大型底栖软体动物丰度

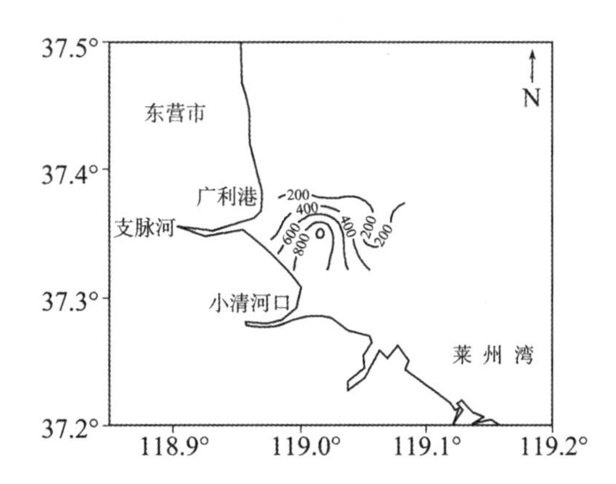

图7−80　2010年11月份大型底栖生物总丰度

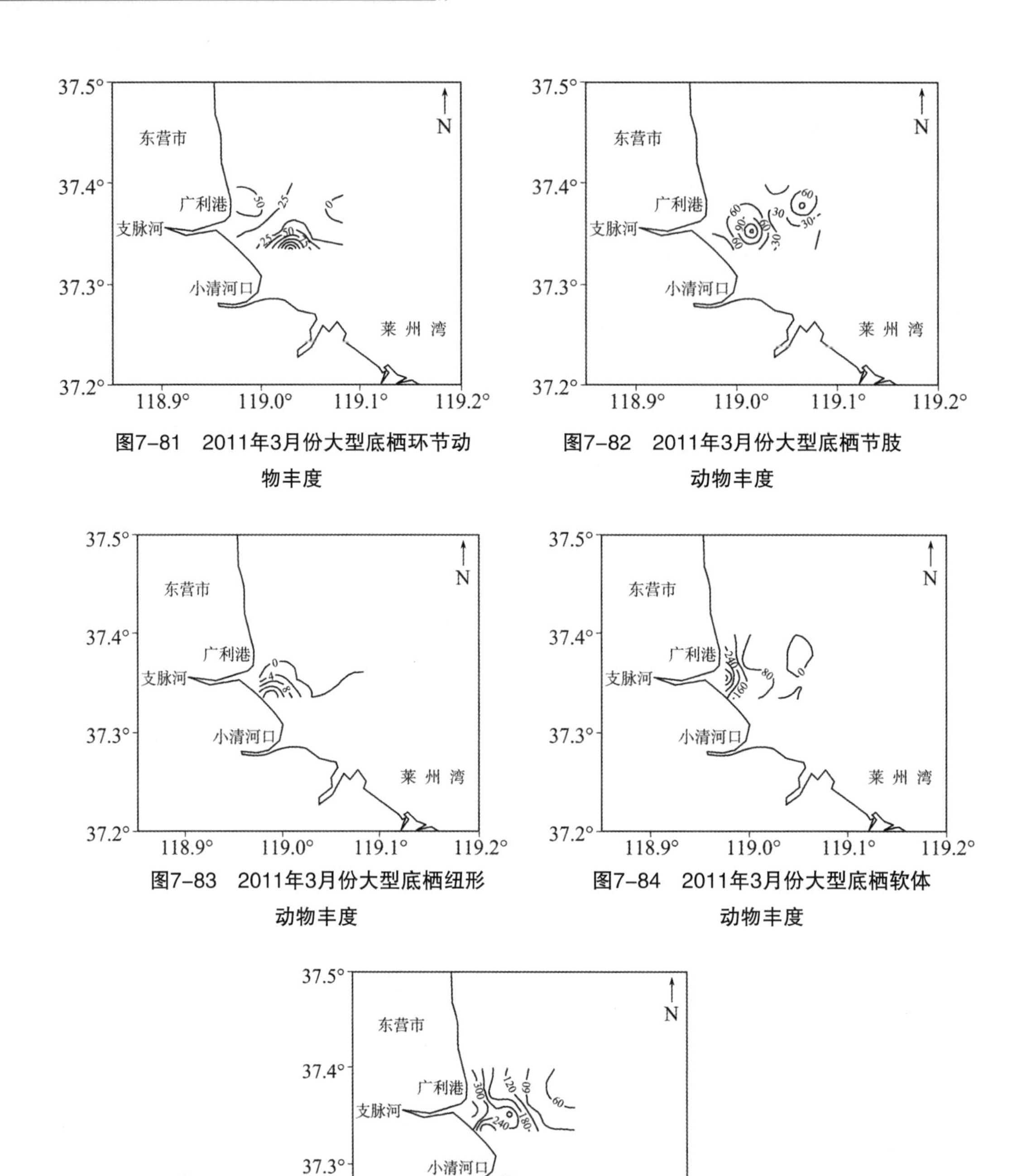

图7-81　2011年3月份大型底栖环节动物丰度

图7-82　2011年3月份大型底栖节肢动物丰度

图7-83　2011年3月份大型底栖纽形动物丰度

图7-84　2011年3月份大型底栖软体动物丰度

图7-85　2011年3月份大型底栖生物总丰度

春季大型底栖生物总平均丰度为2 866.36 inds/m^2，软体动物占绝对优势，为2 674.55 inds/m^2，其他分别为环节动物106.36 inds/m^2，节肢动物84.55 inds/m^2，腔肠动物0.91 inds/m^2（图7-86～图7-90）。L8和L9站丰度显著高，分别为11 360 inds/m^{2}和

13 200 inds/m^2，两个站均有软体动物的小刀蛏大量出现。L12和L6的较高值也是小刀蛏的贡献，L2和L4站是光滑河蓝蛤的贡献。最低丰度出现在L11（40 inds/m^2）。环节动物丰度在L6站最高，为400 inds/m^2，主要种类为寡鳃齿吻沙蚕，L7站为200 inds/m^2，寡节甘吻沙蚕贡献率为90%。其他站位介于0～180 inds/m^2。节肢动物丰度最高值为L6站的

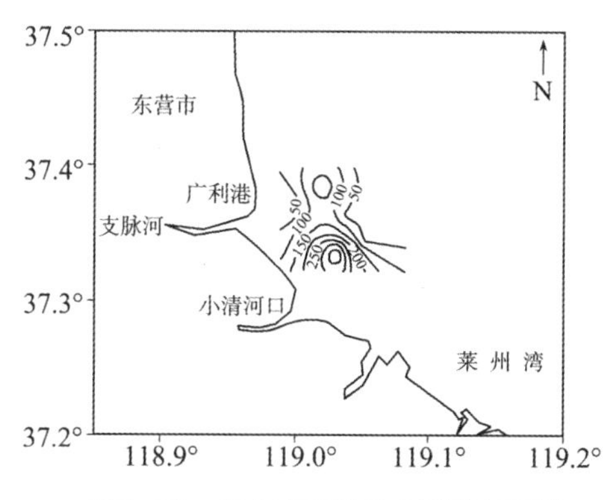

图7-86　2011年5月份大型底栖环节动物丰度

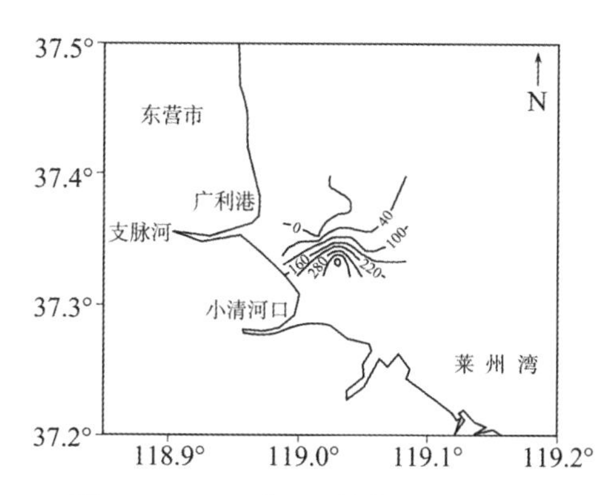

图7-87　2011年5月份大型底栖节肢动物丰度

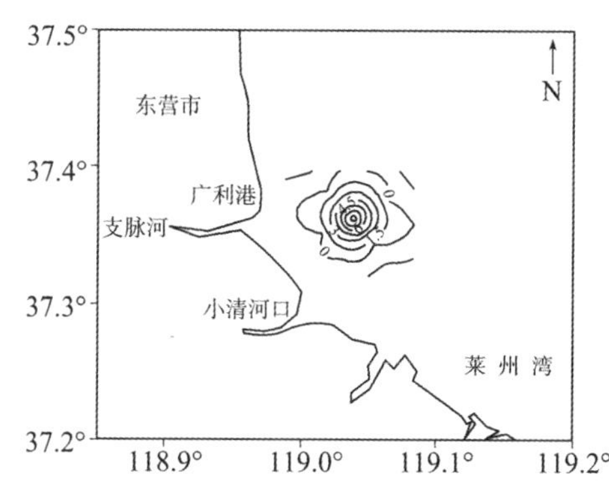

图7-88　2011年5月份大型底栖腔肠动物丰度

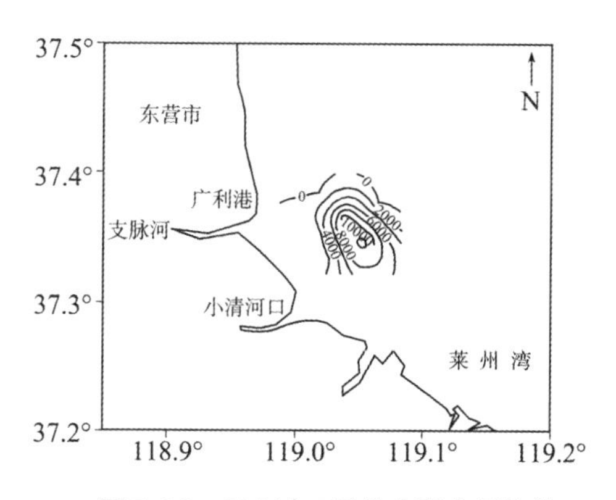

图7-89　2011年5月份大型底栖软体动物丰度

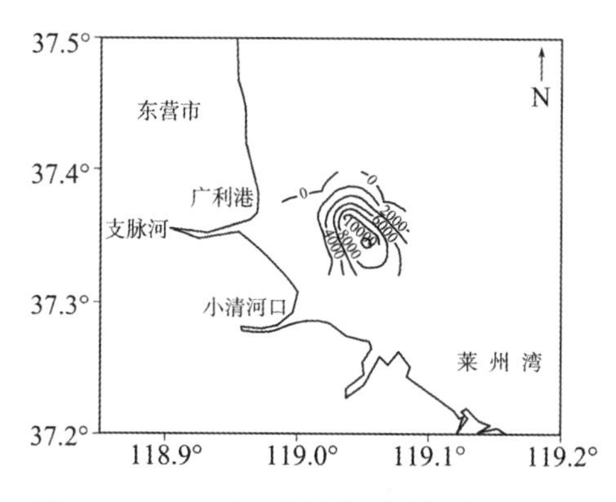

图7-90　2011年5月份大型底栖生物总丰度

420 inds/m^2，其中三叶针尾涟虫为340 inds/m^2。L3站为260 inds/m^2，华眼钩虾和三叶针尾涟虫分别贡献180 inds/m^{2}和80 inds/m^2。软体动物的分布格局与大型底栖生物总丰度完全一致，说明软体动物对整个大型底栖生物丰度的分布起决定作用。

夏季大型底栖生物总平均丰度为226 inds/m^2，软体动物具首位，为168 inds/m^2，其他分别为环节动物36 inds/m^2，节肢动物20 inds/m^2，纽虫2 inds/m^2（图7-91 ~ 图7-95）。L2站丰度最高，为1 200 inds/m^2，光滑河蓝蛤1 140 inds/m^2，L1站为300 inds/m^2，也主要是光滑河蓝蛤的贡献。其他站位丰度在100 inds/m^{2}左右。环节动物和节肢动物丰度在整个调查海域均较低，在80 inds/m^{2}以下。纽虫仅在L4站出现，丰度为20 inds/m^2。

季节变化上，春季丰度明显高于其他三个季节，其他依次为秋季>夏季>冬季。主要原因是由于春季软体动物小刀蛏的大量出现，其平均丰度高达2 536.36 inds/m^2，在L8和L9站甚至超过了10 000 inds/m^2。

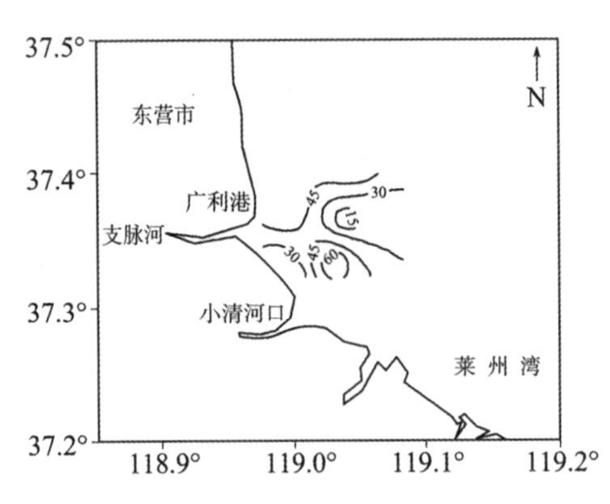

图7-91　2011年8月份大型底栖节肢动物丰度

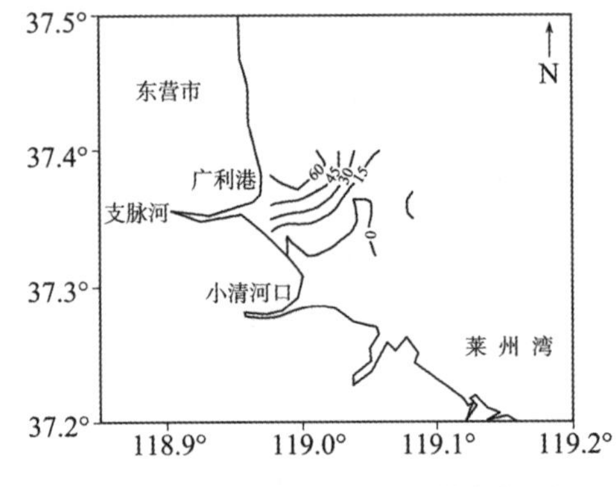

图7-92　2011年8月份大型底栖纽形动物丰度

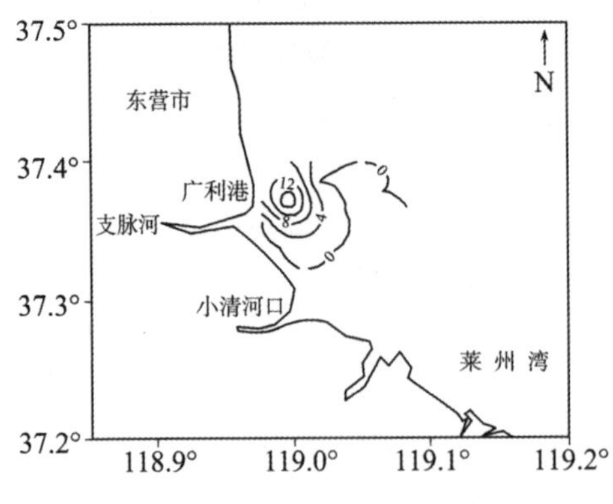

图7-93　2011年8月份大型底栖软体动物丰度

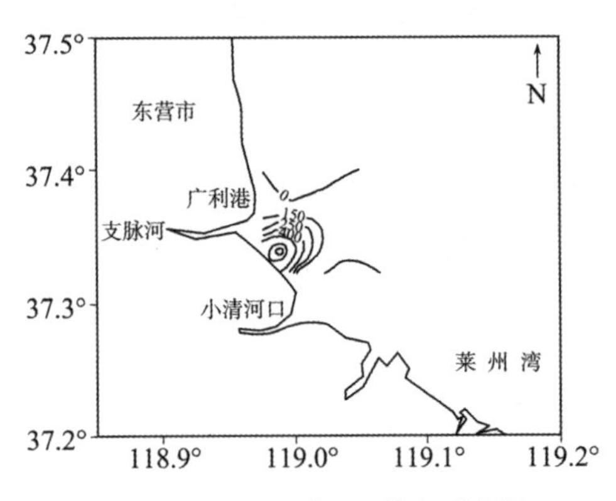

图7-94　2011年8月份大型底栖生物总丰度

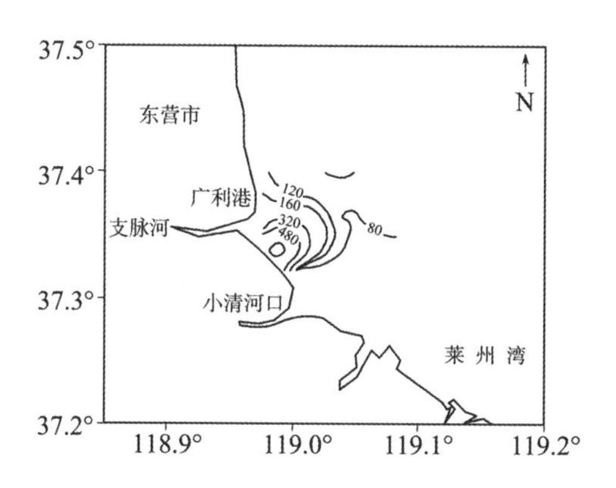

图7-95　2011年8月份大型底栖环节动物丰度

（3）生物量。

秋季：大型底栖生物总平均生物量为76.76 g/m^2，软体动物占绝对优势，为68.36 g/m^2，节肢动物7.10 g/m^2，环节动物1.31 g/m^2（图7-96～图7-99）。

生物量最高值出现在L3和L5站，超过200 g/m^2，大个体双壳类（菲律宾蛤仔、光滑河蓝蛤和四角蛤蜊）在2个站生物量分别为173.2和211.52 g/m^2，L7的生物量为93.28 g/m^2，是扁玉螺的贡献。生物量最低值在L9站，为0.78 g/m^2，其他站位生物量介于2.52～4.44 g/m^2。从各门类看，环节动物生物量在靠外站位L12最高，平均生物量为3.66 g/m^2，L5和L7站未采到环节动物。其他各门类生物量的分布很不均匀，节肢动物在近岸L3最高，为46.30 g/m^2，是因为采到大个体的豆形拳蟹。软体动物生物量分布格局和总生物量分布一致。

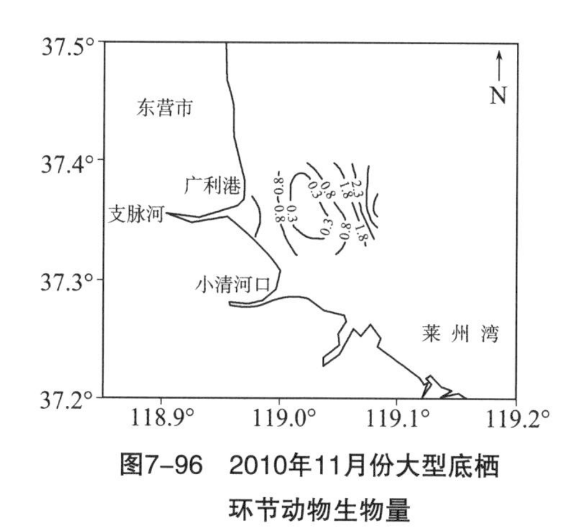

图7-96　2010年11月份大型底栖环节动物生物量

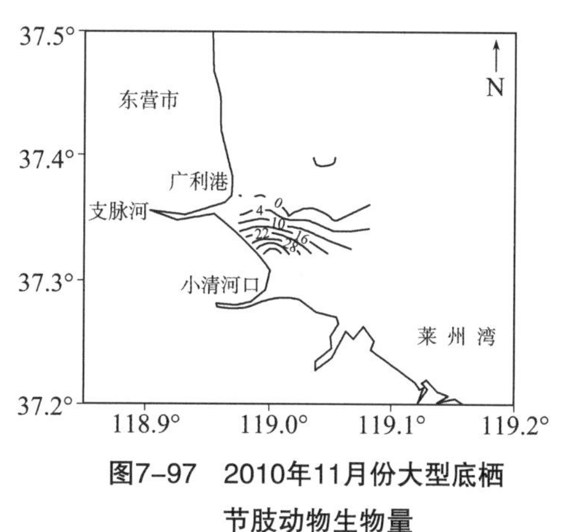

图7-97　2010年11月份大型底栖节肢动物生物量

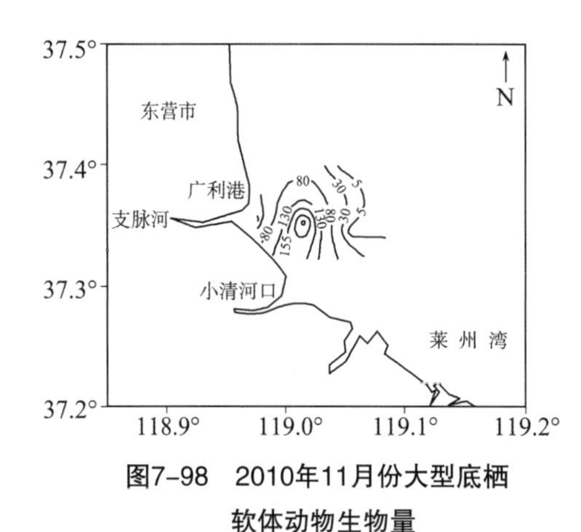

图7-98　2010年11月份大型底栖软体动物生物量

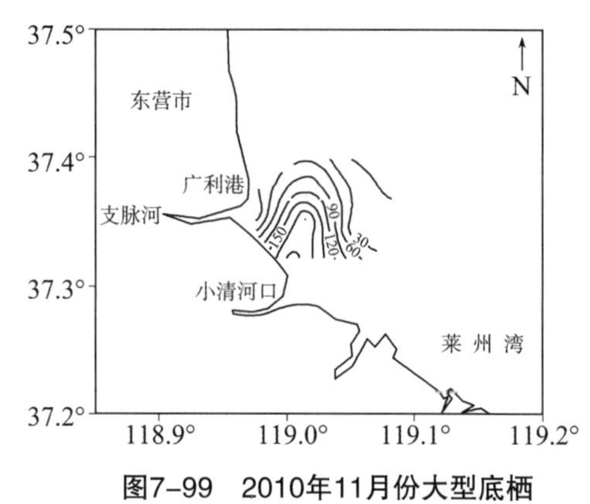

图7-99　2010年11月份大型底栖生物总生物量

冬季：大型底栖生物总平均生物量为73.74 g/m^2，其中，环节动物0.11 g/m^2，纽形动物1.29 g/m^2，节肢动物12.80 g/m^2，软体动物59.55 g/m^2（图7-100～图7-104）。

生物量最高值出现在近岸，在400 g/m^{2}以上，光滑河蓝蛤生物量达474.4 g/m^2，菲律宾蛤仔生物量为49.76 g/m^2，远岸也有一高值区，生物量在100 g/m^{2}以上，主要是艾氏活额寄居蟹和仿盲蟹的贡献，生物量分别为68.8和54.6 g/m^2。调查海域中部生物量相对较低，大都低于8.2 g/m^2。从各门类看，环节动物生物量在整个海域均较低，最高在近岸L1，为0.54 g/m^2，其中毛齿吻沙蚕生物量为0.52 g/m^2。由于艾氏活额寄居蟹和仿盲蟹的贡献，L11站节肢动物生物量为123.4 g/m^2，其他站位节肢动物生物量低于2.94 g/m^2，纽形动物仅在L2出现，生物量为12.88 g/m^2。软体动物高值区在近岸，总生物量的近岸高值主要由软体动物贡献。

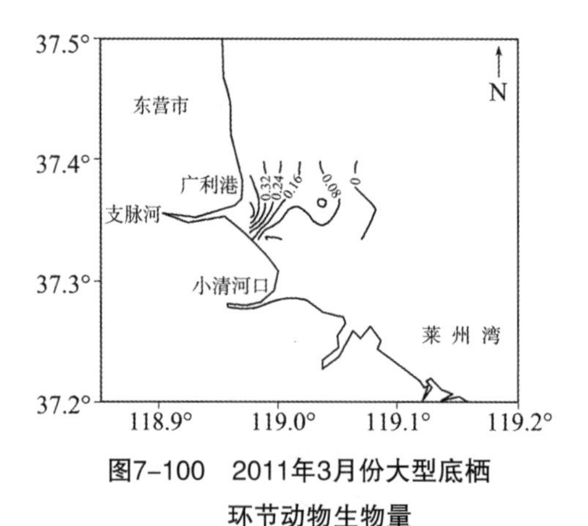

图7-100　2011年3月份大型底栖环节动物生物量

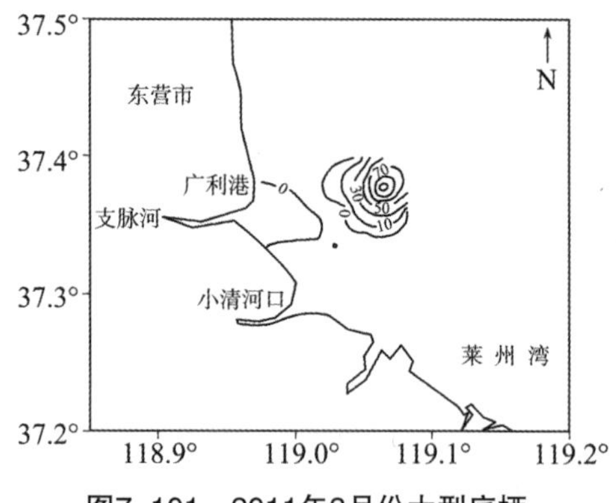

图7-101　2011年3月份大型底栖节肢动物生物量

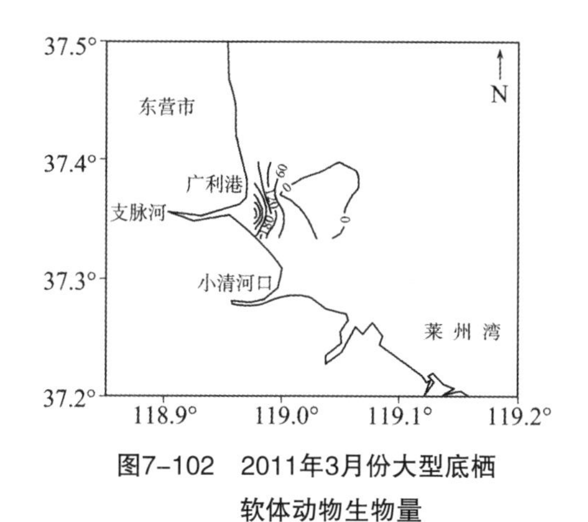

图7-102　2011年3月份大型底栖软体动物生物量

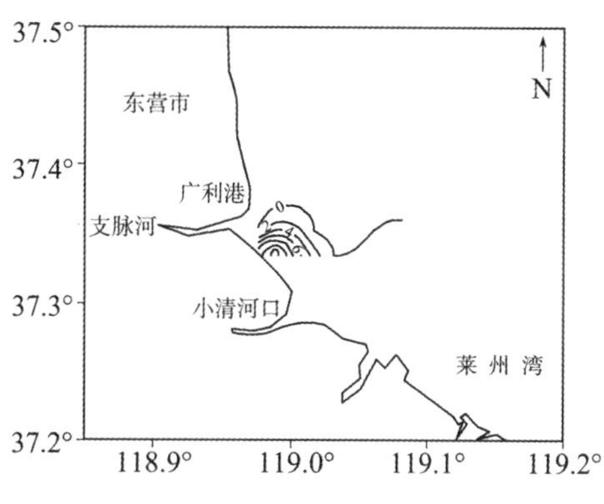

图7-103　2011年3月份大型底栖纽形动物生物量

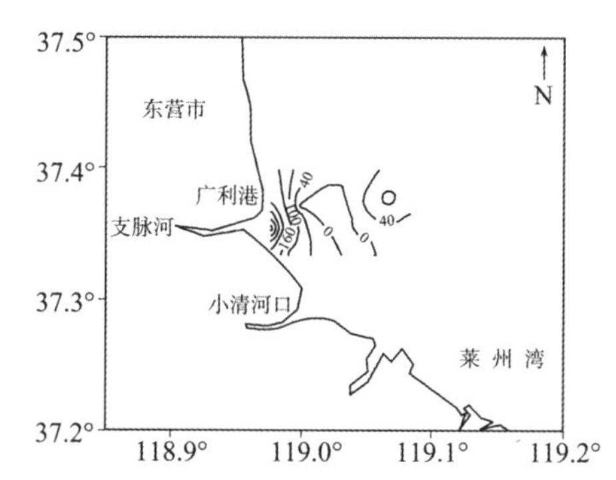

图7-104　2011年3月份大型底栖生物总生物量

春季：大型底栖生物总平均生物量为97.83 g/m^2，其中，环节动物5.36 g/m^2，腔肠动物0.13 g/m^2，节肢动物1.0 g/m^2，软体动物91.34 g/m^2（图7-105～图7-109）。生物量最高值出现在L4站，为658.52 g/m^2，光滑河蓝蛤生物量为650.6 g/mv，L2和L7的高值也主要是光滑河蓝蛤的贡献作用，L5站是由菲律宾蛤仔的贡献，L8和L9是小刀蛏的贡献，而L11是因为异足索沙蚕。从各门类看，环节动物生物量除在L11站较高，其他站位均低于3.50 g/m^2，最低值在L4，为0。节肢动物生物量高值区在远岸，发现细螯虾，近岸较低，腔肠动物仅在L8发现，生物量为1.44 g/m^2。软体动物生物量分布基本决定了大型底栖生物总生物量的分布格局，除远岸L11的高值由环节动物贡献。

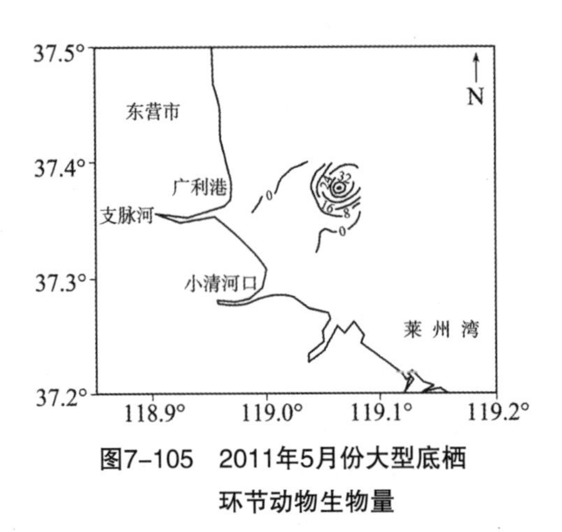

图7-105　2011年5月份大型底栖环节动物生物量

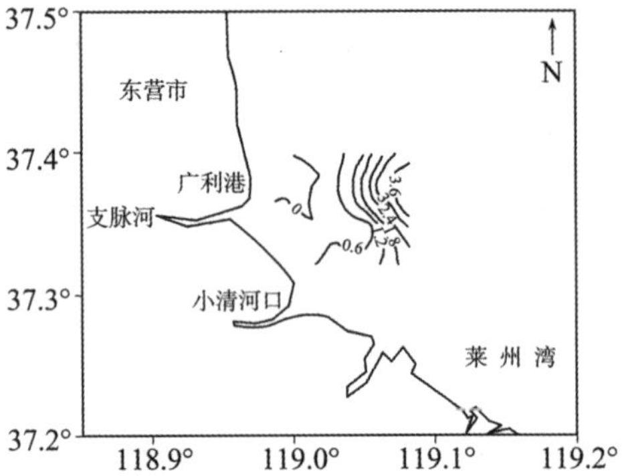

图7-106　2011年5月份大型底栖节肢动物生物量

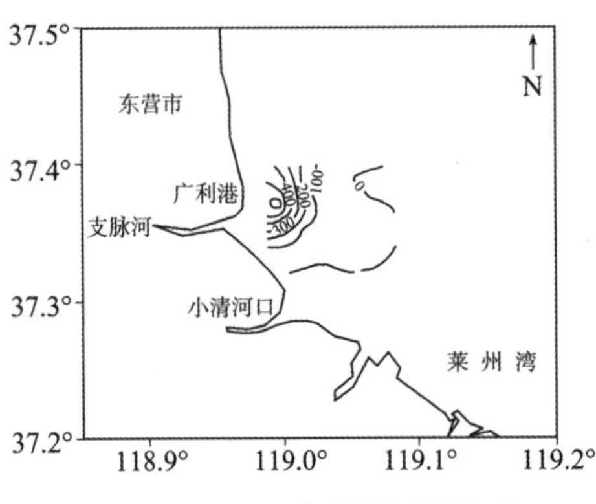

图7-107　2011年5月份大型底栖软体动物生物量

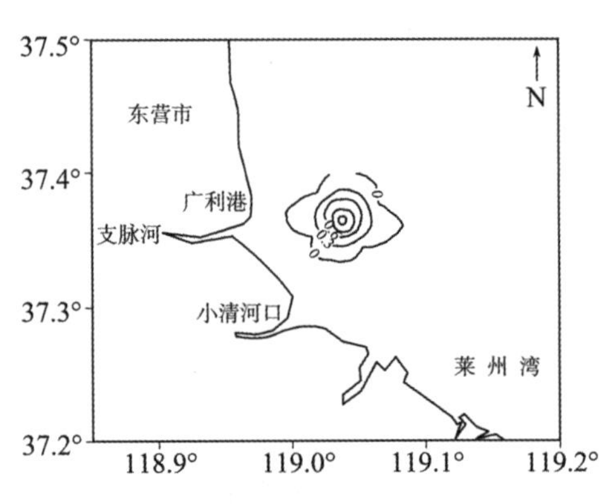

图7-108　2011年5月份大型底栖腔肠动物生物量

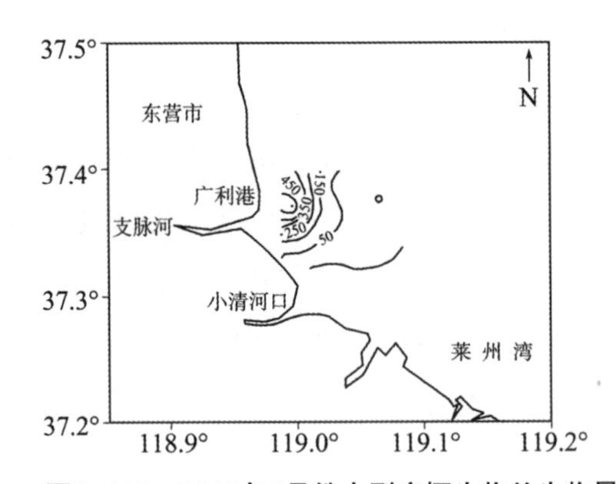

图7-109　2011年5月份大型底栖生物总生物量

夏季：大型底栖生物总平均生物量为57.22 g/m^2，其中，环节动物1.30 g/m^2，节肢动物2.47 g/m^2，软体动物53.44 g/m^2，其他门类纽虫0.01 g/m^2（图7-110～图7-114）。

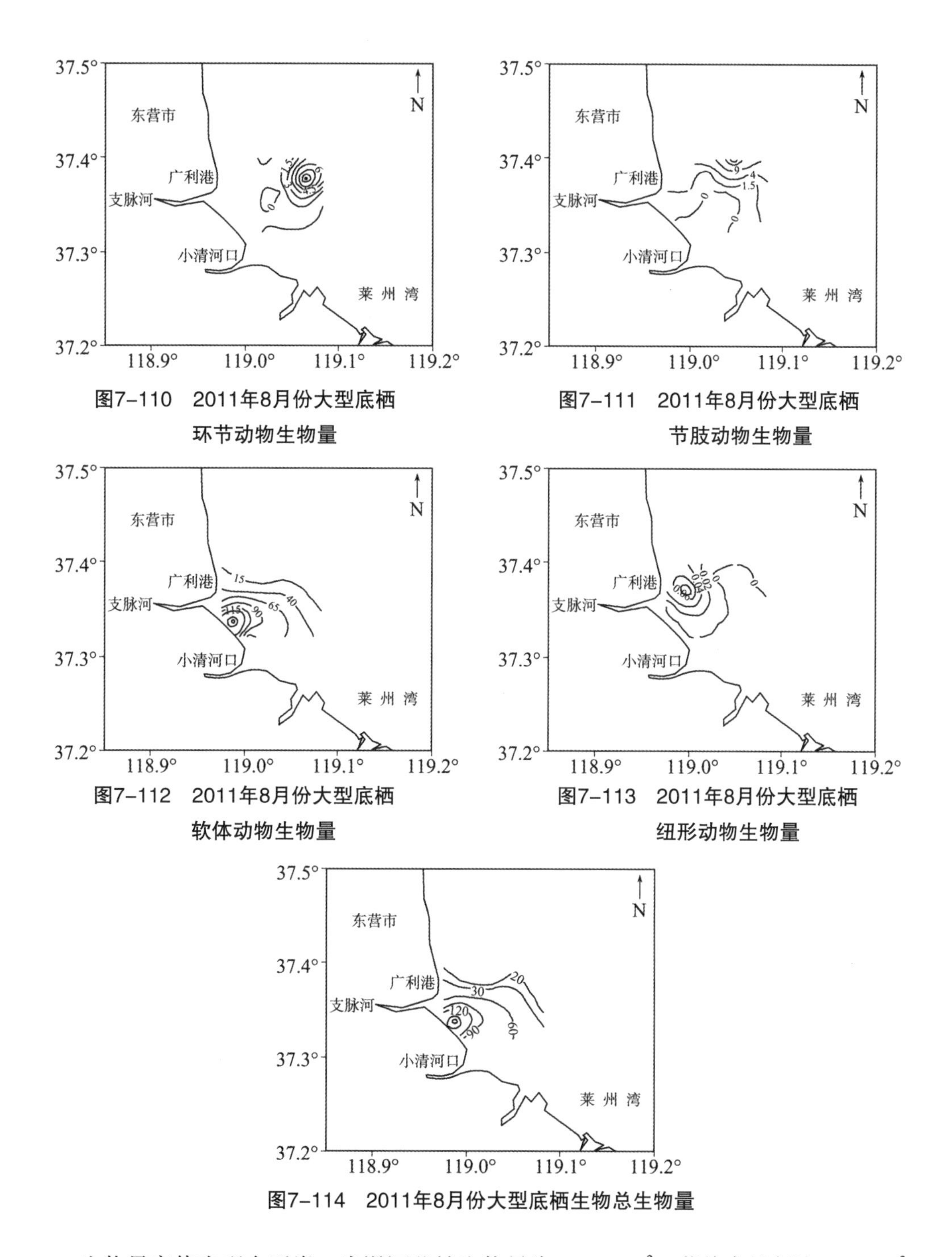

图7-110　2011年8月份大型底栖环节动物生物量

图7-111　2011年8月份大型底栖节肢动物生物量

图7-112　2011年8月份大型底栖软体动物生物量

图7-113　2011年8月份大型底栖纽形动物生物量

图7-114　2011年8月份大型底栖生物总生物量

生物量高值出现在近岸，光滑河蓝蛤生物量为223.2 g/m^2，菲律宾蛤仔为57.2 g/m^2，最低值在L7，生物量为0.12 g/m^2。从各门类看，环节动物生物量在远岸较高，L11站为10.92 g/m^2，其他站位均低于1.0 g/m^2。节肢动物生物量在远岸相对较高，其中L10最高，为18.2 g/m^2，仿盲蟹为生物量贡献者。部分站位未发现节肢动物。纽形动物仅在L4站出现，生物量为0.1 g/m^2。软体动物高值在近岸海域，生物量最高达226 g/m^2，光滑河蓝蛤大量出现，少数站位也未采到软体动物，主要在远岸。

季节变化上，春季生物量最高，为97.83 g/m^2，依次为秋季（76.76 g/m^2）>冬季（73.74 g/m^2）>夏季（57.22 g/m^2），软体动物的光滑河蓝蛤为4个季节生物量的主要贡献者。

（5）小结。

① 光滑河蓝蛤为全年的优势种，在4个季节均有出现，菲律宾蛤仔和寡节甘吻沙蚕分别为3个季节的优势种。春季种类数最多，为30种；秋季和夏季种类数相当，均为22种，冬季略低，为20种。

② 大型底栖生物的总平均丰度为912.45 inds/m^2。春季丰度明显高于其他3个季节，其他依次为秋季>夏季>冬季。主要原因是由于春季软体动物小刀蛏的大量出现，其平均丰度高达2 536.36 inds/m^2。

③ 大型底栖生物的总平均生物量为76.39 g/m^2。春季生物量最高，为97.83 g/m^2，其他依次为秋季（76.76 g/m^2）>冬季（73.74 g/m^2）>夏季（57.22 g/m^2），软体动物的光滑河蓝蛤为四个季节生物量的主要贡献者。

7. 潮间带生物

（1）物种组成。

秋季：共采集潮间带生物19种，日本刺沙蚕在3个断面均为优势种，在三个潮带均有出现，毛齿吻沙蚕为T1和T2断面优势种，中、低潮带分布较多，谭氏泥蟹为T1和T3断面优势种，主要分布于高潮带，T1断面优势种还有薄壳绿螂、光滑河蓝蛤、泥螺。其中光滑河蓝蛤主要分布于低潮带，薄壳绿螂和泥螺在各潮带都有分布。

冬季：采集潮间带生物8种，日本刺沙蚕和谭氏泥蟹为3个潮间带优势种，日本刺沙蚕分布于高中低各潮带，谭氏泥蟹主要分布于中朝带，中蚓虫在T2和T3断面也占一定优势，分布于中、低潮带。

春季：共采集潮间带生物16种，T1断面优势种有泥螺、薄壳绿螂、光滑河蓝蛤、毛齿吻沙蚕、日本刺沙蚕；薄壳绿螂在T2断面占绝对优势，日本刺沙蚕和谭氏泥蟹也为该断面优势种，日本刺沙蚕、谭氏泥蟹和光滑河蓝蛤为T3断面优势种。日本刺沙蚕和泥螺分布于各个潮带，毛齿吻沙蚕主要分布于高、中潮带，薄壳绿螂和谭氏泥蟹主要分布于中朝带，光滑河蓝蛤主要见于高潮带，另外T1断面的高潮带发现了数量较多的内肋蛤。

夏季：共采集潮间带生物16种，光滑河蓝蛤在T1断面占绝对优势，毛齿吻沙蚕和日本大眼蟹在高、中、低三个潮带均有出现。日本刺沙蚕和谭氏泥蟹为T2断面各潮带优势种，薄壳绿螂仅在高、中潮带出现。T3断面优势种主要是谭氏泥蟹，日本刺沙蚕在中、低潮带也有出现。

季节变化上，秋季种类最多，为19种，冬季最少，为8种，日本刺沙蚕和谭氏泥蟹是全年的优势种，在各断面高、中、低潮带均有分布，光滑河蓝蛤、薄壳绿螂和毛齿吻沙蚕为秋、春、夏季的优势种，光滑河蓝蛤主要分布于T1断面，薄壳绿螂和毛齿吻沙蚕主要分布于T1和T2断面各潮带，泥螺春季最多，主要分布于T1断面高潮带和中潮带，低潮带也有分布。

（2）丰度。

秋季：潮间带生物总平均丰度为237 inds/m^2，环节动物72 inds/m^2，节肢动物39 inds/m^2，纽形动物5 inds/m^2，软体动物121 inds/m^2。三个断面相比，T1丰度较高，为378.67 inds/m^2，其中低潮带丰度最高，为512 inds/m^2，T3断面最低，为117.33 inds/m^2，其低潮带仅为80 inds/m^2。从各门类分析，环节动物丰度在T2中潮带最高，为176 inds/m^2，毛齿吻沙蚕贡献最大，为152 inds/m^2，另除高潮带丰度较低外，中、低潮带接近。节肢动物在T3高潮带最高，为120 inds/m^2，谭氏泥蟹和大眼蟹丰度分别为64 inds/m^2和32 inds/m^2，其他断面和潮带丰度均相对较低，为8～40 inds/m^2。软体动物丰度在T1断面最高，平均为298 inds/m^2，其中高潮带为344 inds/m^2，薄壳绿螂丰度为304 inds/m^2，低潮带为432 inds/m^2，薄壳绿螂和光滑河蓝蛤分别为216 inds/m^2和136 inds/m^2，T3断面未采到软体动物。纽虫在T1高潮带、T2中潮带和T3中低潮带出现，但丰度较低，为8～16 inds/m^2（表7-17）。

表7-17　秋季潮间带生物各门类丰度（inds/m^2）

	环节动物	节肢动物	纽形动物	软体动物	总丰度
T1高	24	16	8	344	392
T1中	72	40	0	120	232
T1低	40	40	0	432	512
平均丰度	45.33	32.00	2.67	298.67	378.67
T2中	176	40	16	72	304
T2低	64	40	0	0	104
平均丰度	95.11	37.33	6.22	123.56	262.22
T3高	64	120	0	0	184
T3中	72	8	8	0	88
T3低	64	8	8	0	80

续 表

	环节动物	节肢动物	纽形动物	软体动物	总丰度
平均丰度	66.67	45.33	5.33	0.00	117.33
总平均丰度	72	39	5	121	237

冬季：潮间带生物总平均丰度为82 inds/m^2，环节动物61 inds/m^2，节肢动物20 inds/m^2，软体动物1.0 inds/m^2。三个断面相比，T3丰度较高，为133.33 inds/m^2，其中中潮带丰度最高，为224 inds/m^2，T2断面最低，为37.33 inds/m^2，其高潮带仅为16 inds/m^2。从各门类分析，环节动物丰度在T1高潮带最高，为120 inds/m^2，日本刺沙蚕贡献最大，为112 inds/m^2，T2各潮带丰度较低，为16～40 inds/m^2。节肢动物在T3断面较高，中、低潮带丰度分别为120和104 inds/m^2，谭氏泥蟹主要种类，丰度分别为120 inds/m^2、96 inds/m^2，T1和T2各潮带均很低，不足16 inds/m^2。软体动物仅在T1高潮带采到，丰度为8 inds/m^2（表7-18）。

表7-18　冬季潮间带生物各门类丰度（inds/m^2）

	环节动物	节肢动物	软体动物	总丰度
T1高	120	0	8	128
T1中	56	16	0	72
T1低	104	0	0	104
平均丰度	93.33	5.33	2.67	101.33
T2高	16	0	0	16
T2中	40	16	0	56
T2低	32	8	0	40
平均丰度	29.33	8.00	0.00	37.33
T3高	16	0	0	16
T3中	104	120	0	224
T3低	56	104	0	160
平均丰度	58.67	74.67	0.00	133.33
总平均丰度	61	20	1	82

春季：潮间带生物总平均丰度为405 inds/m^2，环节动物62 inds/m^2，节肢动物26 inds/m^2，软体动物316 inds/m^2，鱼类1.0 inds/m^2。三个断面相比，T1和T2丰度较

高，为456 inds/m^2、522.67 inds/m^2，其中T2中潮带丰度最高，为1 384 inds/m^2，其次T1高潮带为880 inds/m^2，两个断面低潮带丰度均较低，小于100 inds/m^2。从各门类分析，环节动物丰度在T3中潮带和低潮带最高，丰度分别为112 inds/m^2、160 inds/m^2，日本刺沙蚕是主要种类，在T1和T2的高潮带也较高，毛齿吻沙蚕和日本刺沙蚕是主要种类。T1和T2的低潮带均为采到环节动物。节肢动物丰度在各潮带均不高，均低于56 inds/m^2。软体动物在T2中潮带最高，为1 320 inds/m^2，种类是薄壳绿螂，T1高、中潮带也较高，分别为744 inds/m^2、288 inds/m^2，主要种类分别是内肋蛤、泥螺、光滑河蓝蛤和薄壳绿螂、泥螺。鱼类仅在T1中潮带采到，丰度为8 inds/m^2（表7–19）。

表7–19　春季潮间带生物各门类丰度（inds/m^2）

物种类群	环节动物	节肢动物	软体动物	鱼类	总丰度
T1高	112	24	744	0	880
T1中	80	16	288	8	392
T1低	0	0	96	0	96
平均丰度	64.00	13.33	376.00	2.67	456.00
T2高	104	8	16	0	128
T2中	16	48	1320	0	1384
T2低	0	48	8	0	56
平均丰度	40.00	34.67	448.00	0.00	522.67
T3高	72	8	56	0	136
T3中	112	56	0	0	168
T3低	160	24	32	0	216
平均丰度	114.67	29.33	29.33	0.00	173.33
总平均丰度	62	26	316	1	405

夏季：潮间带生物总平均丰度为1 858 inds/m^2，环节动物96 inds/m^2，节肢动物138 inds/m^2，软体动物1 623 inds/m^2，纽形动物1.0 inds/m^2。三个断面相比，T1丰度最高，为4 357 inds/m^2，T2为530 inds/m^2，T3最低，为92.22 inds/m^2。从各门类分析，环节动物丰度在T2断面最高，平均丰度为170.67 inds/m^2，日本刺沙蚕是主要种类，T3最低，为29.33 inds/m^2。节肢动物丰度在T2最高，为256～328 inds/m^2，谭氏泥蟹为主要贡献者，T1最低，平均为21 inds/m^2。软体动物丰度在T1低、中潮带非常高，分别达9 024 inds/m^{2}和3 640 inds/m^2，种类是光滑河蓝蛤，薄壳绿螂分布于T2高潮带，丰度

为128 inds/m^2，在低潮带未发现软体动物。鱼类仅在T2中潮带采到，丰度为8 inds/m^2（表7–20）。

表7–20　夏季潮间带生物各门类丰度（inds/m^2）

	环节动物	节肢动物	纽形动物	软体动物	总丰度
T1高	32	32	0	128	192
T1中	64	24	0	3640	3728
T1低	120	8	0	9024	9152
平均丰度	72.00	21.33	0.00	4 264.00	4 357.33
T2高	280	328	0	144	752
T2中	128	296	8	48	480
T2低	104	256	0	0	360
平均丰度	170.67	293.33	2.67	64.00	530.67
T3高	0	56	0	0	56
T3中	40	104	0	0	144
T3低	48	32	0	0	80
平均丰度	29.33	64.00	0.00	0.00	93.33
总平均丰度	96	138	1	1623	1 858

季节变化上，夏季最高，为1 858 inds/m^2，主要是因为光滑河蓝蛤在T1断面的大量出现，高、中、低三个潮带平均丰度4 253.33 inds/m^2，其次为春季405 inds/m^2，T2中潮带的薄壳绿螂丰度达1 320 inds/m^2，T1断面泥螺的平均丰度为136 inds/m^2，秋季为237 inds/m^2，也主要是T1断面薄壳绿螂和光滑河蓝蛤的出现，冬季最低，为82 inds/m^2。

（3）生物量。

秋季：潮间带生物总平均生物量为17.34 g/m^2，环节动物1.23 g/m^2，节肢动物1.75 g/m^2，软体动物14.14 g/m^2，纽形动物0.21 g/m^2。三个断面相比，T1生物量最高，为37.41 g/m^2，T2为17.65 g/m^2，T3最低，为3.65 g/m^2。从各门类分析，环节动物生物量在T3断面最高，平均为1.50 g/m^2，T1最低，为0.72 g/m^2。节肢动物生物量在T1最高，平均为2.90 g/m^2，T2最低，为1.0 g/m^2。软体动物生物量在T1最高，低潮带和高潮带分别达58.31 g/m^2和37.69 g/m^2，都主要是泥螺和薄壳绿螂的贡献，T2中潮带生物量也较高，彩虹明樱蛤为11.82 g/m^2，T3断面软体动物生物量为0。纽虫在3个断面生物量均较低，为0.02 ~ 0.41 g/m^2（表7–21）。

表7-21　秋季潮间带生物各门类生物量（g/m^2）

	环节动物	节肢动物	纽形动物	软体动物	总生物量
T1高	0.22	1.75	0.06	37.69	39.72
T1中	1.84	4.58	0.00	5.30	11.73
T1低	0.10	2.35	0.00	58.31	60.77
平均生物量	0.72	2.90	0.02	33.77	37.41
T2中	1.98	0.04	0.42	11.82	14.26
T2低	1.22	0.05	0.00	0.00	1.27
平均生物量	1.30	1.00	0.15	15.20	17.65
T3高	1.53	4.98	0.00	0.00	6.50
T3中	0.62	0.14	0.52	0.00	1.28
T3低	2.37	0.09	0.70	0.00	3.15
平均生物量	1.50	1.74	0.41	0.00	3.65
总平均生物量	1.23	1.75	0.21	14.14	17.34

冬季：潮间带生物总平均生物量为10.30 g/m^2，环节动物6.94 g/m^2，节肢动物2.89 g/m^2，软体动物0.47 g/m^2。三个断面相比，T1和T3生物量高，为13.46 g/m^2和14.96 g/m^2，T2较低，为2.48 g/m^2。从各门类分析，环节动物生物量在T1和T3断面较高，为11.50和6.98 g/m^2，在三个潮带均有分布，主要贡献者均是日本刺沙蚕。节肢动物生物量在T3中潮带最高，为20.23 g/m^2，贡献者是谭氏泥蟹，其他断面及潮带较低。软体动物仅在T1高潮带分布，种类是泥螺，生物量为4.19 g/m^2（表7-22）。

表7-22　冬季潮间带生物各门类生物量（g/m^2）

物种类群	环节动物	节肢动物	软体动物	总生物量
T1高	10.98	0.00	4.19	15.17
T1中	5.18	1.67	0.00	6.86
T1低	18.34	0.00	0.00	18.34
平均生物量	11.50	0.56	1.40	13.46
T2高	4.34	0.00	0.00	4.34
T2中	1.84	0.19	0.00	2.03
T2低	0.84	0.23	0.00	1.07

续 表

物种类群	环节动物	节肢动物	软体动物	总生物量
平均生物量	2.34	0.14	0.00	2.48
T3高	4.30	0.00	0.00	4.30
T3中	12.04	20.23	0.00	32.27
T3低	4.61	3.70	0.00	8.31
平均生物量	6.98	7.98	0.00	14.96
总平均生物量	6.94	2.89	0.47	10.30

春季：潮间带生物总平均生物量为31.32 g/m^2，环节动物4.33 g/m^2，节肢动物8.98 g/m^2，软体动物18.01 g/m^2，鱼类0.01 g/m^2。三个断面相比，T1生物量最高，为71.07 g/m^2，T2为13.14 g/m^2，T3最低，为9.77 g/m^2。从各门类分析，环节动物生物量在T3断面最高，平均为7.79 g/m^2，T2最低，为0.62 g/m^2。节肢动物生物量在T1最高，平均为22.45 g/m^2，主要是因为在高潮带采到个体大的豆形拳蟹，生物量为62.34 g/m^2，其他断面及潮带较低。软体动物生物量在T1最高，高潮带和中潮带分别达73和46.74 g/m^2，都主要由泥螺贡献，T2中潮带生物量也较高，薄壳绿螂为27.37 g/m^2，T3断面最低，为0.65 g/m^2。鱼类仅在T1中潮带，生物量为0.05 g/m^2（表7–23）。

表7–23　春季潮间带生物各门类生物量（g/m^2）

物种类群	环节动物	节肢动物	软体动物	鱼类	总生物量
T1高	8.82	62.34	73.00	0.00	144.17
T1中	4.85	5.00	46.74	0.05	56.64
T1低	0.00	0.00	12.39	0.00	12.39
平均生物量	4.56	22.45	44.05	0.02	71.07
T2高	0.50	0.36	0.46	0.00	1.32
T2中	1.38	4.06	27.37	0.00	32.80
T2低	0.00	5.11	0.18	0.00	5.30
平均生物量	0.62	3.18	9.34	0.00	13.14
T3高	9.34	0.41	0.86	0.00	10.61
T3中	4.52	2.28	0.00	0.00	6.80
T3低	9.52	1.30	1.08	0.00	11.90

续　表

物种类群	环节动物	节肢动物	软体动物	鱼类	总生物量
平均生物量	7.79	1.33	0.65	0.00	9.77
总平均生物量	4.33	8.98	18.01	0.01	31.32

夏季：潮间带生物总平均生物量为235.18 g/m^2，环节动物7.67 g/m^2，节肢动物5.77 g/m^2，软体动物221.68 g/m^2，纽形动物0.06 g/m^2。三个断面相比，T1生物量最高，为657.31 g/m^2，T2为40.48 g/m^2，T3最低，为7.76 g/m^2。从各门类分析，环节动物生物量在T2断面最高，平均为15.23 g/m^2，T2和T3较低，分别为4.54和3.26 g/m^2。节肢动物生物量在T1和T3的高潮带最高，分别为14.91和10.31 g/m^2，分别是日本大眼蟹和谭氏泥蟹的贡献，T2断面三个潮带接近，为5.69～7.59 g/m^2，其他断面及潮带相对较低。软体动物生物量在T1中、低潮带最高，分别达383.54和1 534.4 g/m^2，都主要由光滑河蓝蛤贡献，T2高潮带生物量也较高，薄壳绿螂为36.26 g/m^2，T3断面最低，为0。纽形动物仅在T2中潮带，生物量为0.54 g/m^2（表7-24）。

表7-24　夏季潮间带生物各门类生物量（g/m^2）

	环节动物	节肢动物	纽形动物	软体动物	总生物量
T1高	2.14	14.91	0.00	22.30	39.34
T1中	5.04	1.58	0.00	383.54	390.16
T1低	6.44	1.58	0.00	1 534.40	1 542.42
平均生物量	4.54	6.02	0.00	646.74	657.31
T2高	16.78	5.69	0.00	42.89	65.35
T2中	17.13	7.08	0.54	11.98	36.73
T2低	11.78	7.59	0.00	0.00	19.37
平均生物量	15.23	6.79	0.18	18.29	40.48
T3高	0.00	10.31	0.00	0.00	10.31
T3中	6.32	2.34	0.00	0.00	8.66
T3低	3.45	0.86	0.00	0.00	4.30
平均生物量	3.26	4.50	0.00	0.00	7.76
总平均生物量	7.67	5.77	0.06	221.68	235.18

季节变化上，夏季最高，为235.18 g/m^2，主要是因为光滑河蓝蛤在T1断面的平均丰度达640 g/m^2，其次为春季31.32 g/m^2，T1断面高潮带的豆形拳蟹和泥螺的生物量分

别为62.34和62 g/m^2，T2中潮带的薄壳绿螂生物量达27.37 g/m^2，秋季生物量为17.34 g/m^2，主要是T1断面薄壳绿螂、泥螺和光滑河蓝蛤的贡献，冬季最低，为10.30 g/m^2。

（4）小结。

潮间带生物秋季种类最多，为19种，冬季最少，为8种，日本刺沙蚕和谭氏泥蟹是全年的优势种，在各断面高、中、低潮带均有分布，光滑河蓝蛤、薄壳绿螂和毛齿吻沙蚕只为秋、春、夏季的优势种，主要分布于T1和T2断面，泥螺春季最多，主要分布于T1断面。

潮间带生物丰度夏季最高，为1 858 inds/m^2，主要是因为光滑河蓝蛤的贡献作用，其次为春季405 inds/m^2，薄壳绿螂和泥螺的丰度较高，秋季为237 inds/m^2，薄壳绿螂和光滑河蓝蛤丰度较高，冬季最低，为82 inds/m^2。

潮间带生物生物量夏季最高，为235.18 g/m^2，光滑河蓝蛤贡献最大，其次为春季31.32 g/m^2，豆形拳蟹、泥螺和薄壳绿螂是生物量主要贡献者，秋季生物量为17.34 g/m^2，薄壳绿螂、泥螺和光滑河蓝蛤是主要贡献者，冬季最低，为10.30 g/m^2。

（五）支脉河口及其邻近海域渔业资源调查

1. 上层渔业资源

（1）调查站位。此次调查共设有10个站位，具体站位坐标如图7-115所示。

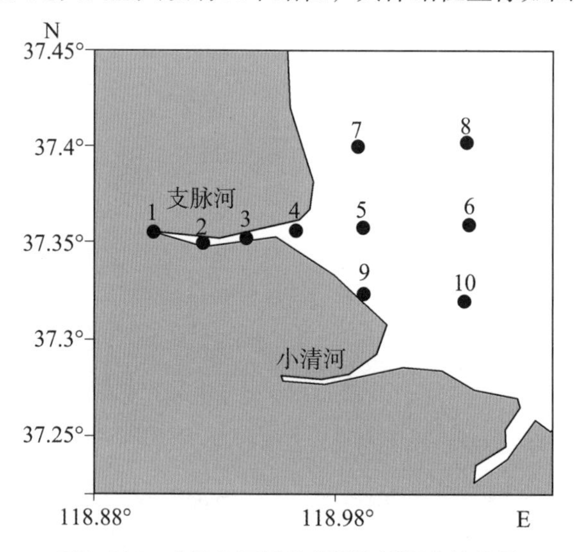

图7-115　支脉河口及其邻近海域调查站位图

（2）调查方法。按照《海洋调查规范》（GB12763）使用大型浮游生物网（网长280 cm，网口内径80 cm，网口面积0.5 m^2）在各站点进行水平拖网。大型浮游动物网，每站拖网10分钟，拖网速度2.5～3节。采集的所得样品保存于5%的福尔马林溶液。在实验室内采用生物解剖镜，对鱼类浮游生物样品进行种类鉴定、个体计数。

（3）调查结果。

① 冬季。

本航次调查共捕获上层生物种类3 016个。其中鱼16个，无脊椎动物3 000个，隶属于9目9科。

2011年03月支脉河口上层生物优势种为糠虾，占总个体数的60.86%，普通种有2种，为肥胖箭虫和秀丽沙蚕，在总个体数中仅占38.04%；稀有种有6种，仅占总体个数的1.1%（表7–25）。冬季支脉河口东部外海及南部水域是上层生物资源高分布区（如图7–116）。

表7–25 2011年03月支脉河口鱼类浮游生物群落组成

	种名	*N*（%）	*F*（%）	IRI
优势种	糠虾 *Mysidacea*	60.86	80	6 191.21
	肥胖箭虫 *S. enflata*	29.03	80	1 686.73
	秀丽沙蚕 *Nereis succinea*	9.01	50	1 158.34
普通种	鲮 *Liza haematocheila*	0.17	20	195.11
稀有种	暗缟虾虎鱼 *Tridentiger obscurus*	0.73	30	45.96
	蠕虫（种类待定）	0.078	20	3.35
	中华朽叶蛤 *Caecella chinensis*	0.049	10	1.18
	安氏新银鱼 *Neosalanx anderssoni*	0.034	10	0.35
	日本大眼蟹 *Macrophthalmus japonicus*	0.028	10	0.84

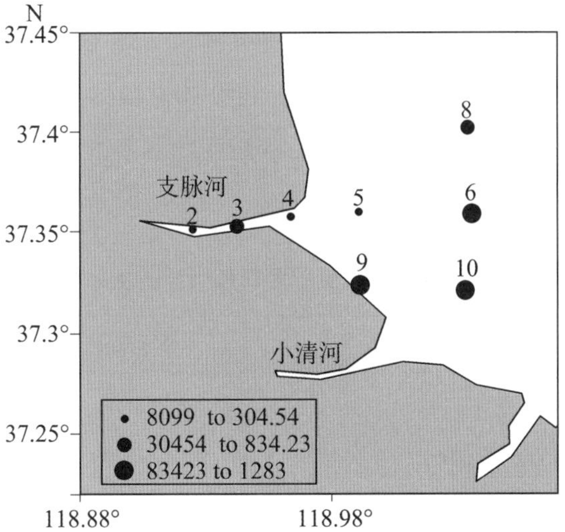

图7–116 冬季鱼类浮游生物生物量分布图

2011年03月无脊椎动物种类丰度指数（D）在支脉河河口呈现最高值区域，并由此向海洋区递减。其中以2站和4站最高，D值分别为1.13和1.22（图7–117）。

鱼类浮游生物群落多样性指数（H'_n）分布与种类丰富度分布大体相同，有四个高值区在支脉河上，并由此向东部递减。其中群落多样性以2站、3站、4站和5站最高，H'_n值分别为1.27、1.45、1.76和1.53（图7–118）。

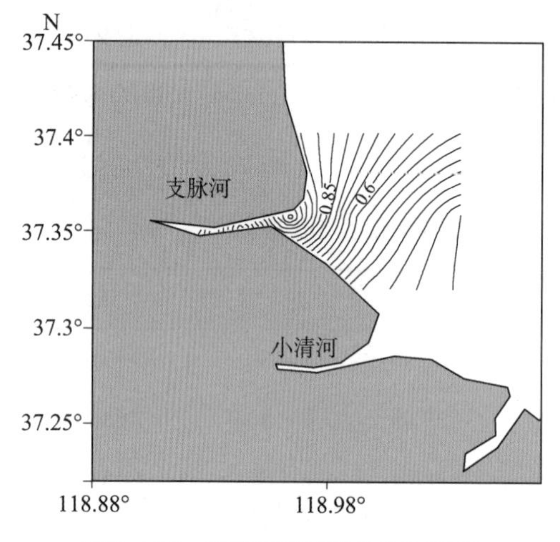

图7–117　冬季无脊椎动物资源种类丰度指数分布

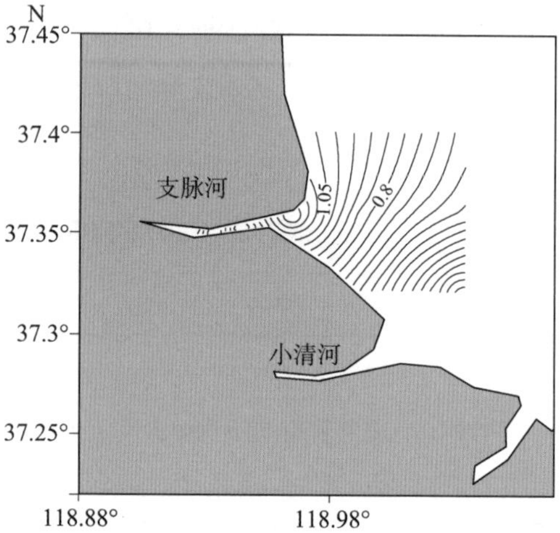

图7–118　冬季鱼类浮游生物群落多样性指数分布

鱼类浮游生物群落均匀度与上两种多样性有一个高值区域分布，是在支脉河，在群落种类丰富度和多样性高值的区域，均匀度与之变化趋势相一致。

② 春季。

2010年06月共捕获鱼类浮游生物6 601个。其中鱼567个，鱼卵59颗，无脊椎动物5 975个，隶属于3目4科，已鉴定到种级目录的鱼类浮游生物共计4种。

2011年06月东营支脉河鱼类浮游生物优势种为糠虾（表7–26），其中，总数占总个体数的84.83%，重要种有1种，为鲮，占个体总数的9.84%；普通种有3种，为鳀、鱼卵和蟹，在总个体数中仅占4.20%；浮游生物群落少见种有3种，占总体个数的1.05%。稀少种为2种，仅占总体个数的0.09%。

表7–26　2011年06月支脉河口鱼类浮游生物群落组成

种名		N（%）	F（%）	IRI
优势种	糠虾 *Mysidacea*	84.83	70	3 958.57
重要种	鲮 *Liza haematocheila*	9.84	80	524.73
普通种	日本大眼蟹 *Macrophthalmus japonicus*	1.56	90	93.80

续 表

	种名	N（%）	F（%）	IRI
	鳀 *Engraulis japonicus*	1.55	20	20.73
	卵	1.08	20	14.45
少见种	箭虫 *S.enflata*	0.42	30	8.50
	鳓 *Ilisha elongata*	0.28	30	5.60
	蛞蝓 *Limax maximus*	0.34	10	2.28
稀少种	黄色虫子	0.07	10	0.43
	鲫 *Carassius auratus*	0.02	10	0.14

2011年06月份共捕获无脊椎动物3 016个（尾），其中糠虾1 286个，占总丰度的60.86%；鱼类浮游生物主要分布在支脉河和近岸区。以3号站最高，达到171.76 × 10³ inds/km²。其次为2号站和4号站，其值均大于20 × 10³ inds/km²，其他站位均低于5 × 10³ inds/km²（图7−119）。

2011年06月无脊椎动物种类丰度指数（*D*）在支脉河呈现最高值区域，并由此向海洋区递减。其中以2站和4站最高，*D*值分别为1.13和1.22（图7−120）。

鱼类浮游生物群落多样性指数（H'_n）分布与种类丰富度分布大体相同，有四个高值区在支脉河上，并由此向东部递减。其中群落多样性以2站、3站、4站和5站最高，H'_n值分别为1.27、1.45、1.76和1.53（图7−121）。

鱼类浮游生物群落均匀度与上两种多样性有一个高值区域分布，是在支脉河，在群落种类丰富度和多样性高值的区域，均匀度与之变化趋势相一致（图7−122）。

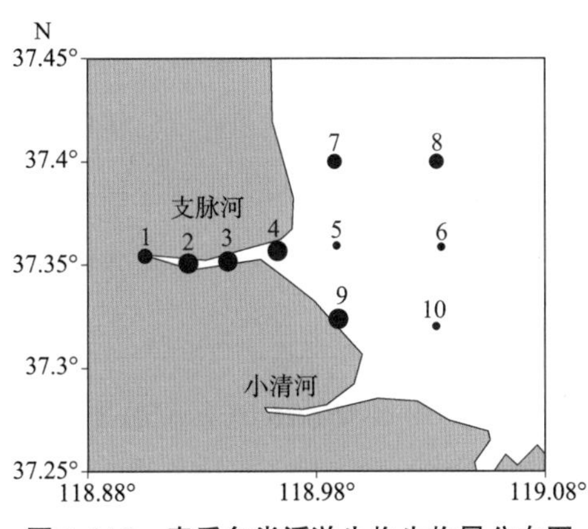

图7−119 春季鱼类浮游生物生物量分布图

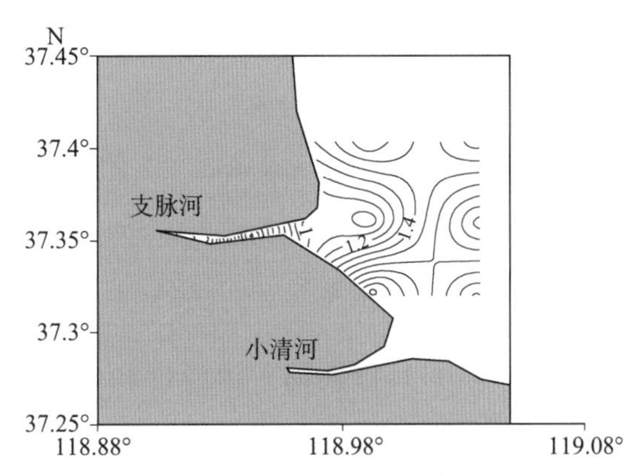

图7−120 春季无脊椎动物资源种类丰度分布

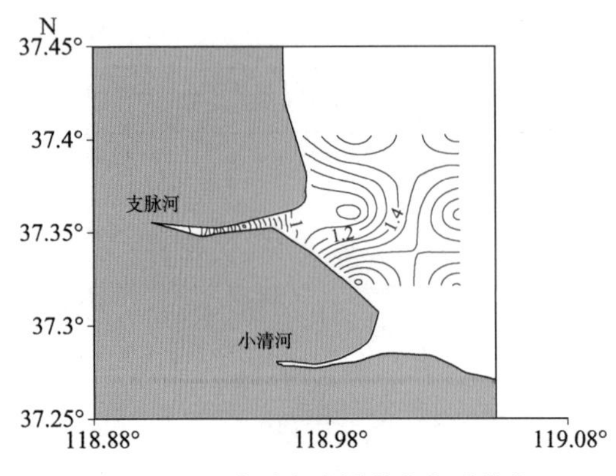

图7–121　春季鱼类浮游生物群落多样性指数分布

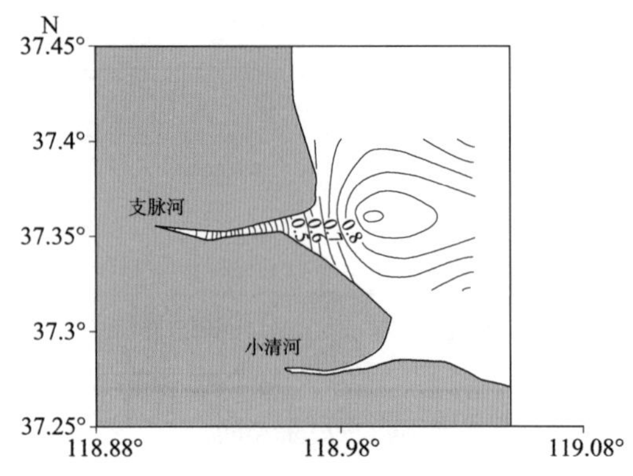

图7–122　春季鱼类浮游生物群落均匀度分布

③ 夏季。

2011年9月共捕获鱼类浮游生物984个。其中鱼14个，鱼卵263颗，无脊椎动物707个，隶属于1目2科，已鉴定到种级目录的鱼类浮游生物共计3种。

2011年9月东营支脉河鱼类浮游生物优势种为糠虾（表7–27），其中总数占总个体数的74.81%，普通种有4种，为卵、中华朽叶蛤、鳓和鳀，在总个体数中占24.63%；鱼类生物群落少见种有2种，占总体个数的3.36%。稀少种为一种，仅占总体个数的0.55%。

表7–27　2011年09月东营支脉河鱼类浮游生物群落组成

	种名	*N*（%）	*F*（%）	IRI
优势种	糠虾 *Mysidacea*	74.81	80	3 990.12
普通种	卵	22.75	10	151.68
	中华朽叶蛤 *Caecella chinensis*	0.84	70	39.33
	鳓 *Ilisha elongata*	0.53	40	14.03
	鳀 *Engraulis japonicus*	0.51	30	10.14
少见种	山东小公鱼 *Stolephorus shantungensis*	0.40	20	5.38
	狭颚绒螯蟹 *Eriochier leptognathus*	0.15	20	2.05

2011年09月份共捕获浮游动物984个（尾），其中糠虾696个，占总丰度的74.81%；鱼类浮游生物主要分布在远海区。以9号站最高，达到299.89×10^3 inds/km^2。其次为8号站、7号站和4号站，其值均分别为271.70×10^3 inds/km^2、262.74×10^3 inds/km^{2}和227.54×10^3 inds/km^2，其他站位均低于60×10^3 inds/km^2，其中最低的站位为4号站，仅

为1.19 × 10^3 inds/km^2（图7-123）。

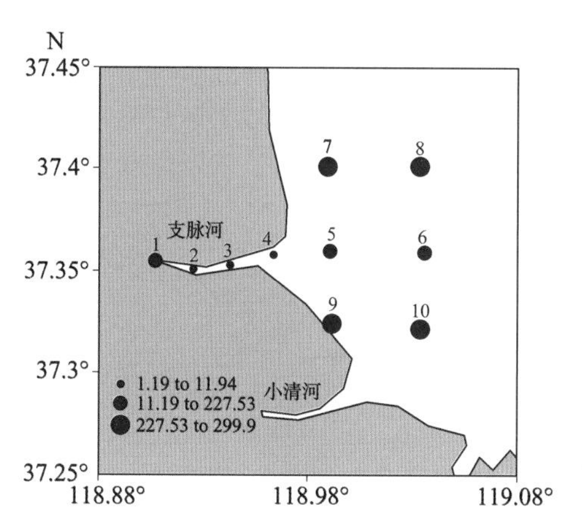

图7-123　夏季鱼类浮游生物生物量分布图

2011年09月脊椎动物种类丰度指数（D）在支脉河呈现最高值区域，并由此向海洋区递减。其中以2站和3站最高，D值均为1.44（图7-124）。

鱼类浮游生物群落多样性指数H'_n分布与种类丰富度分布大体相同，有两个高值区在支脉河上，并由此向东部海区递减。其中群落多样性以2站和3站、最高，H'_n值分别为1.5和1，其他站位均低于0.5（图7-125）。

鱼类浮游生物群落均匀度与上两种多样性有一个高值区域分布，是在支脉河，在群落种类丰富度和多样性高值的区域，均匀度与之变化趋势相一致（图7-126）。

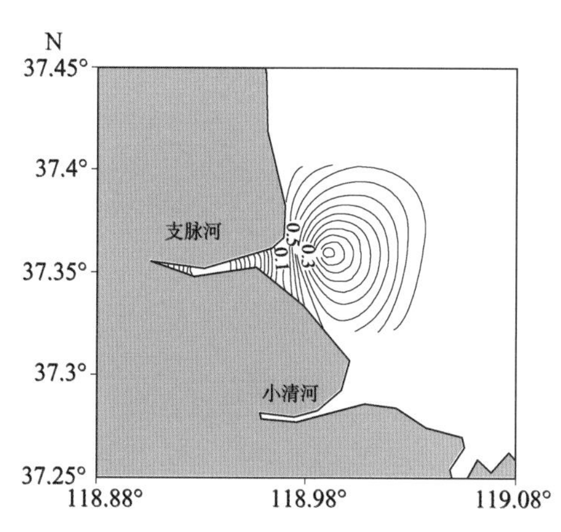

图7-124　夏季脊椎动物种类丰度分布

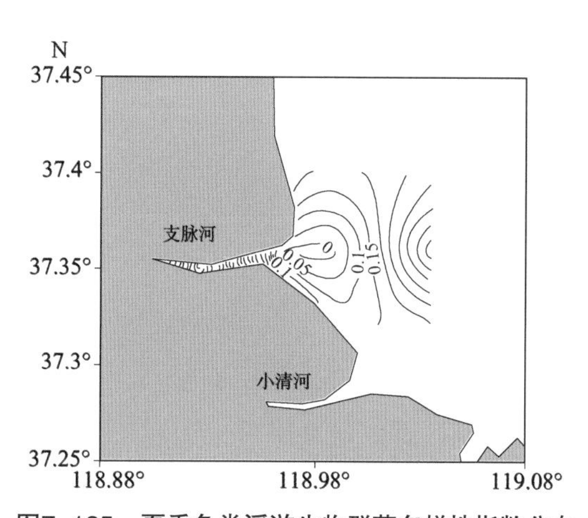

图7-125　夏季鱼类浮游生物群落多样性指数分布

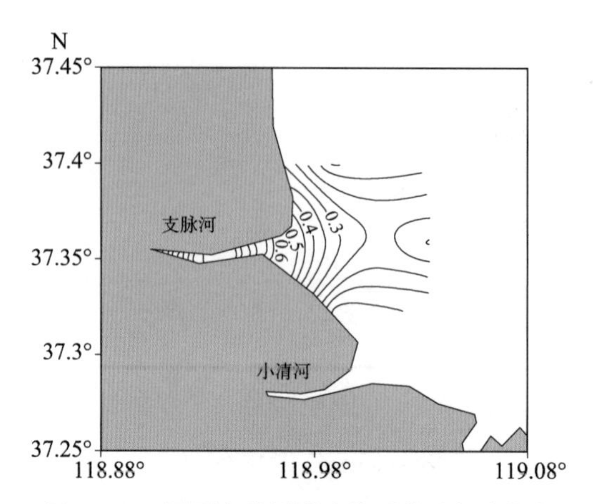

图7-126　夏季鱼类浮游生物群落均匀度分布

2. 底层渔业资源调查

（1）调查站位。此次调查共设有10个站位，具体站位坐标如图7-127所示。

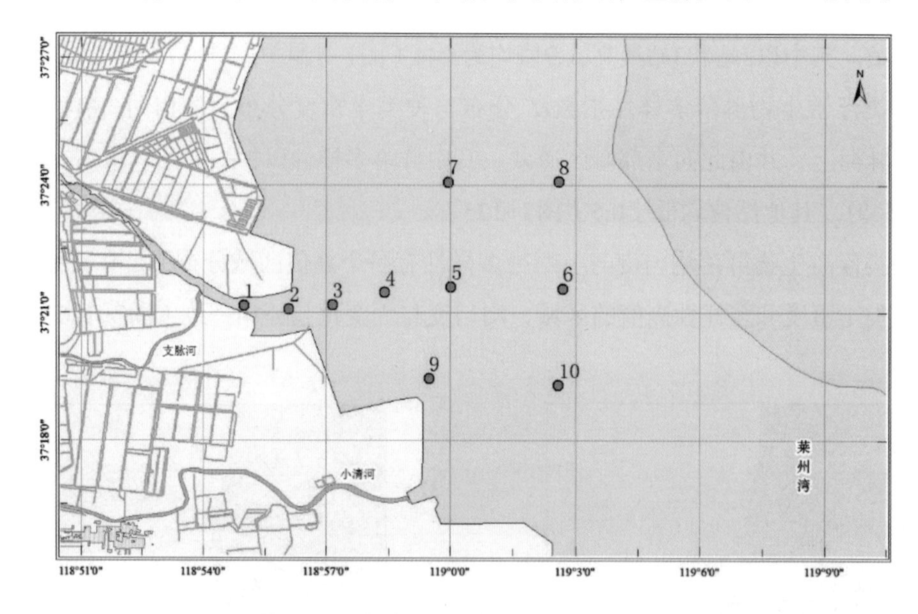

图7-127　支脉河口及其邻近海域调查站位

（2）调查方法。租用渔船，在开展非生物环境和生物调查等调查的同时，进行定点拖网调查。调查网具采用底层拖网作业方式，每站拖网10～20分钟，拖网速度2.5～3.0节。采样现场进行主要种类的分类和计数，少数疑难样品带至实验室鉴定。同时，对重要经济种类，在现场计数和称重后，加冰保存，实验室内进行常规生物学测定和分析。

采用面积法计算各渔业生物的生态密度，分个体数生态密度（NED，10^3 inds/km^2）和生物量生态密度（BED，kg/km^2）以描述渔业生物群落结构特征；

以相对重要性指数（IRI）确定群落优势种和重要种类；以种类丰富度指数（D）和Shannon-Weiner指数（H'）来描述荣成湾渔业生物群落多样性特点。

相对重要性指数IRI（Pinaka，1971）

$$IRI=(N_i+W_i)\times F_i$$

式中，N_i为某一种类的个数占总个数的百分比；

W_i为某一种类的重量占总重量的百分比；

F_i为出现该种的站位数与总站位数的百分数。

群落多样性指数：

种类丰富度指数D（Margalef，1958）

$$D=(S-1)/\ln N$$

Shannon-Wiener指数H′：

$$H'=-\sum_{i=1}^{s}P_i\ln P_i$$

均匀度指数（Pielou，1969）：

$$J'=H'/H'_{max}$$

其中，S、N、W分别为样本物种数、平均个体数和生物量生态密度，P_i为第i种相对个体生物数或生物量生态密度，H'_n和H'_b分别为依个体数或生物量指标计算的Shannon-Wiener多样性指数。

（2）调查结果。

① 冬季。

种类组成：调查期间，冬季（3月）共捕获渔业生物42种。其中鱼类8种，隶属1纲3目3科，其为辐鳍鱼纲（Actinopterygii）鲈形目（Perciformes）1科6种，鲤形目（Acipenseriformes）1科1种，鲻形目（Mugiliformes）1科1种。捕获无脊椎动物32种，其中甲壳类（Crustacea）17种，软体类（Mollusca）15种，其他类生物2种。总个体数152尾，总重2 189 g，平均个体重量14.10 g。

群落优势种是指在群落中其丰盛度占有很大优势，其动态能控制和影响整个群落的数量和动态的少数种类或者类群。从结构和功能上，将丰盛度大、时空分布广的种定为优势种。本文根据Pinkas（1971）提出的相对重要性指数（IRI）来确定鱼类和无脊椎渔业种类在群落中的重要性。其中，选取IRI值大于1 000的种类为优势种，IRI值在10～1 000之间的为普通种，与优势种合称为重要种，IRI值在1～10之间为次要种，IRI值小于1为少见种。

2011年3月（冬季）东营鱼类生物群落优势种为六丝矛尾虾虎鱼、暗缟虾虎鱼、矛尾复虾虎鱼、鲮等4种（表7-28），其栖息密度（NED）占总个体数的84.02%，生物量密度（BED）占总重量的88.86%；普通种有3种，为普氏栉虾虎鱼、纹缟虾虎鱼和矛尾虾虎鱼，与优势种共同构成2011年冬季鱼类生物群落重要种，在总个体数中占去99.98%，BED的99.94%。

无脊椎动物以长牡蛎和狭额新绒螯蟹为优势种，NED和BED的比例分别为20.26%和72.39%；其重要种还包括脊腹褐虾、扁玉螺、豆形拳蟹、菲律宾蛤仔、脉红螺、纵肋织纹螺等16种（表7-29），占资源数量和重量的77.20%和25.64%。

表7-28　冬季东营支脉河口及其邻近海域鱼类群落重要种成分

	种名	NED	BED	个体大小	N（%）	W（%）	F（%）	IRI
优势种	矛尾复虾虎鱼	0.816	24.204	29.657	10.864	33.560	50	1 480.825
	六丝矛尾虾虎鱼	3.237	4.349	1.344	43.093	6.031	40	1 309.966
	暗缟虾虎鱼	1.762	10.348	5.873	23.456	14.348	50	1 260.151
	鲮	0.497	25.184	50.714	6.610	34.919	40	1 107.456
普通种	普氏栉虾虎鱼	0.836	5.118	6.120	11.132	7.096	40	486.089
	纹缟虾虎鱼	0.260	1.279	4.917	3.462	1.773	20	69.806
	矛尾虾虎鱼	0.086	1.598	18.500	1.150	2.216	10	22.441
次要种	鲫	0.017	0.040	2.300	0.232	0.056	10	1.916

表7-29　冬季支脉河口及其邻近海域无脊椎动物重要种成分

	种名	NED	BED	个体大小	N（%）	W（%）	F（%）	IRI
优势种	狭额新绒螯蟹	13.865	40.129	2.894 357	27.351	9.288	100	2 442.626
	长牡蛎	2.498	275.298	110.188 3	4.929	63.721	30	1 372.987
重要种	脊腹褐虾	5.722	5.167	0.902 971	11.288	1.196	60	499.358
	扁玉螺	2.375	13.195	5.555 065	4.686	3.054	50	257.991
	纵肋织纹螺	8.331	8.472	1.017 028	16.434	1.961	20	245.266
	豆形拳蟹	1.657	5.460	3.295 663	3.268	1.264	60	181.280
	菲律宾蛤仔	3.931	19.785	5.033 103	7.755	4.580	20	164.460
	脉红螺	0.376	21.877	58.201 05	0.742	5.064	40	154.802
	中华朽叶蛤	1.463	5.863	4.006 882	2.886	1.357	40	113.158

续 表

	种名	NED	BED	个体大小	N(%)	W(%)	F(%)	IRI
重要种	葛氏长臂虾	1.095	1.338	1.221 543	2.160	0.310	60	98.793
	秀丽浮蚕	1.463	5.863	4.006 882	2.886	1.357	20	56.579
	秀丽白虾	0.574	1.162	2.025 455	1.132	0.269	60	56.023
	白带三角口螺	1.830	1.929	1.053 915	3.610	0.446	20	54.084
	涡虫	1.104	0.444	0.401 765	2.179	0.103	30	45.625
	朝鲜笋螺	1.437	1.988	1.383 549	2.835	0.460	20	43.940
	日本大眼蟹	1.165	2.418	2.075 475	2.298	0.560	20	38.099
	毛蚶	0.263	7.657	29.062 69	0.520	1.772	20	30.562
	伍氏蝼蛄虾	0.245	2.006	8.181 512	0.484	0.464	40	25.284
次要种	日本鬼蟹	0.245	2.006	8.181 512	0.484	0.464	10	6.321
	日本鼓虾	0.245	2.006	8.181 512	0.484	0.464	10	6.321
	中华虎头蟹	0.033	3.420	104	0.065	0.792	10	5.710
	中华绒螯蟹	0.091	2.539	28	0.179	0.588	10	5.111
	关公蟹	0.046	0.150	3.253 664	0.091	0.035	20	1.676
	鲜明鼓虾	0.091	0.245	2.7	0.179	0.057	10	1.571
	斧文蛤	0.086	0.173	2	0.170	0.040	10	1.403
	糠虾	0.033	0.625	19	0.065	0.145	10	1.397
	红螺	0.086	0.130	1.5	0.170	0.030	10	1.336
	镜蛤	0.033	0.526	16	0.065	0.122	10	1.244
少见种	古氏滩栖螺	0.043	0.086	2	0.085	0.020	10	0.701
	隆线强蟹	0.001	0.017	17	0.002	0.004	10	0.038

渔业资源空间分布：冬季支脉河口底层生物资源生物量（BED）以口门附近及调查区域东部，鱼类生物量分布最高水域在支脉河口门及调查水域北部，无脊椎动物生物量除口门附近分布最高外，调查水域南部亦有较高分布区（图7-128）。

冬季支脉河口底层生物资源丰度（NED）调查水域东部偏南部水域分布最高，且主要是由无脊椎动物资源贡献，鱼类资源丰度在口门内和口门附近有高分布点（图7-129）。

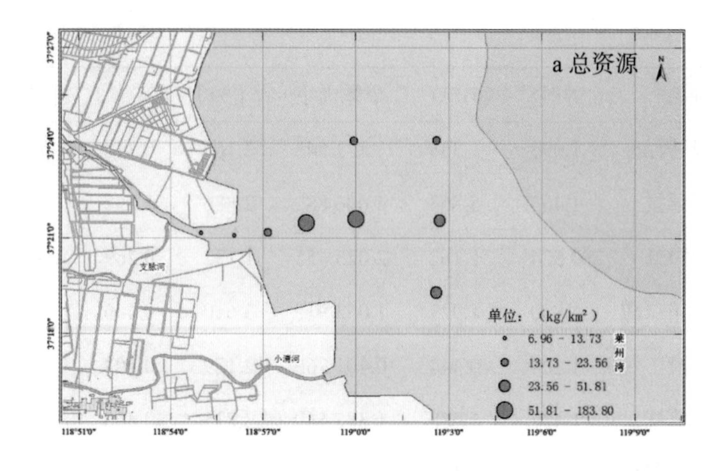

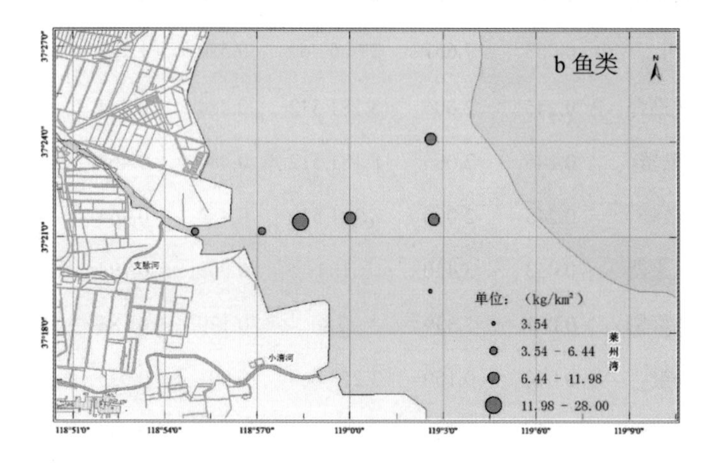

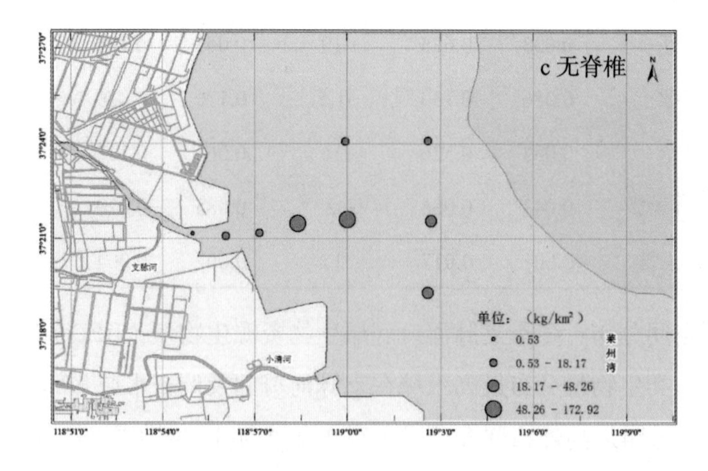

图7-128　冬季底层生物资源生物量密度（BED）分布

群落多样性特征：如图7-130、图7-131所示，冬季鱼类生物种类丰度指数（D）呈现由远海区向支脉河递减的趋势，尤其以6号站区最高，D值高达1.41（5种），其次是5号站和10号区，分别为1.21（4种）和1.31（5种）。其余均低于1。

冬季无脊椎生物种类丰度指数（D）则呈现相似趋势，由远海区向支脉河递减，

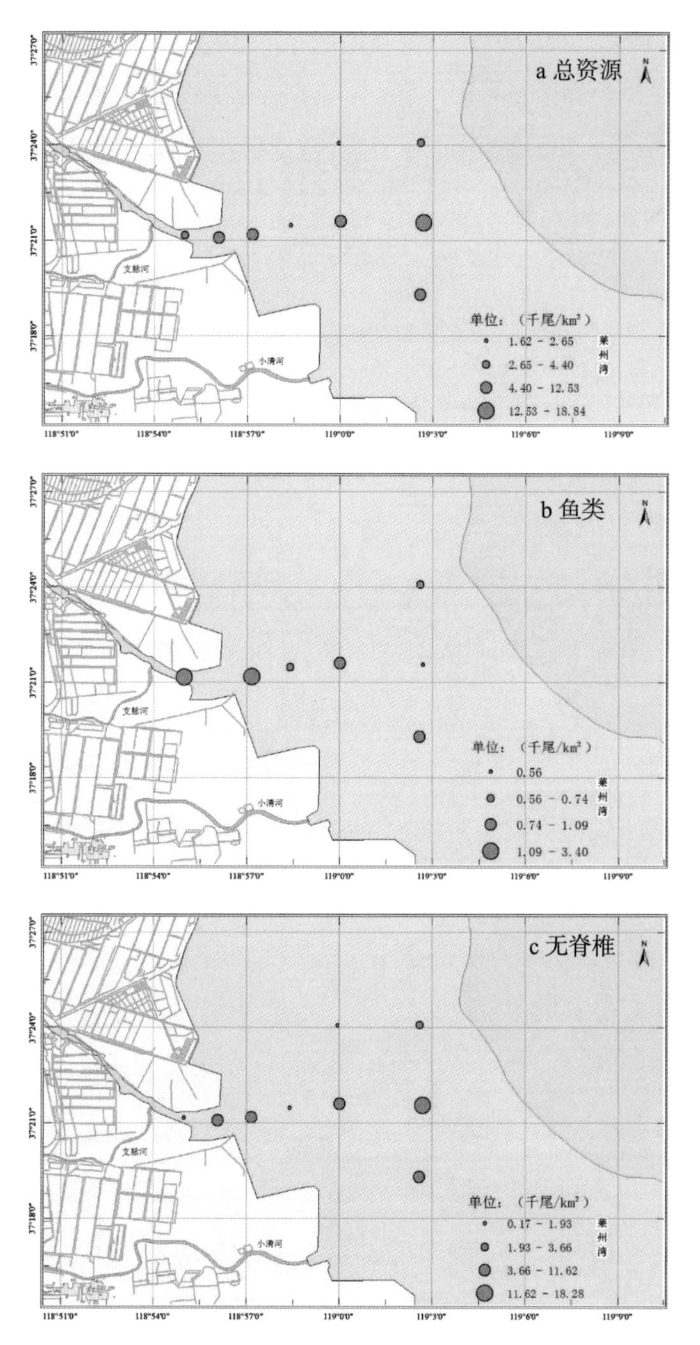

图7-129　冬季底层生物资源栖息密度（NED）分布

支脉河上最低。其中以10站区最高，*D*值高达3.39，其次是5号、6号和8号，分别为2.52（12种）、3.00（20种）和2.98（12种）。其余站点均低于2。

冬季鱼类种类多样性指数H'_n分布的高值区在远海区，并向支脉河中递减。其中以6站区为最高，其次为10、4、5、8站，H' 值均超过了1.0。

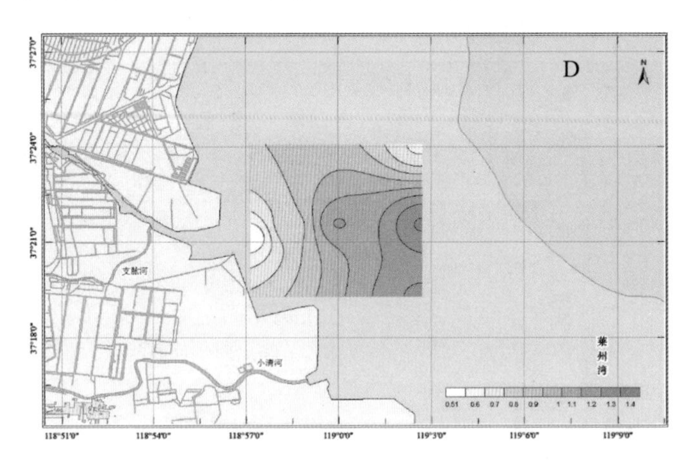

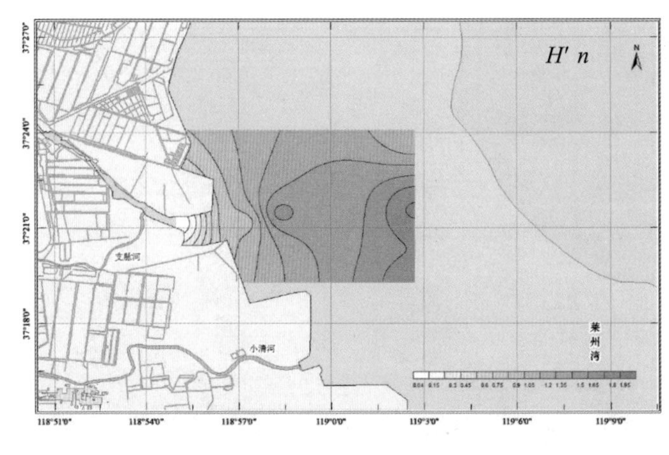

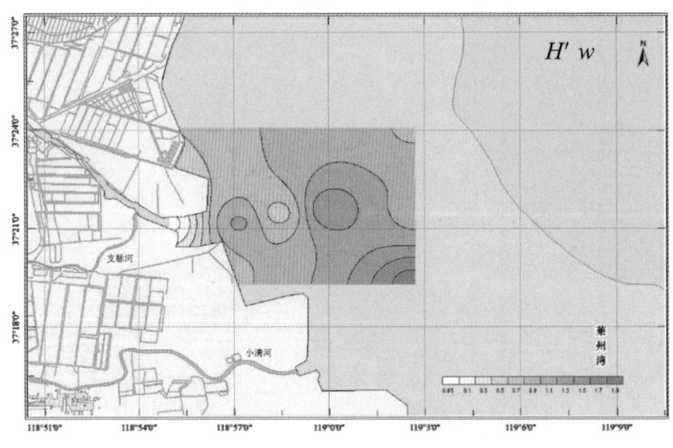

图7-130　冬季底层鱼类资源多样性分布特征

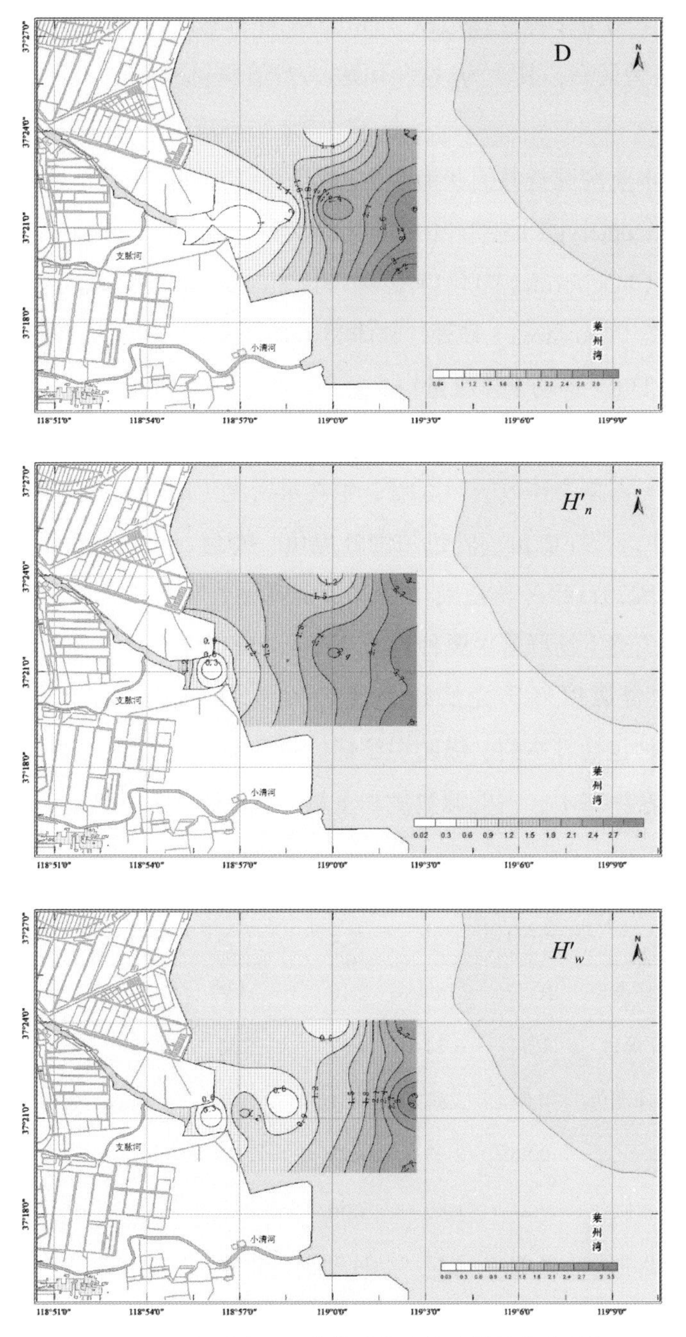

图7-131　冬季底层无脊椎动物资源多样性分布特征

冬季鱼类生物量多样性指数H'_w分布与鱼类H'_n相同，其高值区在远海区，向支脉河中递减。以10站区为最高，其次为4、2、5、6、8站，H'值均超过了1.0。

冬季无脊椎种类多样性指数H'_n分布的高值区在远海区，向支脉河递减。以10站区为最高，其次为6站，H'值均超过了3。

冬季无脊椎生物量多样性指数H'_w与鱼类H'_n分布不同，其高值区在调查区的近河口区。并以6站区为最高，其次为8站和10站，H' 值均超过了2.7。

② 春季。

种类组成：本航次调查共捕获渔业生物34种。其中鱼类8种，隶属1纲4目5科，其为辐鳍鱼纲（Actinopterygii）鲈形目（Perciformes）2科5种，鲤形目（Cypriniformes）1科1种，鲱形目（Clupeiformes）1科1种，鲽形目（Pleuronectiformes）。捕获无脊椎动物26种，其中甲壳类（Crustacea）15种，软体类（Mollusca）10种，其他类生物1种。总个体数4 355尾，7 223 g，平均个体重量1.66 g。

2011年6月（春季）东营鱼类生物群落优势种为六丝矛尾虾虎鱼（表7-30），其栖息密度（NED）占总个体数的74.62%，生物量密度（BED）占总重量的55.32%；普通种有5种，为朴式栉虾虎鱼、乳色阿匍虾虎鱼、鲫鱼、长吻红舌鳎和矛尾虾虎鱼，与优势种共同构成2011年冬季鱼类生物群落重要种，在总个体数中占去99.45%，而BED占98.26%；鱼类生物群落次要种2种，NED和BED的比例分别为0.52%和1.74%。

无脊椎动物资源以经氏壳蛞蝓为优势种，NED和BED的比例为77.26%和23.10%；其普通种包括日本蟳、纵肋织纹螺、长牡蛎、广大扁玉螺、豆形拳蟹、中华绒螯蟹等12种（表7-31），占资源数量和重量的21.05%和70.83%。

表7-30　2011年6月东营支脉河鱼类群落重要种成分

	种名	NED	BED	个体大小	N（%）	W（%）	F（%）	IRI
优势种	六丝矛尾虾虎鱼	10.13	22.09	2.18	34.97	26.90	50	2 062.45
普通种	普世栉虾虎鱼	1.54	6.74	4.37	5.33	8.21	50	451.29
	乳色阿匍虾虎鱼	0.54	3.81	7.01	1.88	4.64	20	86.86
	鲫鱼	0.96	2.63	2.73	3.33	3.20	10	43.53
	长吻红舌鳎	0.24	1.83	7.66	0.83	2.23	20	40.77
	矛尾虾虎鱼	0.09	2.13	24.70	3.462	1.773	20	38.58
次要种	鲈鱼	0.03	0.43	13.00	1.150	2.216	10	4.23
	赤鼻棱鳀	0.04	0.040	7.00	0.232	0.056	10	3.03

渔业资源空间分布：以栖息密度（NED）和生物量密度（BED）为渔业资源量的衡量标准，研究东营支脉河渔业的动态变化。如图7-132～图7-137所示，此次采集到渔业生物的站位为10个站。资源生物量（BED）高分布区有2个站，其余不太明显。最高BED的站区9号站，生物量为103.53 kg/km^2，占全部总调查区的29.00%，其

他占71.00%。低于10 kg/km^{2}有4个站，在总生物量的5.33%。

表7-31　2011年6月东营支脉河无脊椎动物重要种成分

	种名	NED	BED	个体大小	*N*（%）	*W*（%）	*F*（%）	IRI
优势种	经氏壳蛞蝓	144.94	72.55	0.50	77.26	23.10	20	1 338.15
普通种	日本蟳	3.24	61.86	19.08	1.73	19.70	50	714.23
	纵肋织纹螺	17.20	11.53	0.67	9.17	3.67	50	427.95
	长牡蛎	0.78	72.27	93.24	0.41	23.01	20	312.32
	广大扁玉螺	3.76	22.78	6.06	2.00	7.25	50	308.57
	豆形拳蟹	2.64	10.90	4.13	1.41	3.47	70	227.58
	中华绒螯蟹	1.87	10.67	5.71	1.00	3.40	60	175.70
	朝鲜笋螺	2.23	2.96	1.33	1.19	0.94	50	71.06
	红虾	4.39	9.32	2.12	2.34	2.97	20	70.79
	三疣梭子蟹	0.12	6.22	50.50	0.07	1.98	30	40.91
	白虾	1.34	2.48	1.85	0.72	0.79	40	40.13
	脉红螺	0.11	8.63	78.93	0.06	2.75	20	37.40
	蛤蜊	1.81	2.84	1.57	0.96	0.90	20	24.90
	青蛤	0.42	7.95	18.75	0.23	2.53	10	18.37
	红线黎明蟹	0.60	2.26	3.78	0.32	0.72	20	13.86
次要种	关公蟹	0.51	1.40	2.72	0.27	0.44	20	9.58
	脊腹褐虾	0.64	0.74	1.16	0.34	0.24	20	7.68
	红蟹	0.04	3.24	88.00	0.02	1.03	10	7.02
	菲律宾蛤仔	0.20	1.12	5.59	0.11	0.36	20	6.18
	伍氏侯蟹	0.10	1.09	10.57	0.06	0.35	20	5.38
	蟹	0.13	0.44	3.33	0.07	0.14	10	1.40
	矛虾	0.27	0.09	0.36	0.14	0.03	10	1.15
少见种	海葵	0.11	0.27	2.33	0.06	0.08	10	0.97
	口虾蛄	0.03	0.40	12.00	0.02	0.13	10	0.97
	卞兰虾	0.08	0.04	0.50	0.04	0.01	10	0.35
	毛蛤	0.04	0.02	0.50	0.02	0.01	10	0.18

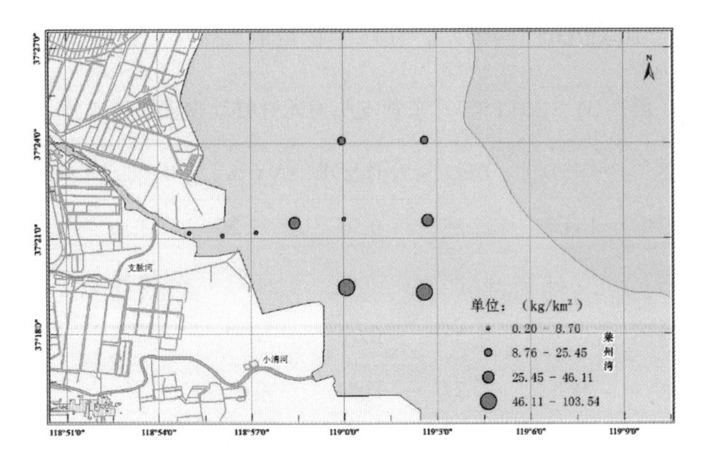

图7-132　春季底层生物生物量密度分布图

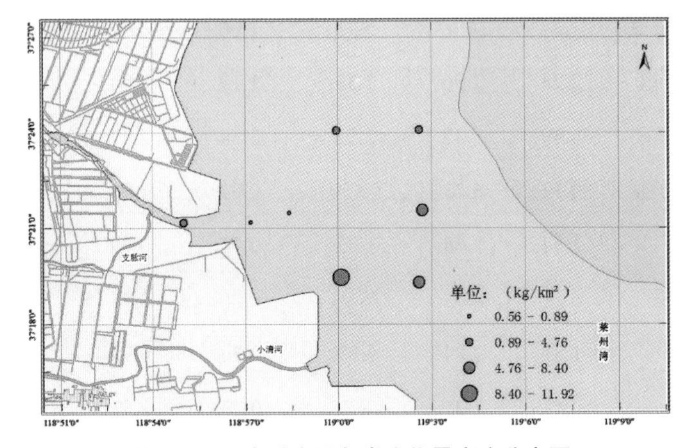

图7-133　春季底层鱼类生物量密度分布图

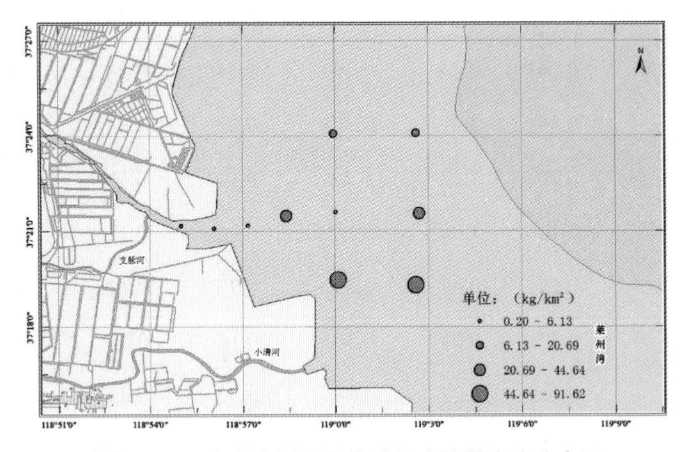

图7-134　春季底层无脊椎动物生物量密度分布图

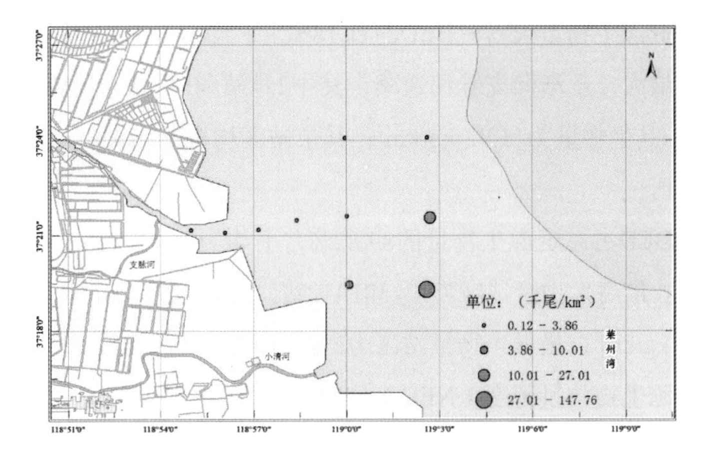

图7-135　春季底层资源生物栖息密度分布图

图7-136　春季底层鱼类栖息密度分布图

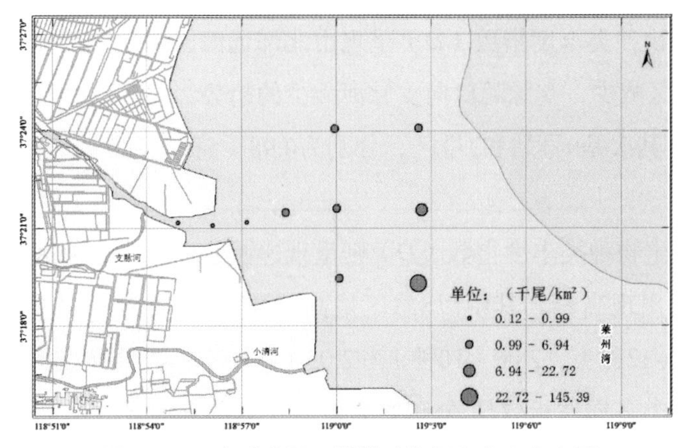

图7-137　春季底层无脊椎动物栖息密度分布图

其中，鱼类资源生物量仅占总BED的11.18%，平均BED为4.99 kg/km^2，分布趋势为外海的生物量最大，逐渐向支脉河递减，其中2号站和5号站未捕获鱼类，较高生物量的站区为9站，其生物量为11.92 kg/km^2；其余站区均小于10 kg/km^2。而3号站和4号站的生物量小于1。

无脊椎动物BED占总资源生物量的89.82%，平均为31.41 kg/km^2，分布趋势与总资源生物量一致。最高生物量站区为9号和10号站，达91.62 kg/km^{2}和87.85 kg/km^2，其余站位都小于50 kg/km^2，最低生物量站区为2号，仅为0.20 kg/km^2。

调查区内资源生物数量密度（NED）分布比较均匀，支脉河中的生物数量较少，沿岸及远海数量较大。栖息密度高的站区有10号站，高达147.76×10^3 inds/km^2，而6号和9号站得栖息密度大于10，其他站位的栖息密度均小于5×10^3 inds/km^2。

鱼类NED仅占总NED的6.72%，与资源生物数量密度分布趋势大致相同，沿岸及外海的数量密度较大，沿着支脉河减少，但是1号站比较高。数量密度最大的是6，有4.29×10^3 inds/km^2，其次是9号站3.07×10^3 inds/km^2；鱼类NED最低的站位有3号站，仅为0.03×10^3 inds/km^2。

无脊椎动物数量密度分布也与鱼类数量密度的分布趋势相似，沿岸及外海密度高向支脉河递减趋势十分明显。栖息密度高的站区有10号站，为1.45×10^5 inds/km^2，远大于其他站位的栖息密度；3号站、1号站和2号站站无脊椎动物栖息密度相对较低，均低于1×10^3 inds/km^2。

群落多样性特征：本研究选用种类丰度（D）和以生物量计算的Shannon-wiener多样性指数（H'）做成等值线分布图，以春季东营支脉河渔业生物群落生物多样性空间分布特征，见图7-138 ~ 图7-142。

春季鱼类生物种类丰度指数（D）呈现由北部远海区向近海区递减的，南部近岸区向外部沿海地区减少，支脉河口向支脉河减少的趋势，尤其以8号站区最高，D值高达1.01（5种），其次是9号站和3号区，分别为0.98（5种）和0.91（2种）。其余均低于0.3。

春季无脊椎生物种类丰度指数（D）则呈现递减趋势，由远海区向支脉河递减，支脉河河口处也出现高峰。其中以8站区最高，D值高达2.34，其次是9号、7号和6号，分别为2.25（12种）、2.06（10种）和2.03（14种）。其余站点均低于1。

春季鱼类种类多样性指数H'_n分布的高值区在北部远海区，南部近岸区以及支脉河河口，并向周围海域递减。其中以9站区为最高，其次为8站，H'值超过了1.0，其他站位均小于0.5。

春季鱼类生物量多样性指数H'_w分布与鱼类H'_n相同，其高值区在北部远海区和南部近岸区，向支脉河中和四周递减。以9站区为最高，其次为8站，H'值均超过了1.0，其他站位除了10号站为0.54外。其他均小于0.5。

春季无脊椎种类多样性指数H'_n分布的高值区在远海区和近岸区，向支脉河递减。以8站区为最高，其次为9、7和6站，H'值均超过了2，其他站位均小于1。

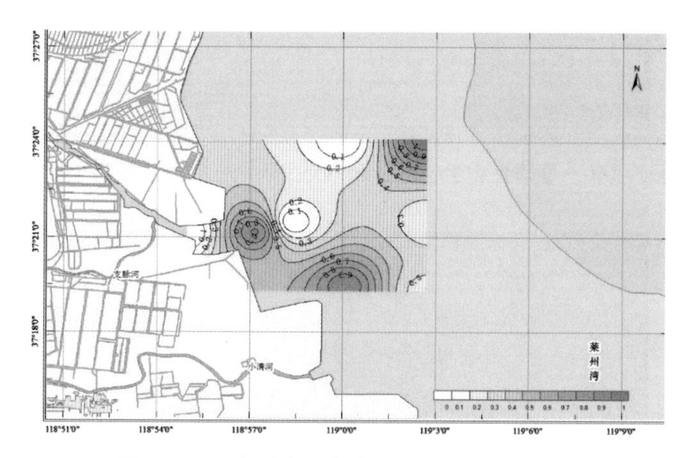

图7-138　春季底层鱼类种类丰度分布特征

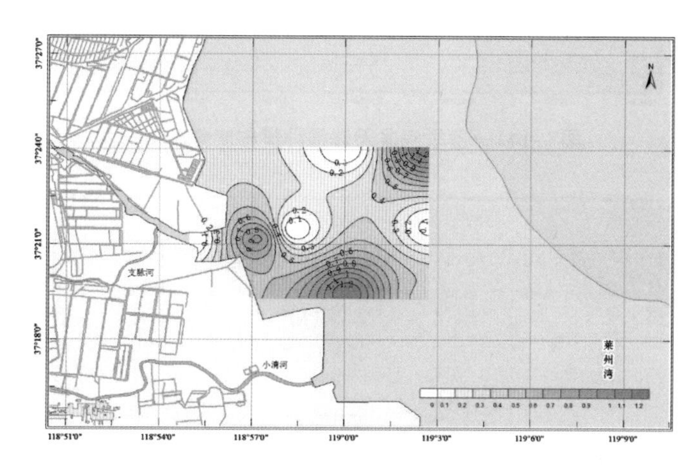

图7-139　春季鱼类种类Shannon-Weiner多样性指数分布特征

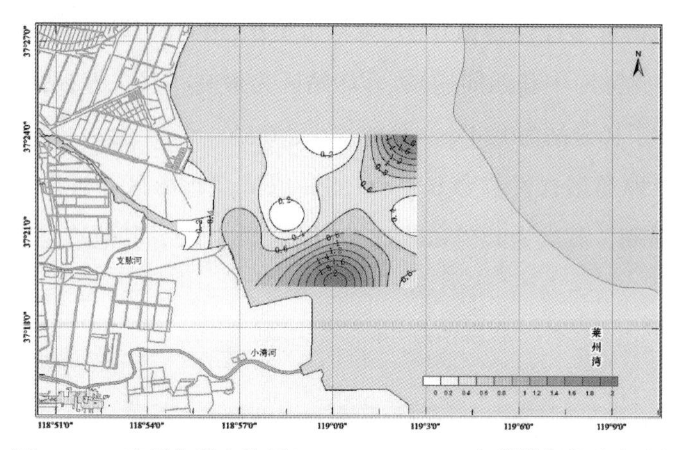

图7-140　春季鱼类生物量Shannon-Weiner多样性指数分布特征

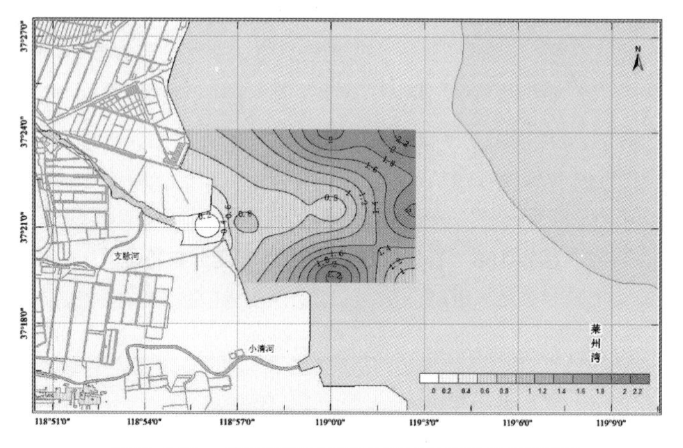

图7-141　春季底层无脊椎种类丰度分布特征

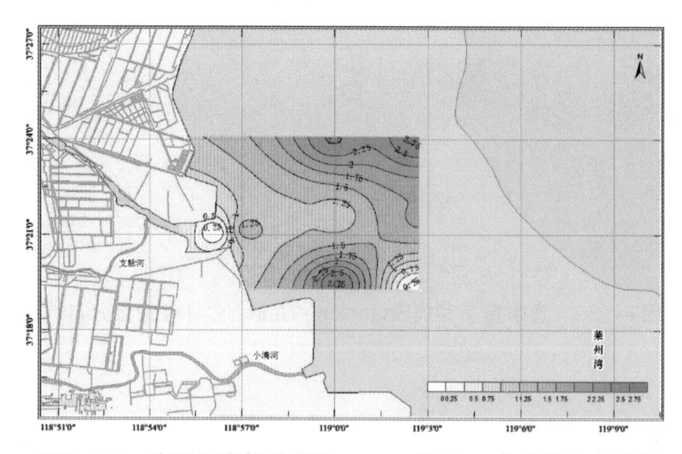

图7-142　春季无脊椎种类Shannon-Weiner多样性分布特征

③ 夏季。

种类组成：调查期间，秋季共捕获渔业生物39种。其中鱼类11种，隶属1纲5目6科10属，其为辐鳍鱼纲（Actinopterygii）鲈形目（Perciformes）2科7种，鲤形目（Cypriniformes）1科1种，鲱形目（Clupeiformes）1科1种，鲽形目（Pleuronectiformes）1科1种鲉形目（Scorpaeniformes）1科1种。捕获无脊椎动物28种，其中甲壳类（Crustacea）10种，软体类（Mollusca）16种，其他类生物2种。总个体数1 076尾，6 592 g，平均个体重量6.13 g。

表7-32　2011年9月东营支脉河鱼类群落重要种成分

	种名	NED	BED	个体大小	*N*（%）	*W*（%）	*F*（%）	IRI
优势种	六丝矛尾虾虎鱼	4.92	43.04	8.75	64.08	59.11	60	4 927.34
普通种	鲬	0.62	3.01	4.82	8.14	4.14	60	490.98
	矛尾虾虎鱼	0.98	14.32	14.59	12.78	19.67	20	432.69
	矛尾复虾虎鱼	0.17	4.03	23.34	2.25	5.54	30	155.72
	普世栉虾虎鱼	0.49	0.90	1.82	6.44	1.24	20	102.35
	鲫	0.17	4.11	24.29	2.20	5.64	10	52.29
	暗缟虾虎鱼	0.14	1.43	10.00	1.87	1.97	10	25.57
	斑尾复虾虎鱼	0.04	0.81	20.00	0.53	1.11	10	10.89
次要种	短吻三线红舌鳎	0.05	0.52	10.00	0.67	0.71	10	9.20
	少鳞鱚	0.04	0.32	8.00	0.53	0.44	10	6.45
	鳓	0.04	0.32	8.00	0.53	0.44	10	6.45

2011年9月东营鱼类生物群落优势种为六丝矛尾虾虎鱼（表7-32），其栖息密度（NED）占总个体数的64.08%，生物量密度（BED）占总重量的59.11%；普通种有7种，为鲬、矛尾虾虎鱼、矛尾复虾虎鱼、朴式栉虾虎鱼、鲫、暗缟虾虎鱼和斑尾复虾虎鱼，与优势种共同构成2011年冬季鱼类生物群落重要种，在总个体数中占去98.95%，而BED占98.95%；鱼类生物群落次要种3种，NED和BED的比例分别为1.05%和0.89%。

无脊椎动物资源以长牡蛎为优势种，NED和BED的比例为4.69%和65.39%；其普通种包括安氏白虾、日本蟳、中华朽叶蛤、中华近方蟹等15种（表7-33），占资源数量和重量的92.55%和32.82

渔业资源空间分布：如图7-143～图7-148所示，此次采集到渔业生物的站位为

10站。资源生物量（BED）高分布区有一个站，其余差距较为明显。最高BED的站区10号站，生物量为104.71 kg/km^2，占全部总调查区的31.93%，其他占68.07%。低于10 kg/km^{2}有3个站，在总生物量的6.90%。

其中，鱼类资源生物量仅占总BED的22.21%，平均BED为8.09 kg/km^2，分布趋势为支脉河口生物量和外海的生物量较大，逐渐向支脉河递减，其中4号站未捕获鱼类，较高生物量的站区为8站和9站，其生物量为24.85 kg/km^{2}和21.29 kg/km^2；其余站区均小于10 kg/km^2。而3号站的生物量小于0.2。

无脊椎动物BED占总资源生物量的77.79%，平均为25.51 kg/km^2，分布趋势与总资源生物量一致。最高生物量站区为10号站，达95.74 kg/km^2，5号站和4号站位的资源量达到了59.21 kg/km^{2}和51.21 kg/km^2。1号和2号站位资源量为15.12 kg/km^{2}和10.15 kg/km^2，其余站位都小于10 kg/km^2，最低生物量站区为6号站，仅为2.79 kg/km^2。

调查区内资源生物数量密度（NED）分布比较均匀，支脉河中的生物数量较大，沿岸及远海数量较小。栖息密度高的站区有1号和5号站，高达1.13×10^4 inds/km^{2}和1.01×10^4 inds/km^2，而3号站得栖息密度为5.17×10^3 inds/km^2，其他站位的栖息密度均小于4×10^3 inds/km^2。栖息密度最小的站位为6号站，密度仅为0.38×10^3 inds/km^2。

鱼类NED仅占总NED的18.58%，与资源生物数量密度分布趋势并不相同，沿岸及外海的数量密度较大，沿着支脉河减少，但是1号站比较高。数量密度最大的是8号站，有2.68×10^3 inds/km^2，其次是9号和10号站1.77×10^3 inds/km^{2}和1.08×10^3 inds/km^2；鱼类NED最低的站位有2号站，仅为0.03×10^3 inds/km^2。

无脊椎动物数量密度分布与总资源数量密度的分布趋势相似，支脉河及沿岸密度高向支脉河递减趋势十分明显。栖息密度高的站区有1号和5号站，为1.07×10^4 inds/km^{2}和9.25×10^3 inds/km^2，远大于其他站位的栖息密度；8号站、4号站、7号站和6号站站无脊椎动物栖息密度相对较低，均低于1×10^3 inds/km^2。

表7-33　2011年9月东营支脉河无脊椎动物重要种成分

	种名	NED	BED	个体大小	*N*（%）	*W*（%）	*F*（%）	IRI
优势种	长牡蛎	1.55	166.78	107.92	4.59	65.39	40	1866.08
普通种	安氏白虾	5.13	6.64	1.29	15.24	2.60	70	832.42
	日本蟳	1.54	17.17	11.17	4.57	6.73	80	602.62
	中华朽叶蛤	6.53	12.46	1.91	19.40	4.89	30	485.63
	中华近方蟹	8.96	10.77	1.20	26.63	4.22	20	411.46

续　表

	种名	NED	BED	个体大小	N（%）	W（%）	F（%）	IRI
次要种	中华绒螯蟹	5.88	16.19	2.75	17.46	6.35	20	317.47
	豆形拳蟹	0.74	3.47	4.69	2.20	1.36	30	71.17
	布尔比核螺	0.49	0.72	1.47	1.46	0.28	50	58.06
	朝鲜笋螺	0.58	0.96	1.67	1.71	0.38	40	55.74
	香螺	0.09	6.55	72.10	0.27	2.57	20	37.82
	关公蟹	0.39	1.27	3.26	1.16	0.50	30	33.21
	广大扁玉螺	0.21	0.38	1.77	0.64	0.15	30	15.66
	三疣梭子蟹	0.08	2.10	25.88	0.24	0.83	20	14.23
	凸镜蛤	0.23	0.82	3.52	0.69	0.32	20	13.52
	扁玉螺	0.22	0.61	2.74	0.67	0.24	20	12.09
	脉红螺	0.07	3.59	50.00	0.21	1.41	10	10.80
	中华蛤蜊	0.36	1.08	3.00	1.07	0.42	10	9.92
	口虾蛄	0.09	0.79	8.51	0.28	0.31	20	7.83
	日本对虾	0.07	1.22	17.00	0.21	0.48	10	4.61
	丽文蛤	0.16	0.24	1.50	0.48	0.09	10	3.83
	纵肋织纹螺	0.06	0.09	1.48	0.18	0.03	20	2.82
	乌贼	0.05	0.36	7.00	0.15	0.14	10	1.96
	海牛	0.02	0.33	17.50	0.06	0.13	10	1.25
	白带三角口螺	0.04	0.16	4.00	0.12	0.06	10	1.22
	青蛤	0.04	0.18	5.00	0.11	0.07	10	1.16
	脊腹褐虾	0.05	0.05	1.00	0.15	0.02	10	1.16
少见种	毛蛤	0.01	0.05	5.00	0.03	0.02	10	0.31
	多皱无吻螠	0.01	0.04	4.00	0.03	0.01	10	0.29

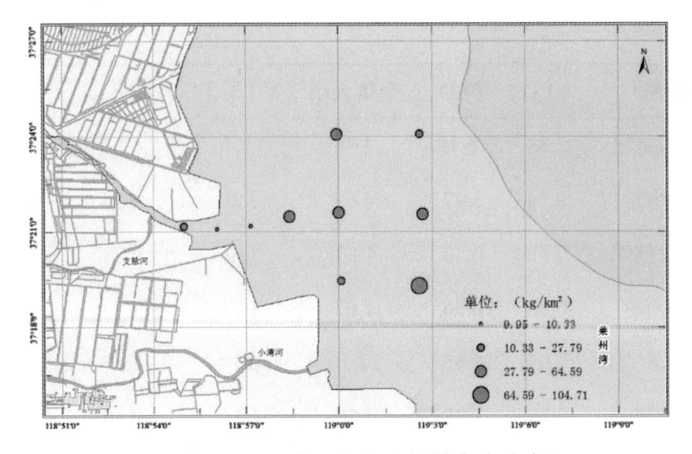

图7-143　夏季底层生物生物量密度分布图

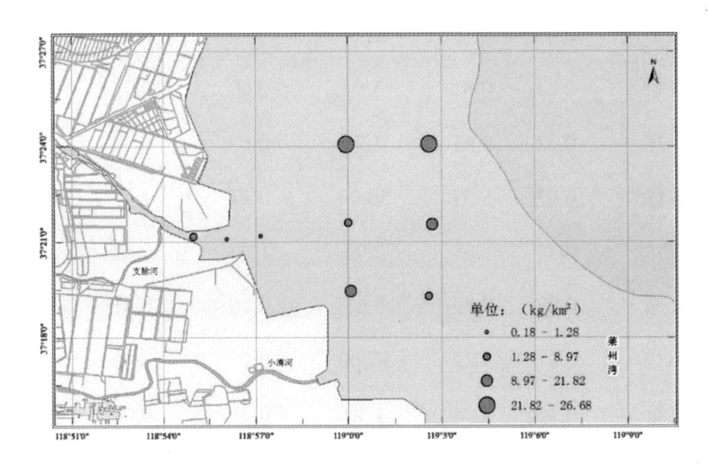

图7-144　夏季底层鱼类生物量密度分布图

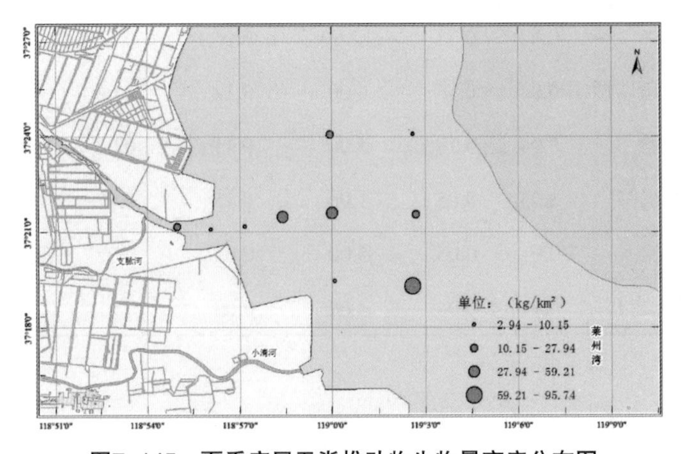

图7-145　夏季底层无脊椎动物生物量密度分布图

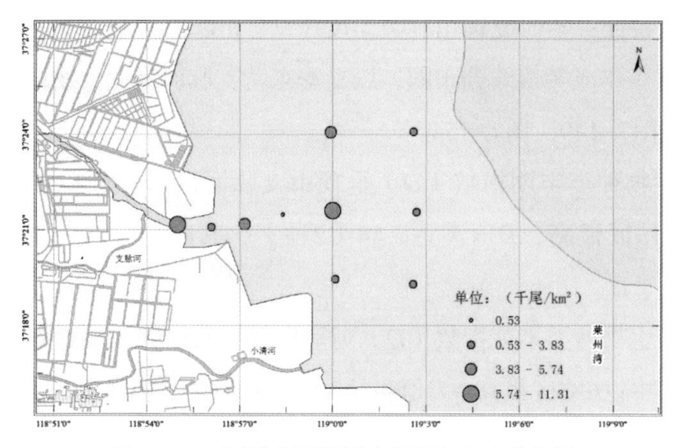

图7-146　夏季底层资源生物栖息密度分布图

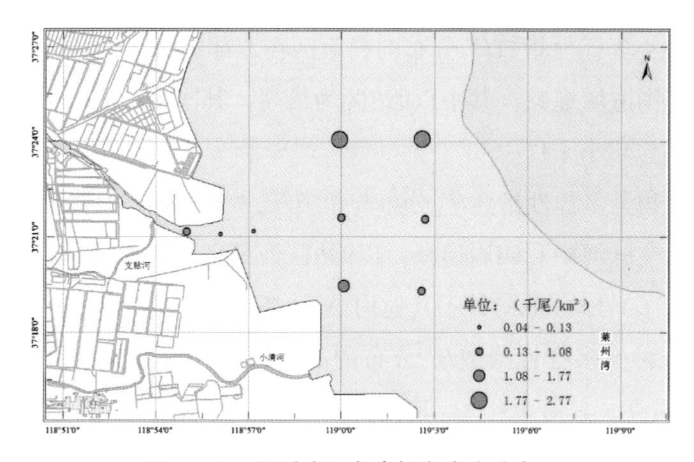

图7-147　夏季底层鱼类栖息密度分布图

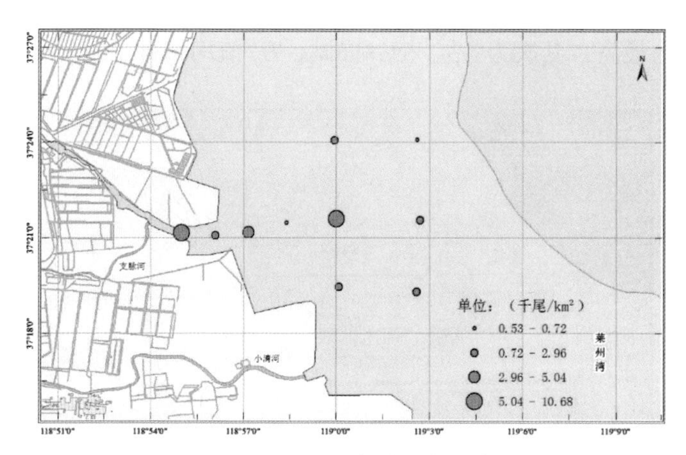

图7-148　夏季底层无脊椎动物栖息密度分布图

群落多样性特征：本研究选用种类丰度（D）和以生物量计算的Shannon-wiener多样性指数（H'）作成等值线分布图，以夏季东营支脉河渔业生物群落生物多样性空间分布特征，见图7-149～图7-154。

夏季鱼类生物种类丰度指数（D）呈现由支脉河口向外海和支脉河区递减的趋势，尤其以3号站区最高，D值高达1.44（2种），其次是6号站，其D值为1.32（6种）。其余均低于1。

夏季无脊椎生物种类丰度指数（D）则呈现相反的趋势，由远海区和支脉河向支脉河口递减。其中以6站区最高，D值高达3.52（13种），其次是8号、10号、9号、5号和7号，分别为2.65（8种）、2.64（10种）、2.11（9种）、1.85（10种）和1.74（7种）。其余站点均低于0.5。

夏季鱼类种类多样性指数H'_n分布的高值区在北部远海区，南部近岸区以及支脉河河口，并向周围海域递减。其中以9站区为最高，其次为6站、5站和3站，H'值超过了1.0，其他站位均小于1。

夏季鱼类生物量多样性指数H'_w分布与鱼类H'_n大致相同，其高值区在支脉河口和南部近岸区，向支脉河中和四周递减。以9站区为最高，其次为5站，H'值均超过了1.0，其他站位除了3号站为0.81外。其他均小于0.7。

夏季无脊椎种类多样性指数H'_n分布的高值区在远海区和近岸区，向支脉河递减。以6站区为最高，其值为3.21，其次为9、10、8和7站，H'值均超过了2，其他站位均小于2。

夏季无脊椎生物量多样性指数H'_w与鱼类H'_n分布相似，其高值区在远海区和近岸区。并以8站区为最高，其次为9站、6站和5站，H'值均超过了2.0。

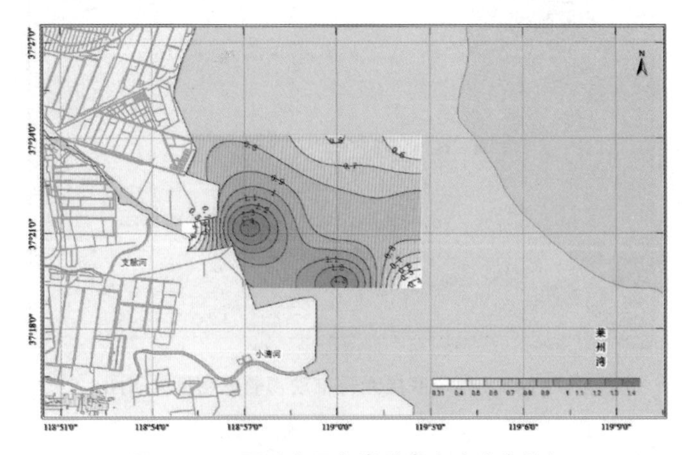

图7-149　夏季底层鱼类种类丰度分布特征

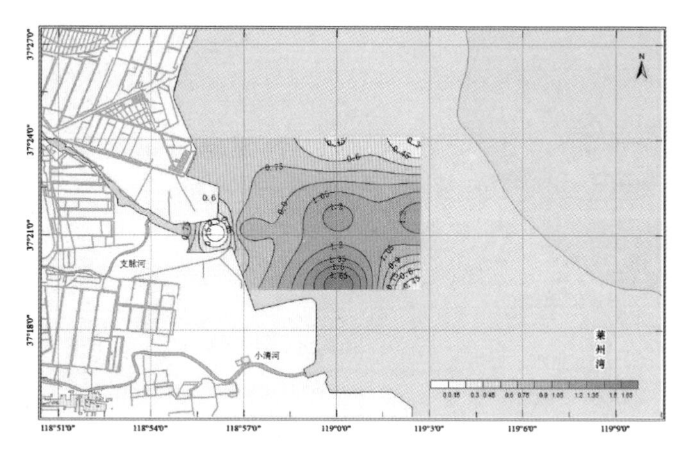

图7–150　夏季底层鱼类种类Shannon–Weiner多样性分布特征

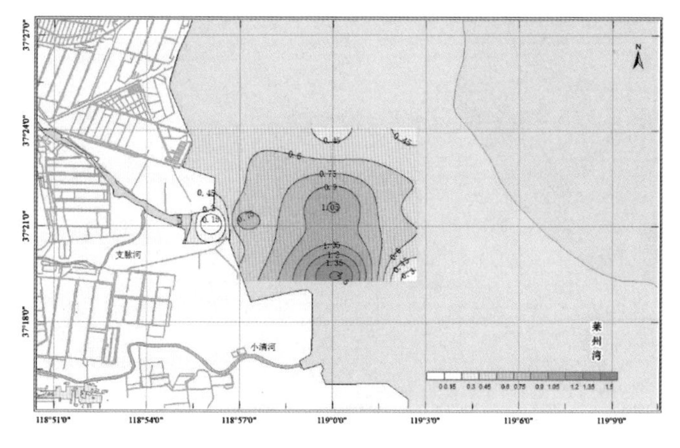

图7–151　夏季底层鱼类生物量Shannon–Weiner多样性分布特征

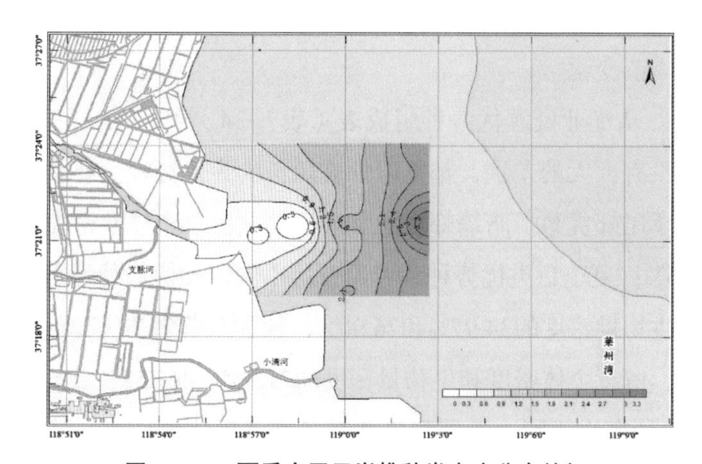

图7–152　夏季底层无脊椎种类丰度分布特征

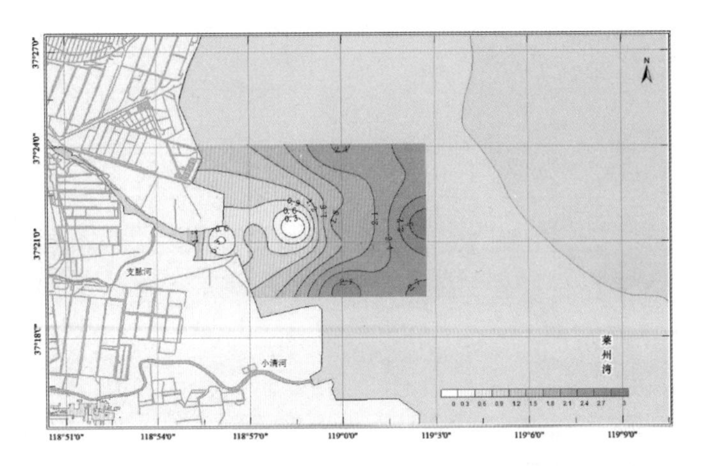

图7-153　夏季无脊椎种类Shannon-Weiner多样性分布特征

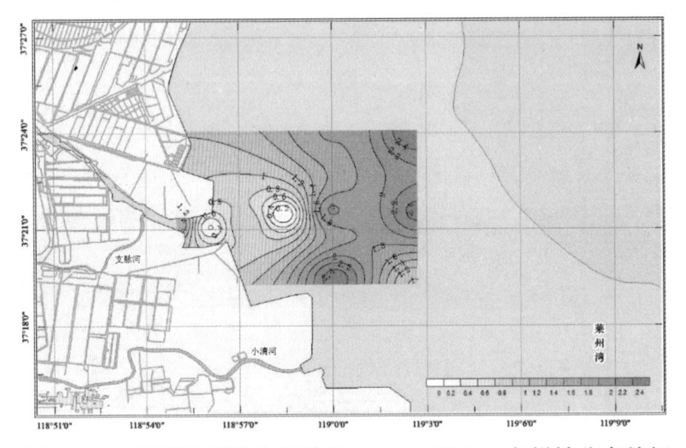

图7-154　夏季无脊椎生物量Shannon-Weiner多样性分布特征

3. 渔业资源季节变化

（1）优势种。从渔业资源优势种组成表（表7-34、表7-35）可以看出，各个季节的优势种组成没有太大的差别，都是以虾虎鱼科的为优势种。春季的优势种为矛尾复虾虎鱼、六丝矛尾虾虎鱼、暗缟虾虎鱼和鲮，总共占总个体数密度和总生物量密度的84.02%和88.86%；夏季鱼类优势种和春季有所不同，其优势种为六丝矛尾虾虎鱼，占总个体密度和生物量密度的34.97%和26.90%；秋季东营鱼类优势种与夏季相同亦为六丝矛尾虾虎鱼，占总个体密度和生物量密度的71.06%和67.52%。冬季的优势种与其他3个季节的优势种完全不同，矛尾虾虎鱼在冬季占据优势地位，其占个体密度和生物量密度的45.15%和53.64%。在各个季节中，六丝矛尾虾虎鱼在春夏秋3个季节中都是优势种，并且在夏季和秋季都是仅有的一种优势种。除了六丝矛尾虾虎鱼外，各个季节的优势种均不相同。

表7-34　渔业资源鱼类优势种组成

种类	春季	夏季	秋季	冬季
矛尾复虾虎鱼 *Synechogobius hasta*	1 480.83		115.68	
六丝矛尾虾虎鱼 *Amblychaeturichthys hexanema*	1 309.97	2 062.45	5 543.41	158.48
暗缟虾虎鱼 *Tridentiger obscurus*	1 260.15		18.97	860.68
鲮 *Chelon haematocheilus*	1 107.46			82.46
矛尾虾虎鱼 *Chaeturichthys stigmatias*	22.44	38.58	348.38	1 975.79

表7-35　渔业资源无脊椎优势种组成

种类	春季	夏季	秋季	冬季
狭额新绒螯蟹 *Eriocheir leptognathus Rathbun*	2 442.63			
长牡蛎 *Crassostrea gigas*	1 372.99	312.32	1 626.35	
经氏壳蛞蝓 *Philine kinglipini*		1 338.15		
安氏白虾 *Exopalaemon annandalei*				2 088.36

与鱼类资源优势种相类似，无脊椎各个季节的优势种组成也不相同。春季无脊椎动物以狭额新绒螯蟹和长牡蛎为优势种，主要以蟹类为主；夏季与春季不相同，其优势种是经氏壳蛞蝓，占据主要的优势地位；秋季的无脊椎动物的优势种与春季类似，以长牡蛎占据主要的优势地位；冬季无脊椎生物的优势种与其他3个季节都不相同，其优势种为安氏白虾。

（2）群落多样性特征。由渔业资源生物多样性指数表7-36、7-37可以看出，鱼类群落的丰富度是春季最高，秋季其次；而无脊椎群落的丰富度是春季最高，夏季其次。渔业资源的丰富度均是冬季小于夏季。鱼类个体的多样性和均匀度都是春季最高，秋季、夏季其次，冬季最低；无脊椎个体数则在秋季最高，秋季其次，冬季最低。鱼类的生物多样性是以春季最高，夏季其次，而均匀度是以春季最高，秋季其次。无脊椎生物多样性都是以春季最高，秋季其次。

表7-36 鱼类群落多样性指数

		丰富度（D）	均匀度（J'_n）	多样性指数（H'_n）	均匀度（J'_w）	多样性指数（H'_w）
鱼类	春季	2.07 ± 1.03^{A}	0.63 ± 0.16^{A}	2.18 ± 1.06^{A}	0.51 ± 0.27^{A}	1.83 ± 1.23^{A}
	夏季	0.43 ± 0.47^{B}	0.24 ± 0.25^{B}	0.42 ± 0.55^{B}	0.37 ± 0.39^{AB}	0.60 ± 0.88^{A}
	秋季	0.69 ± 0.47^{B}	0.55 ± 0.35^{A}	0.80 ± 0.58^{B}	0.42 ± 0.26^{AB}	0.63 ± 0.45^{A}
	冬季	0.35 ± 0.66^{B}	0.21 ± 0.39^{B}	0.38 ± 0.72^{B}	0.19 ± 0.36^{B}	0.34 ± 0.64^{A}
	全年	0.84 ± 0.91	0.42 ± 0.35	0.89 ± 0.95	0.37 ± 0.33	0.80 ± 0.95

表7-37 无脊椎多样性指数

		丰富度（D）	均匀度（J'_n）	多样性指数（H'_n）	均匀度（J'_w）	多样性指数（H'_w）
无脊椎	春季	2.53 ± 1.21^{A}	0.71 ± 0.14^{A}	2.23 ± 1.15^{A}	0.59 ± 0.21^{A}	1.88 ± 1.20^{A}
	夏季	1.21 ± 0.76^{AB}	0.56 ± 0.25^{A}	1.43 ± 0.94^{A}	0.53 ± 0.14^{A}	1.41 ± 0.69^{A}
	秋季	1.45 ± 1.22^{AB}	0.65 ± 0.35^{A}	1.73 ± 1.14^{A}	0.61 ± 0.33^{A}	1.57 ± 0.98^{A}
	冬季	1.06 ± 0.68^{AB}	0.53 ± 0.29^{A}	1.23 ± 0.82^{A}	0.50 ± 0.32^{A}	1.07 ± 0.72^{A}
	全年	1.57 ± 1.11^{B}	0.62 ± 0.28^{A}	1.68 ± 1.05	0.55 ± 0.27	1.47 ± 0.94

（3）鱼类资源结构的季节变化。通过ANOSIM分析，检验东营支脉河渔业资源生物群落结构年度间差异的显著性。结果显示，2011年东营支脉河鱼类生物群落结构年度差异显著（R=0.163，P<0.05），无脊椎生物群落结构年度差异也是显著（R=0.281，P<0.05）。多重比较结果显示，除了夏季和秋季，其他各季节间东营鱼类生物群落结构均存在显著差异（P<0.05）.其中夏季与其他各个季节的差异显著性最高。在无脊椎生物群落结构的多重比较结果显示，各季节间东营支脉河无脊椎生物群落结构存在显著差异（P<0.05），其中春季与其他各个季节差异显著性最高。

利用simper分析，获得带来2011年东营支脉河渔业资源生物群落差异的物种贡献率（表7−38和表7−39）。结果显示，鱼类资源中，六丝矛尾虾虎鱼、暗缟虾虎鱼、朴式栉虾虎鱼和鳙对造成东营支脉河鱼类生物群落组成差异的物种贡献率很高，其中六丝矛尾虾虎鱼和暗缟虾虎鱼是对春季和夏季、秋季、冬季鱼类生物群落结构差异最大的种类，贡献率分别为21.35%、16.31%、19.17%、15.62%、14.38%和15.49%；朴式栉虾虎鱼是对夏季和秋季鱼类生物群落结构差异最大的种类，其贡献率为15.29%；

鳙是对冬季和夏季、秋季鱼类生物群落结构差异最大的种类，贡献率分别为14.26%和16.97%。而无脊椎生物资源中，狭额新绒螯蟹、长牡蛎、日本蟳、中华绒螯蟹、豆形拳蟹和安氏白虾对造成东营支脉河无脊椎生物群落组成差异的物是种贡献率很高，其中狭额新绒螯蟹和长牡蛎对春季和夏季、秋季、冬季无脊椎生物群落结构差异最大的种类，贡献率分别为9.78%、8.91%、9.11%、11.39%、11.03%和7.94%；中华绒螯蟹何豆形拳蟹是对夏季和冬季生物群落结构差异最大的种类，贡献率为3.45%和6.90%；长牡蛎和安氏白虾是对秋季和冬季生物群落结构差异最大的种类，贡献率分别为10.06%和7.64%。

表7-38 鱼类资源贡献率

种名	春&夏	春&秋	夏&秋	春&冬	夏&冬	秋&冬
六丝矛尾虾虎鱼	21.35	19.17	26.19	14.38	23.61	23.03
暗缟虾虎鱼	16.31	15.62		15.49		
朴式栉虾虎鱼			15.29			
鳙					14.26	16.97

表7-39 无脊椎资源贡献率

种名	春&夏	春&秋	夏&秋	春&冬	夏&冬	秋&冬
狭额新绒螯蟹	9.78	9.11	10.34	11.03		
长牡蛎	8.91	11.39		7.94		10.06
日本蟳			7.58			
中华绒螯蟹					3.45	
豆形拳蟹					6.90	
安氏白虾						7.64

（六）研究区动、植物资源

1. 研究区及附近相似环境下植物自然分布种调查

2011年7月对研究区进行了植物种类的调查，调查区域包括1 000 m的岸段及附近环境条件相似的区域。植物种类如表7-40所示，主要植物共17种，其中灌木3种，乔木1种，草本13种。

为了进行景观植物的筛选，除了调查研究区和附近区域的自然分布种外，还进行了黄河三角洲地区常见景观植物种类调查和外地可引种植物的调查。从这些植物中我们进行了初步的选择，选出了一些有景观和生态价值的植物。在此基础上，我们制定了筛选标准，对初步选出的植物进行了打分，从中选出了中国柽柳等8种植物作为适宜性评价的材料。

表7–40　研究区及附近相似环境下植物种类及所属科和属

	种名	科	属
灌木	甘蒙柽柳 *Tamarix austromongolica*	柽柳科（Tamaricaceae）	柽柳属（*Tamarix*）
	中国柽柳 *Tamarix chinensis*	柽柳科（Tamaricaceae）	柽柳属（*Tamarix*）
	枸杞 *Lycium chinense*	茄科（Solanaceae）	枸杞属（*Lycium*）
	白刺 *Nitraria tangutorum*	蒺藜科（Zygophyllaceae）	白刺属（*Nitraria*）
乔木	旱柳 *Salix matsudana*	杨柳科（Salicaceae）	柳属（*Salix*）
	芦苇 *Phragmites australis*	禾本科（Gramineae）	芦苇属（*Phragmites*）
	盐地碱蓬 *Suaeda salsa*	藜科（Chenopodiaceae）	盐地碱蓬属（*Suaeda*）
	蜀葵 *Althaearosea*	锦葵科（Malvaceae）	蜀葵属（*Althaea*）
	罗布麻 *Apocynum venetum*	夹竹桃科（Apocynaceae）	罗布麻属（*Apocynum*）
草本	野大豆 *Glycine soja*	豆科（Leguminosae）	大豆属（*Glycine*）
	中亚滨藜 *Atriplexcentralasiatica*	藜科（Chenopodiaceae）	滨藜属（*Atriplex*）
	茵陈蒿 *Artemisia capillaris*	菊科（Compositae）	蒿属（*Artemisia*）
	蒺藜 *Tribulu sterrester*	蒺藜科（Zygophyllaceae）	蒺藜属（*Tribulus*）
	萝藦 *Metaplexis japonica*	萝藦科（Asclepiadaceae）	萝藦属（*Metaplexis*）
	二色补血草 *Limonium bicolor*	白花丹科（Plumbaginaceae）	补血草属（*Limonium*）
	狗尾草 *Setaria virids*	禾本科（Gramineae）	狗尾草属（*Setaria*）
	荻 *Triarrhena sacchariflora*	禾本科（Gramineae）	荻属（*Triarrhena*）
	白茅 *Imperata cylindrica*	禾本科（Gramineae）	白茅属（*Imperata*）

2. 黄河三角洲地区常见城市绿化景观植物种类调查

通过实地考察和专家咨询的方式，调查了黄河三角洲地区常见的具有景观价值和生态效果的植物，具有参考价值的有15种，植物种类如表7-41所示，灌木5种，乔木5种，草本5种。

表7-41　黄河三角洲地区常用景观植物种类

	种名	科	属
灌木	芙蓉葵 *Hibiscus moscheutos*	锦葵科（Malvaceae）	木槿属（*Hibiscus*）
	紫穗槐 *Amorpha fruticosa*	豆科（Leguminosae）	紫穗槐属（*Amorpha*）
	木槿 *Hibiscus syriacus*	锦葵科（Malvaceae）	木槿属（*Hibiscus*）
	接骨木 *Sambucus williams* Ⅱ	忍冬科（Caprifoliaceae）	接骨木属（*Sambucus*）
	石榴 *Punica granatum*	石榴科（Punicaceae）	石榴属（*Punica*）
乔木	槐 *Sophora japonica*	豆科（Leguminosae）	槐属（*Sophora*）
	刺槐 *Robinia pseudoacacia*	豆科（Leguminosae）	刺槐属（*Robinia*）
	绒毛白蜡 *Fraxinus velutina*	木犀科（Oleaceae）	梣属（*Fraxinus*）
	楝 *Melia azedarach*	楝科（Meliaceae）	楝属（*Melia*）
	臭椿 *Ailanthus altissima*	苦木科（Simaroubaceae）	臭椿属（*Ailanthus*）
草本	车轴草 *Galium odoratum*	茜草科（Rubiaceae）	拉拉藤属（*Galium*）
	萱草 *Hemerocallis fulva*	百合科（Liliaceae）	萱草属（*Hemerocallis*）
	马蔺 *Iris lactea chinensis*	鸢尾科（Iridaceae）	鸢尾属（Iris）
	狗牙根 *Cynodon dactylon*	禾本科（Gramineae）	狗牙根属（*Cynodon*）
	沟叶结缕草 *Zoysia matrella*	禾本科（Gramineae）	结缕草属（*Zoysia*）

3. 贝类资源调查

该海域贝类品种多，产量高，资源丰富。优势经济贝类有四角蛤蜊、兰蛤、薄荚蛏、长竹蛏等。2004年仅兰蛤的产量就业在高达40 000 t以上，最高日产量达220 t。值得一提的是该海域滩涂泥螺和麂眼螺资源量明显增高。泥螺资源量增高与前几年垦利县增殖泥螺有关。在1998年增殖泥螺前，泥螺在该海域为稀有种，以致当地渔民一般不认识泥螺，有关专家认为莱州湾底部有泥螺分布。近年泥螺在该区域成为中低潮滩的优势种，资源量较高，养殖经济效益成倍提高。近年麂眼螺分布密度自然增高，部分岸段已达到可采捕资源量。该种分布在高潮滩，当地渔民称为“黑乌”，高粱粒大小，营养价值高，一般是作虾、蟹的饲料。

（1）毛蚶的历史资源状况。20世纪70年代，莱州湾西岸就已进行大量的捕捞生产，年产量5万吨左右，年出口日本成品贝肉1 000 t以上。由于小清河污水大量流入近海，造成严重污染，导致部分毛蚶大量死亡，加上连年的过度捕捞，毛蚶资源量迅速萎缩，1959～1985年进行的9次调查资料来看，毛蚶资源生物的平均个体重量总体呈明显变小的趋势（图7－155），1973～1985年年均减小率达3.71%，产品质量大幅下降，且80年代中期以来，毛蚶的产量也急剧下降，1987年毛蚶年产量仅1万吨；1997年，毛蚶资源量降至最低，年产量降至997 t。近年来，随着国家和政府加大海洋污染治理力度，加大海洋生物资源保护力度，莱州湾西岸毛蚶资源量逐年恢复。2009年，毛蚶资源现存量达1.75万吨，大小80～100粒/千克，主要分布在水深3～8 m海域，资源较密集区面积达1.4万公顷，低龄贝居多，资源恢复优势明显。1970～2009年该区毛蚶产量统计见图7－156。

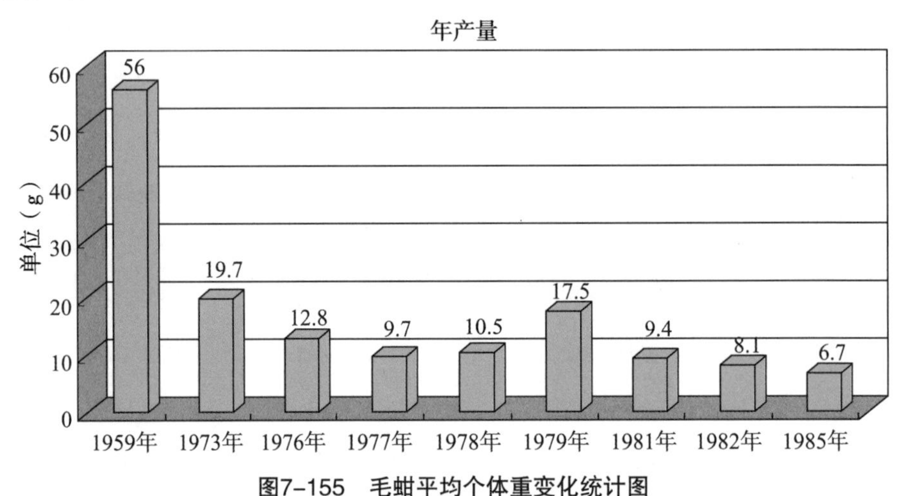

图7－155　毛蚶平均个体重变化统计图

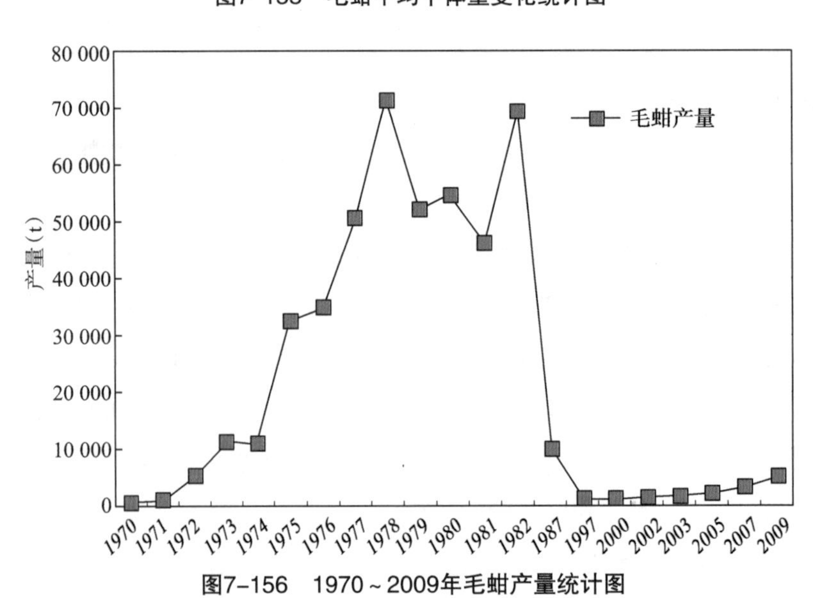

图7－156　1970～2009年毛蚶产量统计图

（2）毛蚶资源调查状况。本次调查共完成12个站点，20个采集点。共采到毛蚶样品总数为340粒，对其进行生物学测定，壳长分布范围0.59 ~ 5.40 cm，平均壳长2.43 cm，优势组为1.00 ~ 1.99 cm（40.4%）和2.10 ~ 3.40 cm（41.4%）；体重分布范围0.10 ~ 36.49 g，平均体重6.63 g，优势组为6 ~ 10 g，占34.1%（图7–157）。结果表明，毛蚶资源衰退严重，从生物学统计看，由于受自然环境和自身生理条件的制约，毛蚶壳长在不同年龄组成的表现不同（图7–158）。

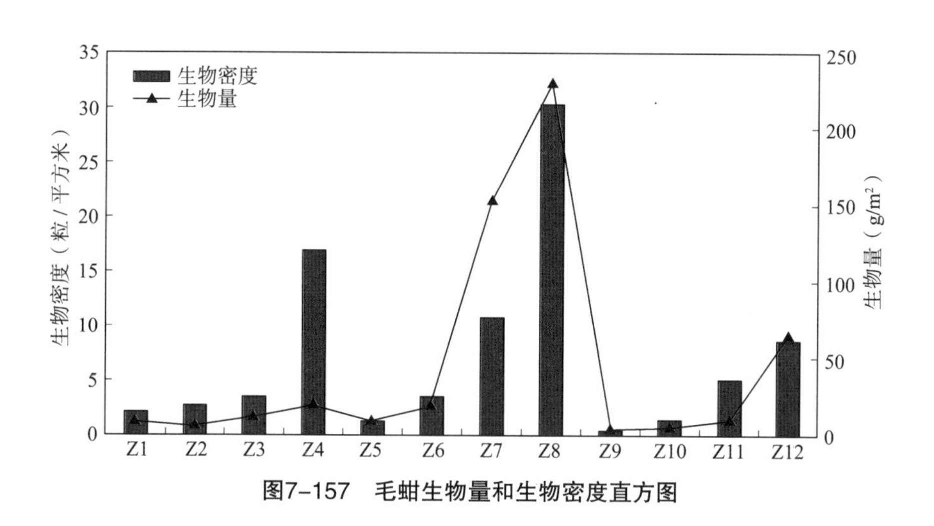

图7–157　毛蚶生物量和生物密度直方图

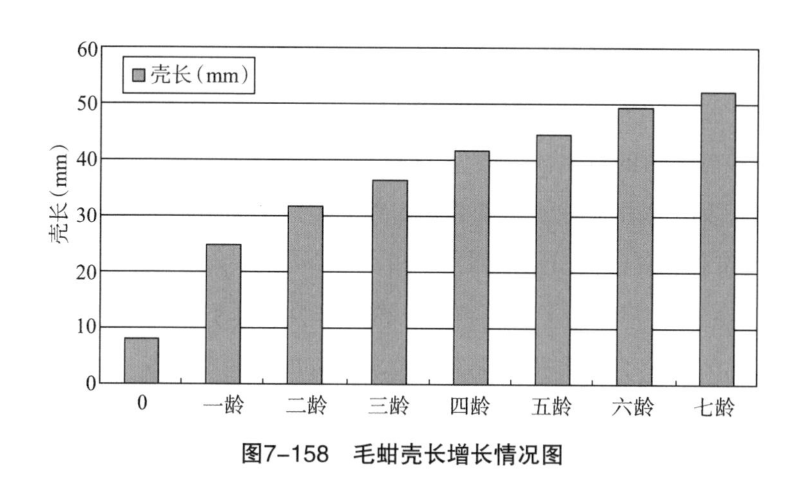

图7–158　毛蚶壳长增长情况图

第二节　现状诊断与评价

一、莱州湾环境质量评价结果

河口和海湾等近海富营养化主要是由于营养盐和耗氧有机物的输入及输出动态平衡失调而引起的生态异常现象。近岸海域的富营养化已成为沿海地区所关注的重要环境问题，其往往是赤潮发生的主要诱因，要想对赤潮进行预测和控制，必须先对水体的富营养化程度有充分的认识。近年来，已有不少学者对适用于我国的富营养化评价体系做过相关研究。邹景忠等（1983）利用单指标结合岗式友利的多指标营养状态指数法对渤海湾的富营养化问题进行了研究，郭卫东等（1998）提出了潜在性富营养化的评价方法，王保栋等（2005，2012）参考国际上广泛应用的第二代富营养化评价体系，建立了压力–状态–响应模式为基本框架、以富营养化症状为主的第2代近岸海域富营养化评价体系。但由于缺少相应的辅助数据，所以本报告选择营养状态指数（邹景忠等，1983）来评价调查海域内的富营养化状况，其计算公式如下：

$$E=\frac{\mathrm{COD}\times\mathrm{DIP}\times\mathrm{DIN}\times10^6}{4\,500}$$

式中，E——富营养化状态指数；

COD——水体化学需氧量（mg/L）；

DIN——水体无机氮含量（mg/L）；

DIP——水体活性磷酸盐含量（mg/L）；

评价标准：当$E\geq1$时表明该海域为富营养化。

根据计算结果，得出莱州湾富营养化指数见表7–42：

由表7–42可知，除LZB10站位外，莱州湾（全年平均值）其余各站均处于富营养化状态，以夏季（2011年8月）最为严重，春季（2011年5月）、冬季（2011年3月）次之，秋季（2010年11月）莱州湾水体富营养化程度为四季最低。夏季各站位富营养化指数远远超过1，与大多数海湾相似，莱州湾内富营养化指数呈现出由近岸向外海逐渐增大的趋势，其中以LZB04、LZB03、LZB02和LZB01站最为严重，4个站位于莱州湾最西部的近岸海域，靠近支脉河入海口附近，受陆源影响大，因而表现出超高的富营养化水平，而LZB11、LZB12、LZB08、LZB10等站位于莱州湾最东部，由于与开阔外海相接，水体更新速度快，相比与湾内各站营养状态指数其数值较小，尤其是LZB10站位，其全年营养化指数均小于1。综观全年，莱州湾水体处于富营养化状态，且超标较严重。

表7–42　莱州湾各季节各站位富营养化指数

时间	站位												季节平均值
	LZB01	LZB02	LZB03	LZB04	LZB05	LZB06	LZB07	LZB08	LZB09	LZB10	LZB11	LZB12	
2010.11	5.68	7.96	0.70	0.89	1.04	0.83	1.08	0.66	0.74	0.72	1.26	1.10	1.44
2011.03	2.62	4.95	1.04	2.47	1.54	3.05	1.24	0.96	1.18	0.92	1.51	3.20	1.96
2011.05	6.12	2.31	6.08	0.72	1.58	7.14	0.17	1.67	3.96	0.10	/	/	2.79
2011.08	86.64	102.82	132.38	137.56	13.64	95.90	39.09	4.29	26.19	0.61	4.64	6.76	37.30
平均值	25.27	29.51	35.05	35.41	4.45	26.73	10.39	1.90	8.02	0.59	2.47	3.69	10.87

结合本研究所属海域实际情况以及附近海域的功能区划情况，以《海水水质标准》第二类水质标准和沉积物一类标准来评价莱州湾海域，结果表明：4个航次无机氮超标最为严重，均有站位超过海水水质四类标准，2011年5月航次所有站位无机氮浓度均超过海水水质四类标准；磷酸盐自2010年11月的不超标，至2011年8月大部分站位超过海水水质四类标准，其浓度呈逐渐增加的趋势；另外，pH在3个航次（除2010年11月）中超过海水水质二类标准且符合四类标准；石油类在3个航次中（除2011年3月）超过二类标准且符合三类标准；2010年11月航次中的汞、2011年5月航次中的铅以及2011年8月航次中的COD也出现在部分站位的超标现象。相比于以往的历史数据，莱州湾污染程度进一步加重，营养盐浓度进一步升高，以无机氮最为严重，由原来的部分超标变为全部超标，且超过海水水质四类标准成为劣四类水质。相比于水体的污染程度，4个航次海域内的沉积物质量则保持在良好水平，全部符合一类标准。而在2011年3月和2011年11月潮间带沉积物则呈现出不同程度的污染，2011年3月航次的T1的高、中潮以及T2的高、中、低潮的石油类、铜、铅、镉、砷、汞等评价因子的标准污染指均有不同程度的超标现象，2011年11月航次的T1、T2、T3站位有机碳有超标现象，均符合沉积物质量二类标准。

二、莱州湾生物评价与讨论

（一）叶绿素a

莱州湾西岸总叶绿素a的浓度平均值呈现出显著的单峰型季节变化，主要表现为夏季最高，达13.219 mg/m^3，秋季次之，冬季较低，春季最低，仅为1.31 mg/m^3。0.2～2 μm 级叶绿素比重有着明显的季节变化，春季比重最高，冬季比重最低，仅占到了8.3%；2～20 μm 级叶绿素a比重全年所占比重保持最高，比重变化范围为35.3%～55.4%，冬季最高，秋季最低；>20 μm 级叶绿素a比重与0.2～2 μm 级叶绿素a季节变化趋势相反的特征，前者冬季比重最高，而春季比重则降为最低。随着温度的升高总叶绿素a及各粒级叶绿素a浓度均表现出随水温升高而上升增加的趋势，但各级叶绿素a比重与温度的关系则明显的不尽不相同，其中>20 μm级叶绿素a比重与温度呈现出显著的负相关，2～20 μm粒级叶绿素a比重与温度无显著的线性相关，即随着温度的升高，其在总叶绿素a的比重降低，而0.2～2 μm级叶绿素a比重与温度呈现出显著的正相关，即随着温度的升高，其在总叶绿素a中的比重也随之增加。莱州湾西岸冬、春季存在着明显的浮游植物群落粒级结构演替，微微型替代小型浮游植物成为叶绿素a的第二大次要贡献者组分。微型和微微型浮游植物在调查海区全年总叶绿素a的主要贡献全年都达到了60%以上者。叶绿素浓度均表现出由近岸向外海降低的趋势，与历史资料相比，本研究的调查结果要明显高于历史水平，这可能与近年来莱州湾海区营养浓度增加而导致的海区富营养化有关。

（二）微微型浮游生物

秋、冬季，莱州湾聚球藻高丰度分布于支脉河口附近，并且在海区东部也有较高分布。春季的主要高值区位于海区北部，夏季转向海区中部，且支脉河口出现最低丰度，与秋、冬季相反。

春、秋、冬季，微微型真核生物高丰度同样分布于支脉河口附近，只有夏季比较特殊，有两个丰度高值区，分别位于海区的西北部和东南部。

细菌分布特点与微微型真核藻相似，也是在春、秋、冬季，主要的高丰度位于支脉河口。不同的是夏季高丰度位于海区的西北部，向东南部递减。

微微型浮游生物季节变化为：在夏、秋、冬季，丰度按时间顺序递减；春季开始爆发，重新回到丰度较高的状态，基本与夏季持平。

（三）微生物

各站位的数量统计显示，表层海水中：大肠菌群、粪大肠菌群、总菌数、弧菌数量变化都随季节呈现有规律的变化。离岸近的靠近河口海域大肠菌群数量较高，离岸较远的海域大肠菌群数量较低；离岸近的靠近广利港和小清河河口海域粪大肠菌群数量较高，离岸较远的海域粪大肠菌群数量较低。离岸远的海域弧菌群数量较高，离岸较近的海域弧菌群数量较低，并从北向南递减；离岸远的海域和支脉河河口总菌数量较高。大肠菌群、粪大肠菌群和弧菌数量均在夏季最高，平均分别为76 inds/L、38 inds/L、183 inds/mL；秋、春季较少，春季大肠菌群、粪大肠菌群数量平均分别为11 inds/L、10 inds/L，弧菌平均数量为31 inds/mL；秋季平均分别为10 inds/L、8 inds/L、42 inds/mL；冬季数量居中，大肠菌群、粪大肠菌群数量平均分别为20 inds/L、15 inds/L，弧菌为75 inds/mL。总菌数夏季最高，平均为177 500 inds/mL，春季次之，平均为24 750 inds/mL，秋、冬季最少，平均分别为9 067 inds/mL和1 692 inds/mL。在沉积物中：总菌数随季节变化不大；弧菌数季节变化明显，冬季明显少于夏季。总菌在支脉河河口和其以北区域数量较高，并从北向南递减，远离河口和靠南的海域数量较少；弧菌夏季以小清河河口为中心，向北并向远离海岸方向递减；冬季以两河口中间近海区为中心向四周递减。夏季总菌数平均为15 083 inds/g，弧菌平均数为98 inds/g；冬季总菌数平均为13 344 inds/g，弧菌平均数为98 inds/g。

（四）浮游植物

莱州湾水采浮游植物细胞丰度季节变化显著，高峰期出现在冬季，其次是夏季、春季，秋季最低。即表现为由春季向夏季逐渐增高，然后到秋季降到最低，形成浮游植物细胞丰度的低谷期，之后至冬天升至最高，形成水采浮游植物细胞丰度的高峰期。水采浮游植物优势种全部是硅藻，主要有双眉藻、新月柱鞘藻、中肋骨条藻、海链藻、细弱圆筛藻、斯氏几内亚藻、鼓胀海链藻等。莱州湾水采浮游植物多样性指数的季节变化表现为：秋季最高，冬季最低；均匀度指数秋季最高，夏、冬季均匀性指数较低。

网采浮游植物的细胞丰度有显著的双峰型季节变化，最高值出现在冬季，次高值出现在夏季，最低值出现在春季，次低值出现在秋季。即表现为网采浮游植物细胞丰度由春季低谷期向夏季升高然后到秋季降低，再到冬季升至高峰期。网采浮游植物优势种全部是硅藻，主要有月柱鞘藻、菱形藻、扭链角毛藻、中肋骨条藻、斯氏几内亚藻、细弱圆筛藻，斯氏几内亚藻是本研究调查优势度最高的浮游植物。网采浮游植物多样性指数的季节变化表现为：春季最高，冬季最低；均匀性指数春季最大，秋季与春季相差不大，处于较高的水平，夏季和冬季均匀性指数较低。

（五）浮游动物

春季浮游动物种类数最多，秋季次之，冬季最少。不同季节浮游动物优势种存在差异，夜光虫为四季共有优势种，夜光虫为春、秋和冬季共有优势种，强额拟哲水蚤为夏、秋季共有优势种，双壳类幼体为春、秋季共有优势种，火腿许水蚤、纺锤水蚤仅为冬季航次优势种，短尾类溞状幼体仅为春季航次优势种，长尾类幼体和无节幼体仅为夏季优势种。浮游动物丰度和生物量季节性变化相似，秋季丰度和生物最高，夏季丰度和生物量最低。Shannon多样性指数和Pielou均匀度指数夏季最高，春、秋、冬季差别不大。

（六）底栖生物

光滑河蓝蛤为全年的优势种，菲律宾蛤仔和寡节甘吻沙蚕分别为3个季节的优势种。春季种类数最多，为30种；秋季和夏季种类数相当，均为22种，冬季略低，为20种。大型底栖生物的总平均丰度为912.45 inds/m^2。春季丰度明显高于其他3个季节，其他依次为秋季>夏季>冬季。主要原因是由于春季软体动物小刀蛏的大量出现，其平均丰度高达2 536.36 inds/m^2。大型底栖生物的总平均生物量为76.39 g/m^2。春季生物量最高，为97.83 g/m^2，其他依次为秋季（76.76 g/m^2）>冬季（73.74 g/m^2）>夏季（57.22 g/m^2），光滑河蓝蛤为4个季节生物量的主要贡献者。大型底栖生物多样性在秋季和夏季较高，冬季较低。

潮间带生物秋季种类最多，为19种；冬季最少，为8种。日本刺沙蚕和谭氏泥蟹是全年的优势种，光滑河蓝蛤、薄壳绿螂和毛齿吻沙蚕为秋、春、夏季的优势种，主要分布于T1和T2断面；泥螺春季最多，主要分布于T1断面。潮间带生物丰度夏季最高，为1 858 inds/m^2，主要是因为光滑河蓝蛤的贡献；其次为春季405 inds/m^2，薄壳绿螂和泥螺的丰度较高；秋季为237 inds/m^2，薄壳绿螂和光滑河蓝蛤丰度较高；冬季最低，为82 inds/m^2。潮间带生物生物量夏季最高，为235.18 g/m^2，光滑河蓝蛤贡献最大；其次为春季31.32g/m^2，豆形拳蟹、泥螺和薄壳绿螂是生物量主要贡献者；秋季生物量为17.34 g/m^2，薄壳绿螂、泥螺和光滑河蓝蛤是主要贡献者；冬季最低，为10.30 g/m^2。潮间带生物多样性状况秋季优于其他季节，冬季最低。

第三节　人工岸段与自然岸段生态系统对比调查研究

潮间带生物是河口生态系统的重要组成部分，具有重要生态功能。国内已开展大量的针对潮间带生物的研究，特别是有关河口区域岸段的潮间带生物量的研究已有较多报道，但大多研究都是针对自然或人工岸段潮间带生物量进行独立的分析探讨，缺乏对自然岸段与人工岸段的潮间带生物量对比研究。本研究根据支脉河入海口的水域特点，分别对支脉河入海口区域自然（2012年）与人工岸段（2011年）潮间带大型底栖动物进行了调查及对比研究，旨在了解和掌握不同岸段区域生物资源现状，为潮间带生物资源的可持续利用与保护，促进支脉河口地区生态、经济、社会的可持续发展提供理论依据。

一、研究方法

（一）研究区域概况

研究区域位于支脉河入海口南侧，面积总计约为1 543 hm^2。2009年为保障支脉河口三角洲和胜利油田的安全开发建设，在该区域修建了一段未包含全部支脉河口入海口区域的防潮大堤，其中未修建大堤所对应的潮间带，即为本研究所选取的自然岸段区域，面积约为306.7 hm^2，修建大堤对应的潮间带即为研究所选的人工岸段区域，面积约为1 236.4 hm^2，如图7−159所示。

图7−159　自然岸段与人工岸段区域示意图

（二）采样方法

1. 大型底栖生物调查

本研究分别针对支脉河入海口区域的自然岸段和人工岸段开展了大型底栖生物调查研究。其中，分别于2012年3、5、8、11月，对支脉河自然岸段的大型底栖生物进行了4次调查与研究，调查共设置断面2条，每条断面设高潮带、中潮带和低潮带1个站位，共6个站位。于2010年度的11月和2011年度的3、5、8月对支脉河人工岸段的大型底栖生物进行了4个航次的调查研究，调查共设置断面3条，每条断面设高潮带、中潮带和低潮带1个站位，共9个站位。自然岸段及人工岸段潮间带具体采样站位见图7-159。

大型底栖生物的定量采样，用25 × 25 × 30 cm的定量取样框取样。底栖动物样品的采集、处理和保存均按照“海洋生物生态调查技术规程”的要求进行，并对所获数据进行处理分析。

2. 植被调查

依据自然和人工岸段潮间带滩涂植被分布的实际情况，鉴定和分析植被种类。采用1 × 1 m的定量框估计植被的密度，并同时估测植被盖度，采用端点定位和现场测量的方法估测植被面积。

（三）数据处理

1. 相对重要性指数（IRI）

$$\mathrm{IRI} = (N_i + W_i)\ F_i$$

其中，N_i为某一种类的个数占总个数的百分比；W_i为某一种类的重量占总重量的百分比；出现率F_i是出现该种的站位数与总站位数之比的百分数。

2. 生物多样性指数

种类丰富度指数D：

$$D = (S-1) / \mathrm{Log}_2 N$$

Shannon-Wiener指数H'：

$$H' = -\sum_{i=1}^{S} P_i \log_2 P_i$$

均匀度指数J'：

$$J' = H' / H'_{\max}$$

优势度指数λ：

$$\lambda = N_i (N_i - 1) / N_s (N_s - 1)$$

其中，S、N分别为样本物种数、平均个体数，P_i为第i种相对个体生物数或生物量的生态密度，N_i为第$_i$个站位的生物种类数目，N_s为所有样本物种数目。

二、结果

（一）种类组成

1. 自然岸段

从采集到的生物标本中，鉴定出大型底栖生物13种，分别隶属于软体动物门、节肢动物门、环节动物门和纽形动物门。其中，软体动物6种，节肢动物（甲壳动物）4种、环节动物2种，纽形动物1种。软体动物和甲壳动物是构成潮间带底栖动物的主要类群，如表7–43所示。

表7–43　自然岸段大型底栖生物群落构成

物种类群	中文名称	学名
软体动物	泥螺	*Bullacta exarata*
	焦河蓝蛤	*Potamocorbula ustulata*
	光滑河蓝蛤	*Patamocorbula laevis*
	托氏昌螺	*Umbonium thomasi*
	彩虹明樱蛤	*Moerella* iridescens
	缢蛏	*Sinonovacula constricta*
节肢动物	谭氏泥蟹	*Ilyoplax deschampsi*
	日本大眼蟹	*Macrophthalmus japonicus*
	中华近方蟹	*Hemigrapsus sinensis*
	天津厚蟹	*Helice tientsinensis*
环节动物	双齿围沙蚕	*Perinereis aibunitensis*
	日本刺沙蚕	*Neanthes japonica*（Iznka）
纽形动物	纽虫	*Nemertina*

2. 人工岸段

根据4个航次的调查取样，共鉴定出大型底栖生物25种，其中，软体动物8种，节肢动物11种、环节动物3种，纽形动物2种，鱼类1种。软体动物和节肢动物是构成人工岸段潮间带区域底栖动物的主要类群，如表7–44所示。

表7-44 人工岸段潮间带大型底栖生物群落构成

物种类群	中文名称	学名
软体动物	泥螺	*Bullacta exarata*
	沼螺属	*Assiminea* sp.
	彩虹明樱蛤	*Moerella iridescens*
	光滑河蓝蛤	*Patamocorbula laevis*
	内肋蛤	*Endopleura lubrica*
	渤海鸭嘴蛤	*Laternula*（*Exolaternula*）*marilina*（Reeve）
	缢蛏	*Sinonovacula constricata*
节肢动物	薄壳绿螂	*Glauconome primeana*
	长臂虾科	*Palaemonidae*
	合眼钩虾科	*Oedicerotidae*
	马耳他钩虾科	*Melitidae*
	小头弹钩虾	*Orchomene breviceps* Hirayama
	伍氏蝼蛄虾	*Upogebia wuhsienweni* Yu
	大眼蟹属	*Macrophthalmus* sp.
	豆形拳蟹	*Philyra pisum*
	日本大眼蟹	*Macrophthalmus japonicus*
	日本拟花尾水虱	*Paranthura japonica* Richardson
	谭氏泥蟹	*Ilyoplax deschampsi*
	三叶针尾涟虫	*Diastylis tricincta*
环节动物	双齿围沙蚕	*Perinereis aibunitensis*
	日本刺沙蚕	*Neanthes japonica*（Iznka）
	中蚓虫	*Mediomastus californiensis* Hartmen，E.N.
纽形动物	纽虫	*Nemertina*
	纵沟纽虫	*Lineidae unid*
鱼类	弹涂鱼	*Periophthalmus cantonensis*（Osbeck）

自然岸段的大型底栖生物在季节变化上无显著的种数差异（图7–160），生物种类最丰富的季节为春季（10种），秋季最少（7种），双齿围沙蚕、日本大眼蟹为全年优势种，双齿围沙蚕在Z1和Z2断面分布上无明显差异，但主要分布在高潮带和中潮带，日本大眼蟹主要在Z2断面，高、中、低潮带之间无显著差异。人工岸段方面，秋季种类最多（19种），冬季最少（8种），日本刺沙蚕和谭氏泥蟹是全年的优势种，在各断面高、中、低潮带均有分布，光滑河蓝蛤、薄壳绿螂和毛齿吻沙蚕为秋、春、夏季的优势种，光滑河蓝蛤主要分布于R1断面，薄壳绿螂和毛齿吻沙蚕主要分布于R1和R2断面；泥螺春季最多，主要分布于R1断面高潮带和中潮带，低潮带也有分布。

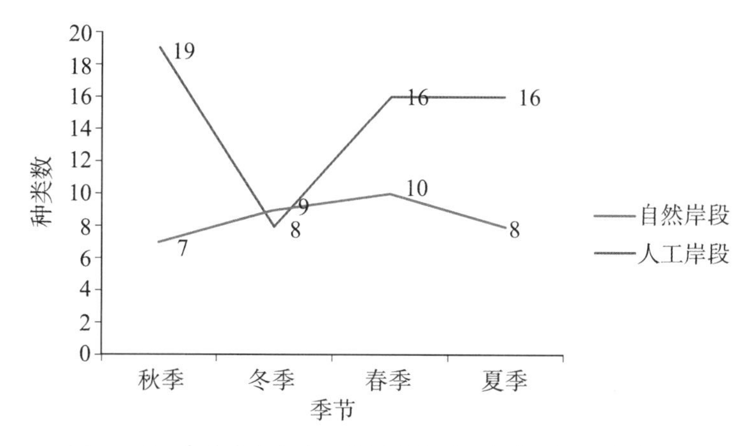

图7–160　自然岸段与人工岸段潮间带大型底栖生物季节变化

（二）相对重要性指数

相对重要性指数全面考虑了种群的个体大小、数量和分布情况，能定量地反映出它们在潮间带的地位和数量分布的变化情况。

1. 自然岸段

由表7–45可知，相对重要性指数较高的5种大型底栖生物，依次为焦合蓝蛤（*Potamocorbula ustulata*），日本大眼蟹（*Macrophthalmus japonicus*），双齿围沙蚕（*Perinereis aibunitensis*），泥螺（*Bullacta exarata*）和光滑河蓝蛤（*Patamocorbula laevis*）。

表7–45　自然岸段潮间带生物相对重要性指数（IRI）

中文名称	学名	*N*（%）	*W*（%）	*F*（%）	IRI
泥螺	*Bullacta exarata*	1.918	5.703	100	762.105

续 表

中文名称	学名	*N*（%）	*W*（%）	*F*（%）	IRI
焦河蓝蛤	*Potamocorbula ustulata*	82.590	8.256	100	9 084.634
光滑河蓝蛤	*Patamocorbula laevis*	1.487	0.963	66.667	163.322
彩虹明樱蛤	*Moerella iridescens*	1.918	0.169	33.333	69.568
托氏昌螺	*Umbonium thomasi*	0.384	1.013	33.333	46.565
谭氏泥蟹	*Ilyoplax deschampsi*	0.767	0.869	66.667	109.106
缢蛏	*Sinonovacula constricta*	0.048	0.066	16.667	1.905
日本大眼蟹	*Macrophthalmus japonicus*	1.966	61.620	83.333	5 298.903
中华近方蟹	*Hemigrapsus sinensis*	0.048	0.033	16.667	1.352
天津厚蟹	*Helice tientsinensis*	0.048	0.054	16.667	1.696
双齿围沙蚕	*Perinereis aibunitensis*	8.249	20.317	100	2 856.602
日本刺沙蚕	*Neanthes japonica*（Iznka）	0.192	0.070	16.667	4.366
纽虫	*Nemertina*	0.336	0.787	66.667	74.871
舌形贝	*Lingula bruguire*	0.048	0.079	16.667	2.119

2. 人工岸段

由表7-46可知，相对重要性指数较高的5种大型底栖生物，依次为光滑河蓝蛤（*Patamocorbula laevis*），日本刺沙蚕［*Neanthes japonica*（Iznka）］，薄壳绿螂（*Glauconome primeana*），谭氏泥蟹（*Ilyoplax deschampsi*）和双齿围沙蚕（*Perinereis aibunitensis*）。

表7-46　人工岸段潮间带生物相对重要性指数（IRI）

中文名称	学名	*N*（%）	*W*（%）	*F*（%）	IRI
泥螺	*Bullacta exarata*	2.609	7.391	44.444	444.42
沼螺属	*Assiminea* sp.	0.109	0.006	11.111	1.276
彩虹明樱蛤	*Moerella iridescens*	0.725	0.555	55.556	71.116
光滑河蓝蛤	*Patamocorbula laevis*	58.442	74.42	44.444	5905
内肋蛤	*Endopleura lubrica*	1.594	0.238	11.111	20.358
渤海鸭嘴蛤	*Laternula*（*Exolaternula*）*marilina*（Reeve）	0.217	0.278	33.333	16.504

续　表

中文名称	学名	N（%）	W（%）	F（%）	IRI
缢蛏	*Sinonovacula constricata*	0.036	0.350	11.111	4.289
薄壳绿螂	*Glauconome primeana*	10.326	4.295	66.667	974.76
长臂虾科	*Palaemonidae*	0.036	0.035	11.111	0.789
小头弹钩虾	*Orchomene breviceps* Hirayama	0.036	0.000	11.111	0.404
合眼钩虾科	*Oedicerotidae*	0.435	0.005	44.444	19.529
马耳他钩虾科	*Melitidae*	0.036	0.000	11.111	0.406
伍氏蝼蛄虾	*Upogebia wuhsienweni* Yu	0.036	0.025	11.111	0.680
大眼蟹属	*Macrophthalmus* sp.	0.181	0.067	22.222	5.517
豆形拳蟹	*Philyra pisum*	0.072	2.592	11.111	29.601
日本大眼蟹	*Macrophthalmus japonicus*	0.471	0.907	66.667	91.873
日本拟花尾水虱	*Paranthura japonica* Richardson	0.109	0.005	22.222	2.518
谭氏泥蟹	*Ilyoplax deschampsi*	7.355	1.794	100.00	914.95
三叶针尾涟虫	*Diastylis tricincta*	0.036	0.000	11.111	0.406
双齿围沙蚕	*Perinereis aibunitensis*	8.333	0.583	100.00	891.68
日本刺沙蚕	*Neanthes japonica*（Iznka）	7.899	6.332	100.00	1423
中蚓虫	*Mediomastus californiensis* Hartmen，E.N.	0.652	0.025	77.778	52.640
纽虫	*Nemertina*	0.109	0.068	22.222	3.921
纵沟纽虫	*Lineidae unid*	0.109	0.019	22.222	2.833
弹涂鱼	*Periophthalmus cantonensis*（Osbeck）	0.036	0.002	11.111	0.423

（三）丰度

1. 季节变化

由表7-47可知，自然岸段大型底栖动物的平均丰度为3 438 inds/m^2，Z1断面平均为2 576 inds/m^2，Z2断面平均密度为4 300 inds/m^2。Z1、Z2断面秋季生物丰度最高（10 176 inds/m^2），且显著高于其他季节（$P>0.05$），其后依次是春季（2 190.75 inds/m^2）、冬季（8 489 inds/m^2）和夏季（792 inds/m^2）。Z1断面生物丰度（2 576 inds/m^2）比Z2断面（4 300 inds/m^2）稍低。

表7–47　各潮间带断面大型底栖动物的丰度与生物量

岸段类型	断面	秋季		冬季		春季		夏季		均值	
		丰度（inds/m²）	生物量（g/m²）	丰度（inds/m²）	生物量（g/m²）	丰度（inds/m²）	生物量（g/m²）	丰度（inds/m²）	生物量（g/m²）	丰度（inds/m²）	生物量（g/m²）
自然岸段	Z1	5 280	1 123.34	672	352.78	3 344	2 564.30	1 008	561.72	2 576	1 150.53
	Z2	15 072	2 632.83	1024	2 140.16	528	1 817.216	576	433.77	4 300	1 755.99
	均值	10 176	1 878.08	848	1 246.47	1 936	2 190.75	792	497.74	3 438	1 453.26
人工岸段	R1	1 136	112.22	304	40.37	1 368	213.2	13 072	1 971.92	3 970	584.43
	R2	612	23.29	112	7.44	1 568	39.42	1 592	121.45	971	47.90
	R3	352	10.94	400	44.89	520	29.3	280	23.28	388	27.10
	均值	70	48.82	272	30.9	1 152	93.97	4 981	705.55	1 776	219.81

人工岸段大型底栖动物的平均丰度为1 776 inds/m^2，低于自然岸段底栖生物平均丰度，R1、R2、R3断面的平均密度分别3 970 inds/m^2、971 inds/m^{2}和705.55 inds/m^2。而在季节变化上，人工岸段在夏季底栖动物丰度最高（4 981 inds/m^2），其后依次为春季（1 152 inds/m^2）、秋季（700 inds/m^2）和冬季（272 inds/m^2）。R1断面生物丰度是R2（971 inds/m^2）、R3（388 inds/m^2）断面生物丰度5～13倍，可达到3 970 inds/m^2。

自然岸段与人工岸段潮间带生物群落丰度构成随季节变化趋势类似，在春、夏和秋季基本都是以软体动物栖息密度最高，比例都在50%以上；其次为环节动物（多毛类为主），约占26%，节肢动物（甲壳类）约占21%；其他类群基本可以忽略。冬季，环节动物在2个类型岸段的潮间带都成为优势种群，其中在自然岸段区域约占38.6%，在人工岸段区域约占59.8%；节肢动物在自然、人工岸段生物丰度构成中约占34.5%和32.3%，软体动物在自然、人工岸段生物丰度构成中所占的比例分别下降至26.7%和7.86%。

2. 垂直分布

自然岸段：底栖动物丰度以高潮位最高，均值约为2 757 inds/m^2，中潮带次之（1 146 inds/m^2），低潮带最小（280 inds/m^2）。最大生物丰度出现秋季的高潮位点，可达到7 440 inds/m^2，最低值为夏季的低潮位，仅为136 inds/m^2（表7−48，图7−161）。

人工岸段：底栖动物的垂直分布趋势与自然岸段恰好相反。人工岸段的底栖动物丰度以低潮位为最高，均值约为1 184 inds/m^2，中潮带次之（1 146 inds/m^2），高潮带最小（264 inds/m^2）。最大生物丰度出现夏季的低潮位点，可达到3 197 inds/m^2，最低值为冬季的高潮位，仅为53.4 inds/m^2（表7−48，图7−161）。

表7−48 底栖动物丰度的垂直分布（inds/m^2）

站点	自然岸段					人工岸段				
	秋季	冬季	春季	夏季	均值	秋季	冬季	春季	夏季	均值
低潮位	272	288	592	136	280	232	101.3	122.6	3 197.4	1 184
中潮位	2 456	328	1 408	392	1 146	208	117.4	645.3	1 520.6	622
高潮位	7 440	216	568	262	2 757	288	53.4	381.3	333.4	264

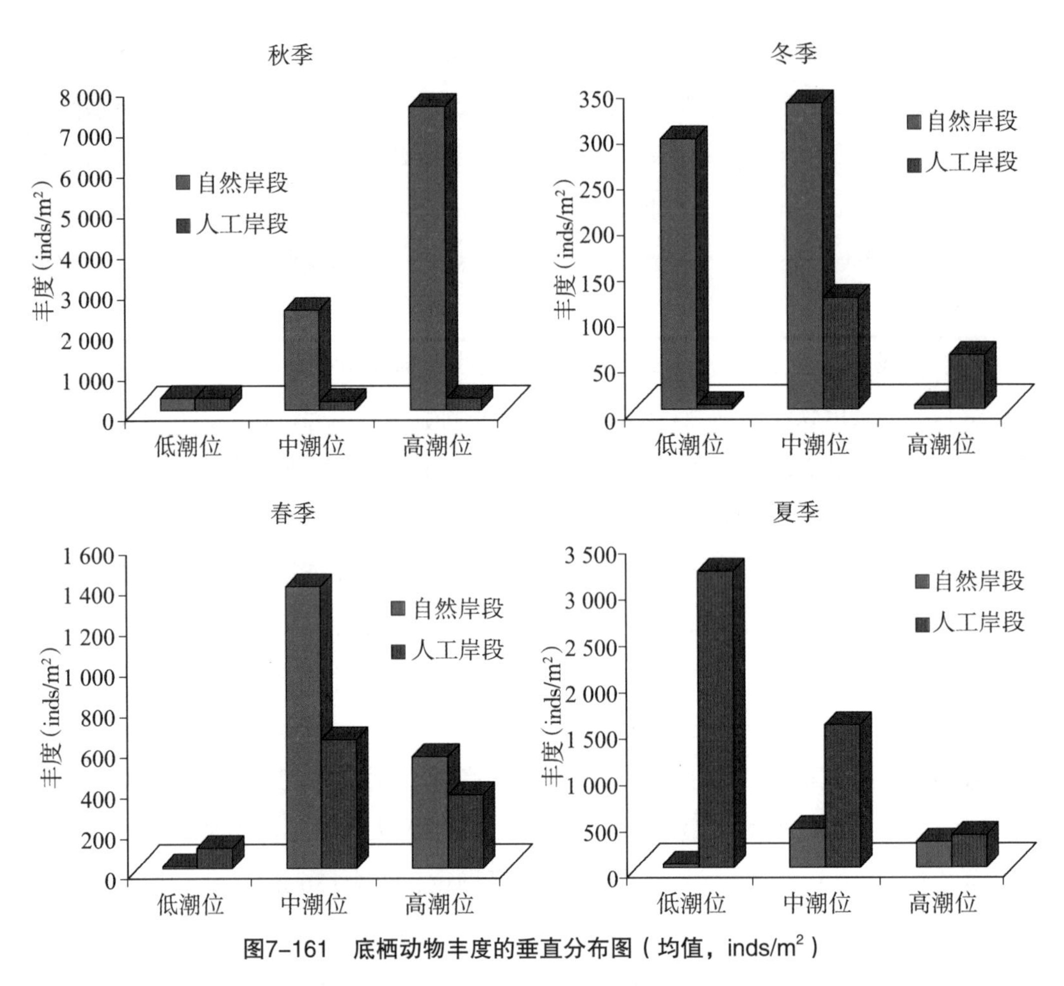

图7-161　底栖动物丰度的垂直分布图（均值，inds/m^2）

从采集到的生物标本可知，自然岸段底栖动物的主要组成种类为焦合蓝蛤，日本大眼蟹，双齿围沙蚕，且底栖动物栖息密度的高低与软体动物（主要为焦合蓝蛤）数量的变化极为相关；秋季在个别站位采集到的焦合蓝蛤的生物丰度接近10 000 inds/m^2，远远超出其他生物丰度（10～300 inds/m^2）。同自然岸段相类似，人工岸段底栖动物丰度也与软体动物（主要为光滑河蓝蛤）生物量变化极为相关。而光滑河蓝蛤丰度随季节变化剧烈，成为影响底栖动物栖息丰度垂直分布统计情况的主要变量。

（四）生物量

1. 季节变化

由表7-47可知，自然岸段：底栖生物平均生物量为1 453.26 g/m^2，Z2断面的平均生物量（1 755.99 g/m^2）略高于Z1断面（1 150.53 g/m^2）。季节变化上，春季（2 190.75 g/m^2）>秋季（1 878.08 g/m^2）>冬季（1 246.47 g/m^2）>夏季（497.74 g/m^2）。其中，冬、春两季都以节肢动物（甲壳类）为主，秋季和夏季分别以软体动物和环节动物为主。

人工岸段：底栖生物平均生物量为219.81 g/m^2，仅为自然岸段平均生物量的1/7，R1、R2和R3断面平均生物量差异巨大，R1断面平均生物量最大，可达584.43 g/m^2，远高于R2和R3断面平均生物量（47.90 g/m^{2}和27.10 g/m^2）。季节变化趋势为：夏季平均生物量最高，约为705.55 g/m^2；春季、秋季次之，分别为93.973 g/m^{2}和48.82 g/m^2；冬季最低，仅为30.9 g/m^2。春、夏和秋季3季群落构成类似，软体动物生物量优势明显，而在冬季少有发现软体动物，主要以节肢动物和环节动物为主。

2. 垂直分布

自然岸段：与丰度的垂直分布规律不同的是，底栖动物生物量以中潮位最高，均值约为548.2 g/m^2，低潮带稍低（529.5 g/m^2），高潮带最小（456.5 g/m^2）。最大生物丰度出现秋季的高潮位点，可达到1 168 g/m^2；最低值则为冬季的高潮位，仅为101 g/m^2，仅为最高值的1/10（表7–49）。

人工岸段：底栖动物生物量的垂直分布趋势与自然岸段并不一致，但与自身底栖动物丰度分布趋势类似，生物量以低潮位为最高，均值约为141.5 g/m^2，中潮带次之（50.0 g/m^2），高潮带最小（30.4 g/m^2）。最大生物丰度出现夏季的低潮位点，可达到522 g/m^2，最低值为冬季的高潮位，仅为7.9 g/m^2（表7–49）。

表7–49 底栖动物生物量的垂直分布（g/m^2）

站点	自然岸段					人工岸段				
	秋季	冬季	春季	夏季	均值	秋季	冬季	春季	夏季	均值
低潮位	162.3	822.4	979.6	153.8	529.5	25.2	9.2	9.6	522.0	141.5
中潮位	547.8	662.1	804.9	178.1	548.2	9.1	13.7	32.1	145.2	50.0
高潮位	1 168.0	101.7	385.4	170.9	456.5	23.1	7.9	52.0	38.3	30.4

由图7–162可知，除夏季外，自然岸段的底栖动物生物量都远高于人工岸段的生物量，约为8～50倍，表现出了极大的生物量优势。夏季，人工岸段的低潮位点的平均生物量为522 g/m^2，结合调查数据可知，该位点发现极多的软体动物（光滑河蓝蛤），也是影响底栖动物栖息生物量垂直分布变化的重要原因。

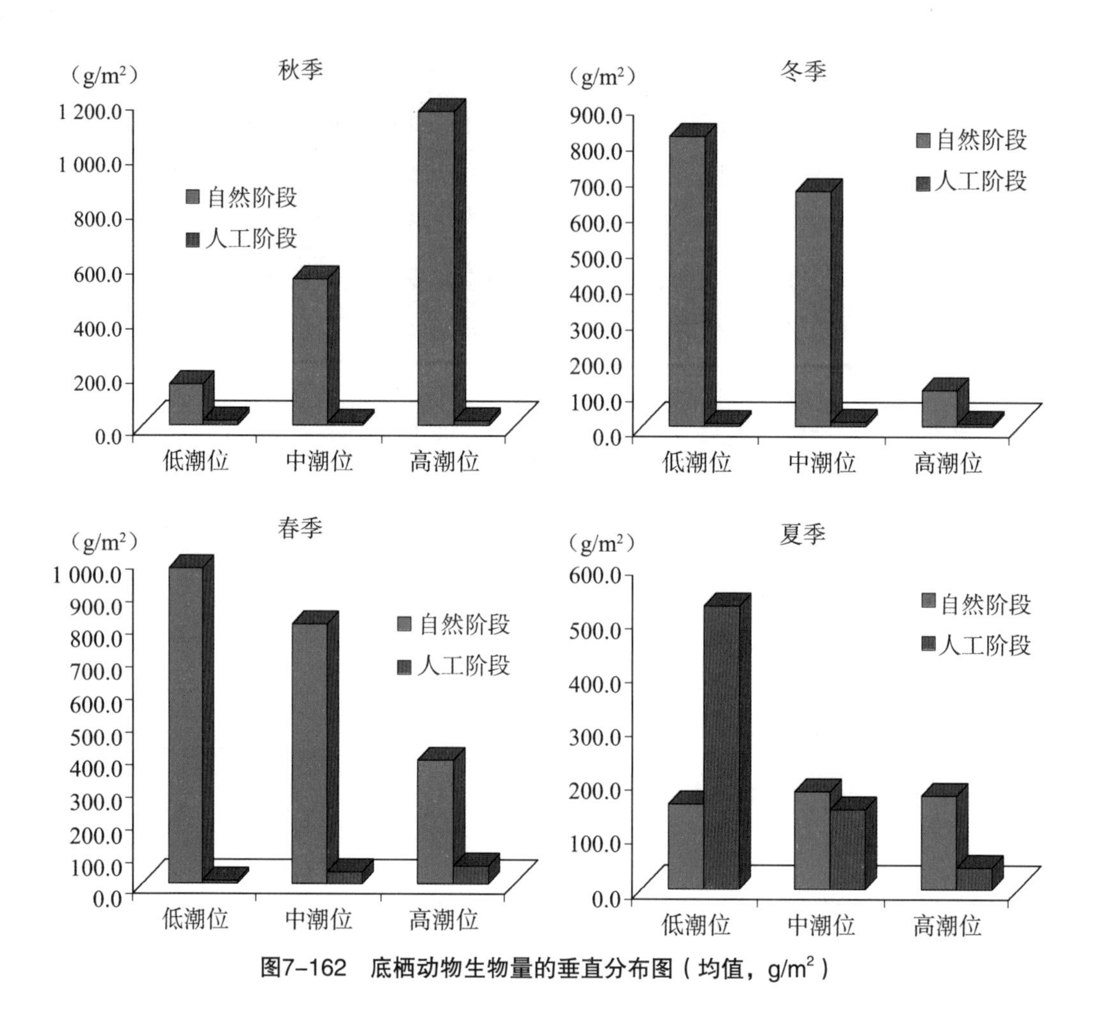

图7-162　底栖动物生物量的垂直分布图（均值，g/m²）

（五）生物多样性指数

1. 秋季

自然岸段：潮间带生物多样性指数（丰富度*D*、均匀度*J'*、香农指数*H'*和优势度*λ*）平均值分别为0.31、0.58、0.64和0.63。*D*和*J'*在Z1低潮带最高，分别为0.52和1.00，*H'*在Z2低潮带最高，为1.11，*D*和*H'*在Z2高潮带都最低，分别为0.11和0.02。*λ*在Z2高潮带最高，为0.99，在Z1低潮带最低，为0.32（表7-50）。

人工岸段：潮间带生物多样性指数（丰富度*D*、均匀度*J'*、香农指数*H'*和优势度*λ*）平均值分别为0.93、0.73、1.84和0.38。*D*、*J'*、*H'*和*λ*分别在R3高潮带、R2低、R3高和R1高最大，其值分别为1.15、0.91、2.37和0.66；分别在R3低、R1高、R3低和R3高最小，其值依次为0.46、0.47、0.92和0.23（表7-50）。

表7-50　自然岸段及人工岸段群落多样性指数（秋季）

类型	站位	D	J'	H'	λ
自然岸段	Z1低	0.52	1.00	1.10	0.32
	Z1中	0.42	0.91	1.00	0.38
	Z1高	0.23	0.24	0.27	0.88
	Z2低	0.48	0.80	1.11	0.41
	Z2中	0.12	0.47	0.33	0.82
	Z2高	0.11	0.03	0.02	0.99
	均值	0.31	0.58	0.64	0.63
人工岸段	R1低	1.12	0.73	2.19	0.28
	R1中	1.1	0.73	2.05	0.32
	R1高	0.84	0.47	1.23	0.62
	R2低	0.86	0.91	2.1	0.25
	R2中	1.05	0.73	2.06	0.32
	R3低	0.46	0.58	0.92	0.66
	R3中	0.89	0.8	1.87	0.35
	R3高	1.15	0.84	2.37	0.23
	均值	0.93	0.73	1.85	0.38

2. 冬季

自然岸段：潮间带生物多样性指数（丰富度D、均匀度J'、香农指数H'和优势度λ）平均值分别为1.16、0.86、1.76和0.29。D和H'均在Z2高潮带最高，分别为1.52和2.07；在Z2低潮带最低，分别为0.61和1.28。J'在Z1中潮带最高，为0.94，在Z2中潮带最低，为0.75。λ在Z2低潮带最高，为0.43，在Z2高潮带最低，为0.21（表7-51）。

人工岸段：潮间带生物多样性指数（丰富度D、均匀度J'、香农指数H'和优势度λ）平均值分别为0.37、0.76、0.92和0.64。D和H'均处于较低水平，最高值均在T2中潮带，分别为0.75和1.95。J'主要介于0.42～0.98之间，λ介于0.25～1（表7-51）。

表7-51　自然岸段及人工岸段群落多样性指数（冬季）

类型	站位	D	J'	H'	λ
自然岸段	Z1低	1.37	0.88	1.75	0.25
	Z1中	1.00	0.94	1.88	0.25
	Z1高	1.17	0.92	1.83	0.26
	Z2低	0.61	0.81	1.28	0.43
	Z2中	1.28	0.75	1.74	0.33
	Z2高	1.52	0.89	2.07	0.21
	均值	1.16	0.86	1.76	0.29
人工岸段	R1低	0		0	1
	R1中	0.47	0.77	1.22	0.5
	R1高	0.41	0.42	0.67	0.77
	R2低	0.54	0.86	1.37	0.43
	R2中	0.75	0.98	1.95	0.25
	R2高	0		0	1
	R3低	0.59	0.7	1.4	0.45
	R3中	0.55	0.84	1.67	0.37
	R3高	0		0	1
	均值	0.37	0.76	0.92	0.64

3. 春季

自然岸段：潮间带生物多样性指数（丰富度D、均匀度J'、香农指数H'和优势度λ）平均值分别为1.00、0.82、1.49和0.36。D和H'均在Z1高潮带最高，分别为1.36和1.78；D在Z2中潮带最低，为0.69，H'在Z2高潮带最低，为1.55。J'在Z1中潮带最高，为0.70，在Z2中潮带最低，为0.94。λ在Z1低潮带最高，为0.44，在Z2低潮带最低，为0.27（表7−52）。

人工岸段：潮间带生物多样性指数（丰富度D、均匀度J'、香农指数H'和优势度λ）平均值分别为0.62、0.63、1.55和0.39。D在T1高潮带最高，为1.03，T2低潮带最低，为0.25。H'在T1中潮带最高，为2.27，在T2中潮带最低，为0.31。J'在T1中潮带和T3高潮带最高，均为0.81，在T2中潮带最低，为0.19。λ在T2中潮带最高，为0.91，T1中潮带最低，为0.25（表7−52）。

表7-52　自然岸段及人工岸段群落多样性指数（春季）

类型	站位	D	J'	H'	λ
自然岸段	Z1低	0.83	0.78	1.24	0.44
	Z1中	0.87	0.70	1.40	0.43
	Z1高	1.36	0.77	1.78	0.33
	Z2低	1.12	0.92	1.46	0.27
	Z2中	0.69	0.94	1.50	0.34
	Z2高	1.11	0.78	1.55	0.38
	均值	1.00	0.82	1.49	0.36
人工岸段	R1低	0.44	0.66	1.04	0.59
	R1中	1.00	0.81	2.27	0.25
	R1高	1.03	0.75	2.25	0.26
	R2低	0.25	0.59	0.59	0.75
	R2中	0.28	0.19	0.31	0.91
	R2高	0.41	0.55	0.87	0.68
	R3低	0.74	0.56	1.30	0.57
	R3中	0.59	0.77	1.55	0.39
	R3高	0.81	0.81	1.88	0.32
	均值	0.62	0.63	1.34	0.53

4. 夏季

自然岸段：潮间带生物多样性指数（丰富度D、均匀度J'、香农指数H'和优势度λ）平均值分别为1.01、0.64、1.32和0.50。D、H'和J'均在Z2中潮带最高，分别为1.48、2.02和0.87；在Z2低潮带最低，分别为0.51、0.59和0.59。λ在Z2低潮带最高，为0.71，在Z2中潮带最低，为0.23（表7-53）。

人工岸段：潮间带生物多样性指数（丰富度D、均匀度J'、香农指数H'和优势度λ）平均值分别为0.61、0.56、1.07和0.61。D和H'在T1高潮带最高，分别为1.33和2.16，T3高潮带最低，仅一个物种。J'在T3低潮带最高，为0.92，T1中、低潮带均很低，不足0.10。λ介于0.29～1.0之间（表7-53）。

表7-53　自然岸段及人工岸段群落多样性指数（夏季）

类型	站位	*D*	*J'*	*H'*	*λ*
自然岸段	Z1低	0.95	0.72	1.67	0.36
	Z1中	0.90	0.46	1.08	0.64
	Z1高	0.99	0.54	1.26	0.56
	Z2低	0.51	0.59	0.59	0.71
	Z2中	1.48	0.87	2.02	0.23
	Z2高	1.25	0.64	1.28	0.51
	均值	1.01	0.64	1.32	0.50
人工岸段	R1低	0.55	0.05	0.13	0.97
	R1中	0.61	0.08	0.22	0.95
	R1高	1.33	0.72	2.16	0.33
	R2低	0.51	0.56	1.12	0.55
	R2中	0.97	0.59	1.66	0.42
	R2高	0.60	0.70	1.63	0.36
	R3低	0.68	0.92	1.85	0.29
	R3中	0.20	0.85	0.85	0.60
	R3高	0.00		0.00	1.00
	均值	0.61	0.56	1.07	0.61

（六）植被群落结构

1. 植被组成

自然岸段：潮滩地势平坦，有利于植物的定居与扩散，植被正处于演替早期，尚未形成地带性植被，盐生植物群落物种组成和结构简单，芦苇（*Phragmites australis*）、糙叶苔草（*Carex scabrifolia*）互花米草（*Spartina alterniflora*）和翅碱蓬（*Suaeda heteroptera*）是优势种（图7-163）。大片的芦苇群落主要分布在高程较高的潮滩中带或外带，潮滩中下带有零星斑块分布于芦苇-互花米草混生群落。潮下带为光滩或潮沟。

类型	名称
	芦苇 （*Phragmites australis*）
	翅碱蓬 （*Suaeda heteroptera*）
	互花米草 （*Spartina alterniflora*）
	糙叶苔草 （*Carex scabrifolia*）
	光滩

图7–163　自然岸段植物群落物种组成

随着滩涂的高程增加，芦苇高度增加，密度增大，斑块面积逐渐增大。芦苇种群密度35～80 inds/m^2，植株平均高度1.4 m左右，地上部分生物量干重0.76 kg/m^2。混生群落互花米草密度较大，植株高度在30～68 cm之间，互花米草单位面积地上部分生产量大，地上部分干重达1.49 kg/m^2。糙叶苔草群落，分布于海岸带滩涂高潮位地带，常为数十至数百平方米零星小片。

人工岸段：绝大部分（97%以上）区域都为光滩，仅有少量植被零星分布，且大部分植株矮小，见图7-164。

图7-164　人工岸段潮滩（远景）

2. 群落构成结构特征

植被分布格局是种群的重要结构特征之一，能够反映环境对群落中物种的生存和生长的影响以及群落演替动态。

自然岸段：主要植被类型为芦苇、碱蓬、米草种群及其占据优势的混生群落以及部分光板地，但其整体植被覆盖度仅为49.64%。芦苇、碱蓬、米草优势种群及光板等植被类型覆盖面积占示范区域的比重分别为39.29%、32.14%、21.43%和7.14%；其次，示范区域植物密度为278.11 inds/m^2，而不同植物平均密度分别为79.64 inds/m^2、73.78 inds/m^{2}和1 207.64 inds/m^2；此外，示范区域植物生物量为1.13 kg/m^2，不同植物分别为0.96 kg/m^2，1.19 kg/m^{2}和1.69 kg/m^2。距海较远、较高高程的区域主要植被类型为芦苇和碱蓬（55.56%和44.44%），无大面积光板，且无米草的存在；在稍近海岸的区域，开始出现米草（33.33%），而碱蓬较芦苇偏多（50.00%和16.67%）；随着向海岸的逐渐靠近，光板亦逐渐出现，植被类型面积大小分别为芦苇>米草>碱蓬>光滩（50.00%、25.00%、12.50%和12.50%）（图7-165）。

图7-165　自然岸段潮滩（远景）

人工岸段：97%以上面积都为光滩，只有极少量植被呈零星分布，且主要为互花米草簇状分布，间有微少量株的翅碱蓬存在。

三、讨论

（一）底栖动物

自然岸段和人工岸段潮间带底栖动物都是以软体动物和环节动物是构成人工岸段潮间带区域底栖动物的主要类群。由图7-166可知，自然岸段的潮间带生物丰度和生物量都显著高于人工岸段（P>0.05），自然岸段的底栖动物的平均丰度和生物量可达3 438 inds/m^{2}和1 453.26 g/m^2，人工岸段的底栖动物的平均丰度和为1 776 inds/m^{2}和219.81 g/m^2，分别仅为自然岸段的49.6%和14.3%。以上结果表明自然岸段比人工岸段潮间带区域更利于底栖动物的生存繁衍。

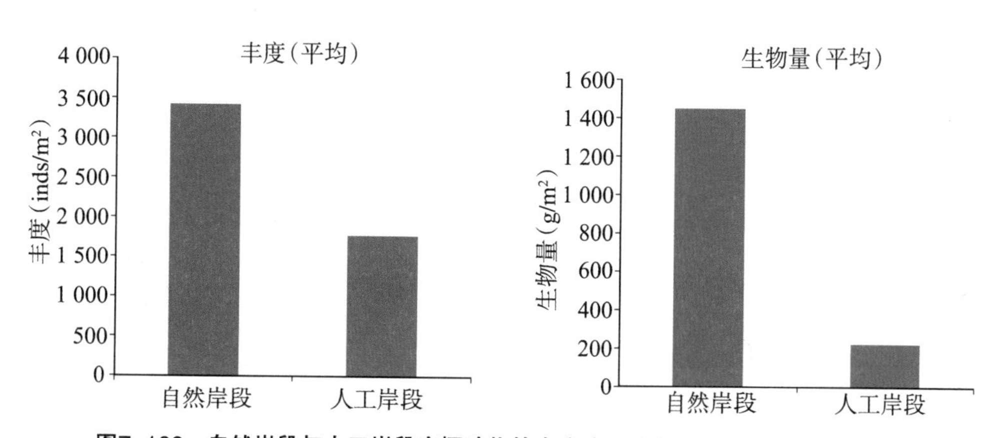

图7-166　自然岸段与人工岸段底栖动物的丰度（平均）、生物量（平均）对比

由图7-167～图7-170可知，自然岸段与人工岸段潮间带生物群落丰度构成随季节变化趋势类似，除冬季外基本都是以软体动物栖息密度最高，比例都在50%以上；其次为环节动物（多毛类为主），约占26%，节肢动物（甲壳类）约占21%；其他类群基本可以忽略。而在冬季，环节动物在2个类型岸段的潮间带都成为优势种群，软体动物所占比例均下降，说明底栖动物的分布和温度存在至关重要的相关关系。

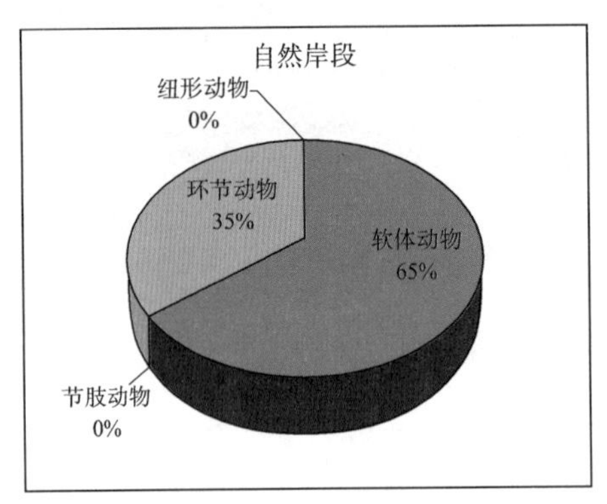

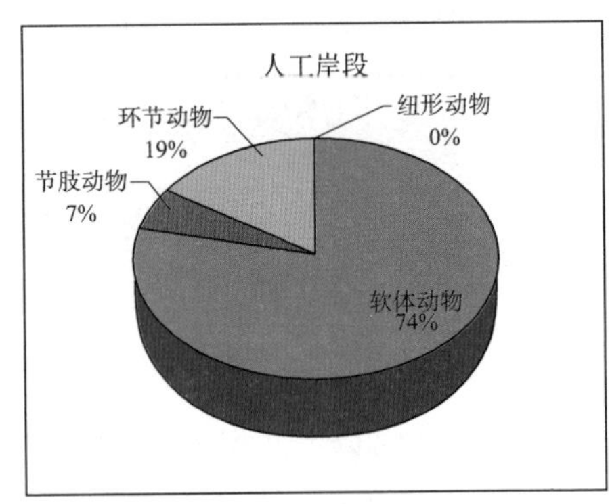

图7-167　自然岸段与人工岸段生物类群丰度构成比例（春季）

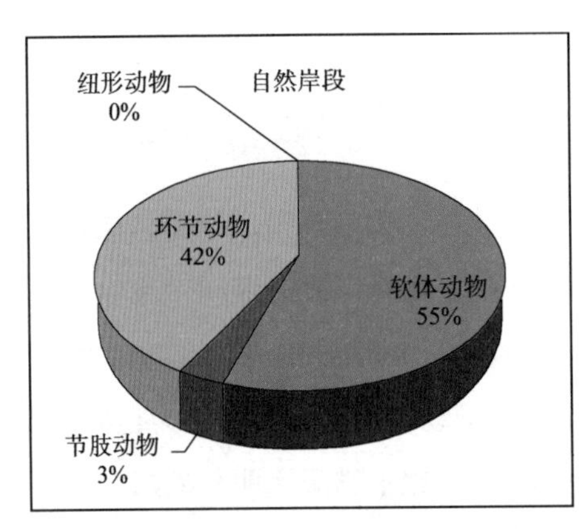

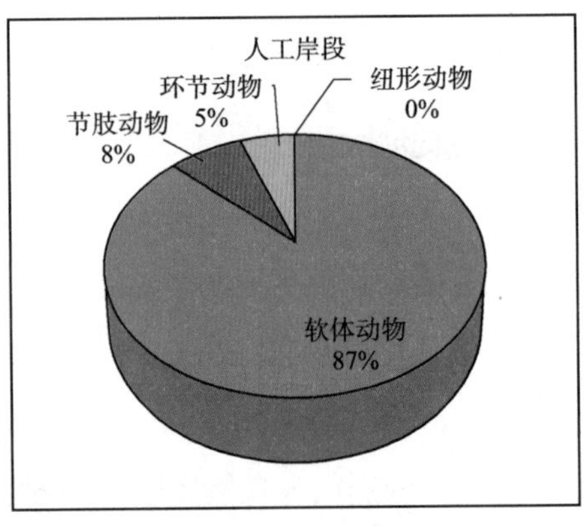

图7-168　自然岸段与人工岸段生物类群丰度构成比例（夏季）

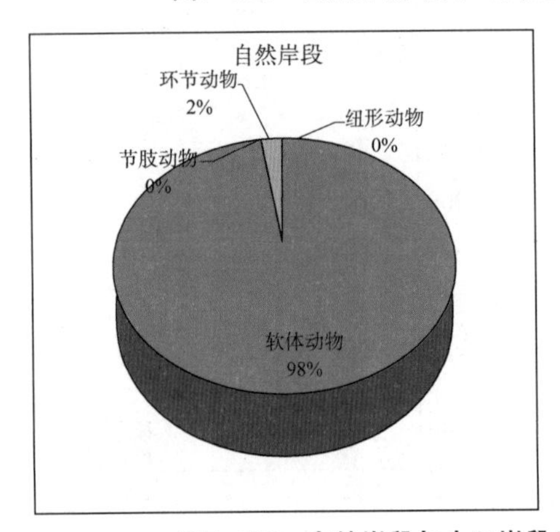

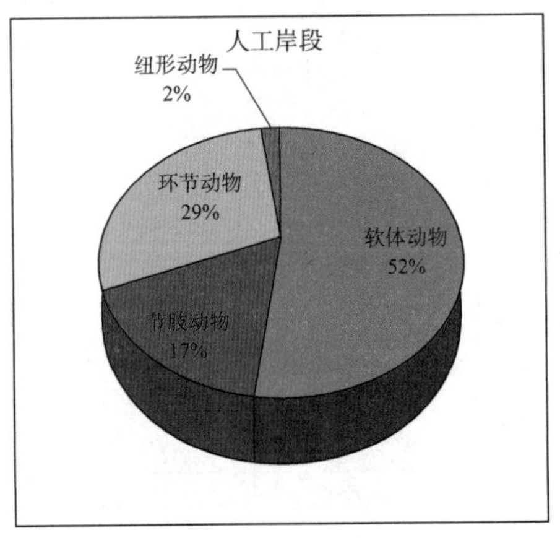

图7-169　自然岸段与人工岸段生物类群丰度构成比例（秋季）

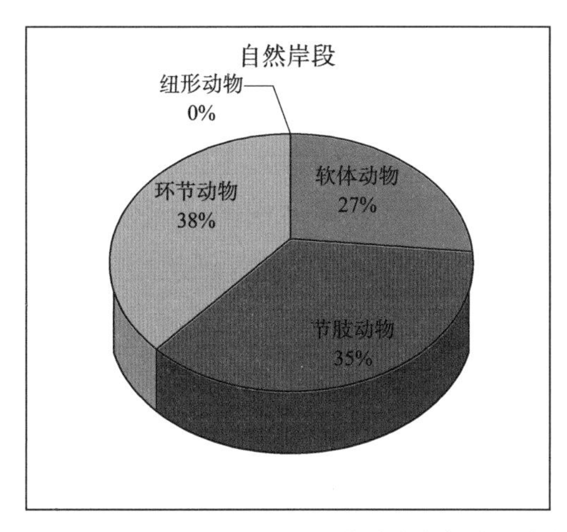

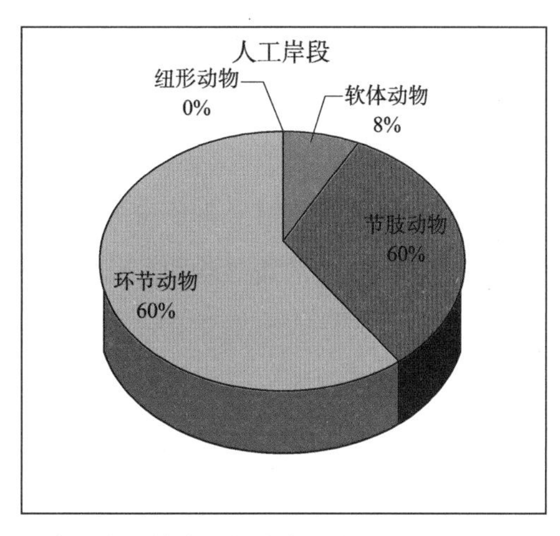

图7-170　自然岸段与人工岸段生物类群丰度构成比例（冬季）

由图7-171可知，2种岸段的生物量变化在季节上并未表现出明显规律。其中，人工岸段在秋、冬和春季的生物量都较低，小于100 g/m^2，直到夏季生物量才上升至497.75 g/m^2。自然岸段生物量变化呈波动现象，在春季最高，为2 190 g/m^2，在夏季反而最低，为705.45 g/m^2，这可能与2012年夏季对自然岸段进行生态化建设改造，建设围堰等工程对自然岸段原有生态系统造成一定干扰，底栖动物生物量由此受到一定影响。

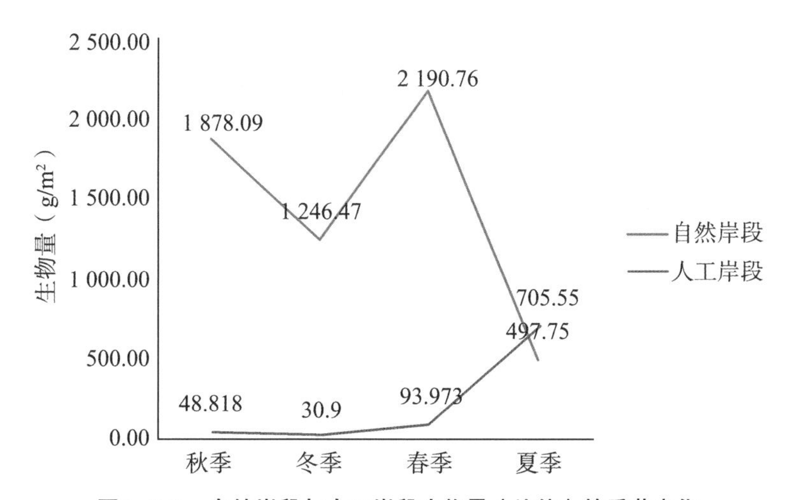

图7-171　自然岸段与人工岸段生物量（均值）的季节变化

此外，王志忠等发现黄河入海口中潮带底栖动物丰度最大，其次为高潮带，低潮带最小，而本研究中自然岸段与人工岸段的垂直分布并未表现出相似的规律，这可能是因为对2种岸段调查采样时间间隔1年，且站位点相对陆海位置并不完全一致的差异所造成的。在调查中发现软体动物的集簇式分布，往往会对底栖动物的丰度和生物量的垂直分布统计产生重大影响，因此采集样本之间的差异也成为必不可忽略的重要因素。

（二）植被

自然岸段潮滩植被群落依次为芦苇-翅碱蓬群落、翅碱蓬-互花米草+芦苇群落、芦苇+糙叶苔草+翅碱蓬群落和互花米草+翅碱蓬+芦苇群落。丁秋祎等研究表明，黄河口湿地植被沿向海方向主要有芦苇群落、芦苇-盐地碱蓬群落、柽柳-盐地碱蓬+芦苇群落和盐地碱蓬群落。与之相比，自然岸段区域植被类型为滨海湿地植被演替的过渡阶段（芦苇群落-盐地碱蓬群落），与研究区所处海陆交汇位置相吻合。人工岸段无植被存在，与自然岸段相比表现出极大差异，说明人为活动严重干扰植被群落的演替和植物的存活。

此外，高程、实测淹水频率等亦为植被分布的重要影响因子。受众多流水深切而成的潮沟切割，大量潮沟底和潮沟边滩等特殊生境的存在，导致了自然岸段潮间带的生境异质性，而复杂的高程环境与植被群落特征和分布格局的关系有待进一步的研究确定。

第四节　结论与讨论

监测表明，本区域生态系统处于亚健康状。水体富营养化严重，氮磷比失衡，大部分水域无机氮含量超第四类海水水质标准。沉积环境总体质量良好。生物群落结构状况一般，生物多样性和均匀度较差，渔业生物资源衰退等生态问题依然严重。陆源排污超标、滩涂改造失控、自然灾害常发、过度捕捞严重和人工活动频繁等是影响本区域生态系统健康的主要因素，详细情况如下：

一、陆源排污超标造成近岸环境质量下降

陆源污染超标排放是当前环境损害和生境丧失的主要原因之一。而岸段恰是陆源污染的主要承泻区和转移区。当前污染源物质主要是工农业生产、沿岸养殖业所产生污水，其作用过程一般是通过改变环境的理化特征，进而改变生境的物质基础，最终改变区域生态系统结构和面貌。长期的污染胁迫可以导致生态系统生产力严重下降，可使得原有的生存环境渐渐消失，原位生物群落出现退化以至绝灭，严

重时甚至使岸段附近区域成为生态荒漠。此外，污染物也能够直接毒害湿地生物，使生物体出现病害等直接危害生物生存，同时生物还能够通过自身对毒物富集，并通过食物链向高营养级别的生物传递。大量污染物的聚集，也可能诱发环境灾害，如大量营养盐类污染物流入会导致近岸富营养化，在沿岸可能诱发赤潮；有毒污染物损伤渔业资源等。

二、滩涂改造失控导致自然湿地受损

滩涂人工改造后，表面形态结构、基底物质组成、生物群落结构、湿地水体交换等性质和特征都将发生改变，滨海湿地将受到严重损害并可能彻底丧失，是导致滨海湿地损失退化的主要原因之一。在我国，滩涂长期以来都被作为土地的后备资源而被积极开发，滩涂的开发与围垦成为了解决土地资源矛盾，平衡土地资源不足的重要手段。常常处于失控状态。滩涂的围垦开发不仅造成滨海湿地的直接损失，还导致湿地环境的恶化，使得植被的发育和演替中断，鸟类及底栖生物栖息环境破坏、退化，以致丧失。

三、自然灾害常发加剧自然生境破坏

（一）海岸侵蚀

海洋作用处于强势，沿岸大范围内普遍表现为蚀退，遭受侵蚀的岸段范围扩大，冲蚀强度加大。在已有堤防的岸段，在没有强风暴潮的破坏下，岸线基本稳定，但堤外的侵蚀依旧严重。在没有堤防的岸段，岸线的向陆蚀退和水下下岸坡的侵蚀同时存在。综合来看，本区域总体蚀退的趋势将继续发展。

（二）风暴潮

本区域由于其地形和地理环境较为特殊，沿岸易发生风暴潮，是中国风暴潮重灾区之一，同时也是世界上少数的温带风暴潮频发区。风暴潮不仅造成巨大的财产损失和人员伤亡，还破坏沿岸的生态环境。风暴潮发生时，在很短的时间内，滨海湿地池的形态特征、物质组成、生态结构、环境状况等都将发生显著变化，其所引发的一系列结果在之后相当长的时间里都会存在，并将产生深刻的影响。

（三）海水入侵

海水入侵是某些滨海低地重要的灾害之一，潜在危害巨大。海水入侵不仅能使滨海湿地水质变坏，恶化滨海湿地水环境，进而造成滨海湿地生态环境的整体恶化；还能直接引起水资源的破坏，影响人们的生产、生活和身体健康。与此同时，风暴潮灾往往扩大海水入侵的范围，加剧海水入侵的危害。莱州湾沿岸是我国海水入侵较为严重的地区之一，这与该区频繁的风暴潮灾害有着直接的关系。

四、过度捕捞严重致使渔业资源萎缩

伴随着经济的发展，资源的开发和利用呈现加速趋势，滨海湿地资源和环境因而正在遭受鲸食和破坏。随着机械水平和捕捞技术的不断进步，河口及海上的捕捞活动强度也在不断增大。河口滨海地区原为自然生产力相当高的区域，该海域物产丰富，生物量丰富。但由于开发强度持续加大，过度捕捞长存，资源量出现日益萎缩，生产力逐年下降，许多物种甚至绝灭。

五、人为活动频繁加速滨海湿地退化

垦殖是将自然植被改造为人工植被的一种农业活动。垦殖活动破坏了原有生境，在低洼积水类型的湿地改造中，排干是一个重要过程，必然导致湿地的干化，湿地特征丧失，造成湿地损失和退化。该区域开垦土地面积大，长期以来被作为开荒垦地，建立农牧业基地的重点地区。

人工建筑的出现，一方面在一定程度上保障了沿岸的安全，方便了人们的生产生活活动，促进了当地经济的发展和繁荣。另一方面，这些设施切割了湿地，破了滨海湿地的完整性，使湿地景观趋向破碎化。此外，也隔断了不同区域水体交换，弱化了海洋和陆地的水文循环，进而影响到湿地的生产力和作为生物栖息地的作用。在本区域，油田油井设施星罗棋布，配套建设的道路和建筑等众多，人为活动频繁密集，导致湿地加速衰退。

第八章　莱州湾支脉河口人工海岸生态化建设

第一节　岸段景观规划与设计

景观格局是某个时空尺度上斑块的空间分布，是地理过程在某个时间和空间尺度上的具体表现，是复杂的物理、生物和社会因素相互作用的结果。而湿地景观格局则是指大小和形状不一的湿地景观斑块在空间上的排列，是各种生态过程在不同尺度上综合作用的结果，具有显著的空间异质性。景观空间格局是指大小和形状不一的景观斑块在空间上的排列，它是景观异质性的重要表现，又是各种生态过程在不同尺度上作用的结果。景观格局决定着景观过程，景观格局的变化影响着景观生态过程和景观流，导致景观功能发生变化。今天的格局是过去的景观流（自然、社会、经济和各种生态过程）形成的，其又是今后景观格局形成的基础。因此，通过研究景观格局可以更好地理解生态学过程，通过分析景观格局随时间的变化可以反映景观生态过程，揭示景观演替的机制和规律，进而预测景观的变化趋势，最终实现资源的可持续利用。当前对于滨海湿地景观的动态变化研究已成为国内外专家探求的热点问题之一。

黄河入海口沿海岸线分布有丰富的滨海湿地资源，尤其是黄河三角洲一带，因滨海湿地分布集中，类型多样，人为扰动强烈，近年来已成为滨海湿地景观演变研究的热点地区。国内许多学者都曾利用遥感和地理信息系统技术对黄河三角洲湿地的景观格局，景观破碎化程度以2004～2009年的景观变化进行过较系统地研究，揭示了湿地景观格局的变化程度及其与人类活动的关系；还有学者进一步就黄河三角洲湿地景观格局对养分去除功能的影响进行了空间模拟，从而为进行以污染治理为核心的景观规划提供了理论依据；一些学者还通过对渤海湾滨海湿地资源近年来景观演变的研究，分析了区域经济发展及湿地生境自然演变对生态环境的影响。进入21世纪以来，由于可持续发展观和科学发展观在当地生态环境管理和社会经济发展方面的应用，以及东营地区社会经济的加速发展，东营地区生态环境质量水平较20世纪90年代又有了不小的变化。

本研究以黄河三角洲为研究区域，在3S技术支持下，采用景观指数定量分析在土地利用方面的时空演变，力图揭示黄河三角洲地区在2004～2009年景观格局的演变趋势及其内在机制，湿地生态环境质量的演变轨迹，进而实现该地区景观生态系统的良性循环和可持续发展，为湿地生态恢复工程提供理论指导和技术支持。使得当地政府部门能够清楚地认识到这期间所采取的保护措施是否取得了预期的成效以及今后还需解决的问题，从而提高黄河三角洲地区的生态环境质量水平，使湿地资源可持续利用，以达到经济效益、社会效益、生态效益的同步发展。

一、黄河三角洲概况

（一）地理概况

黄河三角洲位于渤海南部黄河入海口沿岸地区，是全国最大的三角洲，也是我国温带最广阔、最完整、最年轻的湿地，也是国际重要湿地之一。其中，东营是万里黄河入海的地方，是黄河三角洲的中心城市。因此，本文的景观格局研究（图8-1）中，研究区主要界定为东营市，介于东经118° 07′～119° 10′，北纬36° 55′～38° 10′。

（二）气候特征

黄河三角洲地处中纬度，位于暖温带，背陆面海，受欧亚大陆和太平洋的共同影响，属于暖温带半湿润大陆性季风气候区。基本气候特征为：冬寒夏热，四季分明。春季干旱多风，早春冷暖无常，常有倒春寒出现，晚春回暖迅速，常发生春旱；夏季，炎热多雨，温高湿大，有时受台风侵袭；秋季，气温下降，雨水骤减，天高气爽；冬季，天气干冷，寒风频吹，雨雪稀少，主要风向为北风和西北风。

黄河三角洲四季温差明显，年平均气温11.7～12.6℃，极端最高气温41.9℃，极端最低气温-23.3℃；年平均日照时数为2 590～2 830小时；无霜期211天；年均降水量530～630 mm，70%分布在夏季；平均蒸散量为750～2 400 mm。

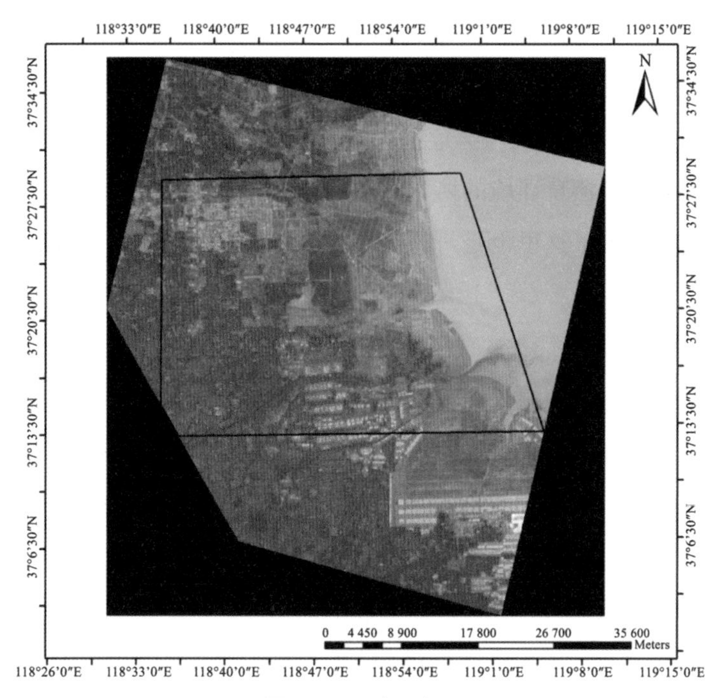

图8–1 研究区概况

（三）自然资源

黄河三角洲是中国国内外少有的资源富集区。

一是以油气资源为主的矿产资源丰富。截止到1995年底，已发现不同类型的油气田67个，石油总资源量达75亿吨，累计探明石油地质储量34.2亿吨，天然气地质储量303亿立方米。莱州湾一带地下蕴藏着丰富的卤水资源，已探明储量高达5 980亿吨。

二是土地资源丰富，而且土地面积不断扩大。土地总面积达175.04万公顷，其中耕地70.03万公顷，尚有30.3万公顷荒碱地有待开发利用；黄河每年新淤陆地约2 000 hm^2，但趋势已有所减缓；海岸线长590 km，10 m以内的浅海面积达78万公顷，滩涂面积22.5万公顷，湿地15.3万公顷。

三是雄奇多姿的旅游资源。有黄河入海口、国家级黄河三角洲自然保护区、孤东海堤、丛式井架、海上平台等自然和人文景观。

此外，黄河三角洲还蕴藏着丰富的生物资源和海洋资源。

黄河三角洲湿地总面积约4 500 km^2，其中泥质滩涂面积达1 150 km^2，平均坡降1～2/10 000，地势十分平坦，很容易受到海水潮涨潮落的滋润；另有沼泽地、河床漫滩地、河间洼地泛滥地及河流、沟渠、水库、坑塘等。自然植被有天然柳林等落叶阔叶林，柽柳等盐生灌丛，白茅草甸、茵陈蒿草甸等典型草甸，翅碱蓬草甸等盐生草甸，芦苇、香蒲等草本沼泽及金鱼藻、眼子菜等水生植被。

野生动物中鸟类有269种，其中属国家一级重点保护的有丹顶鹤、白头鹤、白鹳、大鸨、金雕、白尾海雕、中华秋沙鸭7种；属国家二级保护的有大天鹅、灰鹤、白枕鹤等34种；有40种是列入《濒危野生动植物种国际贸易公约》中的鸟类，152种是《中日保护候鸟及其栖息环境的协定》中的鸟类，51种是《中澳保护候鸟及其栖息环境的协定》中的鸟类。这里也是丹顶鹤在我国越冬的最北界和世界稀有鸟类黑嘴鸥的重要繁殖地。

（四）社会经济概况

黄河三角洲开发，是山东人的“跨世纪之梦”。早在1993年，就进入省委、省政府的决策，1997年被列为全省两大跨世纪工程之一。以2001年被列入国家"十五"计划纲要和2006年列入国家"十一五"规划纲要为标志，发展高效生态经济成为黄河三角洲开发建设的主攻方向。

黄河三角洲是我国最后一个待开发的大河三角洲。其位于京津冀都市圈与山东半岛结合部，与天津滨海新区最近距离仅80 km，和辽宁沿海经济带隔海相望，向西可连接广阔中西部腹地，向南可通达长江三角洲北翼，向东出海与东北亚各国邻近，具备深化国际、国内区域合作、加快开放开发的有利条件。

黄河三角洲区域内土地后备资源丰富，拥有800多万亩未利用土地，另有浅海面积近1 500万亩。受黄河冲击影响，土地后备资源还在以每年1.5万亩的速度增加，具有吸引要素集聚、发展高效生态经济的独特优势。

此外，黄河三角洲地区自然资源丰富，有已探明储量的矿产40多种，是全国重要的能源基地。海岸线近900 km。风能、地热、海洋等丰富的资源，具有转化为经济优势的巨大潜力。黄河三角洲位于中国东部的山东省，面向渤海湾，北邻京津冀，是中国最后一块待开发大河三角洲。这里还有中国第二大石油基地胜利油田及广袤的湿地。在其周边，天津滨海新区、唐山曹妃甸新区等已成为中国新一轮经济发展的助推器，使其在参与环渤海地区产业分工后，有望成为推动中国东部经济协调发展的重要增长极。

二、数据处理

（一）数据来源

1. 2004年数据

研究中所用到的数据有2004年的Landsat5 TM影像数据（图8-2），成像日期为2004年8月19日。

2. 2005年数据

研究中所用到的数据有2005年的Landsat5 TM影像数据（图8-3），成像日期为2005年6月30日。

3. 2009年数据

研究中所用到的数据有2009年的Landsat ETM影像数据（图8-4），下载于中巴地球资源卫星（CBERS）一号02星，成像日期为2009年9月10日。

图8-2　2004年数据

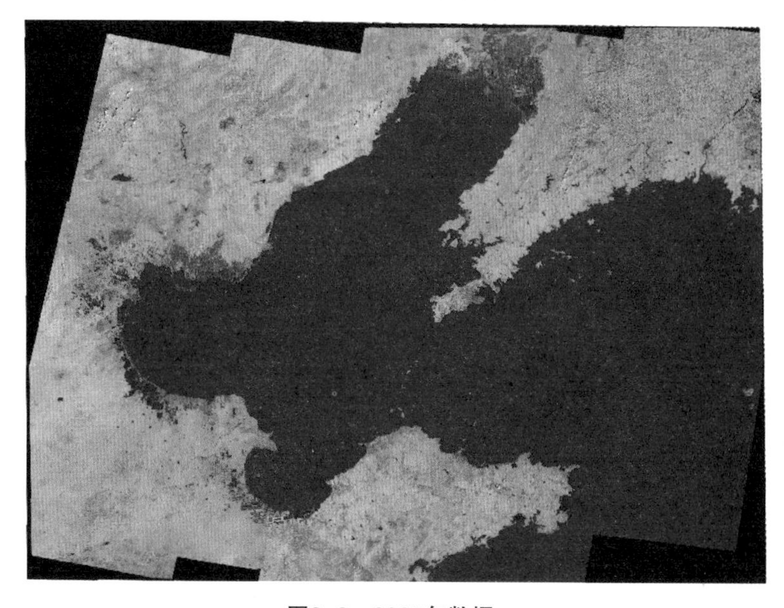

图8-3　2005年数据

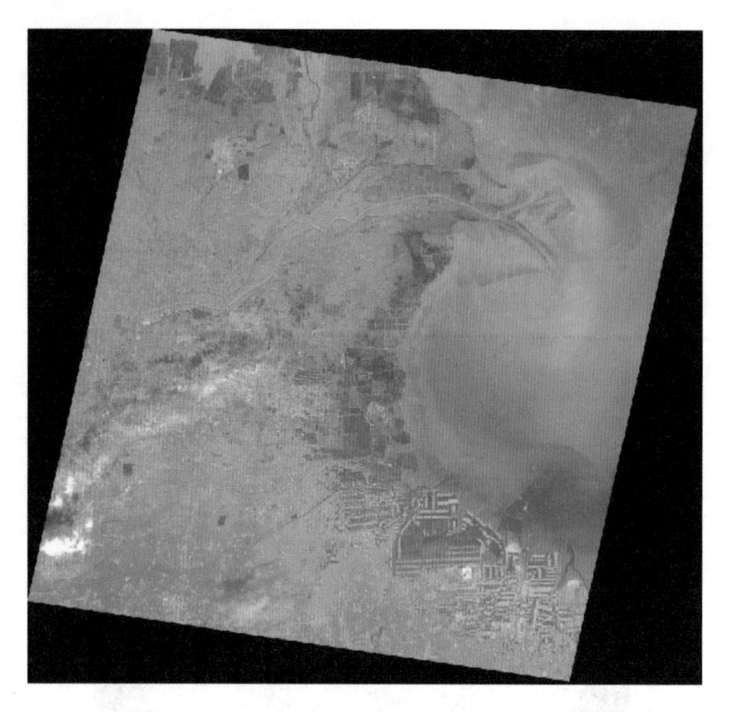

图8-4　2009年数据

（二）数据预处理

1. 遥感影像拼接

图像拼接就是通过对相邻影像图的无缝拼接处理，把这些影像图相互间的重叠部分去掉，从而为在逻辑上将这些影像图整合成覆盖区域的一幅影像图创造条件。

2. 遥感影像配准

影像配准的对象是raster图，譬如TIFF图。配准后的图可以保存为ESRI GRID、TIFF或ERDAS IMAGINE格式。影像配准是指依据一些相似性度量决定图像间的变换参数，使从不同传感器、不同视角、不同时间获取的同一场景的两幅或多幅图像变换到同一坐标系下，在像素层上得到最佳匹配的过程。待配准图像相对于参考图像的配准，可定义为两幅图像在空间和亮度上的映射，两幅图像可定义为两个二维数组，分别用$I_1(x, y)$和$I_2(x, y)$表示，它们分别是两幅图像的亮度值（或其他度量值），则两幅图像间的映射可表示为：

$$I_2(x, y)=g\{I_1[f(x, y)]\}$$

其中，f为二维空间坐标变换（如仿射变换），g为一维亮度或其他度量值变换。

最佳空间变换是图像配准问题的关键。当需配准多幅图像时选取其中某一幅图像作为参考图像，其余图像分别相对参考图像进行配准。

（三）遥感影像解译

遥感影像解译就是从遥感影像上获取目标地物信息的过程，通常遥感影像解译分为两种，即目视解译和遥感影像计算机解译。本次研究采用的是目视解译。目视解译方法包括直接判读法：使用直接判读标志（色调、色彩、大小、形状、阴影、纹理、图案等），直接确定目标地物属性与范围；对比分析法（同类地物对比分析、空间对比分析和时相动态对比法）；信息复合法即利用透明专题图或透明地形图与遥感图像复合，根据专题图或者地形图提供的多种辅助信息，识别遥感图像上目标地物的方法；综合推理法即综合考虑遥感影像多种解译特征，结合生活常识，分析推断某种目标地物的方法。通过野外调查和谷歌地球，建立解译标志对遥感影像进行目视解译。

（四）研究分析方法

1. 景观类型划分

根据我国《土地利用现状分类》（GB/T 21010—2007），结合研究区域的水文地貌特征，对照谷歌地球，将研究区划分为水浇地、采矿用地（盐田）、沼泽地、养殖池、盐碱地、住宅用地、公路用地、滩涂（沿海滩涂和内陆滩涂）和水面（水库水面、河流水面、坑塘水面、沟渠和湖泊水面）等。

2. 景观格局指标选择

景观格局通常是指景观的空间结构特征，具体是指由自然或人为形成的，一系列大小、形状各异，排列不同的景观镶嵌体在景观空间的排列，它既是景观异质性的具体表现，同时又是包括干扰在内的各种生态过程在不同尺度上作用的结果。空间斑块性是景观格局最普遍的形式，它表现在不同的尺度上。景观格局及其变化是自然的和人为的多种因素相互作用所产生的一定区域生态环境体系的综合反映，景观斑块的类型、形状、大小、数量和空间组合既是各种干扰因素相互作用的结果，又影响着该区域的生态过程和边缘效应。根据各景观指数的生态学意义和实用性，本研究选取景观类型面积（CA）、斑块数量（NP）、景观面积百分比（PLAND）、最大斑块所占景观面积的指数（LPI）、景观形状指数（LSI）、景观丰度（PR）、聚集度数（AI）、分维数（PAFRAC）、景观破碎度指数（FRACMN）、景观多样性指数（SHDI）、均匀度指数（SHEI）和蔓延度（CONTAG）来分析研究区域湿地景观格局的空间变化特征。

（1）景观类型面积（CA）。CA等于某一拼块类型中所有拼块的面积之和（m^2），除以10 000后转化为公顷，即某拼块类型的总面积。其生态意义：CA度量的是景观的组分，也是计算其他指标的基础。它有很重要的生态意义，其值的大小制约着以此类型拼块作为聚居地（Habitation）的物种的丰度、数量、食物链及其次生种的繁殖等，如许多生物对其聚居地最小面积的需求是其生存的条件之一；不同类型面积的大小能够反映出其间物种、能量和养分等信息流的差异，一般来说，一个拼块中能量和矿物养分的总量与其面积成正比；为了理解和管理景观，我们往往需要了解拼块的面积大小，如所需要的拼块最小面积和最佳面积是极其重要的两个数据。

（2）拼块个数（NP）：

$$NP = n$$

公式描述：无单位，范围为NP≥1。NP在类型级别上等于景观中某一拼块类型的拼块总个数；在景观级别上等于景观中所有的拼块总数。

生态意义：NP反映景观的空间格局，经常被用来描述整个景观的异质性，其值的大小与景观的破碎度也有很好的正相关性，一般规律是NP大，破碎度高；NP小，破碎度低。NP对许多生态过程都有影响，如可以决定景观中各个物种及其次生种的空间分布特征；改变物种间相互作用和协同共生的稳定性。而且，NP对景观中各种干扰的蔓延程度有重要的影响，如某类拼块数目多且比较分散时，则对某些干扰的蔓延（虫灾、火灾等）有抑制作用。

（3）拼块所占景观面积的比例（LAND）。指一种景观类型占整个景观的面积比例，反映了各景观类型在研究区域的构成情况。

$$LAND_i = \frac{\sum_{j=1}^{n} a_{ij}}{A}\ (100)$$

公式描述：单位为百分比，范围为0<LAND≤100。PLAND等于某一拼块类型的总面积占整个景观面积的百分比。其值趋于0时，说明景观中此拼块类型变得十分稀少；其值等于100时，说明整个景观只由一类拼块组成。

生态意义：LAND度量的是景观的组分，其在拼块级别上与拼块相似度指标（LSIM）的意义相同。由于它计算的是某一拼块类型占整个景观的面积的相对比例，因而是帮助我们确定景观中模地（Matrix）或优势景观元素的依据之一；也是决定景观中的生物多样性、优势种和数量等生态系统指标的重要因素。

（4）最大拼块所占景观面积的比例（LPI）：

$$LPI = \frac{\mathrm{Max}\ (a_1, \cdots, a_n)}{A}\ (100)$$

公式描述：单位为百分比，范围为0<LPI≤100。LPI等于某一拼块类型中的最大拼块占据整个景观面积的比例。

生态意义：有助于确定景观的模地或优势类型等。其值的大小决定着景观中的优势种、内部种的丰度等生态特征；其值的变化可以改变干扰的强度和频率，反映人类活动的方向和强弱。斑块类型水平上，是指斑块类型中最大斑块的面积与类型总面积的百分比；景观水平上，是指景观中最大斑块的面积与景观总面积的百分比。其值的大小可以说明该类型景观要素所具有的最大斑块及其在景观中的比例。

（5）景观形状指数（LSI）。是通过计算某一斑块形状与相同面积的圆或正方形之间的偏离程度来测量其形状复杂程度的。常见的斑块形状指数S有两种形式：

$$S=\frac{P}{2\sqrt{\pi A}}\text{（以圆为参照几何形状）}$$

$$S=\frac{0.25P}{\sqrt{A}}\text{（以正方形为参照几何形状）}$$

其中，P是斑块周长，A是斑块面积。

生态意义：LSI是现实斑块周长与相同面积圆形斑块周长之比的面积加权平均值，数值越大说明该类型斑块形状越复杂，偏离圆形越远。

（6）聚集度（Aggregation index，AI）。反映景观中不同斑块类型的非随机性或聚集程度。AI=0，斑块类型极度分散；AI值越大，不同类型斑块越聚集；AI=100，不同类型斑块聚集成一体。

（7）破碎度数（Landscape Type Fragmentation Index，LTFI）。破碎度表征景观被分割的破碎程度，反映景观空间结构的复杂性，在一定程度上反映了人类对景观的干扰程度。

$$C_i=N_i/A_i$$

式中，C_i为景观i的破碎度，N_i为景观i的斑块数，A_i为景观i的总面积。

生态意义：它是由于自然或人为干扰所导致的景观由单一、均质和连续的整体趋向于复杂、异质和不连续的斑块镶嵌体的过程，景观破碎化是生物多样性丧失的重要原因之一，它与自然资源保护密切相关。景观的破碎化状况是其重要的属性特征，景观的破碎化与人类活动密切相关，同时与自然资源的保护互为依存。一般来说，生物的生存都需要一定空间范围但是随着人类的作用，景观不断遭到蚕食和分割破碎化日益严重这些对于生物的保护是十分不利的，因此研究破碎度对于各方面是很重要的。

（8）分维数（fractal dimension，PAFRAC）。分维或分维数可以直观地理解为不规则几何形状的非证书维数。对于单个斑块而言，其形状的复杂程度可以用分维数来量度。斑块分维数可以下式求得：

$$P=kA^{F_d/2}$$

即

$$F_d=2\ln\left(\frac{P}{k}\right)/\ln(A)$$

其中，P是斑块的周长，A是斑块的面积，F_d是分维数，k是常数。

（9）景观丰度（Patch richness，PR）。PR等于景观中所有拼块类型的总数。其生态意义：PR是反映景观组分以及空间异质性的关键指标之一，并对许多生态过程产生影响。研究发现景观丰度与物种丰度之间存在很好的正相关，特别是对于那些生存需要多种生境条件的生物来说PR就显得尤其重要。

（10）香农多样性指数（SHDI）：

$$H=-\sum_{k=1}^{n}P_k\ln(P_k)$$

式中，P_k是斑块类型k在景观中出现的频率，n是景观中斑块类型的总数。

公式描述：无单位，范围为SHDI≥0。SHDI在景观级别上等于各拼块类型的面积比乘以其值的自然对数之后的和的负值。SHDI=0表明整个景观仅由一个拼块组成；SHDI增大，说明拼块类型增加或各拼块类型在景观中呈均衡化趋势分布。

生态意义：SHDI是一种基于信息理论的测量指数，在生态学中应用很广泛。该指标能反映景观异质性，特别对景观中各拼块类型非均衡分布状况较为敏感，即强调稀有拼块类型对信息的贡献，这也是与其他多样性指数不同之处。在比较和分析不同景观或同一景观不同时期的多样性与异质性变化时，SHDI也是一个敏感指标。如在一个景观系统中，土地利用越丰富，破碎化程度越高，其不定性的信息含量也越大，计算出的SHDI值也就越高。景观生态学中的多样性与生态学中的物种多样性有紧密的联系，但并不是简单的正比关系，研究发现在一景观中二者的关系一般呈正态分布。

（11）香农均度指数（SHEI）：

$$E=\frac{H}{H_{max}}=\frac{-\sum_{k=1}^{n}P_k\ln(P_k)}{\ln(n)}$$

其中，H是Shannon多样性指数，H_{max}是其最大值。

公式描述：无单位，范围为0≤SHEI≤1。SHEI等于香农多样性指数除以给定景观丰度下的最大可能多样性（各拼块类型均等分布）。SHEI=0表明景观仅由一种拼块组成，无多样性；SHEI=1表明各拼块类型均匀分布，有最大多样性。

生态意义：SHEI与SHDI指数一样也是我们比较不同景观或同一景观不同时期多样性变化的一个有力手段。而且，SHEI与优势度指标（*DO*minance）之间可以相互转换（即evenness=1−*dominance*），即SHEI值较小时优势度一般较高，可以反映出景观受到一种或少数几种优势拼块类型所支配；SHEI趋近1时优势度低，说明景观中没有明显的优势类型，且各拼块类型在景观中均匀分布。

（12）蔓延度指数（CONTAG）：

$$\mathrm{CONTAG}=\left(1+\frac{\sum_{i=1}^{m}\sum_{k=1}^{m}\left[P_i\left(\frac{g_{ik}}{\sum_{k=1}^{m}g_{ik}}\right)in\left(P_i\frac{g_{ik}}{\sum_{k=1}^{m}g_{ik}}\right)\right]}{2\ln m}\right)\times 100$$

公式描述：单位为百分比，范围为0<CONTAG≤100。CONTAG等于景观中各拼块类型所占景观面积乘以各拼块类型之间相邻的格网单元数目占总相邻的格网单元数目的比例，乘以该值的自然对数之后的各拼块类型之和，除以2倍的拼块类型总数的自然对数，其值加1后再转化为百分比的形式。理论上，CONTAG值较小时表明景观中存在许多小拼块；趋于100时表明景观中有连通度极高的优势拼块类型存在。应该指出的是，该指标只能运行在FRAGSTATS软件的栅格版本中。

生态意义：CONTAG指标描述的是景观里不同拼块类型的团聚程度或延展趋势。由于该指标包含空间信息，是描述景观格局的最重要的指数之一。一般来说，高蔓延度值说明景观中的某种优势拼块类型形成了良好的连接性；反之则表明景观是具有多种要素的密集格局，景观的破碎化程度较高。而且研究发现蔓延度和优势度这两个指标的最大值出现在同一个景观样区。该指标在景观生态学和生态学中运用十分广泛，如Graham等（1991）曾用蔓延度指标进行生态风险评估；Musick和Grover（1990）用它来量测图像的纹理等。

三、结果分析与结论

（一）湿地景观格局转移变化分析

借助ArcGIS软件对三个时期的遥感影像进行目视解译，进而得到2004年（图8-5）、2005年（图8-6）和2009年（图8-7）的湿地景观格局的分布图。

将该区域的湿地类型图在ArcMap里空间分析模块下生成30 m×30 m的栅格数据，利用ArcGIS中GRID模块的空间分析功能，分别将2004、2005和2009年的东营湿地景观类型图两两进行叠加计算及统计整理，得到湿地类型之间的面积转移矩阵表（表8-1）。

图8-5　2004年湿地景观格局的分布

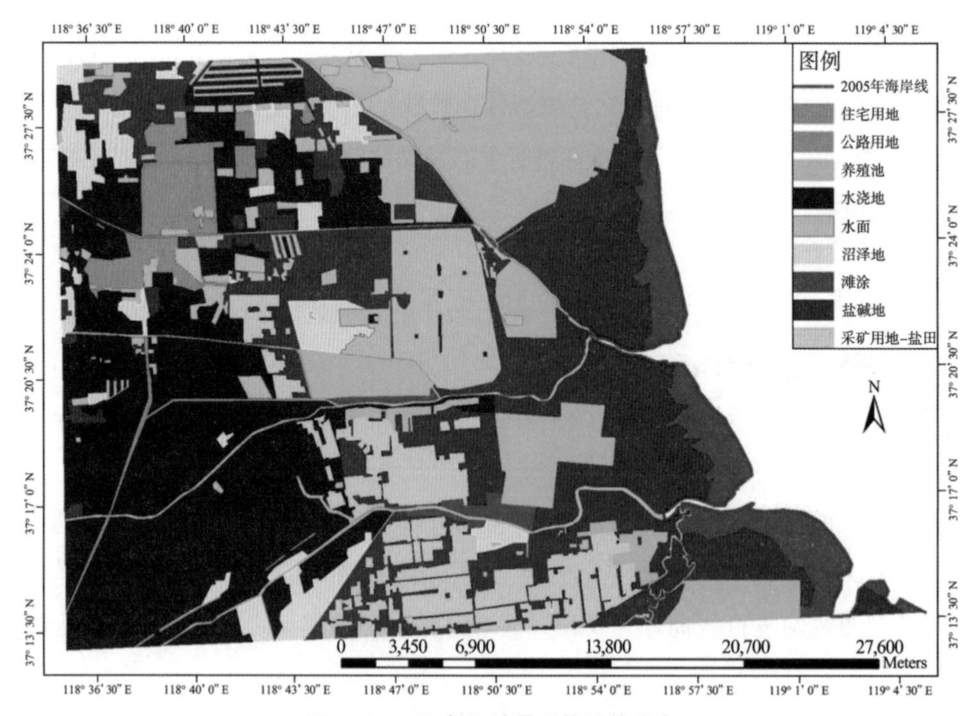

图8-6　2005年湿地景观格局的分布

图8-7 2009年湿地景观格局的分布

表8-1 2004～2005年湿地类型转移矩阵

2004		2005						
		采矿用地（盐田）	盐碱地	沼泽地	住宅用地	滩涂	养殖池	水浇地
采矿用地（盐田）	面积	64 697 484	13 994 137	157 728	0	61 487	187 472	0
	转移率	74.36	16.08	0.18	0	0.07	0.22	0
盐碱地	面积	4 144 003	57 896 879	4 530 340	4 559.9	7 618 739	4 143 996	4 128 217
	转移率	4.64	64.82	5.07	0.005	8.53	4.64	4.62
沼泽地	面积	505	4 673 533	8 863 230	262 298	1 698 146	9 472 451	2 062 778
	转移率	0.001	11.55	21.91	0.65	4.20	23.42	5.10
住宅用地	面积	251 716	2 600 829	6 882 990	7 917 143	17	65 094	7 413 418
	转移率	0.51	5.27	13.95	16.04	3.44E−05	0.13	15.02
滩涂	面积	814 793	47 029 931	467 882	487 444	36 480 674	5 782 057	1 505 972
	转移率	0.58	33.49	0.33	0.35	25.98	4.12	1.07

续　表

2004		2005						
		采矿用地（盐田）	盐碱地	沼泽地	住宅用地	滩涂	养殖池	水浇地
养殖池	面积	71 229	50 061 274	398 157	0	50 493 342	108 418 523	858 519
	转移率	0.04	29.18	0.23	0	29.43	63.19	0.50
水浇地	面积	14 743	65 714	10 384 975	3 821 735	0	3 676 120	25 288 295
	转移率	0.01	0.06	10.16	0.23	0	3.60	24.74

注：数据单位为m^2，转移率单位为%

分析2004～2005年湿地类型转移矩阵表（表8-1），得到2004～2005年东营羊角沟地区湿地类型转化的情况：盐田的增加部分主要来自盐碱地的转化，面积为4.14 km^2；盐田中有16.08%的面积转化为盐碱地。盐碱地的增加主要来自养殖池和滩涂的转化，转化面积分别为50.06 km^2和47.8 km^2；而同时盐碱地中有8.53%转为滩涂。沼泽地的增加主要来自水浇地，转化面积为10.38 km^2，沼泽地中有23.42%转化为养殖池。住宅用地的增加主要是水浇地的转化，分别为3.82 km^2；住宅用地中有15.02%转化为水浇地。滩涂增加主要是养殖池的转化，面积为50.49 km^2；滩涂中有33.49%的面积转化为盐碱地。养殖池的增加部分是由滩涂和沼泽地转化来的，养殖池中有29.18%转化为盐碱地，15.68%的面积转化为住宅用地。水浇地的增加部分是由盐碱地和住宅用地转化来的，面积分别为4.13 km^2和7.41 km^2；水浇地中有10.16%的面积转化为沼泽地。

分析2005～2009年湿地类型转移矩阵表（表8-2）得到：盐田的增加部分主要来自盐碱地和养殖池的转化，分别为20.5 km^2和0.63 km^2；盐田中有0.58%的面积转化为盐碱地，总体转化的比较少。盐碱地的增加主要来自养殖池和滩涂的转化，转化面积分别为14.5 km^2和47.8 km^2；而同时盐碱地中有20.41%转化为滩涂，26.97%转为养殖池。沼泽地的增加主要来自养殖池，转化面积为11 km^2，而它几乎没有向其他类型转化。住宅用地的增加主要是水浇地和沼泽地的转化，分别为114.77 km^2和9.19 km^2；住宅用地中有17.56%转化为水浇地。滩涂增加主要是盐碱地的转化，面积为39.41 km^2；滩涂中有85.56%的面积转化为盐碱地。养殖池的增加部分是由盐碱地转化来的，养殖池中有15.68%转化为住宅用地。水浇地的增加部分是由沼泽地转化来的，面积分别为11.76 km^2；水浇地中有9.22%的面积转化为住宅用地。

表8-2　2005～2009年湿地类型转移矩阵

2005		2009						
		采矿用地（盐田）	盐碱地	沼泽地	住宅用地	滩涂	养殖池	水浇地
采矿用地（盐田）	面积	64 736 658	4 133 583	2 385	225 300	88 650	71 229	14 743
	转移率	90.62	0.58	0.003	0.32	0.12	0.10	0.02
盐碱地	面积	20 507 655	48 350 131	5 353 450	1 252 439	39 416 473	52 076 812	20 448
	转移率	10.62	25.04	2.77	0.65	20.41	26.97	0.01
沼泽地	面积	157 728	4 529 746	9 767 335	9 190 042	467 882	377 001	11 764 314
	转移率	0.02	0.51	1.11	1.04	0.05	0.93	1.33
住宅用地	面积	0	4 560	557 280	7 764 466	487 444	0.04	3 821 735
	转移率	0	0.02	2.56	35.65	2.24	0	17.55
滩涂	面积	61 487	47 758 787	3 905 297	17	36 971 158	650 224	0
	转移率	0.11	85.56	7.00	3.05E−05	55.76	28.38	0
养殖池	面积	632 210	14 494 602	10 954 318	65 094	3 023 297	89 906 611	2 786 545
	转移率	3.36	1.09	0.92	15.68	2.61	66.24	4.99
水浇地	面积	0	4 128 217	6 026 832	1 147 682	60 774	858 519	29 815 359
	转移率	0	3.32	4.84	89.22	0.05	0.69	23.95

注：数据单位为km^2，转移率单位为%

（二）海岸线的变化与分析

由于研究区位于黄河三角洲的黄河入海口，是河水与海水交汇最为剧烈的地区，加上近年来受到人为活动的强烈干扰，其岸线变化比较复杂。黄河三角洲海岸线发生淤进、蚀退等现象具有普遍性。黄河三角洲由于泥沙来源特别丰富，数量又特别大，泥沙组成又比较细，使三角洲海岸线变化又快又频繁。黄河来水来沙是黄河三角洲形成的物质基础，也是决定黄河三角洲海岸线演变的基本因素。行水期黄河三角洲岸线一般以淤进造陆为主，个别年份来沙量少时也出现造陆负增长。同时，黄河三角洲岸段在河口改道完全断绝泥沙来源后，岸线侵蚀十分强烈。由图8-5可知，2005年海岸线的蚀退可能是由于拍照时正好处于海平面上升的时候。而之后由于大量修闸建库，使得入海水量减少，从而减少了入海的泥沙量，造成人工海岸线的蚀退。在研究区，从2004～2005年海岸线蚀退的面积为1 741.71 hm^2（图8-8）。

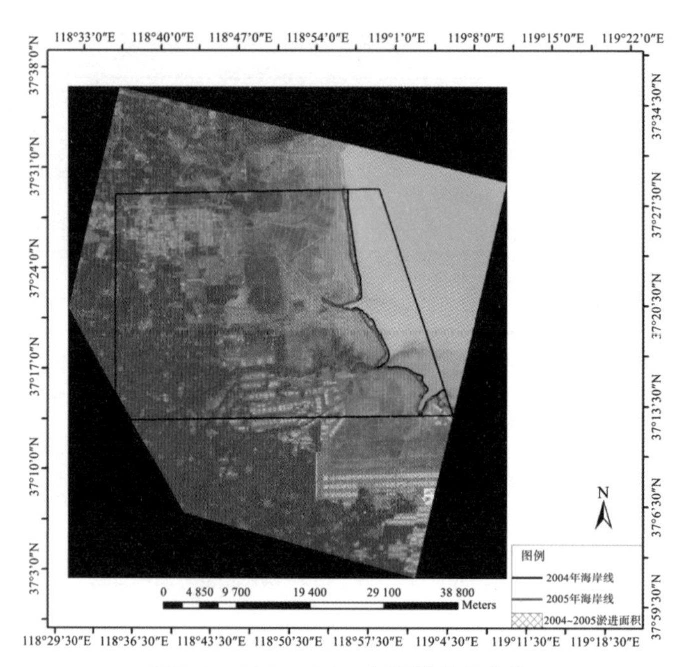

图8-8　2004～2005年海岸线的变化

而2005～2009年海岸线淤进的面积为5 166.73 hm^2。在黄河三角洲地区，造成海岸线不断向海扩张的主要原因是黄河携泥沙不断向渤海推进，泥沙都淤积在中下游形成地上悬河，黄河到了中下游地势变得低平，河水流速变缓，由于黄河上中游流过黄土高原，携带了大量泥沙，水流流速变缓，使大量泥沙淤积，形成地上悬河，而且黄河径流量小，因此黄河水中的泥沙沉淀在入海口变成陆地（图8-9）。

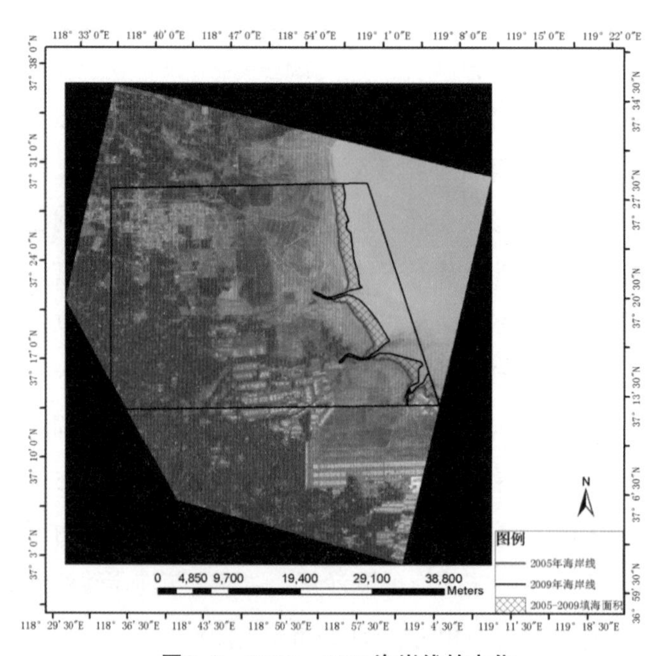

图8-9　2005～2009海岸线的变化

（三）湿地景观格局指标值变化特征分析

计算黄河三角洲地区现状的景观指数可以帮助理解和评价该地区的景观现状和湿地景观格局，对不同时段的景观指数的计算还可以了解分析出该地区景观格局变化和土地利用演变的趋势，分析发生这些变化的驱动因子和发展趋势，为之后的规划提供参考。总之，对景观格局的分析有助于增加对规划区景观的理解程度，然后可以通过组合或引入新的景观要素来调整或构建新的景观结构，以增加景观异质性和稳定性。将该区域的湿地类型图在ArcMap里空间分析模块下生成30 m × 30 m的栅格数据，借助FRASTATS软件对研究区域进行计算获取该区景观空间格局的动态特征。

1. 景观类型面积

由景观类型面积特征表（表8-3）可知，2004年各景观类型面积的排列顺序为：水浇地>养殖池>盐碱地>滩涂>水面>采矿用地-盐田>住宅用地>沼泽地>公路用地，2005年各景观类型面积的排列顺序为：水浇地>盐碱地>养殖池>水面>采矿用地-盐田>滩涂>沼泽地>住宅用地>公路用地。2009年各景观类型面积的排列顺序为：水浇地>养殖池>滩涂>水面>盐碱地>采矿用地-盐田>住宅用地>沼泽地>公路用地。说明水浇地、养殖池和盐碱地占据主导地位，而公路用地和沼泽地等占据较小的比例，其中，水浇地的景观类型面积最大，而公路用地的景观类型面积最小。由此可知以水浇地、盐碱地和养殖池等湿地景观类型拼块作为聚居地的物种在丰度、数量、食物链及次生物种的繁殖等方面占优势。而以公路用地和沼泽地等湿地景观类型拼块作为聚居地的物种在丰度、数量、食物链及次生物种的繁殖等方面占劣势。

表8-3　各景观类型面积（hm^2）

景观类型	2004年	2005年	2009年
滩涂（T_1）	13 039.01	5 581.66	14 732.11
养殖池（T_2）	17 152.65	14 807.18	15 701.13
水面（T_3）	11 162.79	11 252.25	13 131.81
沼泽地（T_4）	4 049.28	4 824.94	5 942.97
水浇地（T_5）	25 429.23	26 779.66	26 023.68
公路用地（T_6）	801.18	527.73	686.34
住宅用地（T_7）	5 141.07	3 053.45	6 345.99
盐碱地（T_8）	14 091.48	26 364.93	13 098.51
采矿用地-盐田（T_9）	8 697.42	7 143.25	9 385.56

不同类型面积的大小能够反映出其间物种、能量和养分等信息流的差异，一般来说，一个拼块中能量和矿物养分的总量与其面积成正比；为了理解和管理景观，我们往往需要了解拼块的面积大小。

2. 拼块个数

由表8-4可知，2004年各景观类型的拼块个数排列顺序为：公路用地>水面>住宅用地>水浇地>盐碱地>采矿用地-盐田>沼泽地>养殖池>滩涂；2005年各景观类型的拼块个数排列顺序为：公路用地>水面>住宅用地>盐碱地>采矿用地-盐田>水浇地>沼泽地>养殖池>滩涂；2009年各景观类型的拼块个数排列顺序为：公路用地>水面>住宅用地>水浇地>盐碱地>采矿用地-盐田>沼泽地>养殖池>滩涂。公路用地、水面和住宅用地的拼块个数较大，而养殖池和滩涂等的拼块个数较小，其中拼块个数最多的为公路用地，而拼块个数最少的为滩涂。说明公路用地、水面和住宅用地的拼块数目多，当景观格局分布比较分散时，对某些干扰的蔓延（虫灾、火灾等）有抑制作用，而养殖池和滩涂的拼块数目少，当景观格局分布比较聚集时，对某些干扰的蔓延（虫灾、火灾等）有促进作用。

表8-4　各景观类型的拼块个数

景观类型	2004年	2005年	2009年
滩涂（T_1）	20	11	16
养殖池（T_2）	25	12	23
水面（T_3）	187	92	189
沼泽地（T_4）	40	21	38
水浇地（T_5）	125	24	109
公路用地（T_6）	256	104	236
住宅用地（T_7）	167	66	154
盐碱地（T_8）	110	40	104
采矿用地-盐田（T_9）	53	35	53

拼块个数反映景观的空间格局，经常被用来描述整个景观的异质性，其值的大小与景观的破碎度也有很好的正相关性。公路用地、水面和盐碱地等的拼块数目较大，故景观破碎度较大，而养殖池和滩涂等的拼块数目较小，因此景观破碎度较小。拼块个数对许多生态过程都有影响，如可以决定景观中各种物种及其次生种的空间分布特征；改变物种间相互作用和协同共生的稳定性。

3. 拼块所占景观面积的比例

由表8–5可知：2004年各景观类型的拼块所占景观面积的比例排序为：水浇地>养殖池>盐碱地>滩涂>水面>采矿用地–盐田>住宅用地>沼泽地>公路用地；2005年各景观类型的拼块所占景观面积的比例排序为：水浇地>盐碱地>养殖池>水面>采矿用地–盐田>滩涂>沼泽地>住宅用地>公路用地；2009年各景观类型的拼块所占景观面积的比例排序为：水浇地>养殖池>滩涂>水面>盐碱地>采矿用地–盐田>住宅用地>沼泽地>公路用地。水浇地和养殖池等湿地景观的拼块所占景观面积的比例较大，而公路用地、沼泽地和住宅用地等湿地景观的拼块所占景观面积的比例较小，其中拼块所占景观面积的比例最大的是水浇地，是研究区域的景观基质，控制着整个区域的物流和能量流动，其次，拼块所占景观面积的比例最小的是公路用地。由于拼块所占景观面积的比例计算的是某一拼块类型占整个景观的面积的相对比例，因而是帮助我们确定优势景观元素的依据之一；也是决定景观中的生物多样性、优势种和数量等生态系统指标的重要因素。由此说明水浇地、养殖池和盐碱地等湿地景观占据主导地位，而公路用地、沼泽地和住宅用地等湿地景观处于支配地位，形成以水浇地和养殖池为主体的，公路用地和沼泽地等其他景观类型镶嵌分布的景观格局。这主要与保护区的性质、当地人口数量及经济发展程度有关。

表8–5　各景观类型的拼块所占景观面积的比例

景观类型	2004年	2005年	2009年
滩涂（T_1）	13.9603	5.5559	13.1978
养殖池（T_2）	17.0564	14.7702	15.0903
水面（T_3）	11.1002	11.2281	12.6209
沼泽地（T_4）	4.0266	4.8174	5.7118
水浇地（T_5）	25.2866	26.6662	25.0112
公路用地（T_6）	0.7967	0.5346	0.6596
住宅用地（T_7）	5.1122	3.0425	6.0991
盐碱地（T_8）	14.0124	26.2756	12.5889
采矿用地–盐田（T_9）	8.6486	7.1094	9.0204

4. 最大拼块所占景观面积的比例

由表8-6可知，2004年景观类型的最大拼块所占景观面积的比例的排列顺序为：水浇地>滩涂>养殖池>水面>盐碱地>采矿用地-盐田>沼泽地>住宅用地>公路用地；2005年景观类型的最大拼块所占景观面积的比例的排列顺序为：水浇地>养殖池>盐碱地>水面>滩涂>采矿用地-盐田>住宅用地>沼泽地>公路用地；2009年景观类型的最大拼块所占景观面积的比例的排列顺序为：水浇地>滩涂>水面>养殖池>盐碱地>采矿用地-盐田>沼泽地>住宅用地>公路用地。最大拼块所占景观面积的比例的大小决定着景观中的优势种、内部种的丰度等生态特征；其值的变化可以改变干扰的强度和频率，反映人类活动的方向和强弱。而水浇地、养殖池和滩涂等湿地景观的最大拼块所占景观面积的比例较大，而公路用地、住宅用地和沼泽地等湿地景观的最大拼块所占景观面积的比例较小。由此说明水浇地、养殖池和滩涂是区域湿地景观中的优势类型，公路用地、住宅用地和沼泽地是区域湿地景观中处于劣势。

表8-6　各景观类型的最大拼块所占景观面积的比例

景观类型	2004年	2005年	2009年
滩涂（T_1）	6.167 8	1.817 1	6.398 7
养殖池（T_2）	5.697 2	7.368 7	3.762 9
水面（T_3）	4.170 4	3.739 1	4.014 9
沼泽地（T_4）	2.340 4	0.998 8	1.936 4
水浇地（T_5）	6.954 8	9.357 9	8.889 8
公路用地（T_6）	0.318 8	0.301 1	0.311 9
住宅用地（T_7）	1.004 0	1.200 8	0.859 1
盐碱地（T_8）	3.356 3	5.912 5	3.076 7
采矿用地-盐田（T_9）	2.466 8	1.774 5	2.769 2

5. 景观形状指数

景观形状指数反映景观空间格局的复杂程度。由表8-7可知：2004年各景观类型的景观形状指数的排列顺序为：公路用地>水面>水浇地>盐碱地>住宅用地>滩涂>沼泽地>采矿用地-盐田>养殖池；2005年各景观类型的景观形状指数的排列顺序为：水面>盐碱地>公路用地>水浇地>采矿用地-盐田>沼泽地>滩涂>养殖池>住宅用地；2009年各景观类型的景观形状指数的排列顺序为：公路用地>水面>水浇地>盐碱地>住宅用地>沼泽地>采矿用地-盐田>滩涂>养殖池。其中，水面和公路用地的景观形状指数较大，而养殖池的景观形状指数较小。

从2004年和2005年两期数据来看，2005年各景观类型的景观形状指数较小，表明2005年景观整体的边界形状趋于简单，说明随着人类对土地的开发利用，土地利用的复杂度逐渐降低，拼块趋于规则化和简单化。从2005年和2009年两期数据来看，2009年各景观类型的景观形状指数较大，表明2009年景观整体的边界形状趋于复杂，说明随着人类对土地的开发利用，土地利用的复杂度逐渐增加，斑块趋于不规则和复杂化。由于受人类活动影响较大的景观长期受到干扰，斑块边界变得不规则，造成斑块形状趋向不规则化和复杂化，因此，河流、坑塘和盐碱地的形状指数较大。

表8-7　各景观类型的景观形状指数

景观类型	2004年	2005年	2009年
滩涂（T_1）	8.972 2	5.570 0	6.849 1
养殖池（T_2）	5.960 0	5.103 1	6.523 9
水面（T_3）	19.778 7	19.060 9	19.020 9
沼泽地（T_4）	8.767 1	6.743 2	9.688 7
水浇地（T_5）	16.838 3	9.341 1	16.737 9
公路用地（T_6）	34.010 6	9.524 6	35.811 4
住宅用地（T_7）	16.050 1	3.883 2	15.276 3
盐碱地（T_8）	16.434 3	12.983 6	15.758 8
采矿用地-盐田（T_9）	8.744 4	8.736 9	8.877 7

6. 聚集度

聚集度反映景观中不同斑块类型的非随机性或聚集程度。AI=0，斑块类型极度分散；AI值越大，不同类型斑块越聚集；AI=100，不同类型斑块聚集成一体。由表8-8可知，2004年各景观类型的聚集度排列顺序为：养殖池>滩涂>采矿用地-盐田>水浇地>沼泽地>盐碱地>水面>住宅用地>公路用地；2005年各景观类型的聚集度排列顺序为：养殖池>水浇地>住宅用地>滩涂>盐碱地>沼泽地>采矿用地-盐田>水面>公路用地；2009年各景观类型的聚集度排列顺序为：养殖池>滩涂>采矿用地-盐田>水浇地>沼泽地>盐碱地>水面>住宅用地>公路用地。其中，养殖池的聚集度最大，公路用地的聚集度最小。说明养殖池分布则以聚集分布，公路用地分布相对分散。景观的聚集程度影响着区域土地的退化或恢复趋势及自我恢复能力和人类干预治理的难易程度。从

2004年和2005年的两期数据来看，滩涂、养殖池、水面和采矿用地-盐田的聚集度较2004年有所减少，说明这四类景观在2004年到2005年间趋于分散分布；而其他五类景观的聚集度相比2004年有所增加，说明在2004年到2005年间沼泽地、水浇地、公路用地、住宅用地和盐碱地等五类景观趋于聚集。从2005年和2009年的两期数据来看，滩涂、水面和采矿用地-盐田的聚集度相比2005年有所增加，说明在2004年到2009年间这三类景观趋于聚集分布；其他六类景观相比2005年有所减少，说明在2004年到2009年间养殖池、沼泽地、水浇地、公路用地、盐碱地和住宅用地等六类景观趋于分散分布。

表8-8　各景观类型的聚集度

景观类型	2004年	2005年	2009年
滩涂（T_1）	97.976 1	97.650 7	98.497 3
养殖池（T_2）	98.860 1	98.710 5	98.673 3
水面（T_3）	94.647 8	93.486 9	95.269 6
沼泽地（T_4）	96.314 2	96.827 7	96.605 1
水浇地（T_5）	97.012 2	98.052 7	97.066 3
公路用地（T_6）	64.581 3	85.698 6	59.594 1
住宅用地（T_7）	93.663 4	97.992 3	94.593 9
盐碱地（T_8）	96.086 5	97.180 6	96.121 1
采矿用地-盐田（T_9）	97.499 7	96.399 8	97.552 4

7. 景观破碎度

景观破碎度是表征景观被分割的破碎程度，反映景观空间结构的复杂性，在一定程度上反映了人类对景观的干扰程度。由表8-9可知，2004年各景观类型的破碎度指数的排列顺序为：滩涂>水浇地>公路用地>水浇地>沼泽地>盐碱地>住宅用地>养殖池>采矿用地-盐田；2005年各景观类型的破碎度指数的排列顺序为：水面>采矿用地-盐田>沼泽地>住宅用地>盐碱地>养殖池>水浇地>滩涂>公路用地；2009年各景观类型的破碎度指数的排列顺序为：滩涂>水浇地>公路用地>水面>沼泽地>盐碱地>养殖池>住宅用地>采矿用地-盐田。其中，2004年和2009年滩涂的景观破碎度最大，其次为水浇地，采矿用地-盐田的景观破碎度最小。说明滩涂和水浇地变化所产生的土地覆盖类型，受到人类的干扰影响较大，造成分布较零散，拼块数目增加，破碎化程度较大；采矿用地-盐田景观拼块分布趋向集中，以大规模的形式存在，构成区域的控制性生态景观，破碎度小。而2005年水面的景观破碎度最大，公路用地的景观破碎度最小。说明水面变化所产生的土地覆盖类型，受到人类的干扰影响较大，造成分布较零散，拼块数目增加，破碎化程度较大；公路用地景观拼块分布趋向集中，以大规模的形式存在，构成区域的控制性生态景观，破碎度小。

表8-9　各景观类型的破碎度指数

景观类型	2004年	2005年	2009年
滩涂（T_1）	1.099 7	0.824 0	1.112 7
养殖池（T_2）	1.054 1	0.847 6	1.061 8
水面（T_3）	1.091 2	0.913 2	1.086 7
沼泽地（T_4）	1.076 8	0.896 2	1.077 7
水浇地（T_5）	1.083 8	0.839 9	1.093 5
公路用地（T_6）	1.088 1	0.665 2	1.088 5
住宅用地（T_7）	1.054 4	0.884 9	1.056 9
盐碱地（T_8）	1.072 4	0.858 6	1.067 7
采矿用地-盐田（T_9）	1.052 1	0.901 0	1.051 0

8. 分维数

2004年各景观类型的分维数排列顺序为：公路用地>水面>沼泽地>水浇地>盐碱地>滩涂>住宅用地>采矿用地-盐田>养殖池；2004年各景观类型的分维数排列顺序为：盐碱地>水面>采矿用地-盐田>水浇地>沼泽地>养殖池>滩涂；2009年各景观类型的分维数排列顺序为：公路用地>水面>沼泽地>水浇地>采矿用地-盐田>盐碱地>住宅用地>滩涂>养殖池。分维数可用于确定和保持现有斑块形状的景观过程，同时，分维数还可以用来辨别景观斑块是受自然调节还是人为影响下的产物。分维数越大，表明受到的人为干扰较小，景观斑块的几何形状比较复杂；分维数越小，受人类活动的影响也越大，景观斑块的几何形状越简单。因此，通过斑块形状分维数高低可以反映出人类活动对景观斑块的影响程度。

从表8-10看出，公路用地的分维数最大，养殖池的分维数最小。公路用地的分维数最大，表明公路用地景观要素拼块形状动态变化趋于复杂化和不规则化，表明这种景观受人类活动影响大或是人工景观，使景观处于发展过程中；养殖池景观的分维数最小，表明是受到人为开垦养虾池塘等活动的影响，促使其形状有不规则呈现出规则化，造成区域内生态环境恶化。

2005年分维数较2004年有所增加，说明该时期土地利用的复杂程度逐步减少，拼块边界形状的复杂性也逐渐减少。2009年分维数较2005年有所增加，说明该时期土地利用的复杂程度逐步增大，斑块边界形状的复杂性也逐渐增大。景观的分维数在1.6以下，说明景观形状规则，有利于景观的利用和管理，为进一步提高该地区生态提供了很好的基础。但是需要指出的是：分维数的高低并不能完全反映人为活动对景观的干扰程度，因为决定拼块分维数的，除了人为因素外，还有地形、地貌和其他自然条件。

表8-10　各景观类型的分维数

景观类型	2004年	2005年	2009年
滩涂（T_1）	1.265 2	1.092 0	1.218 7
养殖池（T_2）	1.166 6	1.116 3	1.187 3
水面（T_3）	1.423 8	1.455 4	1.396 3
沼泽地（T_4）	1.326 2	1.247 1	1.355 4
水浇地（T_5）	1.312 1	1.304 8	1.317 1
公路用地（T_6）	1.686 3	—	1.701 8
住宅用地（T_7）	1.259 4	—	1.241 5
盐碱地（T_8）	1.281 5	1.471 7	1.277 5
采矿用地-盐田（T_9）	1.252 5	1.334 8	1.291 2

9. 景观异质性指数分析

景观丰度（PR）反映景观祖坟以及空间异质性的关键指标之一，并对许多生产过程产生影响。景观类型多样性（SHDI）是指景观类型的丰富度和复杂度，反映不同的景观类型在景观中所占面积的比例和类型的多少。景观的均匀指数（SHEI）侧重表现各景观单元的均匀程度。蔓延度指数（CONTAG）：描述景观里不同斑块类型的团聚程度或延展趋势。理论上，CONTAG值较小时表明景观中存在许多小斑块；趋于100时表明景观中有连通度极高的优势斑块类型存在。从表8-11可以看出：三期的景观丰度值均为9，说明景观丰度与物种丰度之间存在很好的正相关性，特别是对于那些生存需要多种生境条件的物种来说物种丰度就显得格外重要。2004年和2005年两期数据中景观多样性和景观均匀度呈现递减，蔓延度指数增加，从侧面反映了各景观类型所占比例的差异增大，景观异质性较高，不利于该生态系统的稳定。蔓延度指数分别为50.53和53.77，说明景观是具有多种要素的密集格局，景观的破碎化程度较高。而2005年和2009年两期数据中景观多样性和景观均匀度呈现递增，蔓延度指数减少，从侧面反映了各景观类型所占比例的差异较多，景观异质性较低，有利于该生态系统的稳定。蔓延度指数分别为53.77和49.95，说明景观是具有多种要素的密集格局，景观的破碎化程度较高。这主要是由于加强管理人类活动范围和活动干扰的剧烈程度，促使土地利用趋于多样化和均匀化，但完整性较差，引起景观内部空间格局的改变。景观单元的信息含量和信息的不定性较大，容易造成景观格局趋向复杂化。

表8-11 景观异质性比较

景观指数	2004年	2005年	2009年
景观丰度	9	9	9
蔓延度指数	50.53	53.77	49.95
多样性指数	1.975 1	1.860 5	2.005 6
均匀度指数	0.898 9	0.846 8	0.912 8

10. 湿地景观格局变化的驱动因素分析

黄河三角洲湿地的景观格局时空变化同时受着自然过程和人为活动两种不同性质的驱动力的影响。就自然因素而言，河口泥沙沉积使自然湿地向海淤涨，带动整个湿地景观向海推演以及海退导致的湿地环境因子的变化，这种强烈的海陆作用在较大的时空尺度下构成区域地质历史背景，是景观格局变化的内在驱动力。同时黄河三角洲地区的气温和降雨量等气候变化也是导致湿地类型变化的因素。另一方面，近年来随着人口数量的急剧增长，大量的自然湿地在人类活动的干扰下被逐渐开垦为经济效益较大的人工湿地或人工景观。研究区域中的石油开采和农业开发等活动是影响湿地生态系统退化的重要原因。近现代人类的经济活动及区域开发历史作为一种人类外在的胁迫因子叠加于自然因子之上，加快了湿地环境演变的进程，并使之逐渐偏离原来的自然演化轨迹。

（四）结论

通过对2004年、2005年和2009年三个年份的景观格局变化情况分析可知，该地区湿地景观类型变化比较显著，人为干扰强烈大量天然湿地在人类活动干扰下演变为人工湿地。养殖区、水浇地湿地等人工湿地景观类型面积得到了明显的增加。对于整个研究区变化而言，该区域湿地景观的景观多样性指数和均匀度指数都有一定的上升，表明该区域湿地景观异质程度上升，整体景观类型呈现均衡化方向发展的趋势。

面对人工海岸线的不断变化，为了保证现行各行各业的健康发展，应加大工程投入，建设和巩固现有堤坝，加强对岸滩开发和区域水资源的管理，同时要加大教育和宣传的力度，加大为地区防灾减灾而进行的环境科研投入。

在研究期间，研究区的景观空间格局发生的变化，除了受地形条件和自然灾害等影响外，还受人口增长、城乡建设以及社会政治经济因素等的影响。若相关部门共同努力，研究区景观空间格局会更趋合理化，从而做到土地的合理开发与保护并重，实现土地资源的永续利用和区域可持续发展。

第二节　工具种筛选与安全性分析

一、工具种筛选

（一）研究目的

以莱州湾西岸人工岸段为研究示范区，基于对主要工具种的生态修复功能评价分析，进行工具种的筛选，为后期修复工具种在岸段的修复试验提供依据。

（二）技术路线

通过前期对莱州湾示范岸段生态环境调查的结果，掌握该区域土壤、气候、水动力等各种环境条件以及生物分布现状，结合文献研究及历年调查资料，对该区域以及与该区域相似环境下的常见物种进行调查，分析各物种的丰度、生物量、时空分布等情况。在此基础上，筛选出可能成为修复工具种的生物种类，然后通过专家打分法对修复工具种进行初步筛选。

（三）工具种的调查

对项目区及附近环境条件相似的区域的潮间带进行了生物种类调查，并结合往年调查结果以及文献资料，初步确定可以作为修复工具种的种类范围，植物种类如表8-12，动物种类如表8-13所示。

（四）工具种的初步筛选

1. 修复工具种筛选原则

为了筛选出适宜研究岸段的功能生物，制定了修复工具种筛选原则。

（1）修复工具种应与参照系统中物种相同或相似，修复工具种组合应与参照系统生物群落结构相同或相似；修复工具种尽量来源于当地物种，修复工具种组合最大程度上由当地物种组成。

（2）修复工具种能够适应生态系统（区域）的物理环境，修复后能够维持种群繁殖、稳定和发展；修复工具种组合未超出生态系统（区域）的环境承载力。

（3）修复工具种具有种群自我维持能力；修复工具种组合具有自我维持能力。

（4）修复工具种对可预测的环境压力具有抵抗力；修复工具种组合对可预测的环境压力具有抵抗力。

（5）修复工具种对生态系统的功能恢复和维持具有促进作用；修复工具种组合对生态系统的功能恢复和维持具有促进作用。

（6）修复工具种能够与周围环境进行生物和非生物交流；修复工具种组合能够与周围环境整合为大的生态场和景观。

（7）修复工具种对生态系统健康和整合性具有促进作用；修复工具种组合对生态系统健康和整合性具有促进作用。

（8）修复工具种能够人工获得足够的种质资源，具有可行的种群恢复技术；修复工具种组合具有可行的群落构建技术。

（9）修复工具种符合经济可行原则；修复工具种组合符合经济可行原则。

（10）修复工具种种群具有视觉美学和景观功能；修复工具种组合具有视觉美学和景观功能。

表8-12　研究区域及附近相似环境下植物种类及所属科和属

种名	科	属
芦苇（*Phragmites australis*）	禾本科（Gramineae）	芦苇属（*Phragmites*）
罗布麻（*Apocynum venetum*）	夹竹桃科（Apocynaceae）	夹竹桃（*Apocynaceae*）
孔石莼（*Ulva pertusa*）	石莼科（Ulvaceae）	石莼属（*Ulva*）
鼠尾藻（*Sargassum thunbergii*）	马尾藻科（Sarassum）	马尾藻属（*Sargasssum*）
盐地碱蓬（*Suaeda salsa*）	藜科（Chenopodiaceae）	盐地碱蓬属（*Suaeda*）
荻（*Triarrhena sacchariflora*）	禾本科（Gramineae）	荻属（*Triarrhena*）
大叶藻（*Zostera marina* L.）	大叶藻科（Zosteraceae）	大叶藻属（*Zostera*）
甘蒙柽柳（*Tamarix austromongolica*）	柽柳科（Tamaricaceae）	柽柳属（*Tamarix*）
中国柽柳（*Tamarix chinensis*）	柽柳科（Tamaricaceae）	柽柳属（*Tamarix*）
白茅（*Imperata cylindrica*）	禾本科（Gramineae）	白茅属（*Imperata*）

表8-13 研究区及附近相似环境下动物种类及所属科和属

种名	科	属
双齿围沙蚕（*Perinereis aibuhitensis*）	沙蚕科（Nereidae）	围沙蚕属（*Perinereis*）
毛蚶（*Scapharca subcrenata*）	蚶科（Arcidae）	毛蚶属（*Scapharca*）
文蛤（*Meretrix meretrix Linnaeus*）	帘蛤科（Veneridae）	文蛤属（*meretrix*）
四角蛤蜊（*Mactra veneriformis*）	蛤蜊科（Mactride）	蛤蜊属（*mactra*）
缢蛏（*Sinonovacula constricta*）	竹蛏科（Solenidae）	缢蛏属（*Sinonovacula*）
齿吻沙蚕（*Nephtys* sp.）	齿吻沙蚕科（Nephtyidae）	齿吻沙蚕属（*Nephtys*）
日本大眼蟹（*Macrophthalmus japonicus*）	沙蟹科 Ocypodidae	大眼蟹属（*Macrophthalmus*）
日本刺沙蚕（*Neanthes japonica*）	沙蚕科（Nereidae）	刺沙蚕属（*Neanthes*）

2. 修复工具种筛选打分标准

采用专家打分法对生物种类进行了排序，筛选得分靠前的几种作为修复工具种。筛选标准分为三大项，十小项，每一小项10分，总分100。分值取平均值（表8-14）。

表8-14 修复物种筛选打分标准

项目编号	标准名称	包含的筛选原则	分值
Ⅰ	修复工具种环境适应性及种群繁殖发展能力	原则1、2、3、4	40
Ⅱ	修复工具种的生态功能性	原则5、6、7	30
Ⅲ	修复工具种的修复技术、经济可行性及景观价值	原则8、9、0	30

3. 修复工具种得分排名情况（表8-15、表8-16）

表8-15 植物种类得分排名

种名	项目Ⅰ	项目Ⅱ	项目Ⅲ	总分	排名
芦苇（*Phragmites australis*）	36	28	28	92	1
盐地碱蓬（*Suaeda salsa*）	38	26	28	92	2
大叶藻（*Zostera marina*）	36	28	26	90	3
罗布麻（*Apocynum venetum*）	30	25	28	83	4
孔石莼（*Ulva pertusa*）	28	26	27	81	5

续　表

种名	项目Ⅰ	项目Ⅱ	项目Ⅲ	总分	排名
中国柽柳（*Tamarix chinensis*）	26	26	26	78	6
鼠尾藻（*Sargassum thunbergii*）	29	26	23	78	7
荻（*Triarrhena sacchariflora*）	30	23	23	76	8
甘蒙柽柳（Tamarix austromongolica）	32	19	22	73	9
白茅（Imperata cylindrica）	26	18	22	66	10

表8-16　动物种类得分排名

种名	项目Ⅰ	项目Ⅱ	项目Ⅲ	得分	排名
双齿围沙蚕（*Perinereis aibuhitensis*）	38	28	28	94	1
毛蚶（*Scapharca subcrenata*）	36	27	29	92	2
齿吻沙蚕（*Nephtys* sp.）	33	27	27	87	3
日本刺沙蚕（*Neanthes japonica*）	30	27	26	83	4
文蛤（*Meretrix meretrix Linnaeus*）	26	26	23	75	5
缢蛏（*Sinonovacula constricta*）	25	23	24	72	6
四角蛤蜊（*Mactra veneriformis*）	30	20	20	70	7
日本大眼蟹（*Macrophthalmus japonicus*）	31	21	17	69	8

4. 修复工具种筛选结果

根据打分排名情况并结合岸段生态环境现状，充分考虑相关专家指导意见，初步筛选出双齿围沙蚕、毛蚶、大叶藻、翅碱蓬、芦苇作为人工岸段的修复工具种。

（五）工具种筛选依据综述

1. 双齿围沙蚕

沙蚕（图8-10）是海洋中极为常见的多毛刚动物类群，是一种栖息于海陆交错带、具有重要生态学意义的无脊椎动物。沙蚕是鱼类和其他食肉动物的饵料，是海洋生物资源的重要组成部分，也是海洋中亟待开发保护和利用的对象。沙蚕具有生长迅速，营养丰富等特点，在适温条件下，半年即可长成，并且抗逆性强，有很广泛的用途。近年来，人们开始将沙蚕用于生境修复。据统计，全球沙蚕科共计43属540多种。其中双齿围沙蚕（*Perinereis aibuhitensis*）属于环节动物门（Annelids），多毛纲（Polychaete），沙蚕目（Nereidida），沙蚕科

（Nereidae），围沙蚕属（*Perinereis*），体呈长蠕虫形，具有许多环节，是沙蚕属滩涂生物中的优势种，也是我国近海生态系统中底栖群落的重要物种，具有较高的经济价值和生态价值。双齿围沙蚕无论从地理分布上，还是养殖的易获量上，都是现阶段我国用于滩涂修复的优势种。

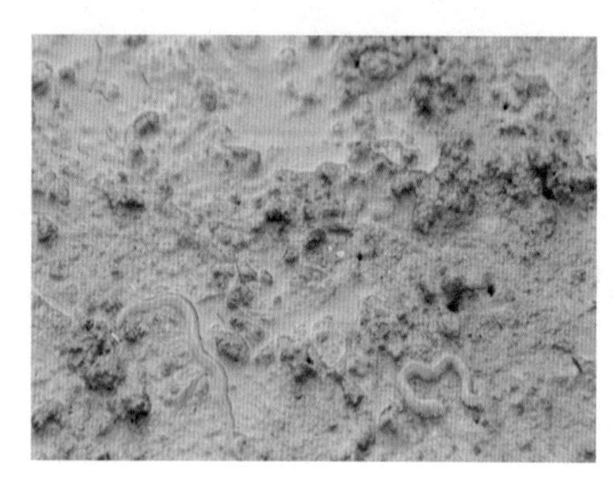
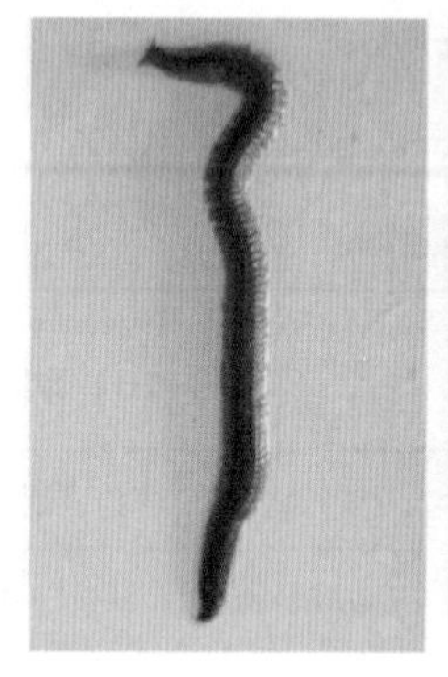
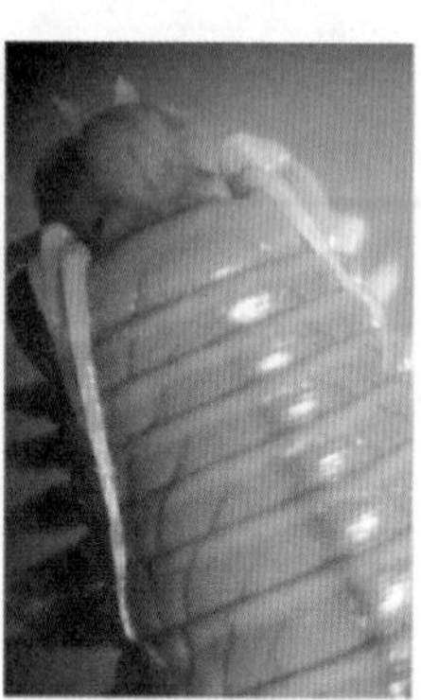

图8–10　沙蚕

沙蚕适宜于滩涂平坦、潮水涨退缓慢、软泥底质为主、富含有机质等的生境生长与繁育。底质为细软泥沙，颗粒大小适中，有机质适中，沙蚕分布广泛；而沉积物颗粒过粗或过细，有机质贫乏，沙蚕密度低或基本上无分布。沙蚕分布取决于许多因素，而底质、盐度是制约分布的主要因素，温度和水动力扰动也有重要作用。沉积物颗粒的大小与有机质含量是影响沙蚕分布数量和生物量的主要因子。沙蚕栖居在泥沙底质中，多掘穴成U形而暨身其中，随着潮水涨落而活动，幼体主要摄食低等藻类，底栖潜居后，则以腐屑和动植物碎片为生，对饵料条件要求不高，属偏动物食性的杂食动物，对温度和盐度的适应能力都比较强，适温范围为1℃～35℃，适宜盐度范围为1～37，属广温、广盐品种。莱州湾西岸研究区域（东营莱州湾岸段）邻近海域为天然泥沙底质海域，具体放流位置主要集中于0 m等深线以上高位滩涂及其附近海域；该区域内水流畅通，盐度变化范围为15～33，放流时水温变化范围为15℃～25℃。根据在研究区域内进行的沙蚕生境适宜性分析，研究区域内大部分区域都为高度适宜区域，为沙蚕的核心生境，其他区域也为沙蚕的中度适宜生境。因此，选取沙蚕为修复工具种完全能够适应生态系统（区域）的物理环境等，修复后能够维持种群繁殖、稳定和发展。

沙蚕是沿海潮间带生态系统中的主要类群，具有极其丰富的多样性，在近岸水域食物网的物质循环和能量流动中起重要的作用。由于沙蚕营底栖生活，其不但承受所在水环境的理化因子的影响，而且直接同底质相联系。杂食性的沙蚕可以摄食残饵、排泄物和动植物残体等有机物，起到减缓养殖池底污染物和病原体积累、改善养殖系统环境、减少疾病发生的作用。沙蚕在底层掘穴寻食的过程中所产生的生物扰动可增强沉积物与溶解氧的接触面，加快微小有机质的分解，同时也加快了底层N、P营养盐释放到上层水体中，促进上层浮游植物的繁殖，提高了水体初级生产力并增强氧的供应，也有利于养殖系统的稳定。沙蚕在水产养殖中对改善养殖水体环境和改良盐碱池底质有着重要的生态综合利用。同时在沙蚕混养模式中，利用沙蚕的生态价值，可以减少池塘里微生物大量恶性繁殖、水质恶化、疾病群发等的出现，而且沙蚕及幼体可以为混养的其他物种提供丰富的活体饵料，促进生长提高抗病力。沙蚕本身具有一种异常胺类结构的沙蚕毒素，有直接消毒除害的作用。沙蚕这类底栖腐食性生物能够促进系统的微循环，对养殖系统水环境起到一定的立体调控作用，并能够减少系统能量流失保持物质循环畅通。因此选取沙蚕为修复种能够促进修复生态系统的稳定和可持续发展，对生态系统的功能恢复和维持都具有促进作用。

沙蚕的自然资源相当丰富。沙蚕具有饵料少（投喂精料一般饵料系数为1）、生产成本低（只需养虾成本的1/5）、生产风险小等特点。沙蚕对生存条件要求不高，只要将海水荒滩简单围堤，就可放养，饲料粗杂，来源宽广，价格低廉。沙蚕种苗来源易得，便于推广，符合修复工具种的经济可行性原则。

对于莱州湾生态环境的污染主要包括有机污染、重金属污染等方面。据统计石油类排放量为2 600吨/年，油田排放含油废水和落地原油，港口设施排放污水，以及对虾养殖过程中所排放的污水都不可避免地加大了莱州湾的污染负荷。重金属是近海环境中最主要的污染物之一，沉积物被认为是海洋环境中重金属最终的蓄积地，海洋沉积物中重金属的空间分布特征能反映海域的污染状况。沙蚕种群分布的生境常有石油烃和多环芳烃（PAHs）污染，沙蚕种群可以对石油烃和多环芳烃表现出相当高的耐受能力，并且有一定的降解能力。并且沙蚕对重金属（尤其是Cd^{2+}）具有一定的耐受性，能在体内器官中蓄积，分析其体内的含量可以很好地反映出沉积物中重金属的污染状况。沙蚕在重金属的胁迫下体表能够分泌出黏液物质，且随着重金属浓度的增加，黏液量增加，该黏液组成一层保护膜，与重金属形成一种抗重金属胁迫的机制。沙蚕每日摄食处理沉积物的量至少相当于自身体重。

沙蚕生长在沿海和河口附近滩涂上，可以作为钓料，是鱼虾的天然饵料，同时也是美味佳肴，而且沙蚕本身就是一种海洋药物，已被用于提取沙蚕毒素等。生活在河口、近岸的一些多毛类，可作为天然的污染监测者。利用沙蚕作为环境保护监测水域污染的指示生物也已引起了世界各国有关方面的普遍重视。可见沙蚕的经济价值、营养价值、生态价值都十分明显。因此，在该研究区域湿地生态的修复工作中应优先考虑选取沙蚕作为修复工具种。

2. 毛蚶

毛蚶（*Scapharca subcrenata*，图8-11）隶属于软体动物门瓣鳃纲蚶目蚶科毛蚶属，肉质细嫩，味道鲜美，营养丰富，是我国沿海池塘、滩涂、浅海养殖的一种重要经济贝类。毛蚶生活于浅海水深20 m以内的软泥或含砂的泥质海底，栖息于稍有淡水流入的内湾和较平静的浅海，适宜比重在1.016～1.022 g/cm^{3}之间。毛蚶对温度适应范围广泛，在水温2～30℃的条件下均能生存，生长适宜温度为18℃～28℃。

图8-11　毛蚶

（1）毛蚶作为修复工具种属于当地物种。毛蚶在中国海区从南到北分布广泛，尤其以北部沿海海域资源丰富，如海州湾、渤海湾、辽东湾和莱州湾。但是，随着地区海洋经济的迅速发展，毛蚶的资源量明显下降。

（2）毛蚶能够促进修复生态系统稳定和可持续发展。作为底栖动物，毛蚶参与到海洋生态系统食物链的重要环节，在海洋生态系统的能量流动和物质循环中起着重要的作用。底栖动物的分布与海洋环境之间有着十分密切的关系，同时底栖动物分布的变化对环境具有指示作用，从而检测生态系统的稳定。贝类通过滤食和排泄将大量水层颗粒物排入海底，向海洋底层输送营养物质，促进底层生物繁殖，同时海底的沉积物通过物理作用回到水层中，这对营养盐的通量产生重要影响。

（3）毛蚶能够与周围环境进行生物和非生物交流，与其他贝类构成生态系统重要部分。贝类摄食对浮游植物的现存量具有下行控制作用。在海湾等水生生态系统内，即使是没有养殖的水域，双壳贝类也往往是滤食性生物的优势类群，它们的摄食活动被认为是导致浮游植物密度降低的主要原因之一，某种程度上可以控制水体富营养化进程。非生物方面，贝类通过摄食作用大量去除海水中颗粒有机物，贝类不能全部利用滤食的食物，部分以粪和假粪的形式形成生物沉积，增加了沉积物的积累。

对初级生产力的反馈促进作用：现场和室内研究均发现，贝类在通过摄食控制浮游植物现存量的同时，还会促进浮游植物的生产力，其内在机理包括：由于浮游植物细胞密度降低而使水下光照增加，摄食选择性导致生长较快的种类或细胞较大的浮游植物增多从而提高对数生长率，营养盐再循环利用速率增加，浮游植物细胞固定的营养盐减少而水中可利用的营养盐增加等。实验也证明，有滤食性贝类的围隔中浮游植物的生长速度较快，增加的初级生产力部分归因于增加的底层—水层无机氮释放速率。

（4）毛蚶能够人工获得足够的种质资源，具有可行的种群恢复技术，具有种群自我维持能力。毛蚶为雌雄异体，繁殖季节在7～8月份，毛蚶的生殖能力很强，不但性成熟年龄早，而且怀卵量大。二龄以上的毛蚶便具有生殖能力，仅十几毫米的雌蚶即可产卵繁殖。一般雄性个体比雌性个体性成熟早。雌蚶是间断性产卵，一次可排卵900多万粒。毛蚶的滩涂和筏式养殖技术成熟，幼苗容易获得，成本相对低廉，符合经济可行原则。

（5）毛蚶和大叶藻的组合对生态系统健康和整合性具有促进作用。海水中的颗粒物直接影响水体透明度，对大叶藻光合作用产生影响。贝类对颗粒物具有滤作用，将大量颗粒物沉降到水层，为大叶藻生长输送营养物质，同时提高水体透明度，有利于大叶藻的光合作用。

3. 翅碱蓬

翅碱蓬（*Suaeda heteroptera Kitag*，图8-12）属于黎科碱蓬属，一年生草本植物。它具有抗逆性强、繁殖容易、种子寿命长等特性。一般生于海滨、湖边、荒漠等处的盐碱荒地上，在含盐量高达3%的潮间带也能稀疏丛生，是一种典型的盐碱指示植物，也是由陆地向海岸方向发展的先锋植物。翅碱蓬遍布北方沿海各地，生于盐碱土、碱斑地、泥滩及泥滩附近路边草丛。土壤含盐量在3%～5%，是翅碱蓬适宜生长

图8-12　翅碱蓬

的地方。翅碱蓬的嫩叶中含有很高的氨基酸和蛋白质含量，种子可榨油，种子油可以食用也可以当作油漆、油墨、肥皂等的加工原料，其地上部分也是优等的家畜饲草，因此翅碱蓬具有很高的经济价值。同时，翅碱蓬也具有很高的生态功能，在改良土壤、防潮护栏、形成独特的自然景观等方面发挥着不可替代的作用。翅碱蓬能够在其他植物无法存活的高盐碱区域形成单一群落，是具有开发应用潜力的潮间带生态修复功能物种。

莱州湾西岸土壤类型主要是滨海潮土和滨海盐渍化土壤，面积约占土壤总面积的80%，平均含盐量高达1.7%。植物种类调查发现，主要植物共17种，其中灌木3种，乔木1种，草本13种。自然岸段主要植被类型为芦苇、碱蓬、米草种群及其占据优势的混生群落以及部分光板地，但其整体植被覆盖度仅为49.64%。芦苇、碱蓬、米草优势种群及光板等植被类型覆盖面积占研究区域的比重分别为：39.29%、32.14%、21.43%和7.14%；其次，研究区域植物密度为278.11inds/m^2，而不同植物平均密度分别为79.64 inds/m^2、73.78 inds/m^{2}和1 207.64 inds/m^2；此外，研究区域植物生物量为1.13 kg/m^2，不同植物分别为0.96 kg/m^2，1.19 kg/m^{2}和1.69 kg/m^2。距海较远、较高高程的区域主要植被类型为芦苇和碱蓬（55.56%和44.44%），无大面积光板，且无米草的存在；在稍近海岸的区域，开始出现米草（33.33%），而碱蓬较芦苇偏多（50.00%和16.67%）；随着向海岸的逐渐靠近（断面Ⅲ），光板亦逐渐出现，植被类型面积大小分别为芦苇>米草>碱蓬>光滩（50.00%、25.00%、12.50%和12.50%）。盐生植物群落物种组成和结构简单，芦苇、糙叶苔草、互花米草和翅碱蓬是优势种。人工岸段97%以上面积都为光滩，只有极少量植被呈零星分布，主要为簇状分布的互花米草和零星分布的翅碱蓬。修复工具种的选择应当尽量来源于当地物种，在研究区域及附近相似环境下都有翅碱蓬的自然分布，翅碱蓬属于当地物种。

翅碱蓬种群有着巨大的生态功能。翅碱蓬的大面积生长有益于盐碱环境的绿化和植被的修复，可以消除裸露的盐碱荒滩，使不毛之地变为沃土，维护和挽救已被濒临破坏的生态环境。为许多珍贵的野生动物提供了繁衍栖息的场所，能够维持湿地系统正常演替，起到了固沙、防止水土流失、防止土地盐碱化扩大的作用，同时增加了空气的湿度，使得气候条件得到改善。通过光合作用吸收二氧化碳，释放氧气，同时还能吸收空气中的有毒气体，对粉尘也有明显的吸附作用，从而提高空气质量，降低温室效应。翅碱蓬是湿地退化后的次生植被，以其独特的盐生结构，作为“开路先锋”首先扎根于潮滩，它的出现逐渐增加滨海盐土中的有机质成分，而使其含盐量逐步降低，促进潮滩的土壤化进程，为湿地植物的生长创造条件。

翅碱蓬从土壤中吸收大量盐分，并积累在植物体中，而且主要是积累在地上部分，翅碱蓬收获后土壤盐分就实现了转移。种植翅碱蓬后，植被盖度增加，植物蒸腾取代了地面蒸发，避免了蒸发造成的地表积盐，从而促进了土壤含盐量的降低，使土壤脱盐。并且因为种植翅碱蓬，其落叶和残留在土壤中的根系腐烂分解后增加了土壤中的有机质，随着土壤含盐量的降低，出现了其他植物，其枯枝落叶和腐烂的根系，也增加了土壤中的有机物质的含量。根系的代谢活动和枯枝落叶的腐解，促进了土壤微生物的增加，加速了土壤有机质的转化，从而使土壤有机质有了显著的提高。因此选取翅碱蓬为修复工具种，具有促进修复生态系统的稳定和可持续发展的功能，对提高研究区域生态系统稳定和演替都将发挥着重要的作用。

经过土壤采样，获取土壤的理化指标。土壤的含盐量为0.53 ~ 6.26 g/kg，pH为8.07 ~ 8.64，有机质含量为0.73% ~ 0.90%，速效氮为31.55 ~ 58.80 mg/kg，速效磷为1.26 ~ 5.52 mg/kg，速效钾为199 ~ 310 mg/kg。莱州湾西岸滩涂含盐量和pH在不同区域差异较大，但大部分区域为中度盐碱和高度盐碱。有机质和速效磷含量较低，速效氮和速效钾含量较低。若进行生态修复，有机质、速效氮、速效磷和速效钾可通过施肥等措施加以改善，较为方便，但较高的土壤盐碱度条件较难改变。翅碱蓬具有典型的盐生植物所拥有的特性，肉质化的叶子，叶部和茎部都含有大量的水分等，其特殊的结构能够与其所生存的自然环境相适应。在pH值为10 ~ 10.5的重碱和含盐量大于0.752%的土壤中都能够生长良好，并形成单优群落，具有很强的耐盐碱能力。翅碱蓬还具有繁殖迅速等特点。翅碱蓬生长的生态区域土壤的含盐量很高，基本没有其他植物生存，只有耐盐能力较强的植物才能定居生长。根据翅碱蓬的生长条件和要求，选取土壤质量因子和土壤污染因子作为生境适宜性分析指标，土壤质量因子包括土壤含盐量、pH、含水率、氮含量和磷含量；土壤污染因子包括土壤重金属汞、铅、镉和铜含量，类金属砷含量及土壤中总石油类含量。根据研究区域内对翅碱蓬生境适宜性的分析结果，研究区域内均为翅碱蓬的高度适宜区域和中度适宜区域。因此，选取翅碱蓬作为修复工具种，翅碱蓬能够很好地适应生态系统（区域）的物理环境，修复后能够维持种群繁殖、群落稳定和发展。

翅碱蓬在正常年份，3月上中旬至6月上旬都可出苗，出土子叶鲜红。7 ~ 8月为花期，9 ~ 10月为结实期，11月初种子完全成熟。翅碱蓬株型美观，有“翡翠珊瑚”的雅称。株高为20 ~ 80 cm，绿色，其群落在每年5 ~ 6月份生长季节一片赤红，8 ~ 9月份加深至紫红色，犹如一幅巨大的红色地毯，被誉为天下奇观“红海滩”。“红海滩”作为一种重要的生态旅游资源，不仅具有极高的观赏价值，还能为鸟类提供良好的生存环境。因此，选用翅碱蓬为修复工具种还具有极高的视觉美学和景观功能。

翅碱蓬种群的快速繁殖技术包括：① 外植体的选择，研究发现，翅碱蓬茎尖为组织培养的最佳外植体，取当年形成的直径在1 mm左右健康无病虫害的植株，用解剖刀切成长度为1.5 ~ 2.0 cm的节段，每个节段带一休眠芽；② 外植体灭菌技术，采用酒精和次氯酸钠（或氯化汞）相结合的二步灭菌技术；③ 外植体培养技术；④ 幼苗再生和壮苗技术；⑤ 扩大培养技术；⑥ 完整植株再生技术。翅碱蓬种植技术包括：① 适时播种。碱蓬培植采用播种繁殖的方式，露地播种在3月下旬至4月上旬进行。播前浸种6 ~ 8小时，播种量每亩用种1 ~ 1.2 kg。由于种子小，千粒重2.7 g，要与细土拌匀撒播于畦面，用耧耙均匀整理畦面一遍，撒上1 cm厚的细土，再稍压实畦面，以利保墒出苗。（畦面可覆上地膜，3 ~ 4天幼苗顶土后抽去地膜。② 整地施肥。碱蓬适合多种类型的土壤生长。选择田块，将地整成1.2 m宽的平畦，留30 cm宽的作业行。播种前每亩施腐熟有机肥2 500 kg，将土耙细整平，浇足底水。③ 田间管理。苗期气温高，要保证一定的湿度，出苗后保证畦面湿润。苗期生长过程中，要结合田间除草。露地栽培到5月份会有少量蚜虫发生，要适当加以防治。④ 湿度与土壤。盐地碱蓬喜湿怕旱，相对湿度在85%以上的生态条件，如水分供不应求，会使子叶期时间延长，嫩梢的木质化程度加快，对植株高生长、萌发侧枝均有影响，单位面积出梢率降低，果实不饱满，易倒伏。因此，选用翅碱蓬为工具种进行生态修复已经具备了可行的、较为成熟的种群修复技术，便于应用。

翅碱蓬在山东主要分布在莱州湾及渤海湾沿岸约5 400 km^{2}范围内，在400万亩以上的草沟荒地中有半数以上都生长着翅碱蓬。在翅碱蓬密集的产区，每亩可收籽实100 ~ 150 kg。据统计，在黄河三角洲地区，年可收纯籽0.5亿千克。选用翅碱蓬作为修复工具种，苗种的获得较为容易，能够保证充足的苗种资源，并且在人力、物力、财力方面消耗的成本较低，也符合经济可行性原则。

翅碱蓬作为先锋植物更适宜在土壤水分含量高的区域生长，亦能够忍受长时间的海水浸泡，却不能在水分较少的区域正常生长。对于翅碱蓬而言，土壤含盐量在其生长过程中起着主要作用。一些土壤污染因素如重金属、石油类虽对其生长产生一定影响，特别是石油类对其生长的影响略大，但翅碱蓬具有一定的耐受和富集能力，并对滨海湿地石油烃污染具有一定的修复能力。土壤pH对翅碱蓬的生长发育影响不是特别大，但相对于重金属而言，对翅碱蓬的生长有一定的影响作用。东营人工岸段潮滩湿地中随着潮水涨落而淹没干出的区域均属于适宜翅碱蓬生长区域，因此，在该研究区域湿地生态的修复工作中应优先考虑选取翅碱蓬作为修复工具种进行种植和保护。

4. 大叶藻

大叶藻（*Zostera marina* L.；图8-13）是多年生海草，属大叶藻科（Zosteraceae）大叶藻属（*Zostera*），生于潮间带和潮下带的浅海中。大叶藻通常在较浅的水域通常形成广大的群落——海草床。

图8-13 大叶藻

选择大叶藻作为工具种具有如下优势：

大叶藻来源于当地物种。历史上山东半岛近岸大叶藻广泛存在，据1982年调查的结果，仅胶州湾芙蓉岛附近就有大约1 300 km^2的大叶藻种群分布，现在东营近岸，俚岛湾，东褚岛，青岛汇泉湾等地仍有大叶藻分布。大叶藻作为山东近岸本地物种，作为工具种修复海草床，能够快速适应环境，具有先天优势。

大叶藻具有促进修复生态系统稳定和可持续发展的功能，修复后能够维持种群繁殖、稳定和发展。大叶藻种群是近海生态系统中的关键组成部分，海草场不仅为一些幼鱼和贝类提供庇护场所、栖息地和育幼场所，还可以通过地上和地下组织吸收无机营养盐，从水流中过滤沉积物和营养物质。

大叶藻对生态系统的功能恢复和维持具有促进作用。大叶藻草场的生态环境十分稳定，是众多生物生存栖息的良好场所。海草场为一些鱼类、贝类等提供觅食场所。海草床结构复杂，具有栖息地功能，这对于增加海草床区域物种丰度和生物多样性具有重要作用。某些海洋食草动物直接摄食海草的叶片、附生生物以及大型藻类，如海胆、蟹、水鸟、海牛等，一些滤食性动物会利用水体中的浮游植物，而食碎屑者则摄食海草脱落降解后的碎屑，包括沉积食性动物刺参等。

大叶藻能够与周围环境进行生物和非生物交流。研究表明，海草床在维持碳、氮、磷平衡方面起到非常重要的作用。海草吸收的可溶性有机物质会通过海草叶和地下茎部位释放到周围海水中，从而会被其他生物直接摄取利用或者被水流带走。

大叶藻对生态系统健康和整合性具有促进作用。海草床改变了海草场内水体动力过程，海底沉积物的再悬浮被大叶藻的地上部分抑制，海底底土因大叶藻地下根茎的固定得到加强。这使海草床生态系统和底栖生态系统紧密结合。

大叶藻具有种群自我维持能力。大叶藻的无性繁殖为走茎式克隆繁殖，由母株长出的一条横走茎，有分节，几乎每个节上都可能生根，然后再长出新植株。横走茎不仅可以无限生长，且新植株也可长出新的横走茎。可以认为是构件生长，可以极快的产生大量与母体几乎完全一样的植株，根茎叶完整，在截断以后可以独立生长。在正常情况下它们不会断开而成为独立的植株。因新植株与母体相连，一般传播不远，常与母体周围连片密集生长，形成几乎由单一种类组成的斑块，从而可快速有效地占领适宜生境。

5. 芦苇

芦苇（*Phragmites australis*；图8-14）为多年生禾本科植物，是盐沼湿地主要的优势植被之一。世界范围分布广泛，生长于池沼、河岸、河溪边多水地区，它能够在浅水湿地生态系统中形成单一的优势群落，甚至在环境恶劣的盐碱、沙漠地区也有芦苇的分布，除森林生境外，在各种水源的空旷地带均能迅速扩展形成连片的群落。在适应不同生境条件的过程中，芦苇形成了多种生态型。芦苇具有喜光、喜水湿、耐干旱、耐寒性以及对土壤的适应性强等特性。芦苇是珍稀水禽的栖息地，具有调节气候、涵养水源、降低风度等作用。芦苇茎秆坚韧，质地细腻，纤维素含量高，同时也是优质的建筑材料、牲畜的优良饲料。芦苇根系有净化污水的能力，同时其对重金属

图8-14　芦苇

污染物有一定的吸收和累积作用。近年来，利用芦苇进行污水处理、重金属吸收、防风蓄水等方面的研究也越来越多。因此，芦苇具有很高的生态价值、经济价值和社会价值。芦苇在景观美化和生态系统恢复方面亦为重要植物，其作为浅水绿化带和岸段缓冲带的植物材料已得到广泛应用，因此可以作为受损河岸滩涂等生态系统修复的工具种。

研究区域内群落物种组成和结构简单，有芦苇（*P. australis*）、翅碱蓬（*S. heteroptera*）、互花米草（*Spartina alterniflora*）和糙叶苔草（*Carex scabrifolia*），芦苇、翅碱蓬和互花米草是优势种，糙叶苔草主要在中潮滩与芦苇镶嵌分布。研究岸段潮滩地势平坦，有利于植物的定居与扩散，植被正处于演替早期，尚未形成地带性植被，岸段由于多次围垦，堤外高滩的原生植被已很少。随着滩涂的高程增加，芦苇高度增加，密度增大，斑块面积逐渐增大。芦苇种群密度为35 ~ 80 inds/m^2，植株平均高度1.4 m左右，地上部分生物量干重0.76 kg/m^2。混生群落互花米草密度较大，植株高度在30 ~ 68 cm之间，互花米草单位面积地上部分生产量大，地上部分干重达1.49 kg/m^2。糙叶苔草群落，分布于海岸带滩涂高潮位地带，常为数十至数百平方米零星小片。支脉河口盐沼植物群落在宏观上呈明显的带状分布，各植物群落类型沿高程从低到高的空间分布格局，其演替序列为：光滩裸地→互花米草群落→糙叶苔草群落→芦苇群落，而在微域上为斑块镶嵌分布。芦苇群落主要分布在高程较高的潮滩中带或外带，潮滩中下带有零星斑块分布为芦苇–糙叶苔草混生群落。潮下带为光滩或潮沟。修复工具种的选择应当尽量来源于当地物种，在研究区域及附近相似环境下都有芦苇的自然分布，芦苇属于当地物种，符合原则。

芦苇具有春、夏、秋三季，苇海碧绿，万紫千红，风景迷人，本身具有很好的观赏性，大面积的芦苇会形成浩浩荡荡的芦苇荡，营造出一种原始生态的湿地景观。同时，芦苇湿地生物多样性丰富，是许多野生动物、水禽、鸟类、鱼虾和蟹类觅食、栖息和繁衍的乐园。因此选用芦苇作为人工岸段生态修复工具种不仅可以形成独特的自然风光，还可以形成鱼、虾、禽、鸟、蟹等独特的滨海景观，符合修复工具种种群具有视觉美学和景观功能的原则。

芦苇的繁育与培植技术包括有性繁殖和无性繁殖。芦苇的有性繁殖包括：主要是利用芦苇的种子，在适宜的季节进行育苗和移栽。芦苇的无性繁殖包括：当气温达到5℃以上时，即在4月下旬至5月上旬，平均气温15℃ ~ 25℃，从田间挖取芦苇根状茎，截取30 cm为一段，运往田间，进行栽植。一是在芦苇生长季节采取青苇移栽的办法。即在芦苇生长季节挖取30 cm × 30 cm × 30 cm的土坨，单位面积株数控制在10 ~ 30株之间。然后在遮阴的条件下运往栽植地点，带水进行栽植，成活率在100%。二是在芦苇生长季节利用芦苇茎秆扦插。但是在扦插中要采取良好的科学技术，既要充分考虑灌溉条件、土壤盐分条件，也要考虑不同的生长季节和节位对发芽的影响，以达到快速繁殖的目的。芦苇在苗期、营养生长期、营养生长与生殖生长期、生殖生长期对水分的需求不同，相应的灌溉量等管理措施也有差异。灌溉按照“春浅、夏深、秋落干”的水分管理，即在春季芦苇发芽前灌浅水，加速土壤解冻，提高地温，促进芦苇发芽，当土壤解冻后排水，保持土壤湿润，当芦苇发芽和生长后，灌浅水5 cm。5月中旬以后，芦苇进入生长盛期，生长速度加快，需水量增加，所以应采取深水灌溉，水层保持在30 ~ 50 cm。8月中旬以后。芦苇进入生殖生长期。需水量降低，进行土壤排水，保持土壤湿润. 促进芦苇成熟和秋芽发育。

此外，选用芦苇作为工具种进行生态修复已经具备了可行的、较为成熟的种群繁育与培植技术，便于应用。并且此芦苇繁殖技术，具有操作简单、见效快、成本低等特点，也符合经济可行性的原则。

芦苇的生长会反作用与自然环境，形成了良好的芦苇湿地生态系统。在这个系统中，芦苇以二氧化碳和水为原料，凭借太阳光能，在适宜的土壤和一定的气候条件下生长发育，剩余的残渣经过细菌或真菌分解，分为简单的无机物或腐殖质肥料又归还于土壤，再供芦苇生长需要。芦苇对改善和保护生态环境有着非常重要的作用。芦苇对防止土壤沙化、减少蒸发面积、降低风速，有明显的生态效益。在芦苇湿地内，风速只有0.11 m/s，而同一时刻，在与相邻的低矮草层或裸地，风速可达2.97 m/s。芦苇湿地的地面蒸发量0.2 mm/h，而裸地蒸发量为1.05 mm/h，对改善区域内空气湿度起着积极作用。芦苇湿地多位于退海滩涂、江河流域的低洼漫滩、湖泊以及低洼沼泽地。湿地的建群植物，芦苇是优势种群，但较干旱的季节性湿地分布着小叶草，深水沼泽湿地分布着狭叶香蒲，湿润或浅水湿地分布着粗脉台苔草，在近海滩涂盐碱湿地分布翅碱蓬，分别构成季节性湿地、沼泽湿地和湿润湿地的自然景观。芦苇对于原油污染具有较好的耐受性，在土壤石油污染率低于1.25%情况下能够有效促进土壤中石油烃的除去，芦苇根际土壤中微生物数量与原油降解率呈正相关关系，芦苇根际效应促进原油降解菌数量的增加和活性的增强，修复是以根际效应为主，芦苇根际恰当的微生物类群为土壤原油降解提供有力保障。芦苇对重金属等污染物质也有着显著的吸附和富集作用，芦苇体内的重金属浓度可以达到污水重金属浓度的几十、几百甚至几千倍。在芦苇体内富集的污染物质通过每年对芦苇的收割最终从系统中去除。而且芦苇的根系具有吸收、分解泥土中污染物的作用，同时能将被土壤吸收的污染物转化为其生长所需的能量，芦苇把氧气通过茎、叶及根茎输向其根部系统，使区域内形成带氧、缺氧及厌氧的条件同时存在，这可以令多种微生物得以繁衍，当污水缓慢地流过芦苇床的根部时，各类微生物便将其中的有机污染物当作食物，并加速有害物质的分解，从而净化水质。充分利用水源条件，扩大芦苇湿地面积，增加了水域面积，为各类水生植物和陆地植物的生存，提供了良好的生存条件。使区域各类水生植物相互依存、自然生长，构成完整的生物链，对保护生物多样性也有着重要的作用。因此选取芦苇为修复工具种，具有促进修复生态系统的稳定和可持续发展的功能，对研究区域生态系统稳定和演替都将发挥着重要的作用。

莱州湾西岸人工岸段区域是典型的粉砂泥质海岸，最主要的海岸地貌类型是潮滩及潮沟系统。芦苇的生长发育与环境条件有着密切的关系，在不同环境条件下，芦苇生长发育也互不相同。芦苇主要受到土壤质量因子和土壤污染因子的影响。芦苇具有较强的耐碱能力，能够适应不同的生态环境，在水深20 cm ~ 50 cm、pH 6.5 ~ 9.0的环境条件中都能够正常生长发育并形成群落。根据对莱州湾西岸芦苇的生境适宜性进行分析，研究区域主要分为距海较远、靠近支脉河河道的芦苇高度适宜区，以及近海方向的芦苇中度适宜区和镶嵌其间的勉强适宜区，总体上都是适宜芦苇存活和生长的。而且芦苇有很强的适应能力，是一种喜水耐盐多年生禾本科两性繁殖植物。如果有适宜的生长条件，芦苇会很快地繁殖起来，地下有发达的匍匐根状茎，埋深1 m及以上的根状茎仍可发育成新枝。因此，选取芦苇作为修复工具种，能够很好地适应生态系统（区域）的物理环境，修复后能够维持种群繁殖、稳定和发展。

芦苇是生长在江、河、湖、海岸淤滩的先锋植物，占据着其他植物不易生长的地段，是十分重要的水生植物，它是这类水体系统中的初级产品，也是水体生态系统中物流和能流的物质基础，具有维持生态系统生物多样性和环境稳定性等功能。芦苇湿地与人类的生存、繁衍及发展息息相关，是自然界生物多样性极高的生态系统，不仅为人类的生活、生产提供了大量的资源，而且有保护环境功能的巨大生态效益。芦苇作为广大湿地中的普适性优势植被，尤其是浅水河湖和沿海滩涂的先锋植被，保护和发展芦苇湿地生态系统对于维护沿海沿湖生境具有十分重要的作用。因此，建议将芦苇作为人工岸段的修复工具种。

二、安全性分析

（一）山东沿海双齿围沙蚕的遗传多样性研究

海洋生物的遗传变异的地理模式，既能反映历史动态演变过程又能反映目前的基因流（Fauvelot和Planes，2002；Imron等，2007）。第四纪晚期的气候特点是有一系列激烈的气候波动以及冰川期与间冰期的交替循环（Imbrie等，1992）。一些生物在冰川前进、扩张以及接下来的冰川退缩期，退缩到避难所进行自我保护，人们认为这极大地影响了物种的地域分布和数量，预计会产生一些遗传效应（Avise，2000；Dynesius和Jansson，2000；Hewitt，2000）。除了历史演变，不断增加的地理距离，海流和海水温度、盐度，栖息地的不连续性，生物的生活史特征和潜在的分散都有能力造成一定的基因流动，从而促进物种间基因交流或地理分组（McLean，1999；Planes等，2001；Pogson等，2001；Muss等，2001；Santos等，2006；Hammer-Hansen等，2007；Zhan等，2009）。

不像海洋鱼类终身都在水中，潮间带的无脊椎生物可能会出现复杂的系统地理学模式，但人们还是很少关注到它们。一方面，生物在其浮游阶段（如配子、卵或孢子阶段）随着洋流流动，有可能促进广泛的地域范围内种群的基因流动（Ragionieri等，2010）。另一方面，固定的不连续生境有可能使得将遗传变异的积累很容易归因于像陆地和淡水生物那样贫瘠的种群交换（Hewitt，2000）。

双齿围沙蚕主要分布于西北太平洋温带和热带区的河口以及浅层松软底部（孙瑞平和杨德渐，2004）。在中国山东半岛周围，此物种常发现于黄河河口栖息地和东南地区的黏土沙底的潮间带区域。双齿围沙蚕是一种重要的经济物种，作为一种高品质饲料用于水产养殖和休闲渔业，并且已在中国北方培养。由于其高的压力耐受性，人们也提出用其作为一种指示物种进行污染的生物监测（孙福红和周启星，2006）。沿着中国的海岸，双齿围沙蚕的产卵时间是从四月到十月（孙瑞平和杨德渐，2004）。到了繁殖阶段，异沙蚕从底部出现将大量的配子产到水中。卵和幼虫有一个约20天的浮游期，然后进入海底定居（蒋霞敏和郑忠明，2002；Liu等，2005）。卵的最佳孵化温度是23℃～28℃，最适盐度范围是18～34（Zheng等，2000）。

线粒体DNA的应用使得系统地理学结构和历史群体学的研究成为可能，它在从母体得到遗传物质的时候既没有发生重组也没有比较快的突变（Birky等，1989）。因为在大多数无脊椎生物中缺少可控的区域，细胞色素氧化酶亚基I基因（COⅠ）已被广泛用于大多数无脊椎生物的群体分析（Crandall等，2008a，b；Li等，2009；Ragionieri等，2010；Fratini等，2010；Mao等，2011）。然而，基于COⅠ标记的沙蚕种群研究是相当少的。

研究采用COⅠ标记检测双齿围沙蚕的群体结构和系统地理学模式。样本采自黄河河口两岸以及山东半岛东南部。将研究大量的黄河河口以及不连续的栖息地是否可以促进遗传基因的断裂。此外，随着更新世冰期海平面下降了120 ~ 140 m，达到这个时期的最大值，中国东海也已经暴露出了土地（Lambeck等，2002），栖息地减少可能造成当地物种的灭绝，预计会在双齿围沙蚕中产生遗传印记，如选择、瓶颈或始祖效应。因此，根据现有的数据还将会进行历史群体统计研究。研究结果可为这一物种的遗传资源保护和可持续管理提供科学依据。

1. 材料与方法

（1）样品的采集。于2011年3 ~ 8月，在黄河河口南北两岸和山东半岛东南部采集双齿围沙蚕样本（表8–17）。根据形态特征鉴定所有的采集个体是否为双齿围沙蚕，将每个个体单独放置于5 mL离心管中，加入95%乙醇没过样本，共有92个样本用于进一步的遗传分析。

回到实验室进一步清洗样本，选取靠近头部的肌肉组织，剪取约5 cm长度的虫体，置于1.5 mL离心管中，加入无水乙醇，没过选取的组织样本，注意添加、更换酒精，用于基因组DNA提取。

表8–17　样本采集地区，采集地缩写，采集日期，采集到的样本数

采集地区	采集地缩写	日期	样本个体数（*N*）
河口，黄河河口北侧	HK	2011.5	24
广饶，黄河河口南侧	GR	2011.3	21
红岛，胶州湾	HD	2011.8	20
胶南，半岛东南	JN	2011.7	27

基因组DNA提取的部分检测结果如图8–15、图8–16所示：

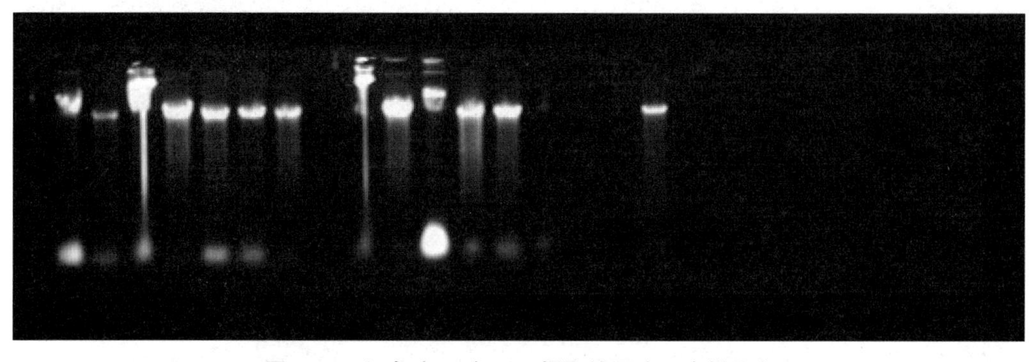

图8–15　红岛（HD）DNA提取结果（18个样品）

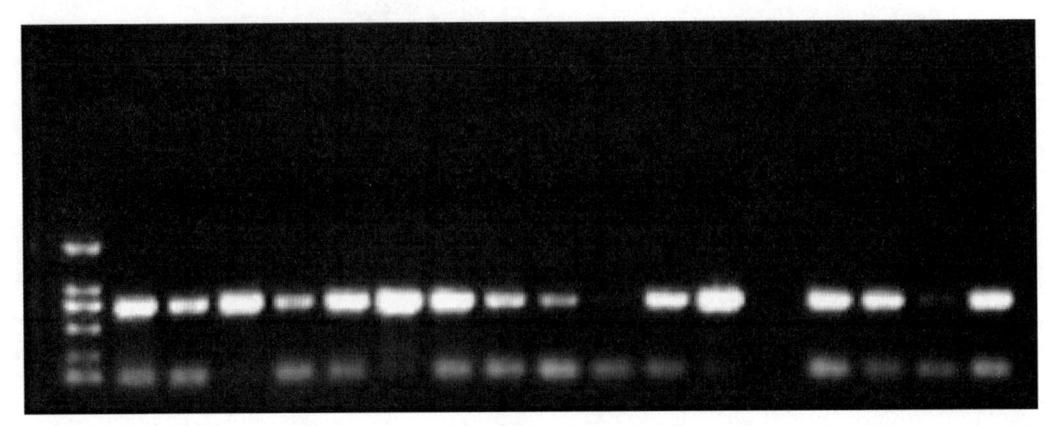

图8-16　广饶（GR）DNA提取结果（16个样品）

（2）PCR扩增。根据Sambrook（1989）等人所描述的方法提取基因组DNA。用于扩增线粒体DNA中COⅠ基因片段的2个引物分别为LCO1490，5’-GGTCAACAAATCATAAAGATATTGG-3′和HCO2198，5’-TAAACTTCAGGGTGACCAAAAAATCA-3’（Folmer等，1994），共有684个碱基对。

PCR产物检测的部分结果如图8-17、8-18、8-19、8-20所示：

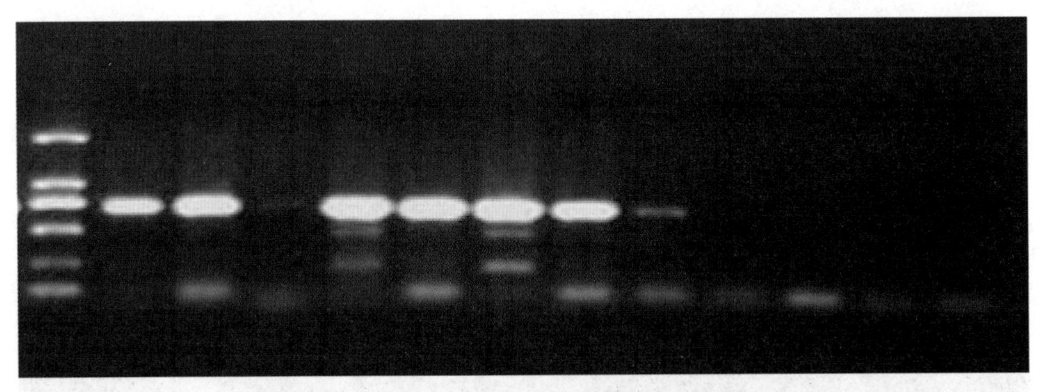

图8-17　红岛（HD）PCR产物检测（12个样品）

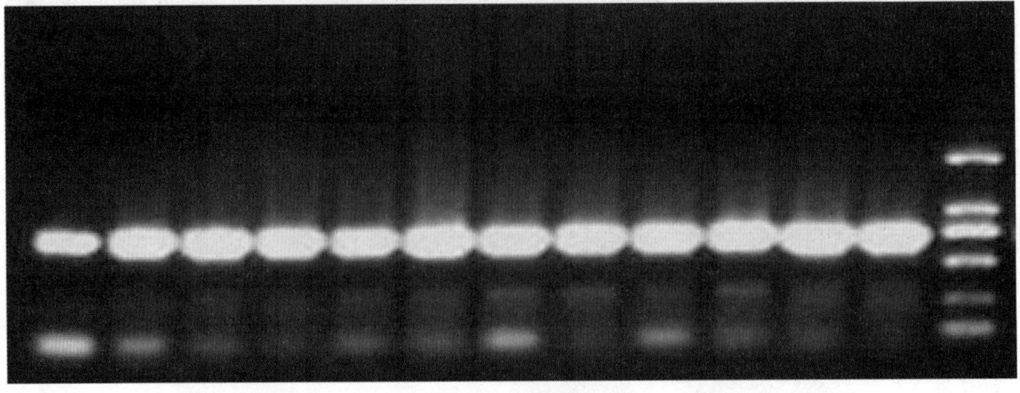

图8-18　广饶（GR）PCR产物检测（12个样品）

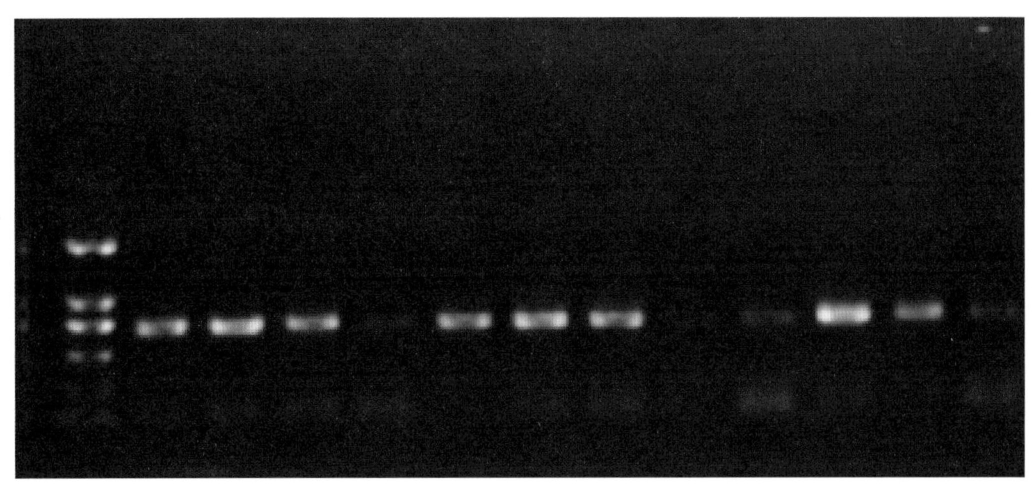

图8-19　河口（HK）PCR产物检测（12个样品）

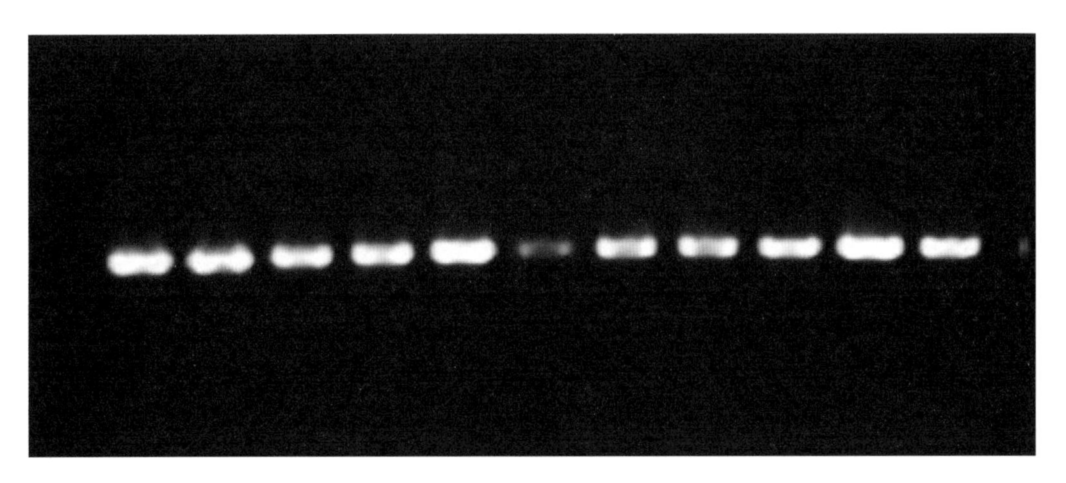

图8-20　胶南（JN）PCR产物检测（12个样品）

（3）数据分析。为了尽可能保证获得序列的准确性，对每个样品都进行了正反链测序，并仔细核对测序胶图。所有序列均由Dnastar软件包（DNASTAR Inc.，www.dnastar.com）进行编辑、校对和排序，并对排序的结果进行分析和手工整理；单倍型数目、多态位点、转换、颠换、插入/缺失等分子多态性指数使用ARLEQUIN软件统计（ver. 3.5）获得（Excoffier等，2010）；TrN+G模式（G=0.65）选定为MODELTEST（Posada，2008）数据中的最佳拟合模型，并且使用这一模型在MEGA 5.0（Tamura等，2011）中构建单倍体邻接（NJ）树（Saitou和Nei，1987），自检次数为1 000，用于评估NJ树的节点（Felsenstein，1985）；用MEGA计算成对的遗传距离。在NETWORK中，使用中接网络方法构建单倍型网络以检验系统地理模式（Bandelt等，1999）。

10 000组排列变化的分子变异分析（AMOVA）以及Φ_{st}和F_{st}的碱基对比较用于鉴定遗传的不连续，评估突变在促进种群结构中的重要性（Excoffier等，1992）。用1 000组排列检验了Φst和Fst的显著性，用连续的Bonferroni修正对P值进行了校正（Rice，1989）。Tajima′s D测试检验了对中值的偏离。显著的负D值可以解释为种群膨胀，瓶颈效应和选择效应（Tajima，1989）的一种标志。

核苷酸错误配对的分布用于研究双齿围沙蚕种群的历史动态变化，如果一个种群近期发生了种群数量膨胀，则此值通常表现为一个单峰形状（Rogers和Harpending，1992）。种群数量膨胀的时间用 $\tau=2ut$（突变时间的单位）计算，u代表单倍型突变率，t代表从种群扩张至今的时间。使用自展分布（5 000次重复）评估错配分布与使用Harpending's（1994）统计建立的指数增长模型评估二者间的匹配程度，得到95%的置信区间用以预测扩张数据。由于缺少双齿围沙蚕的突变率标度，故使用每百万年2%（在其他一些多毛类的研究中也用2%进行研究（Olson等，2009）的突变率作为标度，得到一个大致的时间框架以评估系统地理学假设。

2. 实验结果

684bp长的COⅠ片段的核苷酸组成（C=18.03%，A=23.93%，T=33.65%，G=24.39%）显示，其含有一个富含A-T的区域，这与大多数报道的无脊椎动物的线粒体DNA是一样的（Simon等，1994；Li等，2009；Ragionieri等，2010）。来自92个样本的序列比较发现，34个多态性位点（9个简约信息位点）中包含有33个碱基的转换和颠换，从而确定了28个单倍型。在这些单倍型中，22个是单个样本独有的序列，6个是2～3个样本共有的，还有2个在不止一个个体中发现，但只在一个样本中（表8-18）。对于每个样本来说，单倍型多样性（h）介于0.308（HK）到0.909（JN）间（平均h=0.795±0.037），核苷酸多样性（π）在0.001 5（HK）到0.003 7（JN）区间内变化（平均π=0.003 5±0.002 1）。与其他三个样本相比，JN样本的单倍型多样性值以及核苷酸多样性值均很高。

28个单倍型的NJ树其内部节点的拓扑结构并且缺少高的自检率的支持。大部分单倍型间的遗传距离很小（数据未显示），范围从0.001到0.014，中接网路显示出具有三个中心常见单倍型（Hap2、9和15）的starbust结构。在极少数的突变中单倍型发生了变化，而且在这些变化当中最多只有3个突变反应。三个常见的单倍型显示出了采样点间的地理相关性，Hap2控制着采自黄河口的两个样本（HK和GR）（87%），Hap9代表了HD样本（94%），在JN样本（88%）中发现最多的是Hap15（表8-18，图8-19）。这三个中心单倍型可能代表了三个地理种群的进化祖先。

表8–18 双齿围沙蚕四个地理群体的单倍型分配

群体	单倍型																											
	1	2	3	4	5	6	7	8	9	10	11	12	13	14	15	16	17	18	19	20	21	22	23	24	25	26	27	28
HK		20	2												1	1												
GR	1	13	1	1	1	2	1	1																				
HD									15	1	1	1	1	1														
JN		5	1						1						7		1	1	1	2	1	1	1	1	1	1	1	1

表8–19 双齿围沙蚕四个地理群体的遗传多样性指数

群体	N	n	S	$h\pm$SD	$\pi\pm$SD	$k\pm$SD
HK	24	4	8	0.308 ± 0.118	0.0015 ± 0.0012	1.054 ± 0.724
GR	21	8	14	0.624 ± 0.121	0.0027 ± 0.0018	1.878 ± 1.117
HD	20	6	10	0.447 ± 0.137	0.0016 ± 0.0012	1.106 ± 0.755
JN	27	16	18	0.909 ± 0.040	0.0037 ± 0.0023	2.555 ± 1.416

注：N：样本个体数；n：单倍型个体数；S：分离位点数目；$h\pm$标准偏差：单倍型多样性；$\pi\pm$标准偏差：核苷酸多样性；$k\pm$标准偏离：成对碱基差异的平均值。

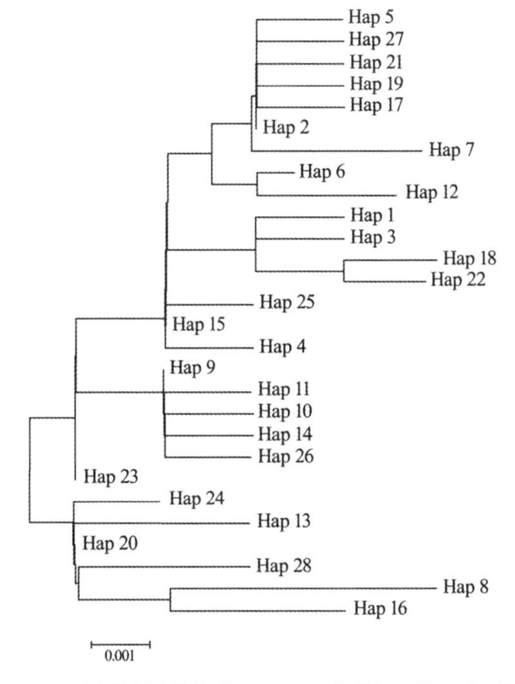

图8–21 双齿围沙蚕线粒体DNA COⅠ单倍型的无根邻接树

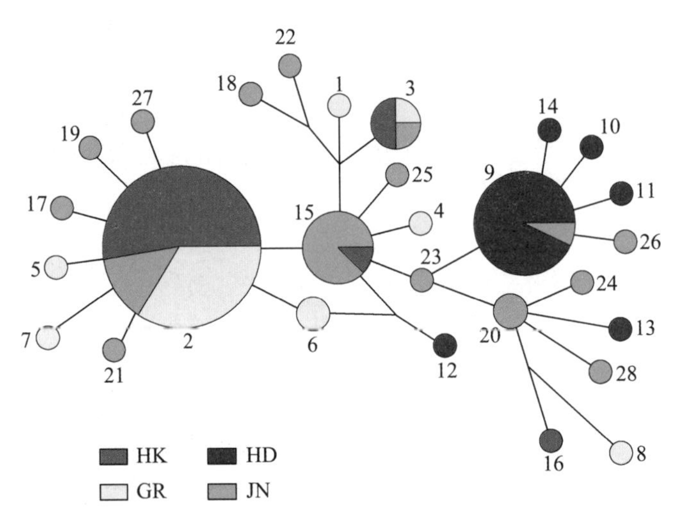

图8-22　双齿围沙蚕的中接网路

（圆圈的大小约与每个单倍型的频率成正比，最短的线代表一个突变步长）

AMOVA结果显示，四个样本种群中存在显著的遗传变异（Φ_{ST}=0.365，P<0.001；F_{ST}=0.319，P<0.001）。此外，所有6个可能的成对Φ_{ST} and F_{ST}的比较值很大，并且Bonferroni校正后比较值仍显著，仅除了HK和GR间的比较（Φ_{ST}=−0.021，P=0.79；F_{ST}=0.032，P=0.13）。发现HK和其他样本间存在较大的遗传分化，与HD相比较，JN样本和黄河口的两个样本间的遗传分化相对小但是显著（表8-20）。

表8-20　变异的成对的Φ_{ST}值（对角线之下）和值F_{ST}（对角线之上）

样本	HK	GR	HD	JN
HK		0.032	0.627**	0.262**
GR	−0.021		0.463**	0.129**
HD	0.686**	0.604**		0.290**
JN	0.129**	0.098*	0.395**	

* Significant at P<0.01，** Significant at P<0.001

对收集的样本和分离到的每个样本进行Tajima’s D测试，结果是负的并且显著，这说明其显著偏离了突变-漂移平衡（表8-21）。所有单倍型间的核苷酸错配分布呈单峰形状，且在初始的时候有一个低谷（图8-23）。尽管观察到GR和HD样本的成对差异并不很符合突然扩张/膨胀模型，但所有收集和分离到样本的指数测试拒绝了种群扩张的零假设（表8-22）。

假设种群扩张，汇集到的序列的τ值为3.54（95%可信区间：0.54～6.66），与约在129 000年前发生的种群膨胀是一致的（110 000 yrs ago for HK，80 000 yrs ago for JN）。

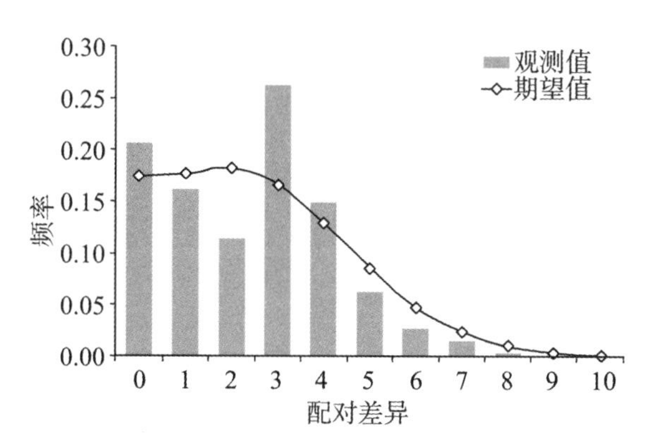

图8-23　双齿围沙蚕COⅠ基因序列错配碱基分布

表8-21　中性检验和错配分布

样本	Tajima's D		Mismatch distribution					
	D	*P*	τ	SSD	*P*	RI	*P*	*t*（kyr）
All	−2.00	0.00	3.54	0.02	0.35	0.05	0.45	129
HK	−1.67	0.03	3.00	0.04	0.10	0.44	0.54	110
GR	−1.92	0.01	0.00	0.48	0.00	0.06	1.00	–
HD	−2.15	0.00	0.00	0.28	0.00	0.19	1.00	–
JN	−1.63	0.03	2.18	0.00	0.85	0.03	0.82	80

注：SSD：方差求和　　RI：Harpending' Raggedness指数

3. 讨论

（1）遗传多样性。近几年，COⅠ序列数据广泛应用于海洋无脊椎动物群体遗传多样性的推测和系统地理学模式的研究中，并已被证明在这些研究中，COⅠ是一个合适的标记。此处列出了13个海洋生物物种的COⅠ单倍型多样性和核苷酸多样性，与这些结果相比，双齿围沙蚕的单倍型多样性以及核苷酸多样性的水平均较低，其中HK、GR和HD样本的单倍型多样性特别低。基于Grant和Bowen（1998）提出的四个基本方案，低的h值和低的π值可能代表着一个近期的种群瓶颈效应或始祖效应。HK，GR和HD样本的负的和有效的Tajima's D值也支持了上述结果，因为D测试对颈选择效应很敏感（Tajima，1989）。尽管观察到的成对的区别并不很符合GR和HD样本的突然种群扩增模式，Roger测试仍显示了群体增长（Rogers和Harpending，1992），这表明这些样本种群可能在瓶颈效应之后进行了恢复。

（2）历史动态。冰盛期栖息地的缩减以及冰后期的重新殖化事件可以导致双齿围沙蚕的瓶颈效应和奠基者效应。在末次冰期，现代渤海和黄海的区域在海平面下降后便成为广阔的平原，仅留下一个近韩国边境的狭窄水道（陈大刚，1991）。栖息地严重减少将迫使最古老种群走向灭绝，也会导致遗传多样性的锐减。当末次冰期结束后海平面上升，海岸线从琉球海槽西部边境向现代渤海湾的西部海岸迁移了约1 200 km（Wang，1999）。新栖息地的使用使得锐减种群的数目增长起来。这种假设的更新世冰期历史种群的影响还在一些海洋无脊椎动物和中国海域西部的一些鱼类中发现（Han等，2008；Li等，2009；Mao等，2011）。不像其他三种样本，JN的样本具有高的单倍型多样性，这表明其最近发生了极速的种群扩张，没有大的瓶颈事件（Grant和Bowen，1998）。在一定程度上，它可能反映了在开放沿海岸的种群与内海区域的种群相比具有较强的灵活性。

（3）分子时钟。线粒体DNA突变率对于获取可靠的时间表从而评估进化假说是至关重要的（Liu等，2011）。然而，众所周知不同的物种中突变率是不同的。表8-22显示一些海洋生物（其中大多数是起源于系统发生的）CO Ⅰ 每个位点的突变率范围为0.14% ~ 3.5%。基于这些比率，种群扩张估计发生在700 000年前，与更新世气候波动发生是一个时期的。像其他生物一样，根据普遍的CO Ⅰ 2%的突变率的使用，双齿围沙蚕的扩张大概开始于129 000年前。所有这些研究都有类似的结论，更新世的早期种群是稳定的，但是在更新世的晚期，有时是最大冰川期，种群开始增长。Liu等（2011）解释说更新世时期寒冷且具有一定生产力的生态系统有可能为一些幸存下来的种群提供了理想的栖息地，也因此可能会促进种群的扩张。然而，Grant（2016）还提出，这些突变率可能是不正确的估计从而导致对于历史种群事件发生时间的推算太过于久远，与地址或古气候事件产生了虚假的相关关系。相反，考虑到扩张是发生在冰河时代末期（约18 000年以前），则估计的突变率至少应该提高5倍（10%每千万年）。

表8-22　有关一些海洋物种的线粒体DNA CO Ⅰ 序列分析的遗传多样性、突变率以及扩张开始时间的不完全列表信息

	H	π	μ	t（kyr）	参考
Hobsonia florida	0.75	0.002 2	2.00%	73 ~ 370	Olsen等，2009
Nerita plicata	1.00	0.014 0	0.50%	650	Crandall等，2008a
Nerita albicilla	0.99	0.021 0	0.50%	500	Crandall等，2008a
Linckia laevigata	0.98	0.013 0	0.50%	750	Crandall等，2008b
Protoreaster nodosus	0.77	0.003 0	0.50%	350	Crandall等，2008b

续　表

	H	π	μ	t (kyr)	参考
Neosarmatium meinerti	0.83	0.004 5	1.66%	3 800	Ragionieri等，2010
Scylla serrate	0.62	0.002 6	1.15%	1 500	Fratini等，2010
Ruditapes philippinarum	0.96	0.010 0	0.14 ~ 0.52%	170 ~ 700	Mao等，2011
Feneropenaeus chinensis	0.48	0.000 8	1.50%	12 ~ 28	Li等，2009
Cucumaria frondosa	0.95	0.004 5	1.6 ~ 3.5%	120 ~ 55	So等，2011
Sepia officinalis	—	0.005 0	1.5 ~ 2.5%	230 ~ 20	Pérez-Losada等，2007
Tridacna crocea	0.93	0.015 0	—	—	Kochzius和Nuryanto，2008
Gadus chalcogrammus	0.78	0.003 4	—	—	Grant等，2010

（4）系统地理格局。在渤海和黄海的几个物种种群中发现了系统分枝进化，例如菲律宾蛤仔（Mao等，2011）和梭鱼（Liu等，2007），而且认为此进化起源于更新世隔离。相反，单倍型间的浅拓扑结构和几个突变在双齿围沙蚕中检测到了，这可能归因于新栖息地的最近的遗传瓶颈和短的进化史。一方面，末次冰期时期栖息地的减少会降低种内遗传多样性，促进之前积累的遗传变异被淘汰。另一方面，家谱结构的缺失表明现有的样本种群可能来自共同的祖先。有趣的是，三个主要的常见单倍型（Hap2、9和15）表现出较强的区域优势，其中可能存在三个潜在的进化谱系。值得注意的是，在黄河口（HK和GR）和胶州湾（HD），Hap2和Hap9占据着绝对的优势，这一结果可能与由于瓶颈效应导致的遗传多样性的减少是一致的。然而，原因并不是唯一的，此种模式也可以被解释为由于选择导致的，即使是在种群扩张时候亦如此。这一假设是基于扩张发生在LGM之后这一前提下的。当种群扩张至新的栖息地，栖息地的物理和化学条件以及底部质量可能不会一直适合大多数的扩张者，只留下少数的幸存者（von der Heyden等，2009；Liu等，2010）。特别是，河口环境是复杂的，很容易引起基因漂移和选择哪些生物可以居住在这里（Bilton等，2002）。

（5）群体遗传结构。由选择和瓶颈造成的所有的单倍型可能会大大促进样本种群间的遗传分化。AMOVA检测到的显著的群体遗传结构反映了种群间有限的基因流动。在HK和GR样本间并没有发现显著的遗传分化，这就说明低盐度的黄河并没有造成黄河两岸种群栖息地的间断。基于渤海和黄海0.2 ~ 0.4 m/s的平均流速（NMEFC，http：//www.nmefc.gov.cn/），在理论20天的浮游期内间，每一代的双齿围沙蚕幼虫可以游离约345.6 ~ 691.2 km远。在浮游期一旦遇到合适的栖息地，这些幼虫就会定居下来。不适合双齿围沙蚕生存的海底沉积物也可能造成栖息地不连续。在山东东北部海岸没能采集到样本，这有可能是由于在大多数布满石头的潮间带都没有物种的分布造成的。HD样本接近JN样本，但在两个样本间仍没发现大的遗传断裂。推断分歧源于胶州湾复杂的自然地理和循环特征。胶州湾与黄海间仅有一海峡和岩床，二者几乎是相接的（阎新兴等，2000），很难与外海海域的水体进行交换，这就限制了受精卵和幼虫的分散。海峡的存在使得双齿围沙蚕受精卵只能留在生殖地，从而促进了当地种群的发展。

最后，基于其商业价值，已开始双齿围沙蚕的人工养殖并将其放养至东营海岸附近。如果采自河口和广饶的样本是人工养殖群体，就不能忽略这样一个事实：亲本数量有限，遗传多样性会很低。

（二）毛蚶6个地理群体遗传多样性研究

运用多变量形态度量学分析方法，采用13个形态性状，对6个野生毛蚶群体间的形态差异进行了比较研究。聚类分析和主成分分析结果表明：河口群体和广饶群体形态最为接近，海南群体的趋异程度最大。主成分分析建立了3个主成分——主成分1：壳质量，主成分2：楯面长，主成分3：前端到腹缘，其贡献率分别为：31.25%，24.46%，12.39%，积累贡献率为68.10%。判别分析结果显示，6群体间的形态差异显著（$P<0.01$）。建立了6个群体毛蚶的判别函数，其判别准确率P_1为82.76%～98.63%，P_2为80.00%～100%，综合判别率为91.7%。

毛蚶（*S. subcrenata*）是一种底栖的经济贝类，属于软体动物门、瓣鳃纲、翼形亚纲、蚶目、蚶科、毛蚶属，俗称毛蛤、麻蚶、瓦楞子等，广泛分布于日本、朝鲜、中国沿岸。在中国北起鸭绿江，南至广西均有分布，以莱州湾、渤海湾、辽东湾、海州湾等浅水区资源尤为丰富。毛蚶不但其肉味鲜美，具有高蛋白、低脂肪、维生素含量高等特点，而且具有药用价值，深受消费者喜爱。近年来由于过度捕捞及环境污染加重等因素，导致毛蚶资源日益匮乏，已远远不能满足市场需求，价格不断攀升。因此，近几年毛蚶的增养殖技术研究已引起人们的高度重视（陈建华等，2006）。

国内外围绕毛蚶所开展的研究工作多见于其形态特征、生活习性、生理及生殖特性等方面。阎斌伦等（2005）对毛蚶的性腺发育和生殖周期进行了详细的研究；竺俊全和杨万喜（2004）应用透射电镜技术比较研究了毛蚶与青蚶精子的超微结构，研究了蚶科的进化关系；杨玉香等（2003，2004）对毛蚶幼贝生活习性和辽东湾毛蚶的繁殖特征进行了较系统的研究；王辉等（2007）采用通径分析法对南海毛蚶形态特征与体重进行了相关分析；许星鸿等（2005）对毛蚶消化系统形态学和组织化学等进行了研究；而有关毛蚶不同地理群体间形态差异的分析研究鲜有报道。

本文利用多变量形态度量等数量形态学研究方法对山东省4个地区：青岛红岛、威海乳山、东营河口、东营广饶，以及辽宁省葫芦岛和海南三亚共6个不同地区的毛蚶群体的形态差异进行了比较研究，分析了毛蚶种内的形态差异特点，为毛蚶的地理种群识别、遗传特征研究、种质资源保护与恢复提供重要的依据。

1. 材料和方法

（1）毛蚶的采集。2011年4～9月，采取6个地区的毛蚶自然群体。分别为：青岛红岛（HD）、威海乳山（RS）、东营河口（HK）、东营广饶（GR）、辽宁葫芦岛（LN）、海南三亚（SY）（表8-23）。所有毛蚶采用冰块保鲜运回实验室后，各个群体随机取外壳没有损坏的个体60个洗净后直接用于测量。

表8-23　毛蚶采样时间、地点与样本数

群体	青岛红岛 HD	威海乳山 RS	东营河口 HK	东营广饶 GR	辽东湾 LD	海南三亚 SY
采样时间	2011.5	2011.4	2011.4	2011.6	2011.8	2011.9
样本数目	60	60	60	60	60	60

（2）形态指标及测定。采用游标卡尺作为测量工具，精确到0.00 mm，参考冯建彬等（2005）、张永普等（2004）方法，测量壳长（AB）、壳高（OC）、壳宽（GH）、楯面长（OE）、楯面宽（MN）、小月面长（OF）、前端到腹缘（BC）、后端到腹缘（AC）、韧带长（OD）、放射肋宽（RRW）、放射肋数（RR）、铰合齿数（HT）以及壳质量（W_0）13个指标（表8-24，图8-24）。其中前10个指标每个测三次然后取平均值；壳质量是去除内脏和壳外附着物，室温条件下风干以后用电子天平称重，精确到小数点后两位。

表8-24　毛蚶各测量形状描述

测量项目标识描述		
壳长	AB	贝壳的前端到后端的之间最长的距离
壳高	OC	穿过顶点与壳长垂直到腹缘之间的距离
壳宽	GH	两贝壳凸起面高点之间的距离
楯面长	OE	楯面最长的两点之间的距离
楯面宽	MN	在楯面里与楯面长垂直的最远两点之间的距离

续 表

测量项目标识描述		
小月面长	OF	小月面的长度，即中间独处的齿O到壳较盾的一边的长
前端到腹缘	BC	蚶体前端到蚶体底端腹缘之间的距离
后端到腹缘	AC	蚶体后端到蚶体底端腹缘之间的距离
韧带长	OD	韧带的长度，中间独处的齿O到壳尖的一边鳌合齿的长
放射肋宽	RRW	中部最宽放射肋的腹缘处宽度
放射肋数	RR	贝壳上以壳顶为起点向腹缘伸出的放射状肋的条数
铰合齿数	HT	铰合齿个数
壳质量	W_0	去除内脏和壳外附着物于室温干燥后壳的质量

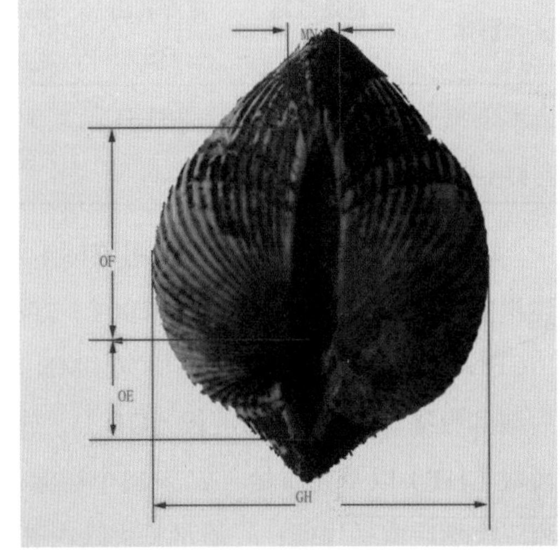

图8–24　毛蚶形态学测量位点

2. 数据处理

采用聚类分析、主成分分析和判别分析3种多元分析方法对6个毛蚶群体的形态差异进行比较和分析。为消除毛蚶个体大小对形态特征的影响，先将每只毛蚶的所测参数除以自身的壳长得到校正值后再进行处理（Brezeski和Doyle，1988）。用SPSS 16.0统计软件进行数据分析。

（1）聚类分析。对所有的形态学指标的平均值进行校正后进行聚类分析，所采用的聚类方法是欧氏距离的最短距离系统聚类法（Brezeski和Doyle，1988；Moralev，

2001）。

（2）主成分分析。通过SPSS16.0统计软件运算得出3个综合性的指标，即互相不关联的3个主成分。主成分贡献率和累计贡献率的计算参照Moralev（2001）的方法。

（3）判别分析。采用逐步判别方法进行判别分析。逐步判别公式参照Brezeski和Doyle（1988）的方法对所有的参数进行校正，其中F检验计算公式如下：

$$F = S_1/S_2$$

$$S^2=\left[\sum_{i=1}^{n} x_i^2-\left(\sum_{i=1}^{n} x_i\right)^2\Big/n\right]\Big/(n-1)$$

判别分析对所有样本进行逐个判别，判别准确率及综合判别率的计算公式如下：

判别准确率P_1（%）=判断正确的毛蚶数/实测毛蚶数×100

判别准确率P_2（%）=判断正确的毛蚶数/判别毛蚶数×100

综合辨别率$P=\sum_{i=1}^{k} A_i\Big/\sum_{i=1}^{k} B_i$

式中，A_i为第i个群体判别正确的毛蚶数，B_i为第i个群体实际判别的毛蚶数，k为群体数。

3. 实验结果

（1）聚类分析。根据不同海区的6个毛蚶野生群体聚类分析的结果可以看出河口群体和广饶群体形态最为接近；海南群体的趋异程度最大，与其他5个群体的形态差异最大。红岛群体、乳山群体和辽宁群体的趋异程度居中（图8-25）。

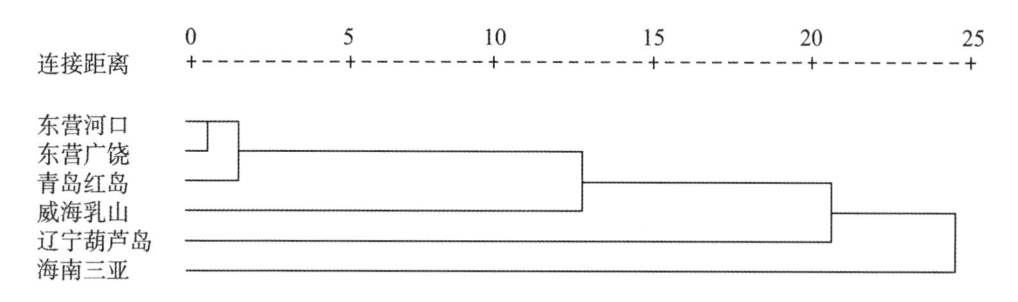

图8-25　6个毛蚶地理群体聚类分析图

（2）主成分分析。采用SPSS16.0统计软件对校正获得的毛蚶形态学指标进行综合运算，获得3个互不关联的主成分，主成分分析结果见表8-25。3个互不关联的主成分的方差贡献率分别为：主成分1的贡献率为31.25%，主成分2的贡献率为24.46%，主成分3的贡献率为12.39%，累计贡献率为68.10%。3个主成分可解释不同群体之间的形态差异的68.10%。在第1个主成分中，壳质量校正值影响最大，其贡献率为92.0%，此外，放射肋数校正值、铰合齿数校正值以及楯面宽的校正值影响也较大，分别为85.2%、82.7%以及66.5%；在第2个主成分中，楯面长的校正值的影响最大，其贡献率为69.4%，其次为韧带长校正值和小月面长校正值的影响较大，分别为68.0%、64.7%；在第3个主成分中，前端到腹缘的校正值影响最大，其贡献率为56.3%。

表8-25　6个毛蚶地理群体4个主成分的贡献率及负荷率

性状	主成分1	主成分2	主成分3
壳高	−0.088	0.681	0.395
壳宽	−0.568	0.525	0.504
楯面长	0.497	0.694	−0.229
楯面宽	−0.665	0.490	0.230
小月面长	−0.341	0.647	−0.017
前端到腹缘	0.125	0.432	−0.563
后端到腹缘	0.118	0.342	−0.147
韧带长	0.564	0.680	−0.223
放射肋宽	0.101	0.450	−0.354
放射肋数	0.852	0.129	0.466
铰合齿数	0.827	0.151	0.489
壳质量	−0.920	0.216	−0.031
贡献率	31.25%	24.46%	12.39%

前3个主成分的散点分布图（图8-26）表明，6个群体在主成分1上分化并不明显，主成分2分布上，乳山群体与其他群体分化相对较大，在主成分3分布上，海南群体与乳山群体与其他群体分化较为明显。

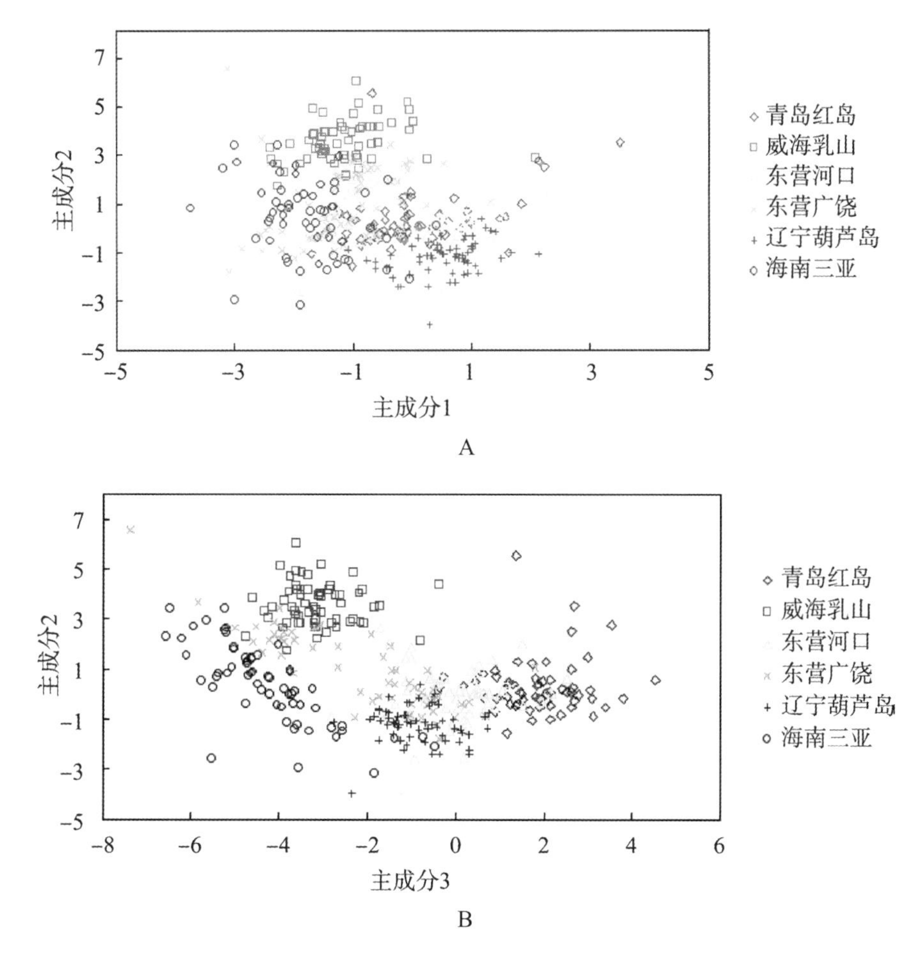

图8–26　6个毛蚶地理群体的主成分分布散点图

（3）判别分析。通过逐步判别分析，筛选出了8个性状的特征值建立了6个毛蚶野生群体的判别函数，为了除去个体大小对形态度量指标的影响，度量指标除以壳长作为判别的特征值，式中的壳高、壳宽、楯面宽、后端到腹缘、放射肋宽、铰合齿数和壳质量均为除以壳长之后得到的校正值。表8–26为判别函数的各项系数和常数项。6个群体的判别公式如下：

Y1=406.545×壳高+134.791×壳宽+198.617×楯面长−9.713×楯面宽+103.500×前段到腹缘+215.614×后端到腹缘+331.145×放射肋宽+63.193×铰合齿数+10.028×壳质量−410.638

Y2=414.482×壳高+105.274×壳宽+172.896×楯面长−47.049×楯面宽+84.941×前段到腹缘+217.402×后端到腹缘+366.689×放射肋宽+52.438×铰合齿数+74.404×壳质量−379.733

Y3=399.981×壳高+131.486×壳宽+248.879×楯面长−6.749×楯面宽+81.302×前段到腹缘+201.124×后端到腹缘+292.203×放射肋宽+55.709×铰合齿数+7.602×壳质量−384.849

Y4=391.811×壳高+118.847×壳宽+243.207×楯面长−25.376×楯面宽+66.241×前段到腹缘+211.756×后端到腹缘+116.375×放射肋宽+50.724×铰合齿数+43.636×壳质量−360.667

Y5=426.142×壳高+87.797×壳宽+270.285×楯面长−48.685×楯面宽+108.244×前段到腹缘+244.972×后端到腹缘−59.593×放射肋宽+40.579×铰合齿数+2.545×壳质量−390.228

Y6=313.774×壳高+78.787×壳宽+279.089×楯面长+7.955×楯面宽+40.801×前段到腹缘+251.976×后端到腹缘+283.965×放射肋宽+48.607×铰合齿数+66.730×壳质量−325.939

将不同地区的6个毛蚶群体的8个性状参数的校正值分别代入上述6个判别函数中，计算出函数值，被判个体归属于函数值最大的判别函数所对应的毛蚶群体。判别结果表明，不同群体之间的形态差异显著（$P<0.01$）。可以看出利用判别函数回代的结果，判别准确率P_1为82.76%～98.63%，判别准确率P_2为80.00%～100%，6个群体的综合判别率为91.7%（表8−26）。

表8−26　6个毛蚶地理群体形态判别函数各项系数及常数项

性状	青岛红岛	威海乳山	东营河口	东营广饶	辽宁	海南
壳高	406.545	414.482	399.981	391.811	426.142	313.774
壳宽	134.791	105.274	131.486	118.847	87.797	78.787
楯面长	198.617	172.896	248.879	243.207	270.285	279.089
楯面宽	−9.713	−47.049	−6.749	−25.376	7.955	−48.685
前段到腹缘	103.500	84.941	81.302	66.241	108.244	40.801
后端到腹缘	215.614	217.402	201.124	211.756	244.972	244.972
放射肋宽	331.145	366.689	292.203	116.375	−59.593	283.965
铰合齿数	63.193	52.438	55.709	50.724	40.579	48.607
壳质量	10.028	74.404	7.602	43.636	2.545	66.730
常数项	−410.638	−379.733	−384.849	−360.667	−390.228	−325.939

表8-27　6个毛蚶地理群体判别分析结果

群体	红岛	威乳山	河口	广饶	葫芦岛	三亚
样本数量	60	60	60	60	60	60
判别准确率P1%	84.13	93.65	82.76	94.55	96.67	98.36
判别准确率P2%	88.33	98.3	80.00	86.67	96.67	100
综合判别率%	91.7					

4. 讨论

聚类分析结果和判别分析结果一致，都表明河口群体和广饶群体形态最为接近；海南群体与其他5个群体的形态差异最大。红岛群体、乳山群体和辽宁群体的趋异程度居中。主成分结果表明，毛蚶群体间的变异主要来源于楯面长、小月面长、韧带长以及前段到腹缘的长度这几个主要性状。而海南群体与其他群体的差异可能主要来源于前端到腹缘长度这一变量。

根据研究结果，毛蚶群体变异程度可能与地理距离的存在一定相关关系。地理距离较远的群体间，形态变异程度较大。这可能是由于毛蚶栖埋特性造成的，在其生活史的大部分时期内栖息于潮间带或浅海海底（陈建华等，2006），而幼体浮游期相对较短，个体迁移能力较弱，群体间的基因交流很可能随着地理距离的增加而变得有限。

此外，栖息地环境的差异也可能对毛蚶的形态造成一定的影响。中国的海岸线较长，海域辽阔，不同海区的气候、水文特征、底质以及饵料的丰富程度都相差较大。南方气候较北方温暖，水温较高、光照时间较长；底质方面，渤海辽东湾为粒质较细的粉砂质土软泥，黄海西海岸为黏土质软泥，黄河口附近为粉砂质软泥。盐度方面，河口海域由于入海河流带来大量冲淡水，盐度相对较低，但营养盐丰富，这是其他群体所处的海区所不具备的天然条件。这些环境差异很可能影响到毛蚶的生长发育速度，从而反映为外形量度特征的差异。

红岛群体与广饶群体间隔较远，理论上应该与广饶群体间的基因交流频率较低，但是聚类结果却表明，红岛群体与广饶群体之间的差异性较小。一方面，可能由于二者栖息环境的相似，同黄河口类似的是，胶州湾有洋河、大沽河、李村河等8条主要的入海河流；另一方面，由于近年来山东沿海毛蚶的增殖放流发展迅速，用于繁育放流苗种的亲本如果亲缘关系较近，在一定程度上也有可能增加两地群体间的相似性。

形态差异上的比较为毛蚶种群的鉴别、种质资源的保护以及研究群体间形态特征变异与环境间关系提供了基础数据，然而，由于形态特征的局限，形态的变异并不一定真实反映遗传上的变异，因而非常有必要开展后续遗传学上的研究。

（三）大叶藻不同地理群体遗传结构分析

大叶藻隶属于沼生目（Helobiae）、大叶藻科（Zosteraceae）、大叶藻属（*Zostera*），广泛分布与我国山东、河北和辽宁沿海。作为海草的一种，大叶藻所组成的群落是近海生态系统中关键的组成部分，具有重要的生态和经济价值。目前，我国大叶藻种群正面临着环境恶化与遗传多样性衰退双重压力，但国内学者对大叶藻不同地理种群遗传多样性和遗传结构的研究不多。遗传多样性是大叶藻移植过程中需要考虑的重要因素，对不同地理群体大叶藻遗传结构的分析对于大叶藻的移植有着非常积极的意义。依据叶绿体的matK基因片段和核基因ITS片段，对大叶藻的分类和进化关系进行探讨，对大叶藻不同地理群体遗传结构进行分析。

*ITS*片段存在于真核生物细胞核中，真核生物的核糖体RNA基因以串联重复方式存在于细胞核中，其中18S、5.8S和28SrRNA基因组成一个转录元。第1转录间隔区是rDNA中介于18S和5.8S rRNA基因之间的非编码间隔区，第2转录间隔区是介于5.8S和28S rRNA基因之间的非编码间隔区。*ITS*序列具有较大的变异性、信息量丰富、序列短和易于扩增的特点，在海洋生物系统进化、分类和种质鉴定、遗传多样性研究等方面研究中具有广泛的应用。*matK*基因位于叶绿体赖氨酸tRNA基因的内含子内，为单拷贝编码基因，是现知被子植物中进化速率较快的基因，多用于科下属间系统发育关系的研究。

本研究则利用*ITS*和*matK*序列变异来分析山东半岛沿岸3种大叶藻的多态性，分析其碱基组成，分析计算群体特异性、单倍型多样性和核苷酸多样性，应用邻接法、最大简约法、最大似然法构建系统发育树，通过对序列的编辑、排序、比对，计算遗传多样性参数，计算碱基组成和遗传距离。

本研究旨在揭示山东半岛沿岸大叶藻群体的遗传多样性水平，为大叶藻种质资源的保护和利用提供科学依据，为大叶藻的移植工作提供一定的数据支持。

1. 研究方法

（1）大叶藻的采集。2012年3～10月，采集了3个地区的大叶藻自然群体。分别为青岛汇泉湾、威海俚岛湾、威海天鹅湖。每个地点采样株数为20株，进行挑选处理后，每一株取一定量的大叶藻叶片进行其基因多样性的分析。

（2）基因组DNA的提取。取3种大叶藻适量的新鲜叶片，用CTAB法提取大叶藻基因组DNA，将乙醇沉淀后的基因组DNA溶解于100 μL蒸馏水中，4℃冰箱保存备用。取3 μL提取的DNA用1.5%的琼脂糖凝胶电泳检测，用于之后的PCR扩增。

（3）基因组片段的PCR扩增、纯化。扩增4种大叶藻的matK和ITS片段的引物分别为：

matKF：5'-AACATTTCCCTTTTTGGAGGA-3'，

matK R：5'-CAGAATCCGATAAATCAGTCCA-3'；

ITS F5：5'-GGAAGTAAAAGTCGTAACAA-3'，

ITS G4：5'-CTTTTCCTCCGCTTATTGATATG-3'。

PCR反应体系总体积为50 μL，其中：10×PCR缓冲液（200 mmol/L Tris-HC1，pH 8.4；200 mmol/L KCl；100 mmol/L（NH_4）$_2SO_4$；15 mmol/L $MgCl_2$）5 μL，dNTP 200 μmol/L，引物各0.2 μmol/L，Taq酶1.25u，模板DNA 20 μg，加水至50 μL。

*matK*反应条件为：94℃预变性3 min，94℃变性1 min，57℃退火2min，72℃延伸1 min，40个循环；72℃延伸10 min。

ITS反应条件为：94℃预变性2 min，94℃变性1 min，37℃退火2 min，72℃延伸2 min，30个循环；72℃延伸10 min。

以上反应均设阴性对照以排除DNA污染的情况。用1.5%琼脂糖凝胶电泳检测PCR扩增产物，凝胶成像系统拍照。

（4）PCR产物回收并进行DNA序列的测定。PCR产物经1%TAE琼脂糖凝胶电泳检测，产物电泳后于紫外灯下切割目的条带，用DNA胶回收试剂盒进行产物的纯化回收。测序工作送至上海生物公司进行。

（5）序列数据分析。用DNAStar和Bioedit7.0软件对所得序列进行剪切、编辑和比对，并辅以人工校正。5种大叶藻的DNA多态性用软件Clustalx进行分析计算群体特异性、单倍型多样性和核苷酸多样性。使用MEGA5.05软件，计算碱基组成和遗传距离，应用邻接法、最大简约法、最大似然法构建系统发育树。

2. 数据分析

已采集荣成天鹅湖、荣成俚岛及青岛汇泉湾三个站位的大叶藻样品，并完成每个站位20个样品的DNA组的提取，并随机挑选每个站位5个样品进行目的片段的PCR和测序，共15个分析序列。

（1）ITS序列分析。

① 山东沿岸三个站位的ITS序列分析：ITS片段共695 bp，共享一个单倍型，仅一个个体的一个位点有碱基缺失。

统计分析得不同地理区域的ITS序列碱基组成如表8-28：

表8-28　不同地理区域ITS序列碱基频率分布（%）

地理区域＼碱基	T	C	A	G	A+T
汇泉湾	27.9	21.6	33.2	17.3	61.17
俚岛	27.9	21.6	33.2	17.3	61.15
天鹅湖	27.9	21.6	33.2	17.3	61.15

3种大叶藻在不同地理环境下碱基频率分布基本上相同，并没有因为地理差异而产生明显的变异。

由此可以看出，ITS片段在山东半岛的大叶藻群体内十分保守，变异率十分低，并不适合做遗传距离的鉴定。

② 与世界其他地区ITS2序列对比分析。取山东沿岸三个站位的大叶藻群体ITS片段的单倍型与NCBI上已有的美国、加拿大、法国、冰岛、荷兰和乌克兰六处的大叶藻ITS2序列比对，结果表明七地的大叶藻群体共享一个单倍型，美国的大叶藻群体出现一个突变位点，与其他六处的遗传距离为0.04。

碱基组成见表8-29。

表8-29　不同国家ITS2序列碱基频率分布（%）

国家＼碱基	T（U）	C	A	G	A+T
中国	27.6	19.7	39.7	13	67.3
加拿大	27.6	19.7	39.7	13	67.3
法国	27.6	19.7	39.7	13	67.3
冰岛	27.6	19.7	39.7	13	67.3
荷兰	27.6	19.7	39.7	13	67.3
乌克兰	27.6	19.7	39.7	13	67.3
美国	27.2	20.1	39.7	13	66.9

由此可见，大叶藻群体的ITS序列极其保守，是大叶藻种群坚定的一个非常有用的一个序列。但在遗传距离鉴定方面，ITS序列略显不足，其高度的保守性难以区分不同地理差异条件下大叶藻基因的整体改变情况。

（2）*MatK*序列分析。

① 山东沿岸三个站位的*MatK*序列分析。*MatK*片段共752 bp，共享一个单倍型，

有一个突变位点，且有一个个体的一个位点有碱基缺失。

碱基组成见表8-30。

表8-30　不同地理区域*matK*序列碱基频率分布（%）

地理区域＼碱基	T	C	A	G	A+T
汇泉湾	33.7	11.7	42	12.6	75.69
俚岛	33.6	11.7	42	12.6	75.66
天鹅湖	33.6	11.7	42	12.7	75.63

由此可以看出，*MatK*片段在大叶藻群体内也十分保守，多样性水平低，并不能反映出山东半岛大叶藻群体之间遗传距离的远近。

② 与世界其他地区*MatK*序列对比分析。取山东沿岸三个站位的大叶藻群体*matK*片段的单倍型与NCBI上已有的美国、日本和德国三处的大叶藻*matK*序列比对，结果表明四地的大叶藻群体共享一个单倍型，德国的大叶藻群体出现2个突变位点，与其他三处的遗传距离为0.003。

碱基组成见表8-31：

表8-31　不同国家*matK*序列碱基频率分布（%）

国家＼碱基	T（U）	C	A	G	A+T
日本	33.3	12	42.5	12.2	75.8
美国	33.3	12	42.5	12.2	75.8
中国	33.3	12	42.5	12.2	75.8
德国	33.1	12	42.3	12.5	75.6

从以上表格中可以明显地看出，不同地区大叶藻*matK*基因的保守性较强，同ITS一样，适合做物种鉴定的指示基因。但是其高度的保守性并不能看出山东半岛不同地区的大叶藻多样性程度以及其遗传距离的远近，如果想得到山东半岛大叶藻多样性程度以及不同地区遗传距离的远近，还需要进一步采用其他的方法进行研究。

3. 总结

目前，通过对山东沿岸三个位点的大叶藻群体的ITS及*matK*两个片段的分析，并对比世界其他地区大叶藻该片段的序列，可以看出，ITS及*matK*两个片段在种内保守性极高，仅从这两个片段，进行大叶藻群体的多样性以及遗传距离的分析较为片面，如果想得到山东半岛大叶藻多样性程度以及不同地区遗传距离的远近，可以考虑选取RAPD或者运用微卫星的方法进行大叶藻遗传距离的研究。

第三节　工具种生境适宜性与承载力分析

生境（Habitat）又称栖息地，通常是指某种生物或某个生态群体生活、生存和繁殖的生态环境或环境类型，也包括其生存所需的非生物环境和其他生物，是维持物种正常生命活动所依赖的各种环境条件和空间范围的总和。近年来，受人类环境破坏行为加大的影响，许多生物赖以生存的栖息地遭到大面积破坏，导致自然生物种群出现不同程度的衰退，迫切需要加强对生物生境的保护。生境适宜性指数（habitat suitability index，HSI）模型最早是由美国地理调查局国家湿地研究中心鱼类与野生生物署于20世纪80年代初提出（USFWS，1981），作为一种评价野生生物生境适宜程度的指数，被广泛应用于陆生野生生物的生境评价中。此后，HSI模型被引入到生态需水、水产养殖、河流多样性保护和生态修复等领域，用于预测和模拟水生生物的分布特征，评价人为活动造成的栖息环境变化对水生生物的影响，受到了生物学家和生态学家的高度重视（龚彩霞等，2012）。随着HSI模型的不断发展，人们在传统方法基础上融入了遥感系统（RS）、地理信息系统（GIS）和全球定位系统（GPS）技术，尤其是依托GIS强大的空间数据收集、存储、分析和图形化显示能力，生境适宜性分析的研究范围不断扩大，精度不断提高，分析也更加全面。

生态位理论指出物种仅能在其特定生境条件范围内才能生存繁衍，而环境质量并不是一成不变的，随着时间和地理因素的变迁也会影响物种的生存。承载力（Carrying Capacity，CC）原为力学中的一个概念，其本意是指物体在不产生任何破坏时的最大负载。20世纪初，承载力被逐渐引入到生态学领域中，即从种群生态学的角度出发，指生态系统所能容纳的最大种群数量，是种群和环境达到的平衡点（Price D，1999）。近年来，由于资源掠夺性开发以及环境污染等问题的不断加剧，为保证生态资源的可持续发展，承载力正日益成为生态学领域的研究热点。由于生境适宜性（HSI）评价的核心内容就是确定物种所处环境的变量对物种地理空间分布的影响，因此通过构建函数关系将生境适宜性和种群丰度相关联，从而估算出修复区域内功能生物承载力即成为可行方法。

一、材料与方法

（一）研究区域

支脉河口位于莱州湾的西岸，是我国北方地区重要的潮滩河口湿地。随着过度捕捞以及海洋资源的污染加剧，支脉河口湿地生境也受到了严重冲击。当地的自然种群数量逐年降低，生态系统受损程度日益严重，亟须开展相关修复工作，保育该区域的原有生物种质资源。研究区为支脉河入海口南部处潮滩，紧邻“东营广饶沙蚕类生态国家级海洋特别保护区”，面积约1.5 km^2，底质类型以粉砂淤泥质为主，植被则以芦苇（*Phragmites australis*）和翅碱蓬（*Suaeda salsa*）为主，潮下层有部分大叶藻（*Zostera marina*）分布。值得说明的是，在本研究中，综合现场踏勘与功能生物现有分布情况，各功能生物的具体分析区域略有差异。

（二）数据来源

本研究分别于2010年11月和2011年3月、5月、8月对该区域的海水水质、潮滩沉积物现状以及功能生物数量进行了调查统计。按照海洋调查规范获得该海域水文要素（温度、盐度、深度、透明度等）、化学要素（pH、DO等）、沉积物（粒级含量、粒组系数）等生境参数。应用反距离插值法将调查数据转化为栅格数据，并进行空间分析。

（三）研究方法

本研究通过HSI模型，对研究区生境适宜性进行评价并借鉴Simone（2011）的方法，将生境适宜性和种群丰度通过构建的函数关系相关联，最终估算出研究区域的功能生物承载力（图8-27）。

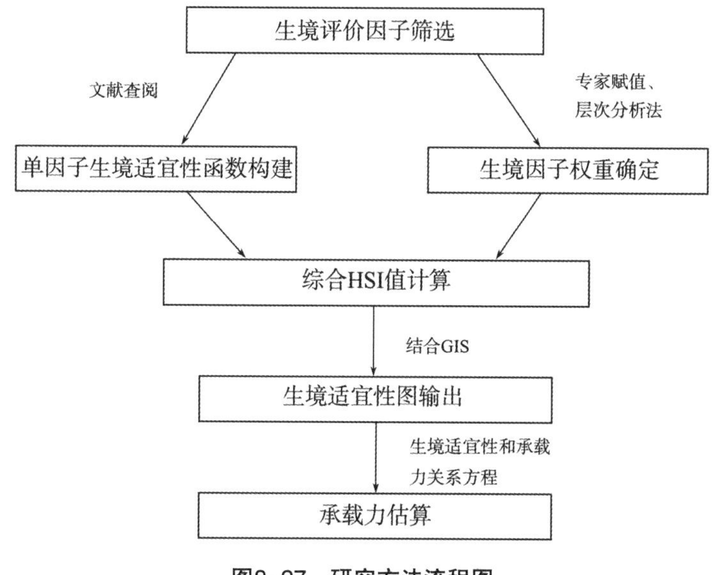

图8-27　研究方法流程图

1. 生境评价因子筛选

为确保生境适宜性分析评估结果的科学有效性，查阅相关文献中对沙蚕、翅碱蓬、大叶藻和芦苇生活史及其生态习性的研究报道，综合资料收集并结合咨询专家意见的方式从影响沙蚕、翅碱蓬、大叶藻和芦苇4个物种的生存、繁殖等诸多因素中分别筛选出相对重要的环境因子作为HSI模型的评价因子（表8−32）。

表8−32　功能生物适宜性评价因子

物种 Species	评价因子
沙蚕 *Nereis succinea*	含砂率、盐度、pH、石油类、硫化物、汞、镉、铜、铅、砷、锌
翅碱蓬 *Suaeda salsa*	含盐量、含水率、pH、氮含量、磷含量、油类、铅、铜、镉、锌、汞、砷
大叶藻 *Zostera marina*	含水率、pH、氮含量、磷含量、盐度、有机质、速效钾、
芦苇 *Phragmites australis*	含盐量、含水率、pH、有机质、水解氮、有效磷、速效钾、油类、铅、铜、镉、汞、砷

2. 构建评价因子适宜性函数

依据生物在不同生境条件下生存繁育状态，将生境划分为4个等级：即高度适宜生境、中度适宜生境、勉强适宜生境和不适宜生境，在HSI模型中用分段函数进行表述，并在GIS中应用重分类进行赋值（Ortigosa et al，2000；Hirzel，et al，2008）。其中，高度适宜生境指在该条件下摄食旺盛、活动力强，生物生理状态达到最佳，各生境要素的适宜性指数（suitability index，SI）赋值为4；中度适宜生境即能够满足生物生长发育的摄食所需，维持正常生长存活，生理活动相对正常，SI赋值为3；勉强适宜生境为在该条件下生物能够耐受环境压力，生物能够生存，SI赋值2；不适宜生境不能提供生物生存所必需的条件，生物无法存活，SI赋值为0。对已筛选出的生境评价因子逐个构建生境适宜性函数，汇总形成生境适宜性等级划分表（表8−33 ~ 表8−36）。

表8−33　沙蚕生境适宜性等级划分表

评价因子	高度适宜（SI=4）	中度适宜（SI=3）	勉强适宜（SI=2）	不适宜（SI=0）
含沙率（%）	25 ~ 50	15 ~ 25或50 ~ 70	5 ~ 15或70 ~ 90	>90或<5
盐度	25 ~ 30	20 ~ 25或30 ~ 35	10 ~ 20或35 ~ 40	>40或<10
pH	7 ~ 8	6.5 ~ 7或8 ~ 8.5	6 ~ 6.5或8.5 ~ 9	>9或<6

续 表

评价因子	高度适宜（SI=4）	中度适宜（SI=3）	勉强适宜（SI=2）	不适宜（SI=0）
石油类（$\times 10^{-6}$）	≤300	300～500	500～600	＞600
硫化物（$\times 10^{-6}$）	≤500	500～1 000	1 000～1 500	＞1 500
汞（$\times 10^{-6}$）	≤0.2	0.2～0.5	0.5～1	＞1
镉（$\times 10^{-6}$）	≤0.5	0.5～1.5	1.5～5	＞5
铜（$\times 10^{-6}$）	≤35	35～100	100～200	＞200
铅（$\times 10^{-6}$）	≤80	80～150	150～270	＞270
砷（$\times 10^{-6}$）	≤20	20～65	65～93	＞93
锌（$\times 10^{-6}$）	≤150	150～350	350～600	＞600

表8-34 翅碱蓬生境适宜性等级划分表

评价因子	高度适宜（SI=4）	中度适宜（SI=3）	勉强适宜（SI=2）	不适宜（SI=0）
含盐量（g/kg）	11.7～17.6	17.6～29.2	29.2～35.0	>35.0
含水率（%）	38～28	28～26	26～24	<24
pH	7.9～8.2	7.0～7.9	6.0～7.0或8.2～9.0	<6.0或>9.0
氮含量（mg/g）	>0.40	0.40～0.20	0.20～0.15	<0.15
磷含量	>0.10	0.10～0.08	0.08～0.04	<0.04
总石油类含量	<0.5	0.5～1.0	1.0～3.0	>3.0
铅含量	<300	300～350	350～500	>500
铜含量	<35	35～100	100～400	>400
镉含量	<0.2	0.2～1.0	1.0～1.5	>1.5
锌含量	<100	100～300	300～500	>500
汞含量	<0.15	0.15～1.0	1.0～1.5	>1.5
砷含量	<15	15～25	25～30	>30

表8-35　大叶藻生境适宜性等级划分表

评价因子	高度适宜（SI=4）	中度适宜（SI=3）	勉强适宜（SI=2）	不适宜（SI=0）
沉积物含水量（%）	38 ~ 28	28 ~ 26	26 ~ 24	<24
pH	7.9 ~ 8.2	7.0 ~ 7.9	6.0 ~ 7.0或8.2 ~ 9.0	<6.0或>9.0
氮含量（mg/g）	>0.40	0.40 ~ 0.20	0.20 ~ 0.15	<0.15
磷含量	>0.10	0.10 ~ 0.08	0.08 ~ 0.04	<0.04
总石油类含量	<0.5	0.5 ~ 1.0	1.0 ~ 3.0	>3.0
盐度	<300	300 ~ 350	350 ~ 500	>500
有机物质含量	<35	35 ~ 100	100 ~ 400	>400
钾含量	<0.2	0.2 ~ 1.0	1.0 ~ 1.5	>1.5

表8-36　芦苇生境适宜性等级划分表

评价因子	高度适宜（SI=4）	中度适宜（SI=3）	勉强适宜（SI=2）	不适宜（SI=0）
含盐量（g/kg）	<2	2 ~ 4	4 ~ 10	>10
含水率（%）	>23.6	23.6 ~ 22	22 ~ 18.7	<18.7
pH	8.5 ~ 7.5	7.5 ~ 7.0	7.0 ~ 6.5和8.5 ~ 9.0	<6.5和>9.0
有机质（g/kg）	>20	10 ~ 20	6 ~ 10	<6
水解氮（mg/kg）	>90	60 ~ 90	30 ~ 60	<30
有效磷（mg/kg）	>60	30 ~ 60	15 ~ 30	<15
速效钾（mg/kg）	>100	50 ~ 100	30 ~ 50	<30
油类含量（mg/g）	<2.16	2.16 ~ 2.40	2.40 ~ 7.20	>7.20
铅含量（mg/kg）	<300	300 ~ 350	350 ~ 500	>500
铜含量（mg/kg）	<35	35 ~ 100	100 ~ 400	>400
镉含量（mg/kg）	<0.2	0.2 ~ 0.6	0.6 ~ 1.0	>1.0
汞含量（mg/kg）	<0.15	0.15 ~ 1.0	1.0 ~ 1.5	>1.5
砷含量（mg/kg）	<15	15 ~ 25	25 ~ 30	>30

3. 评价因子权重确定

在专家对评价因子赋值的基础上，应用层次分析法（analytic hierarchy process, AHP）建立层次结构模型，根据各生态因子之间关系，建立递阶层次结构，随后对同一层次的各生境因子重要性大小进行两两比较（采用1～9比例标度），分别构建沙蚕、翅碱蓬、大叶藻和芦苇的两两比较判断矩阵，并通过一致性检验（即CR<0.1）。最终确定影响每个生境因子的权重值（表8-37～表8-40）。

表8-37　沙蚕生境评价因子权重

生态因子	含沙率	盐度	pH	石油类	硫化物	汞
权重	0.40	0.20	0.12	0.10	0.04	0.02
生态因子	镉	铜	铅	砷	锌	-
权重	0.02	0.02	0.02	0.02	0.02	-

表8-38　翅碱蓬生境评价因子权重

生态因子	沉积物含盐量	pH	总石油类含量	铅含量	铜含量	镉含量	汞含量	砷含量
权重	0.33	0.11	0.33	0.05	0.05	0.05	0.05	0.05

表8-39　大叶藻生境评价因子权重

生态因子	沉积物含盐量	pH	氮含量	磷含量	总石油类含量	盐度	钾含量	有机物质含量
权重	0.33	0.11	0.06	0.06	0.06	0.33	0.06	0.06

表8-40　芦苇生境评价因子权重

生态因子	含水率	含盐量	pH	有机质	水解氮	有效磷	速效钾
权重	0.29	0.29	0.10	0.05	0.05	0.05	0.05
生态因子	石油类含量	铅含量	铜含量	镉含量	汞含量	砷含量	-
权重	0.06	0.01	0.01	0.01	0.01	0.01	-

4. 适宜性分析

评价因子的适宜性等级划分及权重值确定后，将其应用到生境适宜性模型中计算HSI值，并对整个研究区域的生境适宜性做出综合分析。基于乘法原理的连乘法（continued product model, CPM）和几何平均法（geometric mean model, GMM）曾是生境评价（栅格计算环节）最常用的方法，但Layher和龚彩霞等人均指出这种算法不能很好地模拟生物体与各因子之间的综合复杂的关系。近年来，越来越多的加权评价模型应用到适宜性分析中（AceveDO P, 2009；严辉等，2012）。本研究中的HSI值计算公式如下：

$$\mathrm{HSI}=\sum_{i=1}^{n}\mathrm{SI}_i W_i$$

其中，SI_i代表特定因子的适宜性值；W_i代表相应特定的环境因子（i）的权重值大小；i=1，…，n代表的是在以上公式中所输入的n个影响因子。

5. 生境适宜性图绘制

为使分析结果更清晰直观，依据HSI计算得分，将生境适宜性划分为4个等级，并用相对应颜色标明，最终输出生境适宜性分析图。其中0～1为不适宜生境（红色）；1～2为勉强适宜生境（橙色）；2～3为中度适宜生境（蓝色）；3～4为高度适宜生境（绿色）。

6. 承载力估算

本研究借鉴Simone（2011）在菲律宾蛤产量估算中所使用的方法，结合潮间带调查资料、历史资料、现场调研和专家判定情况，构建功能生物承载力与HSI值之间的函数关系。以沙蚕为列：确定在高度适宜生境（即HSI≥3）内都能达到最大生物密度（180 inds/m^2）；在不适宜生境（即HSI≤1）区域功能生物不能生存，生物量基本可以忽略；在中度适宜和勉强适宜生境（即1<HSI<3），生境单位功能生物丰度（inds/m^2）和HSI值符合线性关系。各功能生物生境适宜性（HSI值）与承载力（CC, inds/m^2）之间的函数关系如下（图8-28～图8-31）：

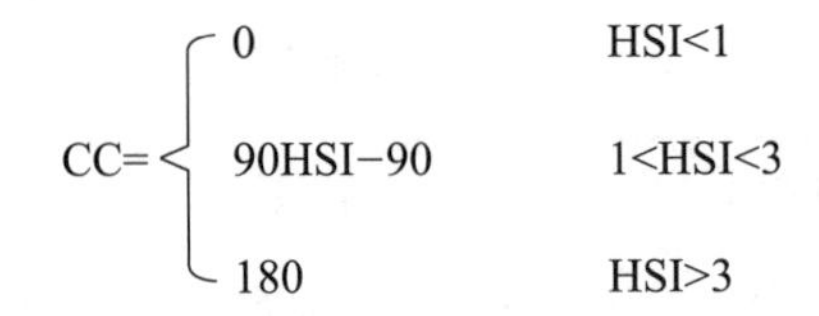

$$\mathrm{CC}=\begin{cases}0 & \mathrm{HSI}<1\\ 90\mathrm{HSI}-90 & 1<\mathrm{HSI}<3\\ 180 & \mathrm{HSI}>3\end{cases}$$

图8-28 沙蚕承载力与适宜性的函数关系

$$\mathrm{CC}=\begin{cases}0 & \mathrm{HSI}<0.5\\ 11\mathrm{HSI}+2 & 0.5<\mathrm{HSI}<2\\ 24 & \mathrm{HSI}>2\end{cases}$$

图8-29 翅碱蓬承载力与适宜性的函数关系

$$CC=\begin{cases} 0 & HSI<0.5 \\ 252HSI+252 & 0.5<HSI<2.5 \\ 503 & HSI>2.5 \end{cases}$$

图8-30　大叶藻承载力与适宜性的函数关系

$$CC=\begin{cases} 0 & HSI<1.5 \\ 7\,154HSI-10\,731 & 1.5<HSI<3.5 \\ 14\,308 & HSI>3.5 \end{cases}$$

图8-31　芦苇承载力与适宜性的函数关系

二、结果与分析

（一）沙蚕

基于GIS绘制的沙蚕生境适宜性分析结果见图8-32。支脉河口潮滩湿地大部分区域都为沙蚕高度适宜生境，面积约为1 477.2 hm^2。部分地区（岸段拐角区域）综合HSI指数小于3，但均在2.96以上，为沙蚕中度适宜生境，面积约为65.4 hm^2。

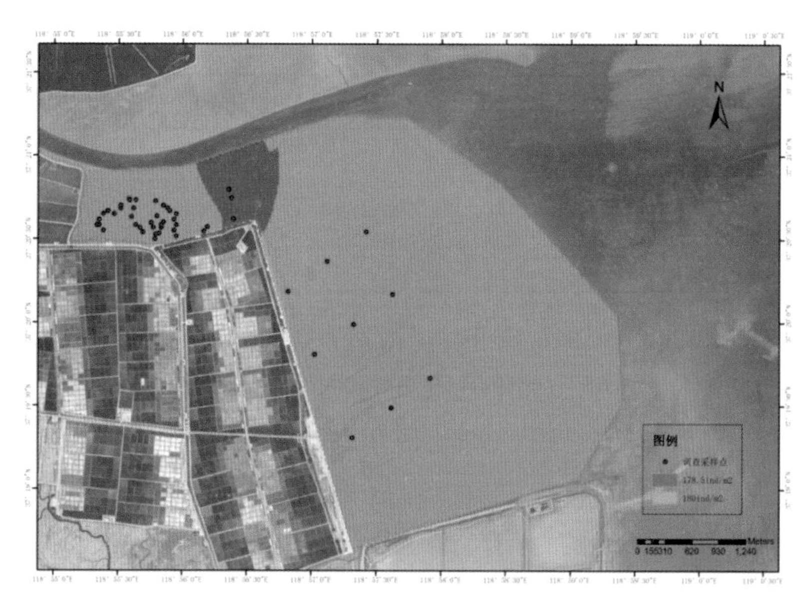

图8-32　沙蚕生境适宜性分区

由图8-33可知，承载力估算也主要分为两个区域，高度适宜区域（HSI≥3）面积为1 477.2 hm^2，单位面积沙蚕承载力为180 inds/m^2，中度适宜生境面积约为65.4 hm^2，估算单位面积沙蚕承载力约为177～180（估算时为178.5）inds/m^2。由此，支脉河口潮滩湿地的沙蚕承载力为2.78×10^9个（表8-41）。

图8-33　沙蚕承载力估算分析图

表8-41　研究区域沙蚕承载力估算

类型	单位面积承载力（inds/m^2）	HSI	面积（hm^2）	承载力（$\times10^9$个）
高度适宜生境	180	≥3	1 477.2	2.658 96
中度适宜生境	177~180	2.96≤HSI<3	65.4	0.116 739
合计				2.78

沙蚕（*Perinereis aibuhiteris* Grube）广泛分布在我国北方沿海潮间带和河口区，是最大高潮线附近的优势种，对沿海土壤和气候等自然生态环境有较强的适应性（吴宝玲，1981）。郑佩玉和范广钻（1986）认为沉积物颗粒的大小是影响沙蚕分布数量和生物量的主要因子，细软泥沙、颗粒大小适中的区域最适于沙蚕生活，而沉积物颗粒过粗或过细粘则会限制沙蚕的生存繁育。蔡立哲和徐忠明（1994）也认为在决定沙蚕分布的许多因子中，底质、盐度是制约其分布的主要因素，其次才为温度和水动力等因素。此外，有学者指出当pH值为7～8时，沙蚕胚胎孵化率达到60%以上，幼体存活率在80%以上；而当pH值不在此范围内时，沙蚕的胚胎孵化和幼体存活率都出现大幅下降，可见pH对沙蚕胚胎孵化、幼体存活起到至关重要的作用。而以上潮滩底质类型（即含砂率，沉积物颗粒大小）、盐度和pH均属于沉积物质量因素。沉积物污染因素如石油类、硫化物和重金属等，虽然对沙蚕生长产生一定影响，但已有研究表明沙

蚕对此表现出了一定的耐受和富集能力，甚至在少量的污染浓度范围内，沙蚕对滨海湿地石油烃污染具有部分修复能力。且由于该区域濒临国家级沙蚕类特别保护区，水质和沉积物质量基本均处于良好状态，在个别时间段虽有少量金属离子浓度超过Ⅰ类标准要求，但远远达不到沙蚕类的半致死浓度，也就无法对潮滩湿地的沙蚕分布难以产生决定性的影响。

支脉河口潮滩湿地的生境现状基本都符合沙蚕生存繁育的要求，所以大部分区域均为是沙蚕的核心生境。但在岸段建设的拐角处为沙蚕的中度适宜生境，将各个单因素插值和重分类图对比分析可知，此处相对其他区域表现较高的含砂率、As和Hg含量，超出沉积物Ⅰ级质量标准，沙蚕生存繁育受到影响。究其原因，可能是由于该拐角处有一条人工修建的水泥道路，可以深入滩涂内部区域，稍早期间曾有工程建设在此处施工，当前虽已拆除，但施工工程仍然对这一区域造成了尚未恢复的扰动。沉积物质量在受到影响的同时，也带来一定程度的重金属污染。因此，在潮滩湿地建设和管理中更应当注重沙蚕的生境保护工作。

（二）翅碱蓬

如图8-34～图8-35所示，研究区域内约有40%为高度适宜区域，为翅碱蓬核心生境，面积为612.2 hm^2，单位面积翅碱蓬承载力为24 $inds/m^2$；中度适宜生境面积约为961.7 hm^2，单位面积翅碱蓬承载力为10～14 $inds/m^2$。翅碱蓬的承载力估算值见表8-42。整个东营人工岸段潮滩湿地的翅碱蓬承载力估算为2.82×10^8个。

图8-34 翅碱蓬生境适宜性分区

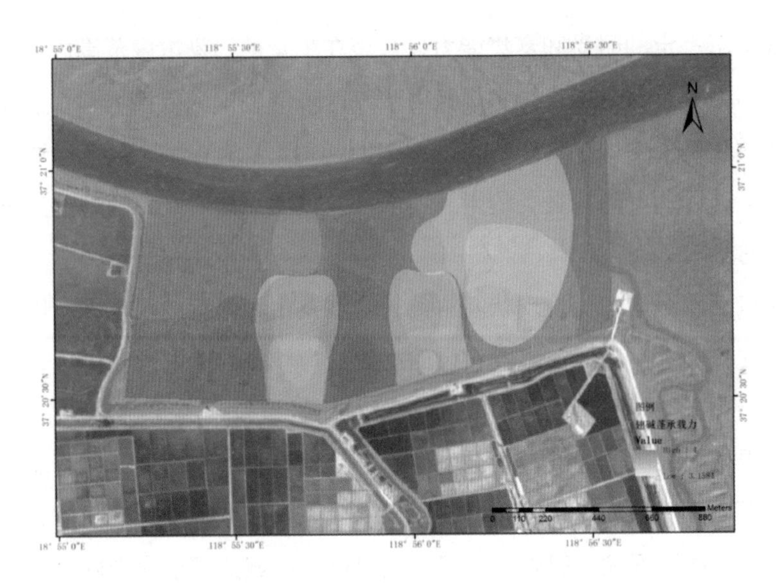

图8-35　翅碱蓬生承载力估算分析图

表8-42　研究区域翅碱蓬承载力估算

类型	单位面积承载力（inds/m²）	HSI	面积（hm²）	承载力（×10⁸个）
高度适宜生境	24	≥2.0	612.2	1.469 28
中度适宜生境	10~14	1.5<HSI<2.0	961.7	1.346 38
合计				2.82

翅碱蓬属于黎科碱蓬属，一年生草本植一般生于海滨、湖边、荒漠等处的盐碱荒地上，在含盐量高达3%的潮间带也能稀疏丛生，是一种典型的盐碱指示植物，也是由陆地向海岸方向发展的先锋植物。翅碱蓬作为先锋植物更适宜在土壤水分含量高的区域生长，亦能够忍受长时间的海水浸泡，却不能在水分较少的区域正常生长。对于翅碱蓬而言，土壤含盐量在其生长过程中起着主要作用。一些土壤污染因素如重金属、石油类虽对其生长产生一定影响，特别是石油类对其生长的影响略大，但翅碱蓬具有一定的耐受和富集能力，并对滨海湿地石油烃污染具有一定的修复能力。土壤pH对翅碱蓬的生长发育影响不是特别大，但相对于重金属而言，对翅碱蓬的生长有一定的抑制作用。东营人工岸段潮滩湿地中随着潮水涨落而淹没干出的区域均属于适宜翅碱蓬生长区域，因此，在这部分潮滩湿地管理中应优先考虑翅碱蓬的种植与保护。

（三）大叶藻

如图8-36～8-37所示，研究区域有1/3区域为高度适宜区域，为大叶藻核心生境，面积为473.2 hm²，单位面积大叶藻承载力为503 inds/m²；中度适宜生境面积约为1 065.4 hm^2，单位面积大叶藻承载力为159～318 $inds/m^2$；勉强适宜生境面积为521.3 hm^2，单位面积大叶藻承载力为47～63 $inds/m^2$。大叶藻的承载力估算值见表8-43。整个东营人工岸段潮滩湿地的大叶藻承载力估算为4.32×10^9个（表8-43）。

图8-36　大叶藻生境适宜性分区

图8-37　大叶藻生承载力估算分析图

表8-43　研究区域大叶藻承载力估算

类型	单位面积承载力（inds/m^2）	HSI	面积（hm^2）	承载力（$\times 10^9$个）
高度适宜生境	503	≥2.5	473.2	2.380 196
中度适宜生境	159~318	1.5＜HSI<2.5	1065.4	1.693 986
勉强适宜生境	47~63	0.5＜HSI<1.5	521.3	0.246 054
合计				4.32

从东营人工岸段大叶藻的生境适宜性分区图中可以看出，靠近研究区域西北部的地区具有最高的大叶藻生境适宜性为大叶藻的核心生境，面积约为241.9 hm^2；而在研究区域内，越靠近人工岸段（即远离潮滩湿地）大叶藻的生境适宜性指数越低；同样地，在研究区域内，越靠近内部地区大叶藻的生境适宜性指数越高，而研究区域的边缘地区具有相对较低的生境适宜性。

作为一种重要的潮间带生物，大叶藻在整个潮滩地区具有相对良好的生存适应能力，整个研究区域内的沉积物类型与环境海水的自然特征具有非常大的相似性与相关性。在靠近研究区域西北部的地区，具有相对稳定的自然环境，故具有相对更高的大叶藻生境适宜性。除了本研究中测定的研究区域内的环境参数之外，整个研究区域受到明显的潮汐变化的影响，低潮期长时间的空气暴露不利于大叶藻的生存；除此之外，研究区域的中部具有明显的地形起伏，而边缘地区相对较低，加之潮沟相对较长的海水覆盖时间，使整个研究区域内呈现出由内部向边缘，由潮滩向人工岸段大叶藻生境适宜性逐渐下降的趋势。

（四）芦苇

基于GIS绘制的芦苇生境适宜性分析结果见图8-38。支脉河口滨岸潮滩受潮汐淹水及冲刷较弱的较高区域以及受到潮汐淹水时间较长的较低区域，为芦苇中度适宜区域（2.5<HIS<3.5），是芦苇群落构建及恢复的核心区域，占研究区的44.16%，其分布面积约为71.66 hm^2；岸段中部受潮汐周期性淹水冲刷区域的较低区域，为芦苇勉强适应区域（1.5<HIS<2.5），占研究区的55.84%，分布面积约为90.62 hm^2。

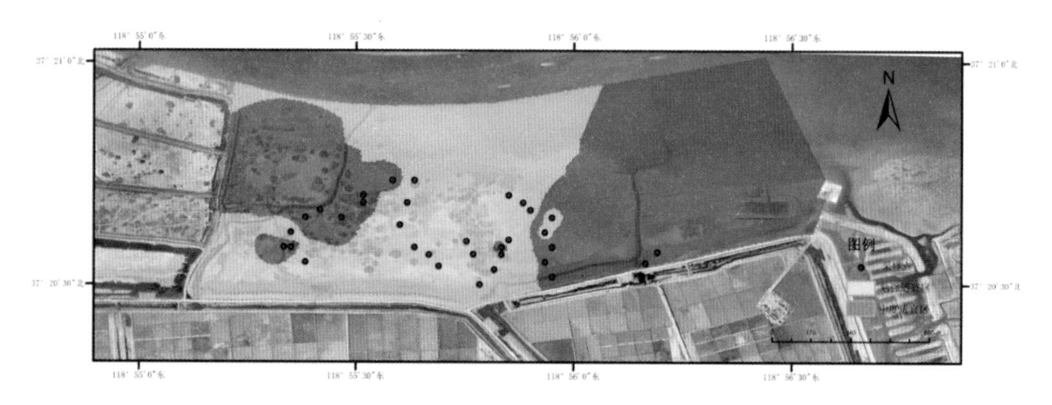

图8-38　芦苇生境适宜性分区

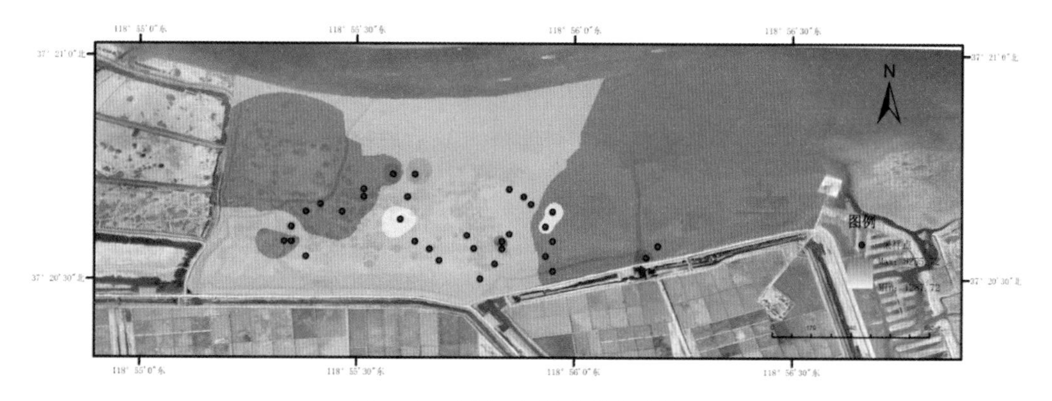

图8-39　芦苇生承载力估算分析图

表8-44　研究区域芦苇承载力估算

类型	单位面积承载力（g/m²）	HSI	面积（hm²）	承载力（×10⁶kg）
中度适宜生境	7 154~8 255.72	2.5<HIS<3.5	71.66	3.024 478
勉强适宜生境	1 287.72~7 154	1.5<HSI<2.5	90.62	6.982 075
合计				10.00

由图8-39和表8-44可知，承载力估算也主要分为两个区域，中度适宜区域（2.5<HSI<3.5）面积71.66 hm^2，单位面积芦苇承载力为7 154 ~ 8 255.72 g/m^2，该区域可生产芦苇3.02×10^6 kg；勉强适宜生境面积约为90.62 hm^2，估算单位面积芦苇承载力约为1 287.72 ~ 7154 g/m^2，该区域可生产芦苇6.98×10^6 kg。由此，支脉河口潮滩湿地的芦苇承载力单位面积为4 771.72 g，总计年可生产芦苇1.00×10^7 kg。

三、讨论

随着人类对渔业资源需求的日益增长，物种生物多样性受到严重威胁，对其进行种群修复已成为全球关注的焦点。据联合国粮食与农业组织（FAO，2007）统计年鉴显示，全球已有94个国家实施种群增殖修复项目，专家们也明确指出确定增殖物种的修复区域是决定修复成效的关键因素（Gomez和Mingoa-Licuanan，2006；Bell et al.，2008）。

Pastres等（2001）将GIS空间分析模块和三维水动力模型相结合，构建了涵盖14个状态变量、52个环境参数的复合营养模型，并以此对菲律宾蛤蜊（Tapes philippinarum）在Venice湖的生境适宜性和经济产量进行了分析估算。Longdill等（2008）综合社会和环境因素的考量，筛选出14个模型输入变量，确定了翡翠贻贝（*Perna canaliculus*）在Plenty湾的适宜增殖区域。然而，Kliskey等（1999）和Jørgensen（2009）均指出HSI模型输入变量需要兼顾低成本、可操作性。本研究基于可获得数据资料，去除了Pastres等和Longdill等构建模型中一些高费用及难以量化的参数（如氧化还原电位、功能区划分等），简化形成了包含含砂率、盐度、pH、石油类、硫化物、汞等参数的HSI模型。

Edgar借助基础代谢率指数（metabolic-rate based index），从食物通量的角度估算底栖生物的种群承载力，但未考虑生态系统的复杂性，忽略了环境因素及捕食关系对底栖生物的影响，只能笼统的计算出“生产上限值”（production ceiling）。本研究基于HSI模型中，结合生境适宜性与承载力之间的关系，较为准确的计算出研究区内双齿围沙蚕的承载力。然而，近年来在国外一些研究中不再单一的只考虑生境栖息地与生物承载力之间的关系，而是综合的考虑种群、环境、社会管理等多方面因素，将“种群承载力”提升到“生态承载力”的高度。Byron等（2011）人在研究Narragansett海湾的牡蛎承载力时，在综合生态环境和社会经济发展的基础上，结合社会管理学理论，提出以生物资源为主，兼顾环境、社会、经济总量的生态承载力。

本文通过HSI模型对支脉河口潮滩湿地沙蚕、翅碱蓬、大叶藻和芦苇种群构建和恢复的可行性进行了定量分析，为生物群落的保护提供了一种生境适宜性和承载力分析的新方法，但仍存在许多有待改进和完善的地方，需要进一步提升分析和模拟研究的精度并结合种群、环境及科学管理等诸多因素，对支脉河口潮滩湿地的生态承载力做全面的评估。

第四节 工具种繁育及种群恢复技术

一、双齿围沙蚕繁育及种群恢复技术

（一）研究背景

1. 沙蚕的分类

沙蚕是海洋中极为常见的多毛纲动物类群，是鱼类和其他食肉动物的饵料，是海洋生物资源的重要组成部分，也是海洋中亟待开发、利用、保护的生物对象。

我国是最早认识和研究沙蚕的国家之一，唐代称之为“海虫”“海蚕”，明代记沙蚕美谥曰“龙肠”“凤肠”，清代则记之为咸淡水的“禾虫”。到近代，研究沙蚕的专著有《中国近海沙蚕科研究》（吴宝玲等，1981）、《中国近海多毛环节动物》（杨德渐等，1988）、《中国动物志·无脊椎动物第三十三卷·环节动物门·多毛纲（二）·沙蚕目》（孙瑞平等，2004），记载了沙蚕科3亚科20属74种。近二十余年，我国学者对双齿围沙蚕*Perinereis aibuhitensis*（Grube）、多齿围沙蚕*Perinereis nuntia*（Savigny）和日本刺沙蚕*Neanthes japonica*（Izuka）（现用名日本菏沙蚕*Hediste japonica*（Izuka）的个体发育研究及养殖技术进行了深入的研究，都取得了很好的成绩。我国台湾对多齿（短角）围沙蚕*Perinereis nuntia brevicirris*（Grube）的研究和介绍推动了沙蚕在大陆沿海的养殖（孙瑞平等，2006）。

国外认识动物的方法和我国古代一样，也是把fish（鱼）和worm（蠕虫）作为认识动物的基础。沙蚕在北美国家被记为sand-worm（沙虫），在欧洲称为clam-worm（蛤虫），又为了表示沙蚕栖息于沙中或有蛤的地方被称为rag-worm（孙瑞平，2006）。

世界上最早用双名法命名沙蚕的学名为*Nereis pelagica* Linnaeua 1758，中文名译为游沙蚕。在林奈《自然系统》第十二版（1767）中，沙蚕隶属于Vernes（蠕虫纲）Mollusca（软体动物目）*Nereis*（沙蚕属）。*Nereis*源于Nereid，一种说法是来源于希腊神话中海中女神之名，另一种说法则认为源于海神Nereus的50个女儿之一，把蠕动优美的沙蚕比作婀娜多姿的女神的化身。

19世纪50年代，是沙蚕分类的创始期，Johnston在1865年首创了沙蚕科

Nereididae。20世纪初，又组建了许多新属，尤其在第二次世界大战结束以后，沙蚕科的分类进入蓬勃的发展期。20世纪后期，在支序分类学理论创建的基础下，对裸吻沙蚕亚科（Gymnonereidinae）、单叶沙蚕亚科（Namanereidinae）、沙蚕亚科（Nereidinae）的界定以及对沙蚕科各属的介绍和评述，都极大地推动了沙蚕科的分类研究。据统计（Hutchings等，2000），全球沙蚕科共计43属540多种。进入21世纪以来，Bakken和Wilson（2005）研究探讨了具颚齿沙蚕的进化谱系。其中，双齿围沙蚕（*Perinereis aibuhitensis*）属于环节动物门（Annelids）多毛纲（Polychaete）沙蚕目（Nereidida）沙蚕科（Nereidae）围沙蚕属（*Perinereis*），体呈长蠕虫形，具有许多环节，是沙蚕属滩涂生物中的优势种，也是我国近海生态系统中底栖群落的重要物种，具有较高的经济价值和生态价值。

2. 形态学特征

沙蚕的成虫虫体可分为头部、躯干部、尾部三部分（图8-40）。

沙蚕的头部位于体前端，由围口节和口前叶两部分组成。双齿围沙蚕的口前叶似梨形，前缘完整，2对眼点呈倒梯形排列于口前叶中后部，前一对眼点稍大；口前叶上生有1对触手，1对触须，触手稍短于触角；围口节为口前叶的一个环形节，稍宽于其后的体节，腹面生有横裂的口，生有4对触须，最长者向后伸展可达第6～8刚节（孙瑞平等，2006）。

躯干部背面稍凸，腹面稍平或微凹，腹中部具有纵行的腹中沟。沙蚕虫体沿纵轴方向上可分为许多相似的段落或部分，每一段落或部分称为体节，每个体节两侧生有疣足和背须、腹须，疣足上生有刚毛。疣足是沙蚕的运动和呼吸器官，上面具有刚毛（蒋霞敏和柳敏海，2008）。

图8-40　双齿围沙蚕的外部形态

沙蚕虫体的最后一节称为尾和肛节，无疣足，具有肛门和1对腹位的肛须，虫体生长时新体节在肛节前增殖。

双齿围沙蚕的身体两侧对称，呈多环节的长蠕虫形，后端体节稍细具有肛须。体表具有黄褐色彩虹的角质膜，体色多随个体年龄和性成熟而变化，活体肉红色或蓝绿色，酒精标本黄白、黄褐、紫褐或肉红色，甲醛标本多青绿色，背须色深，肛节呈褐色，肛须色较淡。

双齿围沙蚕成虫虫体重2 ~ 3 g，虫体长165 mm的标本具有150 ~ 180个刚节。大标本体长270 mm，体宽（含疣足）14 mm，具230个刚节（孙瑞平等，2006）。

3. 结构和生理

沙蚕虫体的内管为消化管，外管为体壁，两管之间为体腔。

沙蚕体壁分为角质膜、表皮、肌肉层、壁体腔膜。角质膜是由表皮细胞分泌的非几丁质形成的硬蛋白膜，在组织学切片制作过程中易溶解。表皮为角质膜下的单层柱状上皮细胞，具有腺细胞和感觉细胞。肌肉层外层环生者为环肌，内层较厚者为纵肌，每个体节内附生1对斜肌。壁体腔膜位于体壁的最内层，是一层扁平细胞，是体腔膜的一部分。

沙蚕的体腔内含有具有循环功能的体腔液和变形细胞。沙蚕真体腔的出现为其运动器官、消化器官和循环系统的功能复杂化提供了客观条件。

沙蚕的消化系统包括消化管和消化腺两部分。消化管是虫体内从口到肛门的直管，根据其结构和来源可以分为前肠、中肠和后肠三部分。

沙蚕的呼吸系统中没有特殊的呼吸器官，虫体的体表（尤其是薄的背表面）和疣足的舌叶都遍布微血管网，微血管网是血液循环的主要场所。

沙蚕为发达的闭管式循环系统，血液均在血管中流动。血管主要包括背血管、腹血管、连接血管，背、腹血管沿身体纵轴贯穿身体，每个体节都有两对环状的连接血管，使疣足和体壁形成广阔的具呼吸功能的毛细血管网。

沙蚕的排泄系统主要功能器官是后肾，除去前几个体节，每个体节都有一对后肾，后肾是一个合胞体腺体，具有开于前一体节的肾内孔和开于疣足基部靠近腹面的肾外孔，由血液、体腔液带来的代谢产物经过后肾中纤毛肾管的渗透和吸收后排除体外。

沙蚕的神经系统为发达的链式神经系，主要神经索位于腹部，这与其主动捕食生活相适应。其神经系统包括中枢、外周和内脏3个神经系。

沙蚕的触手、触须都具有触觉功能，但触角除去具有触觉功能外，还类似于其他动物的侧唇，亦具有味觉和嗅觉功能。位于口前叶背表面的2对眼是特殊的视觉器官，每个眼都呈杯状，杯壁为视网膜，杯中具晶体，眼表面有角膜，眼杯向角膜出的开孔具有瞳孔的功能。

双齿围沙蚕为雌雄异体，异体受精，但只有在到达生殖季节才会产生雌雄的性别之分，生殖腺由腹隔膜体腔上皮细胞快速增殖生成，生殖细胞还处于精原细胞或卵原细胞时即被排入体腔，在体腔内发育成成熟的精子和卵。沙蚕无生殖管，肾管兼具有生殖管的功能。沙蚕在生殖过程中会出现一种特殊的生殖现象——异沙蚕体，异沙蚕体是由底栖个体向起浮（生殖）个体转变的过程，最明显的特征是虫体躯干部缩短，躯干部中区（变形区）是有性体节组成的生殖体区，有性体节的疣足舌叶加宽变扁，刚毛叶呈扇状且极富血管，雌虫背须须状，而雄虫背须出现锯齿状乳突，桨状的刚毛呈扇状排列（孙瑞平等，2006）。

双齿围沙蚕为一生一次性生殖，性成熟时，雌雄虫体同时离开栖息地，由底栖起浮于海面相伴做圆形的旋转游动，在旋转、缠绕过程中排精放卵，称为婚舞，这一生殖习性称为群浮。雄虫排精后很快死亡，雌虫可活很短一段时间，受精卵留给大自然抚育。群浮受温度和月相的影响，大都在小潮过后的次日，持续8～9天，高峰期在大潮来临的前两天，且每月两个高峰，属半月相型（孙瑞平等，2006）。

4. 地理分布和生态习性

沙蚕为广温广盐优势种，在热带、温带分布广泛，常见分布于我国渤海、黄海、东海、南海，韩国、日本、泰国、菲律宾，印度（安达曼群岛），印度尼西亚（苏拉威西、苏门答腊、爪哇）等沿海。生境为淡水河口，潮间带的岩岸和珊瑚礁、软相底质，潮下带。

双齿围沙蚕多见穴居于风平浪静、营养丰富的潮间带的泥滩、沙滩、泥沙滩滩质，在砾滩暂没有发现其踪迹，亦见于红树林群落中。双齿围沙蚕的幼虫自由浮游，食性为草食性，主要摄食单细胞藻类，以底栖硅藻、小球藻、扁藻等为佳；长到3～4 cm，落回海底，为底栖生物，以杂食性为主，成体沙蚕则落回海底，主要摄食动植物碎片、软体、甲壳、其他小型动物以及其他有机碎屑，还能有效利用污泥中的蛋白质；适温范围为1℃～35℃，适宜盐度范围为1～37，属广温、广盐品种，对环境适应能力很强，易于培育（吴宝铃等，1981）。在我国主要分布在潮间带河口区泥沙滩上区，其在近海滩涂中的自然资源量分布呈现出泥滩（34 g/m^2）>泥沙滩（15.4 g/m^2）>沙滩（2.8 g/m^2）的趋势（顾晓英等，2002）。

5. 生活史

双齿围沙蚕多为雌雄异体，异体受精。

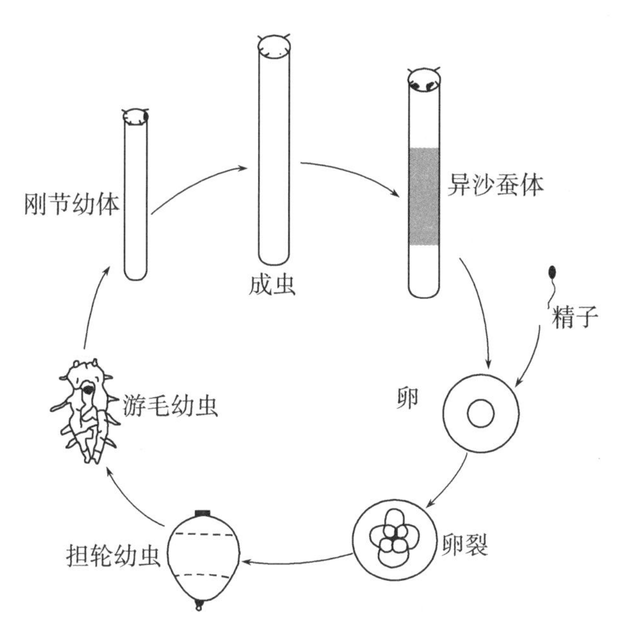

图8-41 双齿围沙蚕生活史示意图（引自孙瑞平，2006）

生活史是指生物个体从受精卵到子代受精卵形成的过程或周期。双齿围沙蚕的生活史需经历：受精卵→卵裂→囊胚→原肠胚→担轮幼虫→后担轮幼虫→游毛幼虫→刚节幼体→成虫→异沙蚕体（生殖态）→子代受精卵（图8-41）。

6. 增养殖研究现状

近几年随着海域污染的加剧，沙蚕的自然栖息地受到了严峻的挑战，沙蚕的自然资源日趋枯竭，进行沙蚕资源的保护和增殖刻不容缓。我国在沙蚕的增养殖方面有较长的研究历史，并取得了很好的研究成果。赵清良等（1992）通过在沙盘、烧杯中使用不同质和量的饵料对双齿围沙蚕进行了较长时间的饲养和观察，发现其穴居和摄食习性，为双齿围沙蚕大规模的人工养殖探索途径，基本解决了长成大个体的沙蚕繁殖季节熟化死亡问题，为能连续不断获得大个体健壮沙蚕积累了经验；周一兵等（1995）通过野外观察和实验室试验相结合的方法探讨了大连湾双齿围沙蚕卵子的生成周期与温度和光照时间的关系，指出了水温和日照时间对双齿围沙蚕性腺发育的制约作用；张洪欣等（2006）对渤海湾双齿围沙蚕的高效生态增养殖方法进行了试验，取得了良好的试验效果，连续两年累计推广沙蚕生态养殖20 000亩，平均亩产804.45 kg，亩产值12 066.75元，亩利税7 877.25元，总产达到16 089 000 kg，获得销售收入24 133.5万元，利税15 755.1万元；李信书等（2006）探讨了在工厂化养殖条件下不同的水交换条件对双齿围沙蚕生长的影响，通过对沙蚕生长结果的对比，得出最有利于双齿围沙蚕生长的养殖模式，为双齿围沙蚕的工厂化养殖提供了理论依据；多种雌激素对动物的繁殖、生长具有雌激素效应，李霞等（2011）以双齿围沙蚕为研究对象，探讨了17β－雌二醇和双酚A对其雌雄比例、个体生长、生殖细胞发育的影响，为环境雌激素的研究提供了基础资料；陈骁等（2010）对双齿围沙蚕的3刚节疣足幼虫（均由同一条沙蚕孵化而来）进行了饵料种类、投沙时期、沙粒大小方面的试验，实验结果表明沙蚕幼体发育至3刚节末应及时投喂饵料，饵料种类为球等鞭金藻、盐藻、角毛藻、海洋酵母和混合藻（亚心形扁藻+盐藻+角毛藻），投喂密度要达到2×10^5 cell/mL，并投放附着基（100目细沙）；石小平等（1993）探讨了环境因子（pH、盐度、放养密度、底质）对双齿围沙蚕孵化、幼虫生长的影响；孙瑞平等（2006）介绍了三种养殖池、三种养殖方法、养殖三种沙蚕，包括：滩涂土池养殖双齿围沙蚕，工厂化水泥池养殖多齿围沙蚕，开闸纳苗虾池养殖日本刺沙蚕，为沙蚕的开发养殖提供了养殖建议；郑忠明等（2000）对影响双齿围沙蚕生长发育的若干生态因子进行了研究，包括：盐度对成体变态的影响，盐度对受精孵化的影响，盐度对疣足幼虫生长的影响，盐度对刚节幼体生长的影响，pH对受精孵化的影响，pH对疣足幼虫及刚节幼体的影响，地质对疣足幼虫生长成活的影响，为该种的人工育苗提供依据；洪秀云和谭克非（1982）对双齿围沙蚕的生活史中异沙蚕体、受精卵、卵裂期、担轮幼虫期、刚节疣足幼体及刚节幼虫的发育阶段进行了形态学描述；杨大佐（2009）研究了不同温度和光照时间对双齿围沙蚕卵细胞生长的影响等等。当前，沙蚕养殖，尤其是具有我国特色的土池沙蚕养殖，已成为我国许多地区投入少、见效快、盈利大的新兴产业。

（二）双齿围沙蚕规模化全人工繁养技术研究

目前，双齿围沙蚕苗种培育主要依赖于自然成熟的群体，由于自然性成熟的个体在特定地理区域具有严格的季节性，例如厦门杏林海区双齿围沙蚕的繁殖高峰期在3～4月，浙江舟山蚂蚁岛繁殖高峰期在5～6月，而我们实验所在的东营河口地区为7～9月。除了受到季节限制外，自然界异沙蚕体繁育还受到潮汐控制。因此，通过捞取野生的异沙蚕体进行人工繁育具有很多弊端：包括不可控制，很难大量获得、运输至育苗车间时间长，导致部分个体流产或者死亡，受精率和繁殖力大大降低，对于沙蚕规模化养殖安排生产、大规模进行苗种培育来说也是非常困难之事。

我们针对现有技术中存在的缺陷进行了改进，为了能够达到人为控制繁殖时间、大量获得异沙蚕体、便于生产安排，进行规模化人工繁育的双齿围沙蚕繁殖技术的目的，我们通过人工蓄养亲蚕并培育至性成熟，并通过潮汐模拟来控制繁殖等方法，取得了一些技术上的突破，取得了技术上的突破，采用具体步骤如下。

1. 亲蚕的人工养殖和调控

（1）水泥池蓄养准备。水泥池为40 m^3水体的长条形池子（8 m×5 m×1 m），最好添加户外土池已养殖过双齿围沙蚕的泥沙作为底质，或直接添加新翻耕泥土，需海水浸泡3天以上，每天换水一次。泥沙的厚度在30 ~40 cm之间，在水泥池一角设立排水孔，蓄养前用过滤海水浸泡48 h以上。

（2）亲蚕挑选。挑选体格肥硕、色泽红润、健康无病的沙蚕成体，个体规格为15 ~ 25 cm，平均体重在3 g/ind以上。主要在沙蚕采收过程中进行挑选，省去大量人力、物力。

（3）放养方式及蓄养密度。每池蓄养沙蚕50 ~ 75 kg，根据采收情况以及沙蚕入土适应过程，每个亲蚕池分三天投入亲蚕，每日正常进排水后，根据每池泥土表面沙蚕不超过20条为标准来确定池子亲蚕的饱和状态。在放养过程中，不进行饵料的投喂，每日正常模拟潮汐，进水30 cm以上达1 h后，排掉海水。

（4）日常管理。亲蚕入水泥池后，早晚观察一次。在无水状态下，大量亲蚕会钻出泥土来觅食的情况下，说明亲蚕已经适应新环境，此时开始进行少量对虾2号料的投喂。一周左右，亲蚕进入到正常的日常管理后，亲蚕池子每天中午进自然海水超过泥土30 cm以上，停止进水，维持2 h左右后，排干海水。在亲蚕入水泥池前十天，每天少量投喂，驯化适应后。每日根据摄食情况，在排干水后约2 h，即傍晚每个池子投喂虾饵料0.5 ~ 1 kg；在冬季的日常管理比较简单。在自然水温达到10℃左右时，沙蚕摄食量大幅度降低，改为3天投喂一次。在自然水温达到5℃左右时，沙蚕几乎不摄食，一次性添加30 cm以上海水过冬；至春季3月恢复正常的日常管理。

（5）抑制异沙蚕体繁殖方法。在夏季，6月即可发现成熟的异沙蚕体在进水后漂浮于水面，如不需要进行生产，迅速将水排掉，无须等待1 h以上，仅过水约15 min。此后，每日仅过水一次，时间在15 min以内，使水泥池行不成水面。如果有空余的水泥池，可以将变态成熟的异沙蚕体捞取放入到新的水泥池中，集中管理。

（6）调控大量异沙蚕体繁殖方法。当数量达到生产要求时，可以将异沙蚕体所在的水泥池加水，一次性捞取所有成熟的异沙蚕体，来进行生产性繁殖。若需要更大量亲蚕繁殖，可将所有的水泥池恢复进水，维持水体30 cm，尽量捞取在1 h内游动的异沙蚕体，该时间段为成熟度较好的个体，用捞网捞取，放入沙蚕盘，薄海绵铺底，用于吸水，达到生产需要数量后，迅速排干池水，防止异沙蚕体受海水刺激，自然繁殖。

2. 双齿围沙蚕的变态过程

从普通沙蚕到异沙蚕体是一个短暂迅速而不可逆的过程，由于沙蚕一生大部分时间都在泥土中生活，只有完成变态且在涨潮阶段，我们通过捞取才可以获得完全变态的异沙蚕体，而对于从普通正常态的沙蚕到异沙蚕体的整个过程尚无报道。我们在室内蓄养和培育亲蚕过程中，可以在无水状态下，很容易采捕部分处于成熟过程（变态过程）的沙蚕，对其变态过程有一定的了解。具体包括如下两个阶段。

第一阶段：变形区首先出现于尾部，后逐渐向头部变化。如图8-42-A&B所示，其变形区主要的特点包括体色的变化；疣足的变形。背须出现乳突7～11个（图8-42-C）。腹神经舌叶的扩大（图8-42-D）；但此时变形区刚毛仍为普通刺状（图8-42-E），此时配子尚未达到最后成熟，卵子呈现具缺刻的圆形（图8-42-F），精液呈现絮团状，海水无法激活。蚕体放入有海水的烧杯中，无法起浮，只是头部及躯干的前半部抬起，后半部不停地颤动，缘于疣足刚毛未变以及体节间距尚未缩短，无法具备游泳能力相关。其具体获得游动能力所处的变态时期，还需进一步确定。

第二阶段：变形区收缩、体节变窄的过程在头尾部的区别不大，而且由于沙蚕身体本身就具有收缩和舒展的能力，更不容易观察；在完成体节变窄后，体色最大的变化在于其腹部变为白色，刚毛由刺状变为桨状刚毛、体节变宽扁，放入水体后，即迅速游动。

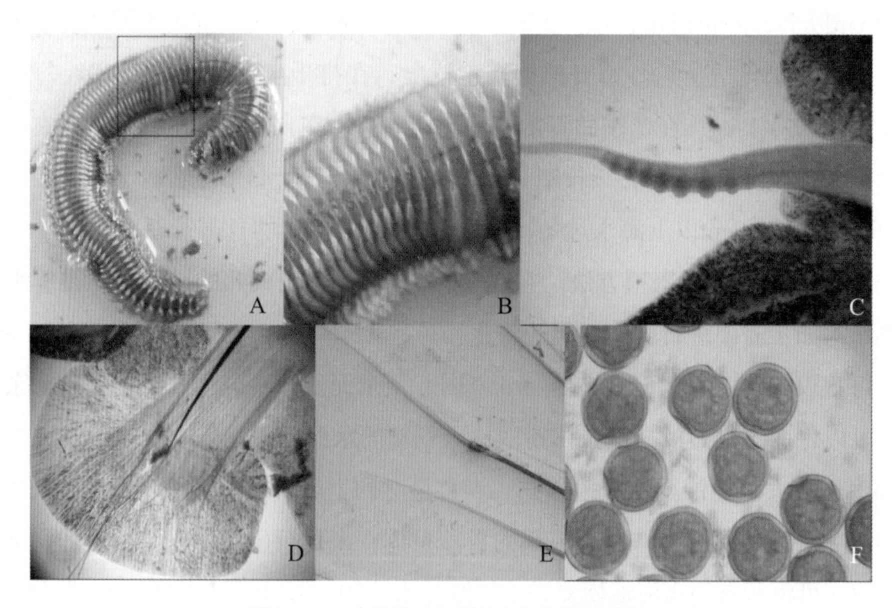

图8-42　沙蚕变态过程形态及配子变化

3. 双齿围沙蚕的繁殖行为学

在我国北方地区，双齿围沙蚕的繁殖期为7～9月，其中8月份为盛期，但此时同时也是国际海钓市场沙蚕需求量的高峰期，因此价格高达150 ￥/kg；而对于人工养殖的问题是，繁殖期的沙蚕首先进入变态期，变态为异沙蚕体后很快繁殖死亡，不仅无法作为商品出售，而且在远销欧美等地，由于沙蚕在路上的时间太长，部分变态的沙蚕还会影响其他同类进入变态过程，达到性成熟，不仅影响公司的形象、降低经济效益；同时，很大程度上影响着人工养殖业的发展。因此，了解沙蚕的繁殖过程，对于安排生产育苗以及避免养成过程中由于繁殖带来的经济损失，同时提高经济效益都有直接的作用。

沙蚕经历变态过程达到异沙蚕体状态，除了形态的变化外，身体内部结构也发生了质变，雌、雄个体体腔充满了配子，等待着繁殖信号的到来，完成生活史最后也是最为重要的一个过程，交配与繁殖。由于其繁殖过程具有特定的行为和方式，在生物学上将沙蚕科的这种特定繁殖行为称为群浮（swarming）和婚舞（nuptial dance）。其中大量异沙蚕体在特定时期（新月或满月的大潮期间）集中于水面，集体进行游动的过程即为群游。当雌、雄选择到合适的异性后，两者接近（距离小于3 cm时）进行急速的游动，形成一个小圆圈，该过程称为婚舞，然后各自释放精子或卵子，完成一次受精。

大量完全变态而成熟的双齿围沙蚕个体在放入海水时，迅速游动，很快完成交配，但持续时间较长；生产上，一般采用将大量的雌、雄个体同时放入一个小型孵化桶、孵化网箱内或可漂浮的塑料框内，让其自然繁殖，该过程一般持续3 h左右。为了能够翔实地了解其交配的过程，更确切地了解双齿围沙蚕的群浮和婚舞过程，我们对其繁殖过程以及行为学进行了初步的观察。

取雌、雄异沙蚕体各一条，同时放入500 mL烧杯进行繁殖行为学观察。从放入烧杯后开始计时，成熟的雌、雄异沙蚕体同时开始游动。雄性的表现更为兴奋，游动速率在15 min内逐渐加剧。从无规律游动，到进行圆圈式游动，并在烧杯底部和水面交叉进行。

20 min，雄性个体开始排精，从尾部尾须处排出少量精液，在间断式地持续排精近3 min，烧杯内部已经充满精液时，即23 min，雌性个体开始产卵，几乎不间断地排卵近1 min，产卵过程，雄性个体继续排精，烧杯内卵子数量剧增与精液混合使得观察变得困难，卵子密度20 inds/mL。

25 min，迅速将雌、雄个体同时转移至另一个同样的烧杯内，继续观察。更换清水后，约30 min，雌、雄个体几乎同时进行第二次交配，此时雌性个体大量排卵，交配时间约3 min，卵子密度超过100 ind /mL。

随后，在更换烧杯2次，雌性个体同样继续交配，45 min、55 min、62 min、68 min等。值得提到的是，在75 min，雌性个体产出的卵子，具有结块的特征；随后85 min，也是雌性最后一次大量产卵，产卵后沉入烧杯底部，活力差，不再进行浮游，尾部卷曲，身体颤动。此时雌性个体完成繁殖过程，等待死亡。而雄性仍然具有较强的游动能力，不停地继续游动，由于已经无雌性个体存在，已无排精现象出现。

将雌、雄个体沥干水，放入塑料盘中。观察其存活时间。

次日清晨，将完成繁殖的雌雄个体再次放入烧杯中，雄性立即排精，但雌性个体无卵子排出。分析，在自然状态下，潮汐的涨落正是沙蚕繁殖的时期，而一次潮汐涨落的时程决定了其繁殖或者交配时间的长短。生物体更倾向于在其潮汐涨落的最适合阶段繁殖，也就是为何雌性个体会在2 h内排出身体内所有的卵子。另外，文献经常提到的繁殖后的异沙蚕体沉入海底，很快死亡，而我们观察的异沙蚕体可以继续存活1天。

雄性个体具有两天内分别排精能力，与其繁殖习性相关，这包括之前提到的性信息素的作用，来为雌性个体和/或其他雄性个体提供繁殖信号。但是对于其性信息素的化学成分尚未做分析（见下节），是否具有雌雄差异？具体作用机制等尚待进一步研究。

另外，沙蚕群浮和婚舞的特性，是为了保证群体同时进入繁殖状态，有利于维持沙蚕群体的遗传多样性，这具有较高的进化意义。源于沙蚕生活在潮间带区域，无论是幼体还是成体的迁徙能力较弱，长期进化使得沙蚕必须通过这种繁殖行为来维持其种群遗传多样性，更好地适应环境的变化。

4. 沙蚕类性信息素

双齿围沙蚕无固定的生殖腺，在进入生殖季节前，由腹隔膜体腔上皮细胞快速增殖而成，对于春季繁殖的双齿围沙蚕来说，这一过程一般发生在秋季。很多沙蚕属于终生繁殖一次（semelparous）的生物，繁殖作为其生活史的最后一个事件，也就是繁殖后死亡。因此雌、雄的同步成熟和集中繁殖对于提高个体繁殖成功率的重要性不言而喻。与其他无脊椎动物类似，沙蚕类在临近繁殖季节（一般为夏季），受到外界环境因素（温度、盐度、光照，潮汐或月亮周期等）和自身内分泌系统的双重调控下。沙蚕经过特殊生理变化，进行二次变态（区别于早起发育的变态过程），或称为生殖态或婚前态（epitoky，epitokous）成为异沙蚕体（heteronereis或heteronereids），在形态结构上，异沙蚕体发生的变化主要包括复眼的增大、为适应游动形成特殊刚毛、以及肠道和消化能力的消失。异沙蚕体在特定时期（新月或满月的大潮期间）集中于水面，进行群游，当雌、雄选择到合适的异性后，两者接近（距离小于3 cm时）进行婚舞，然后各自释放精子或卵子，完成一次受精。此后，部分雄性继续寻找其他雌性，而雌性产卵后沉入水底，死亡。在此期间，性信息素与性类固醇激素共同作用，目的就是为了在不同层面和不同阶段保证雌雄配子成熟的同步性以及特殊繁殖行为的顺利进行。

沙蚕类性信息素都是一些易挥发的小分子化合物，如烷酮类（甲基癸烷、辛烯酮等），小肽类（GSSG），尿酸等。

异沙蚕体的体腔液是性信息素的来源，有些种类的异沙蚕体，可以整个体腔充满性信息素。最早发现的沙蚕性信息素是从褐片阔沙蚕（*Platynereis dumerilii*）体腔中提取的一种挥发性物质，为5-甲基-3-庚酮（5M3H），雌、雄个体都能够分泌，唯一的区别是雌、雄分泌的互为镜像异构体（enantiomers），雄性分泌的为S（+），吸引雌性个体；而雌性分泌R（-），吸引雄性个体。第二种挥发性物质为3，5-辛二烯-2-酮。随后的实验证实，在琥珀刺沙蚕（*Neanthes succinae*）体腔液中也同时存在这两种物质，而5M3H的分布更广，作为性信息素存在于多种沙蚕的体腔液中。5M3H的作用主要是使成熟的异沙蚕体在婚舞时增加游动速度和诱导围绕异性个体周围作小圈游动，同时雄性能够分泌少量的精液。而接下来配子成熟诱导的性信息素却具有种类和雌雄的差异。雄性褐片阔沙蚕分泌的混合物（不确定）诱导雌性产卵，而雌性则分泌尿酸来作为性信息素刺激雄性沙蚕排精。目前，关于双齿围沙蚕的性信息素尚不清楚。

5. 双齿围沙蚕的人工自然受精与孵化

（1）亲蚕的获得。根据生产需求，按上述方法来调整所需要亲蚕的时间和数量。一般在中午12点将亲蚕池加入海水。在加水约半小时后，大量亲蚕起浮，用自制的长把小捞网迅速将亲蚕取出后，放置到事先准备好的亲蚕盘中，加入薄海绵吸干亲蚕身体表面的水分，要注意有无流产个体，如发现有，当即处理掉，防止其诱导其他亲蚕流产而影响繁殖效果。当达到生产需求后，迅速排干池子中的海水，防止时间过久，亲蚕自然繁殖。

（2）人工自然受精过程。获得亲蚕后，带到孵化车间进行人工自然受精过程。亲蚕首先用淡水冲洗亲蚕表面的泥土后，重新放置入沙蚕盘，根据经验挑选雌雄（雌性头部绿色较浓，雄性表现为淡绿色），分别放置于不同沙蚕盘中，以雌雄比为3：1进行人为的自然受精，即将亲蚕同时放入可漂浮的漏水蔬菜塑料筐（直径40 cm），密度不超过100条亲蚕为宜（图8-43）。塑料筐放入1 t孵化桶内，正常充气。繁殖后收集受精卵进入到孵化阶段。

（3）孵化条件。沙蚕产卵量比较大，怀卵量与个体大小相关，个体产卵量在10万～140万粒之间，生产上多用较大的雌性个体，因此产卵量在50万以上。繁殖过程大约持续3 h，在大部分亲蚕完成繁殖后，将亲蚕连同的塑料筐取出后，停气用300目筛绢收取受精卵，用消毒好的海水清洗受精卵后，按照10 inds/mL的孵化密度放入其他1 t左右的锥形桶内孵化。

由于东营地区海水水质较差，纤毛虫大量繁殖会导致胚胎死亡（见下节）。经过滤的海水，利用有效氯为8%～10%的次氯酸钠（150×10^{-6}）消毒12 h以上，曝气24 h消除余氯。海水经冷热交换器调至25℃。孵化车间由空调进行温度调控，与水温同控制在25℃。孵化期间不换水。经3天后孵化为三刚节疣足幼虫，集中收集进入到苗种

A. 自然繁殖状态；B. 人工授精；C. 孵化桶（0.4 m^3水体）；D. 收集的受精卵

图8-43　双齿围沙蚕生产繁殖图片

培育阶段。

孵化密度以及孵化温度经过多次实验验证，25℃左右，10 inds/mL较为适宜。

6. 双齿围沙蚕胚胎发育

定期（早期每隔1 h，囊胚期后每隔3 h）取受精卵，置于OLYMPUS-CX31显微镜下进行活体观察并进行拍照。根据胚胎早期发育的特征，定期取样固定于10%甲醛溶液和bouin′s液中，以备用于后期的观察和组织学研究。

（1）未受精卵。双齿围沙蚕成熟卵子为浅绿色（源于卵黄的颜色），近圆球形，沉性卵，具黏性，多油球，富含小油球滴，油球数量15～30个。卵裂方式为螺旋形不等全裂式，卵径范围在175～210 μm之间。

（2）卵裂期。双齿围沙蚕卵子受精后卵膜举起，形成围卵腔，随着发育的进行，围卵腔逐渐变大，卵裂方式是螺旋形不等全裂式。第1次卵裂为纵裂，分裂成大小不等的2个细胞，即二细胞期（图8-44），也有的2个细胞大小相似，但这属于小概率事件（图8-44-B）。第2次分裂也是纵裂，分裂向与第1次分裂向垂直，分裂成大小不等的4个分裂球，即四细胞期（图8-44-C），此时的裂球大小差异仍然不是很大。第3次分裂后形成8个细胞，即八细胞期（图8-44-D），直至此时期裂球的大小差异开始显著。

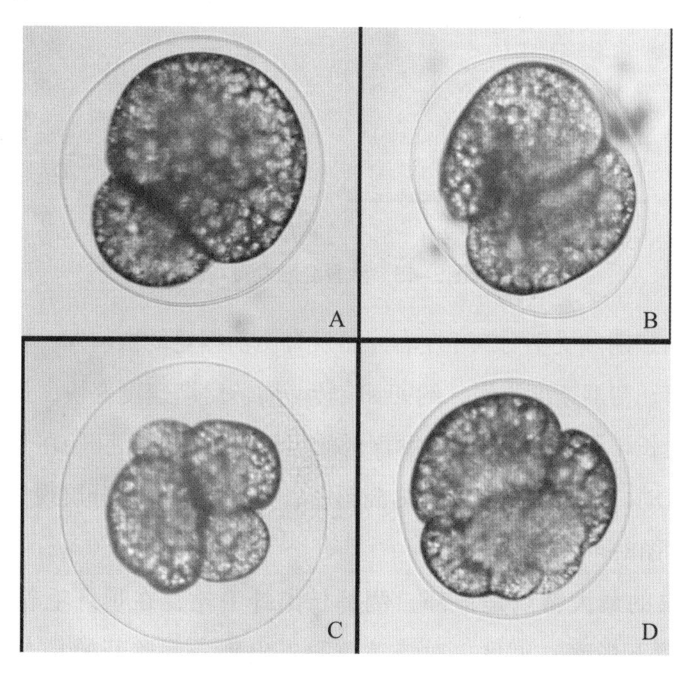

A. 二细胞期（不等分裂）；B. 二细胞期（等分裂，属于不等分裂的特殊类型）；C. 四细胞期；D. 八细胞期

图8-44　沙蚕胚胎发育

（3）多细胞、囊胚与原肠期。8细胞期以后，细胞分裂速度明显加快，细胞数目迅速增加，在显微镜下，细胞相互重叠，很难数清楚细胞数目，且不同胚胎多细胞的形态各异（图8-45-A，B）。胚胎经过多次卵裂发育至囊胚期，囊胚期时四周分裂球由于数目较少，界线尚清楚，中央相对模糊，呈实心球状，胚胎变大，外围细胞已经与卵膜接触，呈圆形（图8-45-C）。经过进一步发育，胚胎发育至原肠期，胚胎开始变小，质地变得致密，呈方形，为胚胎下一步生理模式的形成做准备（图8-45-D）。

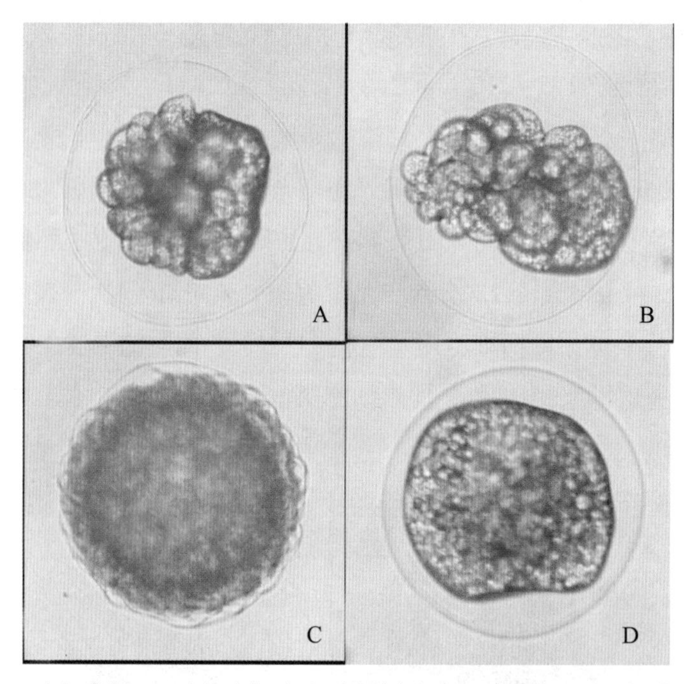

A. 多细胞期；B. 多细胞期（示不同形态）；C. 囊胚期；D. 原肠期

图8-45　沙蚕胚胎发育

（4）担轮幼虫期。受精后24 h左右胚胎发育至前担轮幼虫前期，胚胎开始在膜内旋转，方向不定，初期速度很慢，约90 s旋转一周，后期速度变快，最快每秒旋转一周。胚胎有所变长（图8-46-A）。发育至前担轮幼虫后期，胚胎在身体的不同部位出现肌肉收缩运动，胚胎进一步拉长为椭圆形，并且出现颜色分层现象，为幼虫雏形的形成做准备（图8-46-B）。

后担轮幼虫的最大特点是顶部、侧部长出纤毛轮，在顶纤毛轮位置出现红色环斑，在高倍镜下观察，可见一对淡黄色眼点出现，胚胎开始具有幼虫雏形（图8-46-C）。随着胚胎的进一步发育，胚胎进一步拉长，体侧出现3对刚毛，此时，由于尚未出膜，故称为膜内三刚节幼虫（图8-46-D）。

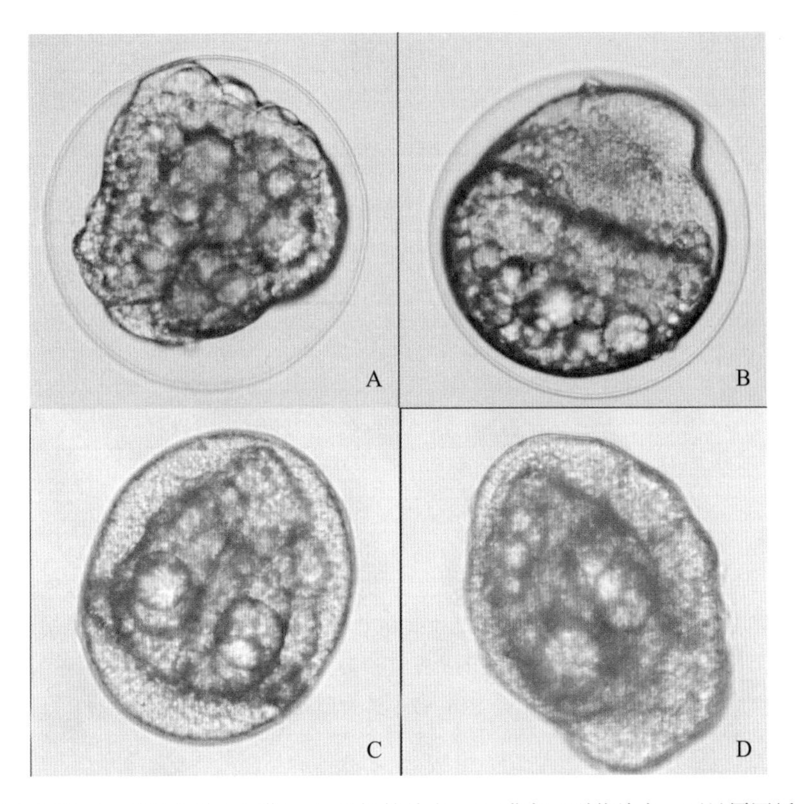

A. 前担轮幼虫前期；B. 前担轮幼虫后期；C. 后担轮幼虫；D. 膜内三刚节幼虫，可见周围纤毛轮

图8–46　沙蚕胚胎发育

（5）孵化期。随着发育的进行以及纤毛及刚毛的不停摆动，胚胎进入孵化期，从卵膜内孵出后的胚胎称为3刚节疣足幼虫，消化道隐约可见，但仍没有与外界相通。幼体头顶有1对触手突起，依靠纤毛在水中游动，尚不能进行摄食，依靠体内的卵黄物质以及油球提供能量（图8–47A，B）。3刚节疣足幼虫的发育时期较之前几个时期较长，约经过一天的时间发育完善，此时疣足明显，每只疣足上具有的刚毛皆超过10根，色素环消失，围口节、第1对触须与口前叶触手清晰可辨，2对浅棕色眼点不明显，肛节拉长，幼体发育进入摄食期（图8–47–C）。

（6）孵化过程中纤毛类敌害作用。胚胎在孵化至第二天，出现纤毛虫大量繁殖（图8–47–D），导致沙蚕胚胎和出膜后的3刚节疣足幼虫大量死亡。关于纤毛虫的鉴定及与胚胎发育过程的关系、病害机理等有待下一步研究。

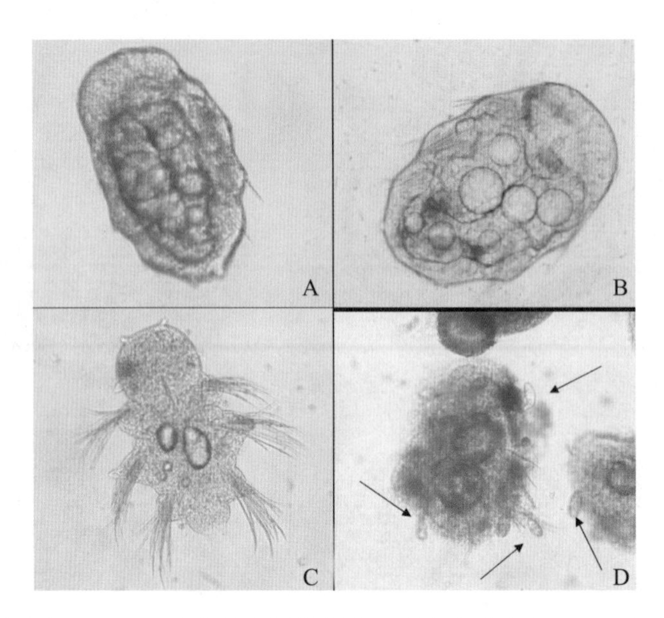

A. 初孵3刚节疣足幼虫；B. 3刚节疣足幼虫前期（示油球数量和大小）；C. 成熟3刚节疣足幼虫；D. 盾纤毛类纤毛虫蚕食沙蚕胚胎（箭头示纤毛虫）

图8–47　沙蚕胚胎发育

（7）油球（oil globule，oil droplets）与胚胎发育的关系。柳敏海实验报道（2005），双齿围沙蚕胚胎发育至8细胞，油球开始集中，且发育至担轮幼虫期，油球集中为2～5个。但是本实验观察的结果并非如此，如图8–48–D，在原肠期，沙蚕胚胎体内的油球数量仍然很多，而且在体内分散分布。通过压片法观察，发育至3刚节疣足幼虫前期的沙蚕体内尚存7个油球（图8–48–B）。本实验分析认为，油球的融合过程（数量的减少）与胚胎发育的时期关系不大，是细胞分裂、分化和迁徙过程的随意性事件。另外，柳敏海（2005）认为沙蚕的油球为胚胎和未摄食的幼体在快速的细胞分裂过程中提供了腺嘌呤核苷酸，从而保证了整个发育的顺利进行。而作者认为，油球起作用的时期要晚一些，因为在胚胎发育过程，由于融合的缘故导致油球数量减少，但是油球总体积变化不大。另外，根据鱼类胚胎发育过程，初孵仔鱼的油球与受精卵相比，并未发生变化，因为整个胚胎发育过程是由卵黄囊提供能量，而后仔鱼进入混合营养期，油球才逐步发挥作用。沙蚕与鱼类截然不同的发育模式众所周知，但是油球的作用以及开始作用的时期是否与鱼类具有相同或类似的模式还需要进一步研究。

（8）高温孵化。张耀光等（1991）对胚胎和胚后发育与温度的关系进行了研究，认为高温下的胚胎剧烈活动引起耗氧量的激增，以及高温条件下水中的含氧量可能不能满足孵化要求，且高温会导致一些酶活性的丧失或被抑制，从而造成新陈代谢的紊乱，导致胚胎在原肠胚的延滞。本实验证实了在25℃高温下，沙蚕胚胎仍然可以正常发育。双齿围沙蚕作为潮间带优势种类，在自然界，其胚胎的发育必然要经历各种环境因子的剧烈变化，例如：潮汐的涨落，浅海水温的变化，洋流引起的海水盐度的变化。因此沙蚕的胚胎具有较高的抗逆性，包括温度，盐度等的变化。通过实验来进一步确定双齿围沙蚕对温度，盐度等环境因子的抗性以及适应范围，对人工苗种生产具有重要的指导意义。

本实验发现双齿围沙蚕的胚胎早期发育过程中的特殊现象，例如：胚胎体内油球的融合与胚胎发育的关系，胚胎和胚后发育与温度的关系，均与以往的实验结论不同。其中，胚胎孵化过程中纤毛虫的蚕食，也是影响其成活率的关键因素，对孵化海水进行严格消毒应为防治其病害的首要，但由于孵化期不换水，三天后仍发现有的孵化桶内纤毛虫大量繁殖，如何处理该问题、哪种方法更合适于生产，还需要进一步的观察和研究。

7. 苗种早期发育过程

沙蚕幼体取自户外土池。发现沙蚕幼体后，用吸管吸取一定量海水冲洗幼体，并迅速将幼体吸入到事先准备好的固定瓶中，10%甲醛溶液和bouin′s液中，用于后期的观察和组织学研究。另外，留一部分样品带回实验室进行活体观察、拍照。

（1）3刚节疣足幼体。双齿围沙蚕从卵膜内孵出后的胚胎称为3刚节疣足幼虫，根据发育形态变化特征，我们将3刚节疣足幼虫分为3刚节疣足幼虫早期和3刚节疣足幼虫晚期2个阶段。如图8-48-A，B，为刚孵化的3刚节疣足幼虫，应归为膜内期。3刚节疣足幼虫早期：此时消化道隐约可见，但仍没有与外界相通。幼体头顶有1对触手突起，依靠纤毛在水中游动，尚不能进行摄食，依靠体内的卵黄物质以及油球提供能量，头部形成的色素带环开始断开，消退（图8-48-A）。3刚节疣足幼虫早期经1天发育至3刚节疣足幼虫晚期，晚期最大的特点是色素带环继续消退，眼点明显，未分离。疣足上刚毛数量增多、变长，增加了幼体的爬行及游动能力（图8-48-D，即为游动过程拍摄照片）。第1对触须与口前叶触手清晰可辨。

（2）4刚节疣足幼体。双齿围沙蚕发育至4刚节疣足幼虫时，纤毛轮消失、消化道完全开通，幼体开始摄食。与3刚节疣足幼虫相比，其卵黄物质消失大部分（部分学者称之为油球），为消化道的开通及摄食提供空间。新增加的体节位于尾部尾须之前，首先出现体节凹痕后，出现刚毛，在增加刚毛的同时，逐渐完善疣足的形态（图8-48-E）。此时疣足刚毛的发育已经无法达到3刚节幼体的长度，说明其为适应底栖生活而发生变化。

（3）5刚节疣足幼体。5刚节疣足幼虫的发育与4刚节疣足幼虫类似，为单一体节的增加，此时消化道食物充盈，多为小型微藻和有机碎屑（图8–48–F）。触角、触手及第一对触须完善，上有小型纤毛，应为化学感受器。身体色素明显，头部，背部躯干以及疣足与体节连接处皆有褐色点状色素分布。

（4）7～8刚节疣足幼体。5刚节疣足幼虫末期，尾部开始增加2个体节，成为7刚节疣足幼虫（图8–48–G）；或增加3个体节，成为8刚节疣足幼虫（图8–48–I）。随着发育的进行，幼体不再单一的增加体节，而是在第6刚节刚形成的同时，增加第7个刚节或连同第8个刚节一起。此时大颚已经形成，具有3～4个小齿，小型乳突状牙齿正在发育中，尚无摄取食物的功能。此时期最大的特征是第一对疣足开始退化，仅有2个足刺和3根刚毛，即将退化为第二对围口节触须。

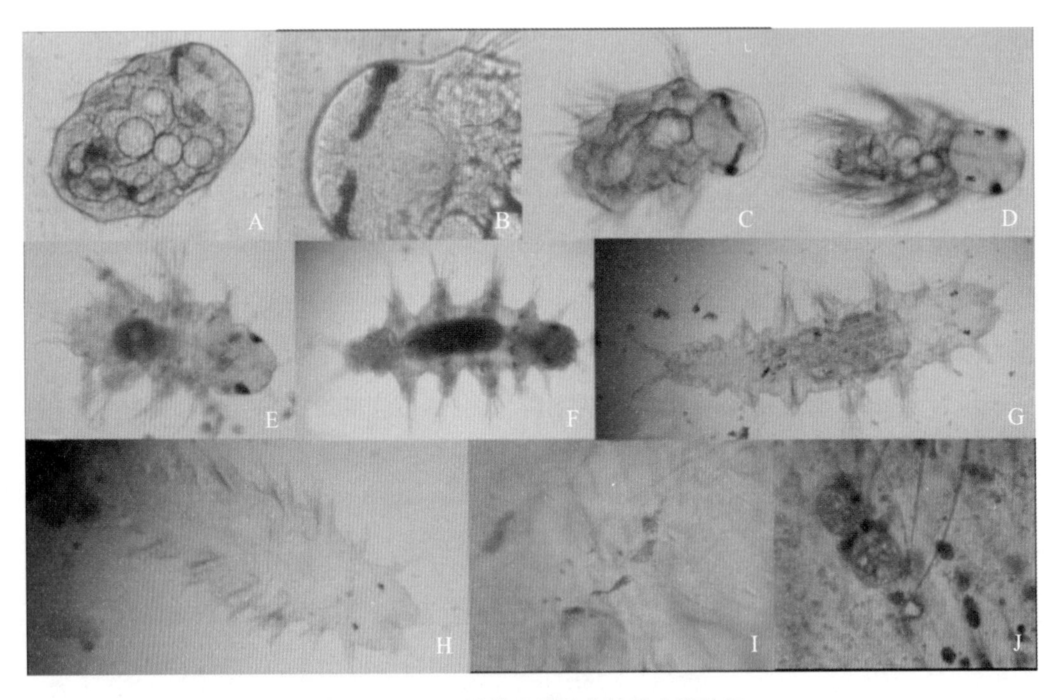

图8–48 3～8刚节疣足幼虫的形态学特征

（5）20刚节疣足幼体。双齿围沙蚕发育至20体节，个体较瘦小，消化道食物充盈、明显，起止于6～16体节（图8–49–A，B）。尾须明显，无刚毛分布（图8–49–H）。此时触须明显发育，头部两侧各有大小两个眼点，距离较近（图8–49–C）；可以翻转的咽部内大颚，其上透明小齿明显，尚未角质化（图8–49–D）。此时近头部前5体节疣足已经初具成体形态，包括背腹叶的形成（图

8−49−E）。足刺的发育类似于疣足的形态（几乎同步）从头部向尾部逐渐形成，其中从第6体节开始，足刺仅具有一根（图8−49−F），至14～15体节足刺不明显（正处于发育过程中）（图8−49−G）。此时期说明刚节的增加数量更快，同时增加的体节也更多。

（6）35刚节疣足幼体。双齿围沙蚕发育至35刚节疣足幼体，跟成体的差别已经不大，只是在疣足形态、血液循环等方面还不够完善（图8−49−I）。

（7）50刚节疣足幼体。在18～20℃情况下，经35天左右发育50刚节疣足幼虫（图8−49−J），此时沙蚕与成体完全相同（图8−49−K），只是体节数量少，身体短小，在1～2 cm。头部血液循环完善（图8−49−L），尾部发育中的体节数量多至10个刚节（图8−49−M），尾须与成体也无区别（图8−49−N）。此时沙蚕苗种具有起浮的能力，能在水体上层进行游动。若池子中密度过大，应在此时期进行分苗。

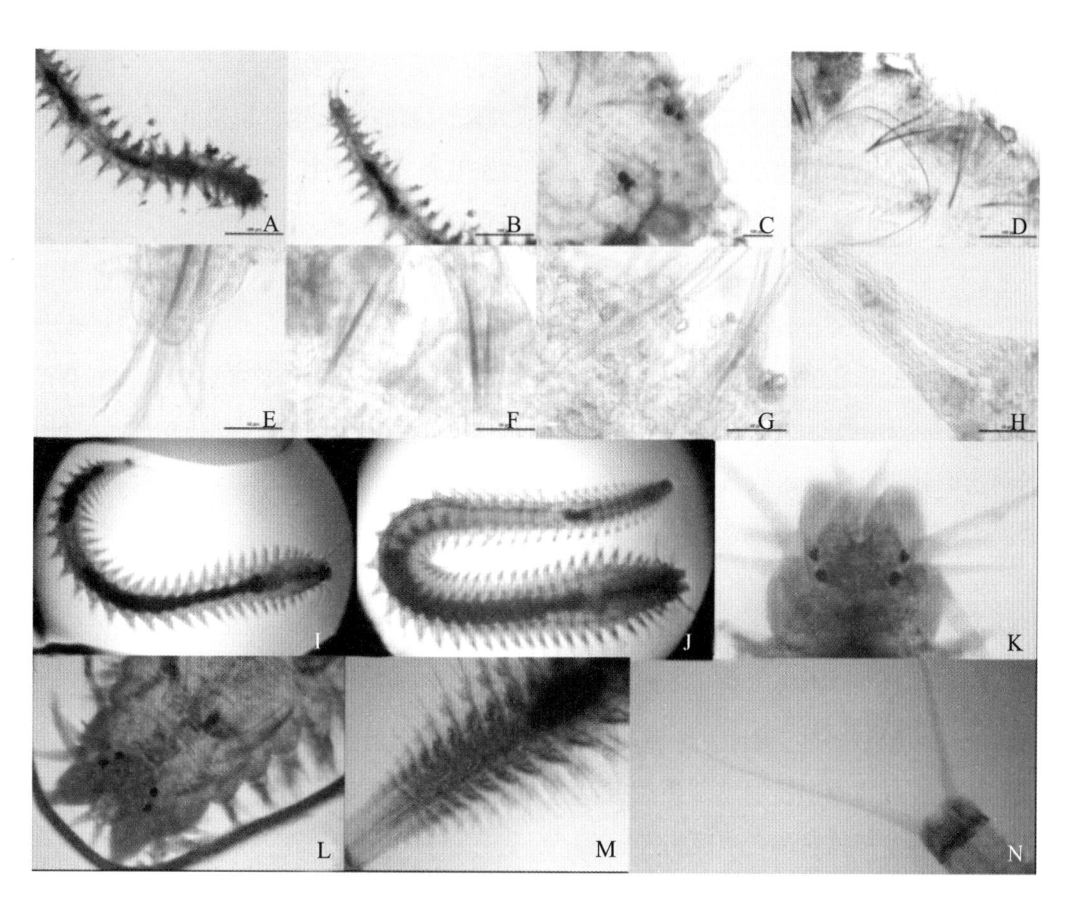

图8−49　20～50刚节疣足幼虫的形态学特征

8. 苗种培育过程

（1）土池准备。经过两年的生产实践，发现户外土池规格100 m^2的长条形池子（4 m × 25 m），是最为适合沙蚕日常管理和收获使用。土池用水泥砖块垒成，下铺设黑色塑料膜，以防止沙蚕钻土过深，不利于后期的采收。土池四周高出塑料膜80 cm以上。在进行苗种培育前，添加自然泥土30 ~ 40 cm，加海水浸泡后曝晒，生石灰消毒。提前7天进300目筛绢过滤海水10 cm。由自然海水中的藻种自然肥水，池子底部形成灰褐色斑块，为自然繁殖的底栖硅藻类，有的水体表现为浅绿色，为正常繁殖的绿藻种类。

（2）幼体布池。在25℃孵化条件下，一般孵化3 ~ 4天，胚胎发育至3刚节疣足幼虫后期的苗种可直接进入到土池，进行苗种集中培育。

首先利用200目筛绢在孵化桶底部收集3刚节幼体，选择无风天，在上风口进行播苗，由于3刚节幼体体质较弱，整个过程要十分小心，带水操作，土池内已经有10 cm海水，全池均匀播苗，下风口及排水口5 m不进行播苗。

苗种培育土池最好为新建或上季沙蚕收获较为彻底的土池，以防止留有去年剩余沙蚕污染土质，导致苗种培育失败。由于沙蚕有蚕食的习性，尽量在同一个生产季节，避免同一土池，由于苗种稀少，重复二次播苗或补苗。

（3）日常管理。根据水色和沙蚕摄食情况，适量添加酵母，浓缩小球藻。高温季节，一般不用额外添加。18℃ ~ 20℃之间，15天发育至6刚节疣足幼虫，可少量缓慢地进行海水的排灌，此时幼虫已经钻入底泥生活。经过30 ~ 40天发育至50 ~ 70刚节，体长在1 ~ 2 cm之间（酒精固定后测定），此时沙蚕苗种具有上浮游动的习性，可用捞网捞取，或直接排水收集苗种。收集的苗种放置其他无苗土池中，进行播苗。分苗密度为1 000 ~ 1 500 inds/m^2。

9. 养殖过程

（1）土池清整。播苗的土池无论是新建或者是养过沙蚕的老池子，在播苗前，都应该进行清整。清整的过程主要包括，翻耕整平，药物消毒等。翻耕整平，厚度要求30 ~ 40 cm为宜翻耕后滩面耙松、耙平，此过程在投苗前一个月完成。药物消毒，主要利用生石灰或漂白粉清塘杀死敌害生物。消毒后，添加200目过滤海水浸泡2天后排掉，防止残留药物对苗种造成伤害。

（2）收集苗种。40天后，一次性排掉苗种培育过程的海水，在排水口安放100目的网箱来收集幼体，收集过程注意排放水的速率，防止速度过快，对幼体造成伤害，收苗和后期的播苗都是带水操作，降低沙蚕的损伤率。在海水高度降低至10 cm，同时加海水，维持10 cm一段时间，目的是让更多的苗种起浮，剩余的苗种继续原池培育至商品规格。

（3）播苗。收集的苗种按照1 000 ~ 1 500 inds/m^{2}的密度进行播苗，播苗选择在土池刚排水后，池底泥土经浸泡已经松软，利于沙蚕幼体的钻入。此后，生产进入到最后的养殖环节。

（4）饵料投喂。投苗放养后，应每天进行海水的灌排，海水在土池存留的时间要考虑季节、当日的天气、当日进行海水灌排的时间沙蚕个体的大小以及等诸多因素。排空后根据土池内沙蚕数量的多少、发育情况，进行鳗鱼粉料或对虾开口料的投喂，投喂时间的长短以及数量的多少视沙蚕苗种的数量和发育进程而定。此阶段大概在2周时间。前期投喂以少投、勤投为宜，避免残饵造成池底污染，导致沙蚕苗种死亡。

而后，随着沙蚕的发育，口径的增大以及摄食能力的增强，加大投喂饵料的粒径。在45天增加进行0号虾料的投喂，55天开始增加投喂1号虾料，60天时，停止0号虾料的投喂，增加2号虾料的投喂直到沙蚕达到商品规格。注意，每一种规格的具体时间要根据沙蚕的发育情况，一般都有混合投喂阶段，以便让小个体的沙蚕能够有足够的营养摄食，防止快速过度的饵料系列导致沙蚕大小分化严重，影响到后期的收获。

（5）日常管理。养殖过程中的管理，对于收获也十分关键。养殖期间，坚持每日巡回检查（一般与投饵及换水过程同时进行），主要观察水色、底质变化，沙蚕有无死亡个体，有无敌害生物存在。同时采挖部分泥土，来测定沙蚕的密度、生长情况，是否达到商品规格并预测采挖时机等。在最后的育成阶段，大概时间在孵化后3个月左右，部分沙蚕业已达到商品规格，加大投喂量，每天投喂两次，同样海水的灌排也增加为两次，或者在中午进行排灌水，使得两次投料都在无水状态下进行。在夏季高温期，增加添加的海水至40 cm以上并增加海水在土池内的时间，目的为了避免高温导致土池温度过高，影响沙蚕的生长，同时注意不要导致局部缺氧造成沙蚕死亡，高密度的土池在高温期之前，进行一次采挖，降低养殖池沙蚕的密度。雨季的出现，导致海水盐度大大降低，严重影响沙蚕的生长。为避免雨季带来的影响，也采用提前采收，进行室内低温保存和暂养的方法，一些相关室内低温长期保存技术正处于研究当中。

（6）病害防治。由于沙蚕本身就属于杂食性，主要摄食浮游生物、有机碎屑、细菌等，沙蚕自身就可以清洁土池内的一些污染物，净化水质，每天进行的海水排灌又会对土池底质进行一次清洗，加上沙蚕自身翻耕土地的能力，使得整个养殖过程无病害发生。值得注意的是，进排水需要用60目筛绢过滤，防止一些蟹类、螺类、鱼类等敌害生物随着沙蚕的发育而成长为敌害，夏季高温期要注意有害藻类的繁生、可选择中午进行短时间的曝晒来杀死土池表层的有害藻类的繁生。

10. 采收过程

沙蚕的采收，目前主要利用人力，由于河口地区为多泥底质，首先是利用长、宽都为25 cm的三齿钉耙或四齿钉耙进行挖采，个人一天采收沙蚕大致在15 ~ 20 kg。

采收的时间一般根据订单情况，有计划地进行，首先避开恶劣天气：如刮风、下雨等。由于土池规格为25 m × 4 m，一般几人合作，同时从一头开始采挖，很快就将一个土池采挖完毕。采挖过程中，以采收大个体为主，尽量抓沙蚕的头部，避免其身体断裂，造成损失。当天采挖完毕的土池，马上进水，使得存塘的其他小个体沙蚕能得以休养生息。挖过的土池一般在1月后，进行二次采挖。比较麻烦，而且当有大量订单的情况下，无法短时间，集中大量人力进行采挖。一而且还是在沙蚕土池密度较大、蚕体生长状况好的情况下。采捕的沙蚕伤残率较高，在5%左右。

目前，正在研发一种进行大规模沙蚕采捕的装置，方便于生产上进行大规模采捕，同时希望能减少伤残率，该设备还处于研发阶段，尚未投入生产使用。

（三）双齿围沙蚕组织学研究

采集双齿围沙蚕不同大小成体，固定于10%甲醛溶液和bouin’s液，经常规梯度酒精脱水，二甲苯透明，石蜡包埋，进行组织学研究。

双齿围沙蚕身体结构相对简单，主要由疣足、体壁、内部消化系统、循环系统和排泄系统等组成。

1. 疣足

除了第一、第二体节属于单叶型疣足外，双齿围沙蚕的疣足属于典型的双叶型疣足（biramous parapodium）：即具有背足刺和腹足刺支持的（图8-50-A，箭头所示），具有背（足）叶和腹（足）叶结构的疣足。

如图8-50，背足刺和腹足刺较粗壮的实心几丁质结构，而位于刚毛叶内部的刚毛囊形态为中空的短管状结构，彼此分离、排列均一，内具有毛原细胞（图8-50-B，箭头所示）。

疣足作为沙蚕运动和呼吸的器官，富含血管和肌肉。疣足内毛细血管发达，但普通组织学进可见零星的毛细血管（图8-50-C，箭头所示）。肌肉主要以足刺肌为主，横切图片显示为环肌（图8-50-D，箭头所示），与体壁的环肌相连接，支持着足刺、疣足和其他刚毛（图8-51-A，黑框所示）。

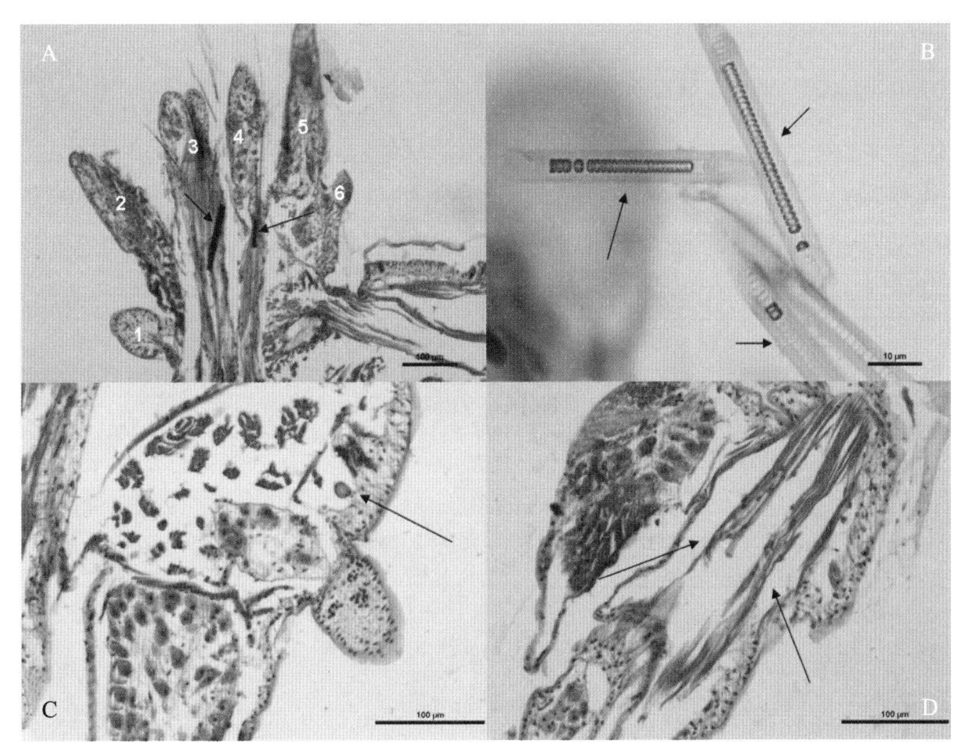

A. 示非繁殖态疣足组织学结构，1～3为腹叶；4～6为背叶；箭头所指为足刺。B. 示疣足刚毛囊及内刚毛结构，典型的圆环连接的管状。C. 示疣足内毛细血管，可见纵肌的存在。D. 示疣足内斜肌，为足刺肌

图8–50 双齿围沙蚕疣足的组织学结构

2. 体色与体壁

双齿围沙蚕的体壁相对较薄，不透明，表皮层含有黑色素颗粒（图8–51–C，黑框所示），是构成沙蚕体色的主要色素物质之一。体壁从外至内由角质层、表皮层、肌肉层和壁体腔膜组成。

薄角质层与表皮层连接不紧密（图8–51–D，箭头所示），在组织切片脱水及透明等处理过程中，常脱落而无法显示。角质层向内连接的表皮层为沙蚕体壁最为复杂的结构，含有多种类型的细胞，除柱形上皮细胞外（图8–51–C，黑框所示），还包括杯状细胞（图8–51–C，箭头所示）、大量嗜碱性颗粒（图8–51–B，箭头所示）和特殊组织结构（图8–51–D，黑框所示）。其中，嗜碱性颗粒深染为蓝色，不具有细胞结构；特殊组织结构类似于双齿围沙蚕腹神经索结构，但是细胞核形态与腹神经索内不同，两者的具体作用尚不清楚，亟须进一步研究。

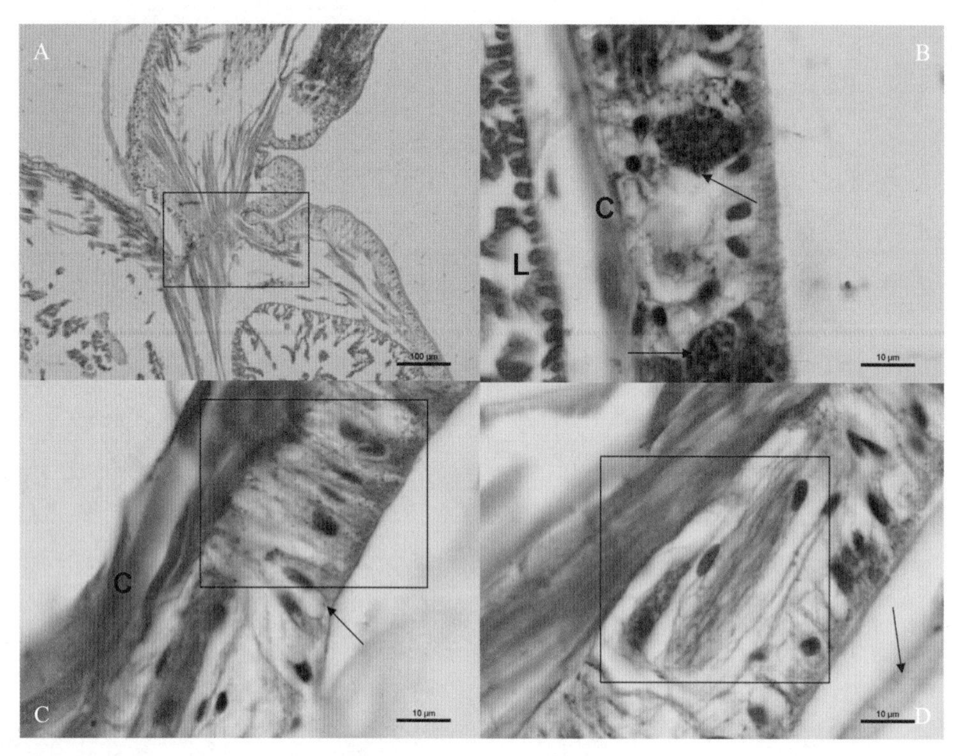

A. 示疣足内斜肌与体壁斜肌，环肌的关系，黑框内示三者连续性，无断裂。B. 示体壁上皮细胞内含有的嗜碱性颗粒（具体作用尚不清楚），占据上皮层的大部分，而将上皮细胞挤到周围。黑色符号L：纵肌（longitudial muscle）；黑色符号C：环肌（circular muscle）。C. 黑框内示典型的体壁上皮结构—柱状上皮细胞，细胞核中上位，在靠近肌肉层和角质层分布有大量的小黑色素颗粒，箭头示杯状细胞（分泌细胞）。D. 黑框内示体壁上皮层中的特殊结构物质（与神经索结构类似，细胞核梭形），箭头示角质层

图8-51　双齿围沙蚕体壁的组织学结构

3. 内部器官结构组织学

双齿围沙蚕的内部器官相对较少，结构简单。从图8-52几乎可以看到所有的器官组织学。该图左侧为背部，右侧为腹部。箭头所示为薄角质层，椭圆内为背血管，V=腹血管、黑框内为腹神经索、五角星为斜肌所在的位置，L=纵肌肉，从图中可以看出，背部纵肌的含量远远大于腹部。其他器官组织的细节见下节。

4. 循环（血管）系统组织学

双齿围沙蚕等多毛类具有发达的闭管式循环系统，主要包括背血管、腹血管（图8-53）和连接两者的环状血管。在疣足以及其他组织器官（包括肠道、肾管、神经索）还存在发达的毛细血管网络。

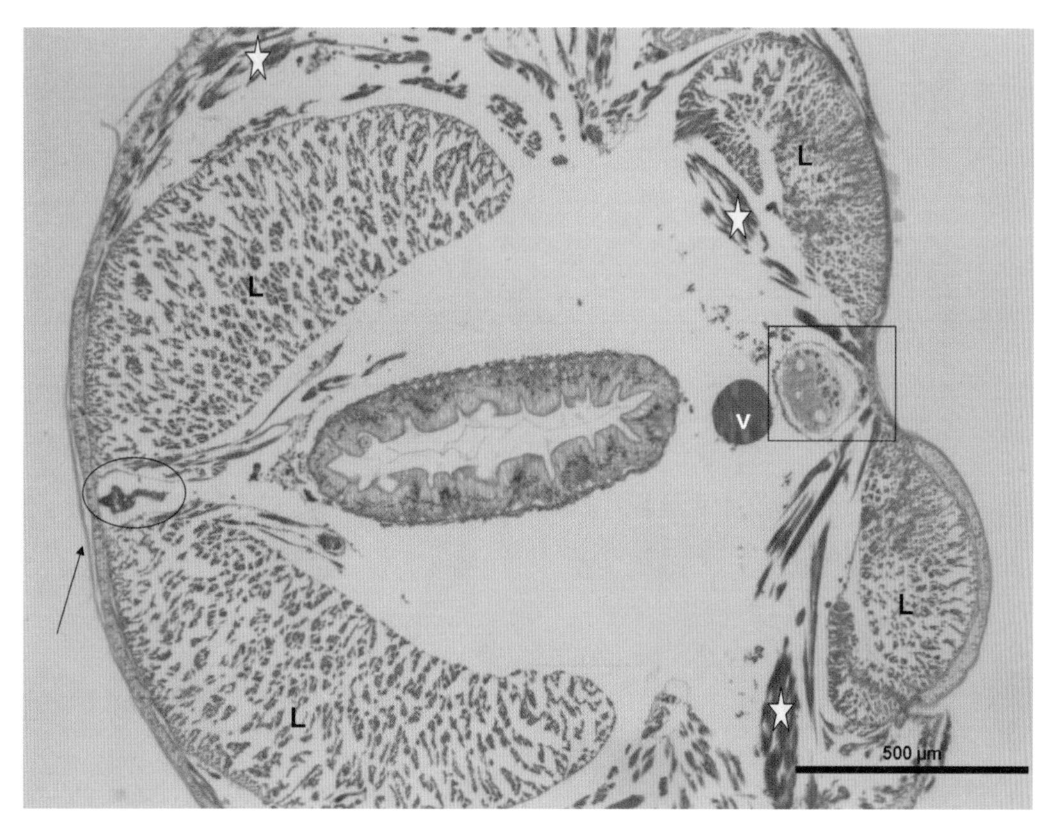

图8-52 双齿围沙蚕内部器官的组织学结构

双齿围沙蚕的腹血管最为发达（图8-53-A），由于血细胞较少且流动性差，不含有呼吸色素（即无血红蛋白），很难观察到，偶尔集中出现于腹血管内（图8-53-E），因此组织学表现多为均一性的淡红色（源于血管内游离的血红蛋白）（图8-53）。在腹血管与腹神经索间有系膜连接（图8-53-B），同时神经索的外围包含一薄层的纵行肌肉组织包裹（图8-53-C）。其他的脉管系统还包括腹神经索下血管（图8-53-C&F），肌肉组织间的毛细血管网（图8-53-D），围绕肾脏组织的毛细血管网，疣足内毛细血管网，主要分布于腹舌叶。值得一提的是，在肾脏附近不仅具有环状血管网，而且在肾间组织内含有大量的血细胞，且有部分血细胞表现为圆形，细胞质红色，细胞核蓝色（圆形，中位），应为的双齿围沙蚕红细胞。消化道的小肠分布的毛细血管网最为发达，位于肌肉层与小肠上皮之间（图8-53-F）。

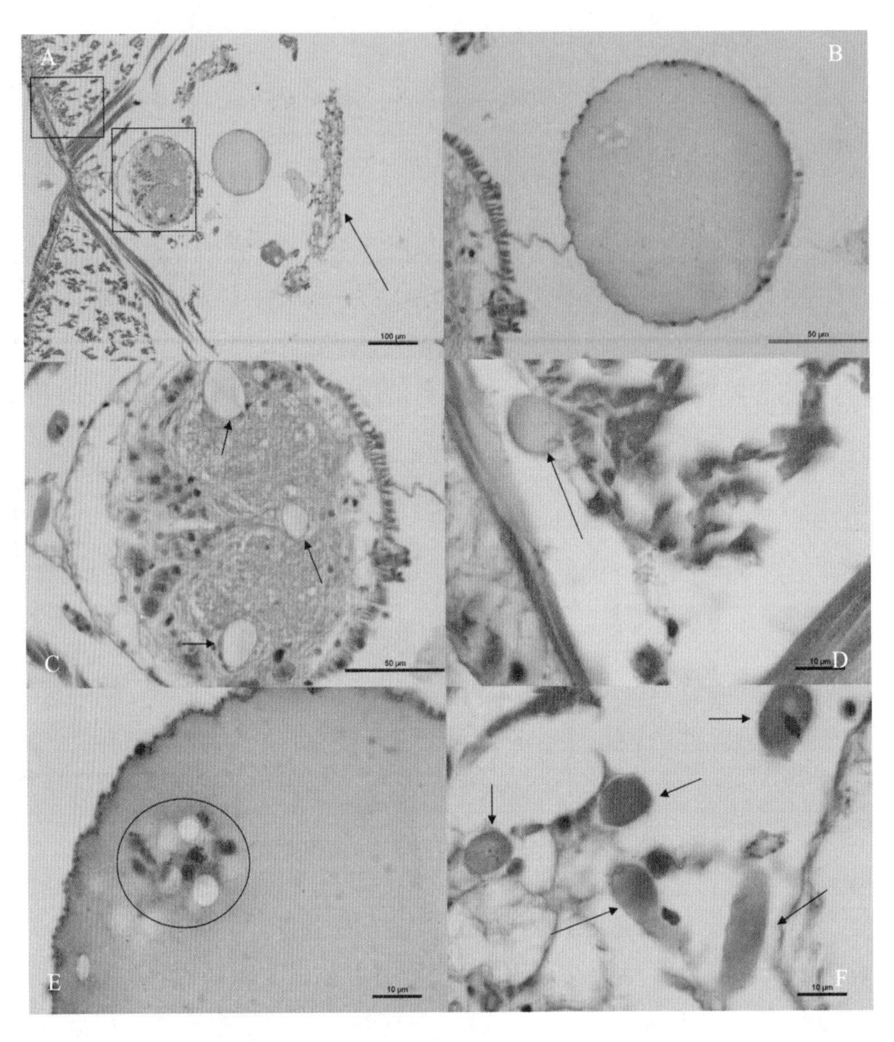

A. 示沙蚕腹部中中线处，腹神经索和腹血管的位置关系。左上角方框示斜肌、环肌和纵肌的关系（放大图片为D），右下角方框内为腹神经索；箭头示肾脏组织。B. 示腹血管的均一性质，以及与腹神经索的系膜联系。C. 示腹神经索的细微结构，典型的三个。D. A左上角方框的放大图，可见环、纵肌间的微血管。E. 腹血管内偶尔存在的无色具核的血细胞，细胞核深染为蓝色。F. 肾脏组织间的丰富的微血管

图8-53　双齿围沙蚕的脉管系统

5. 肌肉组织学

双齿围沙蚕大部分肌肉组织分布在体壁的肌肉层，最外侧为环肌、较薄，位于表皮层下方（图8-54-A），收缩时导致身体变长。在向内为背腹纵肌。纵肌共分四部分，沿着背中线和腹中线，分为背、腹左右纵肌。其中背纵肌较发达，背、腹纵肌之间分布有大量斜肌（图8-54-B），斜肌延伸至疣足内，使身体的运动与疣足的运动统一协调起来。

另外，在消化道外层亦分布有肌肉层，尤其食道附近肌肉层含有发达的纵肌（内为环肌）（图8-54-D），这可大大增加食道的蠕动能力，有助于食物向肠道推进。

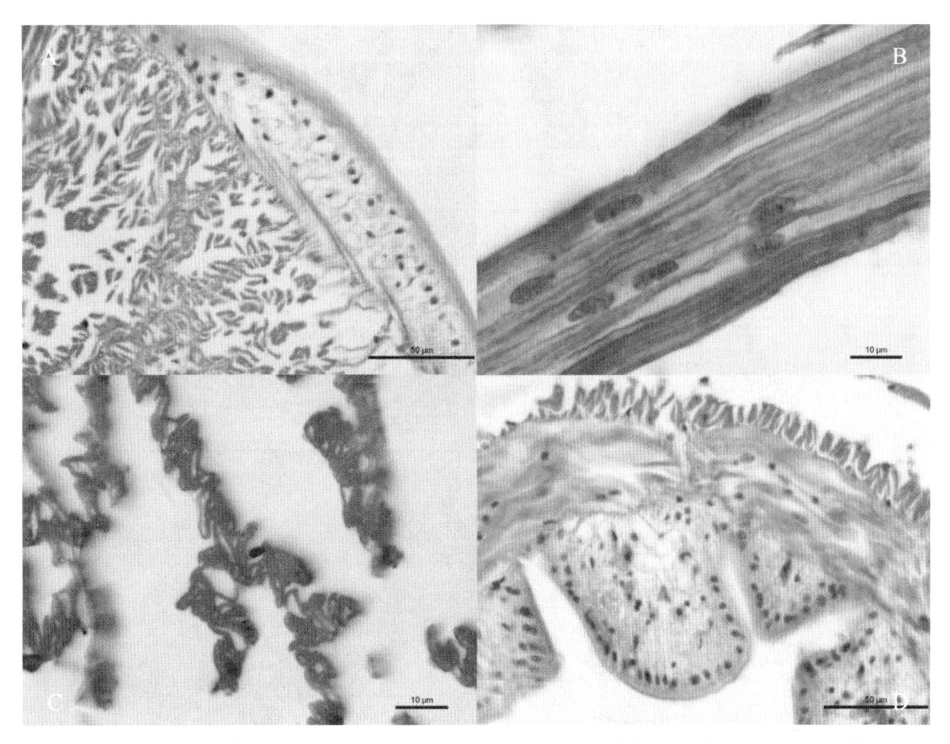

A. 示沙蚕背体壁的纵肌，体壁的多层上皮以及外部的角质层；B. 示斜肌的微细结构，可见长椭球形的细胞核；C. 示沙蚕背体壁的纵肌的微细结构，细胞核较斜肌的短圆；D. 消化道的肌肉层

图8-54　双齿围沙蚕的肌肉组织

6. 消化道组织学

双齿围沙蚕的消化道包括口、咽、食道、小肠与肛门，消化腺仅仅具有食道腺。图8-55-A～H为双齿围沙蚕从头到尾的组织学变化，详细内容见图版解释（8-55-A～H，为同等比例下拍摄的图片）。

7. 神经组织学

双齿围沙蚕的神经系统为典型的链状神经系统。中枢神经系统包括咽上神经节、两侧的围咽神经和一对咽下神经节，以及其后的一条腹神经索。由于腹神经索在每个体节上有一个膨大的神经节。由腹神经索和神经节组成的一条链锁，称为腹神经链。

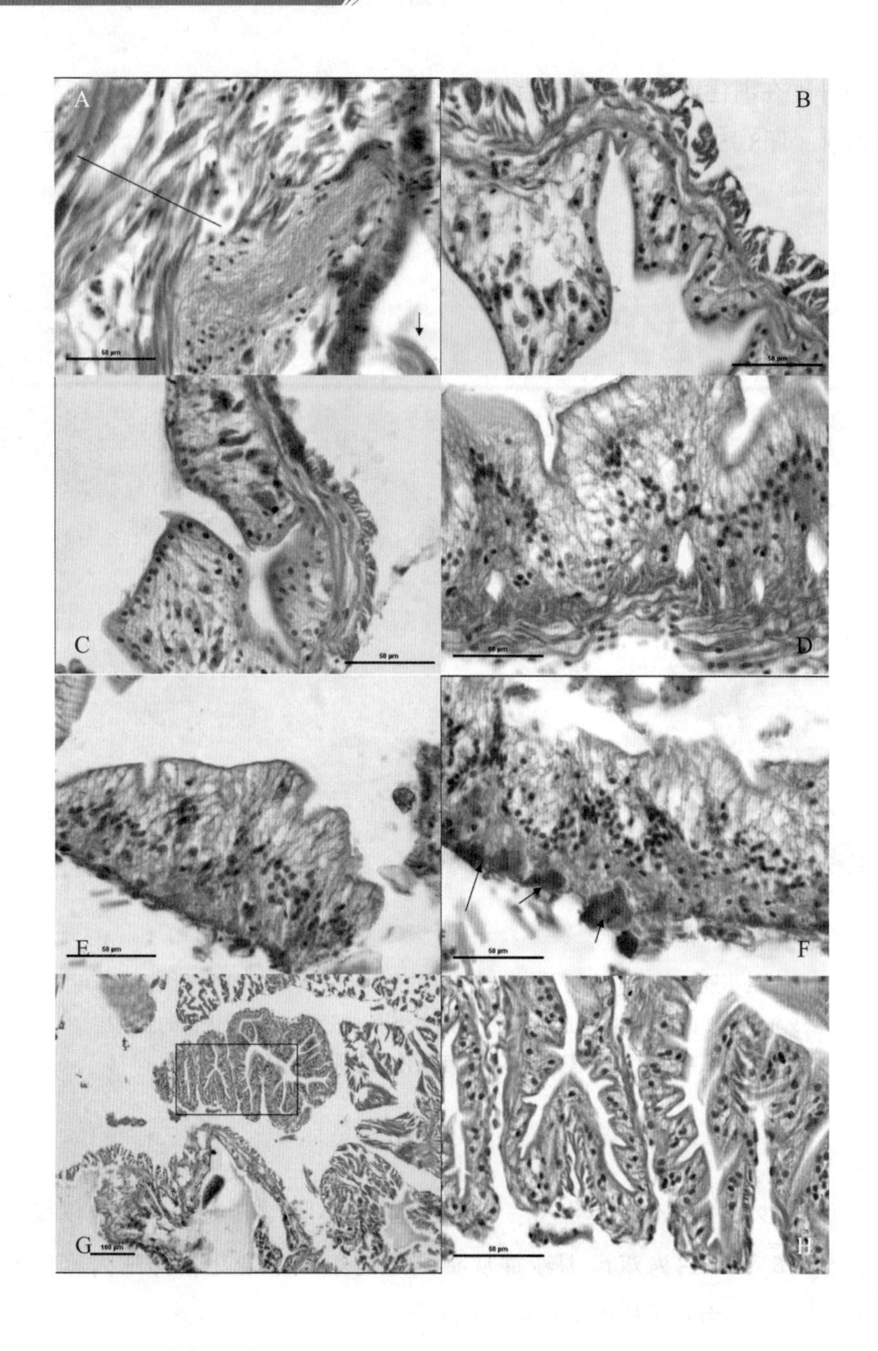

A. 为咽部组织学，上皮细胞较薄、无褶皱而环肌组织发达，箭头示咽喉齿；B. 食道前段处消化腔，开始出现肠道褶皱（增加吸收面积），纵行肌肉发达，而环肌较薄；C. 示食道后段处消化腔，而环肌逐渐加厚，而纵肌逐渐变薄；D. 示小肠前段处消化腔，环肌发达，而纵肌几乎消失，除了肠道褶皱逐渐丰富外，大量的肠道杯状细胞（分泌细胞）开始出现，核基底位；E. 近尾部前段处消化腔，褶皱变平缓，肌肉层逐渐消失；F. 近尾部后段处消化腔，褶皱无规则，肌肉层逐渐消失而消化道内微血管开始丰富；G. 示消化腺与食道的位置关系，黑框内为食道腺；H. 示食道腺的细微结构，薄层肌肉组织，细胞核基底位置，内褶皱丰富

图8–55 双齿围沙蚕的消化道

8. 主要问题

（1）双齿围沙蚕的肌肉系统。一般国内文献将沙蚕的肌肉类型分为环、纵和斜三种类型，而且一般都认为环肌层紧贴上皮层内，为完整的一层。本文研究发现环肌层并非为完整环绕体节的肌肉层，例如在背腹中线两侧，背腹纵肌与上皮层紧密连接处缺乏环肌肉（图8−52），这种现象在多毛类中很常见，尤其在疣足处经常出现断裂。

另外，环肌、斜肌在与疣足肌肉连接处，并无任何断裂（图8−51−A）。因此，很多学者认为环肌与斜肌实际上为一种类型，应该统称为支撑肌（bracing muscle），尤其是在与疣足肌肉组织连接的连续性，也可以作为疣足肌肉组织复合体（parapodial muscle complex）的一部分。

疣足肌作为支持疣足形态和运动的肌肉，主要分布于含有刚毛的背腹刚叶内，在横切条件下，疣足肌显示为环肌（图8−50−A、D）。

（2）双齿围沙蚕的消化系统。双齿围沙蚕的消化系统贯穿整个身体，与其并行的还包括有背腹血管以及腹神经索。从头到尾在肌肉组织结构、上皮层细胞数量和形态的变化、以及在尾部血管的密集和发达，都很好地说明了该消化道的特点。食道与肠道无明显的分界线。前半部分（即食道）主要作为食物的通道以及以机械消化为主（较厚肌肉层）、后半部分（肠道）主要以化学消化和吸收为主（肠道褶皱和杯状细胞丰富），在肠道最后段大量丰富的肠道血管作为营养物质的交换场所。

解剖发现，双齿围沙蚕食道附近向尾部有一对食道腺，外部形态上即可观察到明显的褶皱。从组织学的角度来看，食道腺上皮的组织学结构与食道上皮类似（图8−55−H）；是否具有分泌消化酶的腺细胞，还需要特殊的染色方法来确定。可以肯定的是，食道腺的出现首先增加了吸收面积，类似于其他已经报道的环节动物（蚯蚓）的盲道（typhlosole）以及鱼类的幽门盲囊。

另外，在肠道上皮中发现的类似于血细胞的红色细胞质（含有小颗粒物质）的细胞（图8−56−A），以及存在与肠道上皮层内部含有的小红色颗粒物质，是否具有酶活的作用，还需要进一步证明。

（3）循环系统。沙蚕的血浆内含有大量游离的血红蛋白（hemoglobin），这也是为何其组织学结构显示淡淡的红色的缘故（图8−53−B、D）。孙瑞平（2006）在书中也提到沙蚕血浆内存在无色具核的血细胞，与本文观察的结果一致（图8−53−E）。

观察发现双齿围沙蚕同时还具有含有血红蛋白的血细胞（表现为红色细胞质），而且该血细胞大部分游离于脉管系统，主要分布于体腔内，可以存在肾脏、神经索等组织中或附近（图8−56−B）。

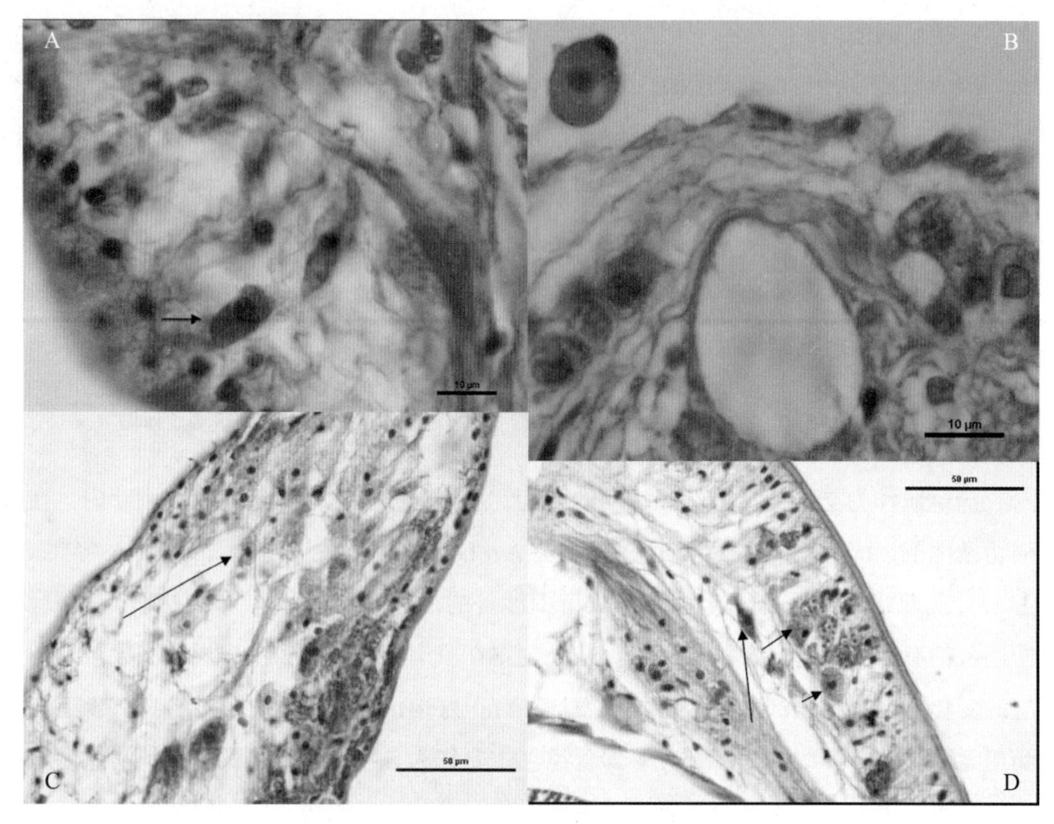

图8-56　双齿围沙蚕特殊组织学结构

（四）双齿围沙蚕正常态与生殖态的形态学研究

双齿围沙蚕（*Perinereis aibuhitensis*）属环节动物门（Annelida）多毛纲（Polychaeta）游走目（Erranlia）沙蚕科（Nereidae）围沙蚕属（*Perinereis*），广泛分布于我国沿海潮间带区域，是近海生态系统底栖群落的重要组成物种。沙蚕是公认的鱼、虾、蟹等最佳鲜活饵料和生物活性物质原料，有“万能钓饵”之称。据报道，沙蚕在日本和欧洲市场价格不菲，供不应求，因此双齿围沙蚕有广阔的开发应用前景。目前对双齿围沙蚕的研究主要集中在其生活史、人工增殖和育苗技术等方面，关于双齿围沙蚕形态学参数方面的分析报道很少，尤其是生殖态。本文对双齿围沙蚕的正常态与生殖态的形态学参数分别进行探讨分析，以期为双齿围沙蚕的形态学研究提供更丰富的基础数据支持。

1. 材料与方法

（1）材料。本书中正常态沙蚕为未达到生殖态的沙蚕成体；生殖态沙蚕（异沙蚕体）为身体分节明显，在水中可游动的虫体。异沙蚕体是以沙蚕为代表的一种特殊的生殖现象，由底栖个体向起伏（生殖）个体转变的过程。

材料为2012年8月于山东省东营市广利港挖取野生沙蚕，基本都属于成虫沙蚕；异沙蚕体为东营市双赢水产沙蚕养殖场采购。

（2）方法。双齿围沙蚕正常态标本采集后进行筛选，去掉断裂、不完整的个体；异沙蚕体选用其排卵、排精后死亡的个体。将筛选后的个体先用10%的甲醛溶液固定，24h后将固定液换为70%的酒精溶液，之后用游标卡尺、电子天平等测量其相关参数（包括体长、头长、体宽、体重和刚节数）。所得数据用SPSS 16.0软件进行曲线拟合，并进行相关分析。

体长：头部前端到尾部肛节末端的长度；头长：头节和围口节的长度之和；体宽：沙蚕最宽体节的宽度；体重：为吸水纸吸干固定液后的重量；刚节数：全部的刚节数之和，不包括围口节。

L、E和N为正常态沙蚕的体长、头长、体宽和体节数。异沙蚕体常由体前部的非生殖体区和中后部的生殖体区组成。$L1$、$E1$和$N1$为异沙蚕体非生殖区的体长、体宽和体节数。$L2$、$E2$和$N1$为异沙蚕体生殖区的体长、体宽和体节数。H和W为两种形态沙蚕体的头长和体重。如图8-57所示（A为沙蚕头长腹面观；B为沙蚕头长背面观；C为正常态沙蚕的体长和体宽；D为异沙蚕体不同体区的体长和体宽）

2. 结果与分析

（1）正常态沙蚕体形态学参数分析（表8-45）。

表8-45　正常态沙蚕体形态学参数之间的关系

形态参数	函数关系	函数方程	R值
体宽与体重	三次方函数关系	$E=1.430+9.503W-5.682W^2+1.127W^3$	0.822
体长与体节数	指数函数关系	$L=61.491\times1.005^N$	0.726
体长与体宽	指数函数关系	$L=55.412\times1.132^E$	0.517
体长与体重	三次方函数关系	$L=102.928-15.385W+40.369W^2-10.936W^3$	0.655

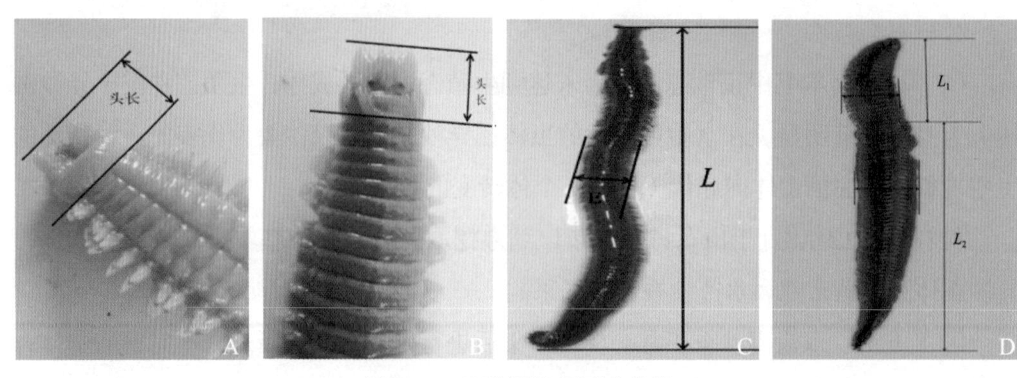

图8-57　双齿围沙蚕形态参数

① 体宽与体重的关系：体宽（*E*）与体重（*W*）成三次方函数关系（图8-58），关系式如下：

$$E=1.430+9.503\times W-5.682\times W^2+1.127\times W^3\ (R=0.822)$$

由图8-58得知，在一定的体重范围内，随着体重的增加其体宽也相应增加，沙蚕正常态个体体宽变化范围不大，主要集中在5.8～6.9 mm之间，但是在这个区间内其体重还是有一定的波动，可能是体长不同导致的。

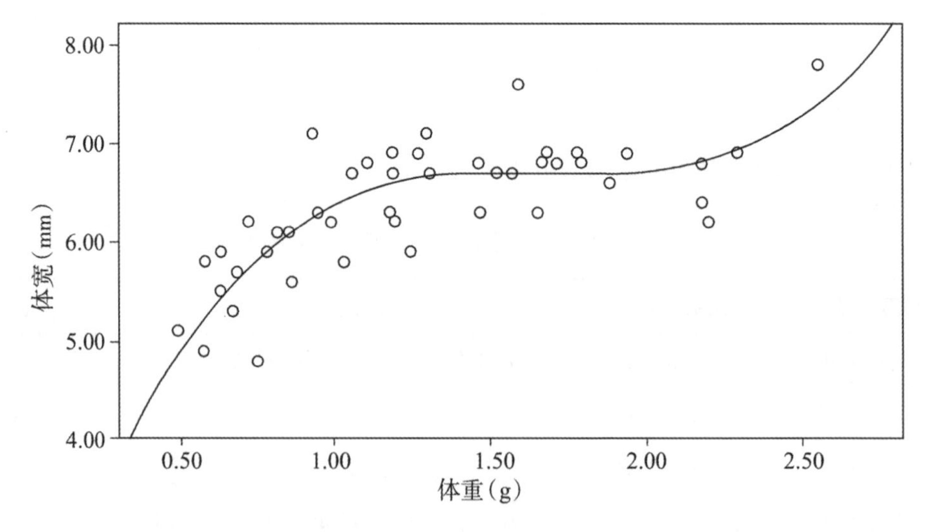

图8-58　体宽与体重的关系

2. 体长与体节数的关系：双齿围沙蚕正常态的体长（L）与体节数（N）关系，经筛选拟合选用指数函数关系最好（图8−59）。关系表达式如下：

$$L=61.491\times 1.005^{N}\qquad (R=0.726)$$

图8−59可见，沙蚕的体长主要集中在115 ~ 140 mm之间，体节数大多数都过百，并且随着体节数的增加体长也相应地增加，能呈现较好的变化趋势。

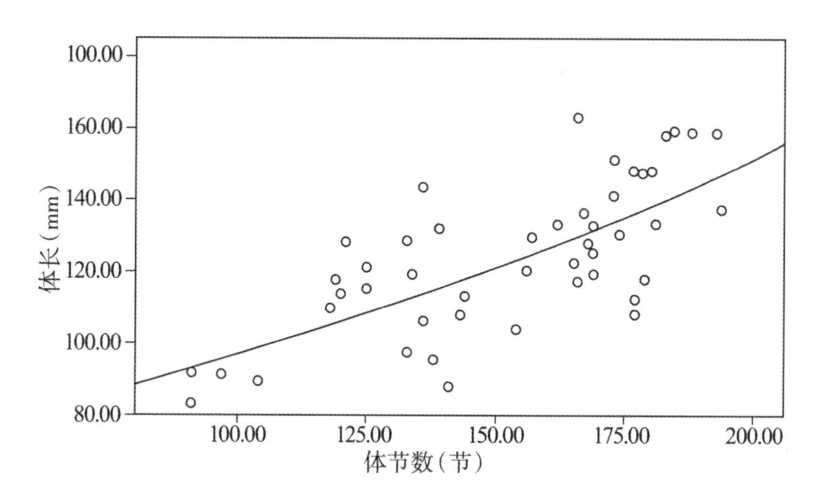

图8−59　体长与体节数的关系

（2）异沙蚕体形态学参数分析（表8−46）。

表8−46　异沙蚕体形态学参数之间的关系

形态参数	函数关系	函数方程	R值
N_2和W	三次方函数关系	$N_2=-30.157+255.583\ W-132.305\ W^2+22.582\ W^3$	0.671
E_1和W	三次方函数关系	$E_1=7.387-2.788\ W+4.137\ W^2-1.101\ W^3$	0.882
L_2和W	三次方函数关系	$L_2=-36.255+156.037\ W-88.937\ W^2+16.898\ W^3$	0.861
L_1和W	三次方函数关系	$L_1=2.464+21.558\ W-6.809\ W^2+0.918\ W^3$	0.831
L_2和N_2	指数函数关系	$L_2=17.787\times 1.008^{N_2}$	0.825
L_1和E_1	指数函数关系	$L_1=4.491\times 1.195^{E_1}$	0.744
L_1和H	线性函数关系	$L_1=2.536+6.989\times H$	0.658

① 非生殖区体宽与体重的关系：非生殖区体宽（E_1）与体重（W）的关系以三次方函数模型拟合最好（图8−60）。拟合方程为：

$$E_1=7.387-2.788\times W+4.137\times W^2-1.101\times W^3\ (R=0.882)$$

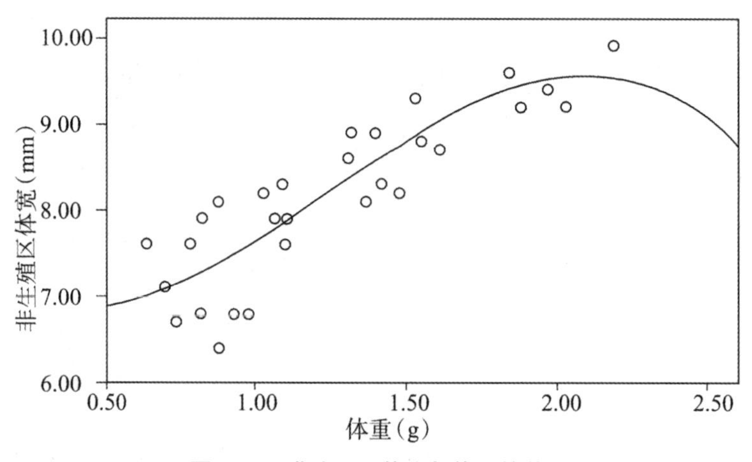

图8-60　非生殖区体宽与体重的关系

② 非生殖区体长与体重的关系：非生殖区体长（L_1）与体重（W）以三次方函数相关（图8-61）。关系式为：

$$L_1=2.464+21.558\times W-6.809\times W^2+0.918\times W^3\ (R=0.831)$$

由图8-61得知，非生殖区体长与体重变化趋势明显，实际点在拟合线附近波动幅度比较小，从散点就可以较为直观地看出其变化规律。

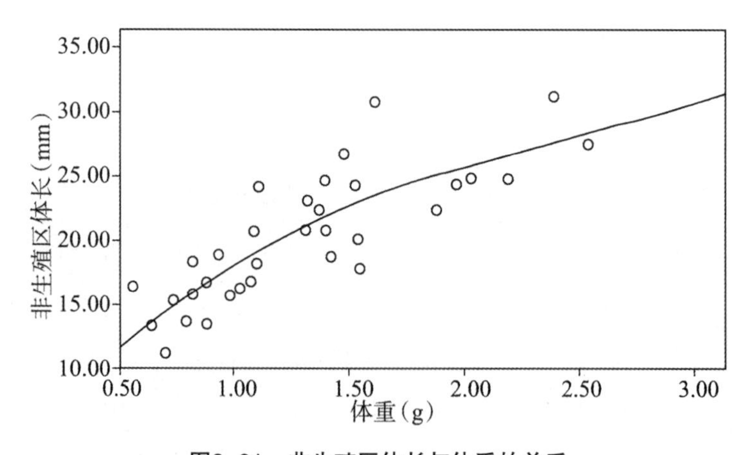

图8-61　非生殖区体长与体重的关系

③ 生殖区体长与体重的关系：生殖区体长（L_2）与体重（W）的关系为三次方函数关系（图8-62）。关系式如下：

$$L_2=-36.255+156.037\times W-88.937\times W^2+16.898\times W^3\ (R=0.861)$$

由图8-62得知，体重在1.5 g之前，曲线变化明显，1.5 ~ 2.0 g之间曲线平缓，基本成直线，2.0 g之后又呈现上升的趋势。

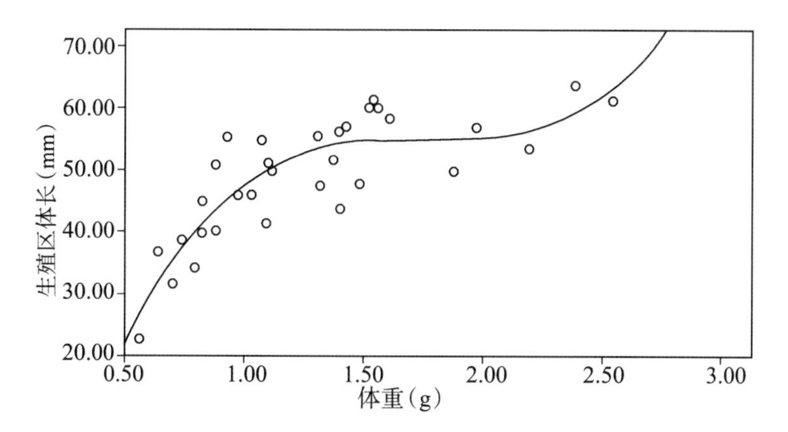

图8-62 生殖区体长与体重的关系

④ 生殖区的体长与体节数的关系：生殖区的体长（L_2）与体节数（N_2）以指数函数关系拟合最好（图8-63）。方程式为：

$$L_2=17.787\times1.008^{N_2}\ (R=0.825)$$

图8-63表明，生殖区的体长变化比较均匀，随体节数呈指数关系。

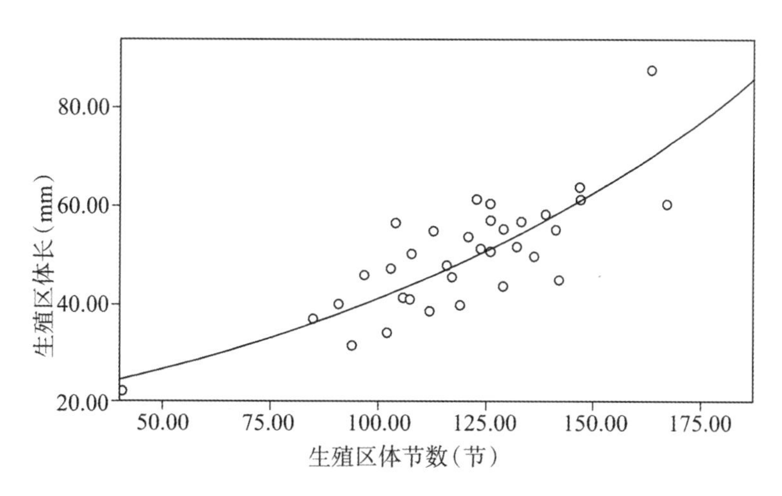

图8-63 生殖区的体长与体节数的关系

3. 讨论

（1）正常态沙蚕体长与其他参数的关系：正常态的沙蚕体长与体重呈三次方函数关系，体长与体节数和体宽呈指数函数关系。图8-58表明，体宽与体重成三次方函数关系，体重随体宽的增加而增大。由图8-59、8-60、8-61得知，沙蚕个体随着身体的增长其体节数、体宽和体重也呈增长趋势，增长率较为一致，无明显波动，拟合曲线平缓上升。可能原因是：成体沙蚕每个体节的长度较为一致，所以体长越长的沙蚕体节数一般就越多；成体沙蚕相对较大个体每个体节重量比较小个体的大一些，因而体重的增长速度随体长增长而递增；成体沙蚕的体长与体宽之比一般为某一个特定的常数，本实验测试的常数为20左右，所以随着体长的增长其体宽也随之递增。成体沙蚕的这些差异可能是随着个体的成长，沙蚕活动范围变广，因而不同个体的生存条件会有不同，从而造成个体差异的变化。双齿围沙蚕一般体长到140 ~ 160 mm时，生长速度缓慢，此时沙蚕规格为90 ~ 110 inds/kg，为最佳捕捞期。

（2）正常态沙蚕头长于其生长状况的关系：头长的关注程度不如其他参数，且与其他参数构建不了一定的相关性曲线，但在某一程度上也能反映出双齿围沙蚕的生长状况。头部的生长程度是与沙蚕整个个体生长情况相适应的，头部的生长变大必定使沙蚕摄食能力变强，从而使其能适应日益变大的身体需要。

（3）正常态刚节数的增长变化规律：沙蚕的刚节数一般随体长的增加而增加。本次测量的成体沙蚕体节数一般在140 ~ 160节。之后沙蚕体型基本定型，刚节数增长速度迅速变慢，只有极少量的增加，此后的体长增长主要靠各个体节自身的生长。

（4）异沙蚕体体重与其他参数及它们之间的一些相互关系：异沙蚕体的体重与生殖区的体节数（N_2）、体长（L_2）和非生殖区的体长（L_1）和体宽（E_1）呈三次方函数关系，体重为1.20 g时为一个普遍的拐点，L_1、L_2、E_1和N_2在体重小于1.20 g时的增长幅度比体重大于1.20 g时要显著。

非生殖区的体长（L_1）与体宽（E_1）呈指数函数关系，L_1与E_1的比值为2.5左右，因此随着L_1的增长E_1也相应增长。非生殖区体长（L_1）与头长（H）呈线性函数关系，异沙蚕体体前区主要与摄食爬行有关，未涨潮期间可发挥其功能，因此L_1与H存在一定的相关性，保证异沙蚕体在涨潮后排精排卵提供必要的条件。生殖区的体长（L_2）与体节数（N_2）成指数函数关系，异沙蚕体体后区主要负责在涨潮后的浮游与婚舞，L_2与N_2之间存在很好的相关性，实际点在拟合线附近波动幅度小，随着L_2的增长N_2也相应地增多。

（5）正常态与生殖态比较（表8−47）：异沙蚕体体长度缩短，常出现有性体节组成的生殖体区，体长为相同体节数正常态沙蚕体长的1/2。正常态体长约为体宽的20倍，而异沙蚕体体长仅约为宽度的8倍。这种体长、体宽比例的变化，显然是由于异沙蚕体体节间距明显缩短变宽所形成的。

表8–47　双齿围沙蚕体的正常态与生殖态的比较

	正常态沙蚕	异沙蚕体
体色	肉红色	棕色或是蓝绿色
体长	115~140 mm	55~85 mm
体节数	110~190	105~175
头部	四只眼，触须可到第五体节	眼变大，触手触角变短
疣足	双叶型疣足	舌叶加宽变扁，极富血管
刚毛	刺状刚毛	浆状刚毛

4. 总结

沙蚕由正常态转变为生殖态出现的种种变化可能都是为了保证沙蚕的生殖细胞获得足够的营养空间和发育空间，也有利于生殖态沙蚕体的群浮和婚舞。

实验材料都选自同一区域内的野生沙蚕体，因此就缺少了不同区域间沙蚕体形态学参数之间的比较和同一个区域内挖取的野生沙蚕体与养殖沙蚕体之间形态学参数之间的比较（表8–48）。如能更综合的完善这些不足，将可为双齿围沙蚕的形态学研究提供更加详细的理论基础。

表8–48　沙蚕体的外观

	成体	头部	疣足	刚毛
正常态沙蚕	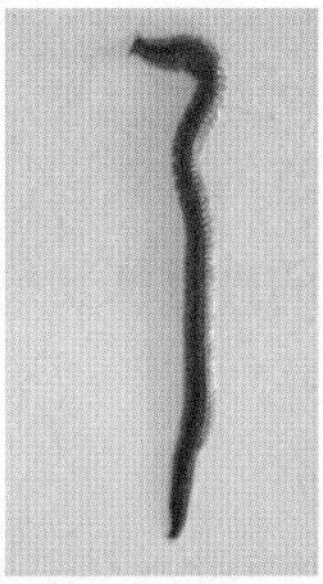	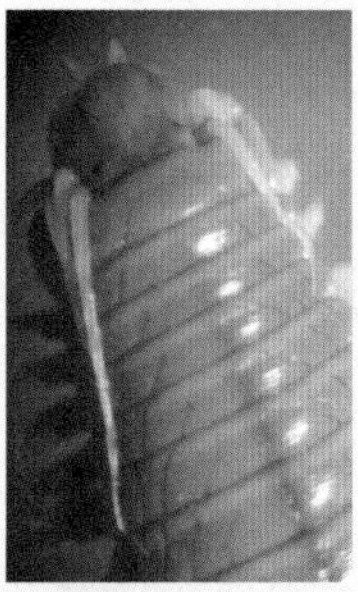	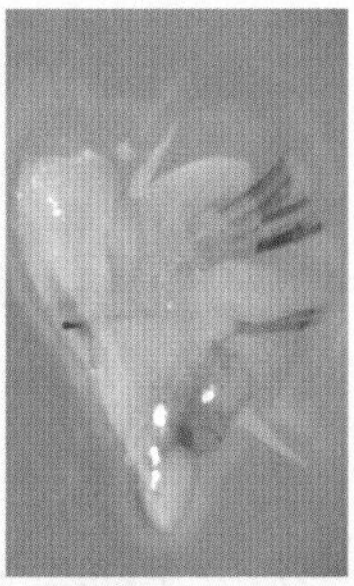	
异沙蚕体	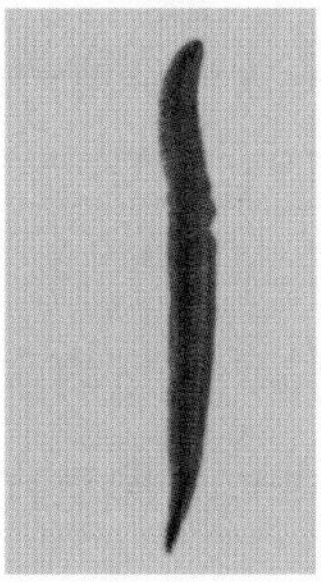	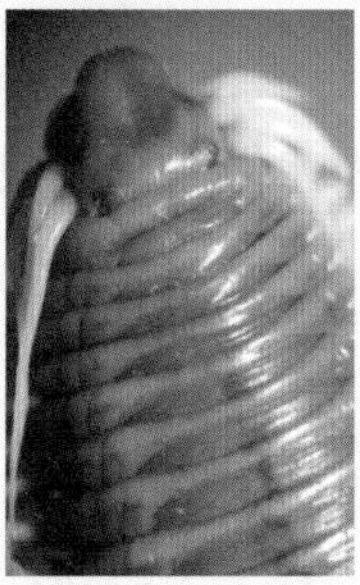	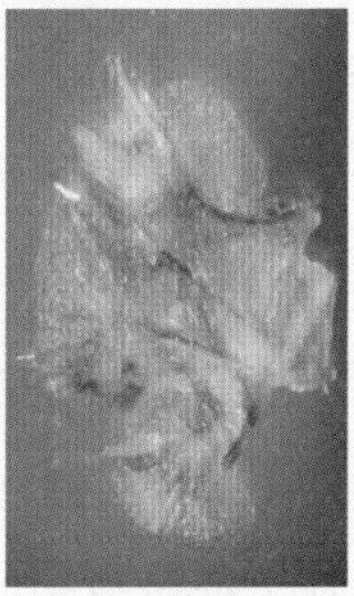	

（五）莱州湾人工岸段双齿围沙蚕种群恢复与构建

双齿围沙蚕是沙蚕属滩涂生物中的优势种，自然资源量泥滩（34 g/m^2）大于泥沙滩（15.4 g/m^2）大于沙滩（2.8 g/m^2），是中国近海生态系统中底栖群落的重要物种，具有较高的经济价值和生态价值（顾晓英等，2002）。沙蚕因是一种营养价值极高，含有丰富蛋白质（蛋白质含量高达68%）的底栖无脊椎海洋生物，是人工育苗和养殖的优质活体天然饵料，也是餐桌上的美味海鲜品，又是生产海洋药物的主要原料（陈祖辉等，2006）。对沙蚕、缢蛏、拖鱿鱼胴体和花蟹蟹肉4种亲虾饵料的蛋白质分析表明，这4种作为亲虾饵料都是优良蛋白源，基本能满足斑节对虾亲虾的生长和性腺发育要求，其中沙蚕是最好的蛋白源；在甲壳类的繁育中，投喂沙蚕，对青蟹、对虾等不仅有促熟作用，而且能提高怀卵量；沙蚕较高的抗坏血酸和α-生育酚含量，对凡纳滨对虾的性腺成熟和提高受精卵质量有更好的促进效果（杜少波等，2005）。另一方面，沙蚕的食用性和药用性也较高：沙蚕体内含有大量人体所需要的氨基酸、微量元素和维生素，尤其富含纤溶酶、纤溶酶原激活物、胶原酶等3种酶系，是预防高血压、动脉硬化和消除疲劳的有效保健食品，沙蚕体内所含的沙蚕激酶具有治疗脑血栓、心肌梗死等血栓性疾病的功能，所含有大量的不饱和脂肪酸不仅具有增强免疫力、提高记忆力的功效，还具有抗血栓、防止动脉硬化的作用（时冬晴和叶建生，2006）。在中国南方及国外一些地区有将沙蚕作为食品的习俗（吴建新等，2005）。除此之外，市场上也出现了用沙蚕毒素类开发的农药和杀虫剂等；沙蚕是优质钓饵，被称为“万能钓饵”（蒋霞敏和柳敏海，2008）。近年来，由于受到环境污染、人为过量采捕等原因，双齿围沙蚕的野生群体日益减少。

研究区的双齿围沙蚕种群恢复工作主要以人工放流的方式进行资源补充，以增加研究区沙蚕数量，并从中积累经验，得出沙蚕类生物的种群恢复技术方法。主要目标为恢复恢复与构建沙蚕种群面积500亩，生物量提高15%。

1. 海域条件

选择在项目研究区（东营莱州湾岸段）临近海域。该区域为天然泥沙底质海域，具体放流位置主要集中于0 m等深线以上高位滩涂及其附近海域；该区域内水流通畅，盐度变化范围为15～33，放流时水温变化范围为15～25℃。

2. 苗种培育

（1）室内培育：从受精卵开始，孵化至3刚节幼体，在室内水泥池或者孵化桶内进行；4刚节幼体以后，孵化桶内转移至大型水泥池进行早期培育，添加微藻作为饵料或直接转移至户外土池进行中间培育（图8-64）。

（2）室外培育：在气温达到20℃，可直接将4刚节幼体投放到户外土池，进行苗种培育，通过提前肥水可减少人为投入的饵料量。需35～40天幼体可发育至50刚节以上，此时由于幼体具有起浮习性，可通过排水，利用网箱收集。

（3）日常管理：入土池30天内不换水，30天后模拟潮汐规律换水。每次换水干涸2 h后重新注水。水深30～40 cm。换水时投饵，根据沙蚕个体大小、摄食情况，日投饵1～2次，饵料以普通虾饲料为主，系列包括开口料、0号和1号（图8-65）。

图8-64 室内繁育（受精卵）

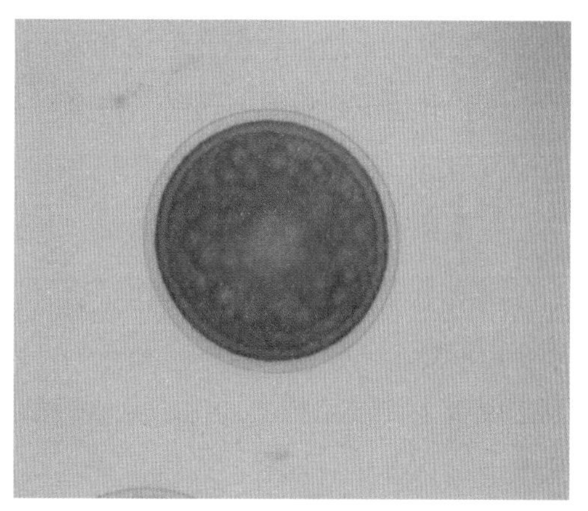

图8-65 日常管理

3. 苗种要求

（1）苗种规格：由于沙蚕特殊的生态习性，选择放流刚孵化的三刚节疣足幼虫或发育50天左右，平均体长在2 cm以上，或具100刚节左右的苗种（具起浮习性，方便捞取）。

（2）感官质量：放流沙蚕苗种在感官质量应符合要求，包括形态、体色和活力，应符合表8-49要求。

表8-49 感官质量要求

项目	指标
形态	体细长，前半段较后半段粗壮，无断裂
体色	以红褐色为好
活力	爬行迅速、放入水中可呈S型颤动，活力强，健康无病害

（3）可数指标：可数指标包括体节合格率、体长合格率、伤残率，需符合表8-50要求。

表8-50 感官质量要求

项目	指标
体节合格率（100体节以上）	≥90
体长合格率（2 cm以上）	≥90
伤残率	≤5

（4）检验方法：以一个放流批次为基数，随机取样3次，每次不少于30尾，用肉眼观察苗种感官质量；混合后用30%酒精轻度麻醉，70%酒精处死。再从中挑选30尾用于体长和体节合格率、伤残率的检测借助于普通解剖镜。以一个放流验收批次为一个检验组批，检验项目任何一个未达标准，则判定该批次苗种不合格。

4. 苗种计数与运输

（1）现场测定：随机从放流用的泡沫箱中取适量苗种放置于统一容器中，从该容器中取出不少于50尾苗种，麻醉后，进行体长和重量的测定。体重以10条为一组，吸水纸吸干沙蚕苗种表面的水分。肉眼观察感官质量，解剖镜检测体节合格率及伤残率。确认合格后计数。三刚节疣足幼虫直接用1 mL玻璃移液管计数方法计数（图8-66、图8-67）。

图8-66 三刚节疣足幼虫

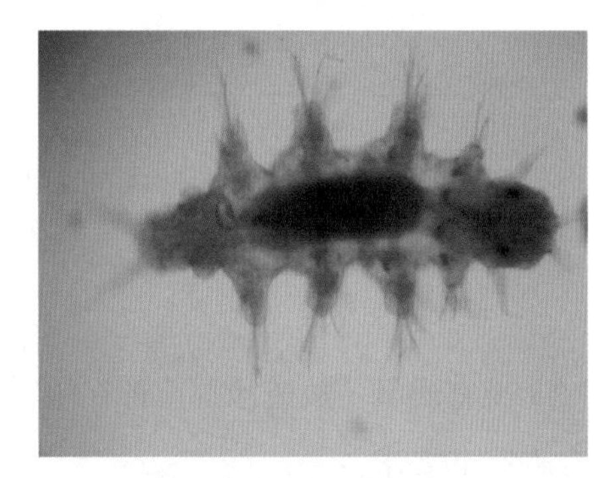

图8-67 五刚节疣足幼虫

（2）计量方法：沙蚕苗种与成体类似，用60 cm × 30 cm × 10 cm的泡沫塑料盒分装，计数采用重量法。每个取样网箱取3次样品，每次样品取200 g以上，计算得到单位重量的尾数，根据总重量计算苗种总数。

（3）苗种运输：直接按照商品沙蚕的方法运输，泡沫塑料盒中添加蛭石。若运输时间长（超过3 h），可添加冰袋在泡沫塑料盒中。三刚节疣足幼虫直接利用打包带进行打包，密度在100 ~ 200 inds/mL（根据运输路途的远近来调节密度；图8-68、图8-69）。

图8-68　充气

图8-69　装箱

5. 增殖放流

于2011年9月7日和2012年10月15日在东营市广饶（莱州湾研究岸段）海域进行了沙蚕的增殖放流工作（图8-70）。放流的沙蚕规格包括3刚节疣足幼虫、4～5刚节疣足幼虫、10刚节疣足幼虫和沙蚕成体等。

图8-70　沙蚕放流

二、毛蚶繁育及种群恢复技术

（一）毛蚶苗种培育技术

1. 繁育准备

（1）饵料培养：单胞藻类是贝类生长的主要饵料。为保证整个苗种培育期间的充足供应，必须进行规模化单胞藻培养。藻种以硅藻类、金藻类为主，辅以绿藻类。近年，我们以金藻+角毛藻+扁藻+微绿球藻的饵料模式，很好地保证了从亲贝暂养到稚贝出池期间的饵料供应。

藻类培养严格按单胞藻培养技术规程操作，专车间、专人、专供水系统。我们使用地下洁净水，取得了良好效果，有条件的地方建议采用。

（2）设施准备：主要包括亲贝暂养土池、育苗用水蓄水池的整理准备（翻耕、曝晒、平整、消毒），水、电、暖、气等设备系统的调试，以保证各个系统维持良好的工作状态。育苗池（4 m × 6 m × 1.2 m）在使用前严格消毒，先用1×10^{-4}漂白粉浸泡1天后洗刷晾晒，用前再用1×10^{-4}高锰酸钾浸泡2 ~ 3 h，清水冲洗干净。光线通过在育苗室顶棚和四周安装活动遮光帘，调节光照在500 ~ 1 000 lx的适宜范围。

（3）工具、药品等的准备：主要包括苗种培育工作中需要的工具如筛绢网袋、换水管、水桶、水瓢、显微镜、目微尺等和常规药品如EDTA−2Na、青霉素等的准备。

2. 苗种培育技术

（1）良种亲贝的选择与培育：

① 亲贝的选择：选择莱州湾海区的原种成熟亲贝，壳长超过5 ~ 6 cm，壳高4 ~ 5 cm，体重30 g以上，贝壳鼓胀，壳表新鲜、完整、无破损、性腺饱满、光泽、无皱褶、表面无畸形和残缺，双壳紧闭有力的3龄以上个体作为良种亲贝。运输时，保持毛蚶的阴凉和湿润，以保证成活率。高温季节在夜间运输。

② 亲贝的培育和催熟：对于性腺发育较差，短期不能催产的亲贝，可在室外土池或室内水泥池内进行暂养。土池暂养时，培养密度0.5 kg/m^2，池水透明度保持在30 cm左右，如果透明度过小应及时换水，过大应及时施肥。室内暂养时，若毛蚶性腺发育较差，离催熟时间较长，应在池底铺设粉沙5 ~ 10 cm，以利于催熟，如性腺饱满、即将生产，通过投饵、换水、升温等措施进行强化培育。暂养密度在50 ~ 80 inds/m^{2}左右，暂养方式有网箱暂养和直接池底暂养两种方式，以网箱暂养操作方便。暂养期间早晚各彻底换水1次，清除死贝。每日升温0.5℃，日投饵2次，饵料生物以小球藻为主，日单位水体投喂量在2.5×10^5 ~ 3×10^5 cell/mL（图8−71）。

（2）排卵与受精：毛蚶的诱产有化学刺激（氢氧化氨刺激）法、性诱导（解剖或

图8–71　毛蚶亲贝培育

理化刺激）法、物理刺激等方法，规模化生产一般采取物理刺激自然排放的办法。其操作方法是：

检查性腺饱满度，镜检雌蛆卵细胞游离度和雄蛆精子活力，采用阴干流水诱导方法获得卵子。阴干6～7 h，流水刺激3～4 h，产卵结束，将种贝移出。静止1 h左右，待受精卵下沉后，吸取上层1/2～1/3的池水，排掉后再加满水静止1 h，再吸取上层1/2～1/3的池水，如此反复洗卵2～3次。

（3）选幼与幼虫培育：

① 受精卵的孵化：将洗卵后的毛蛆受精卵计数，受精卵孵化密度控制在30 inds/mL，孵化期间投青霉素1 mg/L，微量充气。培育用水应先经黑暗沉淀，再经二级沙滤后使用。孵化前用3×10^{-6}～5×10^{-6}EDTA−2Na螯合重金属离子，水温24～30℃，比重1.015～1.022，pH为7.8～8.4。

幼体尚未上浮之前坚持每半小时搅拌池水一次，提高受精卵的孵化率。一般经12 h左右，即可孵化为担轮幼虫。

② 幼虫培育：担轮幼虫经24～26 h可发育到D形幼虫。当95%发育至D形幼虫期，要进行选优。选优的方法是：孵化池停止充气，用300目筛绢拖网选取上浮能力强的上层幼虫，置于另外已准备好的等温等盐育苗池中培育。

D形幼虫的开口饵料生物选用叉鞭金藻，进入壳顶期可用等边金藻、牟氏角毛藻、扁藻、微绿球藻等混合投喂（图8−72），幼虫培育密度控制在8～10 inds/mL，日单位水体投喂量2×10^4～3×10^4 cell/mL，具体投喂量视幼虫胃含物多少，消化盲囊颜色和膨胀程度及生长情况加以调节，从幼虫选育后第3天开始，每天早晚换水1次，温差不大于1℃，海水比重稳定，换水量前期每次1/3量，中期1/2量，后期2/3量（表8−51）。

附着基的投放：在水温26℃～27℃的条件下，幼体经15天的培育从面盘幼虫（壳长90 μm）进入壳顶幼虫后期（壳长220 μm），幼体开始出现眼点，幼体从浮游期生活开始向底栖生活过渡，此阶段投放至附着池内。

从产卵孵化后10天，开始准备稚贝附着池并投放附着基。具体方法是：取无污染的滩涂表层活性泥沙（面沙），用200目筛绢过滤后经太阳曝晒备用。使用前将泥沙煮沸消毒，均匀扬撒于附着池内。附着池加水50 cm，附着基投放后经停气沉淀在池底形成一个软性底质，厚约2 mm。

移池时，用300目筛绢网袋收集幼虫，均匀播放于准备好的附着池内，培育密度以3×10^6 inds/m^2为宜。眼点幼虫附着后经4～5天的生长发育，显微镜观察壳长达250～300 μm，次生壳已长出，即为稚贝。

图8-72 饵料培育池

日常管理由专人定时观察与检查幼虫活力、生长、摄食、分布情况，据此调整投饵量和培育密度。光照强度以500～1 000 lx为宜。对幼虫采用微充气，使饵料生物与幼虫分布均匀，以利于幼虫的生长和发育。

（4）稚贝培育：随着稚贝的生长，结合移池操作，可逐步降低稚贝的培育密度。一般经7天左右培育，稚贝出水管形成，进入单水管期，再经10～12天的培育，即可进入双水管期，此时进、出水管伸缩频繁，水管基部触手伸缩明显，稚贝壳高平均在0.6 mm左右。

倒池稚贝培育期间，每隔5～7天移池洗苗1次（图8-73）。倒池时，先用小网目筛绢网收集贝苗反复冲洗，剔除杂物，再用不同网目的筛绢筛选不同规格的稚贝进行分池培养，以利同步生长。

日常管理每日换水30%～80%（视水质状况而定），遮光充气。日投喂2次，混合投喂扁藻、金藻等，一般7×10^4～12×10^4 cells/mL，投喂量以稚贝胃肠饱满为准。

图8-73 苗种繁育池

病害防治：轮虫、桡足类等小型动物是贝苗的主要敌害，严重时会造成育苗的失败。在育苗用水和饵料投喂时应搞好过滤、谨防污染，育苗工具使用前后严格消毒，周密细致规范操作，可有效预防病虫害的发生。倒池后用$1\times10^{-6}\sim2\times10^{-6}$抗生素全池泼洒，对预防细菌性疾病的发生和提高成活率很有效果。

表8-51　毛蚶幼虫饲育情况表

时间	经过日数	水温（℃）9：00	幼虫数（万）	壳长（μm）	投饵量 金藻 密度10^6/mL	投饵量 金藻 L	投饵量 扁藻 密度10^6/mL	投饵量 扁藻 L	残饵量 个/视野 /15×10 金藻	残饵量 个/视野 /15×10 扁藻	换水	备注
7.28	0	27.7	1 400	/	3.9	2.5	1.2	6.8				担轮幼虫
7.29	1	26.2	1 200	/	3.9	2.6	1.2	6.8	1	2		
7.30	2	26.8	/	105.2	3.9	5.0	1.2	2.0	1	2		
7.31	3	27.4	850	113.9	5.3	1.9	2.2	3.6	1	4	1/3	
8.1	4	28.1	/	/	5.3	3.0	1.3	9.0	1	2	1/3	
8.2	5	28.3	/	124.0	5.3	2.5	1.3	5.0	1	4	1/3	
8.3	6	28.6	/	144.0	5.3	4.0	1.3	9.0	3	8	1/3	
8.4	7	28.1	/	/	5.5	4.0	2.0	5.0	2	4	1/2	
8.5	8	28.1	/	/	5.5	4.0	2.0	4.0	4	8	1/2	D型幼虫期
8.6	9	29.2	/	/	5.6	7.1	2.0	12.0	1	6	1/2	
8.7	10	29.5	560	179.4	5.6	7.0	2.0	12.0	4	8	1/2	
8.8	11	28.2	/	/	4.5	8.0	3.8	6.0	4	8	2/3	
8.9	12	27.6	/	208.8	4.5	10.0	3.8	12.0	4	6	2/3	
8.1	13	27.5	470	/	4.5	9.0	3.8	12.0	2	6	2/3	
8.11	14	27.9	/	212.0	5.0	10.0	2.0	30.0	4	10	2/3	
8.12	15	27.4	280	220.0	5.0	14.0	2.5	25.0	4	6	2/3	壳顶幼虫期，出现眼点，开始附着
8.13	16	27.6	/	/	5.0	20.0	2.5	20.0	/	/	2/3	
8.14	17	27.6	210	222.9	4.5	20.0	1.7	30.0	2	10	2/3	
8.15	18	27.8	/	224.0	4.5	5.0	1.7	10.0	2	4	2/3	

续 表

时间	经过日数	水温（℃）9：00	幼虫数（万）	壳长（μm）	投饵量				残饵量 个/视野 /15×10		换水	备注
					金藻		扁藻					
					密度 10^6/mL	L	密度 10^6/mL	L	金藻	扁藻		
8.18	21	19.7	160	260.0	4.5	15.0	2.7	10.0	3	12		
8.22	25	28.4	/	350.0	4.2	15.0	3.8	15.0	/	/	1/3	
8.27	30	28.3	/	510.0	4.2	10.0	3.8	15.0	/	/	1/3	稚贝期
9.1	35	28.3	/	708.0	4.2	15.0	3.8	15.0	/	/	1/3	
9.6	40	27.6	110	927.0	5.0	15.0	3.0	15.0	/	/	1/3	

（5）稚贝的出池与运特：从孵化始，经35天左右的培育，稚贝平均壳长即可达到0.9 mm。此时，可根据养殖户的需求适时出苗或移入室外土池进行中间培育。出苗时，排干池水，用海水将池底稚贝冲洗出来，经100目筛绢袋收集，反复淘洗干净即可，干重法计数（图8–74）。运输时，用100目筛绢袋装苗，装苗浸海水后自然沥干，置于塑料桶或泡沫箱内运输。长途运输采取保温车装运，一般10 h内成活率可达99%以上。

图8–74 出池

3. 中间培育技术

根据增养殖需要，稚贝需经中间培育。即将数量适当的壳长0.9 mm以上的稚贝放入室外稚贝培育池中暂养，密度为$5\times10^3\sim1\times10^4$ inds/m^2。培育池放养稚贝前应清池，经翻耕、曝晒、整平、消毒。一般到翌年的4月份，壳长可长到10 mm左右，此时即可进行海域滩涂放养。

稚贝培育池和养成池的建设，建设环境符合国家GB/T 18407.4—2001农产品安全质量无公害水产品产地环境要求，养殖用水符合国家GB 11607—89渔业水质标准。

（1）池塘清整：选择20 ~ 30亩的池塘作为中间培育池，在8月中旬，将池内积水排净，进行晒池，维修堤坝、进排水渠，并清除池底的污物、杂物和杂草。用铁锹掘土，在阳光下曝晒8天以上，其间将泥块打碎，使底泥中的氨氮、硫化氢等有害物质氧化。掘土畦埂，高0.25 m，宽0.3 m，每畦宽4 m，曝晒2天后进水0.3 m，用铁耙耙底泥，使底泥平整。待水清澈后，泼洒生物增氧颗粒底净，使底泥中的有害物质氧化分解，如此反复2次。

底泥是毛蚶苗种生活栖息的场所，底泥环境的好坏将直接影响苗种的生长。底泥处理采用2次翻土，多日曝晒，进水后3次铁耙耙耧，泼洒生物增氧颗粒底净，目的是让底泥中的氨氮、硫化氢等有害物质得到充分的氧化分解，增加活性有益菌密度，创造毛蚶苗种无毒的生活环境。另外，铁耙耙耧可让大颗粒的沙土沉降在底部，微小颗粒的泥土覆盖在池底的上部，增加底泥的透气性。这样，小规格苗种易顺利钻入，有利于吸附底栖硅藻供苗种摄食，促进其快速生长。

（2）消毒除害：池塘经清晒修整后，在放苗前20天进行药物消毒，杀死残留在池底的病菌病毒及敌害生物。常用药物为生石灰、漂白粉等，药物的选择和使用剂量根据虾池的具体情况确定，一般为带水消毒每立方水体用1.0 ~ 2.0 kg生石灰或30 ~ 50 ppm漂白粉消毒，杀灭敌害生物、致病生物及携带病原菌的中间宿主。

清塘及水体消毒使用药物的原则：尽量使用不污染环境且成本低的消毒药物。放养前的清塘及水体消毒，用药浓度宁大勿小，以达到彻底杀灭敌害生物的目的。不盲目施用剧毒农药，特别是残留大的农药，水产禁用药物一概不用。

（3）进水及培养基础饵料：用80目筛网过滤进水，培养基础饵料生物，建立池塘生态环境，在放苗前10天左右，用尿素、过磷酸钙或经发酵的鸡粪等肥水，也可使用单细胞藻类生长素肥水。一般措施是使用无机肥，繁殖优良单胞藻类及有益细菌、小型底栖生物。施肥N：P为5：1 ~ 10：1，多次使用，首次加氮肥量为$2 \times 10^{-6} \sim 4 \times 10^{-6}$，以后每2 ~ 3天施一次，用量为首次的一半，放苗前池水透明度为30 ~ 40 cm，水色为浅褐色、黄褐色、黄绿色为佳。

（4）幼贝的放养：经35天左右的培育，稚贝平均壳长即可达到0.9 mm以上。此时，移入室外土池进行中间培育。出苗时，排干池水，用海水将池底稚贝冲洗出来，经100目筛绢袋收集，反复淘洗干净即可，干重法计数。将毛蚶苗种沥干水，放入经海水浸泡的棉布袋内扎紧。在泡沫箱底部平放多个冰冻未启封的矿泉水瓶，瓶上覆盖一层经海水浸泡拧干的毛巾，再在毛巾上部放上包有苗种的棉布袋。苗种装好后，胶带密封并运输苗种运到后，先测量运输温度。打开苗种袋，分别均匀播撒在围网内4个池塘2/5面积内。放苗时，水温不低于18℃，pH在7.8～8.6之间，水深在80 cm以上，水环境温度差不超过5℃，盐度差不超过5。

（5）期间管理：

① 水质管理：毛蚶主要靠摄食水中的浮游植物和有机碎屑生长，因此调控好池塘水质环境是养殖毛蚶的关键。要保证水质无污染，盐度平均在20～35，pH值7.8～8.6左右。池中滩面水一般应加到50～60 cm，水太深阳光照射不到池水下层，池底水温偏低，不利于水中浮游植物繁殖。池中水太浅，阳光易直射池底，会出现池塘底栖藻类过量繁殖，形成优势，一旦死亡会造成水质变坏。随着气温逐渐下降，应适当把池中水位逐步加深，在结冻前要把水加到100 cm左右，准备毛蚶越冬。

中间培育水质的管理对于保证幼贝的健康快速生长，减少病害的发生具有非常重要的意义。每天定时进行养殖用水各项水质指标的测定，根据情况采取不同的措施，保持水质的优良和稳定。水质管理应要抓住水的排灌，观察pH值变化，水的透明度应保持在25～30 cm。透明度高，证明水瘦，水太瘦透明度高容易造成大型藻类生长繁殖，严重时会将整个池底封闭，造成幼贝大量死亡。透明度低，证明水太肥，透明度低水太肥，有可能导致pH值太高，影响幼贝的生长。水质管理不宜大排大灌，大排大灌会造成水越来越瘦，水中浮游植物太少，满足不了毛蚶正常生长的需要，应该根据水的透明度，采取少排少灌，勤排勤灌的方法，这样可以使池中的水生物不断地加以补充繁殖。如果池水长时间清澈透明，明中透黑或者明中透绿，幼贝在这样池中根本不能增长，需要对这样的池水实行彻底处理，采取的方法是，排掉池水，滩面保留3～4 cm，对整个池进行消毒，一般用含有效氯30%漂白粉2.5～3 kg/亩，均匀撒放，1～2天后进水，再排掉再进水，7～9天后池水无好转，可再进行消毒，直到池水正常为止。

养殖池水盐度保持在20～35的适宜范围之内，但应保持稳定，换水时盐度差不超过3。养殖池水的水位控制，在水温适宜的范围内，平均水位可控制在60 cm左右，以使水温不超过30℃，冬季气候寒冷，再将水位提高到1.0 m，以保障毛蚶稚贝、幼贝和种贝的安全越冬。越冬时池水不易太深或太浅，太深透光度不好，冬季微弱的阳光照射不良，池底温度太低影响毛蚶正常越冬；水太浅除了结冰部分外，剩下的水太少，几个月的时间会出现水中缺养也不利于毛蚶越冬。如果积雪覆盖池面，要实行人工清雪，一般情况下，在池内冰上清出几道透光通道即可。春季解冰时，应迅速进行彻底换水。因为冬季数月冰期，池塘水质无法更新，池塘中毛蚶等生物的有毒代谢废物大量积累，如不及时换水，极易影响毛蚶的生长，甚至造成大面积死亡。

② 病害防治：毛蚶的中间培育的常见病害主要有三大类：一是细菌性疾病；二是有害藻类引起的病害；三是非生物性病害。这些病害都会对毛蚶幼贝造成不同程度的危害，严重可使幼贝死亡或大面积死亡。因此，切实做好中间培育的病害防治工作，是确保养殖成功，获得良好经济效益的关键措施之一。

a. 细菌性疾病：细菌性疾病是由细菌感染引起的。在中间培育期间的诸类病害中，细菌性疾病的发病率最高，危害也最严重，往往会造成毛蚶大面积死亡。细菌性疾病引起毛蚶死亡的病原菌主要有四种；弗尼斯弧菌、溶藻弧菌、副溶血弧菌和假单孢菌，其中弗尼斯弧菌对毛蚶的危害最大。被弗尼斯弧菌感染的毛蚶，其症状为；毛蚶从泥沙中“跑”到滩面上，停止摄食，双壳开闭无力，壳易剥开，软体组织出现水肿，呈淡红色或橘红色，体液外流，斧足边缘残缺呈锯齿状，3日内软体组织开始溃烂，直至死亡。虾池养殖毛蚶发生的“水肿病”，主要是弗尼斯弧菌侵入及其他细菌交叉感染所致。尤其是池塘底质环境不良，污泥大量沉积，毛蚶极易受细菌侵入，使毛蚶发病而死亡。

对弗尼斯弧菌的防治：一是改善毛蚶幼贝的生活环境，增强毛蚶体质提高抗病力，防止感染；二是改良池塘底质和水质，毛蚶发病时应加大换水量，连续换水至病情好转，再恢复正常换水量；三是毛蚶发病后用二溴海因0.2 ~ 0.3 g/m^{3}将其配成溶液全池泼洒，一般3 ~ 4次即可见效。

b. 有害藻类引起的病害：常见的有害藻类有丝状蓝藻和大型绿藻，有害藻类的产生，是因为池水瘦，浮游植物太少造成的。有害藻类的大量繁殖有以下几点害处：一是吸取池中的“营养”（氮、磷、钾等），使池水清澈，透明度加大，池水一望见底；二是池内的浮游植物根本无法繁殖；三是由于池内单胞藻类缺乏，毛蚶缺少食物，不仅影响毛蚶生长，严重使毛蚶生长停滞。特别是丝藻大量繁殖，好像团团棉絮覆盖在滩面上，极易造成虾池底部缺氧，使用毛蚶窒息而死亡。

有害藻类的防治方法：加强池水透明度的调节，透明度应保持在30 ~ 40 cm为宜，当透明度超过40 cm以上，应及时施肥，每亩可施尿素等氮肥1.5 kg，磷酸二铵0.5 kg，使水中单胞藻类保持一定密度。丝藻和绿藻过多可用网拖拉的办法加以清除。具体做法：将虾池分为几段，用网沿池边，一段一段反复拖拉，便可清除丝藻和绿藻。可将池水全部排出，使滩面干露，采取人工手拣除。用络合铜0.7 g/m^{3}或青苔净0.3 g/m^{3}全池泼洒可杀除有害藻类。

c. 非生物性病害：非生物性病害主要是指环境、营养、有毒物质及人为因素引起的疾病。如池底污泥太多，氢氟、硫化氢等有毒物质含量超标；水质条件差，盐度长期低于10以下，pH值低于7.6以下；海水赤潮；化工厂排出废水污染；池塘长期不肥水，浮游植物含量少；毛蚶苗种投放密度过大等等。以上这些环境条件和人为因素，都会影响毛蚶幼贝正常生长，甚至造成发病死亡。

非生物性疾病的防治措施：① 根据毛蚶生活习性，对养殖毛蚶的池塘要进行严格选择。毛蚶养殖超过二年以上的池塘，必须进行清淤、曝晒、翻耕、消毒，有条件的地方最好进行轮放轮养，这样可以防治和减轻病害的发生。② 改善水质条件，将盐度、pH值等理化因子调整到最适范围之内，严防工业污水和赤潮海水进入池内。③ 加强日常管理工作，尤其是对病害的防治，要做到勤观测，勤检查，发现病害要及时进行治疗，防止病情蔓延。

③ 日常管理：为了确实掌握病情动态，必须坚持巡池，每天不应少于4次，并做好水质、饲料消耗、池底颜色、渗漏水情况、池内鱼害等情况记录，发现情况及时妥善处理。及时分析处理不正常情况，解决随时出现的问题，是养殖成功的重要保证。

为掌握幼体生长情况和成活情况，在生长季节每月，从养殖池随机选取5个点，测量壳长、壳宽、壳高和体重，分别算出平均值，定期测定养殖池的水质情况，并记录，幼体生长情况见表8-52。

表8-52　毛蚶幼体成长情况记录表

日期	平均壳长（mm）	平均壳宽（mm）	平均壳高（mm）	平均体重
9.20	0.927	0.72	0.52	0.45 mg
10.20	1.85	1.43	1.03	1.56 mg
11.20	3.70	2.78	2.01	4.25 mg
12.20	4.90	3.86	2.79	0.023 g
3.4	8.90	6.88	4.96	0.143 g
3.28	11.1	8.30	6.04	0.317 g
4.20	13.3	10.00	7.40	0.565 g

（二）种群恢复技术

1. 苗种的运输

毛蚶苗种运输选择在晚上进行，尽量避开中午高温时间。运输时间不超过48 h，并覆盖稻草帘以遮阳，同时中途定期泼洒海水，保持苗种湿润。苗种用编织袋分装，每袋装蚶苗30～40 kg。自然海区采捕的毛蚶苗种不宜冲洗干净，略带海泥运输，可提高成活率。

2. 种群恢复浅海滩涂的选择

在满足毛蚶习性要求的一般条件下，选择敌害少，海底稳定性好的浅海滩涂是增殖成败的关键。养殖区一般选择在河口区，−10 m等深线以内的浅海区，该区属软泥质海底，底栖藻类丰富，地势开阔平坦，水深在3～5 m，潮流畅通，适合毛蚶的生长。

3. 苗种放养

（1）放养密度：根据不同沿海地区滩徐底质、海区水文状况、初级生产力、底栖生物种类、数量及毛蚶的生态习险，建立科学的放养模式，以确定合理放养数量，既不能污染环境，破坏生态平衡，又要保证毛蚶有足够数量形成自然繁殖群体，达到资源增殖的长远目的。因此，放养前须进行本底调查，放养数量依蚶苗规格和放养滩涂贝类容量评估结果而定。

（2）放苗时间：3月底至5月初，海区水温稳定在8℃以上，气温低于22℃。也可秋季（10月至11月份）放苗。

（3）撒播方式：播种时船在标志范围内作“之”字形往返慢行，船向与潮流垂直，人在船上用簸箕撒播，边行边播，要求撒播均匀（图8−75）。

图8–75　撒播毛蚶苗种

4. 管理措施

在研究区四周设置浮标，明确研究区范围，浮标间距约50 m。

定期观测苗种密度，若蚶苗密度在20 inds/m^2以上应及时疏苗，若低于10 inds/m^2要进行补苗。使苗种密度保持在15 inds/m^2左右。

定期检测苗种生长情况，并做好记录，逐步掌握毛蚶的生长规律。

敌害生物的防治。毛蚶的主要敌害生物有海星、虾蟹类。这些敌害生物会对毛蚶的养殖造成极大的危害，必须进行有效的防治。防治方法是下蟹流网进行捕获。

5. 捕捞技术

毛蚶养成后，采用渔船拖带耙子进行捕捞的方法，捕捞时将耙子的齿距控制在2 ~ 3 cm。获得规格较大的毛蚶，而筛除较小的个体继续进行养殖。

三、翅碱蓬繁育及种群恢复技术

翅碱蓬（*Suaeda heterotera*）为藜科碱蓬属一年生草本植物。它具有抗逆性强、繁殖容易、种子寿命长等特性。主要分布在平均海潮线以上的近海滩地，地势平坦，呈明显的带状分布，所处的土壤质地为沙壤土，在含盐量高达0.3%的潮间带也能稀疏丛生，在海滩及湖边形成单优群落。

翅碱蓬的嫩叶中含有很高的氨基酸和蛋白质含量，种子可榨油，种子油可以食用也可以当作油漆、油墨、肥皂等的加工原料，其地上部分也是优等的家畜饲草，因此翅碱蓬具有很高的经济价值。同时，翅碱蓬也具有很高的生态功能，在改良土壤、防潮护栏、形成独特的自然景观等方面发挥着不可替代的作用。但由于在海边修筑拦海大堤、联合建闸、围海养虾等人类活动的影响，“红海滩”的退化越来越严重，加上土壤的盐碱化日趋加剧，如何开发利用这些盐碱土地资源，已引起人们的高度重视。翅碱蓬作为盐碱环境的优质种，但由于其种植技术涉及的种子采集、保存、播种、管理、成体移植、基地改造等技术环节仍不完善，地方仍然缺乏统一的技术规范，因此对翅碱蓬种植技术进行优化、制定翅碱蓬种植技术规范，具有很高的经济、社会效益，同时也在生物改良盐渍土上发挥了重要的作用。

本研究将翅碱蓬移植于人工岸段，并从中积累经验，得出翅碱蓬移植及群落构建技术方法。人工岸段位于莱州湾西岸，小清河、支脉河与广利河在该区域入海，加之岸段潮滩平缓，面积较大，水交换条件较差，污染物不易扩散，海域污染较严重。生态景观丧失严重，需要筛选事宜的修复生物种类，并形成种群修复与构建技术。翅碱蓬是一种良好的耐盐型植物，不仅可在盐渍化严重的环境中生活，还可有效地吸收环境中的有机污染物，对石油烃污染的修复还有一定的作用，生长在滨海潮滩上的翅碱蓬还呈现出“红毯”式的滨海湿地景观，被认为是具有开发应用潜力的潮间带生态修复功能物种。

目前对于翅碱蓬的培植以及群落构建技术的研究较为稀缺，也很少有人进行翅碱蓬群落构建技术的探索，本研究开探索培植和构建翅碱蓬群落的先河，为以后在潮滩、人工岸段等翅碱蓬的培植和群落构建打下基础。

翅碱蓬种群的恢复与构建，需因地制宜，采用分区域分时段多手段恢复的模式进行恢复和构建。

（一）种子的采集和保存

种植翅碱蓬可在10月中下旬，绝大部分种子成熟时进行收割，集堆晾晒采种，少部分未熟种子吸收茎秆残留养分经后熟作用亦可成熟。

播种之前可以首先进行翅碱蓬种子的室内发芽试验，利用培养皿下垫滤纸，在15℃条件下，每皿播100粒，保持湿润催芽，记录发芽时间和发芽粒数，计算发芽率，根据发芽率决定田间播种量。

（二）种子播种方法

播种时期从4月下旬至6月上旬。野生翅碱蓬在4月下旬～5月上旬平均气温达到10℃，5 cm土温稳定在5℃时即可出苗。试验验证人工种植翅碱蓬自4月下旬～6月上旬播种，均可正常成熟。播种方法选用条播和撒播两种，将表土疏松不搂钩，种子均匀播下，播种后覆土1～2 mm压实。播种量条播为0.5～1千克/亩，撒播为1～2千克/亩。

在本次翅碱蓬播种过程中，我们主要采用了四种方式，包括“大面播撒–重点补种”的方式，“浅翻撒播–覆土轻盖”的方式，“基底垫高–沟槽覆土”的方式，翅碱蓬移植的方式，同时，为了防治翅碱蓬种子飘走，对翅碱蓬种子进行薄膜覆盖法，筛绢覆盖法等固着方法。

1.“大面播撒–重点补种”方式

对于有翅碱蓬自然存活但密度和生物量较低区域，采用“大面撒播–重点补种”的方式进行修复。

恢复区域内有翅碱蓬自然分布的区域均为地势较高，能够在低潮时露出水面的区域，对该区域不需进行基底构建，在恢复过程中应尽量不破坏该区域的自然形式。根据对恢复区域翅碱蓬分布情况的调查结果，对有翅碱蓬分布但密度较低的区域，在当年种子萌发前大面积撒播翅碱蓬种子（图8–76），以增加恢复区域翅碱蓬种子库总量，增加恢复区域翅碱蓬数量。在翅碱蓬种子萌发后，根据生长情况，在翅碱蓬生长较为稀疏的部分区域，进行重点补种。在基面上翻起浅层（1～2 cm）泥土，撒播翅碱蓬种子。为了不破坏翅碱蓬自然种群形态，一般采取点状播种的方法（图8-77），而不采取长垄状或斑块状的修复样式。

图8-76　播撒

图8-77　补种

2.“浅翻撒播-覆土轻盖”的方式

对于仅有翅碱蓬零星分布裸露高地，采用“浅翻撒播-覆土轻盖”的方式进行修复。

由于该区域在低潮时同样能够露出水面，因而推测其上无翅碱蓬生长的原因是种子库缺失，或无法有效的保留种子。因此，在该区域基底上翻起浅层（1～2 cm）泥土，散播翅碱蓬种子，将种子和泥土均匀混合后覆土抹平表面（图8-78、图8-79）。

图8-78　耕种

图8-79　播耕

3.“基底垫高-沟槽覆土”的方式

对于无翅碱蓬分布的积水洼地，采用“基底垫高-沟槽覆土”的方式进行修复。

由于该区域长时间积水，在低潮时仍无法露出水面，因此自然状况下翅碱蓬无法生存。因此，必须加高基底，构建出在低潮时能够露出水面的翅碱蓬生长环境。在选定区域采取打陇垫土的方式构建出斑块状的基底，而后在基底上划出V形沟槽，沟槽深度2～3 cm，在V形沟槽的两侧基面上均匀撒播翅碱蓬种子，而后抹平表面（图8-80、图8-81）。

图8-80　基地加高

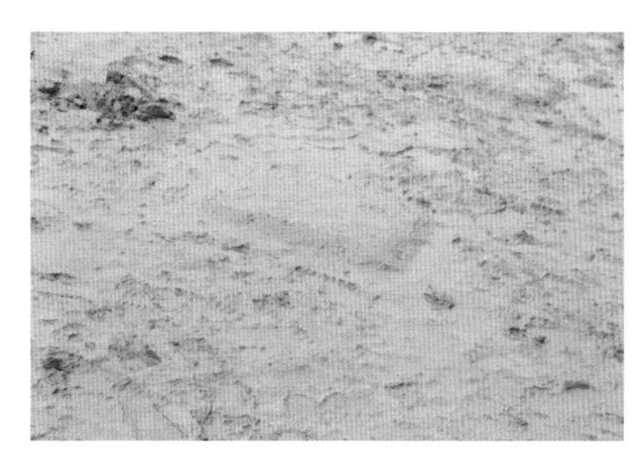

图8-81　加高后基地

4. 不同种植方式出芽率的比较

为了对比不同区域的不同种植方法，在进行种植后的15天，进行翅碱蓬种子出芽率的比较，对三种方法进行初步的评估。试验方法为分别取50 cm × 50 cm的区域，每个区域撒播100粒种子，种子发芽率（G_i）计算公式为：

$$G_i = \frac{\sum G_t}{D_t}$$

其中，G_t为在时间T时的发芽数，D_t为所种种子总数。

经过比较可以看出，基地垫高方式整体效果优于另外两种，5天、10天、15天出芽率均高于其他组，浅翻撒播的方式虽然开始的出芽率低于大面播撒，但是在第15天的时候超过了大面播撒的方式，这可能是由于翅碱蓬种子在浅翻过程后位于土层更下方，所以出芽较为缓慢。详细数据见表8-53。

表8-53　不同种植方法种子出芽率比较

	出芽率（%）		
	5天	10天	15天
大面播撒方式	20	78	82
浅翻撒播方式	15	66	88
基地垫高方式	24	80	92

（三）种子固着方法

为了防止翅碱蓬种子随水漂散，采用了以下的技术方法对撒播后的种子进行保护进而促进其固着。

1. 薄膜覆盖法

该方法主要应用于翅碱蓬较少的裸露高地的种群构建。在基底上浅翻表层呈长陇状，均匀播撒翅碱蓬种子，抹平表面后，覆盖塑料薄膜，薄膜宽度为1 m，垄长50 m。覆盖薄膜后需每日观察，一般于2～3日后撤掉薄膜（图8-82、图8-83）。

图8-82　覆膜

图8-83　覆膜后研究区

2. 筛绢覆盖法

该方法主要适合用于无翅碱蓬分布的积水洼地，将构建好的加高基底用40目筛绢覆盖，由于基底斑块边长约为50～60 cm，因此将筛绢剪裁成边长90 cm的长方形，覆盖于基底之上（图8-84、图8-85）。

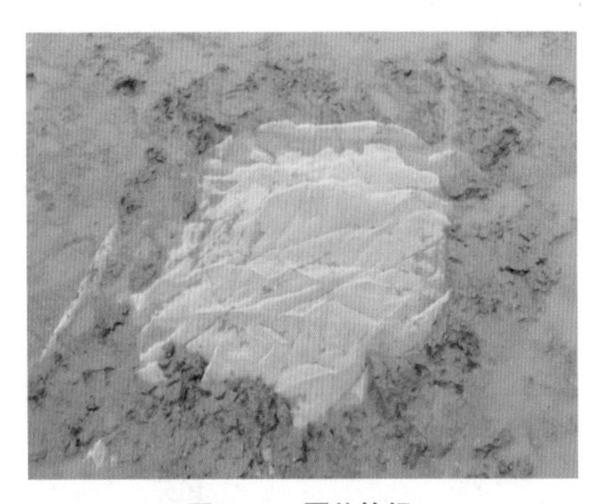

图8-84　覆盖筛绢

图8-85　覆盖筛绢后研究区

3. 不同固着方法种子出芽率比较

同样的，为了对比不同种子固着方法的优劣，在进行种植后的15天，进行翅碱蓬种子出芽率的比较，对两种方法进行初步的评估。试验方法为分别取50 cm × 50 cm的区域，设三个平行组，每个区域撒播100粒种子，种子发芽率（G_i）计算公式为：

$$G_i = \frac{\sum G_t}{D_t}$$

其中，G_t为在时间T时的发芽数，D_t为所种种子总数。详细数据见表8-54。

表8-54 不同固着方法种子出芽率比较

	出芽率（%）		
	5天	10天	15天
薄膜覆盖法	26	68	91
筛绢覆盖法	22	56	84

（四）整地施肥

翅碱蓬种植之后，应该进行种植后的管理碱蓬适合沙土、沙壤土等多种类型的土壤生长。选择田块，将地整成1.2 m宽的平畦，留30 cm宽的作业行。播种前每亩（667 m^2）施腐熟有机肥2 500 kg，将土耙细整平，浇足底水。

（五）田间管理

苗期气温高，要保证一定的湿度，出苗后保证畦面湿润。冬季温度低时，畦上可拱小棚，棚内温度不低于5℃。苗期生长过程中，要结合田间除草，或在播种前喷一次灭生型除草剂，以减少苗期杂草，避免频繁拔草伤害幼苗根系。露地栽培到5月份会有少量蚜虫发生，要适当加以防治。

盐地碱蓬喜湿怕旱，相对湿度在85%以上的生态条件下，如前期水分供不应求，会使子叶期时间延长；中期缺水，嫩梢的木质化程度加快，对植株高生长、萌发侧枝均有影响，单位面积出梢率降低；后期缺水，果实不饱满，空壳率高，茎秆变脆，易倒伏。

（六）碱蓬移植法

为了改善翅碱蓬较少的裸露高地的翅碱蓬种群构建效果，快速构建翅碱蓬种群。在部分区域采取技术方法进行翅碱蓬幼苗移植方法。

在距岸线较近适于翅碱蓬生长的区域进行碱蓬种群构建，而将此区域内碱蓬及其生长土块整体移植至区域Ⅲ内。移植土块规格为50 cm × 50 cm × 5 cm。将土块掘出后平铺于移植区的定植框内，边缘抹平（图8-86、图8-87）。

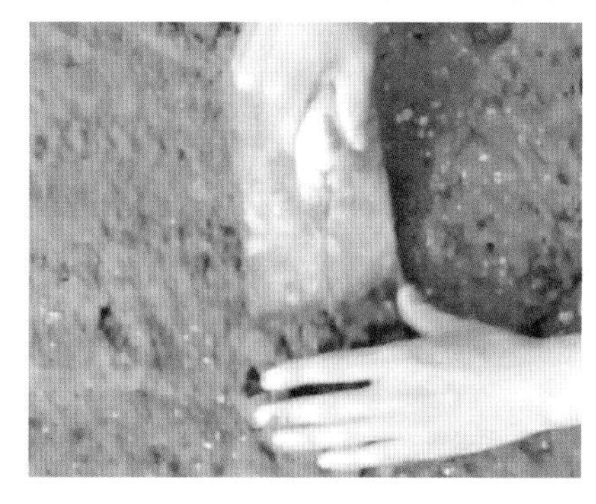

图8-86 移植

图8-87 移植后翅碱蓬植株

四、大叶藻繁育及种群恢复技术

海草床是近岸海域重要的初级生产者也是重要的浅海生态系统之一，具有极其重要的生态价值和经济价值。在近岸生态系统中海草床在稳定底质、净化水体、固碳和营养物质循环等方面具有至关重要的作用；海草床是众多生物潜在的生境和食物来源以及庇护和育幼场所。近年来由于自然条件变迁和人为活动干扰，世界范围内几乎所有的海草床都处于衰退中。因此，开展受损海草床的修复，对恢复、重建海底植被，改善渔业生态环境具有积极而重要的作用。大叶藻（*Zostera marina* L.）是海草的一种，为大叶藻科、大叶藻属的单子叶海洋高等植物。大叶藻在我国主要分布于河北、辽宁和山东省等海域，是北方海域海草的优势种。历史上我国大叶藻资源十分丰富，威海地区的渔民曾使用大叶藻的叶子作为屋顶材料，然而近些年来受人类活动加剧的影响，大叶藻资源急剧衰退。

大叶藻的种植技术涉及海域条件、本底调查、种子、种子运输、种子计数、种子播种、保护与监测、效果评价等技术要求，系统性、技术性要求较高，至今国家或是地方仍缺乏统一的技术规范。目前建立的大叶藻种植技术体系，为大叶藻的生态修复打下了坚实基础。该大叶藻培植、扩繁与群落构建技术仅针对人工岸段，对其他海域不具有普适性。

（一）大叶藻组织培养的研究

本研究不同于以往的大叶藻组织培养的研究在于，在将大叶藻外植体消毒处理后，不是直接切成小块接入激素培养基中诱导愈伤组织，而是将长度4～5 cm的茎部作为外植体直接接入基本培养基中培养，在确定其有生长能力且无染菌情况出现，即成为无菌苗之后，再切成小块接入含激素的培养基中进行愈伤组织的诱导。这种方式，一方面可以缓解外植体因强烈的消毒作用再加上切割所带来的过度伤害，提高大叶藻外植体的活力及大叶藻愈伤组织的诱导率，另一方面，可以解决因染菌所导致的外植体死亡的问题，保证大叶藻的组织培养能在无菌的环境下顺利进行。

大叶藻是一种沉水高等植物，长期生活在海水环境中，根和地下茎被含有丰富多样的微生物的泥沙包围，大叶藻茎部的每个茎节都有须根的生长，须根间的间隙常常寄生着多种大量的微生物，这是这种不规则的外植体形状，使其消毒处理难以彻底进行，而且大叶藻植株的根茎叶内都有大量的气道，气道内存在着内生菌，表面消毒无法实验外植体完全无菌的要求，而外植体染菌后迅速死亡，直接导致实验失败。所以，为外植体创造出无菌的生长条件成为大叶藻组织培养最为重要也是首先需要解决的难题。

1. 消毒剂的种类、浓度及消毒时间的研究

（1）实验材料与试剂：大叶藻植株采自威海荣成海域。

消毒剂为0.1%氯化汞，0.2%氯化汞，1%次氯酸钠，3%次氯酸钠，0.1%新洁尔灭，0.2%新洁尔灭，75%酒精。

（2）实验方法：先将大叶藻进行预处理。取大叶藻茎部分，剪成6 ~ 8 cm的长度，并除去茎节上的所有须根，用安利洗洁精以1 : 1 000比例混合的溶液清洗干净，除去所带泥沙及附着在其表面的微藻等生物，自来水清洗4次。

将预处理后的大叶藻茎转移到超净工作台中，先用75%的酒精溶液处理外植体15 s，再按照不同消毒剂的种类、浓度及消毒时间进行处理，再用无菌海水冲洗5次，最后将外植体的两端切除防止消毒剂残留在外植体内。本实验共选取3种消毒剂，每种消毒剂2种浓度，每种浓度分3种时间进行处理，共18组不同的处理，每组24瓶，每瓶接1外植体。

培养基为PES培养基，蔗糖浓度3%，pH 8.0，培养温度15℃ ± 2℃，光照为自然光源。20天后统计染菌率。

（3）实验结果：次氯酸钠与新洁尔灭两种消毒剂在处理时间为8 min和16 min的8组处理的外植体，在2周后全部染菌，20天后，次氯酸钠与新洁尔灭两种消毒剂的所有处理组中除3%次氯酸钠32 min处理组有2瓶外植体未染菌外，其余全部染菌。氯化汞各处理组中均有未染菌的外植体，且随氯化汞浓度的增大及消毒处理时间的增加，外植体的染菌率呈下降的趋势，细菌污染状况见图8−88。同时，外植体均有不同程度的褐变现象。具体如表8−55所示。

表8−55　消毒剂的种类、浓度及消毒时间对大叶藻外植体的影响

消毒剂种类	消毒剂浓度	消毒时间（min）	染菌率
氯化汞	0.10%	8	91.67%
		16	83.33%
		32	66.67%
	0.20%	8	87.50%
		16	75.00%
		32	54.17%

续 表

消毒剂种类	消毒剂浓度	消毒时间（min）	染菌率
次氯酸钠	1%	8	100.00%
		16	100.00%
		32	100.00%
	3%	8	100.00%
		16	100.00%
		32	91.67%
新洁尔灭	0.10%	8	100.00%
		16	100.00%
		32	100.00%
	0.20%	8	100.00%
		16	100.00%
		32	100.00%

图8–88　细菌污染状况

（4）讨论：从实验结果来看，不同的消毒剂的种类、浓度及作用时间对大叶藻外植体的消毒效果相差较大。

从染菌率上来看，1%次氯酸钠、3%次氯酸钠、0.1%新洁尔灭及0.2%新洁尔灭8 min、16 min及32 min的处理组几乎全部染菌。从染菌现象出现的时间来看，1%次氯酸钠及0.1%新洁尔灭8 min的处理组最先出现明显的染菌现象，20天后染菌现象非常严重；3%次氯酸钠及0.2%新洁尔灭8 min的处理组，1%次氯酸钠、3%次氯酸钠、0.1%新洁尔灭及0.2%新洁尔灭16 min的处理组，1%次氯酸钠及0.2%新洁尔灭32 min的处理组先后在相近的时间出现明显的染菌现象；3%次氯酸钠及0.2%新洁尔灭在32 min的处理组最后出现明显的染菌现象，但是由于外植体长时间在消毒剂中的浸泡，受到较大的伤害，处理后都有明显的褐变现象，3%次氯酸钠在处理32 min后，虽然有2瓶未染菌，但是由于次氯酸钠浓度过高，氧化性强，对外植体有强烈的氧化作用，致使褐变现象严重，外植体无生长现象，最后死亡。

在氯化汞处理的6组中，均有未出现染菌现象的外植体，随着消毒浓度的增大和处理时间的增加，染菌率均有下降的趋势，最低的染菌率为0.2%氯化汞32 min的处理组的54.17%，且出现明显的染菌现象的时间都较晚。0.1%氯化汞及0.2%氯化汞8 min处理组的染菌率差别较小，但是这2组外植体相比较，0.2%氯化汞8 min处理组的外植体褐变现象较严重，无生长现象，而0.1%氯化汞8 min处理组的部分外植体茎尖部分有新绿叶长出，生长状况较前一组好。氯化汞的处理时间为16 min及32 min时，由于氯化汞的剧毒性，过长的消毒时间，使外植体在灭菌的同时也遭受到了严重的损伤，甚至导致外植体的死亡，经过长时间氯化汞处理后的外植体褐变现象十分严重，整个外植体呈深棕色，最后死亡。

总的来比较，3%次氯酸钠32 min处理及氯化汞的各个处理组对灭菌都有一定的效果，但是3%次氯酸钠在处理32 min后由于浓度过大，外植体损害严重，不能维持其活性，所以不适宜选作消毒剂，而氯化汞的各组处理中，除0.1%氯化汞8 min的处理组外，其余5组都会对外植体造成过大的伤害，导致外植体褐变死亡，所以，所有处理组相比较，最适合的消毒方式为用0.1%氯化汞消毒8 min。

虽然如此，但是这种方式依然有很高的染菌率，而且由于氯化汞的剧毒性，通过增大浓度或延长消毒时间来降低染菌率是不可取的，大叶藻外植体表面不规则的形状使得短时间的表面消毒的无法得到完全无菌的外植体，必须通过其他的消毒方式来加以补充，所以，需要选择一种温和的、对外植体没有毒害作用或者毒害作用尽可能小的辅助消毒剂进行较长时间的辅助消毒，更全面彻底地将外植体表面的各个部分进行消毒。

2. 辅助消毒剂的种类、浓度、消毒时间的研究

（1）实验材料与试剂：大叶藻植株采自威海荣成海域。

消毒剂为75%酒精溶液，0.1%氯化汞溶液。辅助消毒剂为1%碘伏，0.01%溴氯海因，0.05%溴氯海因，0.1%溴氯海因。

（2）实验方法：先将大叶藻进行预处理。取大叶藻茎部分，剪成6～8 cm的长度，并除去茎节上的所有须根，用安利洗洁精以1：1 000比例混合的溶液清洗干净，除去所带泥沙及附着在其表面的微藻等生物，自来水清洗4次。

将预处理后的大叶藻茎转移到超净工作台中，先用75%的酒精溶液处理外植体15 s，再用0.1%的氯化汞处理外植体8 min，无菌海水冲洗3次，最后按照不同辅助消毒剂的种类、浓度及消毒时间进行处理，再用无菌海水冲洗5次，最后将外植体的两端切除防止消毒剂残留在外植体内。本实验共选取2种辅助消毒剂：碘伏浓度为1%，分5种消毒时间进行处理；溴氯海因为3种浓度，每种浓度分2种消毒时间处理。共11组不同的处理，每组24瓶，每瓶接1外植体。

培养基为PES培养基，蔗糖浓度3%，pH 8.0，培养温度15℃±2℃，光照为自然光源。20天后统计染菌率。

（3）实验结果：溴氯海因的各处理组都在相近的时间开始出现明显的染菌现象，不同浓度及不同处理时间的溴氯海因处理组的染菌率都很高且之间无明显差异，与单独只有氯化汞的处理相比，也没有明显差异。碘伏处理1 h及以上的各组出现明显染菌现象的时间较相近，处理0.5 h的处理组较早出现明显的染菌现象，见图8-89。具体如表8-56所示。

图8-89　霉菌污染状况

表8-56　辅助消毒剂的种类、浓度、消毒时间对大叶藻外植体的影响

辅助消毒剂种类	辅助消毒剂浓度	消毒时间（h）	染菌率
碘伏	1%	0.5	87.50%
		1	70.83%
		2	75.00%
		6	66.67%
		12	70.83%
溴氯海因	0.01%	0.5	95.83%
		1	91.67%
	0.05%	0.5	91.67%
		1	100.00%
	0.10%	0.5	95.83%
		1	91.67%

（4）讨论：溴氯海因与次氯酸钠类似，通过次氯酸及次溴酸发生氧化反应达到消毒的目的，所以即使浓度较低，作用的时间也不宜过长，否则会对外植体有强烈的损伤，通过表8-56，可以看出，不同浓度及消毒时间的溴氯海因处理组之间的消毒效果无明显差异，染菌率都在90%以上，无明显的消毒效果，不能作为辅助消毒剂进行消毒作用。

碘伏选取的是常用的医用碘伏，浓度为1%，这种浓度的碘伏可直接涂于皮肤进行消毒，是较温和的广谱消毒剂，可以进行较长时间的消毒，但是6 h以后处理的外植体会发生较明显的褐变现象，处理时间为12 h时，外植体甚至出现脱水的情况，说明碘伏处理的时间不宜超过6 h，而处理时间为1～12 h的各组的染菌率较相似，均在70%左右，所以1%碘伏1 h的处理可以确定为所有处理组中最合适的消毒方式。

虽然如此，染菌率依然较高，辅助消毒剂只将染菌率从90%左右下降到70%左右，依然无法彻底地进行灭菌。易染菌的位置位于外植体的两端，经过实验排除实验工具如手术刀等及实验操作方面的污染的可能，且通过观察染菌的菌落形态等特征，并通过显微镜观察培养基中的微生物形态发现，污染的微生物无真菌，全部为细菌，且主要生长的细菌类型大概可分为5～7种，由于大叶藻植株体内有大量的气道存在，推断可能存在内生菌，消毒剂无法对内生菌进行消毒，而将外植体两端切除多余部分后，内生菌可能与培养基接触，从而发生污染现象。所以，仅仅表面消毒是不够的，

需要选择持久作用的灭菌方式来达到灭菌的目的。将抗生素加入培养基中，可以进行长期的灭菌作用，但是抗生素的使用对外植体的生长也会有不同程度的影响，因此，必须对加入培养基的抗生素的种类和有效最小抑菌浓度加以探索研究。

3. 抗生素对污染的抑制作用的研究

（1）抗生素种类的筛选：

① 实验材料及试剂：从所有的染菌的培养瓶中，尽可能全面的挑出所有类型的菌群，接入6瓶LB液体培养基，放入摇床以150 r/min，20℃自然光照，培养24 h，制成菌液待用。

选取四种常见抗生素：1%氨苄青霉素溶液、1%硫酸新霉素溶液、1%卡那霉素溶液、1%链霉素溶液。培养基为LB液体培养基及含5%琼脂的LB固体培养基制成的平板。

② 实验方法：从培养好的6瓶菌液中分别取50 μL滴在分别加入氨苄青霉素、硫酸新霉素、卡那霉素、链霉素的平板的特定位置上，均匀涂布后，做好标记，每种类型3次平行样，20℃自然光照，培养48 h，观察结果，筛选出抑菌效果明显的抗生素种类。

③ 实验结果：在抗生素种类筛选的实验中，如图8-90～图8-93所示，含有氨苄青霉素及链霉素的平板中有明显的菌落的形成，表明，氨苄青霉素对3号及6号菌群不能进行有效地抑制，链霉素对1号菌群不能进行有效地抑制。而在含有硫酸新霉素与卡那霉素的平板中均没有菌落形成，抑菌效果明显。表明，硫酸新霉素与卡那霉素都对大叶藻组培的污染菌群有很好的抑制作用，可以选择这2种抗生素加入培养基中进行长期抑菌。

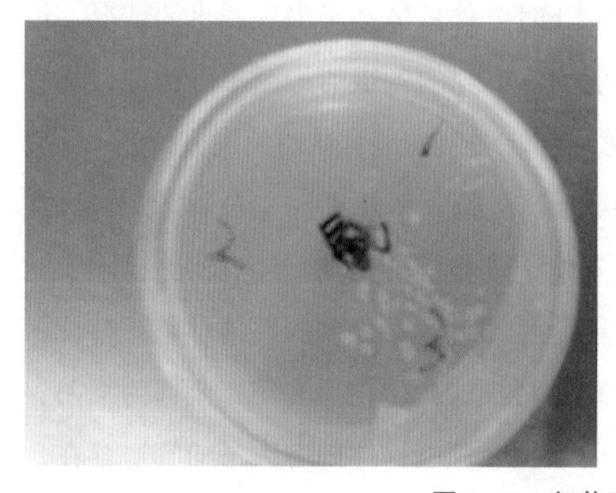

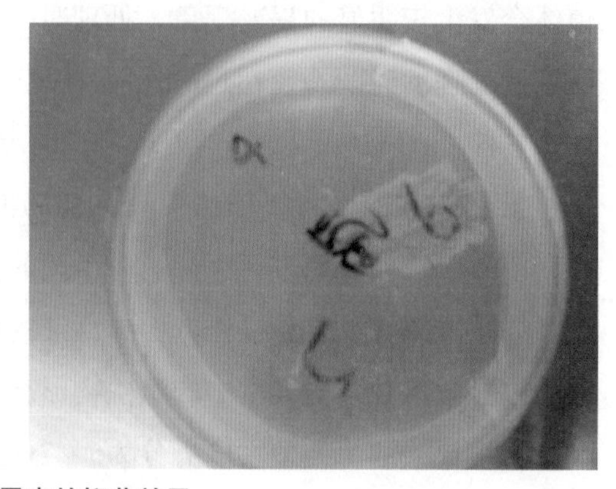

图8-90　氨苄青霉素的抑菌效果

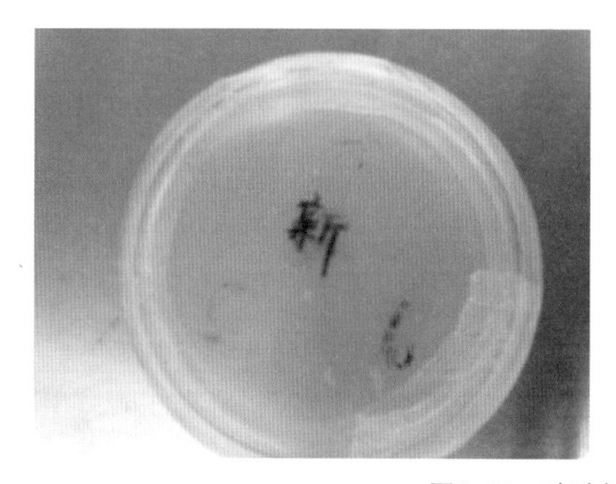

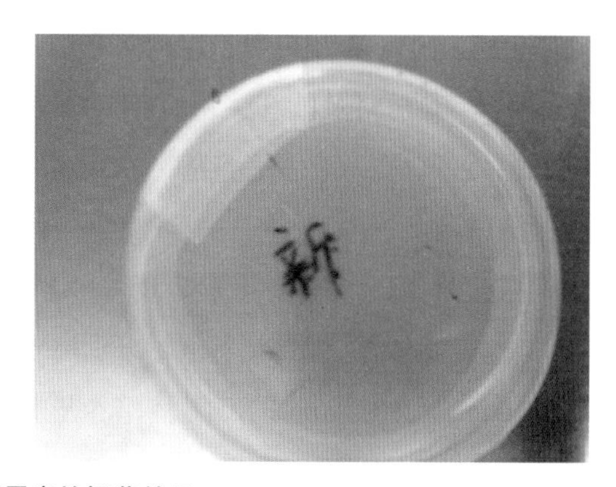

图8-91　硫酸新霉素的抑菌效果

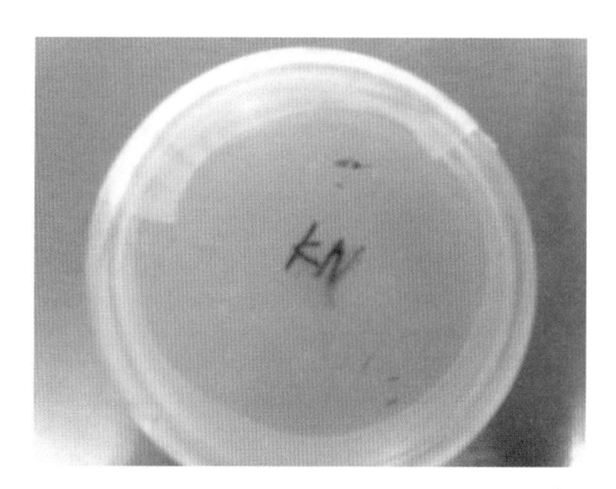

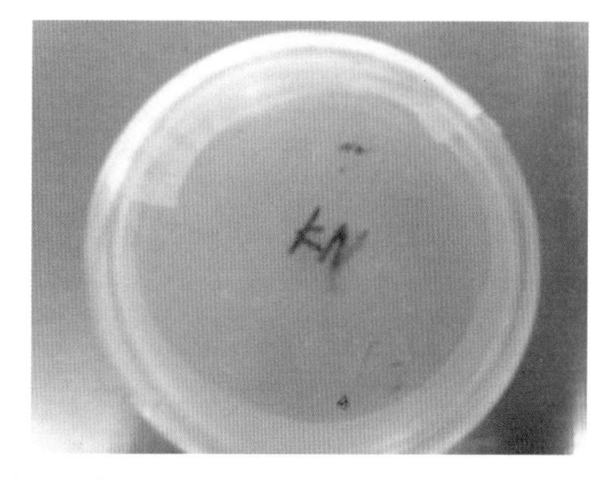

图8-92 卡那霉素的抑菌效果

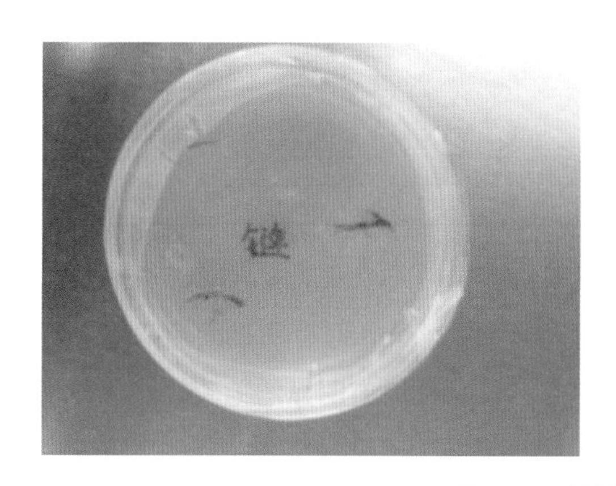

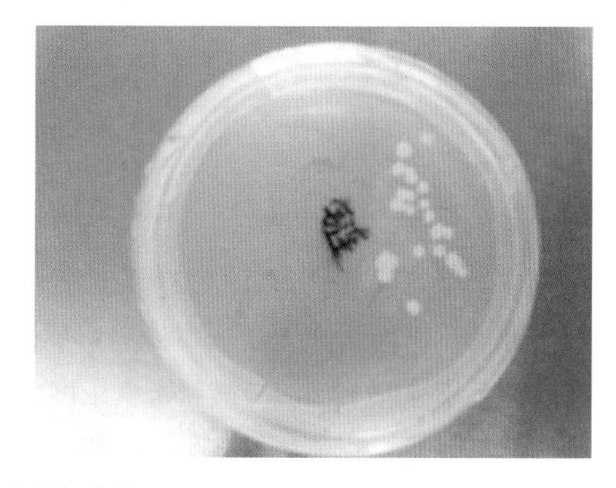

图8-93　链霉素的抑菌效果

（2）抗生素最小抑菌浓度的筛选：

① 实验材料及试剂：从所有的染菌的培养瓶中，尽可能全面的挑出所有类型的菌群，接入6瓶LB液体培养基，放入摇床以150 r/min，20℃自然光照，培养24 h，制成菌液待用。

抗生素为1%硫酸新霉素溶液、1%卡那霉素溶液。菌液培养基为LB液体培养基。

② 实验方法：取等量菌液，分别加入浓度梯度为5 μ g/mL、25 μ g/mL、50 μ g/mL、100 μ g/mL及200 μ g/mL的LB液体培养基中（表8-57），20℃自然光照，培养24 h后，用紫外分光光度计测OD600值。

表8-57　抗生素最小抑菌浓度筛选时各实验组成分

编号	培养基（mL）	无菌水（mL）	抗生素（μL）	菌液（mL）	抗生素
1	20	3.9875	12.5	1	卡那霉素
2	20	3.9375	62.5	1	
3	20	3.875	125	1	
4	20	3.75	250	1	
5	20	3.5	500	1	
6	20	3.9875	12.5	1	硫酸新霉素
7	20	3.9375	62.5	1	
8	20	3.875	125	1	
9	20	3.75	250	1	
10	20	3.5	500	1	
11	20	5	0	0	空白
12	20	4	0	1	对照

③ 结果：如图8-94所示，卡那霉素与硫酸新霉素抑菌浓度曲线表明，在抗生素最小抑菌浓度的实验中，当卡那霉素浓度大于等于100 μ g/mL时有明显的抑菌效果，有效抑菌率为98.12%。硫酸新霉素浓度大于等于25 μ g/mL时有明显的抑菌效果，有效抑菌率为95.82%。

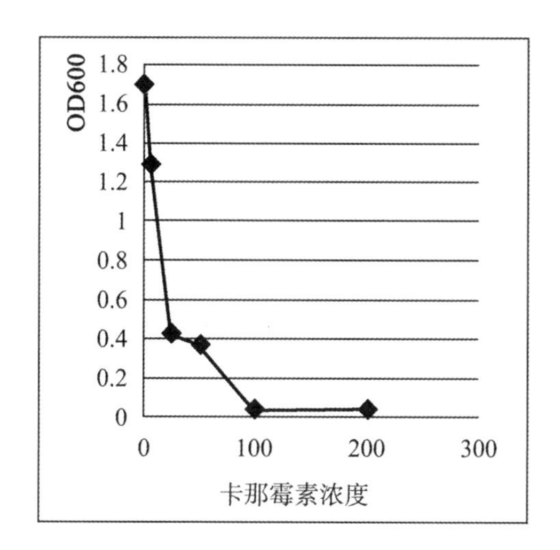

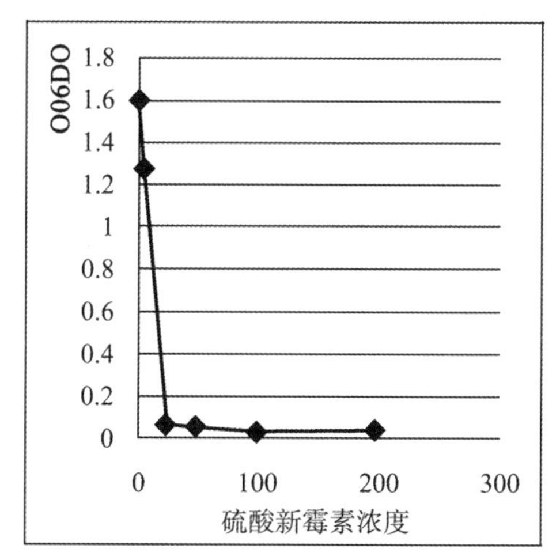

图8–94　卡那霉素与硫酸新霉素抑菌浓度曲线

④ 讨论：通过抗生素种类和浓度的筛选，最终确定100μg/mL的卡那霉素及25μg/mL的硫酸新霉素，两种抗生素共同作用。抗生素对细菌有抑制作用，但是同时对外植体也有一定的伤害，会影响其愈伤组织的诱导率，而且会引起外植体的褐变，最终导致其死亡。所以在使用抗生素的时候，必须严格控制其浓度，并且，卡那霉素和硫酸新霉素的稳定性较差，温度较高时会分解，无法进行抑菌作用，因此在配制添加了抗生素的培养基的时候，需要在培养基高温高压灭菌后，温度降到40℃以下时再加入抗生素，在培养基凝固前摇晃均匀。

抗生素加入后，大叶藻外植体的染菌率降到了33.34%，下降十分明显，说明抗生素起到了较好的抑菌作用，仍有部分外植体染菌的原因，可能是因为经过一段时间后，抗生素因其不稳定发生了分解，无法继续有效地进行抑菌，所以应该缩短转瓶的时间，10天左右就把外植体转入新的培养瓶中，且为保证抗生素有效，培养基应做到现用现配。

4. 对褐变作用抑制的研究

（1）活性炭对褐变作用的影响：

① 实验材料与试剂：大叶藻植株采自威海荣成海域。

吸附剂为活性炭粉。消毒剂为75%酒精，0.5%碘伏，0.1%氯化汞。抗生素为卡那霉素，硫酸新霉素。

② 实验方法：取大叶藻茎部分，剪成6～8 cm的长度，并除去茎节上的所有须根，用安利洗洁精以1∶1 000比例混合的溶液清洗干净，除去所带泥沙及附着在其表面的微藻等生物，自来水清洗4次。在超净工作台中，按照75%酒精溶液15 s，0.5%碘伏1 h，0.1%的氯化汞8 min的顺序进行处理，再用无菌海水冲洗5次，最后将外植体的两端切除防止消毒剂残留在外植体内，分别接入活性炭含量为0、0.1%和0.3%的已加入抗生素的培养基中。共3组处理，每组30瓶，每瓶接一个外植体。

培养基为PES培养基，蔗糖浓度3%，pH8.0，培养温度15℃±2℃，光照为自然光源。10天后观察褐变情况。

③ 实验结果：没有添加活性炭的处理组所有外植体均有明显的褐变现象，20天后部分外植体死亡。添加0.1%活性炭的处理组所有外植体的褐变现象较前一组有所减轻，另外有3瓶外植体无明显褐变现象发生。添加0.3%活性炭的处理组有2瓶出现褐变现象，见图8-95，其他无明显褐变现象，具体见表8-58。

图8-95　褐变的苗端

表8–58　活性炭含量对褐变现象的影响

活性炭含量	褐变情况
0	褐变现象明显
0.10%	褐变现象有所减轻
0.30%	无明显褐变现象

（2）外植体取材部位对褐变作用的影响：

① 实验材料与试剂：大叶藻植株采自威海荣成海域。

消毒剂为75%酒精，0.5%碘伏，0.1%氯化汞。抗生素为卡那霉素，硫酸新霉素。

② 实验方法：取大叶藻茎部分，剪成6～8 cm的长度，并除去茎节上的所有须根，用安利洗洁精以1∶1 000比例混合的溶液清洗干净，除去所带泥沙及附着在其表面的微藻等生物，自来水清洗4次。在超净工作台中，按照75%酒精溶液15 s，0.5%碘伏1 h，0.1%的氯化汞8 min的顺序进行处理，再用无菌海水冲洗5次，最后将外植体分成茎尖部分和茎段部分，并将两端切除防止消毒剂残留在外植体内，接入已加入抗生素的培养基中。共2组处理，每组30瓶，每瓶接2个外植体。

培养基为PES培养基，蔗糖浓度3%，pH8.0，培养温度15℃±2℃，光照为自然光源。10天后观察褐变情况，20天后统计染菌率。

③ 实验结果：两组对比来看，外植体为大叶藻茎尖部分的处理组褐变现象比外植体为大叶藻茎段部分的处理组较轻，且发现染菌率也是前者比后者低一半左右，见表8–59。

表8–59　外植体取材位置对褐变现象的影响

外植体取材部位	褐变情况	染菌率
茎尖	褐变现象较轻	21.67%
茎段	褐变现象较重	41.67%

（3）光照强度对褐变作用的影响：

① 实验材料与试剂：大叶藻植株采自威海荣成海域。

消毒剂为75%酒精，0.5%碘伏，0.1%氯化汞。抗生素为卡那霉素，硫酸新霉素。

② 实验方法：取大叶藻茎部分，剪成6～8 cm的长度，并除去茎节上的所有须根，用安利洗洁精以1∶1 000比例混合的溶液清洗干净，除去所带泥沙及附着在其表面的微藻等生物，自来水清洗4次。在超净工作台中，按照75%酒精溶液15 s，0.5%碘

伏1 h，0.1%的氯化汞8 min的顺序进行处理，再用无菌海水冲洗5次，最后将外植体的两端切除防止消毒剂残留在外植体内，接入已加入抗生素的培养基中，分别放入3组不同光照强度的培养箱中培养。3组处理，每组30瓶，每瓶接一个外植体。

培养基为PES培养基，蔗糖浓度3%，pH 8.0，培养温度15℃±2℃，光照分别为自然光源、1 500 lx及3 000 lx。10天后观察褐变情况。

③ 实验结果：3组处理组均出现褐变现象，自然光照的处理组虽然出现较明显的褐变现象，但是与其他2组比较，褐变现象较轻，3 000 lx光照处理组褐变现象最严重，且已有部分外植体死亡，见表8-60。

表8-60　光照强度对褐变现象的影响

光照类型	褐变现象
自然光	褐变现象较明显
1 500 lx	褐变现象较严重
3 000 lx	褐变现象十分严重

④ 讨论：褐变现象与植物细胞中所含的酚类化合物多少和多酚氧化酶活性有关。在多酚氧化酶的作用下，酚类物质被氧化成褐色的醌类物质，醌类物质经过一系列的作用，与植物细胞中的蛋白质发生聚合，进一步引起其他酶系统失活，抑制其他酶的活性，从而毒害整个外植体，导致植物体代谢紊乱，生长受阻，最终逐渐死亡。影响褐变现象的因素是多方面的，从实验结果来看，外植体的取材部位、光照强度及吸附剂的添加等都对褐变现象有一定的抑制作用。

褐变现象的发生与外植体的情况及培养条件都有很大的关系，对外植体自身而言，不同部位的取材，会影响褐变的情况，茎尖部分的分生能力较强，体内酚类物质的含量比茎段部分的含量低，所以褐变现象茎段部分比茎尖部分严重。另外，通过实验结果发现，茎尖的染菌率比茎段的染菌率低一半左右，可能是因为茎尖部分比茎段部分的表面要光滑和规则，消毒处理更加容易，也可能是因为茎尖部分的内生菌比茎段部分少，所以在外植体部位的选择上，应选择大叶藻茎尖部分进行处理。

在培养基中添加吸附剂吸附酚类氧化物也可以有效控制褐变，添加0.1%活性炭的培养基的处理组中褐变现象比没有添加活性炭的处理组要有所缓和，添加0.3%活性炭的培养基的处理组无明显褐变现象，说明活性炭能够有效地控制褐变，不过，其吸附作用并无选择性，在吸附酚类物质的同时也吸附营养物质，所以在使用时要注意活性炭添加的浓度。组织培养的光照强度也对褐变现象有一定的影响，自然光照下大叶藻外植体出现褐变现象，当外加光照强度为1 500 lx时，褐变现象更加严重，当外加光照强度增加到3 000 lx时，褐变现象十分严重，外植体因为过多的酚类物质的积累作用直接死亡。所以，为了控制褐变，应在培养基中添加0.3%活性炭，培养光照条件为自然光源（图8-96）。

图8-96　正常生长的大叶藻无菌外植体

5. 激素的种类、浓度及组合对诱导愈伤组织的研究

（1）实验材料与试剂：正常生长的大叶藻无菌外植体。

消毒剂为75%酒精，0.5%碘伏，0.1%氯化汞。抗生素为卡那霉素，硫酸新霉素。激素为2, 4-D和6-BA。吸附剂为活性炭粉。

（2）实验方法：将之前实验中，正常生长的大叶藻无菌外植体切成3 mm × 3 mm的形状，接入添加了不同种类、浓度及组合激素的培养基，进行愈伤组织的诱导，共16组处理，每组20瓶，每瓶接5块。

培养基为PES培养基，蔗糖浓度3%，pH 8.0，培养温度15℃ ± 2℃，光照为自然光源。10天后观察褐变情况，20天后统计染菌率。

（3）实验结果：所有处理组中的外植体组织，几乎无明显愈伤组织的形成，部分有明显的褐变现象，部分直接坏死，部分无生长情况也无坏死迹象，见表8-61。

表8-61　不同浓度及组合激素对愈伤组织诱导的影响

处理号	2, 4-D（mg/L）	6-BA（mg/L）
1	0	0
2	0	1
3	0	4
4	0	16
5	0.5	0
6	0.5	1
7	0.5	4
8	0.5	16
9	1.0	0
10	1.0	1
11	1.0	4
12	1.0	16
13	2.0	0
14	2.0	1
15	2.0	4
16	2.0	16

（4）讨论：2, 4-D与6-BA是两种常用的愈伤组织诱导激素，能够高效的诱导多种植物的愈伤组织，且这两种激素的联合作用比单独作用的效果更好。但在本次实验中，不同浓度的2, 4-D与6-BA的配比组合都没有成功诱导愈伤组织，与马欣荣的实验结果相同，但由于其外植体全部因染菌死亡，因而其愈伤组织没有形成的原因也有可能是因为染菌而非激素作用无效果。于函（2007）的实验结果中，有愈伤组织的形成，不同浓度的2, 4-D与6-BA的组合对愈伤组织的诱导率及质量较大的影响，2, 4-D浓度为2 mg/L、6-BA浓度为1 mg/L时，愈伤组织的诱导率最高，为18.7%，且过高浓度的激素对愈伤组织的形成有抑制作用。

本研究中，含有2, 4-D与6-BA的不同浓度和配比的激素培养没有成功诱导大叶藻的愈伤组织，并出现褐变及坏死的情况，原因可能为以下三方面：首先，是实验所选择的激素种类及浓度的配比不适合诱导愈伤组织，近年来海洋植物的组织培养研究较少的原因之一就是对其生长发育所需的激素的类型不能确定，可能大叶藻细胞内不存在2, 4-D及6-BA两种生长激素的受体，这两种激素对大叶藻的生长没有任何作用，也可能这两种激素能够对大叶藻的生理产生作用的浓度的不同于陆生植物的一般要求，实验中的浓度及配比并不符合大叶藻愈伤组织诱导的需要，所以诱导愈伤组织失败。其次，为使外植体灭菌彻底，保证外植体能在无菌的环境中正常生长发育，添加了两种抗生素进行长期的抑菌作用，但是抗生素对细菌生长起抑制作用的同时对植物组织也有一定的毒害作用，正是抗生素的这种作用使得愈伤组织不能形成。第三，褐变现象的发生，由于外植体体内的酚类物质被多酚氧化酶氧化，并进一步与组织中的蛋白质发生聚合，抑制其他酶的活性，影响了大叶藻组织细胞的正常的生长发育，进而毒害整个外植体组织，最终导致死亡。

所以，针对以上三种可能的原因，在以后的愈伤组织诱导实验中，可从以下三方面进行尝试：选用其他种类和浓度的激素组合配比的培养基；在无菌苗培养一段时间确认能够正常生长之后，切段转入添加诱导愈伤组织的培养基时，培养基不再加入抗生素；利用多种手段，如添加吸附剂、降低光照强度等方式，抑制褐变现象的发生，保证外植体的正常生长。

6. 总结

本研究以大叶藻茎部作为外植体，进行组织培养，研究的重点主要集中在灭菌方法的方面，其次对控制褐变作用及诱导愈伤组织的激素方面也做了一些探讨，结论如下：

（1）最佳的消毒方式为在用洗洁精溶液预处理除去所带泥沙及附着在其表面的微藻等生物后，按照75%酒精处理15 s，0.5%碘伏处理1h，0.1%氯化汞处理8 min的顺序进行消毒处理。

（2）为了保证外置体能够在无菌环境正常生长，培养基中需加入100 μ g/mL的卡那霉素及25 μ g/mL的硫酸新霉素，进行长期的抑菌作用。

（3）在外植体部位的选择方面，茎尖部分比茎段部分的染菌率低一半左右，更适合作为组织培养的外植体。

（4）对于褐变作用的抑制，加入0.3%活性炭，减少光照强度，选择茎尖部分作为外植体等方式，都是较有效的手段。

（5）具体的从愈伤组织到幼苗过程的研究还需要进一步工作，大叶藻组织培养技术体系的构建还有很长一段路要走。

（二）大叶藻扩繁与群落构建技术

大叶藻种群的恢复与构建，需因地制宜，采用分区域多手段恢复的模式进行恢复和构建。

1. 捆绑固定恢复

对于潮汐流速较大的区域，采用成体捆绑固定的方式进行恢复（图8-97、图8-98）。

图8-97　大叶藻成体捆绑

图8-98　大叶藻成体固定

2. 直接种植成体

对于潮汐流速较小的区域，采用直接种植成体的方式进行恢复（图8-99、图8-100）。

图8-99　大叶藻成体种植

图8-100　大叶藻成体种植现场

3. 大叶藻匍匐茎种植

在潮汐流速较小的区域，也可采用直接种植成体的方式进行恢复（图8-101，图8-102）

图8-101　大叶藻匍匐茎种植

图8-102　大叶藻匍匐茎种植现场

4. 大叶藻种子种植

（1）播种的海域环境：大叶藻种子播种水域应符合下述基本条件：水质符合GB 11607的规定；水域生态环境良好，透明度高，水流畅通、平缓，受大风大浪影响小，温度、盐度等水质因子适宜；水域高潮时水深在1 ~ 2 m；非倾废区，非盐场、电厂、养殖场等进、排水区；底质适宜，底质表层为泥沙质；水域底栖生物和大型藻类少。

（2）种子的采集和保存：种子的采集一般在7月中下旬进行。采集时，只采集种子已成熟的生殖枝。将采集的生殖枝倒入塑料容器中，搅拌，过滤，获得成熟的种子。移入盛有正常盐度海水的玻璃容器中，海水水质符合GB 11607要求，于4℃、黑暗环境下保存。期间，每5 ~ 7天搅拌种子、更换海水一次。

（3）种子的质量要求：待播种的大叶藻的种子质量应符合如下要求：种皮坚硬、橄榄色到棕黑色或者黑色；矩圆形、规格整齐、外观完整、纵肋清晰；前期的大叶藻种子质量监测中死亡率、致畸率之和应小于10%。

（4）种子的运输：将种子装入盛有正常盐度海水的广口瓶中，种子装入量不超过瓶容积的一半，海水满瓶，密封。气温不超过25℃时，常温运输，运时尽量控制在8 h以内，途中避免阳光暴晒。气温超过25℃时，途中应采取控温措施，运时尽量控制在5 h以内。运到播种海域后，应立即将种子移入泡沫箱等大型容器中，更换海水。

（5）种子的计数：大叶藻种子的计数采用抽样称重法，参照SC/T 2039进行。种子运输至播种水域后，从每个装有种子的瓶中随机抽样三次，将每次抽样种子沥水至不连续滴水为止称其重量，最低抽样重量不低于2.5 g。通过对抽样种子逐一计数求出三次抽样的平均单位重量种子的数量，再根据每瓶种子总重量（种子沥水至不连续滴水为止称其总重量），求得每瓶种子总数量。最后将每瓶种子总数量相加，求得播种种子总数量。

（6）种子的播种条件：种子的播种日期一般在10月份进行，并根据播种水域环境条件和保护管理措施确定具体播种日期。种子播种的气象条件一般选择晴朗、多云或阴天进行，最大风力最好在三级以下，防止大叶藻种子被风吹走。

（7）种子的播种方法：种子播种采用网袋法。播种密度：普通规格（90 cm × 120 cm）麻袋的播种密度在300 ~ 400粒/袋，小规格（150 mm × 100 mm，双层）棉纱布袋在20 ~ 30粒/袋。将种子放入采自播种水域的底泥或与播种水域底泥性质类似的泥沙中（每袋底泥或泥沙的使用量为装入麻袋或小规格棉纱布袋后平铺时厚度不超过5 cm为宜），混匀，装入麻袋或自制的小规格棉纱布袋，棉线封口。然后将装有种子和底泥的袋子船运至播种水域，抛锚固定船位，顺风缓慢将袋子放入播种水域，平铺海底。麻袋以20个为一个单元，小规格棉纱布袋以50个为一个单元，在一个单元内用U型铁丝将袋子相互固定，形成平铺地毯式播种单元。播种过程中时间应该控制在5 h内完成，不能完成时，应分批播种（图8-103，图8-104）。

图8-103　大叶藻种子种植

图8-104　大叶藻幼苗种植

播种过程中应做好播种记录，测量并记录播种区水深、表层水温、盐度等参数，根据当地当日气象预报情况记录天气、风向和风力，并填写种子播种记录表。

（8）种子的保护与监测：播种完成后要做好种子的保护与监测工作。种子播种保护措施主要包括：种子播种前，对播种水域妨碍种子播种的作业网具进行清理；种子播种后，对播种水域组织巡查，防止捕捞作业和采贝等渔业活动。

（9）后期的播种效果评价：种子播种后7个月，进行种子萌发和幼苗发生的抽检和评价，计算种子萌发率和幼苗发生率，编写种子播种效果评价报告。种子播种后10个月，进行植株的抽检和评价，编写植株生长评价报告。评价内容应包括植株密度、植被盖度、生长情况及其形成的生态效果等。

根据任务要求，研究区大叶藻种群恢复与构建面积100亩（约66 600 m^2），生物量提高10%。综上所述，本项目完成大叶藻恢复与构建102亩（>100亩），区域内大叶藻种群生物量显著提高（>15%），完成了大叶藻种群恢复与构建项目预期任务目标。

五、芦苇繁育及种群恢复技术

（一）研究区概况

芦苇生态化建设研究区位于莱州湾西岸支脉河口附近（图8-105），本区为典型的粉砂淤泥质海岸，最主要的海岸地貌类型是潮滩及潮沟系统。人类活动在区内影响明显，主要的人工地貌有盐场养殖池，海岸的防潮坝等。这些建筑改变了区内岸滩形状和水动力条件，岸滩稳定性降低，原来基本稳定的岸滩出现强烈侵蚀。人工在滩涂上的大范围翻挖大型底栖缢蛏和沙蚕加大了浪、流掀沙的强度。正常天气下岸滩基本处于稳定状态；大风天气和风暴潮作用下，黄河南下泥沙与海岸侵蚀物质为主要泥沙来源，造成大量浮泥覆盖在潮滩上，河口滩涂基本保持稳定状态，但潮沟变化剧烈，时有摆动消亡现象发生。粒度分析结果表明，潮滩物质有向海搬运的趋势，细粒物质向海搬运造成了近岸潮滩物质的粗化。

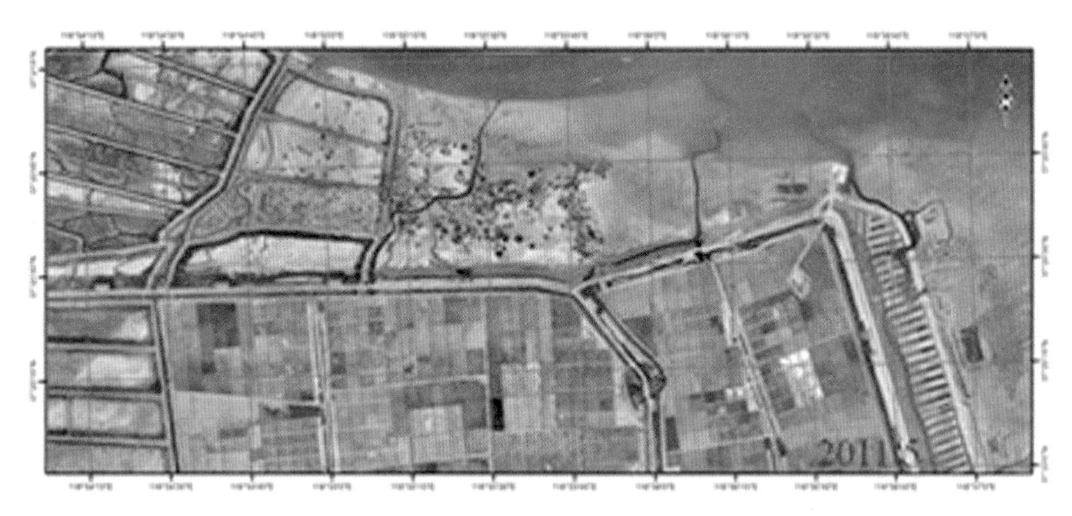

图8-105　莱州湾西岸支脉河口人工岸段生态化建设研究区

该区冬季受寒潮影响较大，气候比较寒冷，夏季比较炎热，具有显著的大陆性气候特征。本地区常风向为SE、SSE和S，出现频率29.8%，但风速较小。强风向为NE，最大风速28 m/s。该区的波浪主要受季风控制，全海区波浪以风浪为主，大的波浪多发生在春秋季，N、NNE和NE风向波浪最强。该区潮汐类型属于不规则混合半日潮，涨潮流方向为224°～245°（指向岸边），平均流速为29～37 cm/s；落潮流方向为49°～78°（为离岸流），平均流速为29～39 cm/s（李本臣等，1999；程义吉等，2006）。

（二）植被调查与土壤采样

野外采样时间为2010年7月。根据研究区潮沟和植被分布情况，从高潮滩至低潮滩垂直于植被边界设置3个断面P1、P2、P3，并沿样带梯度设置一系列植被样方（图8-106）。其中每个草本样地为1 m×1 m。记录每个样地的植物种类、密度、频度、盖度。利用这些调查结果组成一个样地—植物种的数据矩阵，供数量排序用。在每个样地内随机设置5个小样方，采集0～20 cm深的土壤样品，并将同一样地的5份土样混合均匀，用于土壤理化性质分析。

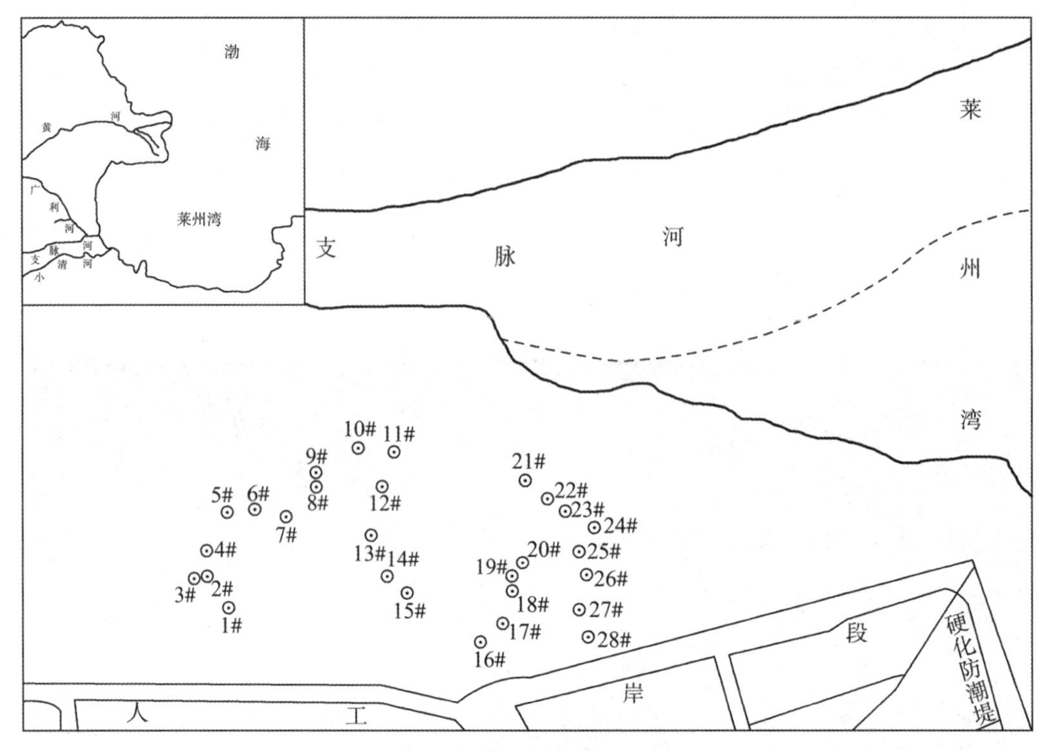

图8–106　研究潮滩区域站位设置图

1. 研究岸段潮滩植被组成

群落物种组成和结构简单，有芦苇（*Phragmites australis*）、翅碱蓬（*Suaeda heteroptera*）、互花米草（*Spartina alterniflora*）和糙叶苔草（*Carex scabrifolia*），芦苇、翅碱蓬和互花米草是优势种，糙叶苔草主要在中潮滩与芦苇镶嵌分布。

研究岸段潮滩地势平坦，有利于植物的定居与扩散，植被正处于演替早期，尚未形成地带性植被，岸段由于多次围垦，堤外高滩的原生植被已很少。

支脉河口附近没有引种互花米草，2010年调查发现互花米草平均密度96株/平方米，平均株高1.58 m，最大高度2.4 m，平均株径0.7 m，根系密布在0～50 cm的土层内并横向伸展。

随着滩涂的高程增加，芦苇高度增加，密度增大，斑块面积逐渐增大。芦苇种群密度35～80 inds/m^2，植株平均高度1.4 m左右，地上部分生物量干重0.76 kg/m^2。混生群落互花米草密度较大，植株高度在30～68 cm之间，互花米草单位面积地上部分生产量大，地上部分干重达1.49 kg/m^2。

2. 潮滩植被群落分布与演替

支脉河口盐沼植物群落在宏观上呈明显的带状分布，各植物群落类型沿高程从低到高的空间分布格局，其演替序列为：光滩裸地→互花米草群落→糙叶苔草群落→芦苇群落，而在微域上为斑块镶嵌分布。芦苇群落主要分布在高程较高的潮滩中带或外带，潮滩中下带有零星斑块分布于芦苇-糙叶苔草混生群落。潮下带为光滩或潮沟（图8-107 ~ 图8-113）。

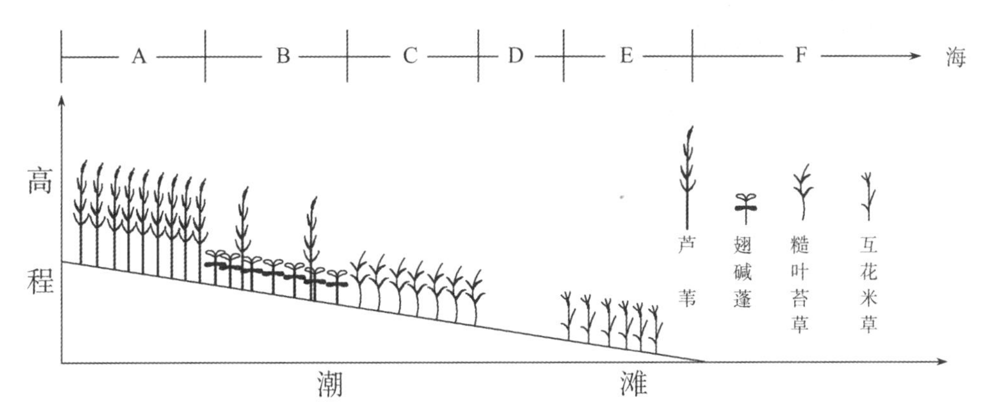

A. 芦苇群落；B. 翅碱蓬群落；C. 糙叶苔草群落；D. 光板地；E. 互花米草群落；F. 光滩

图8-107　潮滩植被群落分布与演替示意图

图8-108　植被样方调查

图8-109　底栖生物采样

图8-110　翅碱蓬群落

图8-111　糙叶苔草群落

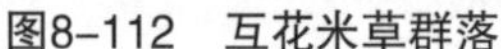
图8-112　互花米草群落

图8-113　潮沟

互花米草定居于滩涂达到一定高程的原生裸地上，成为滩涂的先锋群落，随着植株的无性繁殖和生长，出现聚群型或随机分布的植丛。随着滩涂淤高，潮水淹没时间减少，海浪冲刷强度与频度减少，种群数量不断增加形成大片的群落，呈现出均匀分布格局。随着滩涂逐渐淤高，互花米草种群开始衰退，最终逐渐被芦苇群落所替代。

（三）芦苇的筛选

芦苇是世界广布的重要湿地物种，具有广泛的适应性，在淡水、碱性、轻盐性的湿地都能生长，其形态变异广泛存在，不同地理气候区间芦苇的形态变异常被认为是地理生态型，同一气候区内不同生境中芦苇的形态变异常被认为是生境生态型。

芦苇对逆境具有很强的适应能力。赵可夫等（1998）对黄河三角洲含盐量为0.5%～1.5%的土壤、含盐量0.3%～0.4%的沼泽和非盐渍化地区的淡水沼泽处，分布4种不同生态型芦苇：淡水沼泽芦苇、咸水沼泽芦苇、低盐草甸芦苇和高盐草甸芦苇。张淑萍等（2003）根据黄河下游湿地芦苇形态变异规律和分化特点，建议将该地区芦苇分为盐生芦苇、淡水芦苇、巨型芦苇3个形态类型。不同生态型芦苇分别有稳定的形态、生理和生态学特征。不同生境生态型芦苇的生长情况、群落组成及优势度研究表明：不同生态型芦苇的多度、盖度、植株高度、叶片含水量和渗透势均随生境盐度的增大而降低。盐生芦苇形态特征表现为植株矮而细弱，叶短而窄，穗大。

赵可夫等（1998）对不同生境自然分布的4种生态型芦苇研究表明：低盐度下的芦苇其渗透剂以K^+和可溶性糖为主，高盐度下以Na^+、Cl^-为主；芦苇根部Na^+含量大于叶片，其渗透调节能力也高于叶片；植物体的Na/K比值随生境盐度而变化，而高盐度下Na/K比为1左右；在渗透调节中有机和无机渗透剂的贡献随生境盐度而变化，有机渗透剂贡献随生境盐度增大而减少，无机渗透剂贡献则随盐度增加而增大。说明芦苇是一种适应性较强的植物，从抗盐机理考虑可以认为它是一种假盐生植物。谢涛和杨志峰（2009）比较黄河三角洲芦苇湿地3种生态型芦苇净光合速率对土壤水分的变化均有明显的响应阈值。淡水沼泽芦苇、盐化草甸芦苇和咸水沼泽芦苇生长适宜的土壤水分（体积含水率）下限分别为25.7%、32.0%和34.0%，最低土壤水分（体积含水率）下限分别为21.5%、25.1%和27.1%。

从耐盐性看，黄河三角洲芦苇可以正常生长在含盐量（以NaCl为主）1.5%左右的盐渍土壤上，经常与一些中等耐盐的盐生植物混生在一起，在不同生境中组成不同群落。

（四）芦苇的繁育与培植技术

芦苇是多年生宿根植物，除了靠地下茎维持正常生长外，还可以通过种子、地下茎、茎秆压青进行繁殖，因此，芦苇的繁殖分为有性繁殖和无性繁殖，掌握芦苇繁殖技术可在退海滩涂为生物提供栖息地，护岸，景观建设和净化水质等方面起重要作用。根据不同环境条件的特点，可采取带土移栽法、种子育苗移栽、苇根繁殖法、压青苇繁殖法、开沟挂絮（苇种）积水繁殖法、深耕挂絮（苇种）法等不同繁殖方法。

1. 芦苇的有性繁殖

有性繁殖主要是利用芦苇的种子，在适宜的季节进行育苗和移栽。

（1）地块选择：育苗地应选择在地势平坦、灌水和排水方便、交通方便、土壤含盐量低、无杂草、无病菌的地块。深翻。整地作床，床与床之间修成布道沟，便于灌水和管理，施有机肥15 t/hm^{2}与土壤充分混合耙平。

（2）播种：将上一年采取的芦苇穗晒干，切碎，在5月上中旬，当气温达到10℃以上时，开始播种，播种量为75 kg/hm^2。播种前，育苗田灌水泡田，2 d后排干，使土壤处于湿润状态后进行均匀播种。并将种子拍入土中。

（3）苗田管理与移栽：当芦苇出苗后，加强灌水管理。灌水深度不能淹没芦苇幼苗。当幼苗高度达到5 cm时进行间苗，苗间距2 cm，随幼苗的生长，及时间苗和除草，并加强灌水和施肥，到苗高20 cm时，苗间距达6 cm。在当地条件比较好时，在7～8月芦苇出现分蘖后即可进行大田移栽，也可在第二年春季气温达到5℃以上时进行移栽。移栽时，将移栽田灌水保持土壤湿润状态，将芦苇苗（发芽前）从育苗田中起出，按株行距1 m×1 m进行栽植，每穴3～5株，当苗高达到30 cm后，加强灌水，水层保持5 cm，随生长加深水层，最深不超过50 cm。当年高度可达到1.5～2.0 m。

2. 芦苇的无性繁殖

当气温达到5℃以上时，即在4月下旬至5月上旬，平均气温15℃～25℃，从田间挖取芦苇根状茎，截取30 cm为一段，运往田间，进行栽植。每平方米栽植1根，但可随着产量目标而加密栽植，当苗高达到30 cm以上时，可进行浅水灌溉，并根据芦苇需水规律和生长速度，逐渐加深水层，最深不超过50 cm。有条件的可进行施肥，肥料品种以氮肥为主，施肥量控制在150～300 kg/hm^2，一般情况下3年后芦苇产量就可达到4 500 kg/hm^{2}以上。

一种方法是在芦苇生长季节采取青苇移栽，即在芦苇生长季节挖取30 cm×30 cm×30 cm的土坨，单位面积株数控制在10～30株之间。然后在遮阴的条件下运往栽植地点，带水进行栽植，成活率在100%。

另一种方法是在芦苇生长季节利用芦苇茎秆扦插，但是在扦插中要采取良好的科学技术，既要充分考虑灌溉条件、土壤盐分条件。也要考虑不同的生长季节和节位对发芽的影响，以达到快速繁殖的目的。

芦苇在苗期、营养生长期、营养生长与生殖生长期、生殖生长期对水分的需求不同，相应的灌溉量等管理措施也有差异。灌溉按照“春浅、夏深、秋落干”的水分管理，即在春季芦苇发芽前灌浅水，加速土壤解冻，提高地温，促进芦苇发芽，当土壤解冻后排水，保持土壤湿润，当芦苇发芽和生长后，灌浅水5 cm。5月中旬以后，芦苇进入生长盛期，生长速度加快，需水量增加，所以应采取深水灌溉，水层保持在30～50 cm。8月中旬以后。芦苇进入生殖生长期。需水量降低，进行土壤排水，保持土壤湿润．促进芦苇成熟和秋芽发育。

在高盐度的滨海潮滩上种植耐盐先锋植物–芦苇，必须考虑河口潮滩上水动力条件、芦苇的耐盐极限和种植方式。适合黄河口滨海湿地芦苇栽培扩繁技术主要有以下方式：

（1）苗墩移栽：黄河口地区于5月中旬至7月上旬，当芦苗高30 cm以上时，从丰产芦滩选茎秆粗壮且带有2～4个分蘖的芦苗，用铁锨切苗四周，挖出长宽各约20～25 cm、深20 cm的方块苗墩，并在准备种植芦，苇的滩地按行株距各1～1.5 m，根据苗墩大小，挖好土穴，将苗墩逐一放入，再用脚踏实四周，然后保持10～15 cm浅水，最大不超过33 cm，以利根系生长植株成活（图8–114）。

图8–114　苗墩移栽

（2）根状茎繁殖：春季土壤解冻后、根状茎上分株芽开始萌发，此时可选取优良根状茎进行繁殖。选取深黄色至褐色，茎壁较厚，其中着生的地上茎粗壮坚实，根茎长30 ~ 50 cm，5节以上，每节均带有明显的侧芽，并有很多分叉的枝，以鹿角状为好，按以上标准选定后，截取30 ~ 50 cm粗带有分杈的枝段用铁叉按行株距各约1 m，逐一斜插于滩上松软泥层中，上部留出7 cm左右，这样出苗快，出土芦苗多，芽苗出土前后土面要经常保持润湿或保持浅水（图8–115）。

图8–115　根状茎扦插

选取含4 ~ 6个种芽的芦苇根茎，然后将3 ~ 5段捆成12 ~ 15 cm直径的小捆，保持根茎新鲜，或放入水里浸泡或用湿草帘包裹待运；将选取的根茎按每平方米4捆的挖穴摆放于种植面上，再在根茎上压泥，确保至少有一个种芽暴露在外面，利用河口自然的潮汐进行灌溉，本方法可广泛应用于滨海湿地景观建设（图8–116）。

图8–116　研究人员在进行芦苇根茎的栽植

（3）压青法繁殖：在七八月份雨季，选择生长健壮的青芦，自地表割下，除去嫩梢50 cm左右，用犁将光板地翻起，将去梢的青芦秆逐一放在犁沟中，至少有一个叶节插入土中，使芦苇上部露出水面，并覆土经常保持地面湿润或浅水状态，各节侧芽即可萌发生长。栽培株距30～50 cm，种植密度每亩用苗五至六千株。加强管理后成活率高达98%，种植成本大大降低，并且新生芦苇品质好、产量高、土质要求低，可以满足在盐碱度含量较高的荒滩地栽培。

（五）芦苇群落构建技术

1. 植被群落构建的基本生态原则

（1）模拟自然景观要素空间格局恢复与构建植被的复合模式：基于景观要素空间分布格局的不合理性和景观功能的低下，在空间配置上着重考虑景观要素的相互依存和景观功能的正常发挥，调整优化现有植被的空间分布格局，以人为干扰较轻的自然景观要素空间分布格局为模式，结合生态经济效益的协调持续发挥，模拟构建植被类型的复合景观空间分布格局。

（2）以本土植物为主要植物组分构建模拟自然群落结构：植物群落的构建既受社会经济发展制约，亦受植被地带性与非地带性分布规律、生境质量的局部空间分异特点影响。从群落生态学和生态系统的角度，本土种选择优先于归化种，栽植群落现有本土草本植物为构建组分，模拟自然群落的结构和合理时空配置，形成与生境协调的相互依赖与功能高效的植被群落，即生物生产功能、复合经济功能和生态调节功能协调最佳。

（3）小尺度空间异质性和本土植物种繁殖体有效传播扩散规律：生态学上小尺度空间异质性原理和本土植物种繁殖体有效传播扩散规律，是指导局部生境范围内植被恢复和群落构建的重要原则。小尺度空间异质性表明土壤水分养分承载力的分异性，结果自然条件下分布生长的植物种类和数量必然会发生相应的变化。

本土植物种繁殖体传播扩散途径和方式的有效性是影响现有植被未来组成的重要因素。天然植被的建群种和各层优势种乃至伴生种的繁殖方式（种子繁殖和营养繁殖）、繁殖体类型和传播途径决定现有植被分布格局和种群的动态。

（4）植被退化后生境可利用资源剩余和流失与植被恢复的关系：一般的植被退化后，资源会向两个方向发生变化。可以运用生态位的理论解析植被退化后资源的变化规律。平原和草原地区植被退化后，植物可利用资源出现剩余的生态现象即生态位释放，结果可容纳更多的植物种在退化地段生长分布，资源释放成为植被恢复初期的驱动力。

植被退化后，虽然亦会出现短期内的生态位释放的生态效应，随即而来的是在压力驱动下，失去植被保护和固持作用，生境的可利用资源呈现流失，生态位释放被生态位压缩所替代，结果出现组合胁迫效应，最终资源流失和生态位压缩将大大延缓植被恢复演替的进程。

（5）限制因子组合作用：黄河三角洲盐生植被在宏观上多呈带状分布，而在微域上为斑块镶嵌分布。通过对人工岸段外潮滩湿地小尺度上不同植被之间的环境因子对应分析，支脉河口潮滩湿地小尺度上植被分异的关键控制因子是潮滩高程决定的潮汐过程和盐度大小。

因此，人工岸段潮滩植被群落构建应关注：其一，选择对盐碱贫瘠胁迫组合适应较强的多年生草本植物种类作为植被恢复的先锋种；其二，采取客土改良土壤并运用直播法和营养体栽植法增加本土植物的种类，人工加速植被的恢复进程。

（6）过度依赖外来种与生物入侵：过度依赖外来树种，一旦出现失误，将会产生生物入侵等严重后果，结果当地生物多样性锐减，千百万年来生物之间协同进化形成的和谐生态关系被打破，天然群落被替代，形成由外来种组成的大面积单优群落；因此，植被恢复应谨慎选用外来物种。

2. 芦苇植被群落构建技术

支脉河口盐沼植物群落在宏观上呈明显的带状分布，各植物群落类型沿高程从低到高的空间分布格局，其演替序列为：光滩裸地→互花米草群落→糙叶苔草+芦苇群落→翅碱蓬+芦苇群落→芦苇群落，而在微域上为斑块镶嵌分布。

无论是采取工程措施促进人工岸段芦苇植被群落构建，还是借助保育措施消除外力干扰为自然芦苇植被群落恢复创造适宜的条件，其基本前提都必须依赖研究区的天然植被及其优势种，充分利用天然植被芦苇的自然恢复力，发挥本土植被优势种的生态经济功能。

（1）实施保育措施充分利用天然植被自然恢复力：实施保育措施后，借助于天然植被的自然恢复力，形成与小尺度空间异质性（如土壤营养条件的异质性）相适应的密度和均匀度多变的自然群落，经过植物定居、竞争、竞争弱化和互惠依赖，到后期的群落聚合，虽然植被自然恢复需要的时间较长，但形成的植物群落对于空间和资源的利用更充分，群落内物种之间（包括植物间、植物与动物间、动物间和土壤动物与植物根系间）的生态关系更为和谐，所需的经济投入相对较少。

（2）采取人工促进措施加速天然植被恢复进程：基于资源在空间的不均匀分布，充分有效地利用水分、盐分等生境，人工促进措施下的植株分布格局以随机分布和群团状分布为主，有时植株个体的年龄以组合方式为主，且以混生分布构成多种植物的组合。人工促进措施下的植被恢复速度较植被的自然恢复速度快，由于采用天然植被的组成种进行模拟，可以获得类似的自然恢复效果。

（3）改善生境促进潮滩植被群落的协同演变过程：通过重新构筑过去的水文、养分和干扰体系，以及根除外来植物减轻其盖度来改善立地条件，进而借助于重新引植本土树种，增加群落结构的复杂性，构筑鸟类栖息场所以吸引种子的散布。

本研究通过优先选择本土草本植物为主要植物组分—芦苇和糙叶苔草，采取人工栽植的方式恢复潮滩地带性植被以及镶嵌式植被群落分布，模拟自然群落结构进行合理时空配置（图8-117）。

图8-117　芦苇糙叶苔草植被群落构建

（六）芦苇生态化研究区建设

1. 2011年研究区建设

2011年6月底～7月初进行了研究岸段芦苇群落大规模构建工作，栽种芦苇和糙叶苔草80余亩（图8-118～图8-121）。

图8-118　栽种芦苇和糙叶苔草

图8-119　研究岸段芦苇群落构建

图8-120　当年研究岸段芦苇生长情况

图8-121　当年研究岸段芦苇群落恢复情况

2. 2012年研究区建设

于2012年4～5月，采用根状茎繁殖法进行研究人工岸段的芦苇移栽180亩（图8-122～图8-124）。

图8-122　采集扦插芦苇根茎图

图8-123 研究岸段芦苇根茎的种植

图8-124 当年扦插芦苇根茎的生长情况

3. 2013年研究区建设

2013年7月初栽种芦苇和糙叶苔草120余亩（图8-125 ~ 图8-126）。

4. 植被群落恢复效果

现恢复芦苇、糙叶苔草植被380亩，生物量提高50%以上。

恢复前滩面平坦，光滩、偶尔有互花米草，恢复后滩涂植被和潮沟系统发育，芦苇发育成簇种群盖度增加，生物量提高，增加了海三棱藨草、大米草等植物类群，互花米草几乎扩展到整个滩面，呈点状密集分布。

滩面生境得到改善，藻类、底栖沙蚕、樱蛤和寡毛类生物量增加，潮沟内地笼渔获物增加，主要类群有斑尾刺虾虎鱼、日本大眼蟹、天津厚蟹、豆形拳蟹等，仔稚鱼存留在滩涂上，鸟类的种类和数量显著增加。

图8-125　2013年7月芦苇墩植移栽生长情况

图8-126　2013年7月糙叶苔草墩植移栽生长情况

第五节　生态化建设效果评估

一、沙蚕修复效果评估

2011年9月7日，研究人员在莱州湾研究岸段修复区域首次实施了沙蚕增殖放流。其中投放三刚节疣足幼虫76袋，平均每袋134.7×10^4条，合计$10\ 237.2\times10^4$条；投放四刚节至五刚节疣足幼虫28袋，平均每袋76.3×10^4条，合计$2\ 136.4\times10^4$条；投放十刚节幼体以上的沙蚕苗种623 kg，平均规格18 610 inds/kg，合计投放$1\ 159.4\times10^4$条（图8-127）。

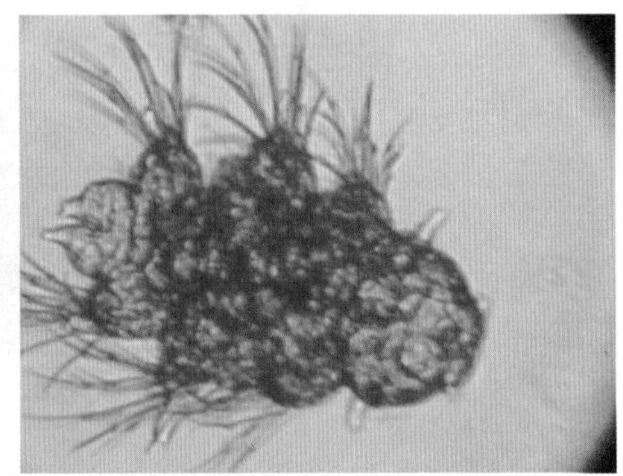

图8-127　2011年9月沙蚕增殖放流（三刚节疣足）

2012年10月15日，投放1～2月龄沙蚕40箱，每箱30斤，每斤平均5 350条，平均每箱160 590条，合计642.36×10^4条；投放养成沙蚕20箱，每箱30斤，每斤平均215条，平均每箱6 450条，合计12.9×10^4条（图8-128）。

图8-128　2012年10月沙蚕增殖放流（养成沙蚕）

分别于2012年3月（冬）、5月（春）、8月（夏）、11月（秋），对研究岸段修复区域的沙蚕类生物进行了4次调查（图8-129），并与2011年潮间带所获得的沙蚕类生物数据进行对比研究，旨在了解和掌握该区域生物资源变化，为研究区进行沙蚕类种群恢复工作提供基础数据参考。沙蚕类生物丰度和生物量对比调查结果见表8-62和图8-130。

图8-129 2012年研究区沙蚕生物资源对比调查

表8-62 沙蚕类生物丰度和生物量分布

季节	丰度（inds/m²）		生物量（g/m²）	
	2012年	2011年	2012年	2011年
冬季	312.00	162.70	155.58	20.82
春季	464	218.6	176.52	20.1
夏季	416	272	114.27	23.01
春季	240	206.7	23.54	3.56
均值	358.00	215.00	167.48	67.49

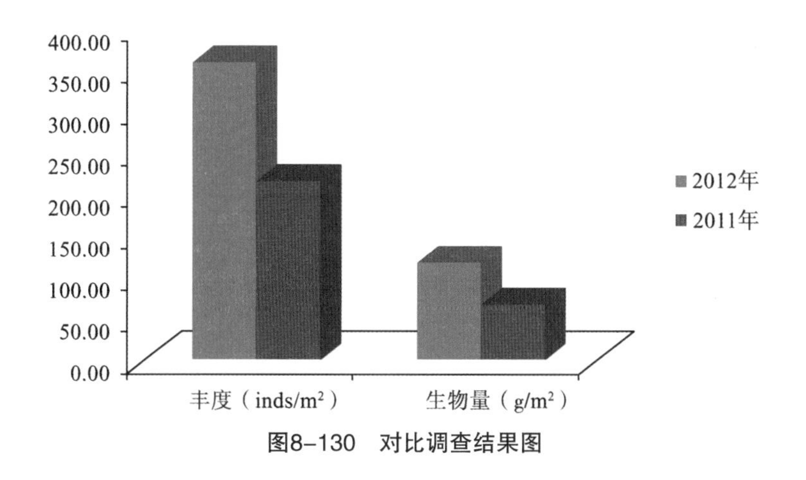

图8-130 对比调查结果图

由调查结果可知，四个季节丰度和生物量都较2011年有极大提高。2012年研究区沙蚕类生物的平均丰度为358 inds/m^2，比2011年平均丰度（215 inds/m^2）提高了66.5%。2012年研究区沙蚕类生物平均生物量为167.48 g/m^2，比2011年平均生物量（67.49 g/m^2）提高了74.1%。

2013年8月18日，研究人员对研究区内沙蚕种群恢复构建工作进行评估验收。通过恢复研究区与非研究区沙蚕种群密度的调查数据对比，从数量上直观的评估沙蚕修复的效果（图8-131）。

图8-131　2013年沙蚕研究区现场验收

评估方法：在沙蚕种群恢复与构建研究区内进行随机取样15个，通过50 cm × 50 cm取样框获得单位面积内沙蚕数量与生物量，计算研究区沙蚕种群平均密度与生物量。同时，在非研究区内通过上述方法进行沙蚕种群密度与生物量调查，调查结果见表8-63、表8-64。

表8-63　范区沙蚕密度和生物量现场测量记录

样方序号	密度（inds/m^2）	生物量（g/m^2）
1	51	17.3
2	53	19.6
3	102	28.7
4	88	15.4
5	79	14.5
6	84	9.4
7	48	15.5

续　表

样方序号	密度（inds/m²）	生物量（g/m²）
8	77	13.0
9	99	10.5
10	87	11.7
11	84	14.7
12	111	23.4
13	148	10.6
14	132	29.05
15	98	19.7
平均	89.4	16.87

表8-64　非研究区沙蚕密度和生物量现场测量记录

样方序号	密度（inds/m²）	生物量（g/m²）
1	51	37.3
2	53	39.6
3	38	28.7
4	45	35.4
5	48	34.5
6	33	27.4
7	32	25.5
8	36	28.0
9	43	32.5
10	38	30.7
11	44	34.7
12	47	33.4
13	48	30.6
14	32	22.6
15	18	9.7
平均	66.8	7.08

双齿围沙蚕研究区面积500亩内共取样15个（样方面积50 cm × 50 cm），平均密度为89.4 inds/m^2，生物量为16.87 g/m^2。非研究区共取样15个（样方面积50 cm × 50 cm），平均密度为66.8 inds/m^2，生物量为7.08 g/m^2。完成研究区双齿围沙蚕恢复与构建面积500亩（约330 000 m^2），生物量提高了33.8%。超额完成了沙蚕种群恢复与构建项目预期任务目标。

二、毛蚶修复效果评估

毛蚶放流前：从调查情况看，共采到毛蚶样品总数为141粒，对其进行生物学测定，壳长分布范围1.09 ~ 5.30 cm，平均壳长3.13 cm，优势组为2.50 ~ 3.50 cm（46.1%）；体重分布范围0.70 ~ 36.49 g，平均体重10.63 g。毛蚶平均密度1.2 inds/m^2，最大密度9.1 inds/m^2，最小密度0.33 inds/m^2；平均生物量20.1 g/m^2，最大生物量95.9 g/m^2，最小生物量4.5 g/m^2，壳长频率分布图见图8-132。

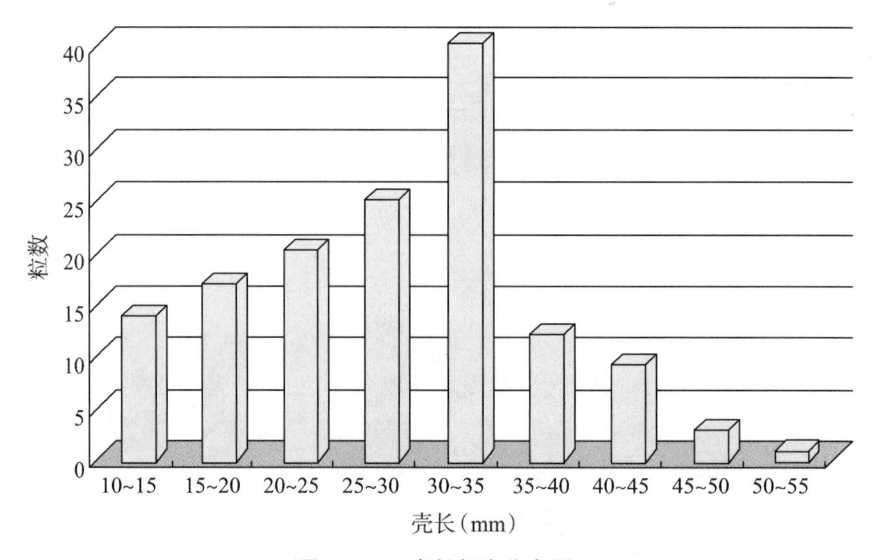

图8-132　壳长频率分布图

放流后状况：2012年7月，实施毛蚶增殖效果的第一次跟踪调查，共采到毛蚶样品总数为340粒，对其进行生物学测定，壳长分布范围1.2 ~ 5.40 cm，平均壳长2.43 cm，优势组为2.00 ~ 2.50 cm（41.2%）；体重分布范围0.63 ~ 36.49 g，平均体重6.63 g，优势组为6 ~ 10 g，占34.1%，毛蚶平均密度7.2 inds/m^2，最大密度30.2 inds/m^2，最小密度0.33 inds/m^2；平均生物量26.1 g/m^2，最大生物量130.9 g/m^2，最小生物量4.5 g/m^2，见壳长频率分布图（图8-133）。从调查情况看，毛蚶群体组成低龄贝居多，以1龄贝占绝对优势，高达79%，2龄以上成贝占18.37%（图8-134），这是由于第一批次毛蚶的放流苗种体长均达到拖网作业的捕捞规格，此时的毛蚶渔获分别为毛蚶放流群体及毛蚶自然群体。

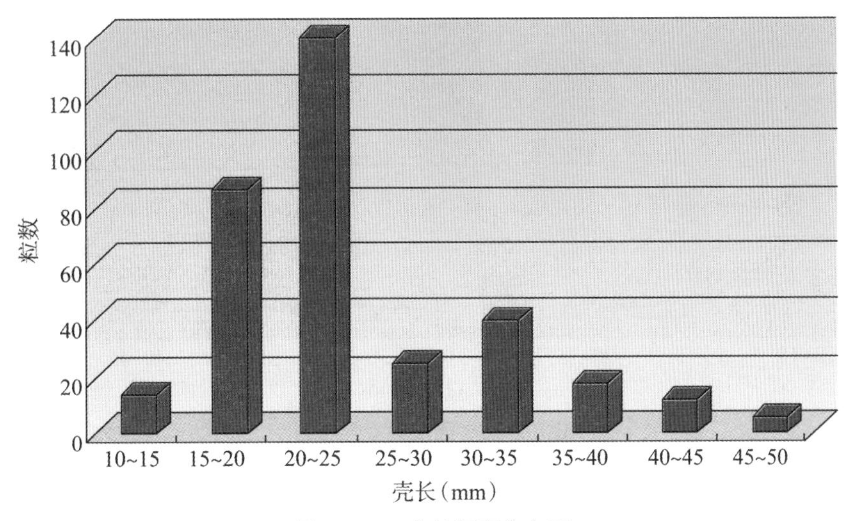

图8-133　壳长频率分布图

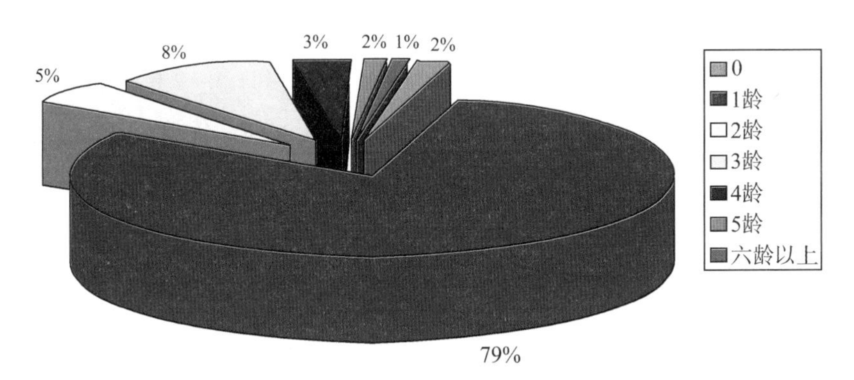

图8-134　毛蚶的年龄组成

2012年10月，实施毛蚶增殖效果的第二次跟踪调查，共计捕捞毛蚶320粒，对其进行生物学测定，壳长分布范围1.1 ~ 5.30 cm，平均壳长2.73 cm，优势组为2.50 ~ 3.00 cm（37.5%）；体重分布范围0.61 ~ 36.05 g，平均体重8.63 g，优势组为7 ~ 10 g，毛蚶平均密度6.9 inds/m^2，最大密度33.2 inds/m^2，最小密度3.23 inds/m^2；平均生物量28.2 g/m^2，最大生物量170.1 g/m^2，最小生物量4.3 g/m^2，见壳长频率分布图（图8-135）。从调查情况看，毛蚶群体组成以1龄贝占绝对优势，高达71%。从调查结果看：毛蚶壳长频率分布与第一次跟踪调查相比，变化不大。这是由于第二批次毛蚶的放流苗种体长未达到拖网作业的捕捞规格，此时的毛蚶渔获仍为第一批次毛蚶放流群体及毛蚶自然群体。

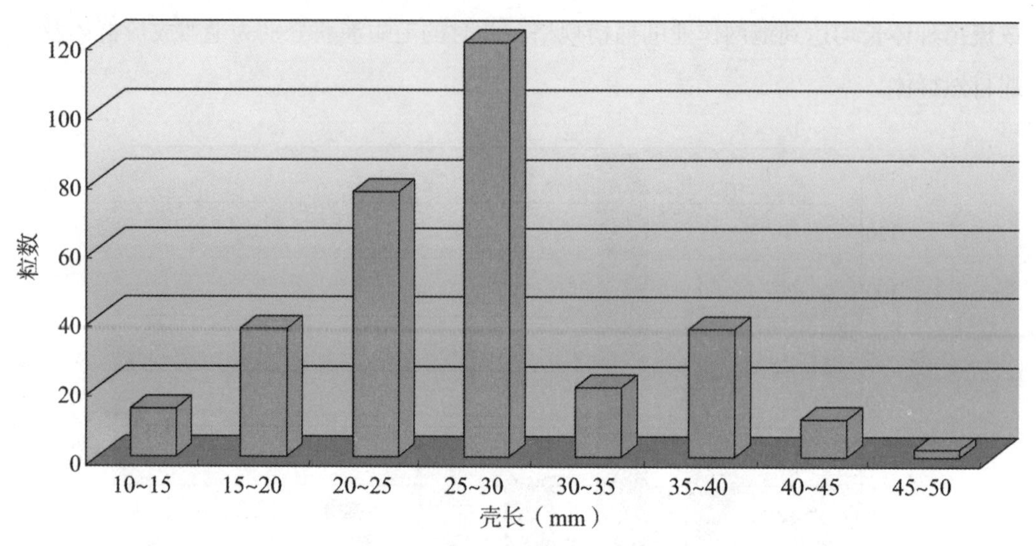

图8-135　壳长频率分布图

2013月6月，实施毛蚶增殖效果的第三次跟踪调查，共捕获毛蚶1 040粒，三个批次放流苗种体长均达到拖网作业的捕捞规格，毛蚶数量显著增多，这说明毛蚶增殖放流起到了明显的效果。对其生物学特征进行测定，壳长分布范围1.02 ~ 5.00 cm，平均壳长2.02 cm，优势组为1.00 ~ 1.50 cm（44.9%）和1.5 ~ 2.0 cm（27.5%）（图8-136）；体重分布范围0.60 ~ 32.19 g，平均体重3.24 g，优势组为0.6 ~ 2.0 g，占48.3%，毛蚶平均密度17.2 inds/m^2，最大密度40.3 inds/m^2，最小密度9.3 inds/m^2；平均生物量36.1 g/m^2，最大生物量240.7 g/m^2，最小生物量8.5 g/m^2。

恢复区毛蚶的生物量明显增多，增殖效果较好，但从存活状况与放流量相比较，毛蚶的存活率不高。

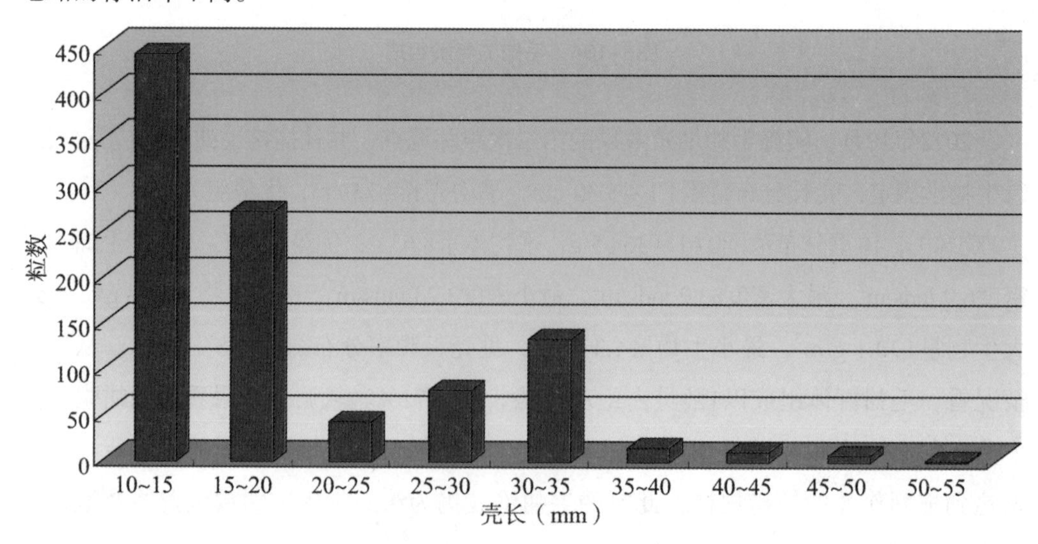

图8-136　壳长频率分布图

三、翅碱蓬修复效果评估

2011年10月在翅碱蓬绝大部分种子成熟时进行收割，收集种子。2012年从4月下旬至6月上旬进行播种。翅碱蓬播种过程中，我们主要采用了四种方式，包括“大面播撒-重点补种”的方式、“浅翻撒播-覆土轻盖”的方式、“基底垫高-沟槽覆土”的方式、翅碱蓬移植的方式，同时，为了防治翅碱蓬种子飘走，对翅碱蓬种子进行薄膜覆盖法，筛绢覆盖法等固着方法。

2012年10月，实施翅碱蓬修复的第一次跟踪调查，非研究区平均密度为20.8 inds/m^2，生物量为12.8 g/m^2。研究区翅碱蓬数量明显增多，平均密度为25 inds/m^2，生物量为17.4 g/m^2，分别提高了20.2%和35.9%。

2013年5月，实施翅碱蓬补种工作，同年8月进行修复的第二次跟踪调查。此次调查，根据恢复研究区与非研究区翅碱蓬修复效果对比，结果显示，研究区翅碱蓬已经达到修复目标。具体调查方法及结果如下。

评估方法：在翅碱蓬种群恢复与构建研究区内进行随机取样15个，通过50 cm × 50 cm取样框获得单位面积内翅碱蓬植株数量与生物量，计算研究区域翅碱蓬种群平均密度与生物量。同时，在非研究区内通过上述方法进行翅碱蓬种群密度与生物量调查。调查结果见表8-65、表8-66。

表8-65　研究区翅碱蓬和密度生物量现场测量原始记录

样方序号	密度（inds/m^2）	生物量（g/m^2）
1	51	37.3
2	53	39.6
3	38	28.7
4	45	35.4
5	48	34.5
6	33	27.4
7	32	25.5
8	36	28.0
9	43	32.5
10	38	30.7
11	44	34.7

续 表

样方序号	密度（inds/m²）	生物量（g/m²）
12	47	33.4
13	48	30.6
14	32	22.6
15	18	9.7
平均	40.4	30.1

表8-66　非研究区翅碱蓬密度和生物量现场测量原始记录

样方序号	密度（inds/m²）	生物量（g/m²）
1	20	19.5
2	21	21.6
3	35	23.0
4	38	22.5
5	31	19.5
6	16	13.1
7	28	20.5
8	22	10.6
9	33	20.5
10	36	22.3
11	36	21.2
12	27	17.5
13	21	15.5
14	33	22.4
15	35	21.3
平均	28.8	19.4

翅碱蓬恢复研究区面积350 000 m^2内共取样15个（样方面积50 cm × 50 cm），平均密度为40.4 inds/m^2，生物量为30.1 g/m^2。非研究区面积20 000 m^2内共取样15个（样方面积50 cm × 50 cm），平均密度为28.8 inds/m^2，生物量为19.4 g/m^2。区域内翅碱蓬种

群生物量提高55.2%（>15%），密度提高40.3%。翅碱蓬种群恢复与构建效果显著（图8-137～图8-139）。

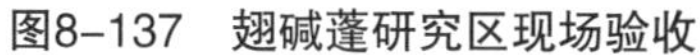

图8-137　翅碱蓬研究区现场验收

图8-138　研究区翅碱蓬群落

图8-139　非研究区翅碱蓬群落

四、大叶藻修复效果评估

2012年10月，在研究区实施大叶藻修复工作，大叶藻种群的恢复与构建采用分区域多手段恢复的模式进行恢复和构建。修复工作主要分为成体移植和种子播种。对于潮汐流速较大的区域，采用成体捆绑固定的方式进行恢复（图8-140）；对于潮汐流速较小的区域，采用直接种植成体的方式进行恢复；在潮汐流速较小的区域，也可采用直接种植成体的方式进行恢复。

图8-140　大叶藻成体捆绑及固定

移植和种子播种后7个月，实施大叶藻修复效果的第一次跟踪调查，计算种子萌发率和移植体存活率。经过调查，研究区大叶藻种子萌发率在20%左右，移植体存活率在70%左右，研究区域内大叶藻种群生物量显著提高，平均密度为15 inds/m^2，生物量为50.4 g/m^2。

2013月6月，实施大叶藻修复效果的第二次跟踪调查。通过恢复研究区与非研究区大叶藻修复效果对比，研究区域内大叶藻种群生物量已经达到预期目标，修复效果显著。调查结果如下。

评估方法：在大叶藻种群恢复与构建研究区内进行随机取样，通过50 cm × 50 cm取样框获得单位面积内大叶藻植株数量与生物量，计算研究区域大叶藻种群平均密度与生物量。同时，在非研究区内通过上述方法进行大叶藻种群密度与生物量调查。通过比较修复前后的种群密度和生物量，从数量上直观的评估大叶藻修复的效果（表8-67）。

表8-67　研究区大叶藻密度和生物量测量记录

样方序号	密度（inds/m^2）	生物量（g/m^2）
1	20	89.5
2	21	92.6
3	15	83.0
4	28	101.5
5	11	89.5
6	16	83.1
7	18	80.5
8	27	120.6
9	13	70.5
10	36	112.3
11	16	91.2
12	27	97.5
13	21	1 055.5
14	16	92.4
15	15	91.3
平均	20	93.4

人工岸段潮滩非研究区以及研究区恢复前，大叶藻种群生物量几乎为零。通过修复过程，大叶藻在整个潮滩地区具有相对良好的生存适应能力，在研究区完成大叶藻恢复与构建102亩（>100亩），区域内大叶藻种群生物量显著提高，平均密度为20 inds/m^2，生物量为97.4 g/m^2（图8-141）。

图8-141　大叶藻研究区验收现场

五、芦苇修复效果评估

2010～2011年度完成了研究岸段河口潮滩土壤理化特征、植被群落结构特征和底栖生物资源现状调查。开展了芦苇有性繁殖、压青移植、根状茎栽植及起墩移植等芦苇扩繁技术和群落构建技术体系的研究。6月底～7月初进行了研究岸段芦苇群落大规模构建工作，栽种芦苇80余亩，完成第一期研究岸段芦苇生态景观构建目标。

2011～2012年度对栽植的80余亩芦苇存活和生长情况进行跟踪监测和维护。4～5月采用根状茎繁殖法，进行研究人工岸段的芦苇和糙叶苔草移栽150亩。于研究区周边选择较为密集的芦苇或糙叶苔草区域，将其根状茎挖出移至研究区域进行扩繁培育；并于其后对芦苇或糙叶苔草的萌发、存活和生长情况进行跟踪监测。6月对构建的芦苇植被存活和生长情况进行监测和维护。7～8月对研究人工岸段培植植物的生长情况进行野外跟踪监测，对已构建植被生态群落进行维护。9～12月，由于芦苇恢复区修筑防潮堤设施，导致部分成活的芦苇幼苗死亡。

2012～2013年度开展了大规模的芦苇和糙叶苔草移植工作，现成活率达90%以上。8月7～8日，开展了恢复后研究岸段潮滩生境特征、植被群落结构和底栖生物资源现状调查。8月18日，现场验收研究区恢复芦苇380亩，芦苇地上生物量平均为1 360 g/m^2，翅碱蓬和糙叶苔草伴生（表8-68、表8-69）。

表8-68　现场测量原始记录表

样方	优势种	物候期	株树（株）	高度（cm）	盖度（%）	鲜重（g）	伴生种
1	芦苇	茎形成	38	40~50	25	336	翅碱蓬
2	芦苇	茎形成	25	50~55	18	120	翅碱蓬
3	芦苇	茎形成	48	40~45	29	432	粗叶苔草
4	芦苇	茎形成	32	50~55	22	232	粗叶苔草
5	芦苇	茎形成	55	45~50	31	556	翅碱蓬
6	芦苇	茎形成	39	55~60	26	324	
7	芦苇	拔节	20	20~30	15	94	
8	芦苇	拔节	32	30~35	22	198	翅碱蓬
9	芦苇	拔节	12	30	10	75	
10	芦苇	拔节	38	30~35	25	179	
平均			34	45	22	255	

生境类型：潮滩研究区　样方面积：1 m×1 m　登记时间：2012年6月5日

表8-69　2013年恢复研究区测量记录表

不同恢复时期	群落植被	植被群落特征				底栖生物
		高度（cm）	多度	盖度	重量（kg）	
2013年恢复植被区	糙叶苔草	85	COP3	98%	0. 21	彩虹明樱蛤、沙蚕、缢蛏、光滑河蓝蛤、泥螺
	芦苇	90~190	COP2	95%	0.55	沙蚕、彩虹明樱蛤、缢蛏、光滑河蓝蛤、泥螺
2012年恢复植被区	芦苇	45~ 80	SOL	15%	1.39	沙蚕、彩虹明樱蛤、缢蛏、光滑河蓝蛤、泥螺和寡毛类
	糙叶苔草	40~100	COP2	98%	0.43	沙蚕、彩虹明樱蛤缢蛏、光滑河蓝蛤、泥螺
2011年恢复植被区	芦苇	40~150	SOL	15%	1.32	沙蚕、彩虹明樱蛤、光滑河蓝蛤、天津厚蟹、日本大眼蟹、天津厚蟹
	糙叶苔草	80~117	COP3	98%	0.65	日本大眼蟹、天津厚蟹、仔稚鱼

续　表

不同恢复时期	群落植被	植被群落特征				底栖生物
		高度（cm）	多度	盖度	重量（kg）	
自然生长	芦苇	90~190	COP3	98%	2.7	日本大眼蟹、天津厚蟹、仔稚鱼、彩虹明樱蛤和寡毛类

生境类型：潮滩研究区　样方面积：1 m×1 m　登记时间：2013年8月18日

芦苇恢复前后植被群落动态变化如图8-142 ~ 图8-153。

图8-142　研究区恢复前潮滩现状

图8-143　2011年当年研究岸段芦苇群落构建情况

图8-144　2011年研究岸段芦苇栽植生长情况

图8-145　2012年恢复二年的芦苇和糙叶苔草群落生长情况

图8-146　2013年恢复三年的芦苇和糙叶苔草群落生长情况

图8-147　2012年当年扦插芦苇根茎的生长情况

图8-148　2012年根茎扦插恢复一年的芦苇种群

图8-149　2013年7月芦苇墩植移栽生长情况

图8-150　2013年7月糙叶苔草墩植移栽生长情况

图8-151　新增植物种类—海三棱藨草

图8-152　潮沟内地笼渔获物

图8-153　海鸟种类和数量增加

第九章　生态型人工岸段建设管理对策研究

第一节　生态型人工岸段建设收益与成本分析

一、收益与成本分析基本原理与内涵

（一）收益与成本分析基本概念

收益与成本分析（cost-benefit analysis）是通过比较项目的全部成本和效益来评估项目价值的一种方法。收益与成本分析作为一种经济决策方法，将成本费用分析法运用于政府部门的计划决策之中，以寻求在投资决策上如何以最小的成本获得最大的收益。

收益与成本分析法的基本原理是：针对某项支出目标，提出若干实现该目标的方案，运用一定的技术方法，计算出每种方案的成本和收益，通过比较方法，并依据一定的原则，选择出最优的决策方案。

常用于评估需要量化社会效益的公共事业项目的价值，非公共行业的管理者也可采用这种方法对某一大型项目的无形收益（soft benefits）进行分析。在该方法中，某一项目或决策的所有成本和收益都将被一一列出，并进行量化。

成本-效益分析方法的概念首次出现在19世纪法国经济学家朱乐斯·帕帕特的著作中，被定义为“社会的改良”。其后，这一概念被意大利经济学家帕累托重新界定。到1940年，美国经济学家尼古拉斯·卡尔德和约翰·希克斯对前人的理论加以提炼，形成了“成本-效益”分析的理论基础，即卡尔德-希克斯准则。也就是在这一

时期，“成本-效益”分析开始渗透到政府活动中，如1939年美国的洪水控制法案和田纳西州泰里克大坝的预算。60多年来，随着经济的发展，政府投资项目的增多，使得人们日益重视投资，重视项目支出的经济和社会效益。这就需要找到一种能够比较成本与效益关系的分析方法。以此为契机，成本-效益在实践方面都得到了迅速发展，被世界各国广泛采用。

在激烈竞争的经济环境下，成本控制成为每个企业关注的焦点问题。如何科学分析企业的各项成本构成及影响利润的关键要素，找到成本控制的核心思路和关键环节，是企业更好地应对竞争压力下的成本控制问题。

成本控制绝对不仅仅是单纯的压缩成本费用，它需要与宏观经济环境、企业的整体战略目标、经营方向、经营模式等有效结合，需要建立起科学合理的成本分析与控制系统，让企业的管理者全面、清晰地掌握影响公司业绩的核心环节，全面了解企业的成本构架、盈利情况，从而把握正确的决策方向，从根本上改善企业成本状况，真正实现有效的成本控制。

（二）收益与成本分析的特征

收益与成本分析的出发点和目的是追求行为者自身的利益，它只不过是行为者获得自身利益的一种计算工具。收益与成本分析追求的效用是行为者自己的效用，不是他人的效用，这是其指向性，即自利性。

由于行为者具有自利的动机，总是试图在经济活动中以最少的投入获得最大的收益，使经济活动经济、高效。收益与成本分析的前提效用最大化就蕴含着经济、高效的要求。

行为者要使自己的经济活动达到自利的目的，达到经济、高效，必须对自己的投入与产出进行计算，因此，收益与成本分析蕴含着一种量入为出的计算理性，没有这种精打细算的计算，经济活动要想获得好的效果是不可能的。因此，成本收益的计算特性是达到经济性的必要手段，也是保证行为者行为自利目的的基本工具。

（三）收益与成本分析的方法及步骤

净现值收益法（净现值NPV：net-present value）：净现值法是利用净现金效益量的总现值与净现金投资量之差算出净收益，然后根据净收益的大小来评价投资方案。净现值为正值，投资方案是可以接受的；净现值是负值，投资方案就是不可接受的。净现值越大，投资方案越好。计算公式为：

$$B_i=\sum_{t=0}^{n}\frac{b_i(t)-c_i(t)}{(1+r)^t}-k_i$$

式中，B_i为某一项目i所可能产生的净收益总值；

t为项目建造和投入使用的第t年，$b_i(t)$为项目i在第t年所产生的收益；

$c_i(t)$为项目i在第t年所支出的成本；

$1/(1+r)$为利息率为r时的折现系数；

n为所分析项目的存在期间；

k_i为项目i最初的投入资本。

现值指数法，简称PVI法，是指某一投资方案未来现金流入的现值，同其现金流出的现值之比。

内含报酬率法（internal rate of return，IRR法），又称财务内部收益率法（FIRR）、内部报酬率法以及内含报酬率法。

这三种方法各具所长，有其不同的适用性。一般而言，如果投资项目是不可分割的，则应采用净现值法；如果投资项目是可分割的，则应采用现值指数法，优先分析现值指数高的项目；如果投资项目的收益可以用于再投资时，则可采用内含报酬率法进行分析。

收益与成本分析方法主要包括下列内容：

（1）从社会的角度而非中央（联邦）政府的角度来界定和估计预期成本和收益。

（2）在成本收益的计算中，要以机会成本界定成本，要使用增量成本和收益而不能使用沉没成本。

（3）在净收益的计算中，只计算实际经济价值，不包括转移支付；只是在讨论分配问题时，才考虑转移支付。

（4）在计算成本和收益时，必须使用消费者剩余概念；而且，必须直接或间接地估计支付意愿。

（5）市场价格为成本和收益的计算提供了一个“无可估量的起始点”，但在存在着市场失灵和价格扭曲的情况下，不得不利用影子价格。

（6）一项公共工程是否可以接受，这种决策依据净现值标准决定，其中要计算出内部收益率。

（7）在使用净现值标准时，不仅要利用实际贴现率，而且还要分析对其他各种贴现率的灵敏性。

在开始收益与成本分析前了解成本现状十分重要。你需要权衡每一项投资的利弊。如果可能的话，再权衡一下不投资会有什么影响。不要以为如果不投资成本就会变高。许多情况下，虽然新投资可获得巨额利润，但是不投资的成本相对更小。

对一项投资进行收益与成本分析的步骤：

（1）确定购买新产品或一个商业机会中的成本；

（2）确定额外收入的效益；

（3）确定可节省的费用；

（4）制定预期成本和预期收入的时间表；

（5）评估难以量化的效益和成本。

前3个步骤十分简单明了。首先确定与商业风险相关的一切成本——本年度主要的成本以及下一年度的预计成本。额外收入也许是由于顾客数量的增加或现有顾客购买量的扩大。为了解这些收入的效益，一定要将与收入相关的新成本考虑在内，最后就可以考虑利润了。可节省费用显得简单一些，至少在某种意义上反映了利润的增加，可直接计入利润。然而，有时可节约费用也有微妙之处，更难确认。

（四）生态型人工岸段建设收益与成本分析的内涵

生态型人工岸段建设收益与成本分析的内涵界定是计量的基础。基于上述学者的研究，本文界定生态型人工岸段建设收益与成本分析是指一定时间内生态型人工岸段生态系统及其组分通过一定的生态过程向人类提供的赖以生存和发展的产品和服务。为综合评估生态型人工岸段建设收益与成本分析，常采取统一的货币量纲进行衡量。生态型人工岸段建设收益与成本分析价值为特定生态型人工岸段生态系统在特定时间内为人类提供的产品和服务的效用。

由上述定义可以看出，生态型人工岸段建设收益与成本分析具有以下内涵：

（1）生态型人工岸段建设收益与成本分析具有时空尺度，是特定时间特定生态系统提供的；

（2）生态型人工岸段建设收益与成本分析的提供者为生态型人工岸段生态系统及其组分，不是其他生态系统；

（3）生态型人工岸段建设收益与成本分析是针对人的需求而言的，能够提高人类福利；

（4）生态型人工岸段建设收益与成本分析的提供是通过一定的生态过程实现的，是生物成分和非生物成分共同作用的结果，是生态型人工岸段生态系统的整体表现；

（5）生态型人工岸段建设收益与成本分析包括物质产品和服务两方面。

二、生态型人工岸段建设收益与成本分析分类体系构建

生态型人工岸段建设收益与成本分析是人类直接或间接地从生态型人工岸段生态

系统中获取的利益。为度量收益与成本分析，需对其进行科学分类。

不同学者对于生态系统服务功能的分类存在一些差别。Daily（1997）在其著作中所指出的生态系统服务功能包括空气和水净化、缓解干旱和洪水、废水的分解和解毒、产生和更新土壤和土壤肥力、作物和植物受粉、农业害虫的控制、种子扩散与营养物质迁移、生物多样性维持、保护免受辐射、稳定局部气候、物质生产、缓解气温骤变、风和海浪、支持不同的人类文化传统、提供美学和精神激励等。这些服务均具有明确的生态过程，并且对人的生产生活是有效用的。

Costanza等（1997）将全球生态系统的服务共分为17大类（表9-1）。从表9-1可以看出，生态系统服务功能和生态系统功能两者并不是一一对应。Costanza等（1997）将全球土地利用状况分为16大类型，按照以上17种服务功能计算了各类生态系统全球生态系统服务价值和单位价值，成为生态系统服务研究领域的经典文献。

De Groot等（2002）则在总结已有的关于生态系统服务分类研究成果的基础上，提出了四大类生态系统功能：调节功能、生境功能、生产功能和信息功能。调节功能是指那些维持生态系统和生命支持系统的功能，这个功能范畴包括了对所有生命组织都非常重要、并直接或间接有益于人类的生物地球化学循环和生物与非生物的相互作用；生境功能为各种动植物的生命循环提供栖息地，从而保持生物和基因多样和进化过程；生产功能包括通过初级和次级生产将有机和无机物质转化为被人类直接或间接利用的产品的过程；信息功能是指生态系统对人类心智和精神福利的贡献。在这四大类功能中又包含23个子功能。前两个功能对于维持自然过程和组成是必不可少的，因而是后两个功能产生和维持的前提条件。该分类体系从各类服务的提供方式入手，采用分级划分的方法，与千年生态系统评估的体系（MA，2003）风格类似，该分类体系基本上为前人（Costanza等，1997；Daily，1997）提出的生态系统服务功能的归类（表9-1）。

表9-1 生态系统服务及生态系统功能分类（引自Costanza等，1997）

序号	生态系统服务*	生态系统的功能	举例
1	气体调节	大气化学成分调节	CO_2/O_2平衡，O_3防紫外线，SO_x水平
2	气候调节	全球温度、降水及其他由生物媒介的全球及地区性气候调节	温室气体调节，影响云形成的DMS产物
3	干扰调节	生态系统对环境扰动的容量、衰减和综合响应	风暴防止、洪水控制、干旱恢复等胜景对主要受植被结构控制的环境变化的反应
4	水调节	水文流的调节	为农业如灌溉、工业和运输提供用水

续　表

序号	生态系统服务*	生态系统的功能	举例
5	供水	水的贮存和保持	向集水区、水库和含水岩层供水
6	控制侵蚀和保持沉积物	生态系统内的土壤保持	防止土壤被风、水侵蚀，把淤泥保存在湖泊和生态型人工岸段中
7	土壤形成	土壤形成过程	岩石风化和有机质积累
8	养分循环	养分的贮存、内循环和获取	固氮，氮、磷和其他元素及养分循环
9	废物处理	易流失养分的再获取，过多或外来养分、化合物的去除或降解	废物处理，污染控制，解除毒性
10	授粉	有花植物配子的运动	提供传粉者以便植物种群繁殖
11	生物控制	生物种群的营养动力学控制	关键捕食者控制猎物种群，高级捕食者使食草动物减少
12	避难所	为定居和迁徙种群提供生境	育雏地、迁徙动物栖息地、当地收获物种栖息地或越冬场所
13	食品生产	总初级生产中可用为食物的部分	通过渔、猎、采集和农耕收获的鱼、鸟兽、作物、坚果、水果等
14	原材料	总初级生产中可用为原材料的部分	木材、燃料和饲料产品
15	基因资源	独一无二的生物材料和产品的资源	医药、材料科学产品，用于农作物抗病和抗植物感染的基因，家养物种（宠物和植物栽培品种）
16	休闲娱乐	提供休闲娱乐活动机会	生态旅游、钓鱼运动及其他户外游乐活动
17	文化	提供非商业化用途的机会	生态系统的美学、艺术、教育、精神及科学价值

注：*包括生态系统的“商品（Good）”和“服务（Service）”

《千年生态系统评估报告》（MA，2003）认为：虽然将“产品”和“服务”分别进行处理易于理解，但有时往往难以区分生态系统提供的某一利益究竟是“产品”还是“服务”；并且认为当人们提及“生态系统产品和服务”时，往往忽略文化价值及其他无形的价值。为操作方便，根据服务的特点，《千年生态系统评估》将生态系统服务分为供给服务、调节服务、文化服务和支持服务四大类（表9-2）。该分类体系继承了DeGroot等（2002）分类体系的特点，进一步明确生态系统服务为“人类从生态系统中获得的收益”，强调各类服务对人类福利的作用方式（供给、调节、文化等）和各类服务之间的关系（如支持服务对所有其他服务的支撑作用等）。

表9-2　MA关于生态系统服务的分类体系（引自MA，2003）

供给服务 从生态系统中收获的产品	调节服务 从生态系统过程的调节作用而获得的收益	文化服务 从生态系统中获取的非物质收益
食物与纤维	气候调节	文化多样性
燃料	疾病控制	精神与宗教价值
基因资源	水分调节	知识系统
淡水	控制侵蚀	教育价值
生物化学物质	生物控制	创作灵感
建筑材料	净化水源与废物处理	娱乐与生态旅游
	授粉	美学价值
支持服务		
土壤形成	物质循环	初级生产

支持服务：生态系统生产和支撑所有其他服务的基础服务，对人类的影响是间接的或者作用是长期的

综上可知，这些分类体系从不同的角度刻画了生态系统服务的类型，体现了人们对生态系统服务认识的逐步深入。需要指出的是，以上研究大多是全球或较大尺度的。在具体的研究区域中，其生态系统服务往往仅体现在部分方面。而且，由于生态系统开发利用方式和区域社会经济发展水平等方面的差异性，同一生态系统服务在不同的区域其价值也会有所不同。因此，开展区域生态系统服务价值的评估时应当充分考虑当地的实际情况。同时我们注意到，商品的价值是通过其效用和稀缺性共同体现的。在生态系统服务价值评估中应充分注意地域差异和社会经济发展水平的影响。

本课题所研究的主要是人工岸段。人工岸段向人类提供服务很多，包括通过气候调节、水质净化、物质循环等，维持着人类生存的自然环境的平衡。目前对于生态型人工岸段建设收益与成本分析评没有统一、公认的分类标准和方法。参考上述学者关于生态系统服务的分类体系以及MA的分类体系，并根据生态系统服务效用的表现形式，本文将生态型人工岸段建设收益与成本分析划分为供给服务、调节服务、文化服务和支持服务等4大类13项，如图9-1所示。

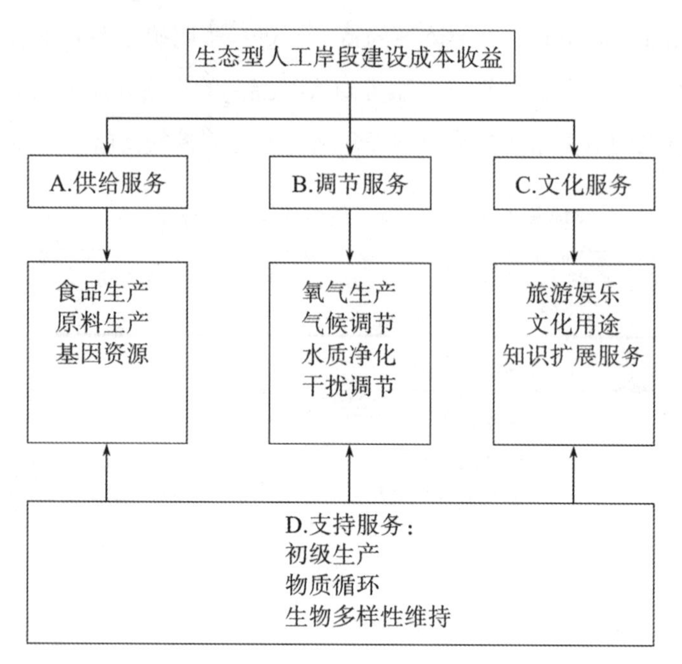

图9-1　生态型人工岸段建设收益与成本分析分类体系

（一）供给服务

供给服务指生态型人工岸段生态系统为人类提供食品、原材料等产品，从而满足和维持人类物质需要的服务。主要包括以下几类：

（1）食品生产：生态型人工岸段生态系统向人类提供各种鱼类、贝类、虾类、蟹类和大型海藻等食品的服务。

（2）原料生产：主要指生态型人工岸段生态系统为人类生产、生活提供重要原料的服务，例如用于造纸的芦苇、原盐生产等。

（3）基因资源：主要指生态型人工岸段生态系统存在优良的野生生物可为改良养殖品种提供基因资源的服务。

（二）调节服务

调节服务是指人类从生态系统调节过程中获得的服务和效益，具体分为以下几类：

（1）氧气生产：是指生态型人工岸段植物通过光合作用释放O_2的服务。氧气生产服务对于调节O_2和CO_2的平衡，维持空气质量发挥着重要作用。

（2）气候调节：生态型人工岸段通过吸收和储备温室气体，对全球和区域气候的调节服务。

（3）水质净化：人类生产、生活产生的废水、废气及固体废弃物等通过地面径流、直接排放、大气沉降等方式进入生态型人工岸段，经过生物的吸收降解、生物转移等过程最终转化为无害物质的服务。

（4）干扰调节：生态型人工岸段对各种环境波动的容纳、衰减和综合作用，减少风暴潮、台风等自然灾害所造成的损害。

（三）文化服务

文化服务是指人们通过精神感受、知识获取、主观映像、消遣娱乐和美学体验等方式从生态系统中获得的非物质利益。

（1）旅游娱乐：指生态型人工岸段向人们提供垂钓、观鸟、游玩、观光等的场所和条件。

（2）文化用途：生态型人工岸段提供影视剧创作、文学创作、教育等的场所和灵感的服务。

（3）知识扩展服务：由于生态型人工岸段生态系统的复杂性和多样性，而产生和吸引的科学研究以及对人类知识的补充等贡献。

（四）支持服务

支持服务是指保证生态系统供给服务、调节服务和文化服务的提供所必需的基础服务，包括以下几种：

（1）初级生产：生态型人工岸段植物通过光合作用固定有机碳，为生态系统提供物质和能量来源的服务。

（2）物质循环：维持生态系统稳定和其他服务必不可少的物质循环服务，包括C、N、P等的循环。

（3）生物多样性维持：生态型人工岸段生态系统产生并维持遗传多样性、物种多样性和生态系统多样性的服务。生物多样性维持有利于增强生态系统弹性和恢复力，抵御外来生物入侵，保持生态系统完整性和保障生态系统服务的持续供给。

与供给服务、调节服务和文化服务不同，支持服务对人类的影响是间接的或者通过较长时间才能发生，而其他类型的服务则是相对直接的和短期影响于人类。支持服务是保证生态系统供给服务、调节服务和文化服务的提供所必需的基础服务，其价值通过供给服务、调节服务和文化服务体现，为避免重复计算，评估过程中不考虑支持服务的价值（MA，2005）。

三、生态型人工岸段建设收益与成本分析价值评估方法

（一）价值的分类

Pearce等、McNeely等、Turner等的研究奠定了自然资本与生态系统服务价值分类

理论研究的基础。目前，一般认为生态系统服务的总经济价值（TEV）分为利用价值（UV）和非利用价值（NUV）。相应地生态型人工岸段生态系统服务的总经济价值也分为利用价值和非利用价值（图9-2）。

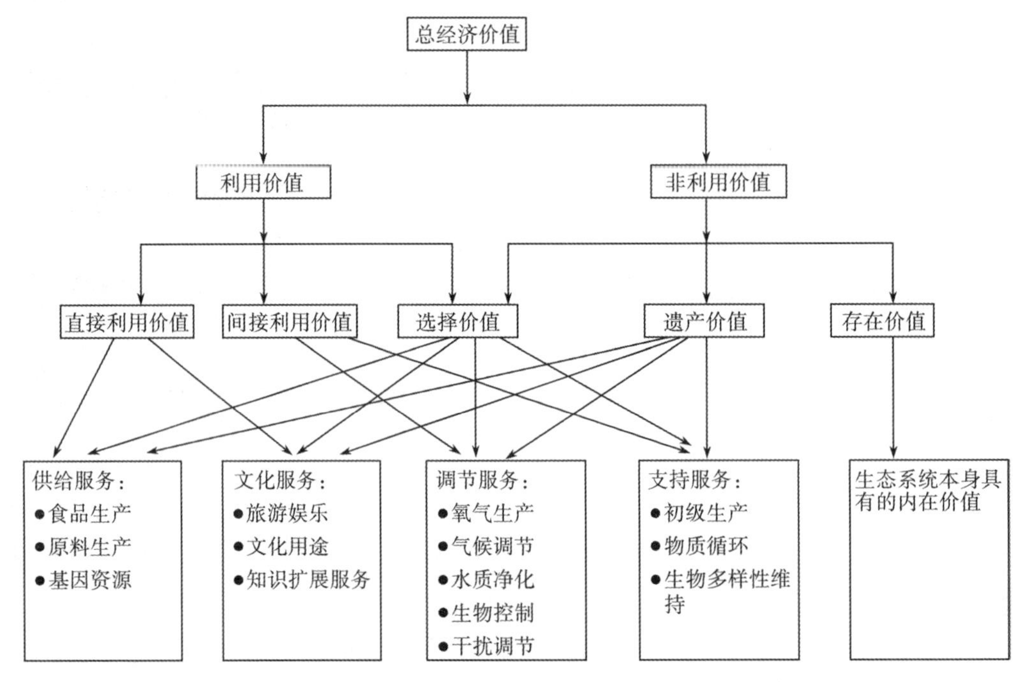

图9-2　生态型人工岸段建设收益与成本分析分类（据Edgar　Furst等（2000）修改）

1. 利用价值

生态型人工岸段生态系统服务的利用价值包括直接利用价值（DUV）、间接利用价值（IUV）和选择价值（OV）。直接利用价值主要指生态型人工岸段生态系统产品所产生的价值，包括直接实物价值和直接服务价值，可以用产品的市场价格估算。间接利用价值主要指无法商品化的生态型人工岸段生态系统服务的价值，如气候调节、水质净化服务的价值。选择价值是一种潜在利用价值，它是人们为了将来能利用某种生态型人工岸段生态系统服务的支付意愿。Pearce（1995）认为选择价值就像保险费一样为不确定的将来提供保障。

2. 非利用价值

非利用价值包括遗产价值（BV）和存在价值（EV）。非利用价值是独立于人们对生态型人工岸段生态系统服务现期利用的价值，是与子孙后代将来利用有关的生态系统经济价值以及与人类利用无关的生态系统经济价值。存在价值被视为生态系统本身具有的内在价值，是争论最大的价值类型，是对生态环境资本的评价，这种评价与现在或将来的用途都无关，可以仅仅源于知道环境的某些特征永续存在的满足感而不论其他人是否受益（Turner等，2000）。遗产价值是为了子孙后代将来利用生态型人工岸段生态系统服务的支付意愿。

在上述的价值类型中，现有评价技术比较容易区分利用价值和非利用价值，但对于选择价值、遗产价值和存在价值，由于它们之间存在一定的价值重叠，将它们区分开尚存在一定的困难。

（二）经济学评估方法

生态系统服务是生态系统对人类社会贡献的集中体现，它构成了人类社会可持续发展的重要物质和能量基础。按照现行的国民经济统计方法，人们可以定期的计量每年各产业的产值，这些产值是在人类有意识地改造自然、利用自然的过程中获取的。然而，由于人类对生态系统服务的认识不足，加上这些服务对人类社会作用方式的特殊性，使得生态系统服务的价值计量比较困难。近年来，国内外学者对生态系统服务价值的评估方法进行了大量的研究。这些研究为科学地评估生态系统服务的价值、生态系统对人类福利的贡献奠定了基础。

根据徐中民等学者对于生态系统服务价值评估方法的分类体系，本文将生态型人工岸段生态系统服务的价值评估方法主要分为三类：常规市场评估方法、替代市场评估方法和假想市场评估方法（徐中民等，2003）。

1. 常规市场评估方法

常规市场评估技术把生态系统服务或环境质量看作是一个生产要素，生产要素的变化将导致生产率和生产成本的变化，进而影响价格和产出水平的变化，而价格和产出水平的变化是可以观测的。因此，常规市场评估方法是以直接市场价值计算生态系统服务价值及其变化。该方法具体包括以下几种：

（1）市场价格法：该方法适用于有实际市场价格的生态系统服务的价值评估，例如生态型人工岸段生态系统食品生产服务的评估。由于市场价格法是基于可观察的市场行为和数据，评估出来的价值具有客观性、可接受性等优点。但市场价格法也有其局限性，表现在以下方面：适用范围窄，只有少数生态系统服务具有市场交易；由于市场失灵的存在，市场有时并不能反映生态系统服务的全部价值，从而导致评估结果的不准确性。

（2）替代成本法：替代成本法通过提供替代服务的成本来评估某种生态型人工岸段生态系统服务的价值，例如生态型人工岸段生态系统水质净化服务价值可采用污水处理厂的污水处理成本来估算。该方法的有效性主要取决于以下条件：替代品提供的服务与原物品相同；替代品的成本应该是最低的；有足够的证据证明这种成本最低的替代品是人类所需的。该方法的缺点是生态系统的许多服务是无法用技术手段代替和难以准确计量的。

（3）机会成本法：所谓机会成本，是指做出某一决策而不做出另一种决策时所放弃的利益。任何一种资源的使用，都存在许多相互排斥的待选方案，为了做出最有效的选择，必须找出生态经济效益或社会净效益最优方案。资源是有限的，选择了这种使用机会就会失去另一种使用机会，也就失去了后一种获得效益的机会，人们把失去使用机会的方案中能获得的最大收益称为该资源选择方案的机会成本。目前该方法还未在我国海洋生态系统服务价值评估中得到应用。机会成本法可用下式表示：

$$C_k=\max\{E_1, E_2, E_3, \cdots, E_i\}$$

式中，C_k为k方案的机会成本；

E_1，E_2，E_3，…，E_i为k方案以外的其他方案的效益。

（4）影子工程法：当生态型人工岸段生态系统的某种服务价值难以直接估算时，我们采用能够提供类似服务的替代工程或影子工程的价值来估算该种服务价值。例如生态型人工岸段生态系统干扰调节服务的价值可采用影子工程法，即如果通过修建堤坝减轻风暴潮、台风对海岸的破坏，以修建堤坝的费用作为干扰调节服务的价值。影子工程法的数学表达式为：

$$V=G=\sum X_i\ (i=1, 2, \cdots n)$$

式中，V为生态型人工岸段建设收益与成本分析；

G为替代工程的造价；

X_i为替代工程中i项目的建设费用。

影子工程法的优点是：通过这种技术将本身难以用货币表示的生态系统服务价值用其“影子工程”来计量，将不可知转化为可知。但该方法也有一定的局限性：替代工程的非唯一性。由于替代工程措施的非唯一性，所以工程造价就有很大的差异，因此必须选择适宜便于计价的影子工程。两种功能效用的异质性。因此，运用影子工程法不能完全替代生态型人工岸段生态系统给人类提供的服务。

（5）人力资本法：人力资本法亦称工资损失法，该方法通过市场价格和工资多少来确定个人对社会的潜在贡献，并以此来估算生态环境变化对人体健康影响的损益。

美国经济学家莱克（R. G. Ridker）最早将人力资本法付诸应用，他对过早死亡和医疗费用开支的计算公式如下：

$$V_x=\sum_{n=x}^{\infty}\frac{(Pnx)_1(Pnx)_2(Pnx)_3Y_n}{(1+r)\ n-x}$$

式中，V_x为年龄为x的人的未来总收入的现值；

$(P_x^n)_1$为该人活到年龄n的概率；

$(P_x^n)_2$为该人在n年龄内具有劳动能力的概率；

$(P_x^n)_3$为该人在n年龄内具有劳动能力期内被雇佣的概率；

Y_n为该人在n年龄时收入；

r为贴现率。

人力资本法的出现为生命价值的计算找到了一条出路，但该方法在其发展过程中也受到来自各方面的批评，主要包括：

① 伦理道德问题。人力资本法对于那些退休、生病或丧失劳动能力的人，因没有工资收入，没有创造价值，他们的生命价值就变为零，这一点是难以令人接受的；

② 理论上的缺陷问题。人力资本法反映人们对疾病引起的痛苦等所具有的支付意愿。但所得结果不是从支付意愿演变而来的，它与支付意愿并没有必要的关系，因此其理论基础的可靠程度受到一定的怀疑。

（6）防护和恢复费用法：所谓防护费用，是指人们为了消除或减少生态环境恶化的影响而愿意承担的费用。由于增加了这些措施的费用，就可以减少甚至杜绝生态环境恶化及其带来的消极影响，产生相应的生态效益。避免的损失就相当于获得的效益。因此，可以采用这种防护费用来评估生态型人工岸段生态系统服务的价值。尽管防护费用法还存在一些缺点，但是该方法对生态环境问题的决策还是非常有用的，因为有些保护和改善生态环境的措施的效益，或生态系统服务价值的评估是非常困难的；而运用这种方法就可以将不可知的问题转化为可知的问题。

生态系统在受到污染或破坏后会给人们的生产、生活和健康造成损害。为了消除这种损害，最直接的办法就是采取措施将破坏了的生态系统恢复到原来的状况，恢复措施所需的费用即为该生态系统的价值，这种方法称为恢复费用法。防护与恢复费用法可用于评估生态型人工岸段生态系统干扰调节服务。

2. 替代市场评估方法

生态型人工岸段生态系统为人类所提供的很多服务并不进入市场，不具有市场价格和市场价值，但是这些服务的某些替代品具有市场和价格，因此可以通过估算替代品的花费来代替这些生态型人工岸段生态系统服务的价值。这种方法以“影子价格”和消费者剩余来估算生态系统服务价值。替代市场评估方法包括两种：旅行费用法和资产价值法。

（1）旅行费用法：旅行费用法是最早用来评估环境质量价值的非市场评估方法，

旅行费用法用旅行费用（如交通费、门票、旅游景点的花费、时间的机会成本等）作为替代物来评价旅游景点或其他娱乐物品的价值。该方法可用于评估生态型人工岸段生态系统旅游娱乐服务价值。旅行费用法自上世纪60年代提出以来，其方法日趋完善，并已发展出三种模型，即分区模型、个体模型和随机效用模型（张帆，1998；马中，1999）。

分区模型实际应用时，可分为以下步骤：

① 划区。以生态系统所在地为中心，将其周围地区划分为距离不等的同心圆区。

② 进行游客调查。以此确定消费者的出发地、旅行费用、旅行率和其他各种社会经济特征。

③ 回归分析。以旅游率为因变量，以旅行费用和其他各种社会经济因素为自变量进行回归，确定方程，得到“全经验”的需求曲线。

④ 积分求值。依据上述所得“全经验”需求曲线，采用积分法、梯形面积加和法等适当公式计算生态系统服务价值。

个体模型和随机效用模型是针对分区模型存在的问题而设计的，个体模型较适用于以当地居民为主要游客的生态系统服务价值的评估，分区模型适宜于以广大范围人口为主要游客的生态系统服务价值的评估，而随机效用模型常用于评估旅游地生态系统变化而引起的价值变化和新增景观的价值。

旅行费用法最大的优点是理论通俗易懂，所有数据可通过调查、年鉴和有关统计资料获得。但它也有其局限性，表现在以下方面：① 将效益等同于消费者剩余，导致其结果难以与通过其他方法得到的货币度量结果相比较。② 效益是现有收入的分配函数。在该理论中，效益是通过那些能够支付得起旅游费用的人的效益来体现的，没有考虑收入低暂时不能去旅游的人的效益。对于收入分配悬殊的地方，不能忽略这一点的，否则所得结果将与实际情况偏差较大。

（2）资产价值法：资产价值法是利用海洋生态系统变化对某些产品或生产要素价格的影响，评估海洋生态系统服务的价值。任何资产的价值不仅与本身特性有关，而且也与周围环境有关，例如沙滩附近的房子价格通常超过内陆地区同样类型的房子，沙滩的价值就内含在房子价格中（Hoevenagel，1994）。

资产价值法存在以下局限性：该方法要求有足够大的单一均衡的资产市场，如果市场不够大，就难以建立相应的方程；如果市场不处于均衡状态，生态价值就不完全反映人们福利的变化。另外，资产价值法需要大量的数据，包括资产特性数据、生态环境数据、以及消费者个人的社会经济数据，此类数据采集是否齐全和准确，将直接影响结果的可靠性。这些局限性使得资产价值法的应用受到了限制。

3. 假想市场评估方法

生态型人工岸段生态系统所提供的很多服务是公共物品，对于这些公共物品，可人为地构造假想市场来估算其价值。其代表性的方法是条件价值法（或称意愿调查法）和选择试验法。

（1）条件价值法：条件价值法是在假想市场情况下，通过直接调查和询问人们对于某种生态型人工岸段生态系统服务的支付意愿（WTP），或者对某种生态型人工岸段生态系统服务损失的接受赔偿意愿，来评估生态型人工岸段生态系统服务的价值。与市场价值法和替代市场法不同，条件价值法不是基于可观察到的和预设的市场行为，而是基于调查对象的回答。条件价值法的基本理论依据是效用价值理论和消费者剩余理论，它依据个人需求曲线理论和消费者剩余，补偿变差及等量变差两种希克斯计量方法，运用消费者的支付意愿或者接受赔偿的愿望来度量生态系统服务价值。根据获取数据的途径不同，条件价值法可细分为投标博弈法、比较博弈法、无费用选择法、优先评价法和德尔菲法（李金昌等，1999）。

条件价值法主要用于缺乏实际市场和替代市场的商品价值评估，是目前较好的公共物品价值评估方法。但是，条件价值法也有其局限性，主要表现在以下方面：

① 假想性。它确定个人对环境服务的支付意愿是以假想数值为基础，而不是依据数理方法进行估算的；

② 可能存在很多偏差。如策略偏差、手段偏差、信息偏差、假想偏差等。

（2）选择试验法：选择试验法（CE）是一种基于随机效用理论的非市场价值评估的揭示偏好技术，尚处于发展的早期阶段。选择试验法（CE）包括联合分析法（CA）和选择模型法（CM）。

① 联合分析法（CA）：联合分析法是市场化研究中的一种流行技术，近年来经修改引入环境物品或服务的价值评估中。该方法给参与者提供一种“复合物品”（由一系列有价值的特征组成的物品）的简洁描述，每一种描述被当作一种完整的“特征包”而与有关该物品的一种或多种特征的其他描述相区别。然后，参与者基于个人的偏好，在各种描述情景之间进行两两比较，接受或拒绝一种情景。在建立一系列这类反映以后，就有可能区分单个特征的变化对价格变化的影响。在描述情景中能够研究的特征的数量受回答者处理所描述的详细特征的能力的限制。一般地，7 ~ 8个特征数量是上限。尽管价格—质量特征之间关系的计算本身是复杂的，但是联合分析法在解决与环境价值评估相关的“效益转移”问题方面具有重要的价值。

② 选择模型法（CM）：选择模型法（CM）是由Louviere提出，并最早应用于市场分析领域以分析消费者的选择，此后该方法被应用于环境物品和服务的估价。选择模型法（CM）主要用于确定“复合物品”的某种特征的质量变化对该物品的价值的影响，因此在理论上就可以通过估价相关的特征的质量水平对完全不同的环境地点进行评价。这需要有关评估地点的质量特征的数据和通过一系列试验得到的对这些特征的需求曲线。这样，就可以把独立的质量特征的效益或价值转移用于评价一个新的地点。选择模型法的主要不足在于需要复杂的调查设计，调查时间较长。

以上介绍的生态型人工岸段建设收益与成本分析经济学评估方法都有其优缺点及其适用的范围。对于每一种生态型人工岸段生态系统服务，可以采用多种方法进行评估（表9-3）。评估方法的选择要依据生态型人工岸段生态系统服务的特点、评估方法的适用范围以及数据的可获得性来确定。对于支持服务，其价值已通过供给服务、调节服务和文化服务体现，为避免重复计算，评估过程中不考虑支持服务的价值。

表9-3　生态型人工岸段建设收益与成本分析评估方法

生态型人工岸段生态系统服务	经济价值评估方法									
	常规市场方法						替代市场方法		假想市场方法	
	A	B	C	D	E	F	G	H	I	J
食品供给	***								*	
原材料供给	***								*	
氧气生产		***		**				*	*	
气候调节		***		*				*	*	
水质净化		***		**				**	*	
干扰调节		**	*			***			*	
旅游娱乐	**						***		**	
文化用途								*	***	**
知识扩展服务	**	***							**	

注：*表示该方法可以评价此项服务，星号（*）越多表示该方法越适用；

A：市场价格法　B：替代成本法　C：机会成本法　D：影子工程法

E：人力资本法　F：防护和恢复费用法　G：旅行费用法

H：资产价值法　I：条件价值法　J：选择试验法

（三）评估模型

1. 食品生产

食品生产主要指生态型人工岸段生态系统养殖和捕捞的各种海产品。食品生产的价值采用市场价格法计算，计算公式为：

$$FV=\sum B_iP_i$$

式中，FV表示生态型人工岸段生态系统为人类提供食品的价值，B_i为人类养殖的第i类海产品的数量，分别为贝类、鱼类、虾蟹等的产量；P_i为第i类捕捞海产品的市场价格扣除成本后的单位价值。

2. 原料生产

原料生产主要指人工种植、收割的芦苇及盐田生产的原盐。对于原料生产服务的价值，可采用市场价格法评估，计算公式如下：

$$MV=\sum L_iP_i$$

式中，MV为生态型人工岸段生态系统为人类提供的各种原料的价值，L_i表示第i类原料的数量，P_i为第i类原料的市场价格扣除成本后的单位价值。

3. 氧气生产

氧气生产服务主要是指滨海生态型人工岸段植被和浅海各种藻类植物通过光合作用释放O_2的功能。以滨海生态型人工岸段生态系统滨海植被、浮游藻类初级生产力数据及大型藻类产量为基础，根据光合作用方程式即可计算释放氧气量。光合作用方程式为：

$$6CO_2+6H_2O \rightarrow C_6H_{12}O_6+6O_2$$

氧气生产服务价值并没有在市场上通过交易来体现，本文采用了替代成本法，计算公式如下：

$$OV=\sum X_iC$$

式中，OV表示氧气生产服务的价值，X_i表示各种滨海生态型人工岸段植物和浅海藻类植物释放氧气的数量，C表示生产单位数量氧气的成本，采用评估年份工业制氧的价格。

4. 气候调节

气候调节服务主要是指滨海生态型人工岸段植被和浅海藻类植物通过光合作用吸收CO_2保持大气稳定、减缓温室效应的服务。此外，芦苇等生态型人工岸段植物也会排放CH_4、N_2O等温室气体，因此在计算气候调节服务价值时应予以扣除。

对于固定的CO_2，以滨海生态型人工岸段植被、浮游藻类初级生产力数据及海带产量为基础，根据光合作用方程式计算。固C的生态效益采用瑞典的碳税率进行评价，其数值为150美元/吨（C）（欧阳志云等，2004）。本课题认为采用瑞典碳税率较为适中，挪威政府的碳税为227美元/吨（C），美国的碳税为15美元/吨（C），根据《京都议定书》，减排CO_2的费用为150～160美元/吨（C）（陈泮勤等，2004），而我国的造林成本费用是以1990年不变价格计算的，计算结果偏低。因此本研究采用瑞典碳税率，而没有采用其他税率。计算公式为：

$$\mathrm{CV}=\sum L_iP-M_iQ_i$$

式中，CV表示气候调节服务的价值，L_i表示各种生态型人工岸段植物和藻类植物固定的CO_2量，P表示瑞典碳税率。M_i表示各种生态型人工岸段植物排放的温室气体，在本课题中主要研究CH_4和N_2O，Q_i表示释放单位数量温室气体造成的损失，该值参考Pearce等人在OECD中提出的CH_4和N_2O的散放值（CH_4为0.11美元/千克，N_2O为2.94 美元/千克亦即25.284元/千克）。

5. 水质净化

生态型人工岸段通过各种物理、化学、生物过程吸附沉降悬浮物、吸收转移营养物质和有毒物质，使流经生态型人工岸段的水质得到净化的功能。假设进入生态型人工岸段的污染物没有使水体整体功能退化，即可认为生态型人工岸段起到了净化污染的功能。水污染物主要来源于工业污水、生活污水。假设评估年份向生态型人工岸段排放的工业废水量为G，生活污水量为L。评估区域的水质若按功能区标准衡量，达标率为M，沿岸市污水处理费用C，水质净化的价值计算公式如下：

$$\mathrm{PV}=(G+L)\times M\times C$$

6. 干扰调节

干扰调节主要是指生态型人工岸段对风暴潮、台风等自然灾害的消减作用，起到了保护海岸及工程设施的作用。干扰调节的价值可采用影子工程法评价，即如果通过修建堤坝减轻风暴潮、台风对海岸的破坏，以修建堤坝的费用作为干扰调节服务的价值。

7. 旅游娱乐

旅游娱乐是指生态型人工岸段提供给人们游玩、观光等服务，旅游娱乐服务价值可采用旅行费用法进行评价，其价值包括旅游费用、旅游时间价值和其他花费。旅行费用法用消费者剩余代替生态系统的服务价值，导致其结果难以与通过其他方法得到的货币度量结果相比较。因此，为便于与其他服务价值评估结果比较，本课题采用了旅游业的增加值评估生态型人工岸段的旅游娱乐服务价值。

8. 文化用途

海岸带及海洋聚集了巨大的人类财富，是文学、诗歌创作、教育和其他文化活动的重要基地。海岸带及海洋的文化价值一个切实的体现是人类愿为居住在河口和海洋边缘地区（而不是在内陆地区）的支付意愿。Costanza等（1997）分别收集了美国的一个富裕地区和贫困地区内陆与滨水地区居民的支付意愿差别，并假设这种差别在发达国家是适用的，而这个数值是世界其他国家的100倍。

加利福尼亚（California）：0.5×10^6美元/0.046公顷=10.8×10^6美元/公顷

亚拉巴马州（Alabama）：0.1×10^6美元/0.186 hm^2=0.54×10^6美元/公顷

世界海岸线总长在“发达国家/地区”为194 435 km，在“发展中国家/地区”为284 795 km。假设文化价值可以扩展到从海岸线至海域0.5 km处，则存在文化价值的相应区域面积，在“发达国家/地区”为9.7×10^6 hm^2，在“发展中国家/地区”为14.2×10^6 hm^2。

据此可计算除去远洋之外的所有海洋生态系统的文化价值。进一步假设这些价值可以按20年分期支付的话，其单位面积的文化价值为65 ~ 1 282美元/（公顷·年）。考虑到研究区的经济发展水平，取其发达地区和发展中地区文化用途服务价值的平均值为673.5美元/（公顷·年）。

假设评估区域的海岸线为X，则评估区域的文化价值可表示为：

$$\mathrm{LV}=X\times0.5\times5\,569\times100$$

9. 知识扩展服务

知识扩展服务主要是指生态型人工岸段为人们提供的科学研究、野外实践、科普教育等活动的场所、内容和对象，使人们对大自然的认识和了解更加深刻，其价值并没有在市场上以交易的形式体现。到目前，未见比较成熟的方法。本课题认为，区域生态系统的科研经费投入量可以认为是人类对该区域知识扩展服务的支付意愿，按照条件价值法的思想，它可以作为生态系统知识扩展服务的估计值。

知识扩展服务价值计算公式为：

$$\mathrm{KV}=P\times I$$

其中，KV为知识扩展服务价值；P为研究评估区域的论文数量；I为我国每篇海洋领域论文的平均投入，该值采用海洋科技投入经费总数与同年发表海洋类科技论文总数之比。

（四）识别图

根据人工岸段的覆被特征和人类开发利用方式，以及前人关于人工岸段分类的研究成果，将人工岸段划分为以下景观类型，见表9-4。

表9-4　人工岸段景观类型

序号	类型	含义
1	滩涂	潮间带海滩、潮沟
2	浅海生态型人工岸段	-6 m以内浅海区
3	草地	天然草场
4	河流	河道、渠道
5	盐田	盐田及贮水池
6	养殖池	养殖池

分析人工岸段生态系统的自然特征，结合当前的开发利用模式以及滨海地区的发展状况可知，生态型人工岸段建设收益与成本分析主要表现在以下几个方面，见表9-5。

表9-5　生态型人工岸段建设收益与成本分析的识别

生态型人工岸段建设收益与成本分析		滩涂	浅海生态型人工岸段	草地	河流	盐田	养殖池
供给服务	食品生产	√	√				√
	原料生产					√	
调节服务	氧气生产		√	√			
	气候调节	√	√	√			
	水质净化	√	√				
	干扰调节	√	√				
文化服务	旅游娱乐	√	√		√		
	知识扩展	√	√		√		
	文化服务	√	√		√		

四、莱州湾生态型人工岸段建设收益与成本分析

海洋生态系统服务评估包括供给服务评估、调节服务评估、文化服务评估和支持服务评估。各类服务均评估其物质量与价值量。

（一）研究区域状况

近年来，随着沿海地区海洋经济的迅速发展，岸线资源开发和利用的范围与规模日益扩大，越来越多的自然岸线转变为人工岸线。人工岸线为经济发展、产业布局和城市建设提供了巨大的空间，为防御风暴潮等海洋灾害发挥了重要的作用。人工岸线所占比重也越来越高，截至2011年，全国人工海岸（11 727 km）已占岸线总长（20 584 km）的56.97%。

人工岸段往往是通过不同类型的海岸工程来实现。传统的海岸工程在选址、设计和施工的各个阶段主要考虑工程的功能定位和结构安全，而忽视对海洋生态系统的影响，这就给当地海洋生态环境产生了巨大的压力，突出表现在以下4个方面：

（1）海洋生态系统物质流和能量流的阻滞。人工岸段的修建人为地阻滞了海洋与陆地的物质交换和能量流动过程，各种生源要素的正常流转受到影响，进而使海洋生态系统功能的正常发挥受到干扰或破坏。

（2）海洋污染加剧。人工岸段的建设往往伴随着密度更高、强度更大的人类活动，形成的各种排海废弃物会加剧海洋环境的污染。

（3）生物多样性下降。人工岸段的修建干扰或破坏了许多海洋生物的关键生境，包括产卵场、育幼场和索饵场等，使得许多生物群落逐渐衰退，甚至消失，原有海洋生物多样性下降。

（4）海岸自然景观破坏。海岸自然景观往往具有极高的休闲和美学价值。盲目的截弯取直、顺岸围填等人工海岸构建方式已使自然岸线的景观遭到了严重破坏。

这些问题的产生，有相当一部分原因是人工岸段建设缺乏合适的技术规程，缺少有针对性的法律、法规。但到目前为止，人工岸段建设主要从工程技术角度来考虑，尚没有综合考虑海岸工程与生态系统的相互融合，也没有系统地开展海岸工程的生态化建设和改造。现有的相关法律、法规对人工岸段建设与海洋生态系统保护缺少有针对性的条文。法律法规对生态型岸段建设缺少有力的保障措施。故亟须对我国现有人工岸段进行梳理，从生态环境、利用方式等方面对不同类型人工岸段的特点和面临的问题进行分析。

支脉河入海口南侧，面积总计约为1 543 hm^2。2009年为保障支脉河口三角洲和

胜利油田的安全开发建设，在该区域修建了一段未包含全部支脉河口入海口区域的防潮大堤，其中未修建大堤所对应的潮间带，即为本研究所选取的典型岸段区域，长500 m，面积约为306.7 hm^2，修建大堤对应的潮间带即为研究所选的对比岸段区域，面积约为1 236.4 hm^2，如图9-3所示。

图9-3 自然岸段与人工岸段区域示意图

本研究对未修建大堤型岸段区域进行修复，长500 m，种植湿地植被1 000亩，其中芦苇350亩、碱蓬350亩、糙叶苔草300亩。

修复后的典型岸段区域，潮滩地势平坦，有利于植物的定居与扩散，植被正处于演替早期，尚未形成地带性植被，盐生植物群落物种组成和结构简单，芦苇和翅碱蓬（Suaeda heteroptera）是优势种。大片的芦苇群落主要分布在高程较高的潮滩中带或外带。随着滩涂的高程增加，芦苇高度增加，密度增大，斑块面积逐渐增大。

生态型人工岸段的平均丰度和生物量可达3 438 inds/m^2和1 453.26 g/m^2，人工岸段的底栖动物的平均丰度和为1 776 inds/m^2和219.81 g/m^2，分别仅为生态型岸段的41.6%和14.3%。表明生态型岸段比人工岸段潮间带区域更利于底栖动物的生存繁衍。

科研人员分别针对支脉河入海口区域的自然岸段和人工岸段开展了大型调查研究。分别于2012年3、5、8、11月，对支脉河自然岸段的大型底栖生物进行了4次调查与研究。2012年，山东省海洋与渔业厅邀请有关专家在东营市对山东省淡水水产研究所承担的2010年海洋公益性行业科研专项“我国典型人工岸段生化建设技态术集成与示范”（201005007）中的翅碱蓬、芦苇、大叶藻、毛蚶和沙蚕等项目对示范区和非示范区进行了验收，验收结果见表9-6和表9-7。

表9–6　示范岸段调查结果

生物	平均密度及生物量
翅碱蓬	平均密度40.4 inds/m^2，生物量30.1 g/m^2
芦苇	芦苇植株平均高45 cm，平均密度34 inds/ m^2，盖度为22%，地上生物量平均为255 g/m^2
大叶藻	平均密度30.13 inds/m^2，生物量446.29 g/m^2
毛蚶	生物量72.9 g/m^2
沙蚕	平均密度89.4 inds/m^2，生物量为16.87 g/m^2

表9–7　人工岸段调查结果

生物	平均密度及生物量
翅碱蓬	平均密度40.4 inds/m^2，生物量30.1 g/m^2
芦苇	芦苇植株为0，翅碱蓬平均密度为16 inds/m^2，生物量为12 g/m^2
大叶藻	面积20 000 m^{2}内取样，平均密度0 inds/m^2，生物量0 g/m^2
毛蚶	生物量5.7 g/m^2
沙蚕	平均密度66.8 inds/m^2，生物量7.08 g/m^2

人工岸段面积为1 236.4 hm^2，97%以上面积都为光滩，只有极少量植被呈零星分布，且其中主要为互花米草簇状分布，间有微少量株的翅碱蓬存在。

（二）供给服务收益评估

采用评估海域的渔业产品与植物产品两方面的直接实物产品价值进行评估。

示范岸段供给服务价值：

1. 渔业产品价值计算

该区域海洋产品较少，目前主要有毛蚶、沙蚕等渔业产品。

计算方法：采用直接市场评估法

$$V_{SC}=\sum_{i=1}^{6} O_{Ci}P \tag{1}$$

式中，V_{SC}为捕捞生产价值（单位：元/年）；

Q_{Ci}为第i类捕捞海产品的数量（单位：t/a）；

P_{Ci}为第i类捕捞海产品的平均市场价格（单位：元/千克）。

毛蚶生物量为72.9 g/m^2，年产量为36.5 t；沙蚕面积500亩，生物量为16.87 g/m^2，年产量为5.6 t。毛蚶的市场价格一般在12元/千克，沙蚕的市场价格一般在100元/千克，据此计算2012年渔业产品价值为99.8万元。

2. 植物产品价值计算

目前，作为商品的植物资源仅为芦苇。芦苇的地上生物量平均为255 g/m^2，每年生产59.5 t。芦苇的市场价格一般在350～450元/吨，据此估算2012年原料生产服务功能的总价值约为2.4万元。

因此，该示范岸段供给服务价值为102.2万元。

3. 人工岸段供给服务价值

人工岸段的毛蚶生物量仅为生态型岸段平均生物量72.9 g/m^{2}的1/12，年产量为70.5吨；沙蚕生物量为7.08 g/m^2，年产量为87.5 t。毛蚶的市场价格一般在12元/千克，沙蚕的市场价格一般在100元/千克，据此计算2012年渔业产品价值为96万元。

4. 植物产品价值计算

目前，作为商品的植物资源仅为芦苇。芦苇的芦苇植株为0，据此估算2012年原料生产服务功能的总价值约为0万元。

因此，该人工岸段供给服务价值为96万元。

（三）气候调节服务评估

气体调节主要指基于海洋生物泵原理，海洋浮游植物通过光合作用吸收CO_2，释放O_2，从而调节O_2和CO_2平衡的功能。对气体调节功能的评价，以海洋生态系统净初级生产力数据为基础，根据光合作用方程式计算海洋生态系统光合作用固碳量和释放氧气量。

计算公式：

本研究以海洋生态系统的固碳量计算气候调节服务的物质量。主要包括浮游植物初级生产的固碳量、大型藻类初级生产的固碳量和贝类通过碳酸钙泵固定的碳量，计算公式为：

$$Q_{RC}=Q_{PP}\times S\times 365\times 10^{-3}+Q_{LAC}+Q_{SC}+Q_{VC} \tag{2}$$

式中，Q_{RC}为气候调节服务的物质量（单位：t/a）；

Q_{PP}为浮游植物的初级生产力［单位：mg/（m^2·d）］；

S为评估海域面积（单位：km^2）；

Q_{LAC}为大型藻类的年固碳量（单位：t/a）；

Q_{SC}为贝类的年固碳量（单位：t/a）；

Q_{VC}为植物的年固碳量（单位：t/a）。

大型海藻年固碳量的计算公式为：

$$Q_{LAC}=0.44\times Q_{LA} \tag{3}$$

其中，Q_{LCA}为大型海藻每年可以固定的碳量（单位：t/a）；

Q_{LA}为养殖大型海藻的年产量（干重；单位：t/a）。

贝类年固碳量的计算公式为：

$$Q_{SC}=(Q_{MS}+Q_{NS}\times S)\times 0.06 \tag{4}$$

式中，Q_{SC}为贝类每年通过碳酸钙泵固定的碳量（单位：t/a）；

Q_{MS}为养殖贝类的年产量（单位：t/a）；

Q_{NS}为自然海区贝类平均生物量（g/m^2）；

S为评估海域面积（单位：km^2）。

示范岸段气候调节收益价值：示范区大叶藻年产量为Q_{LA}=30.4 t，于是由公式（5）得大型海藻年固碳量：

$$Q_{LAC}=30.4\times 0.44=13.4\ t \tag{5}$$

示范区的贝类主要为毛蚶，其生物量为Q_{NS}=5.7 g/m^2，养殖贝类的年产量为Q_{MS}=36.5 t，海域面积S=3.067 km^2，代入公式（4）得，贝类年固碳量Q_{SC}= 3.2 t。芦苇区每年新增干物质22 t，翅碱蓬区每年新增干物质6 t，植物的年固碳量Q_{VC}= 28 t。

由调查数据得，该区域的浮游植物的年均初级生产力为Q_{PP}=501.67 mg/（m^2·d），于是由公式（2）得该区域海洋生态系统的固碳量Q_{RC}=606 t。

根据光合作用方程式：

$$6CO_2+6H_2O\rightarrow C_6H_{12}O_6+6O_2$$

知生态系统每生产1 g干物质吸收1.63 gCO_2，释放1.2 g O_2。因此固碳量Q_{RC}=606 t吸收988.1 t CO_2，释放727.44 t O_2（表9-8）。

表9-8　固碳量及其价值

生物类别	固碳量（t）	固碳价值（万元）
浮游植物	561.6	52.22
大型藻类	13.4	1.24
贝类	3.2	0.30
湿地植被	28	2.60
总量	606.2	56.37

固碳的气候调节价值采用瑞典的碳税率进行评价，其数值为150美元/吨（C），2012年美元兑人民币的汇率为1美元兑6.2元人民币。同时，采用工业制氧价格估算释

放氧气的经济价值，目前工业制氧的现价是400元/吨。计算结果见表9-9，气体调节功能的价值即为固碳效益和制氧效益之和，示范区的气候调节价值为134.9万元。

表9-9 O_2生产量及其价值

生物类别	O_2生产量（t）	O_2生产价值（万元）
浮游植物	673.92	72.78
大型藻类	16.08	1.74
贝类	3.84	0.41
湿地植被	33.6	3.63
总量	727.44	78.56

人工岸段大叶藻年产量为Q_{LA}=0 t，得大型海藻年固碳量0 t。人工岸段的贝类主要为毛蚶，其生物量为Q_{NS}=5.7 g/m^2，养殖贝类的年产量为Q_{MS}=0，海域面积S=12.364 km^2，代入公式（4）得贝类年固碳量Q_{SC}=0 t。芦苇植株数为0，翅碱蓬区生物量为3g/ m^{2}每年新增干物质15 t，植物的年固碳量Q_{VC}= 15 t。

由调查数据得，该区域的浮游植物的年均初级生产力为Q_{PP}=484.19 mg/（m^2·d），于是由公式（3）得该区域海洋生态系统的固碳量Q_{RC}=2 200 t，吸收3 586 t CO_2，释放2 640 t O_2（表9-10）。

表9-10 固碳量及其价值

生物类别	固碳量（t）	固碳价值（万元）
浮游植物	2 185	203.205
大型藻类	0	0
贝类	0	0
湿地植被	15	1.395
总量	2 200	204.6

固碳的气候调节价值采用瑞典的碳税率进行评价，其数值为150美元/吨（C）。同时，采用工业制氧价格估算释放氧气的经济价值，目前工业制氧的现价是400元/吨。计算结果见表9-11，气体调节功能的价值即为固碳效益和制氧效益之和。于是，人工岸段的气候调节价值为310.2万元。

表9-11　O_2生产量及其价值

生物类别	O_2生产量（t）	O_2生产价值（万元）
浮游植物	2 622	104.88
大型藻类	0	0
贝类	0	0
湿地植被	18	0.72
总量	2 200	105.6

（四）休闲娱乐评估

采用到评估海域游览自然海洋景观的年旅游人数评估。若旅游人数很少，可不进行该项评估。采用条件价值法进行评估，计算公式为：

$$V_{CL}=M_{CL}\times N_{CL}$$

式中，V_{CL}——休闲娱乐服务的价值（单位：元/年）；

M_{CL}——人均旅游预算（单位：元/人）；

N_{CL}——年旅游人数（单位：人/年）。

示范岸段，旅游收入为150万元。人工岸段旅游收入为0。

（五）海洋支持服务评估

海洋在维持全球营养物质循环方面有重要作用。这里我们主要关注常规营养元素氮、磷的循环。海洋对全球氮、磷循环的价值在于它对氮、磷的汇集作用。具体做法是：首先确定浮游植物和大型藻类对氮、磷的吸收量，按照生活污水处理成本计算即可得到营养物质循环的效益。

采用浮游植物和大型藻类对氮、磷的吸收量表示。浮游植物对氮、磷的吸收计算公式为：

$$O_N=Q_{PP}\times S\times 6.43\%,\ Q_P=Q_{PP}\times S\times 0.89\% \qquad (6)$$

式中，Q_N为浮游植物吸收的氮（单位：t/a）；

Q_P为浮游植物吸收的磷（单位：t/a）；

Q_{PP}为浮游植物的初级生产力［单位：mg/（m^2·d）］；

S为评估海域面积（单位：km^2）。

大型藻类吸收氮、磷的计算公式为：

$$Q_{LAN}=Q_{LA}\times 4.818\%,\ Q_{LAP}=Q_{LA}\times 0.322\% \qquad (7)$$

式中，Q_{LAN}为大型藻类吸收的氮（单位：t/a）；

Q_{LAP}为大型藻类吸收的磷（单位：t/a）；

Q_{LA}为养殖大型海藻的年产量（干重）（单位：t/a）。

示范区浮游植物的年均初级生产力为Q_{PP}=501.67 mg/（m^2·d），于是由公式（6）得浮游植物对氮、磷的年吸收量分别为

Q_N=99 t，Q_P=13.8 t。

大叶藻年产量为Q_{LA}=30.4 t，于是由公式（4-7）得大型海藻对氮、磷的年吸收量分别为

Q_{LAN}=1.5 t，Q_{LAP}=0.1 t。

因此，示范区浮游植物和藻类对氮、磷的年吸收量分别为100.5 t和13.9 t。按照生活污水处理成本氮1.50元/千克，磷2.50元/千克 进行估算，可得出海洋生态系统对氮、磷去除效益为18.55万元，计算结果见表9-12和表9-13。

表9-12　氮的年吸收量及其价值

生物类别	氮的年吸收量（t）	吸收氮的价值（万元）
浮游植物	99	14.85
大型藻类	1.5	0.225
总量	100.5	15.075

表9-13　磷的年吸收量及其价值

生物类别	磷的年吸收量（t）	吸收氮的价值（万元）
浮游植物	13.8	3.45
大型藻类	0.1	0.025
总量	13.9	3.475

人工岸段浮游植物的年均初级生产力为Q_{PP}=484.19 mg/（m^2·d），于是由公式（6）得浮游植物对氮、磷的年吸收量分别为

Q_N=385 t，Q_P=53.3 t

大叶藻年产量为Q_{LA}=0 t，于是由公式（7）得大型海藻对氮、磷的年吸收量分别为

Q_{LAN}=0 t，Q_{LAP}=0 t

因此，示范区浮游植物和藻类对氮、磷的年吸收量分别为385.1 t和53.3 t。按照生活污水处理成本氮1.50元/千克，磷2.50元/千克进行估算，可得出海洋生态系统对氮、磷去除效益为71.09万元，计算结果见表9-14和表9-15。

表9-14 氮的年吸收量及其价值

生物类别	氮的年吸收量（t）	吸收氮的价值（万元）
浮游植物	385.1	57.765
大型藻类	0	0
总量	385.1	57.765

表9-15 磷的年吸收量及其价值

生物类别	磷的年吸收量（t）	吸收氮的价值（万元）
浮游植物	53.3	13.325
大型藻类	0	0.025
总量	53.3	13.325

（六）生态型人工岸段建设与成本分析

项目区潮滩属淤泥质海岸，沿海水浅、滩宽、地势平坦，沉积物以粉砂和粘土质粉砂为主。采用清理滩涂、河道淤泥、废弃物，疏通潮沟等手段，对湿地潮汐水流系统进行重新疏通和调整，改善地表基底和水文水质条件，形成滨海湿地的自然修复条件；通过对新淤湿地系统的保护和退化系统的植被人工修复，主要解决滨海湿地的破碎化总量，并恢复滨海湿地的自然景观。从而提高滨海湿地的完整性和生态功能，降低人工岸段区滨海湿地进一步退化的风险。

建设总投资650万元。其中：工程直接投资621.95万元（包括芦苇苗种费38.50万元，碱蓬苗种费42.00万元，糙叶苔草苗种费37.50万元，芦苇种植费35.00万元，碱蓬种植费35.00万元，糙叶苔草种植费36.00万元，湿地植被养护费用71万元，人工生境岛改造费用210.00万元）其他费用21.83万元；预备费6.22万元。

示范岸段湿地生态系统服务总价值为421.85万元。其中，供给服务价值为118.4万元，调节服务价值为134.9万元，休闲娱乐价值为150万元，海洋支持功能18.55万。人工岸段湿地生态系统服务总价值为770.29万元。其中，供给服务价值为96万元，调节服务价值为310.2万元，休闲娱乐价值为0万元，海洋支持功能71.09万元。

示范岸段面积为306.7 hm^2，每公顷的服务价值为1.375 448万元；人工岸段面积为1 236.4 hm^2，每公顷的服务价值为0.623万元，计算结果见表9-16。

因此示范岸段每年的建设受益总价值为（1.375 448−0.623）×306.7=230.78万元。

表9-16　服务价值评估结果

类型	示范岸段服务价值（万元）	人工岸段服务价值（万元）
供给服务	118.4	96
调节功能	134.9	310.2
休闲娱乐	150	0
海洋支持	18.55	71.09
总价值	421.85	770.29
每公顷服务价值	1.375 448	0.623

收益与成本分析（benefit–cost analysis）就是将成本与效益归纳起来，利用数量分析方法来计算成本和效益的比值，从而判断该项目是否可行。本任务中，考虑社会及环境成本，对示范岸段工程进行BCA分析。

其中，收益为生态型人工岸段的经济价值，成本为人工岸段及海洋湿地植被修复工程所用费用650万元。由于成本为一次性投入，而效益为持续性的，并且只有1年的调查数据，为了对成本–效益进行分析对比，可以采取净折现值方法：

$$\mathrm{NPV}_t=\sum_{t=0}^{T}\frac{B_t-D_t}{(1+r)^t}-B \tag{8}$$

其中，NPV_t代表t年的净折现值，B_t代表示范岸段建设的经济价值，D_t代表人工岸段建设的经济价值，B代表建设成本，1/（1+r）表示利息率为r时的折现系数。如果$\mathrm{NPV}_t>0$，则说明生态型人工岸段建设是有绩效的；反之是无绩效的。

年利息率取为$r=0.05$，$B=650$万元，示范岸段每年的经济价值421.85万元，相应面积人工岸段的经济价值为191.07万元，故示范岸段和人工岸段在第t年的经济价值分别为

$$B_t=421.85\ \mathrm{t}，D_t=191.05\ \mathrm{t}$$

将其代入公式（8），得近5年生态型人工岸段的净折现值，见表9–17。数据表明，自第三年开始，净折现值大于0，表明生态型人工岸段建设有绩效。

表9–17　近5年生态型人工岸段的净折现值

年份	第1年	第2年	第3年	第4年	第5年
净折现值（万元）	−419.220	−199.97	19.29	238.54	457.79

五、总结与讨论

海岸段向人类提供很多服务，包括通过供给服务、气候调节、水质净化、物质循环等，维持着人类生存的自然环境的平衡。目前，人工岸段建设主要从工程技术角度来考虑，很少考虑海岸工程与生态系统的相互融合，也未系统地开展海岸工程的生态化建设和改造，会引起海洋水动力条件和沉积环境的改变，造成许多生物栖息地环境遭到破坏，生物多样性降低。

本研究首先基于生态经济学理论，对生态型人工海岸进行海洋生态系统服务评估，进而得到生态型人工海岸建设的收益。然后对比传统人工海岸的建设与维护成本，基于人工海岸生态系统服务价值评估体系，构建了成本效益分析模型。通过所构建的模型，采取净折现值方法，对两个示范海岸工程进行了建设收益与成本分析。

在莱州湾生态型人工海岸建设收益与成本分析中，分析结果表明：在现有条件不变的情况下，自第3年起，每年的净折现值大于0，即建设收益才大于成本。这说明生态型人工海岸的建设对海洋生态系统的恢复效果显著；但是由于人工海岸对海洋环境的破坏比较严重，修复过程比较漫长，需要投入大量的人力、物力，并需较长的时间。

第二节　生态型人工海岸建设政策法规配套建议

海岸是一种具有高价值、多功能、稀缺的自然资源，海岸资源的可持续发展与利用直接关系到沿海地区的经济发展和社会稳定。我国海岸资源虽然丰富，但近年围海晒盐、农业围垦、围塘养殖及工业与城镇建设围填海造地等多次大规模的围填海活动，使得海岸人工化趋势日益严重，可供开发的海岸后备资源严重不足。为了保留海域后备空间资源，提升海域海岸带生态系统服务功能及资源环境品质，《全国海洋功能区划（2011～2020年）》专门确立了多项海岸相关目标，包括严格控制占用海岸线的开发利用活动，开展海域海岸带整治修复等，要求至2020年，大陆自然岸线保有率不低于35%，完成整治和修复海岸线长度不少于2 000 km（董月娥等，2015）。

生态型海岸（或称堤岸）的研究国内外多集中于河流，并将其定义为“利用植物或者植物与土木工程相结合，对河道坡面进行防护的一种新型护岸形式”，它兼具确保河道基本功能、恢复和保持河道及其周边环境的自然景观、改善水域生态环境、改进河道亲水性以及提高土地使用价值等多重功效。与河流的人工堤岸建设相比，生态型的人工海岸建设的研究要相对滞后，但二者具有相通性。人工海岸的生态化建设同样要从海岸的自然环境与自然资源现状出发，在增强海岸带及其栖息生物对自然灾害的防御能力的同时，注重保护生命支持系统以及生物多样性。由于生态环境修复和改变需要经过较为长期的生态过程方能稳定，因此迫切需要制定并实施以海洋生态文明理念为指导、以“人海和谐”为目标、以区域化管理为基础的相关政策法规建议，以维护生态型人工海岸生态系统的统一性、完整性和连续性。

本研究基于海洋公益性科研专项“我国典型人工海岸生态化建设集成与示范（201005007）”中的莱州湾西岸生态化建设实践，在对国内外关于人工海岸建设的相关法律、法规、规章等文件收集分析的基础上，形成了以下的政策法规建议，以期为海洋管理部门提供有益的借鉴和资料参考。

一、国内相关政策法规统计

人工岸线是海洋经济发展的必然产物，不仅在防御风暴潮等海洋灾害发挥重要的作用，更可为经济发展、产业布局和城市建设提供了巨大的空间。但目前的人工岸段建设更多关注工程本身的功能定位和结构安全，没有综合考虑工程与生态系统的相互融合，对区域生态系统影响较大。另外，这类建设具有典型的工程技术特征，较少考虑地域的特点和实际情况，缺乏必要的景观形象设计，形式千篇一律，人工痕迹明显，对原有自然景观的美学价值破坏严重。

岸段人工化最直接的后果是经截弯取直后自然岸线大幅度减少，形态多样性降低，这是影响水域生态系统平衡和稳定的最重要因子之一。人工岸段往往是通过不同类型的海岸工程来实现。传统的海岸工程在选址、设计和施工的各个阶段主要考虑工程的功能定位和结构安全，而忽视对海洋生态系统的影响，这就给当地海洋生态环境产生了巨大的压力，但到目前为止，我国在人工岸段的建设过程中，尚没有综合考虑海岸工程与生态系统的相互融合，也没有系统地开展海岸工程的生态化建设和改造，亟须进行相关技术的研究与集成，并开展应用示范。2008年国家海洋局发布了《关于改进围填海造地工程平面设计的若干意见》，明确要求围填海造地的平面设计应遵循保护自然岸线、延长人工岸线、提升景观效果的原则，全面提升围填海造地工程的社会、经济、环境效益，最大限度地减少其对海洋自然岸线、海域功能和海洋生态环境造成的损害，实现科学合理用海（李欣，2011）。目前国内与人工岸段建设相关的政策法规如下（表9-18）。

表9-18　国内相关政策法规统计表

政策法规主旨要点	国家法律法规、政策文件名称	具体规定内容
1.海岸工程建设符合规划要求	1.《中华人民共和国防治海岸工程建设项目污染损害海洋环境管理条例》	第四条　建设海岸工程建设项目，应当符合所在经济区的区域环境保护规划的要求 第六条　新建、改建、扩建海岸工程建设项目，应当遵守国家有关建设项目环境保护管理的规定
	2.《中华人民共和国海洋环境保护法》	第四十七条　海洋工程建设项目必须符合海洋功能区划、海洋环境保护规划和国家有关环境保护标准，在可行性研究阶段，编报海洋环境影响报告书，由海洋行政主管部门核准，并报环境保护行政主管部门备案，接受环境保护行政主管部门监督。 海洋行政主管部门在核准海洋环境影响报告书之前，必须征求海事、渔业行政主管部门和军队环境保护部门的意见
	3.《滩涂治理和海堤工程技术规范》总则	1.0.3　滩涂治理和海堤工程的规划设计，应符合有关滩涂治理总体规划、河口综合整治规划，并与当地海岸带、江河、港湾以及滨海城镇的总体规划相协调，遵循经济效益、社会效益和生态效益相统一的原则
	4.《山东省海洋与海岸工程建设项目环境影响评价管理暂行办法》	第三条　海洋与海岸工程建设项目，应当符合海洋功能区划、海洋环境保护规划；污染物排放必须遵守国家标准和地方标准；在实施重点污染物排放总量控制的海域内，还应当符合海洋行政主管部门确定的总量控制要求
	5.《东营市海堤管理暂行办法》	第六条　海堤工程和涉及海堤安全的其他建设项目，应当符合土地利用总体规划、水利综合规划及海堤专业规划。 第九条　在海堤管理范围内修建跨堤、穿堤、临堤的桥梁、码头、道路、管道、缆线、闸坝、泵站等建筑物及设施，建设单位必须按照海堤管理权限，将工程建设方案报送海堤主管机关审查同意后，方可按照基本建设程序履行审批手续。 建设项目经批准后，建设单位必须将施工安排告知海堤主管机关。 上述建设项目建成后，必须经海堤主管机关验收合格后方可启用，并服从海堤主管机关的安全管理

续　表

政策法规主旨要点	国家法律法规、政策文件名称	具体规定内容
1. 海岸工程建设符合规划要求	6.《厦门市水利工程建设与管理若干规定》	第四条　建设水利工程应当符合流域、区域综合规划及有关专业规划，并与土地利用总体规划、城乡规划、海洋功能区划相协调。 前款规定的水利工程专业规划，由市水行政主管部门会同有关行政部门编制，经市规划行政部门综合协调，按规定程序报市人民政府批准实施
2. 编写环境影响报告书	1.《中华人民共和国防治海岸工程建设项目污染损害海洋环境管理条例》	第七条　“海岸工程建设项目的建设单位，应当在可行性研究阶段，编制环境影响报告书（表），按照环境保护法律法规的规定，经有关部门预审后，报环境保护主管部门审批。 “环境保护主管部门在批准海岸工程建设项目的环境影响报告书之前，应当征求海事、渔业主管部门和军队环境保护部门的意见 第八条　海岸工程建设项目环境影响报告书的内容，除按有关规定编制外，还应当包括： （一）所在地及其附近海域的环境状况； （二）建设过程中和建成后可能对海洋环境造成的影响； （三）海洋环境保护措施及其技术、经济可行性论证结论； （四）建设项目海洋环境影响评价结论。 海岸工程建设项目环境影响报告表，应当参照前款规定填报
	2.《山东省海洋与海岸工程建设项目环境影响评价管理暂行办法》	第二条　海洋工程建设项目环境影响报告书（表），由海洋行政主管部门核准，并报环境保护行政主管部门备案；海岸工程建设项目环境影响报告书（表），由海洋行政主管部门提出审核意见后，报环境保护行政主管部门审查批准
	3.《浙江省涉海工程建设项目海洋环境影响评价管理规程（试行）》	第十条　海岸工程建设项目的单位和个人（以下简称“项目业主”）应当委托有相应环境影响评价资质的机构（以下简称“环评单位”），依法开展环境影响报告书的编制工作。 海岸工程建设项目环境影响评价资质的管理，按国家有关规定执行
3. 报请相关主管部门审批、备案	1.《中华人民共和国海洋环境保护法》	第四十四条　海岸工程建设项目的环境保护设施，必须与主体工程同时设计、同时施工、同时投产使用。环境保护设施未经环境保护行政主管部门检查批准，建设项目不得试运行；环境保护设施未经环境保护行政主管部门验收，或者经验收不合格的，建设项目不得投入生产或者使用

续　表

政策法规主旨要点	国家法律法规、政策文件名称	具体规定内容
3. 报请相关主管部门审批、备案	2.《中华人民共和国防治海岸工程建设项目污染损害海洋环境管理条例》	第十二条　海岸工程建设项目竣工验收时，建设项目的环境保护设施，应当经环境保护主管部门验收合格后，该建设项目方可正式投入生产或者使用
	3.《山东省海洋与海岸工程建设项目环境影响评价管理暂行办法》	第十七条　各级海洋行政主管部门应当对海洋与海岸工程建设项目的环境保护工作进行全过程监督管理，一旦发现工程对周围海洋环境产生污染损害，应立即按有关规定采取强制补救措施
	4.《东营市海堤管理暂行办法》	第四条　市水行政主管部门是全市海堤的主管机关，市政府统一组织规划、建设的标准型堤防工程由市海堤主管机关直接管理。 县（区）水行政主管部门是其行政区域内海堤的主管机关，负责本行政区域内海堤的行政管理工作。 专用海堤由专用单位负责维护和日常管理
4. 保护重要生物生境	1.《中华人民共和国防治海岸工程建设项目污染损害海洋环境管理条例》	第十条　在海洋特别保护区、海上自然保护区、海滨风景游览区、盐场保护区、海水浴场、重要渔业水域和其他需要特殊保护的区域内不得建设污染环境、破坏景观的海岸工程建设项目；在其区域外建设海岸工程建设项目的，不得损害上述区域的环境质量。法律法规另有规定的除外 第二十二条　兴建海岸工程建设项目，不得改变、破坏国家和地方重点保护的野生动植物的生存环境。不得兴建可能导致重点保护的野生动植物生存环境污染和破坏的海岸工程建设项目；确需兴建的，应当征得野生动植物行政主管部门同意，并由建设单位负责组织采取易地繁育等措施，保证物种延续。 在鱼、虾、蟹、贝类的洄游通道建闸、筑坝，对渔业资源有严重影响的，建设单位应当建造过鱼设施或者采取其他补救措施 第二十四条　禁止在红树林和珊瑚礁生长的地区，建设毁坏红树林和珊瑚礁生态系统的海岸工程建设项目

续　表

政策法规主旨要点	国家法律法规、政策文件名称	具体规定内容
4. 保护重要生物生境	2.《中华人民共和国海洋环境保护法》	第四十二条　新建、改建、扩建海岸工程建设项目，必须遵守国家有关建设项目环境保护管理的规定，并把防治污染所需资金纳入建设项目投资计划。 在依法划定的海洋自然保护区、海滨风景名胜区、重要渔业水域及其他需要特别保护的区域，不得从事污染环境、破坏景观的海岸工程项目建设或者其他活动 第四十六条　兴建海岸工程建设项目，必须采取有效措施，保护国家和地方重点保护的野生动植物及其生存环境和海洋水产资源。 严格限制在海岸采挖砂石。露天开采海滨砂矿和从岸上打井开采海底矿产资源，必须采取有效措施，防止污染海洋环境
	3.《中华人民共和国渔业法》	第三十二条　在鱼、虾、蟹洄游通道建闸、筑坝，对渔业资源有严重影响的，建设单位应当建造过鱼设施或者采取其他补救措施
5. 岸堤材料要求	1.《中华人民共和国海洋环境保护法》	第四十九条　海洋工程建设项目，不得使用含超标准放射性物质或者易溶出有毒有害物质的材料
	2.《海堤工程设计规范》总则	1.0.6　海堤工程设计，应贯彻因地制宜、就地取材的原则，积极、慎重地采用新技术、新工艺、新材料 13.2.1~13.2.2　海堤工程筑堤材料所用的土、沙砾料、石料、水泥、钢筋及土工合成材料等，质量应符合国家标准和设计有关规定，但实际工程中，完全按照这个要求，很多地区很难就近找到符合前述要求的筑堤材料。事实上，为节省工程投资，很多地区都就地取材，民间也一直采用海涂泥、塘泥或淤泥土等土料掺海砂、夹草来填筑海堤，也有采用海砂拌制素混凝土，这些方面已有很多成功的实例。当然，施工质量一般凭经验来控制，难于把握。为此，实际工程中不应一概禁止使用这些材料，但应有技术论证，同时应积极总结成功的经验，以便制定专176门的施工工艺和明确相应的限制条件

续 表

政策法规主旨要点	国家法律法规、政策文件名称	具体规定内容
5. 岸堤材料要求	2.《海堤工程设计规范》总则	13.2.4 闭气土料一般采用海涂泥、塘泥或淤泥土等土料，因此，为确保海堤堤基安全，取土点必须离开海堤堤脚一定距离
	3.《滩涂治理和海堤工程技术规范》总则	1.0.4 滩涂治理和海堤工程建设应积极采用经过科学鉴定并经实践证明有效的新技术、新工艺、新结构、新材料，使工程符合安全、经济、适用等原则，并缩短建设工期
	4.《堤防工程施工规范》总则	1.0.5 堤防工程施工应积极采用经省、部级鉴定，并经实践证明确实有效的新技术、新材料、新工艺和新设备
6. 岸体设计	1.《海堤工程设计规范》	13.1.3~13.1.8 海堤工程施工设计中施工总布置、施工进度计划、对外交通、建材来源、主要施工方案等应根据海堤的特点，遵循一定的原则。如编制施工进度计划时，要考虑到海堤堤基多为淤泥等软土地，有些海堤的筑堤材料含水率较高等情况，施工工期安排一定要尊重科学，切不可不顾实际情况片面强调施工进度。在进行海堤工程料场的规划设计时，除满足建筑材料性能的要求外还应满足环境保护和水土保持要求。海堤工程施工时，有些施工机械及工具并不适用于深厚软土上的工程施工，因此，施工机具的选择和调配也要考虑到这些特点
	2.《堤防工程施工规范》	1.0.3 堤防工程必须根据批准的设计文件进行施工，重大设计变更应报请原审批单位批准
	3.《厦门市水利工程建设与管理若干规定》	第七条 水利工程实行施工图设计文件审查制度。施工图设计文件投入使用前，项目法人应当委托有相应资质的施工图审查机构进行审查；应急抢险救灾等工期急迫的工程，也可组织经水行政主管部门认定的专家组成专家组进行审查。项目法人应当将审查机构或者专家组出具的审查报告及时报相应的水行政主管部门备案。 水利工程实行施工图审查的范围，由市水行政主管部门按照国家、省有关规定确定并公布

我国并没有出台一部专门的沿海岸段管理或生态环境保护的法律和行政法规。目前中央的滩涂和岸段管理部门对沿海滩涂的管理依据，主要来自两个方面：一是有关（海洋）环境保护的法律法规，二是有关（海洋）资源管理的有关的法律法规，它们

构成了中央职能部门进行沿海滩涂管理的主要法律依据（表9-19）。

在地方政府中，其对沿海滩涂的管理，不仅依据上述的法律法规，还依据地方人大或政府颁布的地方法规或地方规章。目前，大部分的地方政府都颁布了地方环境保护条例，有的沿海地方政府还颁布了地方海洋环境保护条例。例如浙江省在2004年颁布了《浙江省海洋环境保护条例》。除此之外，在11个省级沿海地方政府中，已经有7个地方政府颁布了专门的沿海滩涂管理法规或规章。它们构成了地方滩涂管理机构进行滩涂管理的主要法律依据（表9-20）。

表9-19　我国沿海岸段管理的主要法律法规依据（王刚，2013）

（海洋）环境保护	海洋环境保护法	1982（1999年修订）
	海洋石油勘探开发环境保护管理条例	1983
	防止船舶污染海域管理条例	1983
	海洋倾废管理条例	1985
	防止拆船污染环境管理条例	1988
	环境保护法	1989
	防治海岸工程建设项目污染损害海洋环境条例	1990（2007修订）
	防治陆源污染物污染损害海洋环境管理条例	1990
	自然保护区条例	1994
（海洋）资源管理	渔业法	1986（2000修订）
	矿产资源法	1986（1996修订）
	土地管理法	1986（1998修订；2004修订）
	土地管理法实施条例	1998
	渔业法实施条例细则	1987
	野生动物保护法	1988（2004修订）
	水生野生动物保护实施条例	1993
	野生植物保护条例	1996
其他	海上交通安全法	1983
	航道管理条例	1987（2008修订）
	领海与毗邻区法	1992
	湿地公约	1992（加入）
	海域使用管理法	2001

表9-20 沿海7省市的有关沿海滩涂的地方法规或规章（王刚，2013）

地方政府	有关沿海滩涂管理的地方法规及规章	颁布主体	颁布时间
江苏省	江苏省海岸带管理条例	江苏省人大	1991（1997修订）
	江苏省滩涂开发利用管理办法	江苏省政府	1998
浙江省	浙江省滩涂围垦管理条例	浙江省人大	1996
上海市	上海市滩涂管理条例	上海市人大	1996
福建省	福建省浅海滩涂水产增养殖管理条例	福建省人大	2000
广东省	广东省河口滩涂管理条例	广东省人大	2001
天津市	天津市渔业管理条例	天津市人大	2004
山东省	山东省国有渔业养殖水域滩涂使用管理办法	山东省政府	2011

从表9-19和表9-20的对比中可以发现，我国沿海滩涂管理的法律依据具有两个特点：

（1）在法律和行政法规层面上，我国尚没有颁布一部专门的沿海滩涂管理的法律，有关滩涂管理的只有地方法规或规章。中央职能管理部门对沿海滩涂的管理主要依据（海洋）环境保护法律法规和（海洋）资源管理法律法规，以及其他的一些相关法律。散见于不同法律规定的沿海滩涂管理，使得沿海滩涂管理机构的多元化成为现实的选择（王刚，2013）。

（2）地方政府也并没有制定专门的滩涂生态环境保护的法规或规章，其对沿海滩涂的管理条例或办法更多是从资源管理的角度制定的。因此，地方滩涂管理机构的滩涂管理法律依据是滩涂管理条例，而非滩涂环境保护条例。法律依据对滩涂资源的过多关注，也使得地方滩涂管理机构更侧重于滩涂的资源管理，而非生态环境保护（王刚，2013）。

我国当前涉及海岸工程建设的政策法规多注重于符合环境保护规划、管理要求和功能区划，编制环境影响报告书，报请相关主管部门审批、备案，保护重要生物生境，岸堤材料要求，岸体设计等6方面进行法规要求，但缺乏从生态系统复杂性和景观多样性角度进行海岸工程的指导性规范。

各省市的海岸工程设计施工往往也只强调抵御台风暴潮的袭击，海堤越建越高，建筑材料大多采用混凝土护砌，切断了人、水交流和地下水交换，破坏了水、土、生物之间形成的物质和能量循环系统、生物栖息地和水的自净能力，往往破坏了海岸的自然形态，海岸带生态系统受损严重。同时，海岸建成以后缺乏建立合理有效的监视监测系统，岸堤遭受人为或自然破坏后无法及时补修，海岸防护能力受到影响。

二、国外政策法规

世界上对围填海造地管理的研究首先起源于对海岸带管理的研究。随着开发活动的推进和人们对海岸带资源体系认识加深，为了适应海岸带开发利用与保护的需要，各国学者开始对海岸带管理进行研究。Cicin-Sain Knecht（1998）在研究海岸带综合管理时认为，海岸带的范围应包括内陆流域、海岸线及独特的土地类型、近海海岸带和河口水域以及被海岸带影响或者影响海岸带的海洋。

在美国、荷兰、英国和日本等国，结合最新技术进展，按照综合规划设计理念，已经完成或正在修订一些海堤防护设计方面的技术导则或手册。在传统海岸工程规划设计所考虑的各因素中，补充很多公众所关心的全球气候变化及其影响、海岸生态环境保护、海岸资源的可持续开发利用等方面的内容。在结构设计方面，修订了一些技术方法，如波要素计算、波浪爬高和越浪量计算、防护结构型式、结构可靠性计算方法、软基上筑堤、新材料的应用等。在欧洲，大多使用设计导则而不是设计规范，导则将给予负责规划和设计海岸工程结构的工程师一些指导，论述所涉及的各种情况，给出供选择的方法并阐明其优缺点。通常这些导则由政府颁布，但在使用时可根据实际情况灵活掌握。当有充分的理由或存在经多次论证的成熟技术时，设计者可以不拘泥于这些导则。在制定和使用设计导则方面，美国和荷兰处于领先地位。美国陆军工程师团在原来的海岸防护手册的基础上，于2003年7月发布了海岸工程手册。

（一）北美管理政策研究

美国海岸线纵横东西南北，海洋生态系统极具多样性，因此，美国相当重视海洋立法和海洋管理。在海洋立法方面，美国于1969年颁布了《国家环境政策法》，这是美国环境保护方面的基本立法，标志着美国对环境保护的态度从以“治”为主变为以“防”为主，也为海洋生态立法奠定了基础。同样是1969年制定的《国家环境保护策略法案》将海岸与海域自然环境保护纳入其中，成为较早的与海洋生态补偿相关的法律。《海洋资源和工程发展法》要求制定协调的、全面的国家海洋规划，为海洋及其资源的利用与保护提供了宏观上的国家政策的指导，还设置了国家海洋资源和工程委员会（也称“斯特拉顿委员会”）来负责重大海洋活动，使海洋生态安全得到有力的维护。在防止向海洋倾倒废弃物方面，美国制定了一系列法律法规，有《海洋倾倒法》《环境保护署关于海洋倾废的规则》《船舶污水禁排条例》《海洋倾倒废弃物禁止法案》等，禁止废弃物倾倒入海，美国国务院专门负责处理涉及国际的废弃物倾倒违规事件。上述法律法规禁止将污染性废弃物倾倒入海洋之中，并且规定了五种海洋倾废许可证，即普通许可证、特殊许可证、紧急许可证、临时许可证及研究许可证，同时规定了具体执行标准等，有效缓解了海洋所承受污染物破坏的压力（曹洪军等，2013）。

加拿大也是海洋大国，早在1968年就制定颁布了第一部《渔业法》，与之后的《沿海渔业保护法》成为加拿大渔业管理的法律基础。1996年，加拿大依照《联合国海洋法公约》制定并通过了本国的《海洋法》，成为世界上第一个具有综合性海洋管理立法的国家。加拿大的海洋生态安全法律具有多层次、多形式的结构，包括宪法，由议会制定的原则性和综合性法律法令，具体的、针对性强的条例规章以及补充性地方法规等，另外，还包括一些国际性公约（曹洪军等，2013）。

（二）欧洲管理政策研究

荷兰自1960年发布三角洲委员会报告以后，未发布任何海堤设计导则，直到1999年才发布了海堤和湖堤导则。该导则基于三角洲委员会对工程安全的要求并结合最新技术进展，确定防护结构的尺寸，并进行波浪爬高和越浪计算，原来的2%波浪爬高要求被l临界越浪量所替代。

英国于20世纪70年代起，就制定了一些防止海洋污染的法律，如1974年的《污染控制法》是有关海洋生态安全问题治理的综合性法典，此外还有《油污染防治法》《商船油污防治法》《公共一般法和措施》《大陆架法》《海洋倾废法》等。英国的海洋管理和开发由工业部、能源部、环境部、国防部等各相关部门负责实施和协调，既无统一的负责海洋事务的政府部门，也没有统一的海上执法队伍，这种分散型的管理体制难以使海洋生态安全得到有效的保障（曹洪军等，2013）。

英国、法国和荷兰于2007年联合颁布了新的石材手册。该手册最早于1991年由英国和荷兰联合颁布，目的是指导海岸工程中石材的应用。1995年，对该手册进行修改补充增加了用于河道堤防工程的技术内容。最新版的石材手册内容更宽泛，纳入了最新技术进展，并增加了环境和可持续利用方面的资料。其主要内容包括：石材工程的规划设计，材料（护面石和混凝土块），现场条件和数据采集（水力边界条件和岩土特性），物理过程和设计工具（水力条件，水力条件与结构的相互作用），海岸结构设计（防波堤，港口工程中的石材防护，海滩保护和控制结构，离岸工程的堆石），围隔结构设计，河流和渠道结构设计，施工，监测检查维护和维修。

在德国，海岸结构委员会于1996年和2000年颁布了“滨水建筑、港口和水道工程设计建议”。这一设计指南不是强制性法规，如有必要可以每年修订一次。它对各种材料都有详细的规格说明和使用方法，如混凝土、钢、木材、土工布、土工建筑等，其中部分内容是针对海岸结构安全性的。

在西班牙，海岸工程结构的设计是依据最近发布的海上建筑物指南来执行的。该指南汇集了西班牙在海洋工程领域最先进的技术和经验。制定这份指南旨在提出一套技术标准，以供在海岸工程结构的设计、运行、维护和拆除过程中采用。考虑到结构物的安全性，对某种单一和系统失效模式，该指南建议了不同水平的可靠性分析方法。

（三）日本管理政策研究

在海洋立法执法方面，2007年4月日本通过了《海洋基本法》，该法案与《海洋构筑物安全水域设定法》一起，表明日本将从法律层面上实现自身从“岛国到海洋国家”的海洋战略构想。其他立法有1971年《海洋水产资源开发促进法》和《沿岸渔场整顿开发法》、1972年《濑户内海环境保护临时措施法令》及1977年的《沿海渔场暂定措施法》等。日本的海上执法主要由日本海洋保安厅执行，此外，日本的水产厅、通商产业厅、科学技术厅、环境厅、外务省等部门联合就海洋发展提出战略（张素君，2009）

三、配套法规建议

随着我国生态文明建设的推进，海洋生态红线制度的严格实施，海洋工程建设，特别是围填海等占用自然岸线工程的建设，其规模越来越受限，生态环境保护的要求越来越高。在这一背景下，建设生态型人工海岸是顺应这一趋势的发展方向之一。生态型人工海岸建设是一项系统工程，包含生态景观设计、海岸生境恢复与保育、环保新材料应用、过程监测评价等多方面，在具体实施过程中，需要相关法规制度的配套。

（一）树立生态型人工海岸建设新理念

按照生态文明建设等重大战略部署，进一步开阔视野，拓展思路，建设海岸审批不只满足于确保防浪护岸能力的基础观念，同时树立将海岸工程与生态系统相互融合，系统地开展海岸工程的生态化建设和改造的新理念。充分考虑原自然生态系统特点，在人工海岸占用海域，增加原生滨海滩涂植物群落的保育与构建，充分利用自然生态系统的护堤消浪作用，最大限度地减少其对海洋自然岸线、海域功能和海洋生态环境造成的损害，实现科学合理用海。

（二）海岸设计融入景观规划元素

将景观规划方案加入总体设计方案中，因地制宜地开展人工海岸建设。在人工海岸建设之前进行景观格局分析，然后通过合理的景观规划与设计，构建以人工海岸为景观廊道、多种功能生物群落为斑块的景观格局，增加公众亲海空间和进出亲海空间的通道，提升海岸的休闲和美学价值。

（三）构建、完善监视监测网络与评价体系

完善生态型人工海岸建设区内的监视监测与评价体系布局，重点加强人工海岸管控范围内市、县（市、区）监测机构能力建设，建立覆盖人工海岸的实时、动态、立体化监视监测和预测预警体系。科学调整优化海洋生态环境监测评价方案，加强对海岸区内各类污染源的监测评估，实施对海洋生态环境高风险区的监视性监测，开展受损海岸区域生态修复工程的跟踪监测与评估。

（四）完善海岸开发建设准入门槛制度

实施严格的岸线围填海管制措施，确定占用自然岸线的最大规模和空间布局，实施围填海年度计划，并将计划列入区域社会经济发展规划。开展岸线和近岸海域开发利用价值评估，确定地方海域使用金征收标准和岸线使用费标准，提升自然价值较高海岸的海域使用金，征收岸线使用费，抬高海岸开发建设准入门槛。

1. 加强环境监督执法

积极开展部门间联合执法，地方各级海洋与渔业部门和环保部门要建立联合执法机制，积极开展生态型人工海岸区内陆源污染物入海排放控制和近岸海域污染综合整治的联合执法检查，依据职责查处违法行为。加强对海岸内重点区域和重点项目的海洋环境保护专项执法，严厉打击涉海工程项目建设、海洋倾废和涉及海洋保护区及海洋生态系统的环境违法行为。

2. 建立海岸整治修复常态化工作机制

自然岸线资源具有稀缺性，一旦破坏很难进行恢复。规划对占用自然海岸线、海湾海域等重要生态功能区的建设、排污项目加收一定的生态补偿费；征收的补偿费将用于岸线和海域的修复、整治和保护。将对岸线及其附近海域的整治、修复和保护工作纳入常态化工作机制，充分吸收社会各方资金和力量参与海岸生态环境保护。

3. 凝聚社会共识

完善公众参与机制，充分发挥新闻媒体的作用，广泛开展人工海岸环境保护宣传和教育，大力宣传保护海岸生物多样性的重要意义，健全和完善志愿者等公众参与机制，鼓励公众监督、举报违反相关管控制度的行为，引导公众自觉参与人工海岸生态化建设的保护管控工作。

（五）制定《海岸线修测技术规范》

海岸是海洋和陆地相互接触和相互作用的地带，海岸线则定义为多年平均大潮高

潮时形成的实际痕迹线（Mandelbrot，1967）。从该定义可知，海岸线位置由潮汐作用决定，同时也受海岸坡度、岸滩物质、波浪和入海河流作用等因素的影响。严格来说，海岸线只能是一条近似于平均大潮高潮面与岸滩相交的线（林桂兰等，2008），且该线不具有重复一致性（即不同或相同的人重复测量同一段海岸得到的海岸线无法完全一致）；另一方面，海岸经过一定时期的海洋水动力作用、地球构造地貌演变、地质灾害、气象灾害、海平面升降、人类开发利用活动等因素的共同作用下，海岸线将发生一定程度的变动。

海岸资源质量管理的重要指标之一就是海岸线长度，而海岸线长度的计量与海岸线的位置和测量尺度紧密相关。海岸线位置和测量尺度不同，所统计的海岸线长度就不同；海岸线弯曲程度不同，不同测图比例尺统计的海岸线长度也不同，（陈霞等，2002）。严格地说，海岸线长度不可能得到某一定值，因此为对海岸线长度进行计量，从而满足海岸资源质量管理的计量要求，就需要规定统一的海岸线位置和测量尺度。海岸线长度作为海岸资源质量管理的计量手段，需要海岸线测量数据，而海岸线的位置判定和长度计量不具有可重复的一致结果，建议制定《海岸线修测技术规范》，明确海岸线修测技术方法和海岸线长度计量方法，为海岸资源质量管理奠定计量基础。

（六）制定《海岸资源质量评价技术标准》

目前的研究对衡量海岸资源质量的方法尚不明确，涉及方法主要有港口岸线条件评价（杨荫凯等，1999）、海岸旅游资源价值评估（陈伟琪等，2001）、海岸地质环境脆弱性及灾害风险评价（段焱等，2007；刘剑刚，2012）、海岸侵蚀灾情（丰爱平等，2003）、海岸资源综合适宜性评价（孙晓宇等，2011）等。但从海岸的自然性质可以得出，海岸的稳定性无疑是衡量海岸资源质量的重要指标，无论自然海岸、人工海岸或生物海岸都需要能够在较长时间内保持稳定，只有海岸稳定才有海岸线的稳定和岸线长度的稳定。

衡量海岸资源质量的另一个重要指标应是海岸功能，这就涉及海岸陆海两侧的性状。如果是港口功能海岸，则要求向陆有一定的作业区和堆场空间，向海有足够水深且最好有遮挡风浪的屏障；如果是渔业功能海岸，则要求附近海域的水质、底质条件适宜生物生长；如果是休闲旅游功能海岸，则要求海岸具有景观、沙滩或人文资源；如果是灾害防护海岸，则要求海岸有稳定的结构和足够的地面高度等（董卫卫，2016）。海岸有基岩、砂质、泥质、生物、河口等多种类型，同时又有港口、渔业、旅游、保护等多种开发利用方式，为合理有效评价海岸资源质量，建议针对不同的海岸类型和开发利用方式，制定《海岸资源质量评价技术标准》，以适应差别化的海岸管理政策。

（七）建议强化海岸综合整治修复

大范围的海岸人工化，给社会带来经济效益和社会效益的同时，也给近岸海域的生态资源和环境带来了许多负面影响。随着滩涂围垦后，陆域环境取代了潮滩环境，潮滩类动物受到很大的威胁，生物种类逐渐减少，生物多样性受到严重破坏。另外滩涂的围垦使海洋的潮差变小，潮汐的冲刷能力降低，港湾内纳潮量减少，水流交换速度变慢，从而海水的自净能力随之减弱，污染物的扩散能力将减小，污染物在海底加速积聚，导致水质的恶化，加剧赤潮发生的可能性，还会对区域生态系统、防洪和航运造成影响（董卫卫，2016）。滩涂湿地具有调节气候、储水分洪、抵御风暴潮以及护岸保田等能力，其被围垦将大大降低其上述方面的能力。

1. 建议加强对海岸资源的综合统筹规划管理

对于稳定性好的基岩海岸、沙滩海滩、生物海岸，应最大限度地予以保护；对于海湾海岸，应本着节约集约高效利用的原则，最大限度地保有海湾的岸线长度；对于稳定性差的平原海岸，应采取合理的综合整治对策，维护海岸稳定性以及生态、经济、文化和灾害防御功能。

2. 建议强化海岸综合整治修复

科学保护自然海岸和保护人工海岸生态环境，严格控制填海造地导致的海岸截弯取直和工业海岸附近海域的污染物累积，修复恢复严重影响海岸生态环境和废弃的人工海岸，最大限度地保有自然海岸。自然海岸一旦被人工海岸所替代，沿海自然生态环境将发生巨大变化，任何管理的生态学原则都可能被抛弃（董卫卫，2016）。

（八）加强岸线生态监管，完善领导责任制度

加强人工海岸生态监管，关键在于完善体制，对现行体制进行改革，使环境成本充分内部化。可借鉴国际经验，强化环境保护的中央直派机构，建立起垂直的环境管理体制，增强地方环境管理机构的独立性，克服地方和部门环境保护的弊端。另外，加强监管创新。从构建生态监管体系框架入手，积极建立高效的生态环境监管运行机制。大胆进行体制创新，建立生态监管的技术支持体系和监督管理体系，建立综合性的协调机构或者海洋环保联席会，加强海洋生态环境监管工作（宫小伟，2013）。

我国的海洋所有权属于国家，而且海洋生态系统有多方面的服务功能，其受益对象也各不相同，因此，海洋生态补偿的主要措施是政府手段。当前我国政府在海洋生态补偿中的责任落实制度并不完善，经常出现各政府职能部门相互推诿、执行补偿

政策不力的现象。因此，有必要进一步加大政府支持力度，并建立生态补偿工作领导责任机制（曹洪军等，2007）。各级政府及相关部门应理顺职责分工，增强部门协调性，组织实施海洋生态补偿。强化依法行政意识，组建专门强有力的执法机构及监管机构对海洋生态补偿进行专项监督，确保实现生态补偿目标（陈源泉等，2007）。

（九）我国海岸环境调整手段

1. 滩涂开发的环境许可

环境许可是生态环境保护中重要的事前控制。由于生态环境的破坏具有不可预测性，事前的风险预防尤为重要。目前，预防性原则已经成为国际环境保护的一项最为重要的原则。国际环境法专家基斯（亚历山大. 基斯，2000）认为，预防性原则可以解释为防止环境恶化原则的最高形式。国内学者也认为，在环境保护中，预防为主的原则应该是环境保护中的一项基本原则。滩涂开发的环境许可，是指滩涂管理部门根据公民、法人或者其他组织的申请，经依法审查，准予其从事涉及滩涂生态环境保护与资源开发等活动的行为。滩涂开发的环境许可是滩涂管理行政许可的主要内容。我国各地沿海地方政府也都强调对滩涂开发的事前许可，以保护滩涂的生态环境。浙江省2007年发布的《浙江省滩涂围垦管理条例》第9条规定："通过工程措施（包括滩涂圈围工程、促淤工程、堵港围涂工程）进行滩涂围垦建设的，须按本条例规定的程序报经批准，并取得滩涂围垦部门发放的滩涂围垦许可证"。山东省2011年公布的《山东省国有渔业养殖水域滩涂使用管理办法》第5条规定："县级以上人民政府海洋与渔业行政主管部门负责本辖区内水域滩涂使用许可和收回补偿的具体实施工作"，明确规定潮下带滩涂的渔业开发需要获得环境许可，并将这一环境许可的发放权授予海洋与渔业行政主管部门（王刚，2013）。

2. 滩涂开发的环境规划

环境规划亦称之为生态规划、环境资源规划，是生态环境保护的一项重要手段。学者们对其理解大同小异。例如许多学者认为环境规划是指为了使环境与社会经济协调发展，把"社会-经济-环境"作为一个复合生态系统，依据社会经济规律、生态规律和地学原理，对其发展变化趋势进行研究而对人类自身活动和环境所做出的时间和空间的合理安排。有的学者（郭怀成，尚金城等，2001）将其定义为应用各种科学技术信息，在预测发展对环境的影响及环境质量变化趋势的基础上，为了达到预期的环境目标，进行综合分析后做出带有指令性的最佳方案。还有的学者（程胜高，1999）认为："环境规划是指政府（或组织）根据环境保护法律和法规（或原则等）所做的今后一定时期内保护或增强生态环境功能和保护环境质量的行动计划"（宋国君等，2004）。环境规划按照不同的标准，可以划分成不同的种类。按照管理层次和地域范围的标准，可以划分为国家环境保护规划、区域环境规划和部门环境规划；按照环境要素及其性质的标准，可以划分为污染综合防治规划、生态或环境保护规划、资源环境保护规划。按照时间长短的标准，可以划分为远景环境规划、中期环境规划、短期环境那个规划（徐祥民，2008）。我国各地方政府的沿海滩涂管理条例中大部分都确立滩涂开发的环境规划，要求滩涂开发主体以及滩涂管理部门对滩涂开发进行有效的生态环境规划。没有达到规划要求或偏离环境规划的滩涂开发将被禁止（王刚，2013）。

3. 滩涂违规开发与环境破坏的行政处罚

行政处罚是行政管理部门进行行政管理的重要管理手段，是一种纠错式的制裁式的法律规制方式。在沿海滩涂的生态环境保护中，行政处罚是非常重要的一种管理手段。沿海各地方政府有关滩涂管理的地方法规或者地方规章中都赋予滩涂管理机构相应的行政处罚权（王刚，2013）。

参考文献

ACEVEDO P, CASSINELLO J. 2009. Human–induced range expansion of wild ungulates causes niche overlap between previously allopatric species: red deer and Iberian ibex in mountainous regions of southern Spain [J]. Annales Zoologici Fennici, 46 (1): 39–50.

ARBOGAST B S. 2000. Phylogeography: The History and Formation of Species [J]. The Quarterly Review of Biology, 41: 134–135.

BANDELT H J, FORSTER P, R HL A. 1999. Median–joining networks for inferring intraspecific phylogenies [J]. Molecular Biology & Evolution, 16: 37.

BELL J D, LEBER K M, BLANKENSHIP H L, et al. 2008. A new era for restocking, stock enhancement and sea ranching of coastal fisheries resources [J]. Reviews in Fisheries Science, 16 (1–3): 1–9.

BILTON D T, PAULA J, BISHOP J D D. 2002. Dispersal, Genetic Differentiation and Speciation in Estuarine Organisms [J]. Estuarine Coastal & Shelf Science, 55: 937–952.

BOCKELMANN A C, BAKKER J P, NEUHAUS R, et al. 2002. The relation between vegetation zonation, elevation and inundation frequency in a Wadden Sea salt marsh [J]. Aquatic Botany, 73: 211–221.

BROCKWELL D, YU L, COOPER S, et al. 2010. Remarkably low mtDNA control–region diversity and shallow population structure in Pacific cod *Gadus macrocephalus* [J]. Journal of Fish Biology, 77: 1071–1082.

BRZESKI V J, DOYLE R W. 1988. A morphometric criterion for sex discrimination in tilapia in RSV PULLIN, T. BHUKASWAN, K. TONGUTHAI and JL MAC LEAN [C] //

The second International symposium on Tilapia in Aquaculture.

BURESH R J, DELAUNE R D, PATRICK W H. 1980. Nitrogen and phosphorus distribution and utilization by *Spartina alterniflora* in a Louisiana gulf coast marsh [J]. Estuaries and Coasts, 3: 111−121.

BYRON C, BENGTSON D, BARRY COSTA−PIERCE, JOHN CALANNI 2011. Intergrating science into management: Ecological carrying capacity of bivalve shellfish aquaculture [J]. Marine Policy, 35: 363−370.

CHAMBERS R M. 1997. Porewater chemistry associated with Phragmites and Spartina in a Connecticut tidal marsh [J]. Wetlands, 17: 360−367.

CHAMBERS R M, MEYERSON L A, SALTONSTALL K. 1999. Expansion of *Phragmites australis* into tidal wetlands of North America [J]. Aquatic Botany, 64: 261–273.

CRANDALL E, JONES M, MUNOZ M, et al. 2008. Comparative phylogeography of two seastars and their ectosymbionts within the Coral Triangle [J]. Molecular Ecology, 17: 5276–5290.

CRANDALL E D, FREY M A, GROSBERG R K, et al. 2008. Contrasting demographic history and phylogeographical patterns in two Indo−Pacific gastropods [J]. Molecular Ecology, 17: 611−626.

DRAFT United States Department of the Interior. FISH AND WILDLIFE SERVICE Division of Ecological Services.

DYNESIUS M, JANSSON R. 2000. Evolutionary consequences of changes in species' geographical distributions driven by Milankovitch climate oscillations [J]. Proceedings of the National Academy of Sciences of the United States of America, 97: 9115−9120.

EDGAR C J. 1993. Measurement of the carrying capacity of benthic habitats using a metabolic−rate based index [J]. Oecologia, 95: 115−121.

EXCOFFIER L, LISCHER H E. 2010. Arlequin suite ver 3.5: a new series of programs to perform population genetics analyses under Linux and Windows [J]. Molecular Ecology Resources, 10: 564−567.

EXCOFFIER L, SMOUSE P E, QUATTRO J M. 1992. Analysis of molecular variance inferred from metric distances among DNA haplotypes: application to human mitochondrial DNA restriction data [J]. Genetics, 131: 479.

FAO, UNICEF. 1976. Methodology of nutritional surveillance [M].

FAUVELOT C, PLANES S. 2002. Understanding origins of present-day genetic structure in marine fish: biologically or historically driven patterns? [J] Marine Biology, 141: 773-788.

FELSENSTEIN J. 1985. Confidence Limits on Phylogenies: An Approach Using the Bootstrap [J]. Evolution, 39: 783-791.

FRATINI S, RAGIONIERI L, CANNICCI S. 2010. Stock structure and demographic history of the Indo-West Pacific mud crab *Scylla serrata* [J]. Estuarine Coastal & Shelf Science, 86: 51-61.

GOMEZ E D, Mingoa-Licuanan S S. 2006. Achievements and lessons learned in restocking giant clams in the Philippines [J]. Fisheries Research, 80 (1): 46-52.

GRAHAM R L, HUNSAKER C T, O'NEILL R V, et al. 1991. Ecological Risk Assessment at The Regional Scale [J]. Ecological Applications A Publication of the Ecological Society of America, 1: 196.

GRANT W, BOWEN B. 1998. Shallow population histories in deep evolutionary lineages of marine fishes: insights from sardines and anchovies and lessons for conservation [J]. Journal of Heredity, 89: 415-426.

GRANT W S. 2016. Paradigm Shifts in the Phylogeographic Analysis of Seaweeds [M].

GRANT W S, SPIES I, CANINO M F. 2010. Shifting-balance stock structure in North Pacific walleye pollock (*Gadus chalcogrammus*) [J]. Ices Journal of Marine Science, 67: 1687-1696.

GROVER H D, MUSICK H B. 1990. Shrubland encroachment in southern New Mexico, U.S.A.: An analysis of desertification processes in the American southwest [J]. Climatic Change, 17: 305-330.

HAN Z Q, GAO T X, TAKASHI Y, et al. 2008. Genetic population structure of Nibea albiflora in Yellow Sea and East China Sea [J]. Fisheries Science, 74: 544–552.

HARPENDING H C. 1994. Signature of ancient population growth in a low-resolution mitochondrial DNA mismatch distribution [J]. Human Biology, 66: 591-600.

HASLAM S M. 1972. Biological flora of the British Isles: *Phragmites communis* Trin. (*Arundo phragmites* L., ? *Phragmites australis* (Cav.) Trin. EX Steudel) [J]. Journal of Ecology, 1972, 60: 585–610.

HE W S, FEAGIN R, LU J J, et al. 2007. Impacts of introduced Spartina alterniflora along an elevation gradient at the Jiuduansha Shoals in the Yangtze Estuary, suburban Shanghai, China [J]. Ecological Engineering, 29: 245–248.

HEMMER–HANSEN J, NIELSEN E, GRONKJAER P, et al. 2007. Evolutionary mechanisms shaping the genetic population structure of marine fishes; lessons from the European flounder (*Platichthys flesus* L.) [J]. Molecular Ecology, 16: 3104–3118.

HEWITT G. 2000. The genetic legacy of the Quaternary ice ages [J]. Nature, 405: 907.

HEYDEN S V D, LIPINSKI M R, MATTHEE C A. 2010. Remarkably low mtDNA control region diversity in an abundant demersal fish [J]. Molecular Phylogenetics & Evolution, 55: 1183–1188.

HIRZEL A H, LAY G L, HELFER V, et al. 2006. Evaluating the ability of habitat suitability models to predict species presences [J]. Ecological Modelling, 199: 142–152.

HIRZEL A H, Le Lay G. 2008. Habitat suitability modelling and niche theory [J]. Journal of Applied Ecology, 45 (5): 1372–1381.

IMBRIE J, BOYLE E A, CLEMENS S C, et al. 1992. On the Structure and Origin of Major Glaciation Cycles 1. Linear Responses to Milankovitch Forcing [J]. Paleoceanography, 7: 701–738.

IMRON, JEFFREY B, HALE P, et al. 2007. Pleistocene isolation and recent gene flow in Haliotis asinina, an Indo–Pacific vetigastropod with limited dispersal capacity [J]. Molecular Ecology, 16: 289–304.

JORGENSEN S E. 2009. Ecosystem Ecology [M]. Fletcher, NC, USA: Academic Press: 379–379.

JR B C, FUERST P, MARUYAMA T. 1989. Organelle gene diversity under migration, mutation, and drift: equilibrium expectations, approach to equilibrium, effects of heteroplasmic cells, and comparison to nuclear genes [J]. Genetics, 121: 613.

KLISKEY A D, LOFROTH E C, THOMPSON W A, et al. 1999. Simulating and evaluating alternative resource–use strategies using GIS–based habitat suitability indices [J]. Landscape and Urban Planning, 45 (4): 163–175.

KOCHZIUS M, NURYANTO A. 2008. Strong genetic population structure in the boring giant clam, *Tridacna crocea*, across the Indo−Malay Archipelago: implications related to evolutionary processes and connectivity ［J］. Molecular Ecology, 17: 3775–3787.

LAYHER W G, MAUGHAN O E. 1985. Spotted bass habitat evaluation using an unweighted geometric mean to determine HSI value ［J］. Proceedings of the Oklahoma Academy of Science, 65: 11−17.

LI Y L, KONG X Y, YU Z N, et al. 2009. Genetic diversity and historical demography of Chinese shrimp Feneropenaeus chinensis in Yellow Sea and Bohai Sea based on mitochondrial DNA analysis ［J］. African Journal of Biotechnology, 8: 1193−1202.

LIU J X, GAO T X, SHI−FANG W U, et al. 2007. Pleistocene isolation in the Northwestern Pacificmarginal seas and limited dispersal in a marine fish, *Chelon haematocheilus*（Temminck & Schlegel,1845）［J］. Molecular Ecology 16（2）: 275−288.

LIU J X, TATARENKOV A, BEACHAM T D, et al. 2011. Effects of Pleistocene climatic fluctuations on the phylogeographic and demographic histories of Pacific herring（*Clupea pallasii*）［J］. Molecular Ecology, 20: 3879−3893.

LIU M H. 2005. Study on the embryonic and larval development of Perinereis aibuhitensis ［J］. Marine Fisheries Research. Marine Fisheries Research, 2: 002.

LONGDILL P C, HEALY T R, BLACK K P. 2008. An integrated GIS approach for sustainable aquaculture management area site selection ［J］. Ocean & Coastal Management, 51（8–9）: 612−624.

MAO Y, GAO T, YANAGIMOTO T, et al. 2011. Molecular phylogeography of *Ruditapes philippinarum* in the Northwestern Pacific Ocean based on COI gene ［J］. Journal of Experimental Marine Biology & Ecology, 407: 171−181.

MARGALEF R. 1958. Orientations modernes en Hydrobiologie.

MAUCHAMP A, BLANCH S, GRILLAS P. 2001. Effects of submergence on the growth of *Phragmites australis* seedlings ［J］. Aquatic Botany, 69: 147−164.

MCLEAN J E, HAY D E, TAYLOR E B. 1999. Marine population structure in an anadromous fish: life−history influences patterns of mitochondrial DNA variation in the eulachon, *Thaleichthys pacificus* ［J］. Molecular Ecology, 8: 143−158.

MORALEV S N. 2001. Cholinesterase Active Center. Statistical Analysis of Structure Variability ［J］. Journal of Evolutionary Biochemistry and Physiology, 37: 25−34.

MUSS A, ROBERTSON D R, STEPIEN C A, et al. 2001. Phylogeography of Ophioblennius: The Role of Ocean Currents and Geography in Reef Fish Evolution ［J］. Evolution, 55: 561.

OLSON M A, ZAJAC R N, RUSSELLO M A. 2009. Estuarine-Scale Genetic Variation in the Polychaete *Hobsonia florida*（Ampharetidae; Annelida） in Long Island Sound and Relationships to Pleistocene Glaciations ［J］. The Biological Bulletin, 217: 86-94.

ORTIGOSA G R, DE LEO G A, GATTO M. 2000. VVF: integrating modelling and GIS in a software tool for habitat suitability assessment ［J］. Environmental Modelling & Software, 15（1）: 1-12.

PASTRES R, SOLIDORO C, COSSARINI G, et al. 2001. Managing the rearing of Tapes philippinarum in the lagoon of Venice: a decision support system ［J］. Ecological Modelling, 138（1-3）: 231-245.

PREZLOSADA M, NOLTE M J, CRANDALL K A, et al. 2007. Testing hypotheses of population structuring in the Northeast Atlantic Ocean and Mediterranean Sea using the common cuttlefish *Sepia officinalis* ［J］. Molecular Ecology, 16: 2667-2679.

PIANKA E R. 1971. Ecology of the Agamid Lizard *Amphibolurus isolepis* in Western Australia ［J］. Copeia, 1971: 527-536.

PIELOU E C. 1969. Association tests versus homogeneity tests: Their use in subdividing quadrats into groups ［J］. Plant Ecology, 18: 4-18.

PINKAS L. 1971. Food habits study ［J］. Fishery Bulletin.

PLANES S, DOHERTY P J, BERNARDI G. 2001. Strong genetic divergence among populations of a marine fish with limited dispersal, *Acanthochromis polyacanthus*, within the Great Barrier Reef and the Coral Sea ［J］. Evolution, 55: 2263-2273.

POGSON G H, TAGGART C T, MESA K A, et al. 2001. Isolation by distance in the Atlantic cod, gadus morhua, at large and small geographic scales ［J］. Evolution, 55: 131.

POSADA D. 2008. ModelTest: Phylogenetic Model Averaging ［J］. Molecular Biology & Evolution, 25: 1253-1256.

POTTER E K. 2002. Links between climate and sea levels for the past three million years ［J］. Nature, 419: 199-206.

PRICE D. 1999. Carrying Capacity Reconsidered ［J］. Population and Environment, 21（1）:5-27.

RAGIONIERI L, CANNICCI S, SCHUBART C D, et al. 2010. Gene flow and demographic history of the mangrove crab *Neosarmatium meinerti*: a case study from the western Indian Ocean ［J］. Estuarine Coastal & Shelf Science, 86: 179–188.

RICE W R. 1989. Analyzing tables of statistical tests ［J］. Evolution, 43: 223–225.

ROGERS A R, HARPENDING H. 1992. Population growth makes waves in the distribution of pairwise genetic differences ［J］. Molecular Biology & Evolution, 9: 552–569.

SAITOU N, NEI M. 1987. The neighbor–joining method: a new method for reconstructing phylogenetic trees ［J］. Molecular Biology & Evolution, 4: 406.

SANTOS S, HRBEK T, FARIAS I P, et al. 2006. Population genetic structuring of the king weakfish, *Macrodon ancylodon* （Sciaenidae）, in Atlantic coastal waters of South America: deep genetic divergence without morphological change ［J］. Molecular Ecology, 15: 4361–4373.

SIMON C, FRATI F, BECKENBACH A, et al. 1994. Evolution, Weighting, and Phylogenetic Utility of Mitochondrial Gene Sequences and a Compilation of Conserved Polymerase Chain Reaction Primers ［J］. Annals of the Entomological Society of America, 87: 651–701.

SIMONE V, MATTEO Z, PIERO F, et al. 2011. Application of a Random Forest algorithm to predict spatial distribution of the potential yield of *Ruditapes philippinarum* in the Venice lagoon, Italy ［J］. Ecological Modelling, 2011, 222: 1471–1478

SO J J, UTHICKE S, HAMEL J F, et al. 2011. Genetic population structure in a commercial marine invertebrate with long–lived lecithotrophic larvae: *Cucumaria frondosa* （Echinodermata: Holothuroidea）［J］. Marine Biology, 158: 859–870.

TAJIMA F. 1989. Statistical method for testing the neutral mutation hypothesis by DNA polymorphism ［J］. Genetics, 123: 585–595.

TAMURA K, PETERSON D, PETERSON N, et al. 2011. MEGA5: molecular evolutionary genetics analysis using maximum likelihood, evolutionary distance, and maximum parsimony methods.

U.S. Fish. 1981. Wildlife Service. Standards for the Development of Habitat Suitability Index Models, Ecological Services Manual 103. Washington D C: U.S. Fish and Wildlife Service, 1–81.

VALIELA I, TEAL J M. 1974. Nutrient limitation in salt marsh vegetation 1 ［J］. Ecology of Halophytes, 6: 547−563.

WANG P. 1999. Response of Western Pacific marginal seas to glacial cycles: paleoceanographic and sedimentological features 1 ［J］. Marine Geology, 156: 5−39.

ZHAN A, HU J, HU X, et al. 2009. Fine-Scale Population Genetic Structure of Zhikong Scallop （*Chlamys farreri*）: Do Local Marine Currents Drive Geographical Differentiation? Marine Biotechnology ［J］, 11: 223–235.

珠江三角洲城镇群协调发展规划编委会. 珠江三角洲城镇群协调发展规划［M］. 中国建筑工业出版社，2007.

蔡锋，苏贤泽，刘建辉，等. 全球气候变化背景下我国海岸侵蚀问题及防范对策［J］. 自然科学进展，2008，18：1093−1103.

蔡立哲，徐忠明. 海潭岛潮下带多毛类的分布［J］. 厦门大学学报（自然版），1994，537−542.

陈大刚. 黄渤海渔业生态学［M］. 北京：海洋出版社，1991.

陈建华，阎斌伦，高焕. 毛蚶生物学特性及其研究进展［J］. 河北渔业，2006，24−25.

陈长青，周治国，曹卫星. 基于知识模型的作物适应性评价专家系统设计［J］. 中国农学通报，2004，20：312−315.

陈祖辉，张洪欣，石志梅，等. 沙蚕综合利用系列产品技术开发研究［J］. 河北渔业，2006，11−13.

迟国梁，赵颖，官昭瑛，等. 广东横石水河大型底栖动物群落与环境因子的关系［J］. 生态学报，2010，30：2836−2845.

丁秋祎，白军红，高海峰，等. 黄河三角洲湿地不同植被群落下土壤养分含量特征［J］. 农业环境科学学报，2009，28（10）：2092−2097.

董志成，鲍征宇，谢淑云，等. 湿地芦苇对有毒重金属元素的抗性及吸收和累积［J］. 地质科技情报，2008，27.

杜少波，胡超群，沈琪，等. 凡纳滨对虾亲虾常用天然饵料营养成分的比较研究［J］. 热带海洋学报，2005，24：50−59.

方建光，张爱君. 桑沟湾栉孔扇贝养殖容量的研究［J］. 渔业科学进展，1996，18−31.

冯建彬，李家乐，王美珍，等. 我国四海区不同群体文蛤形态差异与判别分析

［J］. 浙江海洋学院学报（自然科学版），2005，24：318-323.

冯忠江，赵欣胜. 黄河三角洲芦苇生物量空间变化环境解释［J］. 水土保持研究，2008，15：170-174.

盖平，鲍智娟，张结军，等. 环境因素对芦苇地上部生物量影响的灰色分析［J］. 东北师大学报（自然科学），2002，34：87-91.

龚彩霞. 基于栖息地指数的西北太平洋柔鱼渔获量估算［D］. 上海：上海海洋大学，2012.

顾晓英，蒋霞敏，郑忠明，等. 双齿围沙蚕（*Perinereis aibuhitensis* Grube）的生物学特征和开发利用现状［J］. 渔业信息与战略，2002，17：33-34.

郭卫东，章小明，杨逸萍，等. 中国近岸海域潜在性富营养化程度的评价［J］. 应用海洋学学报，1998，64-70.

国家海洋局908专项办公室. 海岸带调查技术规程［M］. 北京：海洋出版社，2005.

国家海洋局908专项办公室. 我国近海海洋综合调查要素分类代码和图式图例规程［M］. 北京：海洋出版社，2008.

郝彦菊，王宗灵，朱明远，等. 莱州湾营养盐与浮游植物多样性调查与评价研究［J］. 海洋科学进展，2005，23：197-204.

洪秀云，谭克非. 双齿围沙蚕的研究——生活史及异沙蚕体形态研究［J］. 水产学报，1982，6：165-171.

黄宗国. 海洋河口湿地生物多样性［M］. 北京：海洋出版社，2004.

纪大伟，杨建强，高振会，等. 莱州湾西部海域枯水期富营养化程度的初步研究［J］. 海洋通报，2007，26：78-81.

贾晓平，蔡文贵，林钦. 我国沿海水域的主要污染问题及其对海水增养殖的影响［J］. 中国水产科学，1997，78-82.

蒋霞敏，柳敏海. 沙蚕科的研究进展［J］. 海洋科学，2008，32：82-86.

蒋霞敏，郑忠明. 双齿围沙蚕群浮现象的初步观察［J］. 动物学杂志，2002，37：54-56.

金龙如，孙克萍，贺红士，等. 生境适宜度指数模型研究进展［J］. 生态学杂志，2008，27：841-846.

郎晓辉，李悦，孔范龙，等. 莱州湾环境存在的问题及保护对策［J］. 现代农业科技，2011，296-297.

李取生，邓伟. 松嫩平原西部盐沼的形成与演化［J］. 地理科学，2000，20：362-367.

李新正，李宝泉，王洪法，等. 南沙群岛渚碧礁大型底栖动物群落特征［J］. 动物学报（Current Zoology），2007，53：83-94.

李信书，彭永兴，邵营泽. 盐度与体重对双齿围沙蚕生长的影响［J］. 水生态学杂志，2006，26：14-15.

李猷，王仰麟，彭建，等. 深圳市1978年至2005年海岸线的动态演变分析［J］. 资源科学，2009，31：875-883.

厉红梅，李适宇，蔡立哲. 深圳湾潮间带底栖动物群落与环境因子的关系［J］. 中山大学学报自然科学版，2003，42：93-96.

廖一波，寿鹿，曾江宁，等. 三门湾大型底栖动物时空分布及其与环境因子的关系［J］. 应用生态学报，2011，22：2424-2430.

刘红玉，吕宪国，刘振乾. 环渤海三角洲湿地资源研究［J］. 自然资源学报，2001，16：101-106.

刘群秀，王小明. 基于地形因子的藏狐生境评价及其空间容纳量的估算［J］. 动物学研究，2009，30：679-686.

刘义豪，杨秀兰，靳洋，等. 莱州湾海域营养盐现状及年际变化规律［J］. 渔业科学进展，2011，32：1-5.

柳敏海，蒋霞敏，张永靖. 双齿围沙蚕胚胎及幼体发育的研究［J］. 渔业科学进展，2005，26：13-17.

卢敬让，赖伟，堵南山. 应用底栖动物监测长江口南岸污染的研究［J］. 中国海洋大学学报自然科学版，1990：32-44.

罗先香，张蕊，杨建强，等. 莱州湾表层沉积物重金属分布特征及污染评价［J］. 生态环境学报，2010，19：262-269.

马金妍，石冰，王开运，等. 崇明东滩湿地围垦区芦苇生物量影响因素初探［J］. 生态与农村环境学报，2009，25.

曲学勇，宁堂原. 秸秆还田和品种对土壤水盐运移及小麦产量的影响［J］. 中国农学通报，2009，25：65-69.

沈焕庭，贺松林，茅志昌，等. 中国河口最大浑浊带刍议［J］. 泥沙研究，2001，23-29.

石小平，赵清良. 几种生态因子对双齿围沙蚕早期生活的影响［J］. 生态学杂志，1993：21-24.

时冬晴，叶建生. 沙蚕的养殖方式及其应用开发现状［J］. 河北渔业，2006，44-45.

斯蒂芬·哈钦森. 中国国家地理自然百科系列：海洋［M］. 中国大百科全书出版社，2011.

苏一兵，雷坤，孟伟. 陆域活动对渤海海岸带的影响［J］. 中国水利，2003，78-80.

孙福红，周启星. 沙蚕耐污染的特征及机理研究进展［J］. 应用生态学报，2006，17：530-534.

孙丕喜，王波，张朝晖，等. 莱州湾海水中营养盐分布与富营养化的关系［J］. 海洋科学进展，2006，24：329-335.

孙瑞平，杨德渐. 中国动物志，无脊椎动物. 第三十三卷，环节动物门，多毛纲.（二），沙蚕目［M］. 北京：科学出版社，2004.

唐启升. 关于容纳量及其研究［J］. 渔业科学进展：1996，1-6.

王保栋. 河口和沿岸海域的富营养化评价模型［J］. 海洋科学进展，2005，23：82-86.

王保栋，孙霞，韦钦胜，等. 我国近岸海域富营养化评价新方法及应用［J］. 海洋学报，2012，34：61-66.

王辉，刘志刚，符世伟. 南海毛蚶形态特征对体重的相关分析［J］. 热带海洋学报，2007，26：58-61.

王立宝. 河北省南大港湿地生态系统植被生态及芦苇生物量的研究［M］. 河北师范大学，2003.

王志强，傅建春，全斌，等. 扎龙湿地丹顶鹤繁殖生境质量变化［J］. 应用生态学报，2010，21：2871-2875.

王志忠，段登选，张金路，等. 2008年黄河入海口潮间带大型底栖动物生物量研究［J］. 广东海洋大学学报，2010，30：29-35.

吴宝铃，孙瑞平. 双管阔沙蚕生活史的研究［J］.海洋与湖沼. 1981（3）：270-278.

吴建新，邵营泽，李信书. 双齿围沙蚕的早期发育［J］. 生物学通报，2005，40：19-19.

吴志芬，赵善伦，张学雷. 黄河三角洲盐生植被与土壤盐分的相关性研究［J］.

植物生态学报，1994，18：184−193.

郗金标，宋玉民，邢尚军，等. 黄河三角洲生态系统特征与演替规律［J］. 东北林业大学学报，2002，30：111−114.

许星鸿，阎斌伦，郑家声，等. 毛蚶消化系统形态学、组织学与组织化学的研究［J］. 海洋湖沼通报，2005：23−30.

薛鸿超. 海岸及近海工程［M］. 北京：中国环境科学出版社，2003.

阎斌伦，许星鸿，郑家声，等. 毛蚶的性腺发育和生殖周期［J］. 海洋湖沼通报，2005：92−98.

严辉，段金廒，孙成忠，于光，江曙. 基于TCMGIS的明党参产地适宜性研究［J］. 南京中医药大学学报，2012，28（4）：363−366.

阎新兴，吴明阳，刘国亭. 胶州湾地貌特征及海床演变分析［J］. 水道港口，2000：23−29.

杨帆，邓伟，杨建锋，等. 土壤含水量和电导率对芦苇生长和种群分布的影响［J］. 水土保持学报，2006，20：199−201.

杨玉香，梁维波，郑国富. 辽东湾毛蚶繁殖季节研究［J］. 水产科学，2003，22：17−19.

杨玉香，余晓亭，郑国富，等. 毛蚶幼贝生活习性研究［J］. 水产科学，2004，23：18−20.

姚江春. 打造“优质生活圈”，构建大珠三角宜居城镇群［J］. 环球市场信息导报，2012：24−28.

尹晖. 乳山湾滩涂贝类养殖容量评估模型［M］. 青岛：中国海洋大学出版社，2006.

于函，马有会，张岩，等. 大叶藻的生态学特征及其与环境的关系［J］. 海洋湖沼通报，2007：112−120.

于华明. 海洋可再生能源发展现状与展望［M］. 青岛：中国海洋大学出版社，2012.

张爱勤，祁宏英，王吉娜. 湿地土壤因子与芦苇长势的灰色关联度分析［J］. 国土与自然资源研究，2006：65−66.

张明亮，王宗灵. 浅海贝类养殖容量研究［J］. 海洋科学进展，2009，27：106−111.

张耀光，何学福，蒲德永. 长吻鮠胚胎和胚后发育与温度的关系［J］. 水产学报，1991，15：172-176.

张永普，林志华，应雪萍. 不同地理种群泥蚶的形态差异与判别分析［J］. 水产学报，2004，28：339-342.

赵文智，常学礼，李启森，等. 荒漠绿洲区芦苇种群构件生物量与地下水埋深关系［J］. 生态学报，2003，23：1138-1146.

赵欣胜，崔保山，杨志峰. 黄河流域典型湿地生态环境需水量研究［J］. 环境科学学报，2005，25：567-572.

赵章元，孔令辉. 渤海海域环境现状及保护对策［J］. 环境科学研究，2000，13：23-27.

郑佩玉，范广钻. 舟山蚂蚁岛双齿围沙蚕*Perinereis aibuhitensis* Grube生态的初步研究［J］. 浙江海洋学院学报（自然科学版），1986：87-94.

竺俊全，杨万喜. 毛蚶与青蚶精子超微结构及其所反映的蚶科进化关系［J］. Zoological Research，2004，25：57-62.

邹景忠，董丽萍，秦保平. 渤海湾富营养化和赤潮问题的初步探讨［J］. 海洋环境科学，1983：45-58.